Constructing a New Agenda

Constructing a New Agenda
Architectural Theory 1993-2009

건축의 이론과 실천 1993-2009

A. 크리스타 사익스 엮음

Spacetime pub.

건축의 이론과 실천 1993-2009

Constructing a New Agenda : Architectural Theory 1993-2009

:: 2021년 4월 26일 1쇄 발행
:: A. 크리스타 사익스 엮음(A. Krista Sykes)
:: 김명식 · 김영철 · 박민수 · 송종열 · 신건수 · 이경창 · 임종엽 · 정만영 · 조순익 · 현명석 옮김

:: 발행인 | 김기현
:: 발행처 Spacetime · 시공문화사
:: 등록 | 1993.3.12 제 1-1493
:: 인쇄 | 예림인쇄사
:: 제본 | (주) 다인바인텍
:: 용지 | (주) 대림지업사

:: 03733 서울시 서대문구 독립문공원길 13 극동프라자 5층
:: 전화 02-3147-1212 · 2323 | 팩스 02-3147-2626
:: spacetime@korea.com | www.spacetime.co.kr
:: ISBN 978-89-5592-446-6

정가 24,000원

오래전… 사람들은 그저 이따금 물건을 떨어뜨릴 뿐이었다. 하지만 이제는 물리학자들이 사물이 떨어지게 하는 중력의 법칙을 알려준다. 철학자들은 도대체 떨어질 수 있는 어떤 개별적인 사물이 정말로 존재하는지를 의심한다. 사회학자들은 이 모든 떨어짐이 실제로 도시의 압력에 따른 결과임을 설명한다. 심리학자들은 우리 모두가 사실상 부모를 떨쳐내려 하는 중이라고 주장한다. 시인들은 이 모든 떨어짐이 어떻게 죽음을 상징하는지에 관해 쓴다. 비평가들은 그게 그 시인의 거세 불안을 알려주는 신호라고 주장한다. 이제 "떨어짐"은 더 이상 동일한 의미일 수 없다. 우리는 온종일 세상에 대한 걱정 없이 그저 물건을 떨어뜨리며 돌아다니던 행복의 정원으로 결코 되돌아갈 수 없다. 더 정확히 말하자면, 이제 실천은 그 자체를 질문의 대상으로 삼을 수밖에 없게 되었다. 이론은 그저 이론 자체에 열중하며 새로운 종류의 자기반성으로 귀속되는 인간적 활동일 뿐이다. 그리고 이러한 자기반성을 흡수하는 과정에서 그 활동 자체가 변하게 될 것이다.

— 테리 이글턴(Terry Eagleton), 『이론의 의미(*The Significance of Theory*)』

목차 Contents

일러두기

1. 논문, 챕터, 기사, 발표문 등 낱개의 글은 홑낫표「 」로, 단행본, 매거진/저널, 신문, 문집 등 여러 글이 담긴 출판물은 겹낫표『 』로, 발표된 낱개의 시청각 작품은 홑화살괄호 〈 〉로, 여러 시청각 자료가 담긴 전시회, 컨퍼런스 등은 겹화살괄호 《 》로 표기했습니다.
2. 원문에 없지만 옮긴이가 덧붙인 표현, 그리고 괄호 ( ) 속에 삽입된 괄호는 대괄호 [ ]로 표시했습니다.
3. 각 장의 앞에 등장하는 소개문은 모두 엮은이 A. 크리스타 사익스가 썼고, 각 장의 옮긴이가 옮긴 것입니다.

감사의 글 Acknowledgments

수많은 분이 이 책을 위해 도움을 주셨다. 이 프로젝트를 구상하고 지침을 제공해준 낸시 에클룬 레이터와 이 책이 결실을 보게 해준 제니퍼 톰슨과 캐롤린 도이셜에게 감사를 전한다. 늘 틀림없는 안내와 조언을 해준 리 그레이에게도, 내용에 대한 생각과 제안을 전해준 마이클 헤이스, 존 맥머로우, 마크 모리스에게도 감사를 전한다. 마이클 헤이스는 관대하게 후기를 기고해주었고, 아리 흐라플란트와 제프리 킵니스, 존 맥머로우, 루머르 판 토른, 사라 와이팅은 각자의 에세이와 관련해 추가적인 수고를 해주었다. 그 모두와 더불어 이 선집에 글을 실을 수 있게 허락해준 모든 필자들께 감사를 표한다. 끈기와 열정으로 도움을 준 조슈아와 소피아에게는 더없이 고마운 마음이다. 이 책을 그들에게 바친다.

서문 Preface

이 선집은 케이트 네스빗이 『건축을 위한 새로운 의제 이론화하기: 1965년부터 1995년까지의 건축 이론 선집(*Theorizing a New Agenda for Architecture: An Anthology of Architectural Theory, 1965-1995)*』[1]에서 설정한 토대 위에 구성되었다. 네스빗의 선집처럼 이 책도 역시 건축가와 이론가, 역사가, 비평가, 그리고 분야를 넘나드는 학자들이 쓴 다양한 글(에세이, 책의 일부 챕터, 인터뷰, 선언문, 설문 응답 등)을 수록하고 있다. 이 글들은 네스빗의 책이 출판된 이후 건축 이론을 특징지어온 수많은 경향을 전체적으로 일별할 수 있게 해준다.

네스빗의 선집과 이 선집은 모두 건축이론에 관한 최근의 중요한 글들을 한곳에 모았다는 점에서 의도는 비슷하나 편집 방식의 차이가 있다. 네스빗이 주제별로 글을 분류한 것과 반대로, 여기서는 짧은 소개문을 앞에 덧붙인 28개의 글을 연대기 순으로 제시한다. 이러한 구성은 해당 기간에 단 하나의 이론적 담론만 있는 것은 아니었다는 사실을 반영한 것이다. 게다가 선험적인 주제 분류는 독자의 텍스트 해석을 경솔하게 제한해 주제를 새롭게 분류할 가능성을 막아버릴 수 있으나, 연대기적 구성은 그렇지 않다. 이런 방식은 특정 흐름에 맞는 모티프들을 추적하는 데 열의를 기울이는 교육자들에게 특히 유용할 수 있다. 이 선집은 교육자와 학생뿐만 아니라, 건축 전문가를 비롯해 현대 건축 사상이 사회 일반과 영향을 주고받는 방식에 관심 있는 모든 이들을 대상으로 한다. 네스빗이 자신의 책 서문에서 언급했듯이, "[여기서] 제기되는 이슈들은 건축의 최근 흐름을 이해하는 데 근본적이며, 문화적 생산의 분석과 비평에 관여하는 모든 학자가 관심 가질 만한 사안들이다."[2]

우리는 여전히 1990년대에 시작된 건축의 전환기 한복판에 있다. 그래서 현대 건축의 상황을 탐색하기란 (그것을 지적인 틀 속에서 인식하려는 모든 시도와 함께) 다소 어려운 문제다. 최근의 정세를 바라보는 기준으로 삼을만한 명백한 관점이 존재하지 않기 때문이다. 그럼에도 불구하고 나는 이 선집을 위해 건축을 전체적으로 다루는 자료를 선별하고자 했다. 공간의 제약으로 인해 대개 도시이론과 도시계획에 특별히 집중하는 글들은 제외한 편이다. 물론 건축과 도시이론의 영역이 겹치는 일은 필연적이고 불가피하지만 말이다. 이 선집에는 다양한 글들이 섞여 있는데, 이미 건축 담론에 영향을 준 글뿐만 아니라 훗날 우리의 현대적 상황에 결정적이었거나 그것을 예견했다고 판명될지 모를 글이 함께 실려 있다. 나는 이 모든 글이 현 순간에 대한 중요한 통찰을 제시할 뿐만 아니라 미래의 건축적 사유와 실천을 위한 토대를 제공해줄 거라고 믿는다.

주(註)

1 역주: 국내 번역서의 제목은 『건축이론 1965-1995』(최학종 옮김, 스페이스타임, 2006/2007)이다.

2 Kate Nesbitt, "Preface," in *Theorizing a New Agenda for Architecture: An Anthology of Architectural Theory, 1965-1995* (New York: Princeton Architectural Press, 1996), 13.

서론 Introduction

A. 크리스타 사익스(A. Krista Sykes) / 조순익 옮김

20세기 말에는 '건축이론'에 헌정된 두 개의 선집이 출판되었다. 하나는 1996년에 출판된 케이트 네스빗의 『건축을 위한 새로운 의제 이론화하기: 1965년부터 1995년까지의 건축 이론 선집』이고, 다른 하나는 그로부터 2년 후에 출판된 K. 마이클 헤이스의 『1968년 이후의 건축이론(*Architecture Theory Since 1968*)』이다.

건축적 사유를 위한 코드나 틀로서의 '이론'은 수 세기 동안 존재해왔으며, 종종 기원전 1세기의 비트루비우스와 함께 시작되었다고 얘기되곤 한다. 하지만 네스빗과 헤이스가 말하는 '이론'은 1960년대에 시작된 특정 운동과 관련하여 건축 분야를 철학과 언어학, 심리학, 인류학과 같은 영역에서 도출된 매개적 개념들을 통해 재구성하고자 한다. 그 의도는 건축을 다른 사회적 영역들과 연결하면서도 건축만의 영역을 확보하려는 것이다. 건축이론 자체는 서로 겹치고 종종 충돌도 일으키는 많은 경향들(예컨대 기호학, 구조주의, 현상학 등)을 포괄하는데, 이런 경향들은 보다 최근의 역사주의 진영과 해체주의 진영이 떠오르게 한 원인이었다.

네스빗은 자신의 선집 서문에서 이렇게 언급한다. "지난 30년간의 건축이론을 살펴보면 수많은 이슈가 주목받고자 경쟁을 벌였음을 확인할 수 있다. 어떤 단일한 이슈나 관점이 지배하지 못하는 것은 포스트모던이라는 말로 부정확하게 지칭되는 다원주의 시기의 특징이다."[1] 하지만 헤이스는 이런 다원주의의 한복판에서 "마르크스적 비판이론과 후기구조주의를 건축 모더니즘에 대한 독해와 짝짓기"라는 건축이론의 특정한 계통 하나가 다른 계통들을 지배하는 경향이 있었다고 느낀다.[2] '비판적(critical)'이라는 용어로 자주 지칭되는 이런 유형의 건축이론은 프랑크푸르트학파의 지식인들과 프랑스 철학자들의 사상에서 유래하며, 대개는 변화 없는 현재 상태에

대한 욕망 어린 저항과 문화비평을 포괄하면서 억압적이고 통제적이라고 느껴지는 사회 구조들을 드러낸다. 네스빗은 비판적 이론을 "사변적이고, 질문을 제기하며, 때때로 유토피아적인" 사유 형식으로 특징짓는다. 그것은 "건조 환경과 그것이 사회와 맺는 관계를 평가하고 (…) 종종 정치적이거나 윤리적인 지향을 표현하며 변화를 자극하고자 하는"[3] 형식이기도 하다. 2009년 중반의 현시점에서는 지배적 계통에 대한 헤이스의 주장을 비판적 이론에 대한 네스빗의 정의와 결합하는 게 가장 유익해 보인다. 이는 우리가 사는 세계를 탐문하고 설명함으로써 개선하고자 하는 이데올로기적 근거를 둔 지배적 실천으로서 비판적 이론을 개념화하는 것이다.

이런 실천은 건축의 원대한 목적으로서, 사회를 그 병폐로부터 구해내려는 유토피아적 모더니즘의 열망에서 출발하여 그것의 향상을 도모한다. 소위 말하는 포스트모던 시절의 건축가와 역사가와 비평가는 건축이 그렇게 달성할 수 없는 폭넓은 임무를 요구받을 때 곤란한 처지에 몰려 실패하게 된다고 여겼다. 게다가 만프레도 타푸리 같은 인물들은 건축이 사회를 개선하지 못할 뿐만 아니라 비록 부지불식간일지라도 실제로 상황을 악화시키고 있다고 느꼈다. 결국 건축가들은 기껏해야 건축이 세계 속에서 긍정적 힘으로 작용하길 바라는 보다 제한된 관점의 작업 방식을 모색했고, 네스빗이 언급한 다원주의 경향들은 그에 따른 결과였다. 1960년대 중반부터 1990년대 중반까지는 다양한 접근 방법이 있었음에도 불구하고, 사실 건축 분야를 재편하고 고유의 틈새시장을 개척하려고 하는 하나의 지배 담론이 존재했다. 당시와 현재의 차이는 이런 임무에 전념하는 지배적 개념이 보이지 않는다는 것이며, 앞서 이런 책임을 맡은 개념인 비판적 건축이론은 이제 (위기까지는 아닐지라도) 이행기를 맞고 있다.

지난 10년간 비판적 이론은 날카로운 비판의 대상이 되었다. 일부는 비판적 이론이 건축 실무와 무관하거나 적어도 분리되어 있다고 본다. 조지 베어드는 2005년에 쓴 「비판성과 그 불만(Criticality and Its Discontents)」이라는 논설에서 비판적 건축에 대한 공격을 논하며 그러한 공격을 보여준 두 가지 접근을 예로 들었는데, 하나는 마이클 스픽스가 2002년에 쓴 「디자인 지능(Design Intelligence)」이라는 에세이이고 다른 하나는 같은 해에 로버트 소몰과 사라 와이팅이 쓴 「도플러 효과와 모더니즘의 다른 분위기에 관한 기록(Notes around the Doppler Effect and Other Moods of Modernism)」이다.[4] 두 글의 저자들은 서로 다른 태도를 보여주지만, 비판적 프로젝트가 그 힘을 소진했다고 보면서 일상생활의 불확실성과 더 잘 맞는다고 느껴지는 새로운 실무적 대안들을 상정한다는 점에서는 공통적이다. 또 하나의 텍스트는 라인홀드 마틴이 2005년에 쓴 「무엇에 대한 비판인가? 유토피안 리얼리즘을 향해(Critical of What? Toward a Utopian Realism)」라는 글인데, 이 글은 스픽스와 소몰/와이팅의 주장들을 비판하면서 비판적 건축의 사회·정치적 의미를 다시 고려해볼 것을 요청한다. 마찬가지로 아리 흐라플란트가 2006년에 쓴 「비판성에 관하여(On Criticality)」는 최근에 비판적 이론을 부정하는 경향을 살펴보는데, 이 글은 여러 문화 이론가의 개념들을 통합함으로써 비판적 사고로 이해되는 이론이 건축 담론과 디자인에서 여전히 중대한 역할을 하고 있음을 보여준다.

그런데 왜 이 모두가 비판적 이론에 대해 얘기하는가? 왜 지금인가? 종종 거론되는 '이론 대 실무'의 이분법은 사실 오랫동안 존재해왔고, 이론 자체의 지적 밀도가 높을수록 그러한 이분법이 강화되어왔다. 하지만 새로운 현상은 1990년대 말에 '친-실무(pro-practice)'적이라고 묘사할 수 있는 움직임이 긴박하게 출현했다는 점이다. 대부분의 경우 이는 이론에 대한 총체적 부정(이 경우 '반-이론[anti-theory]'이라는 용어는 그다지 옳지 않다)이 아니라 건축과 건설의 현실에 초점을 맞추겠다는 (따라서 '친-실무' 적인) 사명으로 나타난다.

이러한 친-실무적 입장은 2000년에 스키드모어, 오윙스 앤 메릴(SOM) 재단의 후원으로 뉴욕 현대미술관이 컬럼비아 대학교와 공동으로 주최한 2부 구성의 컨퍼런스에서 하나로 모이게 되었다. 《제작 중인 사물들: 현대건축과 실용주의적 상상(Things in the Making: Contemporary Architecture and the Pragmatist Imagination)》이라는 제목으로 열린 이 컨퍼런스는 앞선 봄에 컬럼비아 대학교의 템플 호인 뷰얼 미국건축연구센터(Temple Hoyne Buell Center for the Study of American Architecture)에서 열린 한 워크숍의 공청회 같은 역할을 했다. 건축을 비롯한 여러 분야의 학자들, 예컨대 철학자 존 라이크만과 문화이론가 코넬 웨스트 등이 참여한 두 번의 회의는 건축과 실용주의가 만날 수 있는 지점들에 초점을 맞췄다. 말하자면 그 모든 반복 속에서도 "건축에 존재하는 어떤 경직된 구성들을 비집어 여는 지렛대 역할"[5]을 할 만한 지점들에 집중함으로써, 그때까지 비판적 건축이론의 기준이 되어왔던 것의 대안들을 제시하고자 한 것이다. 물론 실용주의는 그 자체로 또 하나의 이론이다. (이론의 완전한 소거를 요청하는 것 또한 이론이듯 말이다.) 하지만 그 철학적인 기원들에도 불구하고, 실험과 경험을 다양하게 강조하는 실용주의는 실무적인 적용과 행동 그리고 실질적인 생산물을 약속한다.[6] 이러한 실용주의는 1960년대부터 건축이론에 결부되었던 추상적이고 개념적인 과정들에 좌절과 실망을 느낀 이들에게 매력적으로 비쳤음이 틀림없다.

또 하나의 중대한 사건은 2000년에 일어났는데, 그해 4월까지 41회 발간되었던 건축 간행물 『어셈블리지(*Assemblage*)』가 폐간한 것이다. 일각에서는 이를 건축이론의 종말을 알린 사건으로 해석하기도 한다. 『어셈블리지』는 14년 전에 K. 마이클 헤이스와 앨리시아 케네디가 창간하고 공동 편집한 건축 및 디자인 문화 비평 저널로서, 건축이론을 탐구하고 확장하기 위한 장을 제공했었다. 이 저널은 종종 뉴욕의 건축도시연구소(Institute of Architecture and Urban Studies)와 연계된 피터 아이젠만과 마리오 간델소나스 그리고 앤소니 비들러가 창간하고 공동 편집한 저널 『오포지션스(*Oppositions*)』를 계승했다고 여겨지는데, 『오포지션스』가 1973년부터 1984년까지 11년간 발간되면서 진흥했던 이론적 교류를 이어갔기 때문이다. 헤이스와 케네디가 최종호의 기고 요청문에서 진술한 바에 따르면, 『어셈블리지』는 "어떤 담론이 걸음마를 익히고 솜씨를 키우며 성장의 고통을 겪는 과정에 있는 하나의 등록 명판을 제공했다."[7] 이러한 "등록 명판(registration plane)"이 사라졌다는 사실은 많은 이들에게 앞선 시기에 구축되던 이론에서 벗어나는 변화의 신호로 여겨졌다. 아마도 『어셈블리지』 최종호에 실린 헤이스와 케네디의 다음과 같은 글이 이를 가장 잘 반영한 예일 것이다.

> 마지막으로 한 가지 강조해야 할 점이 있다. 『어셈블리지』의 폐간은 이론의 종말과 무관하다는 것이다. 편집자의 의도와도 무관하고, 우리가 보기에는 역사적 증상과도 무관한 일이다. 오히려 이 전환의 순간은 이론적 활동이 새로운 흥분과 긴급성을 성취하게 됨을 뜻한다. 우리는 분명 이론에 반대하는 외침을 듣고 있고, 아주 묘하게도 이론적 진영의 깊숙한 내부에서부터 (…) 거시적 추상의 야망과 오래된 이론의 고된 노력들이 비난을 받고 있다. 하지만 이 모든 것도 이론을 향한 문제다. 이론의 한 가지 특이한 성격은 그것이 늘 그 자체를 역사화해야 한다는 점이다. 그리고 이론에서 벗어나는 다양한 탈주선(기술관리적, 탈비판적, 신실용주의적 노선)들도 여전히 이론의 성공이 (그리고 아마도 그 과잉이) 낳은 산물이다. 이런 노선이 재현하는 것은 이론이 때때로 통과해야 하는 일종의 수정사항들이다. 가게를 완전히 닫는 게 아니라, 재고 조사를 하고 신규 수요에 맞추면서 필요한 만큼 도구를 좀 재편하는 과정을 겪는 것이다.[8]

헤이스와 케네디가 사용하는 언어는 이론이 처한 상황의 심각성을 전해준다. 설령 그들이 이 상황을 이론의 범주 속에서—본질상 늘 스스로를 심문하고, 평가하고, 수정해야 하는 학문으로서—잘 묘사한다고 할지라도 말이다. 이론에 반대하는 외침들은 곳곳에서 다양하게 출현해왔는데, 가장 대표적으로는 (마이클 스픽스와 알레한드로 자에라-폴로의) "기술관리적(technomanagerial)" 외침과 (소몰과 와이팅의) "탈비판적(postcritical)" 외침 그리고 (컬럼비아/뉴욕현대미술관 행사와 연관된 이들 그리고 루머르 판 토른이 "극단적 리얼리즘[extreme realism]"[9]이라고 일컫는 것을 포용하는 네덜란드 건축사무소들의) "신실용주의적" 외침이 있다. 이론을 비난하는 주된 근거는 그것이 실무에 부합하지 않는다는 점과 관련이 있다. 하지만 헤이스와 케네디는 이러한 분리를 이론 자체의 또 다른 내적 본질로 표현한다. 아무리 대안적이고 진보적인 사유를 하더라도 실무를 제한하는 궁극적 요인은 뭔가가 지어지게 만드는 (경제적, 사회적, 학문적, 정치적) 현실들이다. 실제로 "어떤 건물이 그것이 배치되는 상황을 물질적이고 개념적인 방식으로 바꾼다는 의미에서 투사적(projective) 본질을 갖는다고 할지라도, 통상 문화적 수용과 직업적 실무의 기준을 넘어설 수는 없다." 하지만 별개로 보면

> [이론은] 현재 건물에 유용하거나 적절하지 않더라도 미래 건축을 위한 자원이 될 수는 있는 건축 실천의 측면들을 드러낸다. 이론적 텍스트는 우리가 달리 상상할 수 없는 것을 우리를 위해 찾아내지만(이게 이론 고유의 유토피아적 소명이다), 그걸 어떤 구체적 재현이나 지침으로서 제시하는 게 아니다. 그보다는 우리 학문과 담론 안의 간극과 구멍을, 말하자면 현재와 그 이데올로기적 폐쇄 너머를 바라보지 못하는 우리 자신의 무능력을 드러내는 방식을 취한다.[10]

따라서 헤이스와 케네디에 따르면, 이론을 폄하하는 이들의 주

장에도 불구하고 이론과 실무는 별개의 단위로 존재하는 게 마땅하다. 그럼에도 『어셈블리지』가 폐간하는 순간 이론이 짊어지게 된 도전은 매우 실제적이며, 그 저널의 최종호에서 편집자들이 열렬히 이론을 변호하게 만들 만큼 충분히 실제적이다.

『어셈블리지』의 폐간은 (피터 아이젠만의 부인인) 신시아 데이비슨이 편집하던 건축 저널 『애니(*ANY*)』의 폐간과 함께 찾아왔다. 『오포지션스』 세대와 직결된 저널이었던 『애니』는 1993년에 창간되어 2000년에 폐간되었는데, 이 저널의 결말은 『어셈블리지』의 폐간이 비판적 이론의 임박한 죽음과 관련이 있다는 느낌을 강화했다. 이런 정서는 아마도 새롭게 등장한 여러 건축 저널들, 예컨대 『프랙시스: 쓰기 + 짓기 저널(*Praxis: Journal of Writing + Building*)』(1999)과 『헌치: 베를라헤 인스티튜트 리포트(*Hunch: The Berlage Institute Report*)』(1999), 『306090』 (2001) 등의 출현으로 훨씬 더 심해졌을 것이다. 이런 저널들은 실무를 내세우거나 실무와 담론 간의 보다 직접적인 상응을 강조한다. 건축 간행물 출판계에서 일어난 이 모든 사건들이 전달한 메시지는 어떤 변화가 일어나는 중이며 앞선 수십 년간 이해되어온 이론이 적어도 재평가되는 과정을 겪고 있다는 것이었다.

* * *

이렇게 이론을 심문하게 된 배경 속에서, 서로 중첩하는 다양한 건축적 주제들이 출현했다. 현재 순간을 조건 짓는 이슈들의 다양성은 이 간략한 서론에서 다룰 수 있는 범위를 넘어선다. 하지만 그럼에도 1990년대 초부터 떠오른 모티프들을 대표적으로 꼽아볼 수 있다. 예를 들어, 최근의 기술적 진보는 건축에 수많은 기회와 도전을 제공했고, 건축 분야의 모든 측면에 걸쳐 영향을 끼쳤다. 특히 디지털 영역이 확장되면서 새로운 방식의 (소프트웨어와 컴퓨터 프로그램을 활용한) 설계와 (고객 맞춤 소재와 건물 부재를 생산하는) 제작과 (컴퓨터 모델과 조감 동영상을 만들어내는) 재현이 떠오르는 등 건축을 위한 풍부한 가능성이 생겨났다. 건축 비전문인들은 일부 현대 건축물들의 전례 없는 형태적 특성에서 디지털 기술의 가장 분명한 구현을 목격할 수 있었다. 프랭크 게리의 빌바오 구겐하임 미술관(1997)과 포린 오피스 아키텍츠(FOA)의 요코하마 항구 국제선터미널(2002)은 모두 그런 프로젝트에 속한다. 하지만 이 두 사례가 컴퓨터 보조 설계에 접근하는 방식은 서로 매우 다르다. 빌바오 구겐하임 미술관의 곡선은 항공용 소프트웨어를 활용한 덕에 정밀한 외관을 얻었지만, 그 형태는 전형적인 디자인 방식으로 결정되었다. 즉 먼저 프리핸드 스케치와 소규모 모형으로 작업한 뒤에 카티아(CATIA: Computer-Aided Three-Dimensional Interactive Application)라는 프로그램을 활용해 구체적인 제작과 시공을 실현했던 것이다. 게리의 디자인들은 말 그대로 컴퓨터가 생성한 결과물이 아니다. 다만 그는 소프트웨어 플랫폼을 활용함으로써, 이러한 디지털 도구를 쓰지 않고는 지을 수 없는 더 큰 형태적 레퍼토리 속에서 작업할 수 있는 것이다. 반대로 포린 오피스 아키텍츠의 요코하마 터미널 디자인은 찰스 젱크스의 표현처럼 "컴퓨터의 뱃속에서 잉태한" 결과물이었다. 이 건축사무소의 대표인 파시드 무사비와 알레한드로 자에라-폴로가 "그 창발적인 결과물에 얼마나 놀라워했는지를 얘기하며 꽤 자랑스러워했다"[11]는 사실은 그들이 게리와는 얼마나 다르게 컴퓨터를 활용하는지를 보여준다.

매끈하고 구불구불하게 물결치는 요코하마 터미널은 아마도 그렉 린과 가장 잘 결부되는 소위 블롭 건축(blob architecture)[12]과 공통된 요소들이 있다. '블롭'이라는 용어는 보통 컴퓨터 보조 설계에 의존하며 곡선과 생물 같은 형태를 활용하는 건축을 일컫는다. 게리의 빌바오 구겐하임 미술관 디자인은 블롭이라는 명명에 그다지 들어맞지 않는다. 빌바오 미술관은 소용돌이치는 듯한 비범한 형태를 제시하지만(이 형태는 꽃에도, 솜엉겅퀴에도, 심지어 마릴린 먼로의 휘날리는 치마에도 비교된 적이 있다[13]), 이렇게 휩쓸어 오르는 부분들은 전통적인 직선의 표면들과 충돌을 일으킨다. 곡선과 직선의 병치는 전자의 차이를 전면에 내세우는데, 진짜 블롭으로는 이런 차이를 만들어낼 수 없다. 블롭 건축가는 데카르트적인 직선 모서리를 계획할 필요가 없다. 그 이유는 전통적인 건축 형태와 기성의 설계 수단에서 벗어나려하는 블롭 건축가의 욕망에 일부 기인한다. 린도 묘사했듯이, 사실 곡선성(curvilinearity)은 (맥락적, 생물학적, 수학적, 위상학적) 정보의 흐름을 활용해 형태를 생산하는 소프트웨어 기반 설계에 맞는 성질이다.[14]

설계와 제작과 형태를 위한 새로운 가능성과 더불어, 디지털 시대는 건축 분야에 많은 질문을 제기한다. 예컨대 세계화나 인터넷 사회 또는 가상현실과 관련하여 건축의 역할은 무엇인가? 건축가는 새로운 디지털 기술을 어떻게 다르게 활용할 수 있을까? 디지털화가 학문분과로서의 건축에 갖는 의미는 무엇일까? 건축을 다시 개념화해야 하는가? 이를 비롯한 많은 이슈가 현대의 디지털 세계를 누비는 건축에 동반되는데, 이런 이슈들은 소규모의 디자인 결정사항과 구조물이 점유되는 방식에서부터 개별 건물과 대형 단지 및 도시 개발구역의 실제 형상과 배치에 이르기까지 모든 것에 영향을 끼친다. 디지털은 건축이 매일 씨름해야 하는 우리 현실의 중대한 일부를 구성한다.

건축이 맞닥뜨리고 있는 또 하나의 현실은 환경과 관련이 있다. 건축이 근대 사회가 안겨주는 생태적 피해를 저지하고 아마도 교정까지 하는 역할을 얼마나 할 수 있느냐가 문제인 셈이다. 지난 10년간 전 지구적인 기후 변화와 천연자원의 공급 감소, 총체적인 오염으로 인해 지속 가능하고 친환경적인 건축을 해야 할 의무는 충분히 명백해졌다. 오늘날에는 건축가가 친환경 전략을 디자인에 통합하는 경우가 더욱 흔해지고 있다. 지역에서 재생 가능하거나 에너지 효율이 좋거나 폐품 처리된 재료들을 사용하기도 하고, 에너지를 수확하고 만들어내는 장치(예컨대 빗물과 태양열을 모아서 활용하는 시스템)들과 살아있는 요소(예컨대 거주자와 야생생물이 살 수 있는 녹지 공간을 제공하면서 건물의 단열재 역할도 겸하는 잔디 지붕)들을 활용하기도 한다. 물론 건축가들이 환경 문제를 다루는 방식은 매우 광범위하다. 노먼 포스터와 리처드 로저스 그리고 렌초 피아노 같은 건축가들은 고급 기술을 활용한 친환경 설계를 할 때가 많지만, 새뮤얼 막비와 글렌 머컷 같은 건축가들은 지역 재료나 폐품 재료의 결합, 지리에 대한 관심, 증명된 지역적 해법들의 숙지를 바탕으로 지속 가능하고 환경적으로 응답하는 건축을 만들어낸다. 또 다른 접근은 윌리엄 맥도너가 취하는 방법인데, 그는 화학자 미하엘 브라운가르트와 함께 "요람에서 요람으로(cradle-to-cradle)" 철학을 고수하며 새로운 재료와 기술의 개발을 적극적으로 추구한다. 말하자면 이들의 철학은 어떤 주어진 과정에서 생겨난 헌 재료들을 또 다른 과정의 원자재로 활용하여 폐기물을 없애려는 것이다. 건축가들이 무슨 방법을 활용하든 간에, 많은 사람들은 지난 10년간 점점 더 강력해져 온 하나의 공통된 의식을 공유하는 걸로 보인다. 건축은 환경적으로 응답하는 실천이 되어야 한다는 것이다.

생태적으로 건강한 건축적 실천에 대한 요청이 떠오르면서 리얼리즘(realism)과 일상(the everyday)의 개념도 병행하고 있다. 건축과 관련해서는 두 개념 모두 정의하기가 쉽지 않은데, 의미가 고정적이지 않고 다소 주관적이기 때문이다. 이러한 불확정성에도 불구하고, 두 개념은 서로 밀접하게 관련된 걸로 보인다. 일상은 리얼리즘이라는 더 큰 영역에 속한 하위집합으로 볼 수 있기 때문이다. 리얼리즘은 종종 "리얼(real)"한 것을 향한 직접적이고 직설적인 평가와 태도를 연상시킨다. ('리얼'하다는 게 뭘 뜻하든 간에 말이다.) 이때의 '리얼'은 실존(exist)하는 것이자 실천적이고(이거나) 상징적인 수준에서 다뤄야 하는 것이다. 일상은 평범한 것, 전형적인 것, 지역적인 것과 긍정적 방식으로 관계를 맺는데, '일상'을 구성하는 것은 불가피하게 누군가가 어떤 존재이고 그가 일반적으로 무엇을 경험하는지에 의존하기 때문이다. 인간적 경험을 강조하는 리얼리즘과 일상은 실용주의와 지역주의를 둘러싼 대화들과 공명하지만,

각각의 고유한 평면상에도 실존한다. 일상의 건축은 여러 면에서 게리의 빌바오 구겐하임 미술관 같은 프로젝트와 반대되는 주제로서, 아이콘이나 기념비를 향한 욕망에 이끌리지 않는다. 그보다는 건물이 실존하는 맥락과 주변 인구로 인해 자체적으로 형성된 장소의 특수성에 대한 관심에 이끌린다. 빌바오 구겐하임 미술관의 금속 외피와 물결치는 형태는 철강과 조선 산업의 중심지였던 빌바오의 과거를 참조하지만, 동시에 스페인 이외의 수많은 지역들, 예컨대 로스앤젤레스(월트 디즈니 콘서트홀[2003])와 시카고(밀레니엄 파빌리온[2004]), 매사추세츠 케임브리지(매사추세츠 공과대학 스타타 센터[2004]) 등에서 게리가 선보여온 그만의 특징적 요소를 담아낸다.

대서양 건너편의 친족 같은 건물들이 있음에도, 빌바오 구겐하임은 (아마도 프랭크 로이드 라이트가 설계한 뉴욕 구겐하임 미술관의 그 유명한 내향형 나선보다도 훨씬 더) 타의 추종을 불허하는 아이콘이다. 이 미술관이 개관한 이래 건축가들을 포함한 수백만 명의 사람들이 빌바오를 방문해왔다는 사실이 그것을 증명한다. 뉴욕은 방문객을 유치할 만한 문화적인 즐길 거리가 많지만, 게리와 구겐하임 재단 디렉터 토마스 크렌스가 개입하기 전의 빌바오는 쇠퇴해가는 산업도시로서 새로운 '순례지'가 되기는 어려워 보였다.[15] 건축비평가 찰스 젱크스가 2005년에 『아이콘적 건물(Iconic Building)』이라는 책에서 썼듯이, 건물이 아이콘으로 기능하는 게 새로운 현상은 아니다—예컨대 엠파이어스테이트나 크라이슬러 빌딩을 생각해보라.[16] 빌바오 구겐하임(이 미술관이 그냥 '빌바오'로 불릴 때가 많음을 생각해보라. 마치 그 도시가 이제는 대개 그 건물 때문에, 그리고 그 건물을 위해 존재하는 것처럼)과 런던 오이(Gherkin)(원래 포스터의 스위스 리 보험회사 타워[2004]였는데 현재는 세인트 메리 엑스 30번지로 알려진 건물)처럼 즉각적으로 알아볼 수 있는 건물들은 그 속에 들어선 기관뿐만 아니라 건물이 앉혀진 도시까지 광고하는 로고 역할을 한다. 이는 만프레도 타푸리 같은 건축 이론·비평가들이 통탄을 했던 건축의 상업화가 완전히 다른 수준으로 전개되고 있음을 나타낸다.[17] 이런 아이콘적인 건물들은 형태와 가시성을 마케팅 기법으로 활용하며 자본주의 체제와 의도적으로 공모한다.

빌바오 구겐하임은 아이콘적인 건물로 기능할 뿐만 아니라, 그와 연관된 현상으로서 소위 '스타키텍트(starchitect)'라고 불리는 스타 건축가를 조명하기도 한다. 『퍼스펙타(*Perspecta*)』 37호의 편집자들은 명성과 건축을 주제로 한 호에서 이렇게 말한다. "오늘날의 세계화된 아이디어 시장에서 소위 말하는 스타키텍트는 객원 편집자를 고용하는 잡지들을 통해, 그리고 화장실 부대용품부터 브랜딩 전략까지 모든 것에 대해 다국적 기업과 협업하면서 건축 너머의 더 큰 세상에 영향을 줄 수단을 갖고 있다."[18] 그래서 렘 콜하스는 『와이어드(*Wired*)』의 한 호를 객원 편집하고, 게리는 『심슨 가족(*The Simpsons*)』에 등장하며 티파니사(Tiffany & Co)를 위한 귀금속류를 디자인한다. 사실 현대 사회에서 스타 건축가가 만들어내는 문화 자본은 그가 (또는 좀 더 희귀하게 그녀가) 납품하는 (종종 아이콘적인) 건물만큼 값이 나간다. 건축가이자 펜실베이니아 대학교 교수인 위톨드 립친스키는 「빌바오 효과(The Bilbao Effect)」라는 글에서, 빌바오 구겐하임의 성공 이후 여러 미술관과 지방자치단체가 점점 더 게리와 스티븐 홀, 다니엘 리베스킨트, 산티아고 칼라트라바 같은 유명 건축가들에게 그들의 특징이 묻어나는 건물을 의뢰하고 있음을 논한다. 이런 작업은 자주 지명현상설계를 통해 공모되며, 눈을 사로잡는 렌더링과 언론 홍보로 완성되곤 한다. 립친스키에 따르면 이렇게 "고조된 분위기"는 "세심한 사유보다는 화려함을 진흥하고, 미묘한 뉘앙스보다는 입심 좋은 명백함을 선호한다." 그는 "'감탄을 불러일으키는 요인(wow factor)'이 방문객과 언론인을 흥분시킬 수 있"지만 그게 꼭 좋은 건축에 기여하는 것은 아니며 좋은 건축은 "'나를 봐 달라' 이상의 할 말이 있어야 한다"고 결론짓는다.[19]

21세기로 접어든 지도 대략 10년이 된 이때, 아이콘적인 건물을 향한 트렌드는 서서히 멈추고 있는 것인지 모른다. 최근의 금융

위기들로 세계 경제가 위태로운 상태에 빠짐에 따라 많은 건설 프로젝트가 중단되고 건축과 건설 산업 전반에 걸쳐 해고 바람이 불었다. 이런 분위기에서 건축가 겸 비평가인 로버트 캠벨은 1990년대 말 빌바오 미술관이 개관했을 때부터 현대 생활의 모든 측면에 영향을 준 현재의 경제 침체기까지를 '빌바오의 10년(Bilbao Decade)'으로 칭하며 이제 우리가 한 시대의 끝에 도달했다고 주장했다. 하지만 캠벨에 따르면 "불황에는 괜찮은 면도 있다. 불황기에 사람들은 호황기 경제의 정신없는 속도에서 한 발짝 물러서서 자신들이 뭘 하고 싶어 하는지를 골똘히 생각할 시간을 얻는다."[20]

하지만 지난 20년간 누군가가 건축의 영역을 재고하거나 실제로 확장하기 위해 불황이 꼭 필요했던 건 아닌 듯하다. 건축은 결코 단순한 건설의 문제였던 적이 없었다. 건축과 예술, 공학, 기타 학문 사이의 불분명한 범주는 오래전부터 존재해왔다. 그럼에도 건축은 최근 들어 다양한 영역을 끌어들이고 그것들에 침투하며 범위를 넓혀온 걸로 보인다. 역시 게리를 사례로 들어보자면, 그는 (건축과 가구, 조각, 귀금속류의) 디자인만 한 게 아니라 2002년 들어 건축적 응용에 특화된 소프트웨어 기술을 제공하는 게리 테크놀로지(Gehry Technologies)라는 회사를 열었다. 아마도 건축의 확장된 범위를 보여주는 대표적 사례는 콜하스일 것이다. 콜하스는 오엠에이(OMA: Office for Metropolitan Architecture)의 대표이자, 오엠에이의 연구 기반 부속회사인 에이엠오(AMO: Architectuur Metropolitaanse Officie)의 창립자다. 에이엠오는 사업 전략부터 마케팅과 상업화에 이르기까지 모든 일을 담당하는 컨설팅 회사의 역할을 한다. 에이엠오는 "건축과 도시계획의 범주들을 넘어 사회학과 기술, 미디어, 정치를 포함한 영역들 속에서 활동하는 두뇌집단"[21]으로 묘사되지만, 누군가는 에이엠오가 콜하스와 오엠에이의 지도하에 이런 영역들을 건축의 범위 안으로 끌어온다고 주장할 수도 있을 것이다. 현재 우리가 점유하는 특정한 순간의 산물이자 증상으로서 말이다.

다양한 외력—역사적, 문화적, 정치적, 경제적인 힘들—이 현재의 조건을 형성하는 가운데, 그런 힘들과 불가분 엮이는 건축은 결코 현재 사건들(예컨대 2000년대 초의 인간 유전체 염기서열분석과 테러리스트의 공격 등)의 영향에서 벗어나지 못한다. 중요한 세계 사건들은 여기서 거론하기에 너무나 많지만, 학문분과로서의 건축은 불가피하게 그 모든 사건에 응답해왔고 그 방식들은 우리의 현대적인 건축 상황, 말하자면 불안과 불확정성이 열정과 잠재력을 누그러뜨리는 시기에 기여해왔다고만 말해두자. 1960년대 중반부터 1990년대 중반까지 이론은 그 다양한 모습에도 불구하고 길을 선도하는 위치에 있었다. 그 이후로는 기술, 생산 및 제작 수단, 문화적 · 정치적 정세의 현실이 다양하게 변하는 등의 이유로, 건축 자체가 변화해왔다. 이론은 더 이상 이전의 역할을 차지할 수 없게 됨에 따라 역시 변화하기 시작했다—어떤 경우에는 유토피아적 이상, 현상유지에 대한 선언적 거부, 엄격한 문화비평에서 벗어나기 시작했는데… 그 지향점은 어디인가? 현시점에서 무엇이 건축의 종반전인가? 분명하거나 쉬운 답은 없다. 사실 여기에 모아놓은 1993년부터 오늘날까지의 글들은 다양한 궤도를 따라 입장을 취한다. 상서롭게도, 이 모든 경로는 앞을 가리키고 있다.

주(註)

1 Kate Nesbitt, "Introduction," in *Theorizing a New Agenda for Architecture: An Anthology of Architectural Theory, 1965-1995* (New York: Princeton Architectural Press, 1996), 16.
2 K. Michael Hays, "Introduction," in *Architecture Theory Since 1968* (Cambridge, Mass.: MIT Press, 1998), xiv n. 1.
3 Nesbitt, "Introduction," 18.
4 George Baird, " 'Criticality' and Its Discontents," *Harvard Design Magazine*, no. 21 (Fall 2004/Winter 2005): 16-21.
5 Joan Ockman, "The Idea of the Workshop Project," in *The Pragmatist Imagination: Thinking about "Things in the Making,"* ed. Joan Ockman (New York: Princeton Architectural Press, 2000), 17.
6 실용주의 워크숍과 컨퍼런스에 대한 더 많은 정보는 Ockman, *The Pragmatist Imagination*을 참조.
7 K. Michael Hays and Alicia Kennedy, *Assemblage* 41 (Apr. 2000)에 실린 기고 요청문.
8 K. Michael Hays and Alicia Kennedy, "After All, or the End of 'The End of,' " *Assemblage* 41 (Apr. 2000): 6.
9 이 책에 재수록된 루머르 판 토른의 「이제 꿈은 없는가? 최근 네덜란드 건축의 리얼리티를 향한 열정… 그리고 한계」 참조.
10 Hays and Kennedy, "After All, or the End of 'The End of' ": 7.
11 Charles Jencks, "The New Paradigm in Architecture," *Hunch* 6/7 (Aug. 2003), http://www.charlesjencks.com/articles.html.
12 Greg Lynn, *Folds, Bodies & Blobs*: Collected Essays (Brussels: La Lettre Volée, 1998) 참조.
13 Herbert Muschamp, "The Miracle of Bilbao," *New York Times*, September 1997.
14 이 선집에 재수록된 그렉 린의 「건축에서의 곡선성: 주름 접힘, 유연함, 순응성(Architectural Curvilinearity: The Folded, the Pliant and the Supple)」 참조.
15 Muschamp, "The Miracle of Bilbao." 참조.
16 Charles Jencks, *Iconic Building* (New York: Rizzoli, 2005).
17 Manfredo Tafuri, *Architecture and Utopia: Design and Capitalist Development*, trans. Barbara Luiga La Penta (Cambridge, Mass.: MIT Press, 1976) 참조; 원본은 *Progetto e Utopia* (Bari: Laterza & Figli, 1973)로 출판됨.
18 Brendan M. Lee, DaeWha Kang, Justin Kwok, and Robert McClure, "Editorial Statement," *Perspecta 37, Famous* (2005): 4. 건축과 유명인을 둘러싼 이슈에 관한 논평에 대해서는 37호 전체를 참조.
19 Witold Rybczynski, "The Bilbao Effect," *The Atlantic* (Sept. 2002), http://www.theatlantic.com/doc/200209/rybczynski.

20 Robert Campbell, "Marking the End of 'The Bilbao Decade,'" Boston Globe, January 11, 2009, http://www.boston.com/ae/theater_arts/ articles/2009/01/11/marking_the_end_of_the_bilbao_decade/.

21 에이엠오에 대한 이 묘사에 대해서는 http://www.oma.nl/ 참조.

소개문

건축에서의 곡선성: 주름 접힘, 유연함, 순응성 / 그렉 린

1993년 그렉 린은 『건축 디자인(AD)』지 객원 편집자로서 건축에서 대두되고 있던 '주름 접기'[1] 움직임을 다뤘다. 로스앤젤레스에 기반을 둔 건축가이자 교육자인 린은 철학을 전공했고, 컴퓨터 기반의 디자인에 매료되었기에 이 출판물을 기획하고 결과적으로 건축 분야에서 논의된 주름을 정의하기에 이상적인 사람이었다. 그 이후 90년대 중, 후반 동안 주름은 강렬한 관심을 불러일으킨 개념이 되었다.

린은 기고한 에세이 「건축에서의 곡선성: 주름 접힘, 유연함, 순응성」에서 질 들뢰즈, 르네 톰, 요리 이론과 지질학 등 다양한 원천들을 함께 묶어서, 기존의 건축 이론 및 실무와 다른 대안을 제시했다. 그는 1960년대 중반 이후 대립성이라는 개념이 건축을 지배했다고 말한다. 형태적으로 혼재성(heterogeneity)[2]을 구현하려고 했든 아니면 이에 상반된 바를 구현하려고 했든 양자, 간단히 말해, 포스트모더니즘과 해체주의는 같은 동전의 양면으로 이해될 수 있다는 것이다. 더 나아가 린에게 "통일성을 요구하는 반동적 성향도, 내부의 대립성을 분명하게 만들어서 통일성을 분쇄하려는 전위적 태도도, 현대의 건축과 도시를 위한 모델로는 적절해 보이지 않는다." 대신 그는 결합되어 있지만 별리된 요소들로 구성된 (시각적, 수학적 의미 모두에서) 매끈한 건축을 주장한다. 마치 다양한 음식 재료들이 뛰어난 요리사에 의해 매끈하게 접기-혼합되는 것과 마찬가지로, 매끈한 건축을 구성하는 요소들은 건축 분야 바깥의 외압에 따라 조성된다. 린이 유연한 또는 가변적 건축이라고 부르는 이 새로운 건축은 대립성을 강조하거나 이를 완전히 제거하는 대신, 설계에 포함된 요소들 사이의 접속을 최대한 활용한다. 건축이 문화와 맥락에서 비롯된 외력과 불가분하게 뒤엉킨다는 점도 이에 못지않게 중요하다. 건축가마다 설계안을 만드는데 구사하는 전략은—위상기하학과 디지털 소프트웨어나 기술에 의존하는 것을 포함해—다양하지만, 최종 작품이 곡선형태가 되는 경향과, 계획안 및 그

주변 환경의 세부 조건들을 따라 굴절되는 경향은 공통된다.

『건축에서의 주름 접기』라는 제목으로 편집된 AD 특집호에는 린의 에세이 말고도 들뢰즈, 제프리 킵니스와 존 라이크만 같은 사람들의 글과 피터 아이젠만, 프랭크 게리와 필립 존슨 같은 건축가의 대표 계획안들이 수록되어 있다. 이처럼 뛰어난 협력자들이 뒷받침해 준 덕분에 이 출판물은 주름 현상이 이미 건축디자인계에 자리 잡고 있다는 것을 알리는 계기가 되었다. 정말 그랬다면, 『건축에서의 주름 접기』는 매끈함으로 특징지어지는 이 새로운 건축을 명확하게 하고 집중 조명하여 건축 사고에서 일어난 전환을 공고하게 한 셈이다. 린이 기획한 AD 특집호의 중요성은 2004년 "역사적 기록"[3]으로 재발행된 것으로도 입증되는데, 재판본에는 원래 판본을 21세기 건축 담론을 선도하는 힘으로 분석하고 그 위상을 자리매김한 새로운 소개 글이 추가되었다.[4]

주(註)

1 역주: fold-계열의 단어들은 '주름' 이라는 명사 상태와 '접다' 라는 동사 용법이 혼재하는 점을 고려하여, the fold=주름, the folded=주름 접힘, folding=주름 접기(요리에서는 접기-혼합), 동사 fold=주름 접다로 번역하였다.

2 역주: 질 들뢰즈 연구자들이 heterogeneity의 번역어로 채택한 용어는 '다질성' 또는 '이질성' 이다. 하지만 건축에서는 이 용어를 사용하는 캠프에 따라 개념의 뉘앙스가 다르다. 린이 말하는 매끈한 복합성의 맥락에는 '다질성' 이 무난하지만, 포스트모더니즘이나 해체주의처럼 단편이 대립하거나 충돌하는 복합성의 맥락에는 부적절하여, '혼재성' 으로 구분하였다. 어느 한 가지로 통일하면 대립-충돌 또는 매끈함의 의미가 소거되기에, 두 가지 번역어를 혼용하였다.

3 Greg Lynn ed., *Folding in Architecture* (London: Wiley-Academy, 2004)에 실린 Helen Castle, "Preface," 7.

4 위의 책, *Folding in Architecture*에 추가된 Greg Lynn, "Introduction," (8-13)과 Mario Carpo, "Ten Years of Folding," (14-19)을 보라. 또한 Branko Koleravic, ed., *Architecture in the Digital Age: Design and Manufacturing* (New York: Spoon Press, 2003), 3-10도 보라.

그렉 린(Greg Lynn) / 정만영 옮김

건축에서의 곡선성: 주름 접힘, 유연함, 순응성

Architectural Curvilinearity: The Folded, the Pliant and the Supple

Architectural Design 63, no. 3/4 (1993): 8-15쪽에 처음 실림.
그렉 린 제공.

로버트 벤투리(Robert Venturi)의 『건축의 복합성과 대립성』[1]에서 시작해서 콜린 로우(Colin Rowe)와 프레드 쾨터(Fred Koetter)의 『콜라주 시티』[2], 마크 위글리(Mark Wigley)와 필립 존슨(Philip Johnson)의 『해체주의 건축』으로 이어진 지난 20년 동안, 건축가들은 기본적으로 혼재되고, 단편화되고, 충돌하는 형태 체계를 생산하는 데 전념해 왔다. 이 실천은 물리적, 문화적, 사회적으로 다양한 맥락 내부의 그리고 그 맥락 사이의 차이를 충돌하는 형태로 구현하려고 했다. 벤투리의 『건축의 복합성과 대립성』 또는 『라스베가스의 교훈』을 위글리와 존슨의 『해체주의 건축』과 비교해서 한 가지라도 공통된 주제를 확인하려면, 일단 여러 가지 크고 뚜렷한 차이를 무시할 필요가 있다.

벤투리와 위글리는 모두 특정 부지와 프로그램 안에 있는 모순, 병치, 대립에 근거해서 불연속적이고, 단편화되고, 혼재되고, 사선이 강조된 형태 전략을 펴나가자고 주장한다. 이러한 이접은 서로 다른 요소 사이에 잠재된 대립성을 분명히 하려는 논리에서 비롯된 것이다. 어떤 건물과 그 맥락이 사선으로 대화하는 것은 현대 문화 내부에 있는 대립성을 상징한다는 것이다. 도시계획에서 건물 상세에 이르는 모든 규모에서 기하학, 재료, 양식, 역사, 프로그램을 충돌시키기 위한 맥락이 발굴되어왔고, 그것은 건축에서 내부의 대립성으로 재현되었다. 벤투리의 런던 국립미술관 세인즈버리 동, 피터 아이젠만(Peter Eisenman)의 웩스너 센터, 베르나르 추미(Bernard Tschumi)의 라 빌레트 공원, 프랭크 게리(Frank Gehry)의 주택 등 지난 10여 년 사이에 지어진 건축계의 대표작들은 건축으로 대립성을 재현하는 데 공을 들였다. 대립성을 통해 건축은 차이를 격렬하게 충돌하는 형태로 재현한 것이다.

대립성은 또한 충돌하는 형태에 반동하는 대응도 불러일으켰다. 그러한 저항은 혼재성에 대척할 수 있는 통일된 건축언어를 회복시키고자 한다. 통일성은 두 가지 전략을 통해 구축되었는데, 하나는 역사분석을 통해 연속적 건축언어를 재구축하는 것(신고전주의 또는 신근대주의)이고, 다른 하나는 토착적 기후, 재료, 전통, 기술에서 파생되는 지역적 일관성을 분명히 하는 것(지역주의)이다. 신고전주의, 신근대주의, 지역주의의 내부 지침은 관습적으로, 대립성 논리에서 필수라고 할 수 있는 문화와 맥락에서의 불연속성을 억압한다. 그러나 혼재성에 반동하는 건축과 이를 재현하려는 건축, 둘 다 맥락의 분석에 기원을 둔다는 점을 공유한다. 두 가지 이론적 모델 모두 맥락상의 조건들에 대한 면밀한 분석으로 시작해서, 동질적 또는 혼재적 도시 조직을 끌어내는 것이다. 하지만 통일성을 요구하는 반동적 성향도, 내부의 대립성을 분명하게 만들어서 통일성을 분쇄하려는 전위적 태도도, 현대의 건축과 도시를 위한 모델로는 적절해 보이지 않는다

건축이 문화 및 형태에서 복합적이고 상이하며, 분화되고 혼재된 맥락을 발견한 것에 반응해서, 충돌과 대립 또는 통일성과 복원, 둘 중 어느 쪽을 강조할 것인가 선택하는 사고가 지배해 왔다. 이처럼 변증법적으로 대립하는 전략에서 벗어나는데 대안이 될 매끈함이 이제 모습을 드러내고 있다. 이 탈-대립적 작업의 다양한 원천인 위상 기하학, 형태학, 형태발생론, 급변론, 방위산업과 할리우드 영화산업에서 사용되는 컴퓨터 기술 등에 공통된 특성은 매끈한 변형이라고 할 수 있는데, 차이를 연속적

이지만 다질적인 하나의 체계 내부로 강도 높게 통합하는 것도 여기에 포함된다. 매끈한 혼합체를 형성하는 상이한 요소들은 자유로운 다른 요소들과 연속적인 장에 뒤섞여 있으면서도 자신의 통합성을 유지한다.

매끈하다는 것은 차이를 근절시키는 것이 아니라, 혼합과 뒤섞음 같은 유동적 전술을 통해 자유로운 강도들을 통합한다.[3] 매끈한 혼합체는 동질적이지 않으며, 그렇기 때문에 환원될 수도 없다. 들뢰즈(Gilles Deleuze)는 매끈함을 "연속적 변이", "형태의 연속적 전개"라고 설명한다.[4] 순수 형태와 정태적 기하학에 대한 위글리의 비판은 기하학적 충돌과 불연속성에 각인되어 있다. 위글리에게는 매끈함이 위계적 조직체와 같은 것이다: "볼륨들은 순수해졌고, 다시 말해 매끈해지고 고전적으로 되었고, 모든 강선들은 단일의 위계적이고 수직적인 운동으로 수렴된다."[5] 만약 위글리가 충돌을 포획하는 데 공을 들이는 대신 다질적 혼합체의 매끈함에 관심을 보였다면, 그의 '미끄러움'은 좀 더 유효하게 활용되었을 것이다. 아마 그랬다면 처음으로, 복합성이 통일성이나 대립성이 아니라 매끈하고 유연한 혼합체와 긴밀하게 제휴되었을 것이다.

유연함과 매끈함은, 차이의 압박으로 파열되는 건축과 이에 완강하게 맞서는 건축 중 양자택일만 강요하는 두 진영에서 벗어나는 길을 제시한다. 유연함은 가변성을 통해 건축을 복합성과 결부시킨다. 차이들의 복합적 관계를 고정된 결정 지점들에 따라 억압하지도 않고, 대립성으로 포획하지도 않으면서, 가변적이고, 예측할 수 없고, 국지적인 접속을 통해 그대로 지속하는 것이 가능하다. 차이를 충돌하는 형태로 포획하는 것은 종종 건축 형태를 보다 큰 문화적 장과 더 복잡하게 접속시킬 많은 기회를 무용지물로 만든다. 보다 유연한 건축을 향한 감각은 요소들 사이의 충돌보다 연대를 중시한다. 유연함은 첫째, 내부가 가변적이라는 것을 둘째, 자기-규정을 위해 외력에 의존한다는 것을 함축한다.

만약 주름 접기에 의해 건축에서 생산되는 단일 효과가 있다면, 그것은 서로 무관한 요소들을 새로운 연속적 혼합체로 통합하는 능력일 것이다. 요리 이론은 최소한 세 가지 유형의 혼합체에 대해 실용적이고도 정밀하게 개념을 정의해 왔다. 첫 번째는 동질적 재료의 처리에 관한 것이다; 뒤섞기, 휘젓기, 거품내기는 부피를 변화시키지만, 섞는다고 해서 액체의 본성이 변하지는 않는다. 두 번째는 두 개 이상의 상이한 재료를 혼합하는 통합 방법이다; 토막 치기, 썰기, 빻기, 갈기, 저미기, 채 쓸기, 다지기는 재료들을 잘게 나눠 제 모습을 제거한다. 첫 번째 방법은 단 한 가지 같은 성분을 섞는 것이고, 두 번째는 상이한 성분을 제거하는 것이다. 반면, 접기-혼합, 크리밍, 블렌딩은 "휘젓거나 뒤섞지 않고, 부드럽게 포개는 작업을 반복해서," 여러 가지 성분을 매끈하게 혼합하면서도, 각 성분의 개별 특성이 남아 있도록 하는 것이다.[6] 예를 들어서 계란과 초콜릿을 함께 접기-혼합하면, 각각은 하나의 연속적 혼합체에 속하면서도 구별되는 켜가 된다.

접기-혼합은 섞기나 축출이 아니라 순응하는 겹을 사용한다. 이와 마찬가지로 지질학에서 사용하는 주름 접기는 광물이나 광상의 퇴적작용을 포함하는데, 그들은 서서히 휘어지고 빈틈이 없어지면서 고원의 지층을 형성한다. 이 지층은 외력에 의해 압축되면서 거의 연속된 켜들을 형성하며, 강도가 계속 바뀌어도 연속된 켜들 내부의 다질적 침전물은 온전히 유지된다.

주름 접힌 혼합체는 거품 크림처럼 동질적이지 않고, 으깬 견과처럼 산산이 조각나지도 않으며, 매끈하고 다질적이다. 요리와 지질학 모두에서 알 수 있듯이, 주름 접히도록 사전에 준비된 조직체가 따로 있는 것이 아니라, 서로 무관한 요소들이나 순수 강도들이 결합 처리되면서 서로 뒤얽힐 뿐이다. 상이한 요소들은 누르기 같은 다른 처리를 통해서도 매끈한 혼합체로 통합될 수 있다.

"펠트는 순응적이면서도 고형체적인 일종의 반-직물로서, 직물과 완전히 다른 방식으로 만들어진다. 여기서는 실을 분리해서 엮어 짜는 것이 아니라, 누르기만으로 (예를 들어, 섬유 묶음을 앞뒤로 굴려서) 섬유를 엉키게 만든다. 엉키는 것은 미세한 크기의 섬유들이다. 이런 식으로 뒤얽힌 집합체는 결코 동질적이지 않지만 그래도 매끈하며, 직물의 공간과는 모든 점에서 대조된다. (원리적으로 펠트는 무한하고 열려 있으며 방향의 제약도 없다. 위아래도 없으며 중심도 없다. 그것은 고정된 요소와 움직이는 요소를 할당하는 것이 아니라, 전체에 연속적 변이를 분포시킨다)."[7]

매끈한 혼합체가 갖는 두 가지 특성은, 상이하고 무관한 요소들로 구성된다는 것과 이 요소들에 외력이 가해져 결합하면서 자유로운 강도들이 뒤얽히게 된다는 것이다. 뒤얽힘은 뒤얽힌 접속을 말한다. 뒤얽힌다는 것은, 내부에서 일어나는 접속이 아니라, 중간에서 교섭함으로써 쌍방의 표면이 국지적으로 제휴하는 것이다. 어떤 혼합체 내부의 다질적 요소들 사이에는 고유한 관계라는 것이 있을 수 없다. 마찬가지로 이 요소들을 서로 뒤얽히게 만드는 외력도 개별 요소를 통제하거나 예정하는 것과 거리가 멀다.

점성 혼합체

대립성, 중첩, 우연한 충돌에 기초한 건축과 달리, 유연한 체계는 끊임없이 변전하는 맥락, 문화, 프로그램, 구조, 경제상의 우발성들과 예기치 못한 접속을 발생시킬 수 있다. 변전은 종종 망설임, 약함,[8] 우유부단함과 동일시되기도 하지만, 더 중요한 것은 그러한 특성이 자주 전술적 간계에 동원된다는 점이다.[9] 변전은 우연히 발생하는—우호적이든 비우호적이든—상황에 반응해서 제멋대로 변하는 것의 특질이다. 변전하는 사건들은 자의적인 것도 아니고 예측할 수 있는 것도 아니라, 우연적인 것으로 보인다. 이 사건들은 내부의 계기들이 외력과 충돌하면서 가능해진다. 예를 들어서 사고가 일어날 때 희생자는 즉각 사고를 발생시킨 힘을 찾아내고, 비난을 퍼붓는다. 그러나 사건이란 변전에 의해 일어나는 것이기 때문에, 어떤 사고도 일방적으로 한쪽의 책임일 수는 없다. 즉 특정 영향들이 특정 시간에 합류해야만 사고가 일어나는 것이다. 그러한 국지적 힘들의 합류에 참여하고 있는 어떤 요소가 바뀐다면, 사건의 본성도 바뀔 것이다. 질 들뢰즈와 펠릭스 가타리의 책 『천 개의 고원』이라는 제목은 예측할 수 없는 사건을 강도 높게 통합하는 사건을 설명하기 위해 '천 번의 변전(a thousand vicissitudes)' 이라는 스피노자의 개념과 '강도가 연속되는 고원(continuing plateau of intensity)'이라는 그레고리 베이트슨(Gregory Bateson)의 개념을 연결시킨 것이다. 여기서 발생하는 일들은 국지화하기도 어렵고, 명확히 식별하기도 어렵다.[10] 모든 변전의 논리는 국지적 강도들의 뒤얽힘, 그리고 외부의 우발적 계기들로 이 요소들을 설명해 보려는 압박 둘 다에 의존한다. 뒤얽힘도 그것을 어떤 관계 속으로 밀어 넣는 힘도 어느 단일 체계 안에서 예측할 수는 없다. 변전에 의한 접속은 국지적으로 인접한 것을 활용하는 동시에 외력과 제휴함으로써 정체성을 확립해 간다. 그런 의미에서 변전하는 혼합체는 점성의 논리를 통해 응집된다.

점성 유체는 그들에 가해지는 외압에 정비례해서 내부의 안정성을 확보한다. 이 유체는 두 가지 유형의 점성에 반응한다. 점성이 증가하면 유체의 내부 응집력과 외부에 대한 점착력이 동시에 높아진다. 압력이 더 강해지면, 점성 유체는 액체보다는 끈끈한 고체처럼 반응하기 시작한다. 이와 유사하게 점성 고체도 압력을 받으면 끊어지지 않을 때까지 계속 휠 수 있다.

점성 공간도 인접한 압력에 반응하여 같은 방식의 응집된 안정성을, 또 인접한 것에는 점착력 또는 끈끈함을 보여줄 것이다. 이와 같은 점성적 관계들은 어느 단일한 또는 전체를 망라하는 조직체로 환원될 수 없다. 점성과 유연함을 갖는 형태는 그것의 이형화(deformation)[11]와 강렬하게 결부된 '변전하는' 접속과 힘을 배제하고서 파악할 수 없다. 유연한 형태의 본성은 끈끈하고 가변적이라는 것이다. 사물은 여기에 들러붙는 경향이 있다. 유연한 형태가 가공되고 이형화되면, 그 표면에 붙어 있는 사물도 형태 내부로 통합된다.

해체주의로부터 벗어나 휘기

동시 발생적인 것은 아니지만, 유연함을 가장 잘 재현한 계획안은 일군의 젊은 건축가 외에도, 예전에 대립성의 가치를 높이는 데 관여했던 바로 그 건축가 중 상당수에 의해 만들어지고 있다. 해체주의는 세계를 차이가 지배하는 곳으로 이론화하고, 건축이 그 대립성을 형태로 재현할 수 있도록 만들었다. 하지만 도시적, 문화적 맥락의 세부 특성들을 더 충분히 활용하려다 보니, 대립성의 논리가 부드러워지기 시작했다. 해체주의 건축가는 건물이나 부지에서 찾아낸 내적 불연속성을 기점으로 해서 자기 계획안을 만들었기 때문에, 이는 타당한 전환이다. 바로 그 건축가들이 불연속성을, 충돌하는 형태로 재현하는 대신, 연속적이고 가변적인 체계를 통해 서로 제휴토록 만드는 도시적 전략을 채용하기 시작한 것이다.

이중 상당히 많은 건축가가 이미 사선 형태로 된 해체주의 양식에 이름을 남긴 것과 마찬가지로, 분명히 자신의 현재 작품을 신-바로크나 심지어 곡선 형태의 표현주의 양식으로 분류할 건축가도 있을 것이다. 그러나 유사한 형태를 구사한 많은 건축가들은 훨씬 더 풍부한 '곡선성의 논리(logic of curvilinearity)' [12]를 주장하는데, 이 논리의 특징은 형태를 전개하면서 외력을 결부시키는 것이다. 내부에서 동기화된 동질적 체계는 직선으로 확장되지만, 곡선은 외부의 영향을 통합하면서 전개된다. 곡선성은 이 특집(AD 63)에 실린 계획안들을 들뢰즈의 『주름: 라이프니츠와 바로크』[13] 및 르네 톰(René Thom)의 급변론 다이어그램과 연결시킨다. 이 연속적이지만 미분화된 체계에 의해 기술되는 매끈한 공간은, 프로그램, 구조, 경제, 미학, 정치, 맥락이 미치는 영향에 반응해서 복합적으로 이형화될 수 있는 곡선을 중시하는 감각으로 인해 가능해진 것이다. 강도에 따라 휜 형태가 그렇지 않은 형태 논리보다 정치적으로 더 정당하다고 할 수는 없다. 하지만 대립성과 충돌보다는 매끈한 통합을 통해서 얻는 약삭빠른 유연함이 보통 더 효과적이다. 약삭빠른 전술들은 그 성격상 공격적이다. 좋은 방향이든 나쁜 방향이든 이런 종류의 약삭빠른 접속은 새로운 조직체의 가능성을 발견하기 마련이다. 곡선성의 논리는 외부의 사건들을—주름 접고, 휘고, 곡선화한—형태와 적극적으로 결부시킬 것을 주장한다.

몇몇 해체주의 계획안에는 이미 매끈한 혼합체와 휜 형태가 이미 잠재적으로 암시되어 있다. 예를 들어서 게리 주택(Gehry House)에 대해서는, 헛간, 철망 울타리, 노출 합판, 트레일러, 보트, 레저용 자동차처럼 교외 지역 어디서나 볼 수 있지만 억압되어있는 재료와 형태를 재현한다는 묘사가 전형적이다. 이 주택은 "밖에서 유입된 것이 아니라 주택 내부로부터 출현하였으며 (…) 형태 내부의 충돌과 형태 사이의 충돌이 서로를 감고 있는 관계에 관한 에세이"[14]로 서술되었다. 이 주택은 주변 맥락이 숨기고 있는 양상을 공개적으로 재현하기 때문에, 이웃에 충돌을 유발하는 것으로 보인다는 것이다. 게리 주택은 내부로부터 이웃을 침범한다는 것이다. 물론 이 주택의 지배적 흐름은 대립성에 호소하는 것이지만, 기존 주택과 게리가 증축한 부분 사이에서 새로운 조직체가 출현한다고 보면, 좀 덜 대립적이고 보다 유연한 방식으로 주택을 독해하는 것도 가능하다. 원래 건물과 증축분이 혼합되면서 역동적 안정성이 자리를 잡아가고 있다. 요소들 사이의 대립성에도 불구하고, 가능한 접속점들이 활용되는 것이다. 지금까지 전문지와 대중지는 모두 이 주택이 나타내는 충돌에만 가치를 부여했지만, 보다 유연한 논리는 침범보다는 새로운 접속이 추구되는 정도를 확인하는데 힘을 기울인다. 게리의 주택에서 이 새로운 중재적 조직체는 기존 주택과 증축분이 제휴하는 데서 야기된 변전에 의해 발생한다. 해체주의가 말하는 불연속성 내부에는 예상치 못한 응집의 계기가 불가피하게 자리잡고 있는 것이다.

마찬가지로 피터 아이젠만의 웩스너 센터(Wexner Center)도 보통 대학, 도시, 그리고 예전에 부지에 인접해 서 있었던 병기고의 서로 다른 기하학들이 충돌하는 것으로 묘사되었다. 이런 대립성이 두 개의 격자와 석조 탑의 사선 충돌로 재현되었다는 것이다. 그러나 세 가지 상이한 체계들 사이의 이접과 불연속에도 불구하고, 아이젠만의 계획안은 이와 역행하는 방식으로 즉, 연속적인 비-선형 접속 체계로 독해할 수 있다는 점을 시사한다. 로버트 소몰[15]은 이를 병기고와 격자 사이에 들뢰즈의 리좀 접속이 지배하는 체계라고 규정한 바 있다. 소몰은 병기고와 예각으로 틀어진 격자들이 주 전시 공간을 조직하는 혼성적인 L자 운동에 가세한다고 보았다. 소몰의 분열증적 분석은 대립성과 충돌이라는 해체주의 논리에 의해 가능해지긴 하지만, 그 논리의 내부로부터 나온 것은 아니다. 이 들뢰즈식 분열적-분석 모델이 지닌 힘은 다중적 조직체를 동시에 견지할 수 있다는 점이다. 아이젠만의 계획안에서 탑과 격자를 반드시 상호 배타적이거나 대립하는 것으로 볼 필요가 없어진다. 오히려 상이한 요소들을 합성 혼합체 내부에서 공존하는 개체로 볼 수 있다. 유연함은 직전의 건축 논리인 대립성에서 파생되는 것도 아니고, 대립성과 보조를 맞추지도 않는다. 오히려 거기서 간과되었던 접속을 위해 여러 가지 상충하는 결합방식을 개발할 수 있다. 『해체주의 건축』이 대립성과 충돌이라는 친숙한 이름으로 외력을 활용한다고 간주되는 그 지점에서, 바로 그 건축가들 상당수가 최근에 설계한 유연한 계획안들은 보다 유동적인 접속의 논리를 보여주고 있다.

맥락으로의 몰입

지난 20년 동안 대립성 위주로 진행된 건축은 주로 고도로 분화되고 혼재된 맥락에서 진화한 것으로, 이 맥락에 충돌하고, 대립하고, 불연속적인 건물들이 자리 잡았다. 혼재된 맥락에 결부된 또 다른 대안은 제휴하기 쉽고, 고분고분하고, 연속적인 것이다. 예전에는 맥락에 내재하는 충돌에서 복합성과 대립성이 발생되었다면, 지금은 특정 위치, 재료, 프로그램을 건축에 매끈하게 주름 접으면서도 각각의 개체성을 유지하려는 시도들이 이루어지고 있다.

최근에 이루어지는 이런 작업은 고분고분한 것이라고 즉, 감당할 수 없는 힘이 유입된 상태에 있다고 할 수 있다. 계획안들은 저항을 최소화하면서 맥락을 통합하기 위해, 형태적으로 주름 접히고, 유연하고, 순응적이다. 이 특성은 부러지지 않고 휠 수 있다는 점에서, 무기력함이 아니라 약삭빠른 복종인 셈이다. 이 고분고분한 전술은 완벽한 일체성도 별리된 요소 사이의 응집력도 고집하지 않는 대신, 자유로운 요소들이 임시로, 강도에 따라, 국지적으로 접속하는 체계를 상정한다. 강도는 외부의 영향을 어떤 유연한 체계로 역동적으로 내부화하고 통합하는 것을 나타낸다. 어떤 것도 더하거나 뺄 수 없는 완전한 유기체와 달리, 강도적 조직체는 자신이 만들어내는 제휴를 통해 영향을 확장할 수 있도록, 계속해서 외부의 영향을 내부로 끌어들인다. 이런 이중적 탈영토화는 외력을 내부화하면서 확장된다. 이 통합을 통한 확장은 국제적 근대주의의 무한 연장, 맥락주의의 균일한 도시 조직, 또는 포스트모더니즘과 해체주의의 충돌, 모두에 대한 도시적 대안이다. 주름 접히고, 유연하고, 순응하는 건축 형태는 이형화될 때나 수용할 때나 항상 긴급 요건들과 우발성들을 모두 받아들인다.

『라스베가스의 교훈』과 『해체주의 건축』 둘 다에서 도시 맥락은 차이가 풍부한 토양을 제공했다. 이제 차이는 충돌의 선이 아니라 국지적으로 접속되는 다중적 선을 찾기 위한 계기로 활용된다. 이러한 제휴는 맥락의 질서에 의해 예측되는 것이 아니라 변전을 따라 발생하는 것이다. 이때 도시 조직은 그 안에서 만들어지는 접속 말고는 아무 가치도 의미도 갖지 않는다. 광범위한 형태적 약호를 일반화했던 예전의 도시 감각과 달리, 이 특집에 실린 계획안들은 국지적이고, 자잘하고, 복합적으로 뒤얽힌 체계를 전개해 나간다. 계획안 모두에 공통된 종합적 도시 전략은 없으며, 전술 같은 게 있다면 제멋대로 변해가는 것뿐이다. 주름 접히고, 유연하고, 순응하는 도시 형태는 도시 맥락을 존중하지도 않고 무시하지도 않는다. 단지 맥락을 도시 자체의 비틀리고 곡선화된 논리로 전환시키면서 활용해 나갈 뿐이다.

순응성과 곡선

"supple \adj [ME *souple*, fr. OF, fr. L *supplic-*, *supplex* submissive, suppliant, lit., bending under, fr. *sub-* + *plic-* (akin to *plicare* to fold) - more at PLY] 1 a: compliant often to the point of obsequiousness b: readily adaptable or responsive to new situation 2 a: capable of being bent or folded without creases, cracks or breaks: PLIANT b: able to perform bending or twisting movements with ease and grace: LIMBER c: easy and fluent without stiffness or awkwardness."[16]

도시 규모에서 볼 때, 이 계획안 중 상당수는 맥락주의와 표현주의 사이에 있는 것처럼 보인다. 그들의 순응적 형태는 기하학적으로 정확하지도 않고 자의적으로 형상을 취하지도 않는다. 예를 들어서 요우 쇼우에이(葉祥榮)의 지붕구조물에서 볼 수 있는 곡선 형상은 장식적이지 않지만, 순수 기하학 형상으로 환원되는 것에도 저항한다. 요우의 순응적 지붕구조물은 우발성들에 따라 연속적으로 미분화[17]되는 곡선성의 논리를 보여준다. 구조 간격의 길이, 보 높이, 조명, 횡하중, 천장 높이, 시야의 각도 같은 긴급 요건들이 지붕 구조물의 형태에 영향을 미친다. 그 요구들은 중간값이나 최소 치수에 맞춰 평균적으로 처리되는 것이 아니라, 비-정확(anexact)하지만 엄격한 기하학에 의해 정밀하게 충족된다. 정확한(exact) 기하학은 선명하게 직관 되어서, 언제든 누구에 의해서든 똑같이 재생될 수 있다. 그렇기 때문에 정확한 기하학은 고정된 수학적 양으로 환원될 수 있어야 한다. 반면 부-정확한(inexact) 기하학에는 측정에 필요한 정밀성과 엄격함이 결여되어 있다.

에드문트 후설(Edmund Husserl)이 기술했듯이 비-정확한 기하학은 환원될 수 없지만 엄격한 기하학이다.[18] 이 기하학은 정밀하게 결정되지만, 평균한 점들이나 치수로 환원되지 않는다. 그렇기 때문에 비-정확한 기하학은 종종 도형적이기만 한 것으로 보인다. 정확한 기하학과 달리 비-정확한 기하학의 도형에서는 그것이 놓여 있는 특정 맥락에서 벗어나 똑같이 반복하는 것이 무의미하다. 그렇기 때문에 비-정확한 도형은 쉽게 옮겨질 수 없다.

제프리 킵니스(Jeffrey Kipnis)는 아이젠만의 콜럼버스 컨벤션 센터(Columbus Convention Center)가 분화된 도시 변두리 부지의 한계를, 유사-형상을 통해 극복한 규범적 모델이 되었다고 확언한 바 있다.[19] 킵니스는 콜럼버스 컨벤션 센터에 영향을 준 상이한 체계들을 명확히 하는데, 여기에는 도시 블록을 2개 합친 것보다 크면서 균일한 모양과 높이로 된 하나의 입체에 프로그램을 나누지 않고 담는 것, 기존의 자잘한 상업 건물 조직, 중심업무지구의 격자형 가로와 연결되는 고속도로 교차로 망 등이 포함된다. 아이젠만의 계획안은 거대한 직육면체 회의

장 입체에 일련의 순응적인 연충을 툭 던져 놓은 것과 같다. 이런 요소는 북동측의 철도 선로, 남동측의 고가도로, 서측 하이 스트리트의 보행로 규모와 결부된 것이다. 계획안은 고도로 분화된 도시 맥락에서 볼 수 있는 다중적 규모, 프로그램, 보행로와 차량 교통을 통합한다. 이렇게 특정 맥락이나 프로그램에서 파생되는 우발성들과 결부된 형태를 규범화하겠다는 킵니스의 시도는 처음부터 좌절될 수밖에 없는 것처럼 보인다. 이처럼 유연한 도시적 혼합체의 효과는 그것이 만들어 내는 접속에 의해서만 평가될 수 있기 때문이다. 특정 맥락에서 벗어나면 휜 형태도 강도 따르기를 멈춘다. 같은 도시의 같은 가로에 있는 웩스너 센터가 기념비적인 충돌을 재현하고 있다면, 콜럼버스 센터는 맥락 안에 있는 간극들을 접속시키면서 사라지려고 한다; 웩스너 센터가 대립성을 통해 불안정해진다면, 콜럼버스 센터는 속임수를 써서 불안정해진다.

스페인 빌바오에 있는 프랭크 게리의 구겐하임 미술관(Guggenheim Museum in Bilbao)도 유사한 방식으로 직각체계로 된 일련의 전시공간을 가변적인 튜브들로 에워싸는데, 이 튜브들은 인접 도로, 교량, 빌바오 강, 현존하는 중세도시의 유적 등 여러 가지 규모에 반응하는 것이다. 비트라 미술관(Vitra Museum)과 마찬가지로 빌바오 구겐하임 미술관 지붕의 곡선 형태는 보행로와 차량의 흐름에 맞추면서, 거대한 직육면체 덩어리인 화랑과 지원공간을 통합한다.

분화된 부지와 여기에 전혀 어울리지 않는 프로그램 사이의 예측하기 힘든 접속이 가능해지려면, 회유적이고 공모적이며, 유연하고 가변적이면서, 때로는 약삭빠르기까지 한 전술이 필요하다. 현재는 많은 건축가들이 형태적 가변성과 이에 부응하는 경제, 프로그램, 구조를 한 짝으로 조율해서, 어떤 문화적, 물리적 맥락에 내재하는 다질성, 불연속성, 차이를 탐구하고 있다. 이렇게 강도적 접속으로 구성되는 새로운 도시 감각을 묘사하기 위해 수많은 'pli-세열'의 단어들이 동원되고 있다. 몇 가지 예를 들자면, 주름 접힌, 유연한, 순응하는, 가변적인, 엮은, 주름진, 포개는, 연루된, 고분고분한, 유순한, 복잡한, 복합적, 다양체의[20] 등이다.

유연함과 휨

"pliant \adj [ME fr. *piler* to bend, fold - more at PLY] 1 a: supple enough to bend freely or repeatedly without breaking b: yielding readily to others: COMPLAISANT 2: adjustable to varying conditions: ADAPTABLE *syn* see PLASTIC ant obstinate."[21]

존 라이크만(John Rajchman)은 이미 들뢰즈의 저서 『주름(*Le Pli*)』을 언급하면서 들뢰즈가 사용하는 "뒤엉킨 포갬(perplexing plication)" 즉 "다중겹침(perplication)" 이라는 어형에 담겨있는, 복합성 즉 'plex-계열' 의 단어들과 주름 접기 즉 'pli-계열' 의 단어들 사이에 밀접한 관계가 있다고 주장한 바 있다.[22] 복합성과 유연성을 하나로 꽉 묶은 매듭에서 엮임(the plexed)과 접힘(the plied)을 확인할 수 있다. 포갬(plication)은 외력을 안으로 주름 접는 것이고, 복잡화(complication)[23]는 이런 외재적 특수성들을 하나의 복잡한 망으로 뒤엉키게 만든 조합체를 말한다. 생물학에서 복잡화는 태아가 점점 복합적으로 되면서 자기에게 주름 접어 가는 행위를 말한다. 복잡해진다는 것은 다중적으로 복합되고 뒤얽혀 있는 접속에 결부되는 것이다. 포스트모더니즘과 해체주의가 대립성을 통해 프로그램, 사용, 경제, 광고 같은 외부의 영향을 해결하려고 했다면, 고분고분함은 그 외력들을 형태의 안에서 묶고, 비틀고, 휘고, 주름 접어서 담아낸다.

유연한 체계는 쉽게 휘고, 쏠리거나 영향을 받는다. 해부학에서 '추벽(plica)' 은 다중적 '습벽(plicae)' 을 형성하는 한 가닥이다. 이것은 그 안이 하나인 동시에 다수인 다양체(multiplicity)이다. 엉겨 붙은 머리카락처럼, 이들은 합성물 내에 있는 다른 요소들에 따라서 함께 휜다. 이렇게 함께 휘는 것은 단순히 덧셈이 아니라 다중 포갬(multiple plication) 즉, 곱셈(multiplication) 행위이다. 포갬은 외력을 이용한 휘기, 비틀기, 주름잡기, 꼬기, 짜기 등의 다양한 처리를 통해 상이한 요소들을 서로 결부시킨다. 라움(RAA Um)의 크로턴 송수로 계획안(Croton

Aqueduct project)에서는 뉴욕시의 지하 상수로를 따라가는 하나의 선이 그것에 인접하고 그것을 가로지르는 다중적이고 상이한 프로그램을 관통해 지나간다. 맨해튼까지 거의 20마일이나 연속된 선으로 뻗어 있는 재생 공공공간 안에서, 프로그램 단위들은 꼬이고, 휘어진다. 이 단위들을 통합하기 위해서, 선 자체가 방향을 틀거나 바꾸면서, 길어짐에 대응해서 성격을 계속 변화시킨다. 단 하나의 선으로 보였던 것이 더 자잘한 프로그램 단위들에 의해 채워진다. 이처럼 자유로운 개체들 사이에서 가능한 접속을 급증시키는 것도 『주름』이 건축에서 갖는 함축성에 포함된다.

얼기(plexus)는 신경이나 혈관처럼 섞어 짜기, 엮어 짜기, 뒤얽힘으로 형성된 다중-선형적 망이다. 복합성이라는 말이 가장 잘 어울리는 얼기의 복잡화는, 어느 단일 조직체로 환원시킬 수 없다는 것에서 비롯된다. '얼기'는 새로운 운동이나 파동에 항상 열려 있는 단일한 연속적 체계로서, 그 안에서 활발한 국지적 접속들로 형성된 하나의 다양체를 말한다. 그렇기 때문에 얼기에서는 어느 별리 지점에서 사건이 발생할 수 없다. 다중적으로 얼기진 즉, 복합적 체계는 수학적 정확성으로 환원될 수 없고, 대신 엄격한 확률로 나타내야 한다. 기하학 체계는 그동안 다뤄왔던 것과 뚜렷이 다른 성격을 갖게 되었다. 이제 그들은 고정된 좌표체계를 버리고 표면을 가로지르는 역동적 관계를 다룬다.

변형의 대안적 유형들

뷔퐁의 '바늘 문제'[24]처럼 확률을 기하학 도표로 나타낸 선행 작업의 잠재력을 무시하고 보면, 변이 가능한 이형화를 기하학으로 처음 표시해서 불연속적 형태학을 한 단계 더 발전시킨 사람은 다르시 톰슨(D'Arcy Thompson)이다. 톰슨이 행한 데카르트적 좌표의 이형화 그리고 이를 위해 사용된 가변적이고 위상학적인 고무판 기하학은, 자율적 건축유형의 정태적인 형태학 변형에 대한 대안을 제시한다. 톰슨과 콜린 로우(Colin Rowe)의 유형학 및 변형 체계를 비교해 보면, 현격하게 다른 두 가지 연속성 개념이 나타난다. 로우의 개념이 고정되고, 정확하고, 홈이

패이고(striated), 동질적이고, 정태적인 반면, 톰슨의 개념은 역동적이고, 비-정확하며, 매끈하고(smooth), 미분화되며, 안정된 것이다.

루돌프 비트코어(Rudolf Wittkower)와 로우는 각각 1949년 팔라디오의 교외주택에 대한 분석[25]과 1947년 팔라디오와 르 코르뷔지에의 비교 분석[26]에서 한가지의 일관된 조직화 유형 즉, 9분할 정방형 격자를 사용했다. 팔라디오의 12개 교외주택에 대한 비트코어의 분석에서는, 교외주택 각각의 특수성들을 (에드문트 후설이 변이라고 지칭한 것을 통해) 다 합쳐서, (현상학적 환원이라고 설명하는 것이 딱 들어맞을 방식으로) 고정적이고, 동질적인 공간 유형을 발생시킨다. 이 '이상적 교외주택'의 유형학은 르 코르뷔지에의 가르쉐에 있는 슈타인 주택과 팔라디오의 말콘텐타 주택에 깔려 있는 일관된 심층구조를 창안하는데도 사용된다. 비트코어와 로우는 특히 모든 교외주택에서 이 유형의 정확한 기하학 구조를 발견한다. 이 고정적 유형은 일련의 변이 속에서 변치 않는 참조점이 된다.

로우와 마찬가지로 톰슨도 종의 범주들에 대한 수학을 개발하는데 관심이 많지만, 그의 체계는 역동적으로 유동하는 기하학적 관계 일습에 의존한다. 잠정적 유형을 이형화하면 곧바로 기하학적 대응이 가능하도록 순응하는 배열이 정해진다. 톰슨은 초기 유형을 보다 광범위한 환경의 힘에 접속될 때 발생하는 역동적 변형 체계를 확인하기 위한 임시태로만 사용한다. 불연속적 발전이라는 톰슨의 방법이 성립하려면, 형태학적 유형의 이형화에 외력이 강렬하게 작용해야 한다. 가변적 유형은 한편으로 지금까지 가해진 외력을 체계로 내부화함으로써 어떤 종이 불연속적으로 발전한다는 것을 나타낼 수도 있고, 다른 한편으로는 그 종의 일반 형태학 구조를 나타낼 수도 있다.[27] 예를 들어서 어떤 물고기의 눈이 커졌다면 격자를 휘어서 바로 그것을 표현할 수 있다. 예전 방식의 변형 유형과 비교하면, 이 변동은 수심과 광도 사이의 관계를 제대로 규명해서, 그 조건들이 물고기 사이의 형태 차이에 깊숙이 결부되어 있다는 것을 보여줄 수 있다. 이처럼 관계를 휨 격자로 나타내는 것은 어느 한순간에 국한된 것이 아니기 때문에, 일반 유형과 그 유형의 전개에 영향을 미치는 개별적 사건들, 둘 다 나타낼 수 있다. 다시 말하자면 이 사건들은 예측되거나 어떤 고정된 지점으로 소급될 수 없으며, 오히려 내부든 외부든 병존하는 힘들이 작용할 확률이 높은 영역을 나타내기 시작한다. 톰슨은 로우의 9분할 정방형 격자가 지니는 배타적 정태성과 구별되는 다른 유형의 포섭적 안정성을 제안한 셈이다. 톰슨의 순응적 기하학은 외력을 받아 휠 수도 있고, 그 힘들을 내부로 주름 접을 수도 있다. 이러한 변형은 연속적 진화(evolution)보다 불연속적 말아들임(involution)을 통해 진행하는 것이다.

현대 광고나 영화산업에서 사용되는 몰핑 효과는 최근 건축에서도 사용되어 이미 공통적인 것이 된 것처럼 보인다. 단지 이미지만 남기는 데도 공간, 형태, 정치, 문화에 구체적 영향을 행사하고 있다. 예를 들어서 마이클 잭슨(Michael Jackson)은 자기 몸을 실제로 몰핑하면서, 여러 번의 수술을 통해 체형만 변형한 것이 아니라, 피부 표백과 착색을 거듭하면서 표면까지 변형했다. 실제 몸에 미친 영향과 그것이 성 및 인종의 정의에서 갖는 함축성은 나중에 그의 근작 비디오 〈흑과 백(Black & White)〉에서 표현되었다. 이 비디오에서는 다중적 성, 민족, 인종이 비디오 이미지의 디지털 몰핑을 통해 연속되는 장면에 혼합된다. 잭슨은 흑인*이나* 백인이 아니라 흑인*인 동시에* 백인이며, 남성*이나* 여성이 아니라 남성*인 동시*에 여성이라는 점이 중요하다. 이렇게 차이를 동시에 나타내는 것은 매끈함을 향한 욕망 즉, 다질적이지만 연속된 것이 되고자 하는 욕망의 특징이다. 이렇게 몸을 몰핑하는 것이 괴기스러운 이유는, 매끈함이 혼합체를 동질화하지도 않으면서, 톰슨이 식별 특성이라고 말했던 것 사이의 간격을 없애 버리기 때문이다. 이런 연속적 체계는 별리된 단편들의 조합체도 아니고 단일한 전체도 아니다.[28] 마이클 잭슨과 마찬가지로 그의 비디오 표현에 사용된 가변적 기하학 메커니즘도, 그 자신의 체형을 공격적으로 재구축한 것과 같은 욕망에서 온 것이다. 이른 즉 기하학도 몸도 서로 상대편에서 기인하는 것이 아니다. 오히려 양자 모두 매끈하게 변형되고자 하는 욕망에 참여한다. 형태, 정치, 자기-동일성이 뒤얽히면서 이 이형화의 과정에 접속된다.

이와 유사한 방식으로 영화 〈터미네이터 2〉에 나오는 액상 수은 인간과 프랭크 게리와 필립 존슨의 피터 루이스 주택(Peter Lewis House)을 비교해도 될 것이다. 헐리웃의 특수효과 장면은 배우를 사실상 어떤 형태로도 되도록 또 사라지도록 만든다. 영화가 주는 공포는 광적인 폭력장면이 아니라, 주인공의 맞수가 바닥의 격자, 감옥 창살, 심지어는 다른 배우까지 통과해 지나가고 점유하는 능력을 지닌 것에서 비롯된다. 컴퓨터 기술은 두 개의 고정된 점들 사이에 중개하는 이미지를 만들어서 결과적으로 매끈하게 변형시킬 수 있다. 이 매끈한 효과는 고정된 형상들 사이의 중간 형상들을 확률로 계산한다. 더구나 몰핑 과정은 아주 가변적이어서, 각각의 상태 사이에 몇 배씩 겹쳐 넣는 것도 충분히 가능하다. 게리와 존슨의 피터 루이스 주택은 다중적이고 가변적인 형태로부터 틀을 잡아간 것이다. 이 형태들의 기하학은 순응적이고, 길어지면서 매끈한 곡선으로 이형화되는 것을 처리할 수 있다. 이 형태들은 요우 쇼우에이의 지붕 구조처럼 프로그램, 구조, 환경상의 고려사항에 따라 휘어질 뿐만 아니라, 아이젠만의 콜럼버스 컨벤션 센터나 라움의 크로턴 수로 계획안과 비슷하게 부지의 윤곽이나 맥락에 맞춰 방향을 틀기도 있다. 더구나 루이스 주택은 다르시 톰슨 다이어그램의 범위 안에서 보트나 친숙한 물고기처럼 별리된 채 형상을 유지하는 일련의 단편들을 유지하고 있는데, 이 형상적 단편들은 특수시각효과 스튜디오인 인더스트리얼 라이트 & 매직사의 몰핑 효과와 르네 톰의 형태 발생 다이어그램 모두에 중요한 것이다. 게리의 순응적 기하학에서는 매끈하고, 다질적이고, 연속적인 이형화가 가능하다. 매끈한 공간이 강도적이면서 연속적인 것처럼, 이형화는 외부의 사건에 반응하는 위상 기하학의 가변성에 의해 가능해진다. 톰슨의 곡선 논리는 객체 바깥의 예측할 수 없는 사건에 반응하는 이형화를 암시한다. 다양한 형태의 휘기, 비틀기, 주름 접기는 여분으로 덧붙여진 것이 아니라, 문화와 맥락에서 야기된 힘들을 형태로 내부화하려는 강도적 곡선 논리에서 나온 것이다. 이 방식으로 사건들은 이상적 형태보다 개별적 형태와 긴밀하게 결부된다. 이 가변적 형태들은 단순히 힘의 차등을 재현하는 것이 아니라, 자신의 주변 환경에 의해 이형화된다.

주름 접기와 건축을 위한 다른 급변론들

> "fold vb [ME *folden*, fr. OE *fealdan*; akin to OHG *faldan* to fold GK di *plasios* twofold] vt 1: to lay one part over another 2: to reduce the length or bulk of by doubling over 3: to clasp together: ENTWINE 4: to clasp or em-brace closely: EMBRACE 5: to bend (as a rock) into folds 6: to incorporate (a food ingredient) into a mixture by repeated gentle over-turnings without stirring or beating 7: to bring to an end." 29

존 라이크만의 글 「주름으로부터」와 「다중겹침」에서 볼 수 있듯이, 건축의 복합성과 대립성이라는 탈근대적 패러다임에서 현재 일어나고 있는 변위 작업이 철학에서는 이미 확인된 것이다. 라이크만의 글들은 건축의 새로운 조직체를 발전시키기 위한 선언이 아니라, 특정 건축가가 전개해 온 다른 종류의 복합성이 출현한 것에 대한 반응이라고 할 수 있다. 그의 글들은 건축에서 전개된 공간적 혁신을 보다 큰 지적, 문화적 장에 끼워 넣는다. 라이크만은 『주름』의 해설을 통해 아이젠만의 건축 실천을 조명하고 동시에, 다른 한편으로 아이젠만의 렙슈톡파크 주거단지 계획안(Rebstock Park project)의 대안적 공간성에서 영향을 받아 바로크 공간에 대한 들뢰즈의 독창적 주장을 재고하기에 이른다. 라이크만이 주름 접기에 주목하도록 만든 이 계획안의 지배적 국면은 르네 톰의 급변론 다이어그램 중 하나를 설계과정에 사용했다는 것이다.

얼마든지 반론이 제기될 수 있지만, 톰의 급변론 그물망은 건축계에 즉, 카르스텐 유엘-크리스티안센(Carsten Juel-Christiansen)의 안할터 주름 계획안(Die Anhalter Faltung), 피터 아이젠만의 렙슈톡파크 주거단지 계획안, 제프리 킵니스의 브리에 위니테 다비타시옹 설치물(Unite de Habitation at Briey installation), 바흐람 시르델(Bahram Shirdel)의 나라 컨벤션 홀(Nara Convention Hall)에 단지 형태적 기법으로 도입되었던 것 같다. 당연히 건축가도 철학자도 이것이 관련자 모두에게 재앙이 될 것이라고 생각했다. 그러나 이 국면은 최소한 4명의 건축가가 동시에 톰의 다이어그램에서 공간적 복합성을 다른 방식으로 나타내기 위한 형태적 장치를 발견했다는 것을 보여준다. 톰과의 연대에서 산출된 복합성의 부류는, 벤투리의 장식된 창고나 보다 최근에는 해체주의의 충돌 형태가 제시하는 복합성과 아주 다르다. 전체적으로 위상 기하학 특히 급변론 다이어그램은, 어느 정도 열린 접속 체계들을 담을 수 있는 연속적 표면 위에 상이한 힘들을 펼쳐 놓는다.

"위상학은 자신의 형태를 쉽게 변화시키는 연속적 변형에 민감하게 반응하는 표층구조를, 연구되고 있는 모든 변화에서 공통적으로 나타나는 가장 흥미로운 기하학적 속성이라고 생각한다. 끊어지지만 않는다면, 이형화될 수 있는 모든 가능성이 이상적으로 담겨있는 추상적 재료로 생각한다는 것이다."30

이 기하학은 압력을 받으면 점성에 따라 휘고 그리고 나서 안정된다. 사람들은 급변론을 찾는 건축가가 아마 충돌에 관심이 있을 것이라고 예상하지만, 역설적으로 건축가가 급변론 다이어그램에서 찾고 있는 것은 역동적 안정성을 지닌 새로운 형태이다. 톰의 다이어그램에 대한 공동 관심사는 예측할 수 없는 사건들에 결부되고자 하는 욕망을 가리킨다. 그 다이어그램이 이룬 최고의 혁신은 어떤 순간에 공존할 수 있을 사건들의 다층성을 기하학으로 모델링한 것이다. 톰의 형태 발생론은 아무렇게나 일어나는 것처럼 보이는 사건을 수학적 확률과 연관시킨다.

톰의 그물망은 급변 사건들을 설명하기 위해 개발되었다. 이 사건들에 공통된 것은 급변이 일어나는 순간을 정확하게 알 수 없다는 것이다. 정확성의 실종으로 인해, 복수의 확률적 관계를 나타낼 수 있는 기하학이 대신 도입된다. 상대적으로 정밀한 이 다이어그램은 고정된 좌표가 아니라 첨점을 통해 급변 잠재성을 정의한다. 여느 단순한 그래프와 마찬가지로, 톰의 다이어그램도 2차원 격자 면의 두 축을 따라 X, Y 값을 배치한다. 균일한 격자 면에서는 X, Y축 좌표가 뭐든 오직 한 점에서만 교차할 수 있다. 톰의 다이어그램처럼 순응하는 위상학적 표면은 다중적 차원으로 주름 접을 수 있다. 이 주름들 또는 첨점들 내부에는 다수의 근접 영역들이 포함된다. 위상학적 표면이 자기 자신의 위로 또는 속으로 접히면, 어떤 순간 Z차원에 여러 개의 교차점들이 나타날 수 있게 된다. 이렇게 Z차원 영역이 공존할 수 있는 것은, 위상 기하학이 자신의 표면에 공간을 잡아 두기 때문이다. 근접과 인접을 통해 다양한 힘의 벡터들이 강도에 따라 좌우되는 사건 영역들을 함축적으로 나타내기 시작한다. 급변 사건에서는 급변이 일어나는 단일의 고정 지점이 없고, 대신 첨점들에 의해 묘사되는 잠재적 사건의 영역만이 존재한다. 첨점들은 여러 겹의 유동적 경계들을 이러저런 확률로 함축하고 있어서, 일어날지도 모르는 다중적 상호작용에 의해 정의된다. 톰의 기하학적 얼기는 가능할 수 있는 접속 유형을 설명하기 위해 상이한 힘들을 조직한다.

프랑스어인 '주름(pli)' 이 발휘하는 지배적 효과가 한 가지 있다면, 그것은 어느 한 가지 용어로 번역되기를 저항한다는 점이다. 다면적인 외부의 힘과 요소들을 형태로 통합할 수 있다는 것이야말로 바로 주름 접기라는 형태 처리 방식이지만, 의심할 여지없이 『주름』이 건축에서 단순히 접힌 형상으로 번역될 위험도 있다. 건축에서 그냥 접힌 형태는 곧바로 재앙을 나타내는 기호가 될 위험이 있다. 주름 접는 건축가의 성공 여부가 급변론을 건축 형태로 재현하는 능력에 따라 좌우되어서는 안 된다. 더 정확히 말하면, 위상 기하학은 자신이 나타내고 있는 확률적 사건과 접속되어, 연속적 공간에서 상이한 요소들을 조직하기 위한 가변적 체계를 보여준다. 그러나 이 매끈한 체계는 첨점이나 공존 영역들에 의해 고도로 미분화된다. 렙슈톡파크 주거단지 계획안에서 아이젠만이 사용한 급변 다이어그램은 건물이 지면과 만나는 방식을 불안정하게 만든다. 조경과 건물이 첨점들을 따라 서로에게 변해 가도록 만들어서 양자를 매끈하게 만든다. 킵니스의 브리에 설치물 계획안과 시르뎉의 나라 컨벤션 홀에서 사용된 다이어그램도 두 개의 주름 접힌 첨점들 사이에 자동적으로 끼게 되는 중간 공간을 발전시킨다. 기하학적으로 살짝 나타나는 이 표면은 두 개의 체계 안에 동시에 존재하며, 그런 방식으로 다중 인접한 근접 영역들과 공존하는 공간을 보여준다.

들뢰즈나 톰이 건축 분야에 소개되기 이전에, 주름 접기는 상업적 개발의 긴급 요건들이 제기한 문제를 해결하는 형태적 전술로 발전되었다. 헨리 콥(Henry Cobb)은 「샬러츠빌 대담 테이프」와 「주름 접기에 관한 소고」 둘 다에서, 상업적 개발이 강요하는 거대하고 동질적인 볼륨을 자잘한 결을 형성하는 혼재적 도시 상황과 관계 맺도록 하려면, 볼륨을 비물질화하고, 분화시키는 것이 필요하다고 주장했다.[31] 그가 제시한 주름 접기의 첫 번째 원리는 모든 요소들을 하나의 공유 표면에 매끈하게 펼치는 것이다. 존 핸콕 타워(John Hancock Tower)의 파사드가 연속적 표면으로 매끈해진 것은. 주변 맥락을 따라 흉내 내지 않고 이를 반사하면서 결과적으로 자신은 사라지도록 하기 위해서였다. 하나로 이어진 큰 바닥 면적이 필요하다는 개발자의 요구와 건물 피막을 유리 패널로 처리하는 것이 경제적이라는 두 가지 이유로 인해, 기존 맥락에 따를 가능성은 애초에 배제되었다. 주름 접기는 커다란 동질적 볼륨의 표면이 연속되면서도 분화될 수 있도록 하는 방법이었다. 이 전술은 기존의 도시 조직과 개발자의 타워가 본질적으로 다른 부류라는 것을 인정하고, 그 차이를 대립시키기보다 혼합할 수 있도록 피막을 유연하게 다룬다.

존 핸콕 타워와 마찬가지로 연합은행 타워(Allied Bank Tower)도 유리 패널과 금속 골조를 연속적으로 주름 접힌 표면에 통합하는 것으로 시작한다. 유리와 금속을 동시에 꺾으면서 주름 접힌 표면을 분화시키기 때문에 요소들이 연속된 면으로 다 이어지도록 만든다. 재료의 표면 처리 방식으로 인해 건물 전체 덩어리에서 주름 접기와 꺾기 효과가 증식된다. 주변과 전혀 어울리지 않는 이 생경한 건물은 복잡한 주름 접기 처리를 통해 맥락을 회절하는 동시에 반사하며 사라짐을 구현하는 연속적 표면이 된다. 영화 〈프레데터 1, 2〉에서도 유사하게 생경한 존재가 도시와 정글 환경으로 사라지는데, 그것은 입체를 위장하는 것이 아니라, 문어나 카멜레온처럼 자신이 속한 환경을 반사하고 회절하는 방식을 사용한다.[32] 형태가 투명하고, 반사하고, 회절하는 것이 되면, 어떤 객체와 그 주변 맥락 사이의 경계선도 흐릿해진다. 영화의 생경한 존재는 자신의 볼륨을 사라짐이 주름 접힌 표면에 은폐함으로써 기동성을 얻는다. 맥락을 특이한 기호로 흉내내는 '장식된 창고' 나 '광고판으로서의 건물' 과 달리, 주름 접기는 국지적으로 인접하거나 연이어진 개별 건물들을 어른어른 반사함으로써 표면 전체가 흐트러지게 한다. 예를 들어서 자신의 꼬리에 있는 커다란 눈 형상을 통해 자신이 보다 큰 물고기의 일원임을 알리는 작은 물고기와, 자신이 속한 맥락을 난반사 해서 헤엄치고 있는 액체상태처럼 보이게 되는 바라쿠다 사이에는 중대한 차이가 있다. 첫 번째 전략은 탐지를 속이려고 유도하지만, 두 번째 전략은 탐지 자체를 피해 잠행한다. 이와 마찬가지로 각별하게 불연속적인 터에 자리 잡은 연합은행 건물의 거대한 볼륨도 자신을 주름 접힌 반사 표면에 숨긴다. 여기서 표면 처리를 통해 맥락의 힘들을 끌어들이는 한 방식으로 약삭빠른 잠행(stealth)이 사용된다. 주름 접힌 건축이 스텔스(stealth)[33] 폭격기와 닮아 보이는 것은, 군과 건축의 기술 및 의도가 유사해서가 아니라, 표면 처리를 통해 입체를 사라지게 만드는 전술이 유사하기 때문이다.[34] 주름 속으로 사라지는 것은 교활해서도 그렇다고 순진해서도 아니며, 단지 아주 효과적인 전술일 뿐이다.

헨리 콥과 마찬가지로 피터 아이젠만도 주름을 사라지는 방법으로 보고, 이를 구체적 맥락에 도입한다. 구축의 논리에서 시작하는 콥과 달리, 아이젠만은 주름을 렙슈톡파크(Rebstock Park)의 도시 경계선과 제휴시킨다. 처음에는 반복적 유형인 집합 주거와 사무소 블록들이 다소 기능주의적 방식으로 부지 위에 배열된다. 다음에는 톰의 나비 그물망(Butterfly net)에서 파생된 위상학적 그물망이, 부지 경계선에 맞춰 조정되어, 막대 유형까지 밀려간다. 이 과정은 균일한 막대 유형을 부지의 전체 지형에 따라 분화시키는 것이다. 이 방식에서는 부지의 지형에서 파생된 차이들을 동질적 유형인 집합 주거나 사무소 블록과 통합하는 과정에서, 주름이 가장 선명하게 드러난다. 전면적인 주름 접기에 의해, 건물 유형을 국지적으로 분화시키는 아이젠만의 방식도, 반대로 국지적으로 주름 접는 구축적 요소를 따라, 건물 바닥 판과 전체 덩어리를 전면적으로 분화시키는 콥의 방식도, 모두 효과적이다. 콥과 아이젠만은 주름이라는 이채로운 수법을 사용하여, 건축가에게 주어졌을 것으로 보이는—사무소 건물과 집합 주거라는—동질적 조직체에 '활기를 불어 넣는다(animate)'. 각자 쓴 글에서 분명히 나타나듯이 아이젠만과 콥이 공유하는 주름 접기의 원리는, 근대주의(아이젠만의 집합주거)나 상업적 개발(콥의 타워)처럼 지금까지 전승된 동질적 조직체를 분화시키는 능력에 좌우된다. 이렇게 이미 알려진 공간 및 조직체의 유형을 분화시키는 것은, 들뢰즈가 건축에서의 주름 접기를 바로크로 한정한 것과도 뭔가 공통점을 갖는다. 이미 알려진 유형에 다질성을 주름 접는 것은 이 조직체를 더 매끈하고, 더 강도적으로 만들어서, 그 조직체가 상이한 요소들을 연속적 체계로 더 잘 통합할 수 있도록 만든다. 시르델이 톰의 다이어그램을 사용한 방식이 아주 흥미로운 이유는, 급변적 단면을 구사하면서도 기성 조직체를 전혀 건드리지 않기 때문이다. 오히려 급변적 단면은 세 가지 다른 체계 중 한 가지로서만 시작한다.[35] 회의장들은 건물의 외피 안에 떠 있고, 톰의 그물망에서 형상을 본뜬 일련의 횡단 벽들이 구조를 지지하고 있다. 급변적 단면에 의해 지지되는 이 체계들이 혼합되면서, 건물 1층에는 대규모로 여분의 공적 공간이 생긴다. 시르델 계획안은 급변적 단면과 건물의 외피에서만 주름 접기를 구사했는데도, 이전까지 무관했던 요소들을 하나의 혼합체로 통합한다. 극장들, 피막, 횡단 구조 벽들 사이에 형성된 공간이 바로 그런 혼합과 뒤얽힘의 산물이다.

구조 자체를 다루는 척 호버만(Chuck Hoberman)은 주름 접힌 구조 메커니즘을 통해 돔과 지붕의 크기를 변형시킬 수 있다. 호버만은 가변적인 연속적 체계를 역동적으로 변형시켜 움직임의 차등이 발생하도록 조절할 수 있는 구조물을 발전시켰다. 이 움직이는 메커니즘은 사용과 구조에 따라 결정된다. 호버만의 구조 메커니즘은 두 가지 방식으로 매끈한 변형 체계를 전개한다. 홍채형 돔과 구 계획안들은 형상을 유지하면서 크기를 변형시킨다. 경기장의 정적 형상을 유지하면서 크기에 가변성을 주는 것은 새로운 종류의 사건들을 지원할 수 있다. 또 특허까지

낸 타일 패턴은 표면의 크기와 형상 모두를 변형시켜서, 보다 작은 국지적 공간들을 구획하기도 하고, 보다 큰 전체 입체를 감싸기도 한다.

지금까지 건축에서는 들뢰즈, 콥, 아이젠만, 호버만의 담론이, 새로운 요소들이 주름 접힌 조직화의 주도적 유형학을 계승하고 있다. 이러한 주름 접기 활동에서 중요한 것은, 낡은 형태의 조직체에 응징을 가해 뒤흔드는 것이 아니라, 라틴 크로스형 교회, 집합 주거(Siedlung), 고층 사무소, 경기장 같은 친숙한 유형들에 깃들어 있는 새로운 형태의 국지적 조직화나 점유상태를 찾아내는 것이다. 주름 접기는 시르델의 계획안에서 보듯 오래된 형태의 조직체에서도 또 서로 무관한 요소들의 자유로운 강도들에서도 발생할 수 있다. 마찬가지로 매끈하고, 다질적이고, 강도적인 조직체를 만들어 내는 데에도 주름 접기 외에 요소를 처리하는 여러 가지 방식이 있다.

이렇게 실천 양상은 서로 다르지만, 이 건축가들은 외압에 반응해서 금가거나 깨지는 것에 저항하는 감각을 공유한다. 그들이 취하는 전술과 전략은 외력들에 고분고분하고(compliant), 외력들에 의해 복잡해지고(complicated), 외력들과 함께 복합적으로(complicit) 되는 것이다. 방식은 결부와 통합을 통해 복종하고, 매달리고, 받아들이고, 부수하고, 반응하고, 완만하고, 양보하는 것이다. 이 특집에 실린 계획안과 글들을 관통하는 공통된 태도는 외부에서 유입된 전략들을 사용하여, 상이해 보이는 힘들을 결부시키려 한다는 것이다. 바로 이 점만 봐도 건축은 들뢰즈의 책 『주름』에서 영향 받을 기회가 많은 것이다. 기본적으로 비-정확한 형태와 위상기하학 같은 유연함의 형태적 특성은 긴급 요건들에 반응할 때 더 점성이 크고 유동적이다. 그들은 내부적으로 쪼개거나 자르는 대신, 생산적으로 접속하고, 통합하고, 제휴하는 이형화를 통해서 형태적 통합성을 유지한다. 이처럼 약삭빠르고 점성적인 체계는 변전하는 동안 발생한 가변적 접속들을 통해 원기를 얻는다. 이 특집에 실린 계획안들이 형태적으로 밀접해 보이는 것은, 형식주의에서 벗어나 외부의 영향을 받는 세계로 주름 접혔기 때문이다. 주름 접기의 다양한 형태에 대해 제멋대로 떠들기보다, 곡선성을 양식이 아닌 하나의 논리로 파악하는 것이 중요하다. 이 계획안들의 형태적 밀접성은 각각에 주어진 우발성들에 반응해서 이형화하는 능력과 유연함에서 비롯된 것이다. 이 특집에 실린 일군의 건축가와 이론가들이 저마다의 방식으로 묻고 있는 문제는, 어떻게 건축을 외부의 특수성들이 이미 유입된 것이 확인된 복합적 체계로 재편할 수 있는가이다.

주(註)

1 Robert Venturi, *Complexity and Contradiction in Architecture* (New York: Museum of Modern Art Papers on Architecture, 1966).

2 Colin Rowe and Fred Koetter, *Collage City* (Cambridge, Mass.: MIT Press, 1978)에 소개된 유형학적 변형 그리고 객체와 맥락 사이의 연속성이라는 두 가지 이념은 현대 건축에도 아주 적합해 보인다. 그러나 이 두 개념은 '충돌 도시' 의 지배적 이념들 및 도시의 '전경/배경' 이라는 변증법적 관계와 비교되면서 퇴조해 버린다. 기묘하게도 로우와 쾨터는 바로크와 초기 근대건축 둘 다에서 유형학적 변형을 예시해 보여주었다. "그러나 우발성으로 상정되는 것과 절대성으로 상정되는 것을 다룬 아스플런트(Gunnar Asplund)의 방식은, 아주 뛰어나긴 하지만, 주로 대응 전략들과 연관되어 있다. 그리고 객체 문제를 고려할 때에는 솔직히, 항상 '이상적' 유형으로 제시된 것을 의도적으로 '왜곡하는' 고대의 기법들을 검토하는 것이 유용할 것이다. (…) 따라서 산타네세 성당의 독해는 건물을 '객체' 로 파악하는 해석과 '도시 조직' 으로 파악하는 해석 *사이를 끊임없이 오간다.* (…) 이 유형의 전략이 국지적이고 개별적인 것에서 독립을 선언하는 것과 국지적인 것을 용인하는 것을 결합시키는 점에 주목하라." 77-78

3 Sanford Kwinter and Jonathan Crary, *Zone 6*: *Incorporations* (New York: Urzone Books, 1992) 12-15에 수록된 그들의 '서문' 을 보라.

4 Gilles Deleuze and Félix Guattari, *A Thousand Plateaus: Capitalism and Schizophrenia* (Brian Massumi 영역, Minneapolis, Minn.: University of Minnesota Press, 1987), 478.

5 Mark Wigley and Philip Johnson, *Deconstructivist Architecture*: The Museum of Modern Art, New York (Boston: Little, Brown, 1988), 15.

6 Marion Cunningham, *The Fannie Farmer Cookbooks*, 13판 (New York: Alfred A. Knopf, 1990), 41-47.

7 Deleuze, *A Thousand Plateaus*, 475-476.

8 변전을 불확정성과 약한 형태에 대한 킵니스의 논리에 적용해 보면 비-선형적 제휴라는 약삭빠른 논리를 낳을 것이다. 변전의 정의 안에 불확정성과 약함 모두가 지시된 점을 고려한다면, 그것은 적절해 보인다.

9 약삭빠른 형태 처리의 또 다른 예는 건축에서의 '잡종성' 에 대한 앤 버그랜(Ann

Bergren)의 논의일 것이다. 그리스 예술의 전술적 간계에 대한 다른 책으로는 Jean-Pierre Vernant과 Marcel Detienne, *Cunning Intelligence in Greek Culture and Society* (Janet Lloyd 영역, Atlantic Highlands, NJ.: Humanities Press, 1978)을 보라.

10 Deleuze, *A Thousand Plateaus*, 256.

11 역주: transformation과 deformation은 모두 변형을 나타내지만, 본문에서 전자는 유클리드 기하학과 후자는 위상기하학과 연동해서 사용하기 때문에 용어를 구별하기 위해 각각 '변형' 과 '이형화' 로 구분하여 번역하였다.

12 이 개념은 라이프니츠(Leibniz)에 의해 발전된 것으로, 건축과 연관해서 생각하면, 생물학적 공간과 후생설에 대한 샌포드 퀸터(Sanford Kwinter)의 논의, 그리고 많은 짐을 진 가축이 만들어 내는 이탈과 동물적인 선에 대한 캐서린 잉그레이엄의 논리와 공명하는 바가 많다. Catherine Ingraham, *Burdens of Linearity* (New York: Yale University Press, 1998)

13 역주: Gilles Deleuze, *The Fold: Leibniz and the Baroque*, (Tom Conley 영역, Minneapolis, Minn.: University of Minnesota Press, 1993)

14 Wigley and Johnson, *Deconstructivist Architecture*, 22.

15 *Architectural Design*의 특별호인 *Wexner Center for the Visual Arts* (London: Academy Editions, 1990)에 수록된 Robert Somol, 'O-O' 를 보라.

16 *Webster's New Collegiate Dictionary* (Springfield, Mass.: G&C Merriam Company, 1977), 1170.

17 역주: 들뢰즈의 『차이와 반복』에서 분화(differenciation)와 미분화(differentiation)는 차이의 두 가지 형태로, 아주 다른 의미이다. 간단히 말해 분화는 종차적 차이, 일반적으로 사용하는 차이와 같지만, 미분화는 측정불가능한 것을 측정하는 수학 개념으로 가장 인접하는 것과의 관계를 통해 측정된 변화를 포함한다. 다시 말해, 분화는 '구분' 이 현실화된 상태를 의미하지만, 미분화는 무한소를 매개로 '구분' 과 '연속' 을 동시에 의미한다는 점에서 잠재적이고 개념적이다. 일반적으로 영어권에서는 불어와 달리 differentiation만 사용하기 때문에 두 가지 의미를 구별하지 않고 혼용하는데, 그렉 린의 글도 마찬가지이다. 번역에서는 '연속' 과 의미상으로 순접인 경우는 미분화로, 역접인 경우는 분화로 옮겼다. 또 아직 구현되지 않은 잠재성 차원이 강하면 미분화로 옮겼지만, 도시를 구성하는 객체들이 집적된 상태를 나타내거나, 건축 형태가 잘게 나뉘거나 꺾이는 것처럼 현실적 차원이 강조된 경우는 분화로 옮겼다.

18 Jacques Derrida, *Edmund Husserl's Origin of Geometry: An Introduction*, (John P. Leavey, Jr. 영역, Lincoln, Neb.: University of Nebraska Press, 1989).

19 Sarah Whiting, Edward Mitchell, and Greg Lynn (eds.), *The Fetish* (New York: Princeton Architectural Press, 1992), 158-173에 수록된 Jeffrey Kipnis, "Freudian Slippers".

20 역주: folded, pliant, supple, flexible, plaited, pleated, plicating, complicitous, compliant, complaisant, complicated, complex and multiplicitous

21 *Webster's*, 883.

22 라이크만은 맥락주의가 "도시공간의 복잡화를 지표화하는데" 무력했다고 규정한다. Judy Greib and Sabu Kohsu (eds.), *Unfolding Frankfurt* (Berlin: Ernst & Sohn 1991)에 수록된 John Rajchman, "Perplications: On the Space and Time of Rebstock Park", 21.

23 역주: 유사한 맥락에서 질 들뢰즈, 『차이와 반복』(서울: 민음사, 2004)의 「옮긴이 해제」에서 김상환은, 안-주름운동(implication), 밖-주름운동(explication), 겹-주름운동(replication), 그리고 여기 언급된 온-주름운동(complication), 막-주름운동(perplication) 등을 제안하기도 했지만, 자연스럽지는 않아서 최대한 일상어에 가깝게 번역하였다.

24 18세기 중반 프랑스에서 확률 기하학이 발달하면서 학문 분야를 넘어 기하학을 통해 교류하는 일이 활발해졌다. 처음에는 우연한 사건을 수학적으로 정밀하게 설명하려는 욕망에서 시작했지만, 기하학적 모델을 개발하면서 나중에는 다른 학문에서 새로운 연구 분야를 열기에 이르렀다. 전문 도박꾼인 슈발리에 후작(Marquis de Chevalier)이 확률에 수학적 관심을 쏟은 것에 자극받은 뷔퐁 백작(Georges-Louis Leclerc, Comte de Buffon)은 바늘 문제를 기하학으로 설명하는 데 집중했다. 확률을 반영하는 이 기하학 모델은 나중에 지질학자인 델리스(Dellese)에 의해 3차원으로 정교해졌고, 현재는 CAT 스캔, X-Ray, PET 기술을 포함해서 직렬 처리과정을 활용하는 거의 모든 해부학적 설명의 기초가 되었다. 이 학문적 교류에 대한 보다 자세한 논의, 또 이와 관련된 확률 기하학과 비-정확 기하학이 건축공간에 준 충격은 *ANY Magazine no. 1* (New York: Rizzoli International, 1993)에 실릴 예정인 글을 참고하라. *역주: 여기 예고한 글은 Greg Lynn, "Probable Geometries: The Architecture of Writing in Bodies," *ANY Magazine no. 0*, May/June 1993, 44-49. *ANY* 창간호는 1호가 아니라 0호로 출판되었다.

25 Rudolf Wittkower, *Architectural Principles in the Age of Humanism* (New York: WW Norton, 1971).

26 Colin Rowe, *Mathematics of the Ideal Villa and Other Essays* (Cambridge, Mass.: MIT Press, 1976).

27 역동적 변이와 관련해서, 환경의 힘과 공-진화에 입각한 불연속적 발전의 초기 사례에 대해서는, William Bateson, *Materials for the Study of Variation: Treated with Especial Regard to Discontinuity in the Origin of Species* (Baltimore: Johns Hopkins University Press, 1894)를 보라.

28 에르빈 파노프스키(Erwin Panofsky)는 이집트 조각상과 특히 스핑크스를 분석하면서, 이런 종류의 다질적 매끈함에 대해 아마 가장 뛰어나다고 할 만한 사례를 제공한 바 있다. "세 가지 다른 비례체계가 적용되었다. 이 기형적 모습은 문제가 되는 유기체가 동질적이지 않고 다질적이라는 사실에 의해 쉽게 설명된다." Erwin Panofsky, *Meaning in the Visual Arts* (New York: Doubleday, 1955), 62, 주 10번을 보라.

29 Webster's 445.

30 역주: 원문에는 인용부호가 있지만, 인용 출처가 없다. AD판에는 " 표시가 있지만, 나중에 Greg Lynn, *Folds, Bodies Blobs: Collected Essays* (Brussels: La Lettre volée, 1998)에 수록된 글에서는 아무 표시가 없다. 인용 출처를 확인할 수 없었던 것으로 보인다.

31 *Architectural Design Profile: Folding in Architecture*, 102호. (London: Academy Editions, 1993), 94-96. 그리고 1982년 11월 12,13일 버지니아 대학 건축학부에서 열린 회의 기록물 *The Charlottesville Tapes* (New York: Rizzoli, 1985)에 실린 그의 글을 보라.

32 근간 예정인 *Assemblage 19* (Cambridge, Mass.: MIT Press, 1992)에서 더글라스 가로팔로(Douglas Garofalo)의 작품에 대한 소개 글을 쓰면서 스탠 앨런(Stan Allen)은, 표면이 에워싸고 있는 형태나 입체 대신 표면 자체에 집중하는 위장 전략에 대해 설명한다. 이미 알려진 다른 형상을 재현하는 것은 깃털의 논리로 설명된다. 예를 들어서 새의 머리를 재현하고 있는 나비의 날개는 금방 속임수가 탄로 난다. 이것은 표면이 인식되지 않도록 몰래 사라지는 것과 다르다.

*역주: 실제로는 *Assemblage* 19호(1992년)가 아니라 21호(1993년)에 수록되어 있다.

33 역주: 적의 레이더나 탐지 센서에 잘 감지되지 않는다는 의미에서 붙여진 이름이다.

34 이는 미스 반 데어 로에(Mies van der Rohe)의 (지어지지 않은) 초기 작품 프리드리히가 마천루를, 도시의 어울리지 않는 이미지들을 증식시키고 그 속으로 사라지려는 전술로 파악한 마이클 헤이스(Michael Hays)의 글을 상기시킨다. 한네스 마이어(Hannes Meyer)의 〈국제 연맹 계획안〉에 대한 헤이스의 해석은, 기능상의 우발성들이 표면 처리를 통해 분화되고 다질적이지만 연속적인 공간을 생산하는 것에 강렬하게 결부된다는 재해석에 대해, 아마 가장 비판적인 입장일 것이다.

35 역주: 여기서 세 가지 체계란, 기성의 직교 상자형 극장, 일정 간격을 두고 선형으로 배치된 횡단 구조 벽, 마지막으로 복잡하고 급변적인 단면을 형성하는 외피를 말한다.

소개문

뉴어바니즘 헌장 / 뉴어바니즘 회의

20세기 후반기에 등장한 뉴어바니즘은 복합 용도, 다양한 소득, 여러 사회적 계층, 고밀도, 보행자 우선의 근린뿐만 아니라, 지속가능성을 고려하고 또한 대지 조건에도 구체적으로 반응하는 방식의 설계를 옹호했던 도시 계획의 운동이었다. 뉴어바니즘이 추구한 핵심은 공동체의 창조였다. 그리고 전통적 구조의 도시 중심부 조형을 통해서 인구의 분산도 막고, 또 교외의 난개발과 자동차 의존으로 인한 환경의 손실도 저지하려고 했다.

1993년도 건축가였던 앙드레 듀아니, 엘리자베스 플래터-자이벅, 그리고 피터 캘소프는 함께 모여 뉴어바니즘 회의(CNU)의 기초를 마련하였다. 이들이 제시한 뉴어바니즘 헌장은 도시 계획을 위한 전략의 원론적 성격이었으며 1996년에 개최된 본 회의의 4차 정기 총회에서 비준되었다. 이 헌장이 주장하는 내용은 다음과 같다.

"근린에는 용도와 인구 면에서 다양성이 있어야 한다. 커뮤니티는 보행자뿐만 아니라 차량의 통행도 고려해서 설계되어야 한다. 도시와 타운은 물리적으로 정의되고 누구나 접근이 가능한 공공 공간과 커뮤니티 시설들로 계획되어야 한다. 도시의 장소들은 건축물과 조경 디자인을 통해 형성되어야 하며, 조형 과정에서는 지역의 역사, 기후, 생태, 그리고 건축의 관행도 긍정적으로 반영해야 한다."

무엇보다도 중요하게 여긴 것은 디자인과 공공 정책, 그리고 개발의 실무 영역이 서로 협업하는 것이었다. 뉴어바니즘의 주창자들은 도시계획이 성공하기 위해서는 무엇보다도 적절한 정부(공공)의 하부구조, 토지용도(조닝)의 법규, 그리고 조례들이 결정적이라고 인식했다. 이 헌장은 이를 염두에 두고 메트로폴리스 지역으로부터 개별 건축물에 이르기까지, 이들의 성장과 발전을 주도할 개념과 도시 환경의 다층적 측면도 함께 상세하게 다루었다.

뉴어바니즘이 발표된 이후 꽤 많은 논쟁이 오갔다. 부분적으로는 많은 사람들이 이 헌장이 규범적이고, 보수적이며 또한 잠재적으로 향수에 근거한 철학이라고 여겼기 때문이었다.[1] 그럼에도 불구하고 지난 30년 동안 이 운동은 상당한 영향력을 보여주었다. 지금은 전세계에 걸쳐 3천명이 넘는 회원이 활동하고 있으며, 여기에는 디자이너, 계획가, 정부 공무원, 법률가, 그리고 학계 인사들도 포함되어 있다. 이 회의가 유명해진 데에는 아마도 많은 건축 철학이 하지 못하는 것들, 곧 우리가 현재 거주하고 있는 건조 환경과 사회를 개선하기 위한 여러 방법을 이 뉴어바니즘은 직접적이고 명료하게 제시하고 있기 때문일 것이다.

주(註)

1 "Seaside and the Real World: A Debate on American Urbanism," *ANY* 1 (July/Aug. 1993) 참고. 이 행사는 1993년 4월 에니원 코퍼레이션이 주관했고, 여기에서 뉴어바니즘 주창자들이 제시했던 새로운 패러다임의 도시인 시사이드에 관한 논쟁이 벌어졌다.

뉴어바니즘 회의(Congress for the New Urbanism)
/ 김영철 옮김

뉴어바니즘 헌장

Charter of the New Urbanism

http://www.cnu.org/charter에 처음 실림. 뉴어바니즘 회의 제공, 1996.

뉴어바니즘 회의는 커뮤니티의 구축을 저해하는 도전적 원인은 주요 도시들에서의 투자의 감소, 난개발로 인한 무장소성의 확산, 인종과 수입에 따른 분리의 심화, 환경의 악화, 농지와 자연 대지의 감소, 폐허로 변모해 가는 건축 유산 등의 문제라고 여긴다.

따라서 우리는 메트로폴리스 지역의 연관 범위 내에서 기존의 도심과 타운을 복구하고 난개발된 교외들을 재조직해서 진정한 의미의 근린 커뮤니티와 다양한 지구들이 형성되도록 하고, 자연환경을 보호하며 건축 유산을 보존할 것을 주장한다.

우리는 물리적 해결책만으로는 사회 문제나 경제 문제를 해결할 수는 없다는 것을 알고 있다. 그러나, 일관되고 서로 보조하는 물리적 장치가 없다면 경제는 활력을 띨 수도 없고, 커뮤니티가 안정되지 않을 뿐만 아니라 환경도 건강하게 지속될 수 없다고 판단한다.

따라서 우리는 지금까지의 공공정책과 개발 실무의 관행을 바꾸기 위해서 다음과 같은 원칙들을 주장한다.

첫째, 근린은 용도와 인구 면에서 다양성이 있어야 한다.

둘째, 커뮤니티는 승용차뿐만 아니라 보행자와 대중교통도 고려해서 설계되어야 한다.

셋째, 도시와 타운은 물리적으로 정의되고 누구나 접근이 가능한 공공 공간과 커뮤니티 시설들로 계획되어야 한다.

넷째, 도시의 장소들은 건축물과 조경 디자인을 통해 형성되어야 하며, 조형 과정에서는 지역의 역사, 기후, 생태, 그리고 건축의 관행도 긍정적으로 반영해야 한다.

우리는 공공과 민간 분야의 지도자들, 커뮤니티 활동가, 다양한 직종의 전문가들로 이루어진 광범위한 시민층을 대변하고 있다. 우리에게 주어진 임무는 예술로서의 건축과 커뮤니티 구성 사이의 관계를 재정립하는 것이며, 이를 위해서 시민 참여의 계획과 디자인을 활용한다.

우리는 주택, 블록, 거리, 공원, 근린, 지구, 타운, 도시, 지역, 그리고 환경을 되찾기 위해 헌신한다.

우리는 공공정책, 개발 실무, 도시계획과 디자인을 주도하기 위해서 다음과 같은 원칙을 내세운다.

지역: 메트로폴리스, 도시, 타운

1. 메트로폴리스 지역(대도시권)은 지형, 수원, 해안선, 농지, 공원, 유역에서 유래한 지리적 경계로 한정된 장소를 말한다. 메트로폴리스는 도시, 타운, 마을 등과 같은 다양한 중심으로 이루어져 있으며 이들은 모두 고유한 중심과 주변을 가지고 있다.

2. 메트로폴리스 지역은 오늘날의 세계에서 근본적인 경제 단위의 하나이다. 정부차원의 협력, 공공정책, 구체적 계획, 경제분야의 전략은 반드시 이러한 새로운 현실을 반영해야 한다.

3. 메트로폴리스는 농업 배후지 그리고 자연경관과 관련되어 있다. 문제는 이 연계가 필요하지만 취약하다는 것이다. 이 관련성은 환경, 경제 그리고 문화적 성격의 것이다. 경작지와 자연은 정원이 주택에 중요한 만큼 메트로폴리스를 위해서도 반드시 필요하다.

4. 개발 방식은 메트로폴리스 주변 경계를 흐릿하게 [혼란스럽게]

하는 것이어서는 안된다. 이 경계를 아예 제거하는 것도 안된다. 기존의 도심지역에서 부족한 부분을 채우는 개발 방식일 경우, 결과적으로 환경자원, 경제투자, 사회조직 등을 보존하며 소외된 주변 지역을 재생시키는 효과를 가져올 수 있다. 메트로폴리스 지역은 이러한 방식의 개발을 주변영역으로 확대시킬 수 있는 전략을 개발해야 한다.

5. 적절하다고 여겨질 경우, 도심 경계에 인접한 영역을 새로 개발하는 일은 근린과 지구로서 조직되어야 하며, 기존의 도시 패턴에 통합되어야 한다. 인접의 방식이 아닌 개발은 독자적 도심 경계면을 가지고 있는 타운과 마을로 조직되어야 하고, 일자리와 주거의 균형을 고려해서 계획되어야 하며 오직 교외주택지로만 계획되어서는 안 된다.

6. 타운과 도시의 개발과 재개발은 역사적 패턴, 선례, 경계를 존중해서 실행되어야 한다.

7. 도시와 타운은 광범위한 공공 및 민간의 용도가 지역 경제를 지지하도록 서로 연관되어서 전체 소득층위별 인구에게 혜택이 골고루 가도록 해야 한다. 적정 비용의 주거가 일자리 제공의 목적에 부합하고, 빈곤이 집중하는 것은 피하도록 전 지역에 걸쳐 분배되어야 한다.

8. 지역을 구체적으로 조직할 때, 교통의 대안 체계를 따라야 한다. 통행[환승], 보행자, 자전거 시스템은 지역 범위 내에 최대한의 접근과 이동을 보장해야 하고, 자동차 의존도는 줄여야 한다.

9. 수익과 자원이 여러 지역의 지방자치당국과 센터들 사이에서 서로 좀더 협력하는 방식으로 공유된다면 과세기준을 위해 무리한 경쟁을 피할 수 있을 뿐만 아니라 교통, 여가, 공공서비스, 주거, 그리고 커뮤니티 시설들을 합리적으로 조직해 나갈 수 있다.

근린, 지구, 교통로

1. 근린, 지구, 교통로는 메트로폴리스에서 개발과 재개발이 이루어지기 위해 반드시 필요한 요소이다. 이들을 통해 정체성 확인이 가능한 영역들이 만들어지며, 시민들로 하여금 유지와 개선에 대한 책임감을 갖도록 한다.

2. 근린은 밀도가 있어야 하며, 보행자에게 친근하고 다양하게 기능하는 방식이어야 한다. 지구는 일반적으로 구체적인 단일 기능을 강조하며 가능한 한 근린 디자인의 원칙들을 따라야 한다. 교통로는 하나의 지역에서 근린과 지구를 연결해주는 역할을 한다. 이 교통로에는 대로와 철로뿐만 아니라 강이나 공원의 길도 포함된다.

3. 다양한 일상생활의 행위들은 걸어서 다닐 수 있는 범위 내에서 이루어져야 하며, 특히 노약자와 어린이처럼 운전하지 않는 사람에게 허용되는 범위 이어야 한다. 도로망은 보행을 장려하는 방식이어야 하며, 자동차의 수와 이동 거리는 줄이도록 하고, 에너지는 절약하도록 해야 한다.

4. 근린 안에서 주거의 유형과 비용 수준을 폭넓게 설정한다면 다양한 연령층과 인종, 그리고 수입의 사람들이 일상에서 서로 교류하고, 또 진정한 커뮤니티에 반드시 필요한 시민공통체의식과 개성을 강화시킬 수 있다.

5. 교통과 통행 공간은 적절하게 계획되고 조직될 때 메트로폴리스 구조를 형성하는 데 도움을 줄 수 있고, 또 도심 중심에 활력을 불어넣을 수도 있다. 이와 반대로, 고속도로 교통로들이 기존의 중심에 대한 투자를 저지하도록 해서는 안된다.

6. 적절한 건축 밀도와 토지 사용은 대중 교통 정거장을 걸어서 도달할 수 있는 범위 내에서 이루어져야 하며, 대중교통수단이 자동차의 실질적 대안이 될 수 있어야 한다.

7. 시민이나, 기구들, 상업적 활동은 집중적으로 근린과 지구 내에서 이루어질 수 있도록 해야 하며, 멀리 있는 단일 기능의 단지들에 고립되어 있어서는 안된다. 학교시설은 아동이 걷거나 자전거를 통해 도달할 수 있는 범위에서 크기와 위치가 정해져야 한다.

8. 경제적 관점에서 근린, 지구, 그리고 교통로가 건강하고 조화롭게 발전해 가기 위해 도식적 도시 디자인 법규도 예상할 수 있는 변화를 위한 지침으로서 긍정적으로 작용한다.

9. 유아용 놀이터, 마을 녹지, 축구장, 커뮤니티 정원 등 다양한 공

원이 근린에 마련되어야 한다. 보존 지구와 노지는 서로 다른 근린과 지구를 정의하고 연결하기 위해서 사용되어야 한다.

블록, 거리, 건축물

1. 도시 건축과 조경 디자인의 첫 번째 과제는 공유 기능의 장소로서 거리와 공공 공간을 구체적으로 정의하는 일이다.

2. 개별 건축 프로젝트는 이음매가 없는 것처럼 주변환경과 연계되어야 한다. 이것은 양식의 문제가 아니다.

3. 도시의 장소들이 새로운 활력을 가지려면 안전과 보안이 확보되어야 한다. 거리와 건축물의 디자인은 안전한 환경을 보장해야 한다. 그러나 이를 위해 접근성과 개방성이 희생되어서는 안된다.

4. 오늘날 메트로폴리스에서 개발은 반드시 자동차를 공간적으로 충분히 수용할 수 있어야 한다. 이를 위해서는 보행자뿐만 아니라 공공 공간의 형식을 존중하는 방식이어야 한다.

5. 거리와 광장은 보행자에게 안전하고 편리하며 흥미로워야 한다. 이들을 적절하게 구성하면 보행을 장려하게 될 것이며, 이웃들이 서로를 알게 되고 자신들의 공동체도 보호하도록 할 것이다.

6. 건축과 조경의 디자인은 해당 지역의 기후, 지형, 역사, 그리고 건축의 관행을 기반으로 이루어져야 한다.

7. 시민의 건축물과 공공이 모이는 장소는 공동체의 정체성과 민주주의 문화를 고취시키기 위해서 중요한 장소를 선택해야 한다. 그리고 이들은 차별적인 형태를 띠는 것이 좋다. 왜냐하면, 그들은 도시 조직을 이루는 여러 장소나 건축물과는 다른 역할을 하기 때문이다.

8. 모든 건축물은 거주자들이 장소, 날씨, 시간에 대한 명료한 감각을 갖도록 해주어야 한다. 자연적 냉난방 방식은 기계적 방식보다 자원을 좀 더 효율적으로 활용할 수 있다.

9. 역사적 건축물과 지구, 조경을 보존하고 개선하는 것은 도시사회의 연속성과 진화를 보장한다.

소개문

일상에 관한 생각 / 데보라 버크

뉴욕에 거주하는 건축가이자 예일대 부교수 데보라 버크(Deborah Berke)는 「일상에 관한 생각」에서 "광고에 의한 일상의 강탈"을 우려한다. 이것은 21세기 건축계에서 더욱 강력한 유행으로 자리 잡은 이른바 "유명 브랜드 건축가"와 "시그니처 건물"에 대한 우려로 확장된다. 버크는 "고급 명품 건축" 대신 건축의 실천적 리얼리티에 주목하는 일상의 건축을 지지한다. 프로그램과 물성을 고민함으로써 사용자를 우선시하는 건축 말이다.

버크는 일상의 건축이 지닐 수 있는 속성으로 "범용성", "평범함", "촌스러움"을 꼽는다. 이들 용어는 로버트 벤투리(Robert Venturi)와 데니스 스콧 브라운(Denise Scott Brown)이 주창했던 "못생긴 보통의 건축"[1]을 떠올리기도 한다. 그러나 버크의 입장은 벤투리와 스콧 브라운의 입장과 극적으로 다른데, 그 차이는 이들의 대중문화를 향한 다른 접근 방식에서 드러난다. 스콧 브라운은 앨리슨(Alison)과 피터 스미슨(Peter Smithson)이 그랬듯 광고를 대중이 욕망하는 것에 대한 정보를 얻기 위한 소스로 여겼다.[2] 반면 버크는 "성공한 마케팅"과 "대중이 좋아하는 문화"를 동일시하지 않으며 일상과 대중문화의 관계에 의문을 제기한다.

버크와 스티븐 해리스(Steven Harris)가 편집해 1997년 출간한 책 『일상의 건축(*Architecture of the Everyday*)』의 마지막 에세이 「일상에 관한 생각(Thoughts on the Everyday)」은 일부는 일기처럼, 일부는 선언문처럼 읽힌다. 선언문에서 흔히 볼 수 있는 오만함이 없으며 일기에서 흔히 볼 수 있는 솔직함이 있다. 버크의 글은 일상의 건축이 갖는 잠재적 가치에 대한 지지이며 여전히 개념의 층위에 머물러 있는 앞세대 "종이 건축(paper architecture)"과 건축을 향한 이론적 몰두에 대한 비판이다. 버크가 옹호하는 건축이 무엇인지는 버크의 "생각" 전반에 걸쳐 사용된 언어를 통해 명백히 드러난다.

일상의 건축은 "진부"하고 "엉성"하고 "적나라"할 수 있지만 "기능적"이다. 무엇보다 "일상의 건축은 지어지는 건축이다."

일상의 건축은 스타 건축가, 과대망상 건축가, 그리고 만연한 상업 문화를 거부한다는 측면에서 매력적이지만, 그것이 갖는 일반성을 빼면 정의하기 어려워 문제가 되기도 한다. 실제로 일상의 건축을 규범적 코드로 규정하는 것이 바람직한 결과로 이어질 리 없다. 버크 또한 이 사실을 잘 알고 있다. 마땅한 답이 없는, 그리고 어쩌면 답이 불가능한 "일상의 건축이란 도대체 무엇인가"라는 버크의 질문은 그래서 독자에게 당혹감을 준 채 남을 수밖에 없다.

주(註)

1 다음을 보라. Robert Venturi, Denise Scott Brown, and Steven Izenour, *Learning from Las Vegas*, rev. ed. (1972; Cambridge, Mass.: MIT Press ,1977).

2 Denise Scott Brown, "Learning from Pop," *Casabella* 359/60 (Dec. 1971): 15-23; Alison Smithson and Peter Smithson, "Today We Collect Ads," *ARK* 18 (Nov. 1956).

데보라 버크(Deborah Berke) / 현명석 옮김

일상에 관한 생각
Thoughts on the Everyday

Architecture of the Everyday (New York: Princeton Architectural Press, 1997), 222-26에 처음 실림. 데보라 버크 제공.

우리는 유명인사가 영웅을 대신하는 시대, 꾸준한 평생의 작업보다 15분 동안의 유명세가 더 가치 있는 시대를 살고 있다. 이런 조건에서 건축가가 건물을 짓는 기회를 얻는 방법은 유명인사가 되거나, 그게 아니라면 건물을 짓지 않겠다고 공공연히 선언함으로써 비판적 힘을 얻는 것 말고는 없다. 이런 조건에서 건축은 오직 유명 브랜드 건축가의 손에서만 나올 수 있는 까닭에 실제 건물을 짓는 이는 대개 시그니처 건물, 곧 미디어나 대중의 관심을 끌 수 있도록 설계된 건물을 생산하게 마련이다. 이런 유명인사의 이른바 명품 건물, 다시 말해 실제로는 영웅이 만들지도 않았고 위임한 적도 없는 영웅적 제스처가 건조 환경(built environment) 곳곳에 퍼져 있다.

대안으로서 건축가가 할 수 있는 일은 무엇일까? 단도직입적으로 답한다면, 소수가 아닌 다수의 요구를 인식해야 한다. 계급, 인종, 문화, 성의 다양성을 다뤄야 한다. 선험적 건축 양식이나 공식에 얽매이지 않으며 프로그램과 구축의 문제를 고민하는 디자인을 해야 한다.

우리는 그 결과물을 일상의 건축이라 부를 수 있다. 물론 일상의

건축은 엄밀하게 정의할 수 있는 것이 아니다. 일상의 건축을 간결하게 설명하려는 어떤 시도도 결국 모순에 이를 수밖에 없지만, 그래도 일상의 건축과 연관된 논점 몇 가지를 짚어 보자.

일상의 건축은 범용적(generic)이며 익명의(anonymous) 것일 수 있다.

범용적인 것은 만든 이를 과하게 드러내지 않는다. 그래서 마치 슈퍼마켓에서 흔히 볼 수 있는, 상표 이름 없이 흰색 바탕에 검은 글씨만 쓰여 있어도 내용물을 보관하는 데 아무 문제가 없는 포장재 같다. 범용적인 것은 단도직입적이다. 허세를 부리지 않는 까닭에 잠복한 채 배회하거나 표면 아래로 미끄러져 들어가 제도권이 통제하는 규정된 삶을 우회할 수 있다.

일상의 건축은 진부하거나 범상할 수 있다.

일상의 건축은 비범하기 위해 노력함으로써 차별화를 시도하지 않는다. 차별화 시도는 대체로 가짜가 되거나 진정으로 일상을 벗어난 무언가의 대체재로 남을 뿐이다. "나를 봐줘!"라고 외치기를 묵묵히 거부함으로써 일상의 건축은 당신에게 어떤 생각을 강요하지 않는다. 당신 스스로 의미를 부여하는 것을 막지 않는다.

일상의 건축은 그래서 매우 평범할 수 있다.

일상의 건축은 우직하고 직접적이며 자의식이 없다. 일상의 건축은 평범하면서도 창의적일 수 있는 것에 높은 가치를 둔다. 일상의 건축은 그래서 "바로 그 순간"의 건축이다. 일상의 건축은 시장 트렌드의 영향을 받을 수 있지만 트렌드에 의해 규정되거나 소비되기를 거부한다.

일상의 건축은 엉성할 수 있다.

날 것 그대로의 정제되지 않은 것에는 어떤 신선함이 있다. 다듬어지지 않은 채 태어난 건물은 그 거친 속성에도 불구하고 "거칠지만 준비된"

것일 수 있다.

일상의 건축은 감각적일 수 있다.

일상 세계는 감각적이다. 시각뿐 아니라 촉각, 청각, 후각을 자극한다. 일상의 건축은 향기로 인식되는 장소, 촉감으로 알 수 있는 표면, 메아리와 잔향으로 확립되는 위치 모두를 포섭한다.

일상의 건축은 촌스럽고 적나라할 수 있다.

촌스러움은 익명성의 반대말로 보일 수 있지만, 많은 경우 둘 다 외부에서 주어진 기준에 무심하다. 이것은 부정적으로만 볼 일이 아니다. 취향의 기준은 종종 공인된 목표 지점을 공식화하고 공고히 하는 도구로 쓰인다. 촌스러움은 고상한 취향과 이런 취향을 생각 없이 따르는 것을 거부한다.

건축에서 통용되는 고상한 취향의 기준을 따르자면 건물은 신체 존재를 인식할 수 없다. 건물 안에서 신체 존재를 인식하는 것도 불가능하다. 건축 사진은 인물을 보여주는 경우가 거의 없으며 건축가는 종종 실제 사용자를 무시한다. 이는 무균과 불모의 상태로 귀결된다. 적나라한 존재는 부정될 수 없다.

일상의 건축은 주거의(domestic) 삶을 인정한다.

반복되는 익숙한 것은 시적이며 평안함을 준다. 지루하고 억압적인 일과를 낭만으로 포장하려는 것이 아니다. 사건을 건축가가 결정하거나 예측할 필요가 없다는 말이다. 일상의 건축은 개인 의식(儀式)을 허용하면서도 그 의식을 미리 규정하지 않는다.

일상의 건축은 집단적이고 상징적인 의미를 가질 수 있지만, 반드시 기념비적이지는 않다.

일상의 건축은 기념비의 필요성을 부정하지 않는다. 그러나 모든 건물이 기념비여야 하는지는 의문이다.

일상의 건축은 프로그램에 부응하며 기능적이다.

일상의 건축은 프로그램이 의미 있는 디자인 형식이다. 기능은 충족해야 할 요구 사항이며 모방해야 할 양식이 아니다. 일상의 건축은 건축이 '토착(vernacular)' 건축이나 단순한 맥락주의의 이름으로 지난 시대의 애교 있는 복제물로 타락하는 것에 저항한다.

일상의 건축은 유행만큼 빠르게 변할 수 있지만, 항상 유행을 타는 것은 아니다.

지금껏 말한 일상의 건축이 지나치게 유행을 타는 것처럼 보이거나 유행과 비슷해 보인다면, 진정한 일상의 건축은 유행의 변화를 주도하는 힘이 아닌 전혀 다른 변화의 힘을 따른다는 점에 유의하라. 일상의 삶에서 혁신의 형태, 질료, 이미지는 대부분 예측할 수 없다. 앞으로 도래할 일상은 사례 집단(focus group) 설문이나 시장 분석 따위를 통해 파악할 수 있는 것이 아니다.

일상의 건축은 지어지는 건축이다.

＊＊＊

9년 동안 일주일에 두 번씩 스티븐 해리스(Steven Harris)와 함께 뉴헤이븐과 뉴욕 사이를 오가며 나눴던 대화 가운데 일상의 건축을 정의하자는 생각이 처음 떠올랐다. 20년 가까이 친구로 지낸 탓에 해리스와 나눴던 대화는 익숙하고 편했으며 종종 수다스러운 잡담이나 회상으로 가득 찼다. 우리의 통근은 미국 장거리 자동차 여행의 기반시설인 주간(州間) 격자 고속도로 체계에서 남북을 잇는 도로 가운데 가장 동쪽에 있는 95번 고속도로에서 이뤄졌다.

돌이켜 보면, 사람과 물품을 나르는 넓은 아스팔트 선 자체가 충분히 일상의 조건이었던 까닭에 95번 고속도로는 일주일에 두 번씩 일상을 주제로 삼아 대화를 나누기에 꽤 적합한 장소였다. 수년 동안 함께 통근하는 동안 이름 없는 음식점과 주유소는 맥도날드와 모빌(Mobil) 주유소가 됐다. 유료 고속도로 당국이 승인한 브랜드 체인점으로 바뀐 셈이다. 비슷하게, 1980년대 준비된 달러는 욕망의 이미지에 엄청난 크기를 덧붙인 터무니없는 혼종 주택을 대량으로 사들이며 고속도로 외곽의 독점적 교외 주택 개발에 박차를 가했다. 꾸준한 관찰을 통해 우리는 당일 대화, 이어서 자연스럽게 당일 수업의 소재가 됐던 진부한 풍경의 익명성과 진부함이 날이 갈수록 점차 옅어지는 것을 목격했다.

우리는 평범한 것이 상품명으로 대체되는 일이 그냥 일상의 순진한 변화가 아니며, 오히려 광고에 의한 일상의 강탈이라는 점을 깨달았다. 편재하는 상품 로고와 범용성의 정체성을 혼동하는 것은 성공한 마케팅을 '대중이 좋아하는' 문화로 착각하는 것과 다르지 않다. 심지어 요즘은 대중문화와 일상적인 것 사이의 관계조차 모호한 게 사실이다. 많은 경우 오늘날 대중문화는 단지 고급문화의 탐지 화면에 잡힌 일상의 외양일 뿐이다.

리얼리티의 모든 측면은 어떤 방식으로든 매개되게 마련이다. 그러나 일상은 여전히 그 생명력을 제한하거나 흡수하려는 세력에 의해 가장 적게 매개되는 곳일 수 있다. 바로 이 지점에 일상의 가능성이 있다. 건축가에게 이것은 경고의 이야기이자 진정한 기회다. 우리는 현실 그리고 일상의 모든 선한 측면 속으로 들어올 것을 초대받았지만, 동시에 현실과 일상을 깨뜨리지 않으며 그 속으로 들어가야만 한다.

수전 손택(Susan Sontag)은 1964년 에세이 「캠프에 관한 단상(Notes on Camp)」의 첫 단락에서 다음과 같이 썼다. "캠프를 엄숙하게 논문 쓰듯이 다루는 것은 부끄러운 일이다. 이럴 경우 매우 열등한 캠프의 한 조각을 생산하는 위험에 처할 수밖에 없다." 나는 일상의 건축을 짓거나 그것에 관해 쓰려는 시도 또한 마찬가지라고 생각한다. '일상의 건축' 과 일상의 건물 사이 차이는 다름 아닌 건축을 짓는 행위를 의식하는지 여부에 달려 있다. 이것이 바로 내가 제안하는 전략이 가장 비판 받기 쉬운 부분이며, 나는 이 사실을 잘 알고 있다. 건축가는 순진한 척해서는 안 된다. 건축은 순진하지 않다. 마찬가지로, 건축을 짓는 일은 매우 의식적인, 참으로 자기-의식적인 행위다. 그러나 일상 또한 그렇게 순진하지만은 않다. 일상을 순진한 것으로 가정하는 것은 그것을 달콤하고 타락한 토착성(the vernacular) 개념과 혼동하는 것이다. 원형의(original) 순수함이나 순진함을 향한 노스텔지어와 혼동하는 것이다. 일상은 때때로 위험할 정도로 대중문화를 집적거린다. 그런데도 일상은 아직 포섭되지 않은 채 남아있다.

소개문

마하1 (그리고 몇 가지의 신비로운 방문) / 샌포드 퀀터

지난 수십 년 동안 스페인 빌바오에 있는 프랭크 게리(Frank Gehry)의 구겐하임 미술관(Guggenheim Museum)만큼 칭찬 받았던 건물은 거의 없었다. 1997년 10월 이 건물이 개관했을 때 뉴욕 타임스 건축 비평가인 허버트 머샴(Herbert Muschamp)은 그해 가을 「빌바오의 기적」이라는 제목의 기사에서 "사람들은 이 건축물의 골격이 시공되고 있을 뿐인데도 그 과정을 보기 위해 거의 2년 동안 빌바오로 몰려왔다"고 지적했다. 머샴은 이어서 이 건축물이 인기를 누리는 현상에 대해 다음과 같이 덧붙였다. "'빌바오에 가 보았습니까?' 건축계에서 이 질문은 시보레[1]의 지위를 차지하게 되었다. 실제로 당신은 그곳의 빛을 보았는가? 그 미래가 어떤지 보았는가?"[2] 사실, 건축 공동체 내에 있는 많은 사람들뿐만 아니라 대중들도 마찬가지로 게리의 최신 작품을 칭찬했다. 그러나 건축 이론가이자 작가이며 교수인 샌포드 퀀터(Sanford Kwinter)는 구겐하임 빌바오를 다르게 이해할 수 있는 가능성을 제시하고 있다. 퀀터는 「마하 1 (그리고 몇 가지의 신비로운 방문)」이라는 글에서 이 미술관은 그 자체 하나의 성취라고 여기는 것은 타당하다고 보았다. 그러나 이 건축물의 수용을 둘러싼 환호는 20세기 후반 건축 분야가 어떻게 스스로 만족하고 있으며, 또 어떤 규범을 따르고 있는지에 대한 더 큰 진실을 전달한다고 주장한다.

1900년대 초, 현대 건축가의 상상력은 효율성, 형태와 기능의 대응, 생산을 가능하게 하는 기술의 측면에서 대서양 증기선에 매료되어 있었다. (1923년 『건축을 향하여(*Vers une Architecture*)』에서 논의 된 바와 같이 르 코르뷔지에가 배에 대해 얼마나 매혹되어 있었는지를 상기해 보라: "우리 시대의 대담하고 위대한 증기선 제작자는 대성당 조차 작은 사물로 여겨질 만큼 거대한 궁전들을 만들어 바다에 띄워 보낸다!"[3] 이 열광은 실험적 건축 디자인의 시대와 함

께 했다. 그러나 퀸터는 21 세기 초 이러한 탐구의 감각, 곧 수용된 규범의 경계를 넓히는 모험은 다른 현대 디자인의 영역에서만 활발히 이루어지고 있다고 느꼈다. 건축은 항공 산업으로부터 재료, 소프트웨어 프로그램 및 생산 시스템을 차용하는 것이 가능하지만, 정작 건축 분야의 "실험적" 정신은 "유사 혁신"에 지나지 않았으며 따라서 이제 건축은 "친숙한 주제의 변주들"을 연습하는 일만 하게 되었다. 실제로 구겐하임 빌바오는 종종 네르비온(Nervión) 강 위로 치솟아 올라 있는 금속 재질의 형상인 배로 비교되지 않는가? 티타늄 피복과 과도한 곡면을 제외한다면 과연 이 건축은 르 코르뷔지에가 좋아하던 선박과 실제로 거리가 먼 것일까?

빌바오는 놀라운 사회적 현상일지 모르지만, 퀸터의 견해로는 건축적 걸작은 아니며 건축의 미래도 아니었다. 오히려 빌바오는 현재의 건축은 아니지만 언젠가는 실현될 무언가를 의도치 않게 연상시키는 것에 가까웠다.

주(註)

1 역주: 집단구별의 요소/에브라힘 사람과 입다의 백성을 구별하기 위한 군호

2 Herbert Muschamp, "The Miracle in Bilbao," *New York Times Magazine* (September 7, 1997): 54?59, 72, 82.

3 Le Corbusier, *Towards a New Architecture*, trans. from 13th French edition (1931; Mineola, N.Y.: Dover, 1986), 92.)

샌포드 퀸터(Sanford Kwinter) / 김영철 옮김

마하1 (그리고 몇 가지의 신비로운 방문)

Mach1 (and Other Mystic Visitations)

ANY 21 (1997)에 처음 실리고, S. Kwinter, *Far from Equilibrium: Essays on Technology and Design Culture* (Barcelona and New York: Actar, 2008), 36-45에 재수록됨.

요즘 건축가들은 일감이 부족하지는 않지만 여전히 초조해 한다. 그런데 이런 상황은 다소 불가사의하다. 강력하고도 혼란스러운 밀레니엄의 힘들이 도처에 존재하고 있는 상태인데 건축가들은 이를 적절하게 방출하지도 못하고, 또 설득력 있게 흡수하는데도 실패했지만 오히려 이 실패가 영원히 긴장을 놓을 수 없는 건축이라는 직능을 제압해가고 있는 상황이기 때문이다. 건축은 르네상스 이후 처음으로 다른 예술 및 학문 분야와 동등한 수준으로 자신감을 얻으려던 찰나였으나 이 건축의 이념과 실천의 위상은 이제 거의 매일 다시 그 힘을 잃어가고 있다. 끊임없는 호소력에 의해 구동되며 교환 관계 말고는 효율적으로 작동은 하지만 거의 모든 것을 배제하는 일차원적인 시장 세계가 바로 현재 우리가 살고 있는 시대이다. 그리고 이곳은 우리가 디자인에 의해서 무자비하게 괴롭힘을 받는 세상이기도하다. 인공물로 채워진 허세, 과장된 스타일, 오묘한 윈호의 반사 거울과 같이 우리의 모든 움직임과 몸짓을 앞지르는 마이크로-인간-공학의 독기운이 우리를 에워싸고 있다. 디자인은 이제 실존의 밀도, 어둠, 한때 인간적 사회의 세계로서의 미

스터리, 곧 느리고 다루기 힘든 미스터리를 관통한 상태이고 심지어 이들을 대체하겠다고 위협하고있다. 그 자리를 대신해서 지금은 깜짝 놀랄만한 정도의 새로운 즉각성, 즉 누가 어떤 자세를 취하고 무엇에 눈길을 두며 어디에 있는지를 모두 훤히 드러내는 투명성을 설정하고 있는 중이다. 디자인은, 아, 이제 우리 자신이 되었고, (지금은 적어도) 우리 자신을 디자인과 분리시킬 방법은 없다. 심지어 전형적인 상업적 패션 세계같은 룸펜 문화의 영역들도 이제 정신과 감성, 태도 및 분위기를 장악하고 있으며, 이 과정에서 천재적인 인물들 (레이 카와쿠보[Rei Kawakubo], 마틴 마르지엘라[Martin Margiela], 후세인 찰라얀[Hussain Chalayan]) 뿐만 아니라, 대중적 평판의 영웅들(알렉산더 맥퀸[Alexander McQueen], 존 갈리아노[John Galliano], 그리고 프라다, 샤넬, 구찌의 소비자 층 숭배자들)도 생산해 내고 있다. 이들은 내부로부터 광범위하고 포괄적인 보급 시스템을 갖추고 있어서, 이제 건축가들은 경쟁의 꿈을 어떻게 꾸어야 하는지, 그 방법조차 알지 못할 정도이다. 패션계의 철면피한 참신함의 대안 속에서도 진정한 혁신의 희미한 빛들은 있다. 그리고 여기서 우리의 목적을 위해 가장 중요한 것은 도시의 삶, 거리 및 대중의 상상력에는 부인할 수 없는 가치의 증거가 놓여있다는 사실이다.

그러나 미디어 디자인의 폭발적인 영향과 비교할 때 패션은 오히려 사소한 정도이다. 10대들의 우상과 롤 모델들에는 오늘날 운동 선수, 록 스타 및 영화 아이돌처럼 그래픽 디자이너와 타이포그래퍼가 포함될 가능성이 높다. 웹 마스터 소프트웨어 패키지, 크로스 플랫폼 및 고속 IP 연결이 이미 한 때 유행하며 남성 성인 가구(그리고 영혼)의 중심으로 자리잡았던 일렉트릭 기타를 대체하게 되었다. 1980년대의 순수 예술도 그리고 진지한 대중 음악도 이제는 모두 다 사라졌고, 이에 따라 생긴 빈 공간을 채웠던 그래픽 디자인은 포스트 붐 세대의 락앤롤 혁명을 가져 왔다. 이것은 대단한 인기를 누렸지만 여전히 부분적으로만 인정된 상태였다. 그래도 이 혁명은 여전히 시각을 위한 것이었을 뿐, 청각을 위한 것은 아니다. 예술 분야의 경이적인 확장도 스포츠, 음악 및 라이프 스타일 잡지, 청소년 대상 광고, CD 패키징, 영화 제목 시퀀스, 홈페이지, MTV 프로그래밍, 라이프 스타일 기어 로고 및 관련 의류, 그리고 장비들로 이어졌고, 이들은 모두 이음매 하나 없이 완벽하게 작동하는 그물망과 같았다. 문화 프로젝트라고 할 수 있으며, 이 단어의 의미를 최대한 확대해서 볼 때, 이 망은 이제 끝없는 조바꿈이며 일종의 아드레날린 효과의 디스플레이이기도 하다. 대중의 상상속에서 오늘날 인기를 누리는 디자인 영웅들이 새로운 분야에서 두각을 나타내기 시작한 시점은 1992년까지 거슬러 올라갈 것이다. 이때는 알두스 코퍼레이션(Aldus Corporation)의 폰토그래퍼(Fontographer) 소프트웨어 <font merge> 명령어가,[1] 그리고 『레이 건(Ray Gun)』 매거진이 탄생했고, 틈새 시장을 만들어내는 R & D 부서가 "학교" 지위로 올라섰으며, 집단 이민자도 출현한 시점이었다. 이 디자인 영웅들의 임무란 오늘날 문맹 퇴치 이후 디지털로 중독된 세계에 메스껍고 모던하며 불만스러운 "외관"을 부여하는 것이었다. 곧 그들은 커뮤니케이션 시스템에 하나의 형상을 제시하는 사람들이었다. 지금은 영화조차도 실시간의 총체적 그래픽 인터페이스와 비디오 게임의 침공으로 인해 그 토양을 잃어가고 있는 중이다.

이런 상황에서 30년 이후에도 여전히 건축가가 존재할까? 다른 어떤 세대에서도 이 질문은 전혀 고려할 필요가 없었다. 잘못된 믿음을 갖고 있는 사람들은 여전히 경제적인 관점에서 건축물은 단순히 음식과 같다고 생각한다. 사회나 시장의 권력이 변화한다고 해도 바꿀 수 없고 또 더 이상 단순화할 수도 없는 삶의 사실이라는 것이다. 어쩌면 이 사람들이 잘못 생각하는 것일 수도 있다. 오늘날 하부구조의 문제와 이해 관계에 대해서는 습관적으로 그리고 유행에 따라 복종하지만, 좀 더 급진적이고 혼란스러운 현실에 대해서는 거의 주의를 기울이지 않고 있다. 오늘날의 하부구조가 요구하는 것은 기하급수적으로 점점 더 중요해지고 있을 뿐만 아니라, 정도를 넘어 그 종류에서도 다변화하는 중이고 돌연변이식으로까지 변화하고 있다. 오늘날 우리에게 남아있는 유일한 대안은 바로 이 새로운 "소프트" 하부구조들, 곧 지식 하부구조,

프로그램 하부구조, 문화 하부구조, 가상 하부구조 등을 상대할 수밖에 없다. 과도하게 공학적으로 처리되고, 과도하게 조정된 세계에서 디자인뿐만 아니라 또한 탈디자인에 대한 요구도 엄청나게 커져 있지만, 대다수의 건축가들은 여전히 중세의 스토아적이고 자율적인 건축물의 언어로 이에 반응하고 있는 실정이다. 오늘날 디자인 세계는 새로운 계급 구조, 내재적 연관 갈등 및 새롭게 등장하고 있는 프롤레타리아 등이 근본적 생산 수단과 점점 더 분리되면서 계층화되고 있다. 그럼에도 건축가들은 그저 나비 넥타이 뒤에서 미소를 짓고 있을 뿐이다. 왜냐하면 그들은 새로운 프롤레타리아가 그들 자신이라는 것을 아직도 깨닫지 못했기 때문이다. 어쨌던, 건축가라면 반드시 이 사실을 알아야한다.

우리의 환경은 심층적으로 재작업되고 있다. 그리고 누구도 이를 부정하지 않는다. 그런데 건축물은 역사에서 유래한 오아시스가 아니라는 사실은 분명하며 (명백하고 잔인한 방식으로 그렇게 되도록 조직된 경우가 아니라면, 그래서 그렇게 조직되었다고 하더라도 기껏해야 단지 불완전할 뿐이다) 포괄적인 문화 관리, 행정 및 엔지니어링 시스템을 통해 인간에게 영향을 미치고 역사적 전개를 중계한다. 휘감고 있는 모양의 아나콘다처럼 유연한 인프라 망의 연속된 고리는 우리 일상의 주변을 감아 돈다. 압살하지는 않도록, 허용되지는 않은 방향으로 확장해 가지 않도록 제한하기만 하는 방식으로 모든 움직임을 미묘하게 그러나 일방적으로 다른 말단으로 안내하는 것이다. 건축은 스스로 당당하고 사자와 같이 주권을 가진 것이 바로 건축 자신이라고 상상하지만 실제로 오늘날 지배력을 행사하는 주인은 저 아나콘다이다.

단순히 역사적 유물론자의 관점에서 건축물이야말로 우리 문화에서 축적된 자본의 가장 큰 저장소라는 원리를 대변할 수 있다고 주장한 지 얼마나 되었는가? 더 간단히 말하면, 공공 프로젝트나 개인 기업가들이 건축물을 가장 크고 가장 비싼 것으로 처음 대체했던 것은 언제인가? 우리 모두가 좋아하고 기억하는 장면에서의 답은 현재의 진정한 비밀스런 역사이자 느와르 내러티브, 곧 갱스터 영화의 대본에 있는 것이 아닌가? 망상 상태, 현기증이 나는 상태, 또한 지금은 재주 넘기에 바쁜

반 영웅으로 건축을 형상화하는 내러티브 말이다. 물론 가장 간단한 대답은 건축은 결코 어떤 경우에도 가장 방대하고 집약적인 문화 산업, 형태의 주체로서의 문화 산업이 된 적이 없다는 것이다. 그 위치는 항상 전쟁이 차지하였다. 유연한 하부 구조의 기업들은 전쟁에서 단번에 자신의 모델, 기원 및 존재 이유를 찾는다. 고전적인 군사분야의 삼두체제 곧 C3 (명령[Command] / 소통[Communications] / 통제[Control])가 지난 10년 동안 우리 주변에서 나타나기 시작한 새로운 디자인 환경과 분위기에 필적한다. 그리고 그렇게도 많은 힘과 에너지가 이에 동반되었다. 또한 이는 일부가 아니라 아마도 전체에 해당할 것이다. 이렇게 말한다고 해서 이러한 관행에는 어떤 악의적이고 살인적이거나 또는 파괴적인 것이 있다는 주장이 아니다. 오히려, 성채/요새에 집착하는 일—건축에서는 유명한 "건축물 단지", 디자인 세계에서는 자신이 우위를 차지한다는 자만심에 찬 주장의 근원—은 결국 실제로는 *물류 수송*(*logistics*, *병참업무*)의 진화로 결말지어졌다는 사실을 말하고 싶을 뿐이다. 다르게 말하자면, 이것은 현대의 운명을 수행적 환경에, 프로토콜에, 그리고 *극단적으로는* 심리적 작동에 중점을 둔 정보 체제라고 가정했다는 것이다. 이렇듯 부분적인 진화는 또한 아주 우스꽝스러운 볼거리가 준비되고 있음을 시사한다. 이는 마치 한때 야전 사령관들이 자신의 가슴에 달린 메달에 광을 내는 모습처럼, 오늘날 건축가들이 건축의 전쟁터라고 생각하는 곳에 거대한 건축물을 세운 덕분에 과거 전장을 누볐던 패튼 장군처럼 이 전쟁에 참여한 사실을 자랑스러워 할 것이라는 상황이다. 그런데 전쟁 참여는 고사하고 만약 그들이 귀 기울여 듣는다고 해도, 그들은 단지 멀리서 총소리가 난다는 것만을 간신히 감지할 것이다. 그리고 실제로 그들 대부분이 듣고 있는 소리는 자신들이 달고 있는 메달의 딸랑거리는 소리뿐이다.

* * *

1997년 빌바오는 끝없는 정치적 체스 대결의 음모가 진행되는 상황이었다. 이 와중에 하나의 건축물이 거부할 수 없는 아름다움과 충일의 모습으로 우뚝 솟아올랐다. 그 곳은 표현이 냉소적이라고 비난하더라도 배고픈 세상이었다. (구겐하임의 관장 토마스 크렌스가 했던 "인수 및 합병"이라는 표현처럼 기선 제압의 수로서 했던 모두 발언보다 더 계산된 것이 있을까 싶다.) 다르게 말하면, 스페인 정부가 역사적 및 지정학적 힘들이라는 가루가 잔뜩 들어 있는 통(후한 대접(포틀래치)과 긴장완화(데탕트)라는 노골적인 혼합물)을 통한 전술적 개입보다 더 많은 계산은 없었으며, 건축가보다 현실 정치에 있어서 이런 관행을 더 실천하려고 하는 사람도 없을 것이다. 건축가는 "나는 단지 건물을 지을 뿐이다!"라고 시치미를 뗀다. 그러나 빌바오라는 거대한 춤추는 괴물(베헤모스)의 공개는 21세기의 끔찍한 지평선 상에서 희미하게 빛나는 전기 조명과 같이 춤을 추는 신비로운 방문만큼이나 히스테리의 냄새와 함께 환영 받았다. 나는 한 때 로스앤젤레스에 있는 프랭크 게리(Frank Gehry)의 월트 디즈니 콘서트 홀(Walt Disney Concert Hall)이 20세기 말의 훌륭한 건축 프로젝트가 될 것이라고 믿었다. 그리고 한동안 밀레니엄이라는 용어로 이를 언급할 때 어떠한 불편함도 없었다. 그러나 오늘 나는 더 이상 순진하다고 느끼지 않는다. 빌바오 미술관 자체, 그리고 더 중요하게는 비평가들과 대중이 이 건축물에 대해 신경학적 도취감에 빠져 있다는 사실 모두 초기 프로젝트가 잊었던 약속을 이 미술관이 채워주기를 바라고 있는 것처럼 보인다. 그러나 이는 채워질 수도 없으며, 그때의 부족함은 간단히 생각한다 해도 그 양이 너무 크다. 물론, 초기 디즈니 프로젝트와 관련하여 빌바오는 그 자체로 의미 있는 성과이기는 하지만, 그 의미는 완전히 다른 맥락에서의 위상을 차지하려고 다투고 있는 상태이다. 바스크 (해양) 환경은 지적, 실존적, 역사적 관점에서 건축의 제스처를 고립시키면서 강화하지만, 다른 한편으로 이를 심각할 정도로 진부하게 만들기도 한다. 이렇게 유럽경제공동체(커먼 마켓)[2]를 위한 새롭고 반짝 반짝 빛나는 미술관은 아무리 단순하게 생각한다고 해도 위대한 모던 세기의 말엽 시점에서 볼 때 사회, 형식, 그리고 현대화의 관계들에 대한 종합적 진술로서의 가치를 전혀 보장하고 있지 못하다. (유럽 경제공동체에 관련하여 통화적 상호 작용의 요구에 의해 주도되는 정치적 안정에 대한 유럽의 요구는 국제적으로 칭송받는 사회 통제의 수단에 도달하기 위해 건축을 통해서 카페트백을, 곧 보따리 장사하듯 간단히 처리하기 때문에 어떤 국가간의 경계도 주시할 필요는 없다.) 물론 많은 사람들은 그러한 종합적 요약의 진술이라는 아이디어조차도 지난 백 년의 사상과 역사를 특징 짓던 교훈과 고충들을 보면 결국 무용지물 밖에는 되지 않을 것이라고 주장할 것이다. 그러나 그것도 자신을 어떻게 역사와 관련시키는지에 달려있다.

빌바오를 춤 사위의 마무리와 또 죽음을 알리는 종소리(이는 으시시한 소리이고 여느 소리와는 달라서 사랑받던 사람으로 하여금 죽어가는 사람들이 순간적으로 삶으로 되돌아오고 있다고 상상하게 한다. 여기에서 신비한 방문의 환희가 유래한다)로 찬양하는 것은 특정 세대의 많은 사람들에게 당연히 그럴 법하다. 프랭크 로이드 라이트(Frank Lloyd Wright)의 뉴욕 구겐하임(New York Guggenheim)은 확실히 서구에서 건축된 가장 급진적인 건물 가운데 하나이다. 그렇지만 빌바오(Bilbao)는 기껏해야 전적으로 지나치게 고전적인 주제에 근거한 서정적인 송에뤼미에르(son et lumiéres) 쇼[3]일뿐이다. (공정하게 말해 보면, 이 세대에서는 어느 누구도 예전 과거의 방식을 혁신하려고 시도하지 않았으며, 게리 자신도 단순히 건물들이 보이는 방식 이상의 것을 보여주려는 야망을 주장한 적이 없다.) 1997년 빌바오 미술관의 개관식에 많은 순례자가 참석했다는 점은 감탄스럽고, 관대한 마음이 담겼으며, 디자인 전문직에는 확실히 활력을 불어 넣어주는 사건이었다. 그럼에도 불구하고 사실은 모든 순례자의 잠재 의식 깊은 곳에는 부인하기 어려울 정도로 병적이며, 현실안주적일 뿐만 아니라, 자기 스스로를 축하하는 행동이 그림자처럼 드리워져 있었다. 내 자신도, 예를 들어, 물속에 가라앉은 타이타닉호의 유령의 방들을 돌아다녀야 했다면, 한편으로는 매혹적이라고 생각했겠지만 다른 한편으로는 고통스럽기도 했을 것이다.

선박들의 시대에 건축가뿐만 아니라 지식인들도 마음을 홀린 것들은 집단 여행의 기술 혁명이었고, 속도의 숭배와 시간의 소성 변형, 그리고 합성물로 가득 찬 전체 환경, 그리고 또 부패하고 지친 "역사적 인간"을 위한 해방 가능성, 그 이외에도 정치적, 경제적, 미학적, 그리고 성적으로 인간과 집단을 모두 변화시킬 수 있는 가능성으로서의 기계였다. 이 때 타이타닉호는 도발적이고 미학적 관점에서 하나로 요약해 볼 때 하나의 성취 그 자체였다. 근대성으로 대변될 수 있는 것으로서 좋거나 나쁘거나 예측할 수 없는 모든 것들의 성취였다. 타이타닉호가 가라 앉은 사건은 아마도 문화적 갈망, 투기 및 환상이 집중된 것이라고 설명하면 더욱 강조가 될 성격의 것이었다. 이 배는 이미 대중과 사회의 상상력에서 가장 위대한 엔지니어링의 업적, 기술적 및 사회적 성취 가운데 하나라고 인식되어 있었다. 이 시기의 건축물들, 곧 파구스 공장, 제3인터내셔널 기념비, 그리고 나중에 다이맥시언 하우스(Dymaxion House), 엠파이어 스테이트 빌딩(Empire State Building), 르 코르뷔지에의 빌라 등, 중요한 건축물들은 타이타닉호나 그런 부류의 것을 언급하는 것만으로도 이들 건축물의 위대함을 뚜렷하게 표현할 수 있었다. 이미 오래 전에 대서양 정기선은 건축의 자리를 빼앗아 차지하고 있었다.

건축가들이 빌바오 오프닝 호화쇼를 위해 여행 가방과 검은 넥타이를 준비하고 있을 때, 대서양의 반대 쪽에 있던 우리 가운데 몇 사람은 의도적으로 반대 방향인 모하비 사막 서쪽을 향했다. 그 목적은 현대 세계의 장벽을 파괴하려는 대규모 행사에 참여해 축하하려는 것이었다. 그리고 그해 10월의 주말에는 다섯 번째를 맞이하는 기념식이 있었고, 20세기 우주의 역사상 두 번째로 중요한 성과를 거둔 지 50주년을 기념하는 재현 행사가 열렸다. 1905년에서 1917년 사이 뉴턴이 제시했던 견고하고 절대적인 공간 모델은 아인슈타인의 상대성과 가소성의 손에 넘어갔다. 그러나 1947년 10월 14일, 인간이 서로 물리적으로 대화하고 자신이 속한 세계와 상호 작용할 수 있었던 속도와 고도(또는 둥근 행성에 사는 이들에게는, 우주적 '거리')의 한계는 이제 제거되었다. 척 예거(Chuck Yeager) 장군의 성과(공기가 소리를 실어 나르는 속도보다 더 빠른 속도로 항공기를 비행하는 것)는 초음속의 영역을 기술적인 조작의 가능성에 열어주었을 뿐만 아니라 발사된 물체가 지구 대기권을 넘어, 다시 말하면 중력 장의 영향을 넘어서도록 할 수 있다는 상상력을 가능하게 했다. 우주는 처음으로 인간이 실제로 도달할 수 있는 범위에 놓이게 되었다. 내가 다른 곳에서 주장한 바와 같이, 독특한 미국적 의미에서 이 사건들과 관련하여 볼 때 현대 세계는 제2차 세계 대전 이후 다시 태어났다.[4] 그러나 그 초점과 강도는, 20세기 초기의 거대한 항해선의 숭배가 그랬던 것과는 달리, 마하1의 추상적 성격과 이 기술 장치의 난해성으로 인해서 집단 의식을 관통하지는 못하였다. 만약 1940년대 건축가들이 그렇게도 소중하게 여겼던 "모던 운동"에 덜 집착했더라면, 그들은 아마도 모던 시대에서 가장 낯설지만 그럼에도 연관된 경험 중 하나에 매달리게 되었을 것이다. 곧 버즈 폭탄이라고 불렸던 V2 로켓이 런던을 차례로 파괴했던 사건을 말한다. 이 미사일은 런던 시민이 그 소리를 듣기도 전 몇 초 사이에 런던 도시 공간을 관통해 파괴하기 시작했다. 제 1차 세계대전의 참호와 무인 지대처럼 제2차 세계대전의 초음속 로켓은 문화적 의식에 깊이 침투했다. 그럼에도 불구하고 건축적 상상력(그리고 양심)은 거의 전적으로 무시하며 지나갔다.

오늘날 우리는 그렇게 쉽게 용서되지는 않는다. 다시 말하면 우연한 동일 면책으로 무죄를 인정받지 못한다. 1997년 버크민스터 풀러(Buckminster Fuller)에 대한 특집호를 소개한 어느 미국 디자인 잡지의 편집인은 파사데나5의 로즈 볼(Rose Bowl) 퍼레이드에 참석하면서 겪었던 자신의 신비로운 방문 경험을 설명하지 않을 수 없었다.[6] 퍼레이드가 시작되자 미 공군의 스텔스 폭격기가 관중석 위로 날아가서는 왱왱거리는 소리를 냈다. 그녀는 "조용한… 외계인의… 원초적인…"이라는 단어들을 나열하였다. 믿기 어려울 정도로 불가사의한 이미지의 항공기, 그리고 음이 소거된 테러가 관중의 마음 속에 영원히 새겨질 때 군중들은 숨을 죽이고 있었다. 몇 주 후 그녀는 편집 서문에서 이 사건을 회상할 때, 마음을 혼란스럽게 한 그 사건의 힘뿐만 아니라 건축 분야의 도취감도 여전히 줄어들지 않고 그대로 남아있었다. "오늘날 놀라운 것은 항공 디자인이다. [건축이 아니다.]" (그녀의 아들도 보잉기를 디자인하는 꿈을 가지고 있지만 건축물을 설계하겠다는 꿈은 아니라고 했다.) 항공기 디자인의 역사뿐만 아니라 현재의 산업, 제품, 장비 및 통신 디자인의 특성을 나타내지만 더 이상 건축에서 적용되는 사실이라고 할 수 없는 것은 바로 내구성 외피의 놀라운 유연성과 변형 가능성이다. 말하자면 디자인이 수행되고 매개 변수가 선험적이고 고정된 것으로 받아들여지는 시스템의 유연성과 변형 가능성이다. 다시 말해서, 이러한 실무 강령은 실험적이다. 전적으로, 그리고 또 가장 위험한 의미에서 볼 때 그렇다. 그러므로 우리는 건축 분야와 관련하여 우리 자신이 즐거워 할 수 있어야하지만 유사 혁신에 의해, 또는 오늘날 우리 주변에서 그렇게도 많이 볼 수 있는 것처럼 익숙한 주제를 단순히 변형시킨 것에 의해 쉽게 속지 말아야 한다. 이런 변형들은 디자인 된 표피가 점점 더 부서지기 쉬우며 부실해지듯이 점점 더 극단화되고 거칠어질 뿐이다.

우리는 에드워즈(Edwards) 공군 기지로 마치 동물들이 하는 것처럼 이동해 갔다.[7] 우리는 실제로 어떤 것도 볼 것을 기대하거나 바라지도 않았다(군사 안보는 이미 우리의 도착을 예견하며 만반의 대비를 했다). 우리는 오히려 우리 세기의 소리를 듣고 그것과 다시 소통하기 위해, 그것에 귀 기울이기 위해 온 것이다. 예거(Yeager)의 F-15 전투기가 높은 사막 위를 가로지르며 마치 음향으로 영토를 표시하듯 지난 반세기를 가로지르고, 몹시 위험하고도 원시적인 날개 달린 폭탄과도 같은 X-1 로켓 비행기를 타고 최초로 음속 장벽을 뚫어 우리 세계의 형세와 역학관계를 바꿔놓은 그 소리를 들으러 여기에 왔다. 우리는 충격파의 존재를 믿기 때문에 이곳에 왔으며, 또한 그것들이 현대성의 음악의 일부라고 믿는다. 리본을 자르는 것을 보려는 것이 아니라 우리는 횡경막, 고막, 생식기 및 발바닥이 함께 무엇인가를 느끼기 위해서 온 것이었다. 우리는 그 날 태양, 구운 흙, 공기의 미세한 떨림, 그리고 끝없이 펼쳐진 수평선만 있는 사막의 황무지에 서 있고 싶었다. 우리가 그곳에 간 이유는 그곳이야말로 우리가 알고 있는 원점(zero-degree)이자 미래였고, 빌바오에서는 과거인 곳이기 때문이었다.

주(註)

1 Acquired by Macromedia Corporation in 1994. The merge and crash capabilities were introduced in release version 3.5 (1991).

2 역주: Common Market. 유럽 경제공동체/EU의 옛 명칭

3 역주: son et lumiéres. 프랑스의 쇼. 사적을 배경으로 빛과 음향을 사용한다.

4 Sanford Kwinter, "Flying the Bullet, or When Did the Future Begin?" in: Rem Koolhass, *Rem Koolhaas: Conversations with Students*, ed. Sanford Kwinter (New York: Princeton Architectural Press, 1996).

5 역주: Pasadena, LA 근처의 도시

6 Cynthia Davidson, "Dear Reader," *ANY* 17, *Forget Fuller?* (1997).

7 그때 나는 제시 라이저(Jesse Reiser)와 여행중이었다.

소개문

신실용주의 / 존 라이크만

철학자이자 건축과 예술에 집중하고 있는 교육자 존 라이크만은 「신실용주의」라는 제목의 글에서 윌리엄 제임스의 "제작 과정의 사물들"[1] 개념을 도입하고 있다.[2] 건축 분야가 "이론 대 실무"로 분리된 채 정체된 상황에 있기 때문에 그는 이를 극복하기 위한 추진력이 필요하다고 보았다. 이 글은 1997년 6월 로테르담에서 열린 《애니하우(Anyhow)》 컨퍼런스에서 처음 발표되었고, 칸트부터 푸코까지 사상가들이 개진한 실용주의에 대한 간략한 논의로 시작하고 있다. 라이크만은 무엇보다도 들뢰즈가 푸코를 어떻게 읽었는지 환기하며 구체적으로 그가 사용한 다이어그램과 아카이브 개념을 통해 새로운 건축적 사고 방법을 "신실용주의"라는 이름으로 제시했다. 그리고 이 실용주의를 "다이어그램과 진단(diagnosis)의 실용주의"라고 특징 지었다. 이 다이어그램은 20세기 말과 21세기 초반 건축 담론에서 성가실 정도로 사용 빈도수가 많은 용어이기도 했다. 라이크만은 이 용어를 "진단을 위한 도구"[3]로 정의한 후 현재에 대한 푸코식 아카이브를 해석하기 위한 방법으로 사용하고 있다. 이 방법은 현대의 삶을 관통하면서 이를 생성하기도 하고 영향을 주기도 하는 다중적 (인지되지 않기도 하는) 힘들을 연결하며, 또 알려지지 않은, 예견도 불가능하며 프로그램화할 수도 없는 미래를 위해 길을 열어 줄 것이었다. 요약하자면 라이크만이 희망하는 것은 다이어그램과 진단의 실용주의가 이론 전체를 포기하지 않으면서도 비판성에 은연중에 내포된 부정성을 넘어선 새로운 탐색의 길을 열어주는 것이었다.

라이크만의 제안을 따른 사람들에게 실용주의는 건축 미래의 가능성에 관한 토론의 장이었다. 그리고 이와 노선을 달리한 사람들도 건축에 대해 고민하기 위해 "실용주의가 실제로 신선한 출발점" 역할을 한다고 느꼈다[4]. 이와 관련해서 가장 중요했던 토론은

2000년 스키드모어 오윙스 메릴 재단 후원의 두 행사였을 것이다. 하나는 그해 5월 컬럼비아 대학교에서 열린 학제간의 워크숍이었고, 다른 하나는 11월 뉴욕의 현대미술관에서 개최된 "제작 과정의 사물들"이라는 컨퍼런스였다. 사람들이 이 행사들에 대해 큰 환호를 보냈지만 정작 실용주의에 관한 토론은 몇 년도 채 되지 않아 시들해지고 말았다.

주(註)

1 William James, "Bergson and His Critique of Intellectualism," *A Pluralistic Universe* (1908; Lincoln, Neb.: University of Nebraska Press, 1996).

2 역주: 컬럼비아 대학교에서 라이크만이 제임스의 주제어 "Things in the Making"을 소개했을 때 이와 대비를 이룬다고 한 표현은 "Things made"이었다. 이 두 개념의 지시가 강조하고 있는 것은 과정과 결과라고 판단해서 전자의 의미를 따라 "제작 과정의 사물들"이라고 번역하였다.

3 John Rajchman, "Discussion Five," in *Anyhow*, ed. Cynthia Davidson (Cambridge, Mass.: MIT Press, 1998), 252.

4 Joan Ockman, "Pragmatism/Architecture: The Idea of the Workshop Project," in *The Pragmatist Imagination: Thinking about "Things in the Making,"* ed. Joan Ockman (New York: Temple Hoyne Buell Center for the Study of American Architecture, Columbia University; Princeton Architectural Press, 2000), 18.

존 라이크만(John Rajchman) / 김영철 옮김

신실용주의?
A New Pragmatism?

Anyhow, ed. Cynthia Davidson (Cambridge, Mass.: MIT Press, 1998), 212-17에 처음 실림. MIT 출판사 제공.

내가 제안하는 것은 일종의 실용주의다. 우리는 이를 "신실용주의"라고 말할 수도 있을 것이다. 왜냐하면 이는 고전적 실용주의 철학자들이 시작한 노선을 따르고 있지만 새로운 조건들을 고려했기 때문이다. 나는 이것을 다이어그램(diagram)과 진단(diagnosis)의 실용주의라고 부를 것이다. 이 실용주의는 이 회의 분과의 특성상 특이한 역할을 할 수밖에 없다. 그 이유는 이것이 미래를 프로그래밍할 수도, 계획할 수도 없는 미래와의 관계를 가정하기 때문이다. 그리고 이것은 우리가 실험해 볼 수만 있을 뿐, 예측은 할 수 없는 힘들에 관한 것이다. 한 때 윌리엄 제임스는 이 힘들을 "제작 과정의 사물들"이라고 부른 적이 있다. 나의 주된 관심사는, 이미 "글로벌 정보 사회"라는 용감한 신세계로 진입했다는 것을 자명하게 여기는 분위기의 시대에서 우리가 어떻게 하면 실용주의에 개입할 수 있는가의 문제이다. 내 생각으로는 우선 우리가 자명하다고 여기는 것에 대해 조금은 제동을 걸 필요가 있다. 그리고 내가 염두에 두고 있는 것은 이런 사회에서의 전형적인 정보나 소통의 화

용론이 아니라, 오히려 이 사회들이 내던져 놓았지만 예견하지 못한 특이성들을 질문하고 또 알아내는 방식이다.

물론 좀 더 친숙한 의미의 "실용주의"도 존재한다. 국가의 권력들이 약화되는 현상이 이와 잘 부합하며, 세계화 담론은 이 현상을 긍정적으로 보여준다. 예를 들면 마오쩌둥과 반대로 덩샤오핑은 실용주의자로 불린다. 그가 선언한 실용은 공표의 권위가 당으로부터 유래한 유일한 진리의 척도였다. 그런데 이것은 사실 첫 실용주의자였던 찰스 샌더스 퍼스의 주장과 어긋난다. 왜냐하면 그는 실용주의가 이견과 일탈을 통해 작동하기 때문에 어떤 정당이나 어떤 교회와도 양립할 수 없다고 주장했기 때문이다. 오늘날 실용주의자라면 흔히 어떤 이념적 프로그램이나, 이론, 입장 혹은 좀 더 거창한 비전과는 전혀 관계가 없는 것에 자부심을 느끼는 사람이라고 여겨진다. 구체적이고 국부적인 문제들을 해결하는 효과적인 수단들을 고안해 내는 일에 만족하는 사람이라는 것이다. 그런데 내가 말하는 "다이어그램의 실용주의자"는 계획하거나 투사할 수 없는 미래에 대해 관심을 갖고 있거나, 당 관료와 같은 위치에 포함되지 않지만, 먼저 말한 실용주의자와는 꽤 다르다. 예를 들어보자. 우리는 "다이어그램화와 진단"에 의거해서 새로운 지형들을 논의할 수도 있을 것이다. 이들은 위대한 발명 속에서 위기와 함께 등장하는 제국 유럽, 국민사회국가(national-social-state)와 같은 지형들이다. 이들은 식민주의로, 그리고 이후에는 냉전으로 중층결정된 것들이었다.[1] 왜냐하면 세계화는 단순히 여러 조건을 "초국가적"으로 균질화하는 것 이상이기 때문이다. 그것은 동시에 혼합이나 "혼성성들"에서 보이는 경계들과 이들이 제기하는 문제를 흐리게 하거나 느슨하게 한다. 우리는 이런 조건에서 비로소 유럽에서 공간들을 "다이어그램화"하는 일을 논의할 수 있을 것이다. 이는 이들을 지난 세기의 "위대한 국가들"이라는 낡은 지정학적 지도에, 혹은 심지어 비선출의 브뤼셀 관리자들로 채워진 "유럽"이라는 이름의 초국가에 끼워 맞추는 일과는 다르다. 그러므로 우리는 유럽의 인종주의가 가진 새로운 힘들을 진단해야 할 것이다. 이민자들에게 관련해서 볼 때, 다르게 "상상된 커뮤니티들"이나 인종주의가 만들어낸 여러 국가의 민족주의들에 따라 서로 다르게 이들의 존재를 가정하는 일이다. 그런데 이러한 "다이어그램화"란 무엇을 의미하는가? 이것은 무엇을 하고 있는가? 나는 몇 가지의 개념을 구별하는 것부터 시작하려고 한다.

몇몇 철학적 분파에서 사용하는 단어들, 예를 들면 "기능적", "도구적", "작동적", 혹은 "유용한" 등은 나쁜 평판을 갖게 되었다. 막스 베버가 목적 합리성이라고 불렀던 것이다.[2] 임마누엘 칸트는 "무관심(disinterest)"에 관련하여 자신의 관점을 대단히 정교하게 다듬었다. 그가 생각하기에 이 무관심은 도덕적 명령, 정치적 이성, 혹은 미적 판단이 요구하는 것이었다. 그 결과 가운데 하나는 칸트가 규정한 순수 예술(beaux arts)의 위계 분류에서 건축에 부과된 위치였다. 그는 건축을 자유 학예의 예술들(free liberal arts) 가운데 가장 이해에 부합하는 "관심(interested)"의 것으로 생각했다. 곧 자본이나 시장, 정부, 그리고 도구성에 가장 많이 얽매여 있다는 것이다. 따라서 건축은 가장 낮고, 가장 부자유스러울 뿐만 아니라 가장 아름답지 못했다. 칸트가 자유라고 여겼던 이 무관심 개념은 여러 가지 방식으로 변주되어 왔다. 이것은 환원적 혹은 자기 비판적 형식주의를 잇는 주인공들의 계보에서도 볼 수 있다. 이 노선은 점점 더 기능적으로 되어가는 사회를 비난하며 "도구적 이성의 비판"을 제안했던 막스 호크하이머와 테오도어 아도르노에게도 보인다. 프리드리히 니체가 칸트의 미학적 무관심을 "금욕적 이상"이라고 진단했을 때도, 그리고 마르틴 하이데거가 이에 대해 신비스러운 어감의 초연함3("스스로 존재하게 함")이라고 "재번역"했을 때도 나타난다.

그리고 실용적(progmatisch)이라는 용어를 보면 칸트가 이를 철학에 도입했지만 다른 목적 혹은 다른 종류의 질문을 표현하는 "관점"을 가지고 있어서 관심을 가질 만하다. 어쨌든 이것은 미셸 푸코가 썼던 논문의 주제였고, 여기에 칸트의 『실용적 관점에서의 인간학』 강의를 번역해서 실었다. 푸코가 강조한 것은 실용적(pragmatisch)의 의미는 도구적 성격도, 실질적(practical) 성격도 아니며, 오히려 그 둘 사이의 배타적 구분을 문제 삼을 수 있음을 강조한 것이었다. 니체가 차라투스트라에서 "사회란 실험인 것이다. 오 나의 형제들이여, 계약이 아니라!"라고 선언한 곳에서, 그리고 또한 여러 실용주의자의 글들에서 발견되는 단어의 의미에서 볼 때 이 용어의 의미는 오히려 "실험적"이기도 하다. 푸코는 칸트의 '실용적' 개념을 칸트 이후의 많은 비판 철학을 괴롭혔던 (심지어 나중에 위르겐 하버마스도 이에 동의하게 될) 문제와 연관시켰다. 곧 경험과 초월 사이의 관계가 문제였다. 돌이켜 보면 우리는 이제 칸트 이후의 철학자들이 제안하고 있는 다양한 "초월적 조건들"이 주관적이거나 객관적이거나 사실은 모두 경험의 영역들에서 추출한 요소를 근거로 패턴화되어 있다는 사실을 볼 수 있다. 그리고 이 영역들이 조건이 되거나 근거가 된다고 가정한다. 이 딜레마로부터 빠져나가기 위해 "실용주의자"가 갈 길은 바로 "비판적"이라는 의미를 다시 생각해 보는 것이었다. 여기에서 결정적인 질문은 일반적으로 "초월적"으로 기능하는 가정들을 넘어서서 이를 문제 삼는 새로운 힘들을 어떻게 이해하고 받아들여야 하는가였다. 이 질문은 아프리오리 혹은 초월적 조건들의 부재에서, 곧 우리를 주체, 대상, 공동체의 구성원으로 "결정"하기 이전의 상황에서 어떻게 우리가 "우리 자신을 발명"하고 또 우리의 세계들을 창조해 내는가의 문제였다. 퍼스는 "실용주의"라는 용어를 칸트에게서 가져왔다. 그리고 우리가 오늘날 실용주의자라고 부르는 모든 철학자에게서 이 근본 질문이 제기되어 있다는 것을 볼 수 있다. 퍼스가 라플라스의 결정론에 반대해서 우연(chance)을 방법의 문제에 도입했고, 듀이는 "우발성(contingency)"을 사회사에 도입했으며, 또한 제임스가 "새로움의 문제"라고 불렀던 데에서 볼 수 있다. 여기에서 문제는 도대체 우리가 어떻게 "제작 과정의 사물들" 개념을 다루어야 하는지, 어떻게 우리는 어떤 이해 방식이나 반응 방식도 가지고 있지 않은 상황에서 사물들의 출현을 이해하고 반응해야 하는지의 문제였다.

푸코 자신은 이 실용주의자들의 질문을 더욱 발전시켰다. 그리고 그의 방법이 새로웠던 이유는 1968년 파리와 프라하의 사건들을 뒤이어 그의 작업이 더욱더 분명하게 정치적 선회를 취했기 때문이었다. 그는 권력이 작동할 때의 "전략적"("도구적" 개념과 혼동하지 말 것)이라는 말을 정교하게 다듬으려고 노력하였고, 마찬가지로 비판 철학이 이 작동 과정에서 할 역할도 다듬어갔다. 그리고 그는 여기에서 권력을 전략으로, 철학을 개념의 도구 상자로 구체화했다. 나는 이 과정에서 그가 다이어그램이라는 단어에 집중하고 있는 국면을 자세히 들여다보고자 한다. 푸코가 벤담의 파놉티콘을 말할 때 이는 "이상적 형태로 환원된 권력의 다이어그램"이라고 했기 때문이다. 들뢰즈는 푸코를 새로운 지도 제작자, 새로운 도시의 아키비스트라고 불렀다. 이때 우리는 그를 계획이나, 프로그램 또는 프로젝트가 아닌 다이어그램을 다루는 사람이라고 말할 수 있다.[4] 그는 여러 기관과 상황에서 작동하고 있지만, 부분적으로는 보이지 않던 종류의 권력 또는 권력 전략의 다이어그램을 만들어낸 사람이었다. 이것은 정책이나 규정들을 다룬 공식 지도에서는 찾아낼 수 없었고, 누구에 의해서도 그 자체로 계획된 적이 없던 것으로서 독창적이며 다양한 방식으로 작동하는 "추상 기계"였다. 이 기계가 해결하려고 한 기본적인 문제는 인구 문제였다. 푸코의 말에 따르면 어떻게 "인구의 축적"[5]을 다루어야 하는지의 문제였다. 실제로 그것은 사람들의 활동 공간과 시간을 나누어서 "인구를 개체화"하는 기계였다. 그리고 이 기계는 점점 더 발전해서 다양한 사물과 여러 다른 조건의 분석에 유용하게 사용되었다. 우리는 예를 들어 가정 공간의 새로운 분화에서, 그리고 노동자 도시들의 출현에서, 식민지의 근대화에서 이 기계의 작동을 볼 수 있다.

물론 "규율적 사회"를 다이어그램으로 그려낸다고 해서 모든 것이 완전하게, 또 절망적으로 "규율화"되었다고 말하는 것은 아니다. 단지 부분적으로 보이지는 않는 이 "추상 기계"가 여전히 작동 중이라고 말할 수 있을 뿐이다. 그렇다면 이 다이어그램 작성의 핵심은 무엇일까? 여기에 대한 하나의 대답은 푸코가 사용한 아카이브 개념에서 찾을 수 있다. 예를 들면, 아카이브 구축의 핵심은 무엇일까? 우리가 왜 "감옥이 공장, 학교, 막사, 병원을 닮고 있고, 이들은 모두 또 감옥을 닮았는지" 그 이유를 알 수 있도록 하는 아카이브 말이다. 푸코는 이 아카이브가 일종의 "진단" 기능을 수행하기를 원한다고 말했다. 그는 우리가 프로그래밍하거나 투사(프로젝트)할 수는 없지만, 실험만은 할 수 있는 반시대적 미래를 제안하기 위해서 이 아카이브가 필요했다. 따라서 그는 아카이브가 "우리가 어떻게 보일지 미리 그려내는 일"에 관여하는 것이 아니라, 오히려 반대로 우리가 무엇이 될지는 아직 모르지만, 연속성을 깨고 그 결과 확실히 다른 모습으로 되어 가는 과정에 있다는 사실을 대면하도록 하는 데에 관여한다고 강조한다.[6] 우리는 "차이들"로, 곧 알려지지 않은 미래의 복합화와 식별의 과정들로 구성된다는 "실용적인" 의미가 바로 아카이브 개념에 부합한다. 들뢰즈는 푸코식의 아카이브를 위해 다음과 같은 수칙을 제안했다. "예측할 것이 아니라 문을 두드리고 있는 미지의 것에 주의를 기울일 것." 이런 의미에서 푸코도 역사에 "다이어그램적인 시간"을 도입하려고 했을 때 아카이브를 통해서 시도했다. 들뢰즈의 말로 표현하자면 그는 역사를 "실험을 위한 부정적인 조건"으로 바꾸려고 했다. 이것이 푸코의 다이어그램의, 또한 진단(디아그노시스)의 실용주의였다.

다른 관점에서 본다면, 푸코의 다이어그램과 진단 학문들의 거대한 추상 기계가 실제로 잘 작동하지 않았던 시기에, 또 이 기계가 새로운 힘들을 더 이상 포괄할 능력이 없어서 이 힘들과 관련하여 위기에 처했을 때 생겨났다고 할 수 있다. 푸코는 이 위기에 앞서 있었지만 정작 그 자신은 스스로 위기의 상황으로 뛰어들었다. 그가 이르게 된 곳은 "현재 정치 이론의 실패"에 관련한 새로운 추측의 의견이었다. 그는 우리가 시장에 혹은 시민 사회에 호소하는 다양한 "자유주의"의 갈래를 분석하면 된다고 생각했다. 이들은 근대 국가가 인구와 관련한 특별한 기능이나 인구와 영토 및 자원과의 관계가 더 잘 작동하도록 스스로를 신중하게 한정한 것이었다. 이런 맥락에서 "국가의 이성"이라는 하나의 결과는 19세기에 시작된 유럽의 거대 국가들의 지정학적 대립이었다. 다른 말로 표현하자면, 1970년대 중반 푸코는 우리가 "정치적 합리성"의 기본 매트릭스로서 "복지-전쟁-국가"의 상황에 있지만, 위기를 겪고 있고 다른 무언가로 변화되는 과정에 있다고 "진단" 했으며, 우리는 그럼에도 그것이 무엇인지는 확실히 말할 수 없다고 보았다. 그리고 20년이 지난 후 "글로벌 시장에서 경쟁력이 있다"는 것을 보장하기 위해 얼마나 많은 복지 기구를 보유해야 하는지에 대해서 우리가 여전히 걱정하고 있고 분열도 많은 것을 푸코가 보았다면 그는 자신의 진단이 옳았다고 여기고, 이 진단을 더 확장했을 것이다.

어쨌든 우리는 푸코가 1970년대에 아카이브 방식으로 만들었고 이후 들뢰즈도 강조했던 "규율 다이어그램"에는 두 가지 측면이 있다는 것을 구분해야 할 것이다. 첫 번째는 이것이 "진단의" 순간, 곧 결정적인 순간에 나타났다는 것이다. 이는 규율의 형성과 그 무엇, 곧 아직 정의되지 않았기 때문에 우리로서는 알아내기 위해 실험해야 하고 또 우리 자신과 더불어 실험해야 하는 것 사이에 놓인 실용적인 간격이다. 두 번째는 이 "결정적인 순간"의 "새로운 힘들" 중에는 생명 공학과 디지털 장치들, 그리고 이들의 새로운 배치나 조합들도 있었고, 이제 이들은 우리의 내부나 우리 사이에서의 창조를 돕고 있다. 이 힘들은 지금은 "세계화"의 핵심이라고 당연하게 여겨진다. 이 힘들이나 배치들이 새로운 다이어그램, 새로운 진단, 새로운 실험을 요구했기 때문이다. 물론, 여러 규율의 다이어그램은 무엇보다도 건축 및 도시의 공간들에서 온 것이었다. 따라서 우리는 "뉴어바니즘"이라고 불리는 것에서 새로운 배치의 "실용적인 지도 제작술"과 같은 것을 찾아낼 수 있지 않을지, 궁금해할 수밖에 없다. 나로서는 이 어바니즘의 몇 가지 특징은 이러한 관점에서 유용하다고 생각한다.

첫째, 테일러리즘의 중심성과 공장 규율의 쇠퇴라는 위기는 도시 영역에서 예를 들어 베른트 베허(Bernd Becher)와 힐라 베허(Hilla Becher)가 촬영한 쇠퇴하는 산업 분야의 유적에서도 볼 수 있다. 다이어그램을 대체하는 새로운 힘들은 "국가의 이성"[7]과 단단히 연계된 규율에서 벗어나 어떤 식으로든 새로운 종류의 문제로 이어지도록 형성되는 형태에서 발견된다. 여기에서의 문제는 지나치게 조직화된, 통제된 또는 베버가 말하는 "합리화"된 환경이나 공간이 아니라, 오히려 점점 더 무작위적이고, 분산되고, 이질적이며, 얇고, 종종 초현실적인 환경이나 공간에 있다. 그러므로 이 힘들은 남성과 여성의 상호 연결이나 혼합의 형태에서, 다시 말하면 다른 "다이어그램"을 통해 작동한다. 여기에서 지금 무엇이 작용하고 있는지 알기 위해서는 우리가 지금까지 사용하던 매핑 기술을 다시 조정해볼 필요가 있다. 특히, 우리가 아시아에서, 그리고 이제는 아프리카에서도 볼 수 있는 초고속의 대규모 개발의 경우 이를 위해 다이어그램을 새롭게 그려낼 필요가 있다. 이를 통해 고정된 모델이나 지도가 없는 상태에서 간섭의 가능성들을 하나하나 구별해 낼 수 있다.

둘째, 이러한 지도의 제작을 재조정할 때 공간과 시간 또는 공간화(간격두기, espacement, Spacing)에 대한 새로운 사고방식이 필요하다. 왜냐하면 규율 다이어그램은 기본적으로 닫힌 상태로 연동된 환경에서 시공간의 세분화를 통해 작동했기 때문이며, 또한 이제는 이에 반하여 다른 시간, 다른 기억 및 이 다이어그램에 선행할 뿐만 아니라 환원도 될 수 없는 "지속"이 문제로 제시되었기 때문이다. 예를 들면 버지니아 울프가 쓴 소설 『파도』에서 삶이란 결코 완벽한 내러티브의 연속성으로 전환될 수 없는 방식으로 결합되어 있고, 또 여러 불규칙한 조각들로 구성되어 있다고 상상하고 있다. 이에 대해 푸코는 이를 어디에선가 공간에 대한 시간의 반란이라고 불렀다. 이제 우리는 1919년 페르낭 레제(Fernand Leger)가 그린 〈도시에 있는 사람들(Men in the City)〉 또는 프리츠 랑(Fritz Lang)의 1927년 영화 〈메트로폴리스(Metropolis)〉와 같이 분할된 집합체로서의 기계적 도시와는 다소 다른 모습의 결과물을 보고 있다. 우리는 이전과 다르게 "좀 더 부드러운" 종류의 축적과 상호 작용의 상황에 있으며, 이전에는 분할로 환원할 수 없는 지속성이 결정적인 문제였다면, 이제는 이들을 어떻게 다이어그램하며, 또 창조적으로 혹은 실험적으로 이들을 다룰 것인가의 문제가 제기된 상태다.

셋째, 이렇게 새로운 종류의 공간화를 "다이어그램"으로 표현한다는 것은 사실상 내가 묘사하려고 하는 실용주의와 같은 종류의 방식을 통해 이를 다루는 것과 같다. 누군가는 "도시에 관한 즐거운 학문(gay science of the city)”은 계획, 프로그램 또는 프로젝트가 아니라 오히려 다이어그램과 진단을 통해 작동한다고 말할 수 있을 것이다. 중요한 것은 분석과 사유, 더 나아가 심지어는 디자인 방식의 문제이며, 여기에서 도시-다이어그램-실험의 관계가 과거 마르크스주의로 유형화된 국가-프로그램-이데올로기 관계를 대체하며, 또한 여기에서 우화와 유토피아라는 낡은 신비주의-문학의 주제는 새로운 도시 조건의 다이어그램과 진단과 같은 실용적인 것으로 대체된다.

이렇게 본다면, 도시에 관한 즐거운 학문에서 “다이어그램적인” 특징은 우리에게 다시 형태와 의미에 대한 오래된 질문을 제기한다. 들뢰즈는 이들을 고전적 관점의 가정과 대비되는 방식으로 표현했으며 그 결과는 느슨하지만 좀 더 역동적인 종류의 “공간화”였다. 전후 영화의 “이미지들”을 연구했던 그가 마지막 부분에서는 기계적 도시와 이를 대체하는 새로운 “두뇌 도시”의 대비를 보여주었다. 도시마다 다른 다이어그램, 다른 “자동화”가 함께 한다. 그리고 이들은 차례로 기계적인 것과 열정적인 것의 차이, 또는 기계적인 것과 디지털적인 것의 차이, 또는 스마트한 종류의 기계와 단순 기계 장치 사이의 차이를 구별해내는 역할을 한다. 우리가 과거에는 고전적 패러다임을 통해 시각과 자연, 또는 형상과 풍경 사이의 관계를 정의했지만, 이와는 달리 이제는 두뇌와 도시, 신경계와 환경 사이의 관계를 보고 있다. 또 과거에는 개별 오브제나 형상들을 마치 고전적인 이탈리아 창을 통해 보이도록 하거나, 기존 프레임 또는 고정된 세트 내에 있는 것처럼 해서 전체를 구성하도록 하는 기술로 드로잉하거나 회화 작품을 완성했다면, 이제 “다이어그램 정보”의 문제가 과거의 기술 문제를 대신하고 있다. 여기에서 새로운 문제가 제기된다. 과연 이제는 어떤 종류의 이미지, 기호, 혹은 의미들이 가능해질까?

실용주의는 건물을 포함해서 사물들이 어떻게 의미가 있는지, 이 질문을 거부하지 않는다. 중요한 것은 불명확성이나, 다중성, 그리고 모호성(또는 요즘 회자하는 특정한 “복합성”)을 질문에 포함하는 일이라고 할 수 있다. 이 맥락에서 실용주의를 창안했고 실험가이며 우연성의 주제를 다루었던 철학자 퍼스(Peirce)는 기호학의 출발을 도왔다. 그는 진리 개념의 변형을 통해 대안이 될 "의미의 논리"를 끌어냈다. 퍼스의 기호학은 직접적인 시각의 특성 때문에 오늘날에도 인정을 받고 있으며, 페르디낭 드 소쉬르(Ferdinand de Saussure)의 작업에서처럼 언어에 종속되지 않는다. 퍼스의 "인덱스(Index, 지표)" 개념은 여전히 예술사의 논쟁에서 생명력을 갖고 있다. 그런데 만약 우리가 기호나 이미지를 "매체들", 그리고 그 가능성에 한정되는 것으로, 혹은 이들의 창조와 재창조의 조건으로 생각한다면 과연 건축은 어떨까? 건축에 있는 "다이어그램 성격의" 기호나 이미지는 어떻게 될까?

물론 이 다이어그램 개념은 들뢰즈의 기호학에서도 한 부분을 차지한다. 그는 음악뿐만 아니라 회화 예술에서 다이어그램과 코드 사이의 대조를 구체적으로 보여주었다. 그가 했던 전반적인 시도의 일부는 "공간화(spacing)", 곧 사이의 간격을 눈으로 볼 수 있도록 그려내려는 일이었고, 이 과정은 과거 알베르티가 투시도법을 통해서 구별 가능한 형상들을 묘사하고 이들의 상관관계를 도식적 이야기들로 재구성하기 이전의 것이었다. 따라서 바실리 칸딘스키(Vasily Kandinsky)가 형상과 색상에 관련해서 순수한 회화적 코드를 꿈꾸었다면, 파울 클레(Paul Klee)의 "다른 움직임"의 다이어그램은 그와 대조를 이룬다고 할 수 있다. 그리고 마찬가지로 대조를 이루는 것은 잭슨 폴락(Jackson Pollock)의 윤곽 없는 추상적 선들이나, 프랜시스 베이컨(Francis Bacon)의 "탈의미화 표식(asignifying marks)"의 다이어그램들이며, 이들은 주어진 "회화적 사실" 내에서 여러 다른 가능성을 제안한다. 그러나 그렇다면 우리는 건축에서도 코드화되지 않은 "다이어그램적" 차원이나 혹은 건축이 의미를 획득할 수 있는 구체적인 방법을 생각할 수 있을까? 오늘날 사람들이 말하는 "역동적 토폴로지"와 "벡터 이미지" 등이 하나의 아이디어가 될 수 있을 것 같다.

우리도 이 방식으로 건축에서 다이어그램과 코드의 분리를 다시 정리할 수 있을 것 같다. 우리는 이미지들이나 공간들이 전체 프로그램에 의해 미리 결정된 것이 아니라 "가능한 움직임들"을 수용하는 경우,

이들을 "다이어그램적"이라고 부를 수 있을 것이다. 이들은 고전적 구성에서처럼 고정된 요소들을 좋은 형상이나 유기적 전체로 이루는 내는 것과는 대조적으로, 혼합, 혼성, 오염, 동시성 등의 관계를 허용하면서 다양한 이질적 공간들의 연결을 통해 작동한다. 따라서 이들은 모든 것을 전체적인 계획, 시스템 또는 이야기에 삽입하려고 시도하는 대신 예기치 않은 일들이 생겨나도록 한다. 따라서 다이어그램의 차원은 "기능"을 순수주의자들의 미학에 의해 부정되거나 흡수된 상태로부터 자유로워지도록 하는 동시에, 이 기능을 사전 프로그래밍 된 이야기나 상호 관계의 세트와 동일시했던 일을 되돌려 놓도록 도와준다. 이제 우리는 건축이 환경에 복합적으로 개입하며, 새로운 문제를 특징으로 하는 "새로운 기능주의"를 논의할 수 있을 것이다. 이때의 문제는 "선주관적(pre-subjective)" 혹은 "탈의미화(asignifying)"로서의 미지의 것을 분위기나 환경의 영역으로 내보내서 이 영역을 "재특이화(re-singularizing)"하는 것이다. 이렇게 본다면 하나의 건축물이 갖는 "의미(sense)"는 더 이상 그 이전의 무언가의 "구체화"를 통해 주어지는 것도 아니고, 현상학적 의미에서의 "세계"라는 단어에 의해서 주어지는 것도 아니다. 그것은 건축의 전통에 따른 기념비 또는 기념을 위한 충동에서 출발하는 방식으로 "의미를 만들어내는" 것이다. 왜냐하면, 다이어그램은 기념비가 사람들이 기억해야 할 어떤 것을 보존하고 이를 공표하는 곳에서 어떤 예상치 못한 관계들과 이들이 야기하거나 새롭게 도입할 가능성들을 작동하도록 하기 때문이다. 따라서 다이어그램은 또다른 방식으로 사람들을 모으고 연결시키는 일에 관계하며, 들뢰즈는 이를 다른 종류의 "공간화"라고 했다. 이는 들뢰즈가 여정과 경로(trajets et parcours)로서의 건축을 말할 때 제안했던 것이며 그가 쓴 글에서는 "피라미드의 아랫부분 한가운데의 방에 있는 파라오의 무덤"이 아니라, "대륙의 표류에서 민족의 이동에 이르는 좀 더 역동적인 모델"이라고 표현하였다.[8]

그렇다면 내가 지금까지 상상하려고 시도해 온 다이어그램과 진단의 실용주의, 곧 "신실용주의"란 도대체 무엇에 관계하는가? 이 신실용주의는 무엇을 하는가? 첫째로, 다이어그램 방식은 미래에 대해, 그렇지만 미래주의자들의 것은 아니고 또한 상상에 매달린 것도 아닌 그런 미래와의 실용적인 관계를 가정한다. 그리고 이 다이어그램은 현재의 상태에서는 알려지지 않은 여러 미래에 관계한다. 그리고 이 미래는 현재 진행 중이며 우리가 만드는 과정에 있기 때문에 우리가 온전하게 파악할 수 있는 상태가 아니다. 이로써 다이어그램 방식은 여러 종류의 연대나 "운동"을 바로 우리들 사이에서 요구하기도 하고 촉발하기도 한다. 그렇지만 전통적 아방가르드 집단이나 정치적 분파의 조직, 혹은 심지어 근사한 진보적 사회민주주의 공론장의 조직이 우리가 알 수 있고 또 지배할 수 있는 미래의 추정에 근거한 형식인 한, 이들의 연대와는 다른 종류이다. 다이어그램 방식은 우리를 다른 방식으로 "움직이도록 하고 또 연결"하며 새로운 문제들 주변으로 성장하는 연결, 공모, 그리고 협력을 통해 더 잘 작동하는 간접적으로 방식을 택한다. 그리고 프로그램이나 프로젝트 혹은 이론이 가진 선행의 우월성 일반에 고착하기보다는 새로운 조건이나 힘들에 반응한다. 아마도 이러한 방식으로 다이어그램과 진단의 실용주의는 "비판적"의 의미가 우리의 생각과 우리의 성과로 옮겨질 수 있도록 도울 것이다. 그리고 이 실용주의는 또한 부정 신학, 규율 위반, 혹은 추상적 순수성 등 낡은 이미지들의 교착 상태를 극복하고 새로운 문제를 접하도록 하는 데 도움을 줄 것이다. 곧 환경을 다시 주제화하는 문제, 기존 결정에 앞선 무한정의 "복합성" 실천의 문제이다. 이는 우리의 존재 방식이 얼마나 단순해질 수 있는지, 또 보편적인지 묻는 문제이기도 하며, 다른 가능성도 제안한다. 이러한 실용주의는 세계화 담론이 추진하는 "소통"의 혹은 "정보"의 실용과는 다를 것이다. 오히려 창조와 저항을 현재 상황에 긴밀하게 연결한다.

주(註)

1 이 모든 문제에 대해서는 특히 국경이 무엇인지, 유럽의 여러 국경이 무엇인지, 유럽의 인종 차별이 무엇을 의미하는지에 대해서는 다음을 참조. Etienne Balibar, *La crainte des masses* (Paris : Galilée, 1997).

2 베버를 언급한 이유는 우리가 추구해야 할 목적이나 목표를 결정할 때의 합리성과는 다르게 목표 또는 목적에 의해 설정된 합리성을 의미하기 위해서다.

3 역주: 하이데거의 국내 번역가들은 초연한 내맡김이라고도 한다.

4 Gilles Deleuze, *Foucault*, trans. Brian Massumi (Minneapolis, Minn.: University of Minnesota Press, 1988) 참고. 『정치/시학: 도큐멘타 X(Politics/Poetics: documenta X)』라는 책에서 다니엘 드페르(Daniel Defert)는 타푸리(Tafuri)와 가까웠던 건축가들이 어떻게 "헤테로토피아"라는 주제를 푸코가 했던 공간 분석의 토대로 만들었는지, 자세히 설명하고 있다. 나중에 에드워드 소자(Edward Soja)나 다른 사람들은 이 주제를 지리학의 영역에 소개하였다. 들뢰즈가 "다이어그램"(동시에)에 집중했을 때 오늘날이라면 아마도 다른 방향을 지시했을 것을 것이다.

5 Michel Foucault, "The Eye of Power," in *Power/Knowledge*, trans. Colin Gordon (New York: Pantheon Books, 1980), 151.

6 참조. Gilles Deleuze, "What is a dispositif?" in Michel Foucault, *Philosopher*, ed. and trans. T. J. Armstrong (New York: Routledge, 1992), 164ff.
들뢰즈는 푸코가 쓴 『지식의 고고학』에서 "디아그노시스(진단)"에 관한 관련 구절에 관심을 기울였고 모든 문장이 자신의 작업에 적합하다고 말한다. 예를 들어, "진단"은 섹스와 관련하여 우리가 더 이상 그리스인이 아니고 더 이상 기독교인도 아니고 더 이상 프로이트적이지 않다는 점을 감안한 상태에서 우리는 어떤 새로운 "주체화"를 발명해야 할지를 묻는 것으로 구성되어 있다. "진단"은 일종의 세계 위기의 감각이며, 이로부터 우리는 "비판적"이라는 용어를 사용한다. 그것은 또한 니체가 철학에 도입하는 데 도움을 준 "비판적"과 "임상적" 개념 사이의 연결 고리에 속한다.

7 역주: *The Reason of State*, 이탈리아 예수회 소속의 정치철학자 Giovanni Botero: *Della Ragion di Stato*의 작품에서 온 표현

8 Gilles Deleuze, "Ce que dissent les enfants," in *Critique et Clinique* (Paris: Minuit, 1993), 81ff. 아이들이 특별히 여행 경로를 재미있게 구성해서 환경을 탐색할 목적으로 다이어그램을 그리거나 지도를 그리겠다고 말할 때, 그 내용은 무엇보다도 페르낭 델리니(Fernand Deligny)가 제시한 자폐아의 특이한 움직임을 보여주는 다이어그램에 잘 나타나 있다. 이것을 클레 또는 베이컨의 작품과 비교해서 읽을 수 있다. Trajet(여정)과 parcours(경로)라는 용어는 들뢰즈가 임상과 비판을 다룬 후기 에세이들에서 종종 함께 사용된다. 특히 서론에서 작품(work) 또는 "oeuvre(작품, 성과물)"이 무엇인지 말하는 데 사용되고 있다. 예를 들어, 니체가 지구를 미로 개념으로 설명하였을 때 이를 들뢰즈는 「아리아드네 신화」라는 제목의 글에서 "파르쿠르와 트라제의 건축"이라는 표현으로 묘사하였다. (영어로 출판된 에세이는 *ANY*, No.5 (1994, 3/4). "Trajet"은 통행, 횡단, 여행, 길을 의미한다. 동사로 "parcourir"는 여행

하거나 횡단하는 것을 의미하므로 보거나 살펴보는 것이다. 그리고 "parcours"는 그 때의 과정, 노선, 길이다. 들뢰즈가 한 쌍의 용어를 개념적으로 사용하는 것은 두 가지 문제와 관련이 있는 것 같다. (i) 용어가 제시하는 "궤적" 또는 "통과"는 공간을 만들거나 보여주거나 시간을 포함한다고 말할 수 있다. 이것은 사전 계획에 의해 미리 정해진 것이 아니며 미리 정해져 있지도 않다. (ii) "trajets"의 "제트"는 라틴어에서 "주체(subject)" 및 "대상(object)"과 같은 단어에 들어 있는 "던지기(throwing)"의 의미에서 비롯되었다. 따라서 여기에서 "trajets"는 주체를 위해서 재현된 대상이라는 전통적인 의미로 정의되기 이전의 "관통하며 던져지고 있는" 공간과 시간을 의미한다고 말할 수 있다.

소개문

시골 공방 / 새뮤얼 막비

"모든 건축가들은 자신의 작업이 어떤 의미에서는 더 나은 세상을 만들기 위해 인류에 봉사하는 것이 되기를 기대하고 꿈꾼다." 새뮤얼 막비(Samuel Mockbee)에게는 이러한 희망이 오번 대학교(Auburn University)에서 건축을 전공하는 학생들에게 남부의 시골 마을, 빈곤한 지역 사회의 문화적, 경제적, 사회적 상황에 관심을 갖게 하는 디자인/짓기 프로그램인, 시골 공방(Rural Studio)을 창설함으로써 현실이 되었다. 1990년대 초, 막비와 학생 그룹들은 주택이 필요한 개별가족 들이나 공공시설이 필요한 동네 주민들과 협력 작업을 시작했다. 훈제소나 놀이터, 예배당에 이르기까지 시골 공방의 프로젝트는 지역의 성향이나, 수명이 다한 자동차 앞 유리 및 타이어, 오래된 철도 연결 철물, 건초 운반용 포대기 등과 같은 관습적이지 않은 재료들로부터 얻은 영감을 바탕으로 저렴하고 지속 가능한 혁신적인 디자인을 수행하였다. 그 결과로 탄생한 건물들은 창의적이고 독창적인 디자인이 기술적으로 진보하거나 엄청나게 비쌀 필요가 없음을 보여준다.

자신의 에세이 「시골 공방」에서 막비는 현대 사회에서의 건축가의 역할에 대한 자신의 견해를 논한다. 그는 "혁신적인 리더십"의 필요성, 삶의 영역들 간의 상호 연결성을 인식할 필요, 그리고 규범적이고 수용된 사회적 관계를 파괴하기 위한 건축가의 책임에 관해 썼다. 막비는 "사람과 장소의 문제"이며, 후기 자본주의 문화의 압력이 증가함에도 불구하고 이 두 가지 모두를 유념해야 하는 것이 건축가의 책임이라고 선언했다.

그의 언어는 부정할 수 없을 정도로 인본주의적이며 어느 정도 신비주의에 물들어있기도 하다. 그는 "건축 작업에는 신성한 것이 있다"고 주장하며, "그리고 우리는 자연계나 초자연적인 세계, 동료 인류 그리고 알지 못하는 위대한 것들과의 공명을 초래하는 건축의 경이로움에 대한 믿음을 유지해야 한다"고 주장한다. 이와 같은 정신적인 관점은 스케치에서부터 드로잉과 벽화에 이르기까지 막비의 건축 작업 전 과정에서 이어진다. 따라서 막비는 르네상스적 인간의 전통에 속하는 건축가/예술가로 보이며, 짓는 것에의 직접적인 참여를 선호한다는 점에서 실무에 참여하지 않는 건축가라는 모델을 거부한다.

"스타 건축가"와 서명밖에 없는 건물들로 넘쳐나는 시기에 막비가 건축을 대하는 방식은 현저하게 달랐으며 그 다름은 수없이 많은 긍정적인 관심을 이끌어내었다. 심지어 2001년 막비가 사망한 이후에도 시골 공방은 계속해서 번성하였으며, 전문가들, 학자들 및 학생들이 그가 "정직한 건축"이라고 불렀던 것을 계속하도록 영감을 불어넣고 있다.

새뮤얼 막비(Samuel Mockbee) / 박민수 옮김

시골 공방

The Rural Studio

Architecture Design 68, no. 7/8 (1998), 72-79에 처음 실림.
재키 막비와 와일리 퍼블리싱 제공.

모든 건축가들에게는 뮤즈(Muse)와의 접속을 통해 혼돈(Chaos)에서 벗어나 질서를 구축하는 스케치를 생성하는 창의적인 순간이 있다. 스케치는 아이디어나 이념의 가능성을 암시하는 흔적이다. 이 행위를 더 진전시키고 그것을 우리 모두에게 적용하는 것은 한 사람의 일생이 건축이라는 타이틀을 부여받을 수 있는 어떤 흔적을 만드는 것이다. 그 흔적은 누군가가 살아있는 동안 발휘한 상상력이 사라진 후에도 살아남게 된다.

모든 건축가는 자신의 작업이 어떤 의미에서는 더 나은 세상을 만들기 위해 인류에 봉사하는 것이 되기를 기대하고 꿈꾼다. 우리는 언제나 그것을 탐구해야 하지만 그렇다고 그것을 명확하게 정의할 수도 없으며, 그것에 도달하기 위해 마련된 예정된 경로도 없다. 따라서 시간과 장소에 관계없이 모든 건축가가 마주해야 할 몇몇 기본적인 쟁점들에 대해 비판적인 주의를 기울이는 것이 중요하다. 그 쟁점들은 알베르티(Alberti)가 운과 가치 둘 중 하나의 선택이라고 불렀던 것이다. 판단

의 문제가 아니라 가치와 원칙의 문제로서의 쟁점들이다. 내가 시도하고 또 보여주려는 것은 이러한 쟁점들을 대하는 나 자신의 탐구이다.

건축가들은 본질적으로 지도자나 교육자가 되기를 추구한다. 건축이 커뮤니티에 영감을 불어넣거나 현재의 상태를 자극하여 현재와 미래를 책임질 환경 및 사회 구조적 변화를 일으키도록 촉진하려면, 건축을 전공하는 학생들에게 이론과 실천이 지역의 문화뿐만 아니라 환경을 형상화하고, 사회적 무사안일을 타파하며, 현재 상태를 유지하려는 힘에 도전하는 것과도 관계되어 있음을 일깨우기 위해 학자들이나 실무자들이 내가 "혁신적인 리더십"이라고 말한 것을 가질 수 있도록 해야 한다.

작년에 나는 영국인 건축가 마이클 홉킨스(Michael Hopkins)와 또 다른 두 명의 건축가와 함께 미국건축가협회(American Institute of Architects)가 주최한 디자인 컨퍼런스에 참가해 달라는 요청을 받았다. 우리들은 낮 시간 동안 각자 강의를 진행하였으며, 그날 저녁에는 식후 행사로 열린 패널 토론에 참여했다. 그날 저녁에 진행된 질의응답 세션은 주로 건축가가 스스로에게 중요한 일을 어떻게 수주하고 또 수행하는지에 대한 질문을 중심으로 진행될 예정이었다. 마이클 홉킨스(Michael Hopkins)가 전날 저녁 영국에 사는 자신의 중요한 클라이어트 중 한 사람으로부터 또 다른 일의 의뢰를 알리는 "머리말 팩스"를 받았음을 다소 무덤덤하게 불쑥 언급했을 때, 다른 건축가들은 각각 이 질문에 답하고 있었다. 나중에 누군가가 밝혔지만 홉킨스(Michael Hopkins)는 세계에서 가장 부유한 여성인 영국의 여왕을 위해 일하고 있었으며, 반면 나는 세계에서 가장 가난한 남자인 셰퍼드 브라이언트(Shepard Bryant)－앨라배마 주 메이슨 벤드의 헤이 베일 하우스(Hay Bale House in Mason's Bend, Alabama)에 거주하며, 시골 공방(The Rural Studio)이 수행한 자선주택의 첫 번째 의뢰자이자 수혜자－를 위해 일하고 있었다. 토론자들은 나의 작업과 마이클 홉킨스(Michael Hopkins)의 작업이 건축의 실행에 관련된 두 가지 매우 다른 접근 방식을 나타낸다고 동시에 언급했다. 그들은 이것의 의미가 무엇인지 궁금해했다. 그 질문은 나를 향한 것이었고 나는 그것이 아마도 어떤 신념보다는 우리의 본성에 그리고 공적인 미덕에 대한 헌신보다는 우리 자신의 사적인 (그리고 다소 이기적인) 욕망에 더 많이 관련되어 있다고 답했다. 그러나 나 자신의 신념에 관한 한, 나는 건축가들은 통찰력이라는 재능을 부여받았으며, 다른 사람들이 보지 못하는 것을 보았을 때 우리는 행동해야 하며, 정치인들이나 다국적 기업의 결정을 기다려서는 안 된다고 믿는다. 건축가들은 현재의 상태를 유지하려는 힘에 도전하기 위해 항상 최초의 중요한 의사 결정 단계에 참여하고 있어야 한다. 우리는 어떠한 결정이 내려지고 난 이후에는 이미 입장이 한정될 수밖에 없음을 이해할 필요가 있다. 건축가들은 사후 문제를 해결하는 임무에 복속되지 말아야 한다.

나의 답변이 있은 후 사람들은 마이클 홉킨스의 답변으로 관심을 돌렸다. 그는 "어쩌면 건축가들은 그런 결정을 내릴 수 있는 위치에 있어서는 안 된다"고 대답했다. 나는 그의 답변이 사회적, 경제적, 정치적 또는 환경적 결정에 나쁜 영향을 미치고 또한 혁신을 추구하는 결정들을 내리는 것에서 거리를 둘 것을 제안하는 의미로 받아들였다.

처음에는 그의 대답에 다소 놀랐고 그 다음에는, 아마 이곳에 있는 대부분의 실무 건축가들을 대변하는 사람일 수도 있다고 생각했다.

나는 지적인 직업에서 용기가 사라졌다고 믿지 않지만, 그러나 우리는 스스로 사고의 범위를 좁히는 경향이 있기도 하며, 혁신을 추구하는 지도자나 교육자가 되는 우리의 타고난 능력을 과소평가하기도 한다. 다시 말하면, 더 많은 업무를 수행할수록 우리의 비판적 사고나 생활 방식들은 더 많은 제약을 받게 된다. 비판적 사고는 건축을 넘어 건축이 속한 전체에 대한 더 향상된 이해를 요구한다. 따라서 건축의 역할은 부자와 가난한 사람 모두의 삶에 영향을 미치는 교육, 의료, 교통, 레크리에이션, 법 집행, 고용, 환경, 집합적인 공동체와 관련된 다른 문제들과의 관계 속에 위치해야 한다.

우리 시대의 정치적, 환경적 요구는 마음을 끄는 혁신적인 리더십뿐만 아니라 당신이 어디에 있으며, 어떻게 그곳에 도달했는지, 왜 여전히 그곳에 있는지가 당신이 그것들을 생각하는 것보다 더 중요하다는 인식을 요구한다.

건축은, 다른 어떤 예술 형식보다도 더, 사회적인 예술이며 시간과 장소의 사회적, 문화적 기반에 근거를 두어야 한다. 디자인과 짓기를 수행하는 우리 같은 사람들은 필히 사회 반응적인 건축에 대한 인식을 바탕으로 그런 일을 수행해야 한다. 건축의 실천은 전문영역에서의 참여를 요구할 뿐만 아니라 시민 참여도 요구한다. 사회적인 예술로서 건축은 그것이 있는 곳에 그리고 거기에 존재하는 것으로 만들어져야 한다. 모든 건축가의 딜레마는 우리의 재능이 전문성과 공공성을 절충하기 위해 사용되는 대신 우리가 가진 재능을 바탕으로 우리의 전문성과 공동체를 어떻게 발전시켜야 하는지이다.

우리는 자신의 뒷마당을 조사하는 기회를 활용하여 무엇이 그것을 특별하고, 개성 있고, 아름답게 만드는지 알아볼 필요가 있으며. 현재의 상태를 유지하려는 부당한 힘이나 사회적인 안일함 혹은 교육 환경에 대처하는 종교적인 혹은 지적인 공동체의 무관심에도 주목해야 할 필요가 있다. 영감을 불어넣기 위한 임무들이 시작될 수 있고, 실행되고, 완료되려면 그 이전에 당신의 현재 환경을 자세히 관찰하는 것이 필요하다.

사람과 장소가 중요하다. 건축은 소비자 중심 문화의 영향 아래에서 계속해서 그 영역이 확장되고 있는 직업이다. 직업은 기업 세계의 일부가 되고 있으며 기업들(장소가 없거나 어떠한 장소와도 연관성을 갖지 못한 시민들)은 점점 더 국가를 닮아 가고 있다. 세계에서 가장 큰 100개의 경제주체들 중에서 49개가 국가이고 51개는 기업이다. 200개의 대기업들은 단지 전 세계 노동력 중 1%의 3/4만을 고용하고 있다.

향후 25년 동안 정치, 경제 및 환경 분야의 주된 움직임들은 두 가지 요인이 주도할 것이다. 저개발국가에서는 인구가 두 배로 늘어나는 인구학적 폭발이 그리고 선진국에서는 로봇 공학, 생명 공학, 레이저, 광학 및 통신 등 기술의 폭발이 일어나고 있다. 이들 두 가지의 변화들은 자연 환경에 큰 영향을 준다. 건축가의 역할은 미시시피 주 윈스턴

카운티이건, 앨라배마 주 메이슨 벤드이건 또는 호주의 마스코트(Winston County, Mississippi; Mason Bend, Alabama; or Mascot, Australia)이건 관계없이 특정 장소의 주어진 조건 하에서 건축 작업을 하는 것이다. 건축가랍시고 뒷자리에 앉아 기업에 속한 과학자들이나 기술 전문가들에게 의존하여 해결할 문제를 결정하는 것은 분별 있는 태도가 아니다. 자신의 가치들—우리가 희망해야 하는, 더 나은 미덕을 존중하는 가치들—을 주장하는 일은 건축가들 스스로가 관심을 가짐으로써 이루어질 수 있다.

누군가가 고무될 수 있는 장소가 매우 중요하다는 것 역시도 명백하다. 그 장소로부터 아무 것도 생성되지 않을 수도 있을 가능성은 누군가가 고무되지 않게 만드는 심각한 결함이 아니다. 사람과 장소에 대한 감사와 애정을 얻기 위해 누군가의 재능, 지성, 에너지를 사용하는 것이 중요하다.

건축작업은 이해될 수 있어야 한다. 건축 작업에는 신성한 무언가가 있으며, 우리는 자연계, 초자연적 세계, 동료 인류, 위대한 미지의 세계와의 공명으로 우리를 이끄는 건축의 경이로움에 대한 믿음을 유지해야 한다.

남부인으로서 축복과 저주를 동시에 받고 있는 나의 배경에 대해 조금 설명하고 싶다. 내 파트너인 콜만 코커(Coleman Coker)과 나는 미시시피 북부(North Mississippi)에서 성장했다. 우리는 사촌 관계이다. 남부인이라는 우리의 유산은 우리 성격의 일부이다. 나의 증조부는 포크너(WC Falkner) 대령의, 이후에는 포레스트(Forrest) 장군의 지휘를 받는 미시시피 도당 민병대(Mississippi Partisan Rangers)의 일원이었다. 이들은 1950년대와 1960년대 초까지 분리 상태에 있던 남부에서 자라난 나의 영웅들이다. 나는 브라이스 교차로(Brice's Crossroads)에서 벌어진 위대한 전투를 재현하거나 빅스부르그(Vicksburg)나 쉴로(Shiloh)의 전장들을 방문하면서 자랐다.

어느 정도의 시간이 흐르고 난 후 나는 나만의 세계에 존재하는 모순을 깨달았다. 그 모순은 내가 거짓말이 진실과 맞닥뜨리는 고립된 지역 출신이며, 허구와 잘못된 가치 그리고 그 잘못된 가치의 이름으로 잔인함과 불의를 정당화하려는 의지에 집착하는 미국 남부 출신이라는 것이었다.

몇 년 전, 나는 미시시피 주 메리단(Meridan, Mississippi)에 위치한 나의 집 밖에서 도로 상태를 평가하는 사람 때문에 차를 세우고 대기해야 했던 적이 있다. 기다리는 동안 나는 묘지가 있었던 흔적과 특정인의 무덤을 발견했다. 그것은 제임스 채니(James Chaney)의 무덤이었다. 제임스 채니(James Chaney)는 1964년 여름에 살해된 세 명의 시민권 활동가 중 한 명이었다. 그는 현재의 내 나이 정도의 사람이었지만, 더 중요한 것은 그가 내가 누구이고 어떤 사람이 아닌지를 정의한다는 사실을 알고 믿게 되었다는 것이다. 나에게 그는 남부의 진정한 영웅들 중 한 명을 대표한다. 그리고 그는 자신의 목숨을 걸고 책임을 받아들일 용기를 소유했었다는 점에서 진정한 영웅이다. 그의 용기는 나와 우리 모두에게는 선물이었다. 건축가로서 우리는 제임스 채니(James Chaney)에 비하면 확실히 더 소극적이긴 하지만 재능과 함께 책임을 부여받았다. 그러나 우리를 향한 질문은 동일하다. 우리는 우리에게 주어진 재능을 중요한 것으로 만들 용기를 가지고 있는가?

지적인 도전은, 어떤 사람이 미국 남부의 시골에서 활동하는 건축가이거나 아니면 세계의 또 다른 어떤 곳에서 활동하는지와 무관하게, 현대의 기술이나 경제적 풍요로움의 작용으로 인해 어리둥절해지는 상황에 빠지지 않고, 사람과 장소가 중요하다는 사실에 대한 통찰력을 잃지 않는 것이다.

나에게는 드로잉과 벽화가 건축 제작의 초기에 영향을 미친다. 스케치는 언제나 개방적이다. 그것은 미래를 내다보고 있으며 이미 종이에 있는 것을 더 깊게 본다.

초기 스케치는 언제나 개념이 아니라 감정이다. 처음에는 선입견에 따른 형태의 영향을 받지 않은 상태로 자유롭게 상상력이 발동되도록 하는 것이 중요하다. 그것은 아이디어의 가능성을 암시하는 흔적이다. 나에게 그리는 행위는 손과 마음이 공명하도록 허락하는 것이다.

그렇게 될 때, 스케치의 흔적(펜의 흔적일수도 있고 컴퓨터의 흔적이 될 수도 있는)이 나중에 무엇이 뒤따를지에 관한 최초의 심화된 지식을 발언하는 순간이 뒤따른다.

이것이 우리를 내가 건축가로서 탐구하는 현재의 국면으로 데려온다. 비록 나의 경력은 성공적으로 발전해왔지만, 내가 책임감 있는 건축 시민으로 성장했다고 느끼지는 않는다. 나는 최고의 건축가는 "공동체의 삶을 가장 심오하게 통찰하는 능력을 가진 사람" 이어야 한다고 규정한 시인 윌리엄 카를로스 윌리엄스(William Carlos Williams)를 믿는다. 그런 맥락에서 나는 내가 하려고 했던 건축에 관한 탐구를 더 광범위한 인류 환경에 관한 것으로 확장시키기 위해 일련의 커다란 벽화 작업을 실행하려고 그레이엄 재단 지원사업(Graham Foundation Grant)에 응모하여 지원을 받았다. 나는 금기의 풍경, 내 경우에는, 멕시코에 인접한 미국 최남단(Deep South)에서 경제적 빈곤이 발생하고 그것을 촉진시키는 원인이 무엇인지에 관해 관심을 가지고 있다. 또한 단순히 빈곤의 영향을 관찰하는 것을 넘어 건축가가 공정하지 않음의 문턱을 넘어 소외된 미국인 가정의 진정한 욕구, 특히 어린 자녀들의 욕구에 관해 설명할 수 있는 담론을 발전시키는 것에도 관심을 가지고 있다. 모든 남부인들 중에서도 어린 아이들이 빈곤으로 인해 피해를 입을 가능성이 가장 높다. 미시시피에서는 4명 중 1명이 빈곤 수준 이하의 삶을 살고 있다. 이 아이들은 미국의 다른 아이들과 동등한 편의를 누리지 못하고 있다. 이들은 가난의 저주에서 자신을 구하는 방법에 관련된 어떠한 비전도 없이 성인이 되어갈 것이다.

물질적 빈곤은 추상적인 개념이 아니지만 그렇다고 빈곤을 세계가 존재하는 증거라고 생각하지도 않는다. 또한 우리는 그것이 매우 실용적인 방법으로 깨달음을 이끌어 낼 수 있는 조건이라고 가정하지도 않는다. 시골 공방(Rural Studio)의 작업에서 시작된 벽화는 현대적인 제약조건들 속에서 정신적으로 그리고 윤리적으로 오도 가도 못하게 된 우리와 그러한 의무에 관해 아무것도 기대하지 못하는 이들 가족 사이에 대화를 시도하는 것이다. 벽화는 결코 빈곤을 미화하려는 시도가 아니다. 그것은 사회적 난관을 가로질러 피할 수 없는 사실들을 은폐하기를 거부하는 정직함에 도달하는 것이다. 그것은 차이들을 위대한 관용이나 존중과 함께 나란히 존재할 수 있도록 허용하는 정직함이다. 우리가 이러한 상황대처능력에서 배울 수 있는 것처럼 건축도 정직한 건축에서 무언가를 배울 수 있다. 그것은 웅장함이나 과시가 아니라 열려있으며, 단순함이나 현실을 표현하는 것에 관한 것이다. 그것은 건축가인 당신의 위대함이 아니라 당신이 가지고 있는 연민에 관한 것이다. 이들 벽화들은 모든 가족들에게 공통적이고 보편적인 것이 무엇인지를 이해하는 대변자가 되기 위한 시도이다. 건축이 이 모든 사회적 고통들을 완화시키려는 것이 아니다. 그러나 필요한 것은 외부에서가 아니라 그것들 자체의 맥락에서 빈곤에 대한 해결책을 기꺼이 추구하는 것이다. 필요한 것은 추상적인 의견들을 실제의 인간적인 접촉이나 일과 장소에 적용된 개인적 실현에 기반을 둔 지식으로 대체하는 것이다.

이것이 나를 오번 대학교(Auburn University)에서 시골 공방(Rural Studio)을 시작하도록 만들었다. 건축 교육이 사회적인 역할을 담당하려고 했었으므로 언젠가는 결정을 내릴 수 있는 위치에 놓이게 될 전문분야의 학생들과 공동으로 작업해야 할 필요가 있다는 것도 분명하였다. 시골 공방(Rural Studio)의 주요 목적은 각각의 학생이 잘못된 견해들로 이루어진 한계를 넘어 커뮤니티 서비스라는 "도덕적 감각"에 근거해서 디자인/짓기를 수행할 수 있도록 하는 것이다. 나는 이런 경험이 건축을 전공하는 학생으로 하여금 자신이 하는 일이 가지고 있는 힘과 약속에 더 민감해지며, "좋은 의도"보다 건축의 좋은 효과에 더 많은 관심을 갖게 하는 데 도움이 되기를 바란다. 시골 공방(Rural Studio)은 그 자체로 현실이 될 수 있는 기회를 제공한다. 학생들은 자신만의 교육관을 가진 건축가가 된다.

내가 볼 때 이들 작은 기획들은 우리를 매혹시키고, 고무시키며, 궁극적으로는 우리의 전문성을 향상시키는, 건축의 핵심을 가지고 있다. 그러나 더 중요한 것은, 그것들이 미국 건축이 어떠한 가식도 없는 상태로 무엇을 의미하는지를 우리에게 상기시키는 것이다. 그것들은 우리가 복잡한 것뿐만 아니라 단순한 것에도 경외심을 가질 수 있으며, 만약 주의를 기울인다면 그것은 미국 건축의 미래에 필수적인 것이 무엇인지를, 즉 정직함을 엿볼 수 있는 기회를 제공한다.

"네 이웃을 너 자신처럼 사랑하라." 다른 무엇보다도 이것이 가장 중요하다. 그렇게 함으로써 건축가는 그 말에 의해서 구축될 수 있는 품격에 근거해서 실행하게 될 것이다. "매끄럽게 작동하는 양심"의 요청을 초월하여 당신을 도와줄 것 같지 않은 사람들을 도와라. 비록 아무도 보지 않더라도 그렇게 하라!

소개문

현장 조건 / 스탠 앨런

피터 아이젠만(Peter Eisenman)은 1972년 『오포지션스(*Oppositions*)』에 실린 편집자 서문 「탈기능주의(Post-Functionalism)」에서 건축이 예술이나 음악과 달리 르네상스 시대에 확립된 인간중심주의에서 아직 벗어나지 못했으며, 기능주의가 인본주의의 또 다른 형태일 뿐이라고 주장했다. 이것을 염두에 둔 아이젠만은 건축 분야의 구체적 테크닉을 바탕으로 하는 건축을 요청했다. 기능주의를 넘어, 만드는 과정과 그 결과로서 객체를 중시하는 테크닉 말이다.

통합된 전체를 추구하는 기존 르네상스 모형과 결별할 것을 주장한다는 점에서, 프린스턴 대학교 건축학부 학장이자 건축가인 스탠 앨런(Stan Allen)의 「현장 조건(Field Conditions)」은 아이젠만의 「탈기능주의」를 보완하는 글이다. "형태가 중요하다. 단, 사물의 형태가 아닌 사물 '사이' 형태가 중요하다." 앨런은 (전체를 부분의 결합으로 인식하는) 기존 고전 형태 개념에 의존하지 않은 채, 당대 건축에 작용하는 힘의 산물이자 힘에 대한 반응으로서의 건축을 지지한다. 이런 현장 조건, 곧 디지털 기술, 통신 및 정보 네트워크와 체계, 사용자 행태 등을 고려할 때 비로소 일상생활의 우발적 상황을 담을 수 있는 디자인이 가능하다. 앨런은 현장 조건을 바탕으로 하는 건축이 위에서 아래로 강요하는 하향식 틀이 아니라 변화의 여지를 갖는 열린 상향식 틀을 만들 수 있으며, "내재적으로 확장 가능"하다고 주장한다. 앨런의 이런 주장에 영감을 준 것은 포스트미니멀리즘 예술 테크닉과 군집과 군중을 다루는 과학 이론이다.

앨런의 이론은 르네상스 규범과 결별하고 1960년대 일련의 예술 방법론에 기대려 한다는 점에서 아이젠만의 탈기능주의 이론과 유사하다. 그러나 앨런과 아이젠만은 각각 명백히 다른 목적을 염두에 두고 있다. 「탈기능주의」를 쓸 당시 아이젠만은 거의 전적으로 맥락 또는 외부와 연결이 단절된 객체로서의 건축에 집착했다. 반면 앨런의 관심사는 더 큰 그림을 그리는 일이다. 그는 건축을 주변의 힘이 수렴하는 결과로 인식한다. 앨런은 건축을 형상(figure)이 아닌 배경(ground)으로 인식한다.

「현장 조건」은 앨런의 책 『점 + 선: 도시를 위한 다이어그램과 프로젝트(Points + Lines: Diagrams and Projects for the City)』의 네 번째 섹션을 여는 글이다. 앨런은 자신이 제기한 이론 개념을 보여주는 두 개의 계획안을 텍스트에 더해 사례로 제시한다. 앨런은 당대 테크놀로지로 인해 그동안 많은 사회 기관에 적용됐던 건물 유형이 이제 구시대의 것이 됐으며, 이는 제한적일 수밖에 없다고 주장한다. 그리고 현장 조건 이론에 상응하는 실천적 프로젝트의 사례로 자신의 〈로스앤젤레스 한미 미술관 계획안〉(1995)과 〈일본 교토 국립 국회도서관 계획안〉(1996)을 제시한다.

스탠 앨런(Stan Allen) / 현명석 옮김

현장 조건
Field Conditions

Points and Lines: Diagrams and Projects for the City
(New York: Princeton Architectural Press, 1999)에 처음 실림

"질서(order)는 합리적이거나 근원적이지 않다. 질서는 그냥 순서일 뿐이다. 마치 연속성처럼, 어떤 것 다음에 다른 어떤 것이 뒤따르는 순서 말이다."
—도널드 저드(Donald Judd)

"장(場, field)은 선전과 효과의 공간을 묘사한다. 장은 '물질 또는 물리적 점을 그 속에 수용하지 않으며' 대신 함수, 벡터, 속도를 수용한다. 장은 파속(波速), 전파, 제멋대로 달아나는 점이 담긴 장 내부 차이들 사이 지역적 관계를 묘사한다. 한마디로, 장은 민코프스키(Minkowski)가 '세계(world)' 라고 불렀던 것이다."
—샌포드 퀸터(Sanford Kwinter), 1986[1]

0.1 객체에서 현장으로

현장 조건은 하나에서 다수로, 개인에서 집단으로, 객체에서 현장으로 움직인다. 현장 조건 개념이 가장 복잡하게 발현되는 경우 그것은 수학

장(場)이론, 비선형 역학, 그리고 컴퓨터를 활용한 진화 시뮬레이션으로 나타난다. 그러나 내가 이해하는 건축에서의 현장 조건의 의미와 물리학에서 더 엄밀하게 정의하는 현장 조건의 의미는 조금 다르다. 나는 현장 조건이라는 말이 더 전술적 의미로 받아들여졌으면 한다. '현장 작업' 에 종사하는 인류학자나 식물학자, 전쟁터를 마주한 장수, 또는 시공자에게 '현장에서 검증할 것' 을 경고하는 건축가가 받아들이는 의미처럼 말이다. 내 관심의 향방은 아날로그에서 디지털을 향한 최근 기술 변화와 같이한다. 나는 1920년대 피트 몬드리안(Piet Mondrian)의 추상 회화에서 1960년대 미니멀리즘과 포스트미니멀리즘 조각에 이르는 시각 예술에 주목한다. 전후(戰後) 작곡가들은 음렬주의의 구속에서 벗어나 예컨대 소리 '구름' 과 같은 개념을 고안하거나, 이안니스 크세나키스(Iannis Xenakis)의 경우 개별 구성단위로 나눠질 수 없는 복잡한 음향 사건이 만드는 '통계' 음악을 시도했다.[2] 열린 네트워크를 통해 내재적으로 서로 연결된 근대 도시 기반 시설 요소는 도시 맥락에서 나타나는 현장 조건의 또 다른 사례다. 건축 현장 조건의 영향을 철저히 탐구한다면, 건축 사용자의 복잡다단한 행태를 반영하거나 프로그램과 공간을 설계하는 새로운 방법론을 고민하게 되는 것은 당연한 결과다.

일반화하자면, 개별 정체성을 존중하며 다양한 요소를 통합할 수 있는 형태 또는 공간 매트릭스라면 그 어떤 것도 현장 조건이 될 수 있다. 현장의 배치 형상(configuration)이란, 다공성(porosity)과 국지적 연결성을 특징으로 하는 느슨하게 묶인 집합체를 말한다. 전체 모양과 범위는 매우 유동적이며, 현장에서 행태를 결정하는 변수가 되는 부분 사이 내적 관계보다 그 중요성이 떨어진다. 현장 조건은 아래에서 위를 향하는 상향식 현상이다. 전체를 아우르는 기하학 도식(schema)이 아니라 복잡하게 얽힌 국지적 연결을 통해 규정된다. 간격, 반복, 연쇄성이 핵심 개념이며, 형태가 중요하다. 단, 사물의 형태가 아닌 사물 '사이' 형태가 중요하다.

현장 조건이 건축 형태나 구성을 다루는 체계적 이론을 만들 수 있다고 주장할 순 없다. 이 글에서 제안하는 이론 모형은 애초에 실천적 현실에 직면하는 순간 현실과의 관련성을 상실할 수밖에 없다. 현장 조건은 실제와 만나는 실험에서 파생된, 여전히 작동 중인 개념이다.

0.2 기하학 대 대수 조합

고전 건축의 다양한 요소는 기하학 비례 체계를 통해 일관된 전체로 조직된다. 비율은 숫자로도 표현할 수 있지만, 관계는 근본적으로 기하학의 문제다. "아름다움은 아무것도 더하거나 뺄 수 없는 부분의 조화"라는 알베르티의 유명한 격언은 유기적 기하학 통합체의 이상을 표현한다. 고전 건축 관습은 개별 요소의 비례는 물론 개별 요소 사이 관계 또한 결정한다. 부분은 조화를 만들고 결국 더 큰 전체를 만든다. 축과 대칭의 속성 또는 형태의 순차적 배열을 규정하는 정밀한 규칙이 전체 조직을 지배한다. 이런 규칙이 폭넓게 변이하고 적용되는 사례가 고전 건축에 없었던 것은 아니다. 그러나 부분을 위계에 따라 나눈다는 대원칙은 고전 건축에서 변하지 않는 상수다. 전체 통일성을 지키기 위해 개별 요소는 기하학 관계가 폭넓게 적용되는 위계 질서 속에서 유지된다.

거의 여덟 세기에 걸쳐 지어진 스페인의 코르도바 이슬람교 대사원은 (고전 건축에 대한) 좋은 반례다.[3] 닫힌 중정, 측면 뾰족탑(minaret), 그리고 시장 구조물에서 파생됐거나 로마 바실리카에서 따온, 지붕 덮인 예배 공간을 향해 열린 공간을 특징으로 하는 사원 형태는 이전에 이미 명백히 확립돼 있었다. 미흐라브(mihrab)라고 불리는 작은 벽감이 새겨진 키블라(qibla) 벽, 곧 기도할 때 마주하는 길게 연장된 벽을 한쪽에 놓은 채, 느슨하게 건물 외피를 두른다. 대략 785년에서 800년에 사이 건설 초기 단계에 코르도바 사원은 기존 이슬람교 사원 유형을 존중해 키블라의 방향에 직교하는 열 개의 벽이 평행하게 배열된 단순한 구조였다. 기둥이 지지하는 아치형 개구부의 벽은 열린 중정과 같은 규모의 지붕 덮인 공간을 한정했다. 이 벽은 긴 공간의 결을 따라 형성되는 시각 틀과 대조점을 이뤘다. 이 두 방향의 벡터가 교차하는 지점에 기둥이 놓이고, 이곳에 균질하지만 매우 높은 강도의 장

(場)이 형성된다. 이 장은 공간을 관통해 움직이는 방문자를 매개 삼아 복잡한 시차(parallax) 효과를 생성한다. 서쪽 벽 전체가 중정을 향해 열린 까닭에 사원 경계 안으로 들어오는 순간 입구는 무수히 많아진다. 이곳에서는 방향을 규정할 수 없는 무지향성 공간이 기독교 교회에서 흔히 볼 수 있는 강한 축성의 행렬 공간을 대신한다. 그냥 "하나 다음에 다른 하나가 뒤따르는"[4] 일련의 순서만이 있을 뿐이다.

코르도바 사원은 이후 네 단계를 거쳐 확장됐다. 중요한 것은 확장을 거치면서도 본래 건물 조직은 대부분 유지됐다는 사실이다. 유형학 구조는 규모를 키워가며 되풀이됐지만, 국지적 관계는 고정된 채 변하지 않았다. 서양 고전 건축과 비교하면, 코르도바 사원은 그 조합 원칙이 다르다. 서양 고전 건축은 숫자 단위를 차례로 조합하는 대수학 건축이다. 반면 코르도바 사원은 선, 면, 입체와 같은 형상을 공간에서 조합해 더 큰 전체를 이루는 기하학 건축이다.[5] 예컨대 코르도바 사원에서는 독립 개별 요소가 계속 더해지는 방식으로 결합해 규정할 수 없는 전체를 형성한다. 부분과 부분의 관계는 첫 번째 단계이건 마지막 단계이건 동일하다. 국지적 문법(syntax)은 변하지 않지만, 전체를 아우르는 기하학 얼개 또한 존재하지 않는다. 부분은 전체의 조각이 아니며, 그냥 부분일 뿐이다. 서양 고전 건축을 지배하는 닫힌 통일성 개념과 달리 코르도바 사원에서는 실질적 형태 변형 없이 구조가 추가될 수 있다. 현장의 배치 형상은 내재적으로 확장될 수 있으며, 부분과 부분의 수학적 관계에서 점증의 가능성을 기대할 수 있다.

점증적으로 규모를 키웠거나 세월이 지나며 형태가 바뀐 서양 고전 건축 사례 또한 많다고 반박할 수 있다. 예컨대 로마의 성 베드로 성당 또한 오랜 세월 동안 짓기와 다시 짓기를 거듭했다. 그러나 코르도바 사원과 성 베드로 성당 사이에는 중요한 차이가 있다. 성 베드로 성당에서 뭔가를 더한다는 것은 기본 기하학적 도식(schema)을 다듬고 확장해 구성을 마무리하려는 의도의 형태학적 변형을 뜻한다. 반면 코르도바 사원의 개별 짓기 단계에서는 기존 부분과 비슷한 부분을 더함으로써 바로 전 단계를 복제하고 보존한다. 심지어 사원이 기독교 교회로 전환됐던 시기 또는 그 연속적이고 균질한 조직 속으로 고딕 성당이 삽입됐던 시기에도 코르도바 사원은 서유럽 교회의 전형적 특징인 중심형 구성이나 축을 따라 수렴하는 초점을 받아들이지 않았으며 기존 공간 질서를 유지했다. 라파엘 모네오(Rafael Moneo)는 말한다. "나는 이 모든 다시 짓기 과정 때문에 코르도바 사원이 훼손됐다고 생각하지 않는다. 나는 오히려 이 모든 개입에도 불구하고 코르도바 사원이 계속 그 자체로 존재한다는 사실이 바로 그 자체의 완전무결함에 대한 헌사라고 생각한다."[6]

더 최근 사례를 잠시 살펴보자. 르 코르뷔지에는 베네치아 병원(1964-65)에서 스스로 동일한(self-same) 부분을 반복하는 문법으로 도시 조직 가장자리에 다수의 연결점을 형성한다. 이 계획안은 집적 논리에 따라 수평으로 넓어진다. 프로그램의 기본 블록, 곧 스물여덟 개의 침상으로 이뤄진 '치료 단위'가 전체에 걸쳐 반복되며, 이들 블록 사이 지붕 덮인 곳에 위치한 열린 동선 공간에는 상담실이 들어선다. 회전하며 배치되는 블록은 병동 사이를 잇는 연결점과 통로를 형성하는 한편, 블록이 없는 곳은 수평으로 펼쳐진 장(場) 속에서 빈 곳으로 남는다. 단일한 초점은 없다. 통합의 기하학 도식도 없다. 코르도바 사원처럼 전체 형태는 국지적 수준에서 정해진 조건에 따라 다듬어진 결과일 따름이다.[7]

0.3 큐비즘에서 나오기

바넷 뉴먼(Barnett Newman)은 일련의 면/선/면을 사용해 "큐비즘 공간의 규범에서 벗어나 뒤돌아보지 않았다."[8]고 알려졌다. 전후 미국 회화와 조각의 역사는 대부분 이처럼 큐비즘 구성 문법의 한계를 극복하려는 노력의 역사다. 특히 추상 표현주의 회화의 그늘에서 작업했던 조각가들은 세계대전 발발 이전 유럽 예술가들에게 물려받은 복잡한 다면체의 문법으로는 자신의 더 커진 야망을 채울 수 없다고 느꼈다. 60년대 중반 미니멀리즘은 이런 피로감에서 나온다. 구성을 거부하며 과정을 선호했던 로버트 모리스(Robert Morris)나 '부분에 의한 구성'을 비판했던 도널드 저드(Donald Judd)의 작업은 이들이 그토록 존경했던 이

전 수십 년 동안의 회화처럼 단순하고 즉각적인 새로운 작업 모형을 고안하기 위해 기울였던 노력의 사례다.

60년대와 70년대 미니멀리즘 작업은 예술작품의 건축적 조건을 전면에 드러내기 위해 예술작품에서 형상적이고 장식적인 특질을 없애려 했다. 의미 구축의 자리가 사물 자체에서 보는 이와 객체 사이 공간의 장(場), 다시 말해 움직이는 신체가 점유하며 지각이 서로 간섭하는 유체 영역으로 옮겨졌다. 칼 안드레(Carl Andre), 댄 플래빈(Dan Flavin), 모리스, 저드와 같은 작가는 형식적이고 구성적인 변형을 넘어 갤러리 공간과 보는 이의 신체가 서로 개입하길 바랐다. 저드와 모리스는 모두 자신의 글을 통해 유럽의 구성적 규범, 곧 큐비즘을 향한 의구심을 표출했다. 이들은 자신의 작업을 이런 큐비즘 대신 당시 전개됐던 미국적 맥락 속에 놓는다. 모리스는 말한다. “큐비즘 이후 유럽 예술은 관계가 여전히 중요하다는 것을 일반 전제로 한 관계 치환의 역사였다. 미국 예술은 이후 뒤따르는 전제를 폭로함으로써 자신을 정당화하고 발전시켰다.”[9] 모리스와 저드는 특히 잭슨 폴락(Jackson Pollock)을 꼭 집어 그가 이 과정에서 결정적으로 기여했다고 주장했다. 저드는 말한다. "대체로 조각은 부분에 부분을 더하는 구성으로 만들어진다.” 저드가 보기에 필요한 것은 단단한 합병(consolidation)이다. “새로운 작업의 경우 모양, 이미지, 색, 표면은 단일하며, 부분 또는 흩어진 것이 아니다. 중성적이거나 중립적인 영역 또는 부분은 없다. 연결점이나 과도기 영역도 없다.”[10] 미니멀리즘 작업은 합병된 형태, 산업 재료의 직접 사용, 단순한 조합, 다시 말해 지적이고 물리적인 조건이 갖는 “선-실행의(pre-executive)” 명료함을 추구했다. 미니멀리즘에서 나타났던 이런 텍토닉의 결정적 전환은 보는 공간을 작동시켰으며, “특정 사물”을 예술작품의 조건으로 재확인시켰다.

미니멀리즘은 세계대전 발발 이전 구성 원칙의 중대한 전복을 대표하는 사례이긴 하지만, 그 환원적 형태 언어와 질료를 살피면 여전히 일종의 본질화(essentializing) 모형에 기대고 있다. 미니멀리즘 사물은 명백한 경계로 한정되는 단단한 고형으로 구축된다. 미니멀리즘이 갖는 이런 본질적 텍토닉의 보수주의를 후기 저드의 건축적 구축물에서 확인할 수 있다. 미니멀리즘은 일련의 장면으로 전개되지만, 장(場)으로 전개되는 경우는 거의 없다. 이런 까닭에, 보통 "포스트미니멀리즘"으로 분류되는 예술 작업은 특히 흥미롭다.[11] 안드레나 저드와 달리 브루스 나우만(Bruce Nauman), 린다 벵글리스(Lynda Benglis), 키스 소니어(Keith Sonnier), 앨런 사렛(Alan Saret), 에바 헤세(Eva Hesse), 배리 르 바(Barry Le Va) 등의 작업에서 질료는 더 다양하고 느슨하다. 미니멀리즘이 억압했던 말, 움직임, 테크놀로지, 유동적이며 부패하는 질료, 신체 재현과 같은 '외부' 내용이 다시 돌아온다. 미니멀리즘이 확정적이었다면, 포스트미니멀리즘은 망설임과 존재론적 의심으로 나타난다. 미니멀리즘의 속성이 절제라면, 포스트미니멀리즘은 회화적이고 비정형적이다. 미니멀리즘 작가의 관심이 바탕에 깔린 구조와 생각에 있다면, 포스트미니멀리즘 작가는 감지할 수 있는 것, 보이는 것에 몰두한다. 앨런 사렛의 철망 구조물에서 린다 벵글리스의 흘러내리는 액상, 로버트 스미슨의 '비장소(nonsites)' 에 이르기까지 포스트미니멀리즘 작업은 예술작품에 우연성과 우발성을 들여온다. 이들은 개별 사물이 아닌 현장에서 사물을 만드는 과정의 기록을 새롭게 작품으로 인식하게 함으로써, 예술작품에 대한 인식을 더 급진적으로 바꾼다.

내가 현장 조건이라고 부르는 것을 향해 가장 결단력 있게 움직이는 작가는 배리 르 바(Barry Le Va)다. 르 바는 건축 교육을 받았던 경험이 있는데, 그래서인지 조각 작업이 내포하는 공간적 장(場)에 대한 그의 감각은 특히 예리하다. 르 바는 60년대 중반부터 조각품을 만들기 시작했다. 일부는 미리 계획된, 일부는 무작위로 만들었던 그의 조각품은 사물과 그 사물이 점유하는 장(場)을 뚜렷이 구분하는, 곧 경계가 분명한 개체로서의 '조각' 개념을 철저히 해체했다. 르 바는 이런 자신의 작업을 "분포(distribution)"라고 부른다. "'무작위적' 이든 '규칙적' 이든 '분포' 는 '점들과 배치 형상들 사이 관계' 또는 '일련의 사건' 으로 정의할 수 있다."[12] 국지적 관계가 전체 형태보다 더 중요하다. 르 바가 말하는 "일련의 사건"을 통한 형태 생성은 군집 행태나 대수학 조합의 생성 규칙과 무관하지 않다. 포스트미니멀리즘에서 도출된 핵심 구성 원칙을 르 바의 작업에서 읽을 수 있다. 전체 형태를 결정하는 배치가 아닌 조합 또는 "일련의 사건"을 형성하기 위해 통제가 아닌 정밀하고 국지적인 일련의 규칙을 따른다는 원칙 말이다. 포스트미니멀리즘에서 이런 원칙은 종종 질료 선택과 관련이 있다. 사렛의 철망, 벵글리스의 흐르는 유액, 르 바의 흩날리는 가루와 같은 질료로 작업할 때 작가가 형태를 엄격히 통제할 수 없는 건 당연하다. 대신 작가는 질료가 배치될 조건을 마련하고, 그 흐름의 방향을 잡는다. 르 바의 펠트 천 작업에서는 접힘과 접힘의 관계, 선과 선의 관계가 중요하다. 60년대 이후 후기 작업에서는 심지어 일시성과 휘발성을 지닌 질료 자체가 작업의 변화 과정을 섬세하게 기록하는 역할을 한다.

0.4 두꺼운 이차원: 무아레와 매트

모든 격자는 장(場)이다. 그러나 모든 장이 격자는 아니다. 장의 잠재력은 그것이 형상과 배경의 관계를 새롭게 정의한다는 데 있다. 형상을 단지 안정된 장을 배경 삼아 놓인 뚜렷한 윤곽의 객체로 여기지 않고 장 그 자체가 발산하는 효과, 다시 말해 강도의 순간이나 연속된 장의 고점으로 인식할 때, 우리는 형상과 장의 더 긴밀한 관련성을 상상할 수 있다. 전체 형태에 대한 상대적 무관심을 유지하면서도 국지적 규모에서 차이 만들기에 세심한 주의를 기울여야 한다. 어떤 주장에 따르면, 실질적이고 생산적인 사회적 차이는 국지적 수준에서 왕성히 발생하며, 조형적이거나 거대한 기호학 메시지를 담은 형태로 드러나는 경우는 없다. 현장 조합에 관한 연구는 형상과 추상의 사이 영역에서 작동하는 모형에 관한 연구이자, 형상과 추상의 기존 대립 구도를 다시 정립하는 모형에 관한 연구다. 또한 그 자체로 규칙적이거나 반복적인 개별 요소에서 소용돌이, 봉우리, 돌기를 생성할 수 있는 조직 체계에 관한 연구이기도 하다.

무아레(moireé, 간섭 무늬 현상)는 두 개의 규칙적 장(場)을 중첩했을 때 생기는 형상 효과다. 복잡하면서도 외관상 불규칙한 행태를 보이는 이 예측할 수 없는 효과는 그 자체로 반복적이고 규칙적인 요소의 조합에서 발생한다. 그러나 무아레 효과는 무작위로 일어나지 않는다. 규모가 급작스럽게 변하거나 복잡한 수학 규칙에 따라 반복된다. 무아레 효과는 연속된 장 내부에 숨은 응력을 측정하거나 복잡한 형상과 형태를 그릴 때 주로 활용된다. 두 경우 모두에서 규칙적 장과 창발적 형상은 괴이한 방식으로 공존한다.

건축 또는 도시에서 무아레 효과는 표면의 문제를 제기한다. 장(場)은, 비록 도식적일지라도, 본질적으로 수평적 현상임이 분명하다. 지금까지 든 모든 사례에서 장은 평면 차원에서 작동한다. 도쿄와 같은 몇몇 포스트모던 도시는 온전히 삼차원의 장으로 묘사할 수 있긴 하다. 그러나 20세기 후반의 전형적 도시는 대개 수평으로 확장하는 특징을 갖는다. 이런 맥락에서 현장 조합은 도시의 확장된 장 내부 특정 순간에 더 두텁고 더 강렬한 경험을 보장하는 듯하다. 효율적 생산을 지향했던 근대적 기념비인 마천루를 포함해 과거의 기념비는 도시 조직에서 특권적 수직의 순간으로서 돋보였다. 그러나 이제 도시의 새로운 기관(institution)은 강렬함(intensity)의 순간으로 나타날 것이다. 도시적 장의 더 넓은 네트워크와 연결되며 경계 짓는 선이 아닌 두꺼워진 표면으로 표출되는 기관 말이다.

0.5 군집, 패거리, 무리, 군중

1980년대 후반 인공지능 이론가 크레이그 레이놀즈(Craig Reynolds)는 새의 군집(flock) 형성을 모의 실험하는 컴퓨터 프로그램을 개발했다. M. 미첼 월드롭(M. Mitchel Waldrop)이 『복잡성: 질서와 카오스의 끝에서 창발하는 과학(*Complexity: The Emerging Science at the Edge of Order and Chaos*)』에서 설명했듯이, 레이놀즈는 "보이드(boid)"라고 이름 붙은 마치 새처럼 행동하는 자율적 대리 요소 여러 개를 화면 환경 속에 배치했다. 프로그램은 이들 보이드가 다음 세 가지 간단한 행동 규칙을 따르도록 짜였다. 첫째, 다른 사물, 곧 장애물이나 다른 보이드와 최소한의 거리를 유지할 것. 둘째, 이웃하는 보이드와 속도를 맞출 것. 셋째, 이웃하는 보이드 무리의 질량 중심을 향해 움직일 것. 월드롭은 말한다.

> 놀라운 점은 이들 세 가지 규칙 가운데 "군집을 형성하라"는 규칙은 없었다는 것이다. … 규칙은 철저히 국지적이다. 개별 보이드는 자신과 가까운 곳에서 할 수 있는 일, 볼 수 있는 것에만 관여한다. 군집 형성은 아래에서 위로 진행되는 상향식, 곧 창발적(emergent) 현상이 될 수밖에 없는데도, 군집은 매번 '형성됐다.' 13

군집은 명백한 장(場)의 현상이다. 정밀하고 간단한 국지적 조건에 따라 규정되며 전체 형태나 범위에는 비교적 무심하다는 점에서 그렇다. 규칙이 국지적으로 정해지는 까닭에, 어떤 장애물도 전체에 파국을 가져오진 않는다. 유연한 조정을 통해 환경 속 변이와 장애물은 흡수된다. 작은 군집과 큰 군집의 토대 구조가 다르지 않다. 수많은 되풀이 과정을 거치며 패턴이 발생한다. 정확히 똑같이 반복되지 않으면서도 군집 행태는 대략 유사한 배치 형상을 지향한다. 고착된 유형을 따르지 않는 국지적 행동 패턴이 집적된 결과다.

군중(crowd)은 군집과는 또 다른 역동성을 보여준다. 군중을 만드는 동기는 더 복잡한 욕망이고, 패턴은 더 예측하기 어렵다. 엘리아스 카네티(Elias Canetti)는 『군중과 권력(*Crowds and Power*)』에서 열린 군중과 닫힌 군중, 리듬의 군중과 멈춰진 군중, 느린 군중과 빠른 군중이라는 더 넓은 분류 체계를 제안했다. 카네티는 순례자가 형성하는 종교인파에서 스펙터클에 참여하는 대중에 이르기까지 다양한 군중을 조사했다. 카네티는 심지어 그의 생각을 강의 흐름, 농작물 더미, 숲의 밀도까지 확장했다. 카네티에 따르면, 군중은 네 가지 기본 속성을 갖는다. "군중은 항상 더 커지고자 한다. 군중은 평등하다. 군중은 밀집하기 좋아한다. 군중에게는 방향이 필요하다."14 이들 규칙과 위에서 설명한 레이놀즈의 규칙 사이에는 간접적이지만 분명한 연관성이 있다. 그러나 카네티는 예측이나 검증에는 관심이 없다. 그의 자료 출처는 문학적이고 역사적이고 개인적이다. 무엇보다도, 카네티는 군중이 해방과 억압의 속성을 모두 가진다는 사실, 그리고 군중이 분노하거나 파괴적일 수 있는 동시에 즐거울 수 있다는 사실을 항상 잊지 않는다.

작곡가 이안니스 크세나키스(Iannis Xenakis)의 초기작 〈메타스타시스(Metastasis)〉는 이런 군중 현상을 음향으로 구현한 작업이다. 크세나키스는 자신이 갖고 있던 강력한 기억을 표현할 수 있는 작곡 기법을 찾고 있었다.

> 아테네의 반-나치 시위에서 수십만 명이 거대한 리듬처럼 메아리치는 구호를 외치고 있다. 그리고 적과 싸운다. 리듬은 날카로운 소리의 엄청난 카오스로 폭발한다. 공기를 가르는 총알, 따닥거리는 기관총. 소리는 흩어지기 시작한다. 마을에 다시 천천히 침묵이 돌아온다. 고유한 청각의 층위에서 도출한, 그리고 다른 어떤 측면과도 분리된 이들 소리 사건은 수많은 개별 소리에서 만들어진다. 이들 소리 사건은 따로따로 들리진 않지만, 재통합을 거쳐 하나의 전체로 인식되는 새로운 소리를 만든다. 예컨대 매미 떼의 노래, 우박 소리나 빗소리, 파도가 부서지는 소리, 지붕널의 바람 새는 소리와 마찬가지다.[15]

이와 같은 '전반적 음향 사건'을 재현하려고 크세나키스는 상당한 회화적 상상력을 발휘하는 한편 자신이 배웠던 도형기하학(descriptive geometry)을 활용해 기존 작곡 절차를 뒤집었다. 크세나키스는 자신이 원하는 소리의 '장'이나 '구름' 효과를 묘사하는 그래픽 악보를 먼저 그리고 마지막 단계에 가서야 비로소 이 그래픽을 기존 표기법에 따라 악보로 전환했다. 당시 사용 가능했던 기존 작곡 기법의 차원을 넘어서는 질료를 갖고 작업하다 보니 크세나키스는 "방대한 양의 사건을 특징적 분포"[16]로 직조하기 위한 새로운 절차를 발명할 수밖에 없었다.

군중과 무리는 통제의 가장자리에서 작동한다. 도발적 형태의 가능성은 논외로 하더라도, 이들 두 가지 사례를 참조해 건축은 기존 하향식 통제 방식에서 벗어나 더 유동적인 상향식 접근 방식의 가능성을 끌어낼 수 있다. 현장 조건은 건축에 잠정적으로 사용 방식의 역학, 군중 행태, 움직이는 대중의 복잡한 기하학을 다룰 수 있는 가능성을 열어준다.

0.6 분포 기관

고전 건축을 지배하는 축, 대칭, 형식적 위계의 엄격한 규칙과 서양 기관(institution)의 전통적 유형은 역사적으로 단단히 결속돼 있다. 은행, 시청, 국회의사당은 물론이고 도서관, 박물관, 공연장 등이 모두 시간을 거슬러 지속하는 건물의 위상을 상징하고자 고전적 질서의 안정성에 기댄다. 20세기 초 근대 건축의 유토피아 기획은 자유민주주의 제도를 투명한 신체로 그리려 했다. 가벼운 철골 구조와 유리 커튼월은 직서적(直敍的, literal) 투명성을 표현했다. 기능과 구성의 역동성은 점점 더 복잡해지는 프로그램의 개별 요소를 시각화해 드러냈다.

그러나 단지 구성 변화로 기관을 다시 형상화하는 방식은 이제 한계에 다다랐다. 근대 건축에서 나타나는 파편의 구성에 활용되는 조합의 규칙이 새로울 순 있다. 그러나 이 경우에도 구성이 결국 부분의 배열과 연결을 다룬다는 고전적 전제는 변치 않는다. 로버트 모리스(Robert Morris)가 말했듯, "큐비즘 이후 유럽 예술은 '여전히 관계가 중요하다' 는 것을 일반 전제로 한 관계 치환의 역사였다."[17] 더 급진적 변화가 필요해 보인다. 기술적, 사회적 변화의 압력 아래 기관이 그 내부로부터 변화하고 있다는 사실을 살피면 변화는 더 시급한 일이다. 이들 기관의 사회, 정치, 기술적 역할에 의구심이 제기되면서, 이제 유형은 기관의 공간을 재현하고 질서를 부여했던 고유 능력을 상실했다. 합의된 익숙한 분류 체계에 따라 질서 정연하게 지식을 배치했던, 한때 확실성의 장소였던 도서관이나 박물관은 이제 미디어, 소비문화, 장거리 통신의 무자비한 물결에 유린당하고 있다. 집단 기억을 재현하고 보존하는 건축의 힘은 이제 스러졌다. 오늘날 도서관이나 박물관을 디자인하는 일은 전혀 새로운 기대치와 맞서는 일이다. 무엇이 지식을 구성하는가? 지식에 접근할 수 있는 권한은 누가 갖는가? 지식은 어떻게 확산하는가? 오늘날 도서관이나 박물관을 디자인하는 일은 이런 질문으로 대표되는 끝없이 커져만 가는 불확실성을 인식하는 일이다.

조직과 행동, 정치와 형식을 간단하게 등가로 만드는 방정식이란 없다. 미셸 푸코(Michel Foucault)가 지적했듯이, 억압의 건축은 존재하지만 "자유롭게 하는" 건축은 딱히 존재하지 않는다. 푸코는 "자유란 실천하는 것"[18]이라 말한다. 위계 없는 구성이 곧바로 정치적으로 열린 사회나 평등을 보장하진 않는다. 민주주의의 힘은 정작 일을 성사시키는 데 있는 것이 아니라 성사된 일을 다시 원래대로 돌려놓는 데 있다는 말이 있다. 두 개의 계획안, 〈로스앤젤레스 한미 미술관〉(1995)과 〈일본 교토 국립 국회도서관〉(1996)을 이 책에서 마지막으로 소개하는 것은 현장 개념을 통해 기존 기관 형태를 다시 생각하기 위해서다. 이 책에서 제시하는 조합 원칙은 '부분'을 새롭게 정의하고 부분 사이 관계를 새롭게 규정하는 대안의 방식이다. 한미 미술관과 교토 국립 국회도서관의 형태는 기관의 새로운 조건을 은유적으로 재현하려 하지 않는다. 새로운 생각이나 행동 방식을 촉발하려 하지도 않는다. 대신 도시나 풍경과 연결된 채 지향성을 갖는 현장 조건에서 형성되는 까닭에, 이들 기관은 사용자의 전술적 즉흥 행위를 위한 공간으로 남는다. 행위와 행위를 둘러싸는 외피 사이에 '느슨한 맞춤'이 형성된다.

미셸 세르(Michel Serres)는 정체(停滯), 우발적 사건, 간섭과 차단이 점과 선으로 규정되는 형식 체계를 결국 약화시킬 것이라고 경고했는데, 이런 세르의 경고는 이 글에서 말하고자 하는 것과 크게 다르지 않다. 현장 조건은 형태 형성을 넘어 변화와 우연과 즉흥적 행태를 담을 수 있는 건축을 뜻한다. 내구성, 안정성, 확실성에 힘을 쏟는 대신, 실질적 불확실성을 위해 공간을 남겨두는 건축 말이다.

역과 경로는 함께 체계를 형성한다. 점과 선, 존재와 관계. 역과 경로의 개수나 배치를 다루는 체계의 구축은 흥미로울 수 있다. 선을 통과하는 메시지의 흐름도 흥미로울 수 있다. 다시 말해, 복잡한 체계는 형태로 설명할 수 있다. … 누군가는 선과 경로와 역, 이들의 경계와 가장자리, 이들 형태의 형성과 배치를 들여다봤을 것이다. 그러나 역과 역 사이를 오가는 흐름을 차단하거나 가로채는 우발적 사고 역시 기록할 필요가 있다. … 소통하는 것은 메시지지만, 정체항력(停滯抗力)은 메시지가 들리는 것을 차단하며, 때로는 메시지 전송 자체를 막기도 한다.[19]

주(註)

1 Sanford Kwinter, "La Cittaà Nuova: Modernity and Continuity," *Zone 1/2* (New York, 1986), 88-89. 강조는 필자가 더한 것.

2 크세나키스는 이 글에서 제시된 언어나 개념과 매우 유사한 언어, 개념을 사용한다. 다음을 보라. Nouritza Matossian, *Xenakis* (London: Kahn and Averill, 1990), 59.

3 이어지는 논의는 다음에서 가져왔다. Rafael Moneo: "La Vida de los edifcios" *Arquitecture* 256 (Sept.-Oct. 1985): 27-36.

4 이 문구는 프랭크 스텔라(Frank Stella)의 회화를 논하는 도널드 저드(Donald Judd)의 글에서 가져왔다. "질서(order)는 합리적이거나 근원적이지 않다. 질서는 그냥 순서일 뿐이다. 마치 연속성처럼, 어떤 것 다음으로 다른 어떤 것이 뒤따르는 순서 말이다." Donald Judd, "Specific Objects," *Complete Writings: 1959-1975* (Halifax: Nova Scotia College of Art and Design, 1975), 184.

5 "대수학(algebra)"은 "부서진 부분의 대결합"이라는 뜻의 아랍어 "al-jebr"에서 온 말이다. 반면 "기하학(geometry)"의 어원은 그리스어다.

6 Moneo, "La Vida," 35.

7 코르도바 사원과 르 코르뷔지에의 베네치아 병원은 모두 앨리슨 스미슨(Alison Smithson)이 1974년에 발표한 다음 글에 묘사돼 있다. "How to Recognise and Read Mat-Building," *Architectural Design* XLIV, 9 (1974): 573-90.

8 Rosalind Krauss, "Richard Serra: Sculpture Redrawn," *Artforum* (May 1972)에서 재인용.

9 Robert Morris, "Anti Form," *Artforum* (Apr. 1968): 34.

10 Judd, "Specific Objects," 183.

11 사실 포스트미니멀리즘은 미니멀리즘과 비슷한 시기에 발전했다. 따라서 '포스트'는 시대순보다는 의존 또는 반대의 정도를 나타내려고 덧붙인 말이다. 예컨대 미니멀리즘 작가군에 여성이 없다는 사실에 주목하라. 반면 린다 벵글리스(Lynda Benglis)나 에바 헤세(Eva Hesse)와 같은 작가가 없는 포스트미니멀리즘은 상상하기 어렵다. 또한 이런 범주화는 유동적이다. 예컨대 로버트 모리스(Robert Morris)는 종종 포스트미니멀리즘 작가로 분류되기도 한다. 다음을 보라. Robert Pincus-Witten, "Introduction to Postminimalism" (1977), *Postminimalism to Maximalism: American Art, 1966-1986* (Ann Arbor, Mich.: UMI Research Press, 1987).

12 Jane Livingston, "Barry Le Va: Distributional Sculpture," *Artforum* (Nov. 1968).

13 M. Mitchel Waldrop, *Complexity: The Emerging Science at the Edge of Order and Chaos* (New York: Simon and Schuster, 1992), 240-41.

14 Elias Canetti, *Crowds and Power* (New York: Farrar, Straus and Giroux, 1984), 29.

15 Matossian, Xenakis, 58. 인터뷰에서 재인용.

16 같은 책, 58-59.

17 Morris, "Anti Form" : 34. 강조는 필자가 더한 것.

18 Michel Foucault, "Nietzsche, Genealogy, History," *The Foucault Reader*, ed. Paul

Rabinow (New York: Pantheon, 1984), 87.

19 Michel Serres, *The Parasite*, trans. Lawrence R. Schehr (Baltimore, Md.: Johns Hopkins University Press, 1982), 10-11.

소개문

정크스페이스 / 렘 콜하스

건축가들이 유력 출판물의 표지에 등장하는 경우는 거의 없다. 그러나 2000년 7월, 렘 콜하스의 사진은 "건축가의 시대, 건축가의 건축가"[1]라는 헤드라인과 함께 『뉴욕타임스』 매거진의 표지를 가득 채웠다. 실제로 이 네덜란드 건축가—메트로폴리탄 건축 사무소(OMA)의 공동 설립자이며 OMA의 급진적인 대화파트너인 AMO(OMA의 이론 · 연구 기반 지원 조직)의 아버지—는 건축과 에세이를 통해 당대의 문화에 건축적으로 그리고 그 이외에도 엄청난 영향을 끼쳤다. 콜하스는 1978년에 출판된 자신의 책 『정신 착란의 뉴욕(*Delirious New York*)』으로 명성을 얻었으며, 1990년대 중반에는 보르도 주택(Maison à Bordeaux), 브루스 마우(Bruce Mau)와 공동 작업한 『스몰, 미디엄, 라지, 엑스라지(*S, M, L, XL*)』 등이 『타임(Time)』 잡지의 베스트 디자인 목록(1998년과 1996년)에 등장하는 것과 함께 더 큰 명성을 얻었다.[2]

하지만 콜하스의 명성은 그의 에세이 「정크스페이스」가 2000년 5월 『A+U』 특별호에 게재되었을 때 확고해졌다. 21세기로 접어들면서 새로운 시대에 대한 즐거운 기대와 임박한 운명 (Y2K에 수반되는 디지털 세계의 붕괴 가능성을 둘러싼 히스테리를 상기)에 대한 두려운 예측 사이에서 등장한 콜하스의 정크스페이스 개념은 당황스러운 동시에 매혹적이었다. "인류가 지구에 남긴 잔여물"인 정크스페이스는 콜하스가 정크스페이스 그 자체의 속성이라고 언급한 형태, 구조, 재료 등의 정신을 마비시키는 특징들을 촉발시키고 모방하는 것에 대한 콜하스의 제멋대로이고 냉소적인 비난에 의해서 특징지어진다. 콜하스의 텍스트는 당대의 생활방식에 스며드는 당황스럽고 모순되며 흥미롭고 동시에 고통스럽기도 한 문화적 상태의 묘사이며, 콜하스의 관점으로부터 "터미널의 공허함"을 불러일으키는 혁신적이고, 새롭고, 최고이며, 가장 밝은 것에 대한 끊임없는 탐구이다. 아마 더 냉혹한 것은 근대건축에 대한 평가일 것이다. 콜하스는 "20세기를 위해 근대건축을 창안한 것은 실수"였으며, 20세기가 되면서 건축은 사라졌"고, "우리는 각주를 현미경으로 들여다보며 언젠가 그 각주가 소설이 되기를 희망해왔다."고 선언한다.

그러한 분석은 건축의 미래를 위해 무엇을 함축하고 있는가?[3] 콜하스는 이 질문에 대해 답을 내놓지 않았지만, 「정크스페이스」는 건축의 다음 단계가 무엇이든 간에(만약 건축이 여전히 존재한다면) 게임의 규칙이 영원히 바뀌었다는 것을 암시한다.

주(註)

1 『뉴욕타임스』 매거진, 2000년 7월 9일

2 최근 콜하스의 명성은 놀라운 수준에 이르렀다. 그는 정치인, 배우, 기업 CEO, 기업가들과 함께 『타임』 지의 가장 영향력 있는 100인 중 한 명으로 등재되었다(흥미롭게도 콜하스의 직업은 "스타아키텍트"로 표현된다). 「2008년 타임이 선정한 100인의 인물들」, 『타임』을 볼 것, http://www.time.com/time/specials/2007/article/0,28804,1725112_1723512_1723792,00.html.

3 이 선집에 재수록된 「미래 도시」에서, 프레드릭 제임슨은 「정크스페이스」에 대한 독해를 통해 역사의 개념 및 역사의 가능한 미래와 텍스트의 관계에 대한 해석을 제공한다.

렘 콜하스(Rem Koolhaas) / 박민수 옮김

정크스페이스

Junkspace

A+U Special Issue: OMA @ Work (May 2000), 16-24에 처음 실림.
OMA 제공.

"로건 공항: 21세기를 위한 세계적인 수준의 업그레이드" (20세기 후반의 광고판)

서론

스페이스-정크(space-junk)가 인류가 우주에 남기는 잔여물이라면, 정크-스페이스(junk-space)는 인류가 지구에 남기는 잔여물이다. 근대화 당시에 지어진 것들은 근대건축이 아니라 정크스페이스이다. 정크스페이스는 근대화 이후에 남은 잔여물이며, 더 정확하게는 근대화 과정에서 응축된, 그것의 부산물이다. 근대화 과정에는 과학의 축복을 보편적으로 공유하기 위한 합리적인 프로그램이 포함되어 있었다. 정크스페이스는 그것의 정점이거나 혹은 붕괴점이며... 그것들 각각은 뛰어난 발명품들이며, 인간의 지능이나 상상력 및 무한한 계산에 의해 명료하게 계획된 뛰어난 기술의 결과이기는 하지만 그것들의 총합은 계몽의 종말이나, 저급한 수준의 속죄라는 우스개 같은 일로 그것이 부활함을 의미한다...

정크스페이스는 당대 건축의 총합이며, 우리는 이전의 모든 시대가 지었던 것만큼이나 많이 지었지만, 동일한 수준에 이르지는 못했다. 정크스페이스는 에스컬레이터와 공기조화설비의 만남의 산물이며, 시트락(석고판) 배양기에서 잉태되었다(역사책에는 이 세 가지 모두 누락되어 있다). 정크스페이스는 공간의 대역(body double)이며, 고장난 야망의 영토이며, 제한된 기대이고, 쪼그라든 진지함이다. 정크스페이스는 개념들이 사라지는 곳이며, 버려진 배양 접시이다. 그것은 면역력을 떨어뜨리고, 차이를 무효화하며, 해결을 무산시키고, 실제의 의도와 실현을 혼동한다. 그것은 서열화하기보다는 축적하며 구성하기보다는 부가한다. 점점 더, 많은 것이 더 대단한 것이다. 정크스페이스는 양적으로는 팽창했지만 질적으로는 빈곤한, 지구를 뒤덮는 엄청난 보호막이며, 취하지 않은 결정들, 직면하지 않은 문제들, 실행되지 않은 선택들, 정의되지 않은 우선순위를, 영속되는 모순들, 받아들여진 타협안들, 묵인된 부패, 이 모든 것들의 총합이다... 정크스페이스는 친구 수백만 명과 함께 영원히 거품 목욕을 하도록 선고받는 일과 다름없다.

몽롱한 무경계의 제국, 그것은 영원히 결합되지 않는 것들의 솔기없는 결합을 제공하기 위해 공적인 것과 사적인 것, 곧은 것과 구부러진 것, 배부른 자와 굶주린 자, 팽창된 것과 쪼그라든 것, 고귀함과 비루함을 융합한다. 외관상으로는 신화이며, 공간적으로는 장대한, 그것의 부유함이라는 효과는 궁극적으로는 공허함이며, 건축의 신뢰성을 체계적으로, 아마 영원히 침식하는 잔인한 패러디이다...

그렇다면 이제 공간에 대해 이야기해보자. 특히 매번 업그레이드한 이후의 공항의 아름다움, 쇄신으로 인한 광채 그리고 쇼핑센터의 다양함에 대해서. 공공 공간을 탐험하고, 카지노를 체험하고, 테마 파크를 조사해보자. 대중들에 대한 우리의 관심은 대중들을 위한 건축을 보이지 않게 만들었다. 20세기를 위해 근대건축을 창안한 것은 실수였다. 20세기가 되면서 건축은 사라졌다. 우리는 각주를 현미경으로 들여다보며 언젠가 그 각주가 소설이 되기를 희망해왔다. 정크스페이스는 탈선처럼 보이지만 본질이며, 본체다. 정크스페이스는 정돈되어 있던 이전의 상태를 허리케인이 재배열한 것처럼 보이지만 그러한 인상은 오해의 소지가 있다. 그것은 결코 일관적이지 않았고 그렇게 되기를 열망한 적도 없었다. 공간에 관해 생각할 때 우리는 언제나 그것을 담는 그릇만을 보아왔다. 공간의 생산에 관한 모든 이론은 지나치다고 할 정도로 그것과 쌍을 이루는 실체, 예를 들면 건축에 의존하고 있다. 연속성은 정크스페이스의 본질이다. 그것은 확장을 가능하게 하는 어떤 고안품들도 이용하며, 방향 감각의 상실을 증진시키는 장치는 어떤 것이라도 응용(거울, 바닥 광택, 메아리)해서, 연속적인 하부구조를 펼쳐놓는다. 에스컬레이터, 스프링클러, 방화 셔터, 온풍 커튼, 공기조화설비… 정크스페이스는 구조로 지탱되는 것이 아니라, 마치 거품과 같은 피막에 의해 밀봉돼 붙들려 있다. 중력은 변한 적이 없으며 태곳적부터 동일한 힘에 의한 저항을 받아왔다. 그러나 공기조화설비－보이지 않기 때문에 기록되지 않은 매개체－는 20세기 건축을 혁명적으로 변화시켰다. 공기조화설비는 끝없이 이어지는 건물을 탄생시켰다. 건축이 건물을 분리하는 것이라면, 공기조화설비는 그것들을 통합한다. 공기조화설비는 조직과 공존의 체제들에 돌연변이를 발생시켰으며, 건축은 그것을 더 이상 따를 수 없게 되었다. 중세 시대에서처럼 하나의 쇼핑센터는 이제 여러 세대를 이어서 계속되는 작업이며, 공기조화설비는 우리의 대성당을 만들거나 부순다. 비용이 들며, 더 이상 공짜가 아니라서, 조절된 공간(conditioned space)은 조건부 공간(conditional space)이 될 수밖에 없다. 곧 모든 조건부 공간은 정크스페이스가 된다. 정크스페이스는 항상 실내이며, 매우 광범위하므로 당신은 그 한계를 거의 인식하지 못한다. 공간은 물질의 윗부분에 또 다른 물질을 쌓아 올리는 방법으로 만들어졌으며, 결합되어 새로운 전체를 형성한다. 정크스페이스는 부가적이고, 다층적이며 가볍고 육식동물들에 의해 찢긴 짐승의 사체처럼 사분오열된다. 보편적인 상태에서 찢겨져 나온 덩어리처럼. 벽은 이제 존재하지 않으며, 단지 칸막이만 세분화되어 반짝이는 세포막이 금으로 덮여있다. 구조는 장식에 뒤덮여 보이지 않는 곳에서 신음하고 있으며, 더 나쁜 것은 이름뿐인 하중을 지지하는 작고 반짝이는 공간 프레임인 장식이다.

징크스페이스는 허위와 가장의 기하학이 주도하는 영역이다. 엄격하게는 비-건축적이지만, 둥근 천정과 돔을 사용하는 경향이 있다. 어떤 부분은 완전한 비활성의 상태지만, 다른 부분은 미친 듯이 돋보이길 원한다. 가장 안정돼 보이는 것 곁에 가장 발작적인 흥분 상태의 것이 인접한다. 판테온만큼이나 큰 내부에 과거의 문명이라는 장막을 뒤집어씌우고 구석구석에 부화될 수 없는 알을 뿌려놓고 있다. 그것은 비잔틴 양식의 미학이다. 수천 개의 조각으로 나뉘어져 있지만, 모든 것이 동시에 보이는, 현기증 날 정도로 모든 것을 포함하는 파놉티콘이다. 네온사인은 새롭고 오래된 것 둘 다를 의미한다. 퇴행적이면서 동시에 미래지향적인 내부는 석기시대와 우주시대를 동시에 의미한다. 예방접종에 사용되는 비활성 바이러스와 마찬가지로, 근대건축은 본질로서 존재하지만 그것의 성과는 여전히 쓸모가 없다. 하이테크는 밀레니엄을 기념하기 위해 되살아났다. 10년 전만해도 그것은 죽은 것처럼 보였다. 그것은 이전 세대들이 장판 밑에 감추어두었던 것들을 드러낸다. 팽팽하게 늘어진 피부를 가진 연체동물, 한 방향의 공중 그네에 매달려 있는 비상계단, 유사-산업화의 기계실을 지지하는 수공예로 제작된 부품들, 거미줄을 닮은 와이어로 지지되는 넓은 유리판, 다른 곳에서는 별다른 도움 없이 공짜로 누릴 수 있는 신선한 공기를 힘들여 배달하려고 공중을 향해 뻗어가는 탐침들. 투명함은 당신이 점유할 수 없는 곳만을 골라 보여준다. 자정을 알리는 종소리가 울리면 그 모든 것들이 갑작스레 대만의 고딕 스타일로 되돌아가고, 3년이 지나면 단절 없이 나이지리아의 현대가 된다. 벽화는 신을 보여주곤 했다. 정크스페이스의 모듈들은 브랜드를 옮기기 위해 그 크기가 조정된다. 신화는 공유될 수 있고, 브랜드는 소수의 소비자 집단에 의해 아우라를 신랑으로 맞이한다. 정크스페이스는 협력을 기반으로 한다. 디자인은 없지만 창의적인 증식이 있다. 3차원 그래픽, 프랜차이즈의 이식된 엠블럼, LED의 반짝임을 이용한 조명, 그 누구도 소유권을 주장하지 못하는 작가 없는 세계를 묘사하는 비디오 등, 그 세계는 언제나 독특하고, 예상 불가능하지만 동시에 너무나도 친숙하다. 부활이기보다는 역류. 정크스페이스는 파충류가 껍질을 벗듯이 건축을 벗고, 매주 월요일 새롭게 태어난다. 이전 건축에서 물질성은 파괴를 통해서만이 바뀔 수 있는 존재의 최종 심급이었다. 우리의 문화가 규칙성과 반복을 억압적인 것이라 여겨 폐기 처분하려 했던 바로 그 순간에, 물질이 먼저 디지털화된 것처럼 (더 높은 수준의 추상인) 건축 자재는 점점 더 모듈화되고, 일률적으로 표준화되었다. 모듈은 점점 더 작아져서 모자이크가 되는 지점까지 이른다. 예산, 논쟁, 협상, 변형과 같은 난제들을 안고 있지만, 변칙과 독특함은 언제나 동일 요소로 구성된다. 혼돈에서 질서를 이끌어내려고 노력하기보다는 이제는 균질적인 것으로부터 그림 같은 것이 추출된다. 자르기, 구부리기, 찢기, 코팅하기 등, 건설은 이제 양복을 짓는 것과 같은 새로운 종류의 부드러움을 얻었다... 접합부는 더 이상 문제가 되지 않는다. 연결점들은 스테이플러로 찍거나 테이프로 붙이면 된다. 주름진 갈색의 밴드를 가지고는 매끈한 표면이라는 환상을 유지하기 힘들다. 고정시키다, 끼우다, 접다, 쏟아버리다, 풀로 붙이다, 쏘다, 반으로 접다, 녹이다 등과 같이 건축의 역사에서 우리가 알지도 못했고 생각도 못했던 동사들이 이제는 일상에 없어서는 안 되는 말이 되었다. 각각의 요소들은 각자 맡은 바 영역에서 자신의 일을 수행한다. 한때 디테일 처리라는 말은 따로 떨어져 있던 것을, 아마도 영구적으로, 함께 조합하는 것을 의미했다. 그러나 이제 그 말은 해체와 떼어냄을 전제한 임시결합, 혹은 헤어질 가능성이 아주 높은 일시적 포옹을 의미한다. 그것은 상이한 것 사이의 통제된 조우가 아닌 시스템의 갑작스러운 종료 혹은 막다른 궁지다. 오로지 장님만이 정크스페이스의 단층선을 손끝으로 읽으며 정크스페이스의 역사를 이해할 것이다... 결정체처럼 다면적이며, 자연스러움이나 디자인에 의존하기보다는 결핍에 의존하기 때문에, 정크스페이스는 스테인드글라스와 같이 입체적이며, 형광빛을 발하는 벽들 앞에 있는 색 조절기는 부가적인 열기를 발생시켜 정크스페이스 내부의 온도를 당신이 난초를 재배할 수 있는 수준으로까지 높인다. 정크스페이스는 뜨거운 공간이다.

정크스페이스에는 두 가지 유형의 밀도가 존재한다. 첫 번째는 시각이고 두 번째는 정보이다. 그것들은 경쟁한다. 정크스페이스는 항상 변하지만 결코 진화하지는 않는다. 라벨(Ravel)의 볼레로(Bolero)가 그렇듯 정크스페이스의 프로그램은 단계적 상승이다. 편의대로 이렇게 저렇게 역사를 상정하는 가운데 정크스페이스의 내용은 안정적으로 반복된다. 그리 다를 것도 없는 내용이 복제된다. 부패한 부분들은 더 이상 생존할 수 없지만, 괴사과정을 통해 주된 신체의 살에 연결되어 있다. 정크스페이스는 연기와 완성의 원형이며, 형태는 기능을 따른다는 속박의 새로운 형태이다. 즉각적인 만족감에 전념하기 때문에 정크스페이스는 미래의 완벽함이라는 씨앗을 수용한다. 사죄의 언어는 기본적인 도취감이라는 직물을 이용해 짠 것이다. "미래의 오락을 위해 휴업합니다", "외관을 용서하시오", 또는 작은 노란색 "미안합니다" 간판은 진행되고 있는 수리 또는 젖어있는 조각들을 표시하고 임박한 광채나 반짝임, 개선의 유혹에 관한 임시적인 폐쇄를 알린다. 모든 표면은 고고학적이며 다른 "시기들"의 중첩이다. (당신은 바닥 전체를 덮는 카펫의 특정 유형이 유행하였던 순간을 무엇이라고 부를 것인가?) 이론적으로, 각각의 거대구조는 호환 가능한 입자로 구성되는 자체 하위 시스템을 낳으며, 만연하는 응집력을 가진 우주를 만드는 경향이 있다. 그러나 정크스페이스에서는 형세가 바뀌었다. 그것은 개념이 없는, 계획이나 패턴만을 추구하는 버려진 하위 시스템이다. 전통적으로, 유형학은 경계설정이며, 그것은 다른 해석을 배제하는 단일한 모델을 정의하는 것을 의미한다. 정크스페이스는 누적되는, 혼잡한 정체성이라는 정반대의 유형을 나타내며, 종보다는 양과 관련되어 있다. 형식이 없는 유형학은 여전히 유형학이며, 형식의 부재도 여전히 형식이다...

예를 들어, 트럭들이 연속해서 자신들이 운반해온 화물을 버림으로써 퇴적물 덩어리를 형성하는 쓰레기의 유형학은 그것들의 내용물과 그것들의 근본적인 불완전함에도 불구하고 하나의 전체이거나 다양한 내부의 물품들을 담기 위한 각각 다른 형상들을 가정하는 봉투라는 텐트의 유형학이다. 정크스페이스는 절대적으로 무질서하거나 무서울 정도로 메마르고 완벽한 것이 될 수 있으며, 불확정적인 동시에 복수의 요인에 의해 결정된 것일 수도 있다. 정크스페이스는 다른 어떤 형태로 응축될 수 있는 액체와 같다. 그것의 구체적인 구성은 눈송이의 기하학만큼이나 우연적이다. 패턴은 반복 또는 궁극적으로 해독 가능한 규칙을 의미한다. 정크스페이스는 기하학을 넘어서며 패턴도 넘어선다. 정크스페이스는 파악될 수 없기 때문에, 기억될 수 없다. 그것은 화면 보호기와 같이 화려하지만 기억할 가치가 없는 것이며, 즉흥적 기억 상실을 방지하기 위해 동결되는 것을 거부한다.

순환

정크스페이스는 종종 흐름의 공간으로 묘사되지만, 그것은 잘못된 표현이다. 흐름은 규율화된 운동, 일치하는 신체들에 의존한다. 비록 그것은 대중의 건축이지만, 각각의 궤적은 엄격하게 독특하다. 정크스페이스는 거미가 없는 거미줄이다.

이러한 무정부 상태는 우리가 우리의 자유를 측정하는 마지막 남은 구체적인 방법 중 하나이다. 그것은 충돌의 공간, 원자들의 컨테이너이다. 원자들은 밀집되어 있기보다는 활발하게 움직인다. 정크스페이스에서는 이동하는 특별한 방법이 있는데, 특별한 목표가 없어 보이지만 동시에 분명한 목적을 갖고 움직이는 것이다. 그것은 학습된 문화이다. 때로는 정크스페이스 전체가 그것을 구성하는 단 하나의 구성요소의 불일치로 인해 무질서해지기도 한다. 다른 문화를 가진 한 명의 시민—알바니아계 농민, 포르투갈인 어머니—은 전체 정크스페이스를 볼모로 잡거나 불안정하게 만들 수 있으며, 그것이 발생되는 과정에서 보이지 않는 장애 지역을 남기게 되고, 결국에는 규제 철폐가 그것의 또 다른 극단에까지 전해지게 된다. 움직임이 동시에 발생하면 그것은 엉키게 된다. 에스컬레이터, 출구 근처, 주차 기계, 현금자동입출금기에서.

때로는 사람들이 강압적으로 하나의 흐름 속에 몰아넣어진 상태로 단 하나의 문으로 밀려나가거나 두 개의 일시적 장애물 (경적을 울리는 어느 장애인의 마차와 야자나무 한 그루) 사이의 작은 틈으로 빠져나가는 길을 찾아야 한다. 그러한 협소함이 불러일으키는 명백한 악의는 흐름의 개념을 조롱한다. 정크스페이스에서 흐름은 재난으로 이어진다. 잠긴 디스코텍 비상구 앞에 쌓인 시체들, 판매 개시 시점의 백화점, 축구 팬들의 전쟁으로 인해 우연히 발생할 수 있는 난동. 정크스페이스의 출입구와 나머지 세계의 척도 사이의 불일치에 관한 명백한 증거. 각각의 건축은 이제 두 가지 조건을 실체화한다. 한 부분은 영구적이고 다른 하나는 임시적이다. 노후도에 따라 일부는 업그레이드되었다. 지어진 것의 판단은 안정성을 평가하지만 정크스페이스는 언제나 생성의 상태이다. 공항에 더 많은 공간이 필요하다고 말해보자. 과거 새로운 터미널들이 더해졌을 때 그것들 각각은 많든 적든 각자가 속한 시대의 특징을 담고 있었으며, 오래된 것들은 역사의 기록이나 진보의 증거인 양 그곳에 그대로 남겨졌다. 공항이용자들은 자신들의 무한한 순응성을 충분히 보여주었기 때문에 그 자리에 재건축한다는 생각은 통용되었다. 무빙워크가 반대방향으로 움직이고, 중앙 홀은 말로 표현할 수 없게 되었다. 예전의 단조로운 공간은 갑자기 저택 같은 공간으로 바뀌어 지하의 급조된 락커룸, 노동일, 흡연, 커피 브레이크, 진짜 불을 사용하는 공간을 향한 전망을 제공한다.

완전히 마무리된 석고판 칸막이가 두 부류의 사람을 구분한다. 젖은 자와 마른 자, 완고한 자와 온화한 자, 냉철한 자와 흥분한 자, 남성과 거세된 자...

한 부류는 이동하면서 새로운 공간을 만들고, 다른 부류는 이전의 공간을 소비한다. 천장은 알프스산맥처럼 구겨진 판이다. 불안정한 타일 격자가 검정색 플라스틱으로 된 모노그램 시트와 번갈아 가며 붙어 있고, 그 틈새로 크리스털 샹들리에 격자가 불가능한 구멍을 뚫는다. 금속 덕트들이 숨 쉬는 직물로 대체된다. 벌어진 접합부 틈새로 광대한 천장 내부의 빈 공간(이전에는 석면이 계곡을 형성하던 곳?)과 거친 골조, 덕트, 로프, 케이블, 단열재, 내화재, 끈 등이 드러난다. 얽히고설킨 것들이 갑자기 대낮의 햇빛을 향해 모습을 드러낸다. 불결하고 고문당하고 복잡한 이것들은 단 한 번도 주의 깊게 고려된 적이 없기 때문에 그곳에 존재한다. 바닥은 패치워크이다. 여러가지 다른 재질−털이 많고, 무겁고, 반짝이고, 플라스틱, 금속성, 진흙 등이 우위를 점하기 위해 투쟁하고 있다...

대지는 더 이상 존재하지 않는다. 단 하나의 평면에 실현되어야 할 원초적인 요구들이 너무도 많다. 절대적 수평인 기준 레벨의 개념은 포기되었다. 투명성의 개념은 사라졌으며, 임시로 사용하는 빈도가 높은 껍데기에 의해서 대체되었다. 키오스크, 카트, 유모차, 손바닥, 분수대, 바, 소파, 트롤리 등... 복도는 이제 더 이상 단순히 A와 B를 연결하는 통로가 아니라 아케이드이고 그 자체로 목적지가 되었다. 가장 추악한 드레스, 대부분의 침체된 매표소들, 가장 설명하기 힘든 꽃들 등 이런 것들이 복도를 점유하는 기간은 점점 짧아지는 경향이 있다. 열대우림에서처럼 모든 경치가 사라지고, 심지어 열대우림 그 자체가 사라진다...

직선코스가 똬리를 틀고 더 미로 같은 형태를 가지게 된다. 오로지 도착적인 모더니스트의 안무만이 근대의 평범한 공항의 개찰구(오해를 불러일으키는 명칭)에서 탑승구까지 이르는 통로가 왜 그리도 많이 꼬여있고 비틀려있으며 오르락내리락 하고 갑작스러운 반전으로 가득한지를 설명할 수 있다. 우리는 우리가 지나온 궤적들이 가지고 있는 부조리함을 재구성하거나 의문시하지 않기 때문에 향수, 망명자, 속옷, 굴, 휴대 전화, 훈제 연어 등을 지나치는 단테풍의 장중한 여행에 온순하게 복종하는데 그것은 뇌, 눈, 코, 혀, 자궁, 고환을 거치는 엄청난 모험이다. 직선코스가 논쟁의 주제였던 적도 있지만, 요즈음은 90도로 꺾인 길이 여러 대안들 중의 하나가 되었다. 사실, 이전 기하학의 잔재는 전례 없던 대혼란을 야기했고, 외로운 저항의 중심점 역할을 수행하며 새로운 편의주의적인 흐름 속에 불안정한 소용돌이를 만들어냈다. 누가 감히 이러한 일련의 사건에 대해 책임진다고 주장할 수 있겠는가? 한때 전문가들은 사람들의 이동에 관해 예상하거나 최소한 예상하는 척했지만 지금 생각해보면 우스울 뿐이다. 더 심하게는 고려할 가치조차 없다. 디자인 대신에 계산만이 있을 뿐이다. 경로가 불규칙하면 불규칙할수록, 환상형 통로가 더 많은 거리를 돌아갈수록, 더 많은 노출이 발생하며, 더 많은 피할 수 없는 상호작용을 초래한다. 포스트모더니즘은 바이러스 주머니로 만들어진 충격보호대를 추가하며 그것은 끝없이 펼쳐지는 상품진열대를 파괴하면서 증식한다. 상품 진열은 모든 상품교환에 필수적인 압축포장과 같은 것이다. 움직임의 흔적들이 진입로처럼 나타나서, 아무 경고도 없이 수평으로 회전하고, 교차하고, 밑으로 접혔다가, 넓은 공터에 있는 높은 발코니 위로 갑작스럽게 나타난다. (의식하지 못하겠지만 당신은 언제나 샌드위치에 살고 있다. 공간은 마치 냉동실에 너무 오래 보관된 한 덩어리 아이스크림과 같은 정크스페이스에서 파내어진 것만 같다. 원뿔형이어도 좋고, 구형이어도 좋고, 어떤 형태라도 좋다...) 기념비처럼 거대한 대리석 계단을 오르다 보면 갑자기 잊어버려도 무관한 어떤 것에서 영감을 받아 만들어진 석고상이 길게 늘어진 공간으로 향한 조망을 제공하는 막다른 길에 들어서게 되는데 그때 에스컬레이터가 나타나 당신을 보이지 않는 목적지로 데려다 준다.

화장실들은 디즈니 상점으로 돌연변이한 후 다시 명상센터가 된다. 연속적인 변형은 "계획"이라는 용어를 조롱한다. 과도함과 필수적임 사이의 이러한 단절로 인해, 계획은 실제로 사태를 악화시키며 당신을 즉각적인 절망에 빠지게 한다. 계획은 모든 것이 무료인 박카스 축제기간에 개인들이 제정신을 유지할 수 있는 예측할 수 없는 시간들이 기록되는 레이더 스크린이다.

단지 다이어그램만이 어느 정도의 수긍할만한 설명을 제공한다. 정크스페이스는 실존을 넘어서며, 그것은 당신이 어디에 있는지 어디로 향하는지 그리고 어디에 있었는지를 모르게 함으로써 혼란에 빠뜨린다. 당신은 누구인가? 당신은 정크스페이스를 무시하고 그것을 은밀하게 방문하고, 경멸하거나 혹은 상대방의 입장이 되어 즐길 수 있다고 생각했을 것이다. 당신은 그것을 이해할 수 없었기 때문에, 열쇠들을 던져버리고 말았다... 하지만 이제는 당신 자신의 건축물이 감염되었고, 똑같이 매끈하고, 포괄적이며, 연속적이고, 뒤틀리고, 번잡스럽게 되었다...

정치

정크스페이스는 우리의 무덤이 될 것이다. 인류의 절반은 생산을 위해 오염시키고, 다른 반은 소비하기 위해 오염시킨다. 제3세계 자동차, 오토바이, 트럭, 버스, 착취 공장 이 모든 것들이 만들어내는 오염 물질을 다 합친다 하더라도 정크스페이스에 의해 생성된 열과 비교하면 아무것도 아니다. 정크스페이스는 정치적이다. 그것은 안락과 쾌락의 이름으로 우리의 비판적 능력을 제거함으로써만이 작동할 수 있기 때문이다. 규모가 작은 모든 국가들이 이제는 정크스페이스를 정치 프로그램으로 채택하여 의도적으로 정치적 방향을 상실한 정권을 세우고 체계적인 무질서의 정치를 선동한다. "무엇이든 다 된다"라는 말은 올바른 말이 아니다. 사실, 정크스페이스의 비밀은 그것이 난잡하고 억압적이라는 것이다. 형식 없음이 번성하게 되면 형식적인 것이 시들게 마련이다 그리고 이와 더불어 규칙과 규제, 법률적 수단도 마찬가지로 약화된다... 정크스페이스는 당신의 모든 감정과 욕망들까지도 알고 있다. 그것은 빅 브라더의 통제권에 있다. 그것은 사람들의 감정을 선점한다. 그것은 소리, 냄새, 자막을 동반한다. 그것은 어떻게 읽히기를 원하는지 노골적으로 광고한다. 놀라울 정도로 멋지고, 냉정하고, 거대하고, 추상적이고, "미니멀하며" 역사적이다. 정크스페이스의 수용자들은 다음에는 돈을 어디에 쓸지를 고민하는 소비자 집단을, 난리법석의 천년 통치에 사로잡힌 집단을 형성한다. 정크스페이스는 통합을 가장하지만 실제로는 파편화한다. 그것은 자유로운 연상을 바탕으로 관심을 공유하는 공동체가 아니라 동일한 통계에 근거하는 공동체 혹은 공통분모를 가지는 모자이크를 만든다. 자아가 소유한 사생활과 신비는 발가벗겨지고, 남자와 여자 그리고 어린이들은 개별적인 상태로만 대상화되고 염탐되며, 타 집단으로부터 분리된다. 단편들은 오로지 "경비실"에서만 합쳐지고, 그곳에서 수집된 감시카메라 영상들은 실망스럽게도 진부해진, 공리주의적 입체파 비디오로 재탄생한다. 이 비디오를 통해 정크스페이스의 전반적인 일관성이 거의 아무런 직업 훈련도 받지 못한 경비원의 냉철한 눈초리까지 전달된다. 가장 야만적 형태의 비디오

민속지. 인류 역사상 가장 빛나는 표면이 인류를 가장 평범한 시각으로 반영한다. 호화로운 궁전에 거주하는 상황이 계속될수록 우리는 더 많이 발가벗겨지게 된다. 마치 사람들이 갑자기 독재자의 개인 공간에 접근한 것처럼 엄격한 드레스 코드가—마지막 에티켓?—정크스페이스로의 접근을 통제한다. 반바지, 운동화, 샌들, 청바지, 배낭, 파카, 운동복, 양털 등.

정크스페이스는 혁명 후의 몽롱함이라는 상태에서 최고로 향유된다. 구성을 향한 충성도는 전무하고, "원래의" 상태도 없으며, 건축은 비디오 스틸 시퀀스로 바뀌었다... 유일하게 분명한 것은 개조가 연속해서 진행되는 것이며, 그래도 가끔은 "복원"이 벌어지기도 한다. 그것은 정크스페이스의 확장으로서 가급적 역사의 새로운 장을 요구하는 과정이다. 정크스페이스가 불안정한 것과 마찬가지로, 그것의 실질적 소유권 역시도 계속해서 그것에 충실하지 않는 사람들에게로 전해진다. 규모가 우후죽순처럼 성장함에 따라—공적 공간의 규모에 맞먹거나 이미 그것을 초월했을 수도 있다—그것의 경제규모 역시 판단이 불가능할 정도이다. 금융 문제 역시 인위적으로 만들어진 안개로 가득하다. 불투명한 거래의 은폐, 모호한 세금 감면, "비정상적인" 인센티브, 세금 면제, 박약한 준법정신, 공중권 양도, 공동재산, 특별 구역, 공공과 개인의 결탁 등등. 정크스페이스는 기업의 자연적 성장을 통해 발생한다. 시장의 자유로운 놀이의 산물인 것이다. 그것이 아니라면, 오랜 기간 3차원적 자선 사업을 벌여온 임시직 권력자들, 말하자면 광대한 수변 도로나 경마장 혹은 군부대나 공항의 버려진 땅, 그리고/또는 정해진 보존 용지 ™(아무도 원치 않지만 어떻게든 파괴할 수 없도록 유지되는 역사유적)을 미래주의적인 도취감 속에서 어떤 적자도 받아들일 부동산 중개업자에게 낙관적으로 팔아 치우는 (종종 이전에는 좌파였던) 공무원들의 합작품일 수 있다. 복권, 보조금, 자선 단체, 기금 지원 등으로 자금을 조달하며, 엔화와 유로화 달러화의 비정상적인 유통으로 인해 자금 사용한도를 설정하지만 그 한도는 쉽게 무너지고 만다. 구조적인 자금 부족과 근본적인 적자 그리고 예측하기 힘든 파산으로 인하여 매 제곱미터가 은밀하거나 공공연한 원조와 할인 보상과 자금 모집에 의존할 수밖에 없는 궁색함으로 도배된다. 문화적으로는 "자금 기부자의 이름을 새긴 벽돌"을 사용한다. 그리고 그 밖의 것들을 위해서는 "적합한 모든 공간"을 요구하는 현금, 임대, 리스, 프랜차이즈, 브랜드 보강사업 등이 있다. 각각의 유혹 등은 각각 스스로 가지고 있는 약점을 부풀린다. 그 희박한 생존 가능성 때문에 정크스페이스는 점점 더 많은 프로그램을 삼켜 버린다. 곧 우리는 어디서나 무엇이든 할 수 있을 것이다.

정크스페이스를 통해 오래된 아우라는 새로운 빛을 조우함으로써 느닷없지만 상업적인 생명력을 낳는다... 바르셀로나는 올림픽, 빌바오는 구겐하임, 42번가는 디즈니와 결탁했다. 공적 생활은 공적 공간 ™으로 대체되었다. 한때 예측할 수 없는 무엇으로 남아있던 것은 제거되었다. 정크스페이스의 모든 프로토타입은 도시적이다. 로마의 포럼, 메트로폴리스, 그리고 미래(the future)의 사례를 보라. 오로지 그것들의 시너지만이 동시에 부풀거나 수축하면서 교외를 형성한다. 공간은 더 이상 밀도나 강화와는 무관하며 인플레이션이나 디플레이션과 관련된다. 정크스페이스는 경제와 함께 확장한다. 그것의 족적은 작아질 수 없으며 단지 커질 뿐이다. 더 이상 요구되지 않을 때가 되면 그것은 버려진다.

제3차 밀레니엄 시대에는 정크스페이스가 엔터테인먼트와 보호, 사회적 노출과 친밀감, 공적인 생활과 사생활 모두를 책임지게 될 것이다. 과대망상이나 독재자라는 선택된 극장은 더 이상 정치형태가 아니라 엔터테인먼트의 일종이다. 정크스페이스를 통해 엔터테인먼트는 우리에게 강제수용소를 제공하는 "집단(concentration)"이라는 동일한 개념에 기반을 둔 연금술에 좌우되는 체제를 조직한다. 집단 도박, 집단 골프, 집단 컨벤션, 집단 영화, 집단 문화, 집단 휴일 등등.

엔터테인먼트는 한때 뜨거웠던 행성이 식어가는 것을 관람하는 것과 같다, 엔터테인먼트의 핵심적인 발명품은 이미 예전에 나온 것들이다. 활동사진, 롤러코스터, 소리, 만화, 광대, 공룡, 뉴스, 전쟁 등. 우리가 재발견하는 유명인들을 제외하고는 달리 추가될 것도 없다. 기업 엔터테인먼트는 무자비한 코페르니쿠스 법칙의 운동을 겪을 수밖에 없도록 강제된 엔트로피의 제국이다. 기업 미학의 비결은 배제하는 힘이었으며, 과잉의 근절이었다. 다시 말하면 위장으로서의 추상이었다. 그러나 대중의 요구에 따라 기업 미학은 인본주의적이고 포괄적이며 임의적이고 시적이며 편안한 것으로 바뀌었다. 물은 압력을 받아 매우 작은 구멍을 통해 정밀한 구멍 속으로 들어간다. 곧은 야자수가 기괴한 모양으로 구부러지고 공기는 첨가된 산소로 인해 무거워진다. 마치 유순한 물질을 가장 단단한 성질을 가지도록 강요함으로써 통제할 수 있고, 놀라움을 제거하고 싶은 충동을 만족시킬 수 있다는 듯이. 그 결과인 불협화음을 완화하기 위해 색이 사라졌다. 진정작용을 통해 하나가 된… 정크스페이스는 휴양으로서의 공간이다.

오피스

한때는 마치 성경에 쓰여진 것처럼 일에 시작과 끝이 있었던 덕분에 여가와 노동 사이에는 어떤 관계가 존재했다. 현재 우리는 더 열심히 일하고, 영원한 주말에 갇혀있다. 사무실은 정크스페이스의 다음 개척지이다. 이제 당신은 재택근무를 할 수 있으며 그런 이유로 사무실은 집이 되기를 열망한다. 당신에게는 아직도 사회적 삶이 필요하기 때문에 그것은 도시를 흉내낸다. 정크스페이스는 사무실을 도심에 있는 집처럼 연출해낸다. 내부의 광장에는 접견실, 조각품 같은 책상, 친숙한 다운라이트, 거대한 칸막이, 키오스크, 미니 스타벅스 등이 있으며, 실재하든 아니면 가상이든 세계에 있는 다른 정크스페이스와 "연결"되어 있다. 21세기에는 "지능을 갖춘" 정크스페이스가 나타날 것이고, 우리는 기업의 선전과 선동을 목도하게 될 것이다. CEO의 스위트 룸은 "리더십 공동체"라는 모순어법을 비전으로 표방하게 될 것이며, 거대한 디지털 벽화들에서는 자동차 운전 강습소의 이론 과정처럼 실시간으로 CNN이나 뉴욕증권거래소의 상황이 표시되게 될 것이다. "팀 메모리"나 "정보 지속성"은 무의미한 것들의 망각을 방해하는 무의미한 장애물일 뿐이다. 내부 공간에서 시작된 정크스페이스는 도시 전체를 공적 공간 ™ 형식으로 쉽게 채울 수 있다. 먼저, 그것은 그것이 담겨있던 용기—놀라울 정도의 단단함과 함께 최근에 생겨난 온실의 보호가 요구되는 덧없음—에서 벗어나는데 그로 인해 외부 자체가 전환된다. 위험이 제거되고, 거리는 더 고급스럽게 포장되며 교통도 안정된다. 그러고 나면 정크스페이스는 로스앤젤레스에서 발생한 산불처럼 자연을 소비하면서 확산된다. 정크스페이스는 완벽을 추구하기보다 그것에 관심있는 체한다. 그것은 존재하는 모든 것—그것이 어떤 것이던 타협된 모든 것, 예를 들면 불변의 오브제들과 이제 막 시작한 건축 에너지의 충돌에서 탄생된, 망각과 기억의 혼종 등—을 극단적으로 활용하여 새로운 풍경으로 심지어 새로운 고딕으로 변화시킨다. 그것의 기하학은 상상조차 할 수 없으며 단지 행해질 뿐이다. 새로운 식물이 주제별 효율성을 위해 한 울타리에 몰아넣어진다. 정크스페이스의 외부화는 베르사체 매장 주변의 슬롯머신 숲에 희귀종 시베리아 호랑이를 데려다 놓는 것과 같은 전문화된 환경파괴와 친절한 환경파시즘을 발생시켰다. 공기, 물, 나무, 이 모든 것들이 강조되어 최고의 회귀를 신성하게 기원하는 초월적 생태학을 생성한다. 그것은 "열대우림" 혹은 월든(Walden)을 흉내낸 것이다. 외부에서는 카지노들 사이에서 분수대들이 전체의 스탈린풍 건물들을 액체 상태로 투영하고, 순간적으로 사출한 뒤에 순간적으로 허공에서 맴돌다 심지어 정크스페이스조차도 동등해질 수 없는 기억상실과 함께 사라졌다. 지루함이 증폭될 수 있을까? 평범함이 과장될 수 있을까?

공항

높이를 통해? 깊이? 길이? 변화? 되풀이? 때로는 과부하가 아니라 그 반대인, 디테일의 절대적인 부재가 정크스페이스를 발생시킨다. 공포를 느낄 정도의 빈약함으로 인한 공허함, 최소한의 것만으로도 너무나 많은 것이 조립될 수 있다는 충격적인 증거. 오로지 자신들의 해산이 임박한 상태에서 삼삼오오 모인 어딘가로 가려는 사람들을 잠정적으로 수용하는 공항은 소비를 위한 집단수용소로 변화되었으며, 모든 시민에게 동등하게 (수감자가 되는) 입국 기회를 제공함으로써 민주적인 방식으로 전 세계로 확산되었다... 전체 시설은 세 가지의 요소로 구성되어 있으며 그것들이 무한하게 반복된다. 한 종류의 들보, 한 종류의 벽돌, 한 종류의 타일, 그것들은 모두 같은 색으로 코팅되어 있다–암회색? 적갈색? 누르스름한 갈색?–그것들의 대칭성은 인지될 수 있는 어떤 희망도 초월해버렸다. 달라스 포트워스 공항(DFW)을 이용할 때면, 무질서함은 직선에서 시작되지만 터미널의 끝없는 구부러짐은 공항이용자들이 자신들이 이용할 출구를 찾는 과정에서 상대성 이론을 깨닫게 될 정도이다. 공항의 입구는 피자헛이나, 데어리 퀸(미국의 패스트푸드 체인점)의 광고판 너머, 경감되지 않는 공허함의 중심을 향한 여행의 시작에 지장을 주지는 않아 보인다...

문화적으로 가장 빈곤한 곳, 그곳이 가장 먼저 소멸되는 곳일까? 공허함은 지역적인 것일까? 확 트인 공간은 확 트인 정크스페이스를 요구하는 것일까? 선벨트[미국 남부를 동서로 가로지르는 온난지대]에는 아무 것도 없지만 많은 사람들이 살고 있다. 피닉스 스카이 하버 국제공항(PHX)의 모든 벽을 장식하는 인디언 모티프의 카펫, 맥캐런 국제공항(LAS)의 전 영역에 퍼져있는 공공예술품 등 오로지 죽은 것들만이 부활할 수 있다. 죽음은 생식 능력의 과도함이나 부족이 원인일 수 있으며, 정크스페이스에서는 두 가지 상황 모두가 가끔은 동시에 발생한다. 최소한은 궁극의 장식이며, 가장 독선적인 범죄이며, 현대의 바로크이다. 그것은 아름다움이 아니라 죄책감을 의미한다. 그것의 노골적인 진지함은 모든 문화를 집단수용소나 키치의 품속으로 몰아넣는다. 외관상으로는 지속적인 감각의 공격에서 벗어난 구원처럼 보이는 최소한은 여장을 한 최대한이며, 사치스러움의 숨겨진 억압이다. 그 선들이 엄격할수록 유혹을 견디기가 더 힘들다. 그것의 역할은 숭고함의 근사치로 향하는 것이 아니라 소비의 부끄러움을 최소화하고, 당황스러움을 제거하고, 더 높은 것을 낮추는 것이다. 최소한은 이제 과도함과의 상호의존이라는 기생상태로 존재한다. 소유하거나 소유하지 않는 것, 소유하거나 갈망하는 것은 마침내 하나의 감정으로 통합되었다. 정크스페이스는 무한히 많은 실재하는 것들—돌, 나무, 상품, 햇빛, 사람)을 가상으로 전환하는 자궁과 같다.

플라스틱

정크스페이스에서 가상성의 계속되는 위협은 더 이상 "플라스틱," 즉 포마이카[내열, 내약성의 합성수지 도료, 가구 등에 씀, 상표명] 혹은 비닐 등과 같은 오로지 "저렴하게 만들어진" 재료들에 의해서만 유지되는 것은 아니다. 더 많은 양의 진정성을 제공하기 위해 산 전체가 해체되어, 불안정한 브래킷에 매달리고, 반짝임으로 인해 눈이 멀 정도로 연마되어 의도된 현실감을 즉각적으로 파악하기 힘들게 만든다. 석재는 연노랑, 비누 같은 녹색, 50년대의 공산주의자들이 선호하던, 플라스틱과 유사한 색상을 가진 판재의 상태가 되고, 목재는 모두 색이 바래져 있다. 아마도 정크스페이스의 기원은 최초의 유치원에까지 거슬러 올라가야 하는지도 모르겠다...

실제세계에서는 색이 점차 비현실적이고, 바래져 보인다. 가상공간에서는 색이 광채를 발산하기 때문에 그것에 저항할 수 없다. 대부분의 파워포인트 프레젠테이션은 정크스페이스가 가상 활력의 모조품인 리얼리티™으로 최초로 번역되었음을 보여주는 인디언식 풍부함을 폭발적으로 나타낸다. 이미 무시할 수 없는 정크스페이스의 광대함은 가상공간에서 무한대로 확장된다. 각각의 모니터, 각각의 TV 화면은 개념적으로 창문을 대체한다. 실제의 삶은 내부에 있고, 사이버 공간은 거대한 외부공간이 되었다...

소개문

화장술의 간계 (헤르초크 앤 드 뫼롱 건축에 대한 개인의 성찰) / 제프리 킵니스

1978년 자크 헤르초크(Jacques Herzog)와 피에르 드 뫼롱(Pierre de Meuron)이 세운 스위스 회사 헤르초크 앤 드 뫼롱(Herzog & de Meuron, 이하 HdM)은 1990년대에 스위스 라우펜(Laufen)의 리콜라(Ricola) 공장(1989-91), 런던의 테이트 모던(Tate Modern)(1998-2000)과 같은 작업을 통해 세계적으로 알려졌다. 건축가이자 비평가이며 오하이오 주립대의 교육자인 제프리 킵니스(Jeffrey Kipnis)의 이 글은 HdM이 프리츠커상을 수상하기 1년 전인 2000년에 이들의 작업을 특집으로 다룬 『엘 크로키(*El Croquis*)』에 실렸다. 킵니스는 "개인의 성찰"이라는 부제보다는 더 넓은 함의를 지닌 이 글 「화장술(化粧術)의 간계(奸計)(The Cunning of Cosmetics)」에서 HdM을 현대 아방가르드 건축의 이례적 존재로 규정한다. 직교형태와 (비록 관습적이지 않은 방식으로 변용되기는 하지만) 재래식 재료를 활용하는 HdM의 작업에 21세기초 '최첨단' 건축가의 급진적 기하학이나 다른 기율을 융합하는 공세적 시도는 없다시피 하다. HdM은 직교 형태나 재래식 질료와 같이 얼핏 규범적으로 보이는 요소를 전형을 벗어난 예기치 못한 방식으로 활용해 "세련되고 교활한 지능과 매혹적이고 거의 에로틱하기까지 한 매력"을 지닌 건축을 탄생시킨다. 킵니스는 주로 건물 표면에 몰두하는 HdM의 작업을 이론화하기 위해 전통의 장식 개념이 아닌 화장 개념을 고안한다. 장식은 그 자체의 개별성을 유지한 채 신체에 덧붙는다. 반면 화장은 피부에 곧바로 작용하며, 오직 피부를 대신할 때에만 존재한다. 화장은 피부의 외관을 독립된 개체가 아닌 면사포와 같은 것으로 은밀히 대체한다. 화장은 말 그대로 얄픽하지만, 그 효과는 꽤 깊다.

킵니스가 이론화한 것처럼 화장은 건축에 활력을 주는 대안이다. 모든 아방가르드 건축이 기존에 받아들여지던 건축 기율의 경계

를 넘으려 할 때 HdM은 건축의 바로 그 경계, 곧 파사드 위에서 교전하는 특유의 태도를 취한다. 킵니스에 따르면 이런 태도는 건축 자체에 내재된 것이지만, HdM을 다른 건축가와 구별해주는 태도이기도 하다. HdM은 작업 근거가 되는 건축 기율의 관습을 독특한 방식으로 해석하고 적용함으로써, 킵니스가 "한마디로 … 요즘 가장 쿨한 건축"이라고 부르는 세련되고 정교하며 활기찬 건축을 창조한다. 정보와 흐름, 실행과 사건, 블롭의 세계에서 어쩌면 가장 돋보이는 통찰력을 드러내는 것은 화장이 아닐까?

제프리 킵니스(Jeffrey Kipnis) / 현명석 옮김

화장술의 간계 (헤르초크 앤 드 뫼롱 건축에 대한 개인의 성찰)

The Cunning of Cosmetics (A Personal Reflection on the Architecture of Herzog & de Meuron)

El Croquis 60+84, *Herzog & de Meuron, 1981-2000* (Madrid: El Croquis, 2000), 404-11에 처음 실림. 제프리 킵니스 제공.

"《라이트 컨스트럭션(Light Construction)》 전시가 열린 것을 축하하는 건배가 한창일 때, 깊은 곳에 묻혀 있던 긴장감이 … 헤르초크와 콜하스 사이 날 선 대화에서 터져 나왔다."
—『엘크로키』 79

내가 헤르초크 앤 드 뫼롱의 작업을 맨 처음 신랄하게 비판한 게 언제였던가? 6년, 아니면 8년 전? 아방가르드 건축과 극단적이고 이색적이고 전복적인 것을 옹호하는 지적 작업에 몰두했던 나 같은 비평가가 HdM의 피상적 계획안을 경멸한 것은 당연한 의례가 아니었을까? 저항의 건축이 나아갈 방향으로서 이색적 형태를 제안하는 것이 아방가르드의 한 흐름이었다. 반면 HdM은 직교좌표를 따르는 단순한 볼륨을 노골적으로 제안했다. 아방가르드의 또 다른 흐름은 선동적 프로그램 구성 기법 안에 사건이론을 이식하는 것이었다. 반면 HdM은 편의 위주의 환원적 계획에 몰두하는 것을 꺼리지 않았다. HdM의 작업에서

나타나는 화장과 말끔한 디테일에 대한 몰두, 눈을 사로잡는 물성, 충격적 파사드는 과시적으로 급진성을 드러내는 다른 여러 시도에 비해 하찮아 보였다. 게다가 HdM의 작업이 유럽을 비롯해 많은 지역에서 반동적 신우파를 대표하는 전형적 사례로 이미 각인됐던 네오모던의 당과(糖菓) 선호 성향과 공공연히 연대하거나 적어도 그것에 연루된 것처럼 보였던 점은 상황을 더 악화시킬 따름이었다.

중요한 질문은 내가 정확히 언제부터 HdM의 작업에 매료됐는가다. 사춘기 소년이 소프트 포르노에 추파를 던지듯 괴츠 미술관, 시그널 박스, 리콜라 유럽공장, 또는 숭고미로 가득 찬 그리스 정교회 예배당이 실린 간행물을 남몰래 엉큼하게 감탄하며 되풀이해 보기 시작한 게 언제인가? HdM의 작업을 향한 나의 열망은 시간이 흐르며 점차 형성된 것일까? 금지된 욕망의 투사가 주는 불쾌감을 억눌려야 했던 내 안의 진부함과 바보 같은 오만함 탓에 알아채지 못했을 뿐, 나는 애초부터 이들의 작업에 끌렸던 것은 아닐까?

어쨌든 내가 HdM의 완벽한 간계를 총체적으로 인식하기 시작한 것은 1996년 3월 이후다. 이때 나는 건축 자체로서 내 정신을 잠식할 수 있는 HdM의 건축이 실로 강한 효력을 발휘할 수 있음을 이미 인지했다. 이런 HdM의 효력은 좋든 싫든 진지하게 다뤄야 할 대상이다. 어떤 관점에서 보더라도 HdM의 작업이 내 의지에 반해 내게 강요됐던 적이 없었다는 점을 고려한다면 더욱더 그렇다. 오히려 HdM의 작업은 마치 컴퓨터 바이러스처럼 내 의지에 따라 내 의식 속으로 스며들었다. HdM의 작업은 모든 저항을 교묘히 피해가며 내 건축 사고와 감각을 재편했다.

내가 HdM을 다룬 『아키플러스(*Arch+*)』 특집호를 본 것은 1996년 3월이다. 이 특집호에는 매우 우수한 몇 편의 에세이가 실렸지만, 특별히 어떤 에세이가 내 인식에 충격을 주었다고 할 수는 없다.[1] 오히려 내게 일깨움을 선사한 것은 다소 무심하게 붙여진 특집호의 표제였다. 『헤르초크 앤 드 뫼롱: 미니멀리즘과 장식』. 이 제목을 본 순간 나는 뭔가 단단히 잘못되었다고 느꼈다. 정확히 무슨 잘못인지 특정할 수는 없었지만, 느낌은 확실했다.

페이지를 넘기며 나는 니콜라우스 쿠너르트(Nikolaus Kuhnert)가 별다른 설명 없이 HdM의 프로젝트를 두 가지 부류로 나눴다는 사실을 알았다. 인쇄된 표면을 가진 프로젝트는 모두 「장식」에 포함됐으며, 그 밖의 모든 프로젝트는 「미니멀리즘」에 포함됐다. 정밀하지 못한 체계에 따른 거친 분류였다. 표제를 본 순간 느꼈던 불안이 어디서 비롯된 것인지 비로소 분명해졌다. 하나의 건축 지능에서 나온 일관성을 갖춘 프로젝트의 모음이 어찌하여 이처럼 쉽게 미니멀리즘과 장식이라는 상반된 두 가지 범주로 나눠질 수 있겠는가?

얼핏 보기에 쿠너르트의 구분은 꽤 합리적이다. 그러나 예상대로, 면밀히 들여다보면 구분의 근거는 빈약했다. 예컨대 쿠너르트는 HdM의 작업목록에서 핵심인 시그널 박스를 미니멀리즘의 범주에 넣었다. 이 결정은 시그널 박스의 단순한 형태, 곧 기능적 역할이 부여된 구리띠 체계의 적용이 가져온 결과인 거석의(monolithic) 단일체를 염두에 둔 것이 분명했다. 그렇다 하더라도 시그널 박스의 띠가 형성하는 고급스러운 장(場)은 어떤 유의미한 건축 장식의 정의에 비춰 봐도 장식이라 부를 만하다. 비록 장식인 동시에 장식 개념을 되려 약화시킨다 하더라도 말이다(이 점은 나중에 더 자세히 다룰 것이다). 띠는 각각 공들여 뒤틀려 있다. 그리 많지 않은 안쪽 실에 자연광을 들이기 위해 실제 필요한 것보다 훨씬 더 넓게 이처럼 띠가 적용된 까닭은 꽤 넓은 피부 영역에서 빛과 그림자와 형태의 매혹적이고 일시적인 몸짓을 발생시키기 위해서다. 패러데이 상자로 작용하도록 이 체계를 채택했다는 기능적 합리화 논리는 단지 연막일 뿐이다.[2] 나는 쿠너르트가 제시한 구분법을 자세히 따져 반박하고자 하는 것이 아니다. 화해 불가능해 보이는 범주 사이를 자연스럽게 오가며 침투하는 이 건축의 교활한 속임수에 감탄을 표하고, 그렇게 함으로써 범주를 해체해 재구성하고자 하는 것이다.

HdM의 건축에 잠재된 가장 강력한 특질을 이미 간략하게 말한 셈이다. 세련되고 교활한 지능과 매혹적이고 거의 에로틱하기까지 한 매력 말이다. 바로 이런 특질 덕분에 HdM의 건축은 대지와 의식 어느 곳이든 침투할 수 있으며, 기반을 흔드는 책략과 능글맞은 속임수를 뽐내면서도 매혹적이고 별다른 해악이 없는 것처럼 보일 수 있다. 이런 다양한 주제와 그에 따른 다양한 테크닉의 관계망은 실로 오래된 것이다.[3] 그러나 현대건축에서 HdM의 위상을 알려주는 가장 적확한 평가는, 한마디로, 이들의 건축이 요즘 가장 쿨한 건축이라는 것이다. 그렇다면 우리에게 남겨진 과제는 HdM의 건축의 활약상을 즐기고, 그것의 방식을 어림짐작해보고, 그것의 손익을 따져 묻는 일이다. 시그널 박스 연작을 다시 보자. 이들 건물을 사이렌, 곧 순진한 자를 위험한 영토로 잡아끄는 유혹하는 자에 비유하는 것은 무리인가? 내가 기억하기로 오디세이의 사이렌은 노래만 할 뿐, 아무것도 말하거나 의미하거나 약속하지 않는다. 아름다운 목소리만으로 선원을 해로운 물속으로 끌어들인다. 시그널 박스의 노래가 감지되지 않는가? 그 존재를 당신의 눈으로 흠뻑 들여 마실 수 있는 저 멀리 철로 옆으로 당신을 데려가려는 유혹에 끌리지 않는가? 무엇이 당신을 그곳으로 이끄는가? 유일하게 확신할 수 있는 건, 위험할 수도 있다는 사실 말고 그곳에 당신을 위한 건 아무것도 없다는 점이다. 그런데도 그곳에 가야만 하는 까닭은 무엇일까?

형언할 수 없는 아름다움을 향한 외곬의 강박증을 드러낸다는 점에서, 시그널 박스 연작은 HdM의 프로젝트가 지닐 수 있는 급진성의 최대치다. 특유의 날 선 세련미를 주목의 대상으로 만들기 위해 HdM은 이런 부류의 프로젝트가 관행적으로 제기할 법한 거대 의제를 논외로 제쳐버린다. HdM은 신호국이 원격 네트워크와 도시를 잇는 기반시설이라는 사실, 따라서 그 건축은 부르주아의 여행을 규정하게 된 미묘한 시각의 감각을 다루기보다 흐름과 강도의 층위에서 인식돼야 한다는 점을 무시한다. HdM은 건물이 들어서는 대지 특유의 무자비하고 잡다한 현실에 자신의 고급스러운 디자인이 맞지 않을 수도 있다는 일말의 의심조차 하지 않는다. 시그널 박스가 주변 환경을 배경 삼아 드러내는 날렵한 절제미는 로스앤젤레스 중남부 갱스터의 색상 표식에 비견될 만큼 힙해 보이긴 하지만 말이다. 컨텍스트가 너무나 무자비하게 비타협적으로 실용적인 나머지 디자인의 과다한 현학은 그곳에 발도 디딜 수 없을 것이라는 다소 오만한 판타지에 시그널 박스는 의구심을 제기한다.

오해하지 말자. 시그널 박스 연작은 단지 기반시설 신봉자나 더러운 현실주의자의 이름으로 행해지는 가설에 관한 탐문이 아니다. 렘 콜하스는 HdM을 다룬 논평에서 이들이 보여주는 부인할 수 없는 파사드의 아름다움을 먼저 언급한다. 콜하스는 논평의 마지막에 "건축은 강화요법[4]인가, 아니면 재정의하고 훼손하고 폭발시키고 지우는 역할을 하는가"라는 질문의 형식을 빌려 그의 기소(起訴) 내용을 밝히는데, 그 과정에서 HdM에게 다음 질문을 던져 자신의 의구심을 드러낸다. "어떤 상황이든 그 상황에 알맞는 건축이 존재하는가?" 이것은 시그널 박스를 염두에 둔 질문이 틀림없다.[5]

이색적 형태를 지지하는 이는 시그널 박스 연작을 또 다른 기회로 삼고자 했을 것이다. 시그널 박스는 인본주의 기획의 요구, 역사나 형태의 유형, 맥락을 지배하는 언어에 거의 구애받지 않는다. 따라서 시그널 박스는 형태의 한계를 실험하는 데 이상적인 후보처럼 보인다. 게다가 지어지는 건물이 여러 채인 까닭에, 한 가지 프로토타입으로 환원되지 않는 연쇄성(nonprototypical serialization)이라는 흥미로운 의제로 그 형태론 연구가 확장될 수도 있다. 이런 조건을 고려하면 HdM이 상자에 그토록 집착했던 것이나 프로토타입 제시를 고려했다는 것 자체가 이미 낯선 형태를 지지하는 이에게는 저주스러운 일이었다. 이런 건축가 진영에게 두 번째 시그널 박스에서 나타나는 뒤틀린 표면의 모습은 애초에 프로토타입을 지향했던 야심의 공허함과 직교좌표에 근거한 상자의 부적절함을 HdM이 암묵적으로 인정한 것처럼 보일 법도 하다. 그러나, 이제 곧 밝혀지겠지만, 그만큼 진실에서 동떨어진 인식은 없다.

시그널 박스의 디자인에서 흐름이나 사건-구조, 리얼리즘이나 새로운 형태에 대한 관심은 전혀 보이지 않는다. 이 건물은 오롯이 화장술의 문제만을 다루며, 오직 구리 띠 체계만이 발산하는 시각적 유혹이

쳐 놓은 최면의 그물망이다. 여기서 반드시 짚어야 할 사실은 이들 구리 띠가 실은 건물의 피부가 아니라는 점이다. 피부는 실은 구리 띠 바로 밑에 깔려 있다. 구리 띠는 피부인 척할 따름이다.

시그널 박스를 화장으로 평가절하해 그 건축적 중요성을 축소하고자 하는 것이 아니다. 시그널 박스의 거부할 수 없는 매력을 포용하고 그것이 갖는 활력을 인정함으로써 화장이 지닌 변혁의 힘을 이야기하는 것이 중요하다. 화장이란 단순히 장식(ornamentation)이라는 말로 일반화될 수 있는 장식적(decorative) 건축 부속품의 한 부류가 아니라는 사실을 잊어선 안 된다. 화장의 효력이 미치는 장(場)은 그것의 친족이라 할 만한 것들의 효력이 미치는 장과 사뭇 다르다. 이런 차이에서 비로소 당대 HdM의 프로젝트가 탄생한다.

장식은 마치 보석 장신구처럼 따로 독립된 개체로서 신체에 달라붙는다. 장식은 신체 자체의 구조와 완결성을 강화한다. 반면 화장은 분절된 것이 아니다. 신체는 주어진 조건으로 여겨질 따름이며, 화장과 신체는 관계를 맺지 않는다. 화장은 에로틱한 위장이다. 화장은 언제나 오로지 피부 또는 그 특정 부위와 관계를 맺는다. 깊은 층위를 파고들면 화장에도 역시 물성이 내재한다. 그러나 다른 한편으로 화장은 피부를 욕망과 혐오의 이미지로 변질시킴으로써 물성을 초월하는 당대의 연금술이다. 장식은 하나의 개체로서 정체성을 유지한다. 반면 화장은 장(場)으로, 홍조(紅潮)나 그림자나 강조된 빛으로, 아우라나 기운으로 작동한다. 얇기, 접착력, 확산의 범위는 화장의 효과를 결정짓는 중요한 변수다. 지적이기보다 본능적인, 심미적이기보다 분위기로서 드러나는 효과 말이다. 장식에서 기교가 발휘되려면 균형감, 비율, 정밀함이 필요하다. 그와 달리 화장술의 기교는 다른 뭔가가 필요하다. 위협적인 뭔가가 필요하다. 편집증적 통제, 통제를 벗어난 통제, 정신분열적 통제처럼 말이다.

화장 효과는 비록 신체의 층위에서 작동하지는 않지만, 화장할 수 있는 신체, 적어도 그릇이 되는 안면(顔面)을 필요로 한다. 소스를 만드는 요리사에게는 송아지고기가 필요하다. 분장 예술가에게는 최근 인기 있는 삐쩍 마르고 특징 없는 안면이 필요하다. 그리고 극단적 화장술사에게 필요한 이상적 그릇은 혼자서는 영향력을 발휘할 수 없는 신체, 표면, 형태다. 형태 자체에서 유발되는 효과는 쿨하다고 하기에는 이제 너무 진부하다. 화장술사가 신체를 다루는 태도를 미니멀리즘으로 친다고 하더라도, 이때 미니멀리즘이란 이십 년 넘게 지난 과거에 예술세계가 태동시켰던 미니멀리즘과는 전혀 다른 것이다. 비록 두 가지 미니멀리즘이 모두 작품이 발휘하는 영향력의 시간을 즉각적인 것으로 압착하고자 한다 해도 말이다. 형태와 재료의 매개되지 않는 즉각적 현전을 통해 그것에서 영적 정동(affect)을 발산하는 정수(精粹)를 추출하는 것이 과거의 미니멀리즘의 방식이다. 반면 화장의 미니멀리즘에서 환원은 거식증의 결과다. 사그라들 때까지 신체를 굶겨 마치 발정난 체셔 고양이 마냥 순전히 에로틱한 영향력으로만 남기고자 하는 강박증의 결과다. 빈혈 증세를 보이는 듯한 로세티 의약연구소를 떠도는 시간증(屍姦症)의 기운을 보라. HdM이 제안한 찬란한 그리스 정교회 예배당 계획안을 주교가 거부한 까닭을 추측해보자. 영적 공간이 에로스의 공간으로 변질된 것을 주교가 알아챈 것은 아닐까?

쿠너르트의 이분법은 HdM이 지금껏 이뤄낸 결정적 성취를 간과했다. 장식주의와 미니멀리즘이라는 서로의 안티테제를 하나의 일관된 통합체로 새롭게 승화시킨 성취 말이다. 가장 유명한 통합의 사례로, 실크스크린으로 잎사귀 이미지를 인쇄한 유려한 반투명 타일 문양 벽으로 널리 알려진 리콜라 유럽공장을 들 수 있다. 건물 안에서 바라볼 때 잎사귀 문양의 뒤쪽에서 빛을 비추는 낮에는 이들 문양이 마치 워홀의 벽지처럼 텅 빈, 보는 이를 한동안 마비시키는 진부함의 매력을 발산한다. 반면 건물 밖에서 바라볼 때 잎사귀 이미지는 딱 맞는 각도로 비스듬히 빛을 비출 때 순간적으로 환영처럼 나타나는 경우 말고는 거의 드러나지 않는다. 이 건물을 촬영한 사진들, 더 정확히 말하면 사진가들은 대부분 이 잎사귀 이미지를 키치적으로 보일 때까지 과장하곤 한다. 외관에서 잎사귀 이미지가 드러나는 경우는 실은 훨씬 드물고 한시적이다. 어쨌든, 이 능란하면서도 눈을 사로잡는 장치는 HdM이 발휘하는 높은 수준의 정교한 화장 테크닉의 실제 폭과 깊이를 교묘히 은폐한다.

늘 그렇듯 평면에서 형태는 오직 피부와 뼈만 남을 때까지, 집중을 방해하는 어떤 허영조차 남김없이 비워질 때까지 굶겨진다. 실크스크린 패널은 두 개의 긴 벽을 타일처럼 채운다. 캔틸레버로 처리된 차양 밑부분에서 시작된 널 패널은 아래쪽으로 방향을 바꾸어 벽을 감싼다. 이는 두 가지 개별 건물 형태 요소인 파사드와 차양이 갖는 각각의 완결성을 뒤집어 하나의 장(場)으로 뭉개는 결과로 이어진다. 결국 가늘고 긴 투명 유리 띠만 남게 된다. 역설적으로, 이 띠로 인해 확장하는 지붕의 터미널 트러스 구조는, 엄밀히 따지자면, 유일한 실제 파사드로서 드러나게 된다.

한없이 가볍고 얇은 잎사귀가 펼쳐진 장(場)의 모서리는 마치 면사포가 드리워진 양 처리됐다. 벽에서, 심지어 커튼월에서조차 이 장을 더 멀리 떨어뜨리기 위해서다. 이런 모서리 처리는 길고 가는 띠를 마치 꼭대기에서 바닥으로 우아하게 흐르는 물줄기처럼 보이게 한다. 너무 우아한 나머지, 수평 유리문 윗부분을 가로지르는 얇은 홈조차 물줄기의 흐름을 방해하는 것처럼 보인다.

패널 위로 물줄기가 흐르는 듯한 환영 덕분에 정면의 반투명 장과 측면의 콘크리트 벽을 나누는 경계는 모호해진다. 지붕의 물줄기가 콘크리트 위로 흘러내려 적실 때 그 표면은 마치 유리가 빛을 반사하는 것처럼 보인다. 수분이 증발한 후에는 수직으로 길게 남은 자국들이 평행을 이루며 장을 형성한다. 이런 장치는 리콜라 유럽공장을 마치 유령처럼 재연한 레미 자우그(Remy Zaugg) 스튜디오에서도 볼 수 있다. 지붕의 철 성분 때문에 녹슨 붉은 색으로 변한 빗물은 더욱더 극적이고 당혹스러운 효과를 가져온다. 가는 폭의 물줄기 자국들이 그려내는 패턴의 형태와 비례를 통해 리콜라 유럽공장에서 반투명 타일과 이음새가 만들었던 장(場)은 레미 자우그 스튜디오에서 낯설고 기이하게 되풀이된다.

확신에 찬 자기주장, 거리낌 없는 이미지 차용, 물성을 향한 심탐

(深耽), 둔탁한 형태에 더해 리콜라 유럽공장이 진정으로 특별한 까닭은 이 건물이 건물 또는 그 자체로서 존재한 적이 없다는 데 있다. 굳건한 현전의 약속은 어느새 파기된 채, 건축 화장술의 가장 강력한 힘, 곧 순수한 유혹만으로 남을 뿐이다.

HdM의 작업을 네오모더니즘이나 응용 미니멀리즘 예술 정도로 취급하는 여타 비평처럼 HdM의 테크닉을 논하지 않고 이들의 작업을 화장술과 연결해 질문하는 일은 분장과 향기 또는 피부와 신체 사이 유추를 연상시키는 것 이상을 이룰 수 없다.

형태, 계획, 구조, 구축, 심지어 질료를 다룰 때조차 HdM의 테크닉은 광신적일 정도로 건축적이다. 가장 엄밀한 건축 구축 규범의 잣대를 들이댄다고 하더라도, HdM이 규범을 위반하며 형태, 구조, 질료를 활용한 사례는 지금껏 단 한 번도 없다. HdM의 모든 실험은 기존 규범에 다시 생명을 불어넣거나 그것을 갱신하려는 시도다. 온전히 새로운 또 하나의 항목을 규범에 더하려는 것이 아니다. 형태나 프로그램은 물론이고 질료조차 새로운 항목으로 더하려 하지 않는다. 착색된 물줄기 자국이나 조류(藻類), 표면에 기생하는 이끼나 곰팡이조차 이미 수 세기 동안 규범으로 전해졌던 것이다. 비록 대개는 성가신 방해요소로 여겨지게 일쑤였지만 말이다.

아방가르드와 달리 HdM이 세우는 비판의 날은 건축의 기본명제를 바탕으로 한다. 건축 고유의 팔레트에서 새로운 감성을 공작해내는 일 말고는 딱히 심오한 건축의 기획이 더는 남아있지 않다는 논쟁적 주장을 거부감 없이 수용함으로써 비판의 날을 세운다. 이 점이 바로 HdM의 건축이 흥미로운 까닭이다. HdM은 이데올로기 문제나 비주류로 남으려는 조건으로서 새로움을 추구하지 않는다. 반면 건축의 중심을 단도직입적이고 공격적으로 내세움으로써 새로움을 추구한다는 점에서 HdM은 아마도 현시점에서 가장 주목할 만한 건축가일 것이다.

화장 개념이 HdM에게 단순한 유추를 넘어 더 깊은 뭔가를 줄 수 있다면, 그것은 HdM이 화장술을 건축에 응용하기 위한 이론이나 빌려온 실천 방식으로 취급하지 않기 때문이다. HdM의 작업에서 불안을 일으키는 화장의 힘은 건축의 정통성에 이미 내재한 순간이나 움직임으로서 발산된다. 이로써 HdM은 응용된 이론을 근거로 하는 다른 건축작업이 이루지 못했던 효과를 종종 무심하고 우연한 방식으로 시의적절하게 성취하곤 한다.

HdM은 건축 물성을 다루는 기존 프로토콜을 따라 굳건히 작업하는 까닭에, 피터 아이젠만(Peter Eisenman)이 이십 년 넘게 추구했던 건축의 비물질화를 훨씬 더 설득력 있게 구현한다. 건축은 비물질 기호의 끝없는 참조체계라는 포스트 구조주의 관점에 과하게 동화된 나머지, 아이젠만은 건축에서 물성에 몰두하는 전통을 페티시즘이나 노스탤지어의 변태적 징후로 치부했다. 따라서 아이젠만은 예컨대 외단열 미장마감재나 석고보드처럼 특징 없는 재료로 이루어진 텅 빈 형상으로 형태를 구축했다. 아이젠만은 자신의 형태가 순수한 기호가 되길 바랐다. 그 결과로 아이젠만의 건물은 대개 자신의 존재를 적극적으로 앞세우는 데 실패한 채 무대나 놀이공원처럼 비현실적인 것으로 쉽게 묵살된다.[6]

HdM은 유리나 목재나 콘크리트처럼 더 전통적이고 촉각적인 질료를 기반으로 하되, 이들 재료를 전통적이지 않은 방식으로 조작한다. 이로써 HdM은 건물을 안정적이고 지속적인 현전으로 정착시키지 않은 채 건물의 리얼리티를 내세울 수 있다. HdM은 콘크리트 형태의 콘크리트를 다른 질료로 대체함으로써 형태를 비물질화하지 않는다. 오히려 콘크리트 자체를 비물질화한다.

HdM 건축의 이런 측면을 꼭 집어 살필 수 있는 사례가 곧 완공될 그로테(Grothe) 소장품을 위한 쿤스트키스테 미술관(Kunstkiste Museum)이다. 발표한 계획안대로라면, 이 프로젝트는 극단에 다다른 콘크리트로 쓴 에세이로 부족함이 없다. 그 물성은 근처 슐테스(Schultes)나 페이클(Peichl)의 사카린 당과(糖菓)는 물론이고 안도의 그 유명한 콘크리트조차 안쓰러울 정도로 유약하게 만들어버릴 만큼 무자비하다.

윗부분을 더 무거워 보이게 만드는 수직 슬래브의 비례 때문에 쿤스트키스테의 형태는 마치 곧 넘어지기 직전에 멈춘 듯 보인다. 넘어질 것만 같은 위협 탓에 질료가 감당하는 지속적 무게감의 강도는 높아만 간다. 그러나 지붕에 고인 물은 곧 모든 표면을 녹과 조류의 세로무늬로 물들일 것이다. 콘크리트 상자의 외관은 마치 수족관을 채운 점성의 액체처럼 바뀔 것이다. 마치 중성 부력을 유지한 채 무작위로 떠 있는 것처럼 보이는 검은 창들이 이런 이미지를 더 강화한다. 무거운 것인가, 가벼운 것인가? 고체인가, 액체인가? 본질적인 것의 현전인가, 상상하는 것의 환영인가?

발표한 계획안도 충분히 흥미롭지만, 자크 헤르초크는 프로젝트 진행 과정에서 심지어 이보다 더 놀라운 발상이 있었다는 사실을 공개했다. HdM은 한때 일대일 규모로 이 건물의 갤러리 내부 사진을 외부 콘크리트 위에, 내부 공간과 사진이 대응하는 정확한 위치에 인쇄할 것을 고려했다고 한다. 만약 그렇게 됐다면 사진이 인쇄된 표면은 콘크리트를 마치 투명한 것처럼 보이게 했을 것이다! 현상의 변위(變位)만으로는 만족할 수 없다는 이 발상은 해체주의의 함의, 어쩌면 해체주의의 몰락을 담고 있다. 사진 촬영은 아마 베를린 출신의 주목받는 젊은 예술가가 맡았을 텐데, 건물 표면 위 사진작가의 현전은 역으로 미술관 소장품 가운데 이 작가의 작업이 부재한다는 사실을 확인시켰을 것이며, 따라서 소장품 자체에 대한 의구심을 불러일으켰을 것이다. 어떤 이유 때문인지 이 발상은 폐기됐지만, 그 탁월함은 부인할 수 없다. HdM이 자신의 화장술의 테크닉이 갖는 폭발력을 충분히 인지하고 있다는 증거다.

주(註)

1 *Arch*+ 129/130 (Dec. 1995). 이 특집호에는 HdM의 작업을 다룬 첫 번째 『엘 크로키(*El Croquis*)』 60호(1993)에 실렸던 알레한드로 자에라-폴로(Alejandro Zaera-Polo)의 탁월한 글 「안면(顔面)과 랜드스케이프 사이(Between the Face and the Landscape)」, 그리고 렘 콜하스(Rem Koolhaas)의 「헤르초크 앤 드 뫼롱의 건축(Architectures of Herzog & de Meuron)」이 「새로운 기율(New Discipline)」로 제목을 고쳐 다시 실렸다. 또한 마크 테일러(Mark Taylor), 테리 라일리(Terry Riley), 한스 프라이(Hans Frei)의 통찰력 있는 논평이 실렸다.

2 전환국과 같은 시설의 전자장비는 이미 전자파 간섭에서 적절히 차단돼 있다. 구리띠 체계가 패러데이 상자를 만들어내는 것은 사실이지만, 이것을 오롯이 기능적 필요에 따른 것으로 보기는 어렵다.

3 다음을 보라. *Les ruses de l'intelligence: la metis des Grecs*, by Marcel Detienne and Jean-Pierre Vemant. 『교활한 지능(*Cunning Intelligence*)』으로 영역됐다.

4 역주: 강화요법(reinforcement therapy)이란 정신의학 치료법 가운데 하나로, 행동 수정을 위해 목표로 삼은 행동을 했을 때 보상을 주는 요법을 말한다. 예컨대 환자가 치료를 잘 따를 때 치료하는 이가 관심을 보이거나 칭찬하는 것이다.

5 Arch+ 129/130.

6 최근 피터 아이젠만을 다룬 『엘 크로키』에 실린 나의 논평을 보라. *El Croquis*, number 83 (1997).

소개문

친환경 설문지 / 노먼 포스터, 얀 카플리츠키,
리처드 로저스, 켄 양, 토마스 헤르초크의 답변

지난 수십 년에 걸쳐 친환경 건축의 중요성은 점점 더 분명해졌다. 미국 친환경 건축 협의회(U.S. Green Building Council)에 따르면, "미국에서 건물은 전력 소비량의 72퍼센트, 에너지 사용량의 39퍼센트, 이산화탄소 배출 총량의 38퍼센트, 폐기물 배출량의 30퍼센트(연간 1억 3,600만 톤), 그리고 음용수 소비량의 14퍼센트를 차지한다."[1] 이 놀라운 숫자들은 지구 온난화와 줄어드는 천연 자원을 비롯한 여러 가지 환경 파괴에 대한 우려와 결합하여 친환경 건축에 대한 불가피한 관심을 키우는 바탕이 되고 있다. 실제로 미국건축가협회는 최근 건축가들에게 지속 가능한 디자인이라는 항목을 필수 점수화하는 방향으로 교육 요건을 갱신한 바 있다.[2] 이러한 변화는 실무 건축가와 의뢰인 사이에서 생태적 책임에 대한 자각이 늘어나고 있음을 반영한다. 지속 가능한 디자인은 한 건물의 설계와 시공, 일상적 운영의 모든 측면들을 포괄하기 때문이다.

「친환경 설문지」에서 국제적 명성이 있는 다섯 명의 건축가—노먼 포스터, 얀 카플리츠키, 리처드 로저스, 켄 양, 토마스 헤르초크—는 지속 가능한 건축에 대한 각자의 생각을 공유한다. 그들의 강조점은 다양하다. 포스터는 도시 확산(sprawl) 현상의 문제에 초점을 맞춘다. 카플리츠키는 재료의 중요성을 강조한다. 로저스는 건물의 환경적 영향을 강조한다. 양은 자연계의 상호연결성을 기대한다. 헤르초크는 재생 에너지의 필요성을 언급한다. 미학의 문제를 중시하는 대답도 있는 반면, 기술을 더 중시하는 대답도 있다. 지속 가능한 디자인을 위해 자연을 참고하는 법을 중심으로 흥미로운 논점이 펼쳐진다. 저마다 차이는 있지만, 이 건축가들의 답변은 모두 미래를 향한 낙관적 어조를 바탕에 깔고 있다. 적절한 마음가짐과 구상만 갖춘다면 건축은 여태껏 보지 못한 식으로 자연계에서 긍정적인 힘으로 작용할 수 있다는 희망이 엿보인다. "친환경 설문지"에 답한 이 건축가들의 말은 우리에게 용기를 불어넣는다. 건축의 책임은 개별 건물이나 도시의 계획을 넘어 환경 전체로 확장한다는 메시지를 전하면서 말이다.

주(註)

1 U.S. Green Building Council, http://www.usgbc.org/DisplayPage .aspx?CMSPageID=1718.

2 American Institute of Architects, "Sustainable Design," http://www.aia.org/education/ces/AIAS076973. 이런 변화는 2009년에 발효되었다.

노먼 포스터(Norman Foster),
얀 카플리츠키(Jan Kaplicky),
리처드 로저스(Richard Rogers), 켄 양(Ken Yeang),
토마스 헤르초크(Thomas Herzog)의 답변 / 조순익 옮김

친환경 설문지
Green Questionnaire

Green Architecture: An International Comparison, Architectural Design 71, no. 4 (July 2001)에 처음 실림. 와일리 퍼블리싱 제공.

노먼 포스터 경, 템스 뱅크 상원 의원
(Lord Foster of Thames Bank)

귀하는 (또는 귀하의 건축사무소는) 지속 가능한 디자인을 어떻게 정의하나요?

지속 가능한 디자인은 가장 적은 수단으로 가장 많은 일을 하는 걸 뜻합니다. “적을수록 많다(Less is more)”는 말은 생태적 관점에서 “낭비가 없으면 부족이 없다(Waste not, want not)”는 격언과 정확히 같습니다.

그러니까 자연 순응형 건축 수단을 이상적으로 활용해 에너지를 아끼면, 낭비가 많은 기계 설비에 의존할 필요가 없어지는 거죠. 기계 설비는 점점 줄어드는 비재생 연료를 소진하면서 지구 온난화에 기여하는 오염물질을 생산합니다. 하지만 지속가능성은 결국 좋은 건축에 관한 이슈라고 분석됩니다. 건축의 질이 좋을수록—여기에는 사용되는

재료의 질만큼이나 생각과 아이디어의 질도 포함됩니다—건물이 더 오래 역할을 하게 되는데, 오랜 수명은 지속가능성의 관점에서 좋은 것입니다. 건물이 오래 지속되면서 에너지 효율적이라면 확실히 더 좋죠.

지속가능성에 관심 있는 디자이너로서 가장 중요한 관심사는 무엇인가요?

지속 가능한 건축은 개별 건물뿐만 아니라 끊임없이 확장하는 우리의 도시와 그 기반시설과도 관련이 있습니다. 걷잡을 수 없는 도시 확산은 오늘날 세계가 직면한 주요 문제 중 하나입니다. 도시들은 수직보다 수평으로 성장하면서 점점 더 많은 땅을 잠식해가고 있기 때문에, 사람들의 통근거리도 더 늘어날 수밖에 없습니다. 시내 복합 용도 개발은 밀도를 늘려 주거와 업무와 오락이 같은 지역에서 이뤄지는 생기 넘치는 지역 공동체를 만드는 데 기여할 수 있습니다. 우리가 도쿄에서 제안한 밀레니엄 타워는 전통적인 수평 도시 구역—주거, 상점, 식당, 영화관, 박물관, 스포츠 시설, 녹지 공간, 대중교통망—을 90도로 돌려 세워 다용도의 초고층 건물을 만드는 안이었습니다. 800미터가 넘는 높이에 170개 층으로 이뤄진 안인데, 지금까지[2009년까지] 지어진 어떤 건물보다도 두 배는 높고 최대 6만 명의 공동체를 수용하는 안이지요. 이는 이미 세계에서 가장 고밀화된 도시 중 하나인 모나코의 인구보다 2만 명이 더 많은 인원입니다. 하지만 모나코의 땅 면적이 1.95 제곱킬로미터인 데 비해 이 건물의 대지면적은 0.013 제곱킬로미터에 불과합니다. 사실상 자족적이고 완전한 자급이 이뤄지는 공중 공동체인 셈이죠. 거의 모든 교통이 내부화될 겁니다. 마치 미래의 환상처럼 들리죠. 하지만 이제 우리는 그런 건물을 마음껏 만들어낼 모든 수단을 보유하고 있습니다.

"친환경" 시대에는 건물의 성공 여부를 어떻게 판단할까요?

"친환경" 건물은 가능한 한 적은 에너지를 사용하되 시공에 필요한 내재 에너지는 최대한 활용할 겁니다. 이상적인 경우라면, 건물은 식물성 기름 같은 재생 연료를 태우고 태양에너지를 수확해서 자체 에너지를 만들어내야겠죠. 가능하다면 다른 건물에도 에너지를 공급할 수 있게 실제 사용량보다 더 많은 에너지를 생산해야 할 테고요. 건물은 오랜 수명을 가질 수 있도록 융통성 있는 구조로 지어져야 합니다. 우리는 이미 이런 개념을 베를린의 새 독일 연방의회 의사당(Reichstag)에서 증명한 바 있습니다.

자연을 어떤 식으로 참고하나요?

우리는 우리가 일하는 지역의 특수한 토착 전통에 주목합니다. 자연을 거스르지 않고 자연과 공생하지만 시간이 흐를수록 잊혀져 온 풍부한 건축 전통이 아주 많거든요. 우리는 지중해의 두 프로젝트에서 페르골라(pergola)를 활용하고 있는데요, 페르골라는 자연적으로 응달을 제공하고 건물을 풍경과 시각적으로 통합하기 위해 식물을 덮은 대형 케이블 격자 구조물이죠. 케임브리지셔의 덕스퍼드에 있는 미국 공군 박물관과 카디프 근처의 웨일스 국립식물원에 있는 글래스 하우스에서는 구조물을 부분적으로 땅속에 묻어 풍경과 다시 통합하고 토양의 축열체를 활용하는 자연 순응형 방식으로 에너지 절감에 이바지하고자 했습니다.

스위스의 생모리츠에 설계한 〈체사 푸투라(Chesa Futura)〉는 수많은 이유로 환경적 의미를 만들어내는 목구조를 활용합니다. 이 프로젝트는 지역의 건축 전통을 반영해 문화적 공감대를 이루고, 오래된 나무들을 벌목해 산림 재생을 촉진하는 기성 생태학에 기여합니다. 게다가 목재는 완전한 재생이 가능한 자원이고, 성장하는 동안 이산화탄소를 흡수합니다. 토속 목재를 사용하면 운송 과정에 드는 에너지도 없거나 거의 없지요.

마지막으로, 스위스의 전통적인 타운과 마을에서는 건물들이 풍경 위로 확산하기보다 함께 조밀한 군락을 이룹니다. 〈체사 푸투라〉는 기존의 도시 집중화 속에서 집중력 있는 건설이 자연계를 보존하는 데 중요함을 상기시킵니다.

얀 카플리츠키, 퓨처 시스템스 대표

(Jan Kaplicky of Future Systems)

귀하는 (또는 귀하의 건축사무소는) 지속 가능한 디자인을 어떻게 정의하나요?

지속 가능한 디자인의 주된 요소들은 재료의 선택과 준공 이후 건물의 성능입니다. 건물들은 에너지를—80퍼센트 이상—자급자족해야 합니다. 물론 지금도 하룻밤이면 지역 전력망으로 에너지를 되팔 수가 있습니다. 하지만 장기적 성능은 수량화하기가 매우 어렵죠. 아직껏 실제적인 측정 단위가 없어요. 에너지는 건물을 시공하는 과정에서도 고려해야 할 요소입니다. 공사할 때와 그에 앞서 재료를 생산할 때 얼마나 많은 에너지를 쓸지를 고려해야 하죠. 재료의 물량과 중량을 맨 먼저 진지하게 고려해야 한다는 뜻이에요. 건물에 쓰이는 재료가 적을수록 더 친환경적입니다. 건물을 짓는 데 쓰이는 자원과 에너지가 적게 드니까요.

지속가능성에 관심 있는 디자이너로서 가장 중요한 관심사는 무엇인가요?

이미 거론했듯이 재료가 최우선순위죠. 하지만 지속가능성이 디자인에 끼치게 될 영향은 훨씬 더 혁명적일 거예요. 현재로서는 지속 가능한 건축을 생산할 필요 때문에 건물 형태에 영향이 생기진 않을 것처럼 말하는 사람들이 있는데요. 그건 마치 자동차가 처음 발명되었을 때 마차의 형태를 모방한 것이나 마찬가지예요. 자동차가 그 고유의 형태를 갖게 되기까지는 상당한 시간이 흘렀죠. 친환경 건축은 단지 합리적인 걸 넘어서 그 고유의 형태를 찾을 필요가 있어요. 예를 들면 기류와 맞통풍이 건물 형태에 중요한 영향을 주게 될 겁니다.

"친환경" 시대에는 건물의 성공 여부를 어떻게 판단할까요?

아직까지는 진정한 친환경 건물이 지어진 적이 없어요. 현재 지어지고 있는 건물들은 "친환경" 시대의 원형(原型, prototype)조차 되지 못합니다. 단지 지속가능성에 대한 작은 시도들일 뿐이죠. 현재의 법은 중요한 변화를 제공하지 않고 있는데, 특히 미국과 영국에서 그렇습니다.

건축학교에서 친환경 건축을 위한 여지는 거의 없습니다. 미국의 한 유명 학교에서 가르치는 어느 미국인 강사는 최근 친환경을 그저 패션이라고 말했습니다. 완전히 새로운 사유가 필요하다는 게 분명해지죠. 엔진이 발명되기 전까지 자동차는 존재하지 않았습니다. 지능형(intelligent) 건물은 아직 존재하지도 않습니다.

자연을 어떤 식으로 참고하나요?

자연을 다양한 수준에서 모델로 활용할 수 있습니다. 예컨대 흰개미들의 집은 이중외피를 통해 자연 환기가 이뤄집니다. 자연의 구조물 중에는 현재 인공 구조물에서 찾아볼 수 없는 기밀성을 갖추고 있는 경우가 있습니다. 인간이 만든 것보다 훨씬 가볍고 강도도 훨씬 세지요. 예컨대 거미줄의 실이 지닌 강도는 강철의 2배입니다. 재료를 더 효율적으로 활용하는 측면에서 배울 게 정말 많습니다. 일반적으로 유기적인 형태는 인간적인 형태보다 훨씬 더 효율적입니다.

리처드 로저스 경, 리버사이드 상원 의원(Lord Rogers of Riverside)

귀하는 (또는 귀하의 건축사무소는) 지속 가능한 디자인을 어떻게 정의하나요?

지속 가능한 디자인은 미래 세대를 위해 남겨진 천연 자원 재고량을 건드리지 않은 채 현재 수요를 충족하는 걸 목표로 합니다. 건물과 도시의 에너지 사용량과 환경적 영향이라는 특정 관심사뿐만 아니라 사회적, 경제적 지속가능성의 원리에 대한 관심도 포함해야 해요. 관건은 낮은 에너지와 유연한 규격, 자원 효율성에 있습니다.

지속가능성에 관심 있는 디자이너로서 가장 중요한 관심사는 무엇인가요?

건물은 세계 이산화탄소 발생량의 50퍼센트를 차지합니다.

리처드 로저스 파트너십(RRP)은 오랫동안 환경적 성능에 관심을 둔 채 이사진 각각의 관심을 반영해왔습니다. 우리 사무소는 에너지 사용량과 환경적 영향의 문제를 건설 및 도시 설계 과정의 결정적인 부분으로 인식합니다. 건물 디자인의 관점에서 진정한 지속가능성은 보충

가능한 재료 사용과 결합한 최대 에너지 효율성에 의존합니다. 전문적인 분석과 연구는 디자인에 영향을 주고 환경 시스템과 기술의 혁신을 장려합니다.

RRP는 한 건물의 생애주기 동안 운영 및 유지관리 비용을 줄이는 데 상당히 기여할 수 있는 "지능형" 건물을 선구적으로 개발해왔습니다. 우리의 목표는 예컨대 카디프의 웨일스 의회 신축 건물이 이산화탄소 무배출을 달성하는 데 있습니다.

우리 사무소는 누구에게나 열려있고 시민적이고 생태적인 도시 설계에 대한 접근법을 발전시켜왔어요. 상하이 마스터 플랜과 마요르카의 파크비트(ParcBIT)를 위한 마스터 플랜은 우리의 강력한 생태적 체계를 증명하는 핵심 사례들이죠. 지속 가능한 계획은 우리 사무소 작업의 핵심 요인입니다. 특히 그리니치 반도 작업에서는 잉글리시 파트너십을 위한 마스터 플랜 하나와 재개발 전략을 생산했지요. 여기에는 21세기에 좋은 지속가능 디자인을 장려할 소수의 "밀레니엄" 마을 중 하나도 포함됩니다.

"친환경" 시대에는 건물의 성공 여부를 어떻게 판단할까요?
우리 사무소는 건물의 생애주기 동안 운영비와 유지관리비를 상당히 줄이는 데 기여할 수 있는 "지능형" 건물의 개발에 지속적으로 전념하고 있는데요.

다음과 같은 방법으로 더 큰 지속가능성을 성취할 수 있습니다.

1. 지능형 디자인－향, 건물의 형태와 구성을 통해 통합된 자연 순응형 환경 디자인의 혜택과 효율성 활용합니다.

2. 지능형 건물 조직의 활용－반응형 파사드는 자연광을 극대화하고 자연환기를 최적화하며 태양열의 획득과 손실을 조절할 수 있습니다.

3. 재료의 적절한 활용－건축 재료의 "숨겨진" 환경 비용(내재 에너지와 생애주기 문제들), 다른 산업으로부터 기술 이전을 하여 얻는 혜택, 진보하고 청결한 생산 수단의 활용을 고려합니다.

4. 지적 자본－건물의 거동, 전산유체역학(CFD) 모델링 애플리케

이선, 그리고 특히 진문 컨설턴트와의 긴밀한 협업에 대한 분석은 축열체와 완충지대, 열 플라이휠(thermal flywheel), 효율적 기류 등의 지능적 활용으로 이어집니다.

자연을 어떤 식으로 참고하나요?

자연은 영감과 정보를 제공하며 유추를 가능케 합니다.

켄 양(Ken Yeang)

귀하는 (또는 귀하의 건축사무소는) 지속 가능한 디자인을 어떻게 정의하나요?

지속 가능한 디자인은 생태적 디자인으로 정의할 수 있습니다. 건축 시스템의 생애주기 전체에 걸쳐 생물권 속 생태계와 자연스럽게 통합되는 디자인 말입니다. 건물의 재료와 에너지가 통합되고, 처음부터 끝까지 환경에 최소한의 영향을 주는 디자인이죠.

지속가능성에 관심 있는 디자이너로서 가장 중요한 관심사는 무엇인가요?

저의 핵심적인 관심사는 디자이너라면 모든 자연 시스템들의 연결성을 자각해야 하고 이런 시스템들이 건축 시스템의 과정을 이루는 일부로서 통합되어야 한다는 겁니다. 디자이너는 자신의 디자인이 지속 가능함을 과도하게 주장하는 걸 경계해야 하는데, 생태적 디자인은 여전히 걸음마 단계에 있기 때문입니다.

"친환경" 시대에는 건물의 성공 여부를 어떻게 판단할까요?

성공적인 "친환경" 건물은 생물권 속 자연 시스템들과 자연스럽게 통합되고, 이런 시스템들에 대한 파괴적 영향을 최소화하면서 긍정적 영향은 최대화하는 건물입니다.

자연을 어떤 식으로 참고하나요?

자연을 모방합니다. 우리의 건축 시스템은 생태계를 모방하는 것이죠.

토마스 헤르초크, 헤르초크 앤 파트너 대표

(Thomas Herzog of Herzog and Partner)

귀하는 (또는 귀하의 건축사무소는) 지속 가능한 디자인을 어떻게 정의하나요?

건축에서 지속가능성은 우리 직업의 핵심 이슈 중 하나라고 봐야 합니다. 유럽에서 소비되는 에너지의 거의 절반이 건물 운영에 쓰이기 때문인데요. 그 외의 25퍼센트는 도시계획가의 영향을 일부 받는 교통이 차지합니다. 건축이 책임 있는 직업으로서 하는 역할은 이런 면에서 광범위한 중요성을 갖습니다. 이런 맥락에서 지속 가능한 디자인은 천연자원 보존을 목표로 재생 가능한 에너지 형태—특히 태양에너지—를 가능한 한 광범위하게 활용하는 실용적인 방법입니다.

지속가능성에 관심 있는 디자이너로서 가장 중요한 관심사는 무엇인가요?

지속가능성 문제에 관해서는 다양한 화두가 있습니다. 재료의 선택과 출처, 그런 재료의 운송과 제련에 드는 에너지, 시공 과정, 건물의 열 성능 수준, 건물의 운영과 유지관리에 드는 지출, 건물의 수명, 용도 측면의 융통성, 건물 설비의 조정 가능성, 건물 부재의 조립과 해체 및 재조립에 대한 적합성, 용도 변경이나 재활용의 가능성 같은 것들이죠. 하지만 가장 주요한 문제 중 하나만 꼽자면 기술과 구성 부재들을 통합하여 재생 에너지—특히 태양 에너지—를 만족스럽게 활용하는 것입니다. 특히 그게 건물의 외관에 미치는 영향과 잠재력을 조절하는 방식으로요.

"친환경" 시대에는 건물의 성공 여부를 어떻게 판단할까요?

건물의 성패는 전반적인 성능에 달려있습니다. 성능은 건물의 활용 가치를 포함하는데, 이는 대개 "지속가능"이라는 용어로 요약되어온 매우 복잡한 화두들과 관련이 있지요. 하지만 건물의 사용성과 기능만큼이나 그것의 아름다움과 디자인도 중요합니다. 오직 아름답게 만들어진 건물들만이 지속 가능한 방식으로 우리의 건조 환경에 기여하고, 보존할 가치가 있다고 여겨질 것입니다. 여기서 재생 에너지 활용 기술을 세심하게 통합하면 새로운 형식의 건축 표현을 만들 기회를 얻게 됩니다. 한 지역의 미기후와 지형, 천연자원 및 문화유산 같은 지역 조건과 밀접하게 연관된 표현을 만들 수 있죠.

자연을 어떤 식으로 참고하나요?

보통 저는 자연에서 바로 건축을 연역해낼 수 있다고 생각하지 않습니다. 우리 건물들의 설계 과정과 기능은 대부분의 동식물에서 발견되는 것과는 꽤 다릅니다. 그럼에도 자연에서 배울 수 있는 교훈은 많지요. 특히 효율성과 성능, 적응성, 다양성, 엄청난 아름다움과 관련해서 그렇습니다. 면밀히 관찰해보면 대부분의 유기체들이 그런 특성을 보여주죠. 자연이 인공적 사물과 동일한 물리 법칙을 따를 수밖에 없음을 고려해본다면, 우리에게 정말 고무적인 일이라고 봐야 할 거예요. 자연의 원리와 메커니즘을 연구할 만한 가치가 충분하다는 얘기니까요.

소개문

글로벌 디지털 세계 속의 규모와 범위 / 사스키아 사센

디지털화는 건축의 모든 분야에 영향을 준다. 아마도 20세기 말에 가장 분명하게 일어난 이러한 변화가 건물의 디자인과 제작 방식도 변화시켰을 것이다. 확연히 눈에 띄는 변화는 그렉 린과 프랭크 게리 같은 건축가들의 작업에서 나타난다. 하지만 디지털화의 영향은 공간과 장소와 물성의 개념으로까지 확장되며, 이런 개념은 디자인의 유형과 특징 그리고 구성에 영향을 준다. 원격통신과 영상회의 등의 현상이 일어나면서, 전통적인 일터에는 불가역적 수준의 변화가 일어났다. 물리적인 입지가 더 이상 필요하지 않다면, 어떤 종류의 사무실이 반드시 필요한 걸까? (그런 게 남아있을 경우라면 말이다.) 이런 질문들은 전통적으로 이해되어온 건축과 도시계획을 디지털화가 부정하게 될 거라는 추론으로 이어져왔다.

「글로벌 디지털 세계 속의 규모와 범위」에서 사스키아 사센–컬럼비아 대학교의 사회학 교수이자 동 대학의 글로벌 사유 위원회 위원–은 디지털화가 건축에 대한 수요와 그동안 인간 활동의 중심으로 자리잡아온 도시의 역할을 "중화"할 거라는 생각에 반대한다. 사센의 주장에 따르면, 디지털화는 새로운 개념적 범주를 요하는 상황을 만들어낸다. 디지털 대 비디지털(nondigital), 이동성 대 고정성과 같은 개념으로는 우리의 일상적 경험을 (설령 묘사할 수는 있을지라도) 더 이상 적절히 묘사하지 못하기 때문이다. 사실 그렇게 역사적으로 구성된 개념들로는 디지털적인 것과 물질적인 것이 어디서나 불가피하게 중첩하는 현상을 설명할 여지가 거의 없다. 예컨대 부동산 같은 현상을 설명할 때, 그것이 물리적 실체인 동시에 유동적 상품일 수 있다는 식의 설명을 거의 제공하지 못하는 것이다. 게다가 디지털화는 세계화(globalization)를 진척시키고, 세계화는 규모(scale)와 범위(span)의 문제를 재고하게 만든다. 국가적(national), 광역적(regional), 국지적(local) 차원의 구분은 지금도 존재하지

만, 초국가적 네트워크들로 이뤄지는 복잡한 시스템에서는 그런 분류들이 중첩된다. 그 결과로 나타나는 건 "세계적 도시(global city)", 즉 "옛것과 새것의 (…) 종합"이다. 이러한 중첩과 종합은 건축과 도시계획이 디지털화와 세계화로 대체되는 변화로 이어지는 게 아니라, 디지털적인 것과 물질적인 것을 뒤얽는 변화로 이어진다. 즉 양자는 서로에게 의존한다. 비록 그 출발점은 기존의 건축 및 도시계획 개념에 있지만 말이다. 따라서 사센은 건축과 도시란 어떤 것이며, 이 새로운 디지털 시대와 관련해서는 무엇일 수 있는지를 재평가할 것을 요청한다.

사스키아 사센(Saskia Sassen) / 조순익 옮김

글로벌 디지털 세계 속의 규모와 범위

Scale and Span in a Global Digital World

Anything (ed. Cynthia Davidson, Cambridge, Mass.: MIT Press, 2001)에 처음 실림. MIT Press 제공.

나는 디지털화와 세계화의 조건하에서 규모와 범위의 문제를 논하고 싶다. 《애니씽》 컨퍼런스 기조연설에서 신시아 데이비슨은 건축이 역사적으로 재현해온 모든 것이 디지털적인 것의 영향 속에 제거되고 중화될 거라는 윌리엄 깁슨의 말을 인용했다.[1] 깁슨이 1991년에 예견한 바와 유사하게, 오늘날 우리는 디지털적인 것의 도시적 영향이 도시가 전통적으로 재현해온 것들을 중화할 거라고 주장하는 수많은 논평과 분석을 읽고 듣는다. 추상적으로 말하자면, 전통적인 재현은 중심성(centrality)이라는 관점에서 이해할 수 있을 것이다. 그것은 다양한 문화와 다양한 장소, 다양한 시간, 그리고 다양한 도시 공간 분화에 의존하며 그 영향을 받는 중심성을 말한다.[2]

나는 여기서 디지털화가 (그리고 전자제품 시장에서와 같이 상당 부분 세계화도) 물질적 세계에서 절대적으로 벗어나는 변화를 수반한다는 지배적인 해석에 저항하는 방식으로, 디지털화와 세계화가 건축적인 것(the architectural)과 도시적인 것(the urban) 그리고 도시(the city)에 미치는 영향을 살펴보려 한다. 이런 유형의 해석에서는 건축적인 것과 도시적인 것 같은 조건들의 중립화가 이뤄진다. 이런 조건은 일반적인 관점에서 이해할 게 아니라 디지털적인 것의 배태성(embeddedness)이—즉 근본적 내화가—실현되는 중대한 변화 속에서 생산되고, 분절되고, 굴절되는 조건들로 이해해야 한다. 내가 디지털화를 읽어내는 방식은 특별한 종류의 방식이다. 그것은 디지털과 비디지털 영역의 중첩을 탐지함으로써, (디지털화가 쉽게 배제될 수 있는) 현존하는 수사적인 지도 그리기(mapping) 작업 속에 건축적이고 도시적인 것의 조건을 삽입하는 방식이다.[3] 나는 이런 삽입이 이뤄지는 위치를 정확히 포착하기 위해 규모(scale)와 범위(span 또는 scope)라는 개념을 사용한다. 내가 보기에 이런 유형의 노력에 담긴 위험은 은유와 비유적 언어를 활용하며 일반화를 한다는 데 있다. 요컨대, 그 모든 게 허공을 맴돌 수 있단 얘기다. 우리는 그보다 깊이 파고들어갈 필요가 있다.

분석가와 논평가 들이 디지털화가 도시와 건축에—사실 다양한 배치 형태에—미치는 영향을 이해하는 데 어려움을 겪어온 것은 본질적으로 분식에 두 가지 결점이 있었기 때문이다. 첫 번째 (그리고 특히 미국에서 명백히 나타나는) 결점은 디지털 기술의 역량을 기술적으로만 읽어내는 해석의 한계에 있다. 엔지니어들에게는 이런 해석이 필요하고 적절한 읽기 방식이겠지만, 어떤 기술의 영향을 이해하고자 할 때 그런 식의 읽기는 문제가 있다. 순수하게 기술적인 읽기는 불가피하게 논의를 비장소(nonplace)와 다름없는 장소로 이끄는데, 물리적 성격과 장소적 경계성으로 특징지어지는 많은 배치 형태(건축과 도시적인 것 등)의 중립화를 절대적으로 확신하며 공표하는 곳으로 논의를 이끄는 것이다.[4] 두 번째 결점은 다른 공간적·역사적 조건들, 말하자면 현 디지털 시대 이전의 조건들 속에서 발달한 분석 범주들에 계속 의존하는 경향에 있다고 말하고 싶다. 디지털적인 것을 단순히 디지털적인 것으로만 여기고, 비디지털적인 것은 단순히 비디지털적인 것으로만 여기는 경향 말이다. (비디지털적인 것을 물질적인 것으로 표상하든 현행적인 것으로 표상하든 둘 다 마찬가지로 문제적인 개념화다.) 이런 식의 양자택일적(either/or) 범주화는 대안적인 개념화를 제외시킴으로써, 물질적이고 장소적 경계를 갖는 조건들에 디지털화가 미치는 영향을 보다 복합적으로 읽지 못하게 만든다.

이런 중첩들을 포착하는 대안적 범주화의 사례가 하나 있다. 금융(finance)의 사례를 들어 이를 설명해보겠다. 금융은 확실히 고도로 디지털화된 활동이지만, 단순히 디지털적인 것으로만 개념화할 수 없다. 전자 금융시장과 디지털화된 금융도구를 보유하려면 (스스로가 물리적인 신체 유형인) 인력은 말할 것도 없고 엄청난 양의 물적 기반(matériel)이 필요하다. 이런 물적 기반으로는 전형적인 기반시설과 건물, 공항 등이 있다. 그런데 이 물적 기반의 상당수가 디지털적인 것을 통해 그 성격이 굴절된다. 반대로 사이버 공간에서 일어나는 현상의 상당수는 사이버 공간 바깥에서 일어나는 문화와 물적 관행 그리고 상상을 통해 성격이 굴절된다. 사이버 공간 바깥의 세계를 배제해버리면, 우리가 사이버 공간이라 생각하는 것의 (전부는 아닐지라도) 상당수는 어떤 의미도 지시체도 갖지 않을 것이다. 그러니까 간단히 말하면 디지털 공간과 디지털화는 비디지털적인 것 너머에 있는 배타적 조건이 아니라는 것이다. 디지털 공간은 일상적 체험(lived experience)의 사회적 · 문화적 · 주체적 · 경제적 · 상상적 구조화 속에, 그리고 우리가 실존하고 활동하는 시스템 속에 이미 배태되어있다.

따라서 디지털적인 것이 건축에, 도시계획에, 도시에 미치는 영향을 따져보자면, 물론 지금껏 심오한 변화가 있었지만 그런 변화가 꼭 고정 자본이나 건조 환경 또는 결국 도시의 중립화로 특징지어지는 것만은 아니다. 이런 것들은 중립화되기보다 자체적으로 지닌 일부 특징들이 새롭게 전략적 중요성을 띠면서, 즉 어떤 일반화된 조건이 아닌 매우 특수한 조건으로서 일어난다. 그렇다면 디지털적인 것이 미치는 첫 번째 영향은 이 새로운 디지털 동력을 수용하고 진척시키는 특수한 유형의 건조 환경, 즉 전형적인 소통 시스템이자 본질적으로는 특수한 유형의 공간성인 도시(city)다.

두 번째 영향은 (글로벌한 것뿐만 아니라) 디지털적인 것과 비디지털적인 것이 복잡하게 중첩해 보다 오래된 규모의 위계를 불안정하게 흔들어버리면서 종종 극적인 규모 재편(rescaling)을 가져오는 것이다. 그런 규모에 대해 국민국가의 공식 권위가 갖는 핵심 요소들이 상실되어 국가적(national) 규모가 중요성을 잃어감에 따라, 다른 척도가 전략적 중요성을 획득한다. 그중 가장 특별한 것은 하위국가적(subnational) 규모, 예를 들면 글로벌 시장이나 광역(region)에 걸친 무역 지대 같은 것들이다. (국민국가가 부상하는 맥락에서 출현하는) 보다 오래된 규모의 위계들은 계속해서 작동하고, 대개는 제도적 범위의 관점에서 구성된다. 국제적 범위에서 국가적 범위로, 광역적, 도시적, 국지적 범위로 내려가는 식으로 말이다. 오늘날의 규모 재편은 제도적 범위를 가로지르며, 국민국가가 형성되며 생산되었던 영토의 구획을 규제 완화와 민영화 같은 정책들을 통해 부정한다. 오래된 위계들이 사라진다는 뜻이 아니라, 오래된 위계들을 따라 규모의 재편이 일어나고 종종 그 후자가 전자에게 승리할 수 있다는 뜻이다.[5]

이런 변화들은 비록 디지털화와 세계화의 결과이고 여전히 디지털과 비디지털, 세계적인 것과 비세계적인 것의 복잡한 중첩을 수반하긴 하지만, 그럼에도 다양한 변화 사례가 포착되고 있다. 예컨대 우리가 여전히 '국지적'인 것으로 경험할 수 있는 것의 상당수가 실제로는 "세계적 범위의 미시환경(microenvironment with global span)"이라 말하고 싶은 무언가에 해당한다. 그게 인터넷에 깊숙이 연결되어있다는 조건에 한해서 말이다.[6] 그러한 미시환경은 여러 의미에서 국지화된 실체이며, 국지적 · 즉각적 · 근접적인 것으로 경험할 수 있는 무언가에 해당한다. 그것은 터를 잡은 물질성(sited materiality)이지만, 즉각적으로 널리 퍼지는 범위를 갖는 글로벌 디지털 네트워크의 일부이기도 하다. 이를 계속 단순히 국지적인 것으로만 여기는 건 특별히 유용하지도 적절하지도 않다. 더 중요한 건, 터를 잡은 물질성으로 존재하면서도 세계적 범위를 갖는 조건이 병치되는 상황이 디지털과 비디지털의 굴곡적인 엮임을 포착하고 디지털화의 역량에 대한 기술일변도의 읽기가 왜 부적절한지를 설명해준다는 점이다. 기술일변도의 읽기는 바로 세계적 범위의 실체로 존재하는 조건을 가능케 하는 장소적 경계성을 당연히 중립화하게 될 것이다.

두 번째 사례는 세계적 도시(global city) 모델의 특징을 이루는 일련의 조건과 동력이다. 하나의 핵심 동력만 뽑아 얘기하자면, 회사와 시장의 운영이 더 세계화되고 디지털화될수록 그것들의 중앙화된 경영과 조율 기능이 (그리고 필요한 물적 구조들이) 더욱 전략적으로 변하는 것이다. 세계적으로 (공장이나 사무실 또는 서비스 판매점 등의) 사업 분산과 시스템 통합이 동시에 이뤄질 수 있는 건 바로 디지털화 때문이다. 그리고 중앙 기능을 더욱 중요하게 만드는 것도 바로 이러한 분산과 통합의 결합이다. 세계적 도시들은 이런 중앙 기능들의 생산에 필요한 자원을 결합하기 위한 전략 부지들이다.[7]

이런 노선들을 따라 디지털화와 세계화를 개념화하면 물적 세계의 지속적 중요성을 인식하기 위한 전략적이고 수사적인 틈새들이 열린다. 심지어 물적 조건에서 가장 벗어난 몇몇 활동의 경우에도 그렇다.

예컨대 디지털적인 것을 그것의 가장 강력한 역량 중 하나인, 물적이고(이거나) 거의 이동성이 없는 것의 비물질화와 유동화(liquefying)를 통해 살펴볼 수 있을 것이다. (또한 나는 이런 역량에도 여전히 비디지털적인 것과의 복잡한 중첩이 존재한다고 주장하고 싶다.) 디지털화는 유동적이지 않은 것을 유동화할 수 있는 역량을 증폭시킨다. 그럼으로써 디지털화는 우리가 통상 부동한다고, 또는 거의 이동하지 않는다고 여겨온 것의 이동성을 높인다. 가장 극단적인 수준에서, 이러한 유동화는 그 대상을 비물질화한다. 일단 비물질화된 대상은 세계적 범위의 디지털 네트워크를 통해 순식간에 유통되는 하이퍼텍스트적 초-이동성을 갖게 된다. 하나의 대상이 비물질화를 통해 얻게 되는 이러한 초이동성(hypermobility)은 보다 복잡한 조건의 한 순간에 불과함을 강조하는 게 중요하다. 그런 대상을 단순히 초이동적이라고만 말하는 건 그 대상의 일부 요소들만을 포함하는 부분적 재현일 뿐이다. 이런 대상의 요소들은 비물질화될 수 있지만, 고도로 특화된 물성이라고 부를 수 있을 만한 것으로 기능하는 조건을 성취하기 때문이다. 디지털 네트워크에서 유동적으로 유통되고 초이동성의 특징을 띠는 것이라 하더라도 그것의 일부 요소들은 여전히 물리적인 경우가 많다.

예컨대 부동산의 경우를 생각해보자. 금융 서비스 업체들은 부동산을 유동화하는 도구들을 개발해 글로벌 시장에서 이런 도구들의 투자와 유통을 촉진해왔다. 물론 부동산은 여전히 매우 물리적인 요소가 일부를 구성하고 있다. 하지만 동시에 여전히 물리적으로 남아있는 부분도 변화를 겪고 있는데, 부동산이 글로벌 시장에서 유통 가능한 고도의 유동적 도구 속에서 재현되고 있기 때문이다. 겉으로는 동일해보일지 모른다. 똑같은 벽돌과 모르타르가 쓰이고, 새롭거나 오래된 것이니 말이다. 하지만 그것은 변형된 실체다. 우리는 우리의 관습적 범주들을 통해 바라보기 때문에 이러한 다가성(多價性, multivalence)을 잘 포착하지 못한다. 그저 물리적인 거라면 물리적인 것이고 유동적인 거라면 유동적이라 생각하기 때문이다. 사실 유동적인 금융 도구들을 통한 부동산의 부분적 재현은 우리가 계속해서 부동산이라 부르는 것의 물질적 순간과 비물질화된 순간을 복잡하게 얽어놓는다.

초이동성 또는 비물질화는 대개 신기술의 단순한 기능으로 여겨진다. 이런 이해는 그것이 이런 결과를 얻기 위해 다양한 물적 조건을 취한다는 사실을 흐려버린다. 우리는 그런 도구의 초이동성이 생산되고 실제 부동산 물건이 비물질화되는 현상이 일어날 수밖에 없었음을 인식했으므로 이제 물질적인 것과 비물질적인 것의 중첩을 도입한다. 유동하는 자본을 생산하려면 고정된 자본이 필요하다. 즉 최첨단 기술로 지어진 환경과 전형적인 기반시설—고속도로부터 공항과 철도까지—그리고 주거가 안정된 인재가 필요한 것이다. 이는 모두 적어도 부분적으로는 장소적 경계를 갖는 조건들이다. 물론 부동하는 성격이 강했을 듯한 100년 전에 비해 그 장소적 경계성의 성격은 달라질지라도 말이다. 오늘날의 장소적 경계성은 구성요소의 초이동성으로 인해 굴절과 각인이 일어난다. 자본의 고정성과 이동성 모두 속도가 올라가고 중요해지는 시간적인 틀 속에 위치한다. 물질적인 것의 수준에서, 속도는

진부화(obsolescence)와 가치 투자와 같은 동력을 변경한다.[8]

예컨대 새로운 초국가적 전문가 계급은 초이동적이다. 우리는 마치 우리의 몸을 다운로드할 수 있을 것처럼 처신하지만, 어떤 순간에도 그런 과제와 우리를 세계 곳곳으로 이끄는 것은 일부분 장소적 경계를 갖는다. 그리고 우리가 무엇인지, 우리가 누구인지, 왜 우리가 이곳이나 저곳에 있는지를 정당화하는 우리의 개입들 역시 장소적 경계 안에 있다. 따라서 이번에도 우리는 양극화하는 전형적 범주들에 맞닥뜨린다. 초이동적인가? 고정되었는가? 장소적 경계를 갖는가? 이동성이 있는가? 이 모든 질문들은 실제로 일어나는 현상을 많은 부분 놓치는 게 보통이다. 이런 양극화의 본질을 포착하는 한 가지 예는 MCI 월드콤이 만들어낸 민간 디지털 네트워크인데, 이 네트워크는 유럽 내 건물 4천 개와 미국 내 건물 2만 7천 개를 연결한다. 이런—그저 아무 건물이 아닌—건물들과 연결함으로써 이 디지털 네트워크는 어떤 면에서 국지적 사건에 해당하는 공간성을 만들어낸다. 그것은 대서양을 가로지르며 두 대륙 영토 위에 분산된 일단의 건물들을 연결하는 미시환경이다. 여기서는 공간 자체가 미시공간이나 국지적 공간이라 불러도 좋을 일종의 이동성을 위한 공간이 된다. 그런 국지적인 건물들에 입주하는 회사들은 프리미엄 요율까지 지불하고 있다. 그렇다면 우리에겐 국지적으로 매우 고정된, 선별된 실체들 사이에서 디지털적으로 연결된 공간이 있는 것이다.

이런 미시환경은 필연적으로 중심이라는 개념을 재정의하고 재구성하는 결과를 낳는다. MCI 월드콤 네트워크는 엄청난 지리적 거리를 아우르지만, 중심성이 지배하는 공간으로서 구축된다. 이런 디지털 네트워크를 물리적으로 특징짓는 건물들의 거대한 집합체는 비록 우리의 많은 주요 도시에서 분명하게 나타남에도 불구하고, 20년 전이나 심지어 10년 전에 우리가 도심을 바라보던 방식을 그대로 적용해 이해할 수는 없다. 새로운 도시적 역사가 구축되고 있다. 비록 그 역사가 깊이 배태되어 있고 그것이 일어나고 있는 보다 오래된 사회적 공간 역사들로 거의 위장되어 있다 할지라도 말이다. 따라서 우리가 디지털적인 것과 세계화의 영향을 더 충분히 이해하려면, '도시(city)' 라는 범주는 유보할 필요가 있다. 그보다는 중심성(centrality)과 중심성의 공간(space of centrality)이라는 보다 추상적인 범주를 구축할 필요가 있는데, 이는 아이러니하게도 우리가 도시를 복원할 수 있게 해줄 수 있는 범주다. 비록 훨씬 더 폭넓은 일단의 이슈들 속에서 단 하나의 예시화로서 행해지는 복원일지라도 말이다.[9]

이런 종류의 질문들을 통해 디지털적인 것과 세계화의 영향을 풀어헤치기 시작한다면, 그리고 단순히 우리의 분석을 기술의 기술적 역량으로만 국한하는 게 아니라면, 우리는 이런 이슈들을 탐구할 수 있는 엄청나게 흥미로운 개념의 지도를 그릴 수 있다. 이러한 세계화와 디지털화에 대한 지도 그리기를 통해, 우리가 얼마나 국가적인 것의 개념 속에 깊이 배태된 의식 안에 존재해왔는지를 이해할 수도 있다. 영토, 행정, 정체성, 시민권—이 모든 게 국가적인 관점에서 형성되었다. 앞서 설명한 규모 재편의 영향 중 하나는 국가적인 것을 "구축하는" 제도적 범주화(encasing)의 여러 층위를 지우고 하위 국가적 유통 시스템을 해방시키는 것이다.

세계적 도시는 바로 이런 두 척도—옛것과 새것—의 종합이다. 그것은 보다 오래된 규모의 위계를 무효화하고 중립화하며, 세계적 범위로 거대하게 복잡한 터를 갖춘 물성으로서 기능한다. 세계화 시대에는 스테이트(state)도 이런 국가적 범주화(national encasing)의 중립화에 참여한다. 하지만 스테이트는 단지 세계화의 희생양이 아니다. 스테이트는 세계적 도시의 부분적 비국가화를 촉진하는 법을 만드는 데 적극적으로 참여하고, 한때 국가적인 것으로 구축되었던 것 속에서 외국 배우, 외국 시장, 외국 영화, 외국 문화기관이 역할을 할 기회를 만들어낸다. 나는 이런 요소들의 조합 속에 디지털적인 것이 건축과 도시에 미치는 영향을 매우 다르게 읽는 방식이 있다고 주장하고 싶다. 그것이 우리를 이끄는 방향은 연구와 이론화와 주장을 위한 풍부하고 복잡한 의제로도 이끌 수 있을 것이다.

주(註)

1 "나노기술의 도래로 건축이 죽은 기술이 될 거라는 전망이 나오지만, 컴퓨터의 가상 환경에서는 이미 건축의 전통적 관습에 가까운 무엇이 번성하고 있다. 20세기의 유일한 핵심 아키텍처는 정보의 구조다. 마이크로칩은 성당이다. 도서관은 모뎀의 정반대에 위치한다. 나중에 역사를 되돌아보면 포스트모던은 포스트휴먼(Posthuman)이 도래하기 전에 숨 쉴 공간이었던 걸로 보이게 될 것이다." William Gibson, "Letter to Anyone," in *Anyone*, ed. Cynthia C. Davidson (New York: Rizzoli, 1991), 264.

2 내가 묘사하고 있는 역학관계들의 다양성은 모두 변두리와 경계, 미개척 영역에 위치한다. 나는 연구자로서 이런 문지방적 경계들이 특히 흥미롭다고 여기는데, 바로 이렇게 새로운 공간 방식과 오래된 공간 방식이 교류하는 지점에서 모든 현상이 나타나기 때문이다. 이는 단지 도시뿐만이 아니라, 몇 가지 분야의 매우 특화된 연구 의제에 대해서도 모든 일련의 함축을 갖는다.

3 이런 몇 가지 개념들이 어떻게 발전해왔는지를 보려면 다음을 참조할 것. "Digital Networks and Power" in *Spaces of Culture: City, Nation, World*, ed. Mike Featherstone and Scott Lash (London: Sage, 1999); "The Virtual House," *ANY* 19/20, 1997.

4 이런 유형의 읽기가 일으키는 또 다른 결과는 효율이 떨어지거나 속도가 느린 모든 옛 기술을 신기술이 불가피하게 대체할 거라 가정하고, 그런 신기술에 최적화된 과제들을 실시하는 것이다. 우리는 그런 불가피한 대체가 역사적으로 사실이 아님을 알고 있다.

5 나는 이런 이슈 중 일부를 *Losing Control? Sovereignty in an Age of Globalization* (New York: Columbia University Press, 1996)과 현재 내가 작업 중인 *De-Nationalization*이라는 책에서 발전시킨다.

6 Saskia Sassen, "Geographies and Countergeographics of Globalization" in *Anymore*, ed. Cynthia C. Davidson (Cambridge, Mass.: MIT Press, 2000), 110-19 참조.

7 세계적 도시를 특징짓는 다른 차원들도 있다. 나의 책 *The Global City* (Princeton, N.J.: Princeton University Press, 2001)의 완전 개정판을 참조할 것.

8 세계적 도시에 대한 나의 작업은 많은 경우 글로벌 디지털 경제가 그 존재를 유지하기 위해 물적 조건을 막대하게 집중할 것을 요한다는 사실을 개념화하고 기록하겠다는 시선으로 이뤄졌다. 이런 점에서 금융은 중요한 중개 요인이다. 금융은 비유동적 부의 다양한 형식을 유동화하고 이미 유동적인 것의 이동성(즉, 초이동성)을 높이기 위한 역량을 표상한다. 나는 이 주제를 "Juxtaposed Temporalities: Producing a New Zone" in *Anytime*, ed. Cynthia C. Davidson (Cambridge, Mass.: MIT Press, 1999), 114-21에서 발전시켰다.

9 Saskia Sassen, "Reconfiguring Centrality," in *Anywise*, ed. Cynthia C. Davidson (Cambridge, Mass.: MIT Press, 1996), 126-32 참조.

소개문

도플러 효과와 모더니즘의 다른 분위기에 관한 기록 /
로버트 소몰과 사라 와이팅

2002년, 로버트 소몰과 사라 와이팅은 자율성 파헤치기(Mining Autonomy)라는 제목이 붙은 『퍼스펙타(*Perspecta*)』 33호에 "도플러 효과와 모더니즘의 다른 분위기에 관한 기록"이라는 글을 출간했다. 이 글을 통해 소몰—캘리포니아 대학교 로스앤젤레스 캠퍼스(UCLA)의 조교수 겸 폴라리 x 소몰(P X S) 회사의 공동설립자—과 와이팅—라이스 건축학교 학장 겸 더블유더블유(WW) 아키텍츠 대표—은 "현 지배적 패러다임인 비판성"에 대해 비판하며, 투사적 실무[1] 개념을 대안으로 제시한다. 소몰과 와이팅은 "학제성(學制性, disciplinarity)"[2]이 "비판성 기획에 의해 흡수되었고 고갈되었다"라고 단언한다. 저자들은 1970년대 이래 두 가지 궤적을 따르는 학제성(disciplinarity)에 대해 상술한다. 첫 번째는 마이클 헤이스와 피터 아이젠만이 발전시킨 비판적 건축과 연결되는데, 부분적으로는 역사가이자 비평가인 만프레도 타푸리와 콜린 로우의 생각에 영향을 받은 것이다. "자율성과 프로세스"(사물화와 지표적 재현에 대한 저항)와 연관된 비판성은, 두 번째 1970년대 추동된 학제성 개념 즉 소몰과 와이팅이 렘 콜하스와 연결시키는 "힘과 효과"라는 개념과 병치된다. 학제성에 대한 이 후자의 이해는 투사적 실무 개념의 예가 된다.

소몰과 와이팅은 도플러 효과—"파동의 원천과 파동의 수신자가 상대적 속도를 가질 때 발생하는 파동의 빈도상 인지 가능한 변화"—를 투사적 건축이 어떻게 기능하느냐를 설명해주는 매개적 개념으로 받아들인다. "도플러 건축은 건축의 많은 우발적인 요소들(contingencies)을 조절하여 종합하는 방법을 알고 있다. 건축을 단독의 자율성으로 고립시키기보다는, 도플러는 건축의 내재적 다양체들 즉 재료, 프로그램, 글쓰기, 환경, 형태, 기술, 경제 등의 효과와 교환에 초점을 맞춘다. [...] 도플러는 학제성에 대한 이해를 자율성에서 수행성 또는 실천으로 변화시킨다.” 중요하게도, 도플러 건축은 효과의 생산을 위해 객체-건축-와 주체-사용자-모두에 의존한다. 그래서, 주어진 작업의 경험은 주체의 개인적 지식과 역사에 근거한다. 그런 “분위기 상호작용”을 소몰과 와이팅은 “쿨”이라 표현하는데, 이는 마셜 매클루언의 “핫” 미디어와 “쿨” 미디어 개념에서 나온 것으로, 여기에선 비판적 건축(“열정적”)과 투사적 건축(“냉정”) 간의 차이로 간주된다. 저자들은 “냉각화가 혼성의 과정을 제시한다면(그래서 도플러 효과는 냉정의 한 형태가 된다), 열정은 구별을 통해 저항하고, 매우 어렵고, 장황하며, 힘들고, 복잡함을 함축한다. 냉정은 여유롭고 쉽다.” 마지막 구절에서 소몰과 와이팅은 영화 케이프 피어의 각 판형에서 데이비드 히키의 로버트 드니로와 로버트 미첨의 연기 비교를 언급하면서 “열정”과 “냉정” 간의 차이를 강조한다. 그들은 결론 내리길, 비판적 건축처럼, “‘드 니로 건축’은 열정적이고 어렵고 그 생산의 프로세스들을 지시한다...” 반면, 투사적 건축처럼, “‘미첨 건축은 냉정하고 쉽고 결코 특별한 작업같이 보이지 않는다. 그것은 분위기 또는 대안적 현실들에서의 삶에 관한 것이다”

이 글의 출간 이후로, “도플러 효과”는 미국과 해외에 건축 담론의 중요한 예가 되었으며, 이론의 현재 상황에 대한 토론에 빈번히 인용되었고 심지어 2006년 3월 델프트 공대에서 열린 심포지엄, “투사적 랜드스케이프: 투사적 실무에 대한 컨퍼런스”를 촉진하기도 했다.

주(註)

1 역주: 소몰과 와이팅은 이 글에서 projective practice, projective architecture, the projective 등의 용어를 사용한다. 이 개념은 비판성 기획, 비판적 건축 등과 구별하여 대비되는 개념으로 사용하는데, 여기에선 투사적 실무, 투사적 건축, 투사적인 것으로 옮겼다. 한편, the critical project는 비판성 기획 등으로 옮겼다. 이 용어는 소몰과 와이팅의 특권적 용어임에 분명하나, 명확하게 정의를 내리고 있진 않다. 다만, 이 책에 실린 루머르 판 토른의 글, 「이제 꿈은 없는가」에서는 와이팅의 말을 인용하여 "왜 하필 투사일까? 와이팅이 쓴 이메일에 따르면 "투사(projective)가 '기획(project)' 이라는 말을 포함하기 때문이다. 투사는 생산물보다 접근 방식이나 전략에 관한 말에 더 가깝다. 투사는 항상 뒤를 돌아보는 비판성과 달리 앞을 내다본다[투사한다]." 라고 설명하고 있다. 이에 따르면 앞을 내다본다는 의미를 강조하는 것으로 보아 "투사적" 으로 번역하였다.)

2 역주: 이 글에서 discipline은 '학제(學制)' 로, disciplinarity는 '학제성(學制性)' 으로, interdisciplinarity는 '학제(學制)간 연구' 로 번역하였음을 밝혀둔다.

로버트 소몰과 사라 와이팅(Robert Somol and Sarah Whiting)
/ 이경창 옮김

도플러 효과와 모더니즘의 다른 분위기에 관한 기록

Notes around the Doppler Effect and Other Moods of Modernism

Perspecta, Vol. 33, Mining Autonomy (2002), pp. 72-77에 처음 실림.
예일 대학교의 두 저자가 제공.

우리 모두는 우리의 유래와 희망이 미리 그려놓은 똑같은 길을 따라 차례차례 움직이는 것이기 때문에 이런 우연은 생각보다 훨씬 더 많이 일어난다고 스스로에게 이야기할수록 나는 점점 더 자주 나를 엄습하는 반복의 유령에 이성으로 맞서기가 더 힘들어진다. 사람들과 만나기만 하면 나는 과거에 이미 똑같은 사람들이 똑같은 생각을 똑같은 방식으로, 똑같은 말과 표현과 몸짓으로 말하던 것을 어디선가 보았다는 느낌을 받는다. […] 오늘날까지 제대로 설명되지 않고 있는 이 현상은 일종의 종말의 선취, 공허로의 진입, 혹은 일종의 이탈일 수도 있는데, 이는 연거푸 동일한 선율을 반복하는 축음기처럼, 기계의 고장이 아니라 기계에 입력된 프로그램의 교정할 수 없는 결함에서 비롯되는 것이다.
—W. G. 제발트, 『토성의 고리』1

나는 이런 통합체들이 여러 자율적인 그러나 독립적이지 않은 영역들을 형성한다는 것을 보여주고자 한다. 그러나 이것은 규칙에 지배를 받지만 영구적인 변형의 상태에 있고, 익명적이며 주체가 없는, 하지만 많은 개별적인 작품들을 가득 채우는 것이다.
—미셸 푸코, 『지식의 고고학』

비판적 건축에서 투사적 건축으로

1984년, 『퍼스펙타(*Perspecta*)』 21호에서 편집자 캐롤 번스와 로버트 테일러는 야심 찬 의제를 설정한다. "건축은 고립되거나 자율적인 매체가 아니라, 건축 분야의 바깥에 있되 이를 에워싸는 사회, 지식, 시각문화와 능동적으로 관계를 맺는다. […] 그것은 건축이 형태나 양식의 문제를 넘어 더 복잡한 문제들과 밀접하게 연관되어 있다는 전제에 근거한 것이다." 이런 태도는 초기 예일 세대의 "리얼리스트" 또는 "회색" 전통과의 흥미로운 연관을 보여주는 한편, 비판적, 네오 마르크스주의를 (머지않아 예일의 대명사가 될) 토속적이고 일상적인 것에 대한 찬양과 융합하기 시작하는 신호가 된다.[2] 같은 호에, K. 마이클 헤이스는 권위 있는 논설, "비판적 건축: 문화와 형태 사이"를 출판하여 편집자들이 참여와 자율성에 대해 충분히 변증법적으로 이해하지 못했음을 넌지시 내비침으로써 당호 편집자의 입장에 유용한 교정 역할을 제공했다. 헤이스는 늘 지적으로 세련되게 자율성이 참여를 위한 전제조건임을 인식시켜왔다. 헤이스는 미스(Mies)를 패러다임으로 사용하면서, 회유적 상품성과 부정적 논평 양극단 사이에 작동하는 "비판적 건축"의 가능성을 주장하였다.

12호 그리고 17년이 지난 후, 33호의 편집자는 학제간 연구(interdisciplinarity)라는 주제로 돌아왔다. 이번에 그 주제는 다음과 같이 분명히 헤이스의 1984년 논설에서 설정한 용어를 이어받았다. "『퍼스펙타』 33호는 건축이 문화적 산물로서의 존재와 독립된 자율적 학제로서의 존재 사이의 비판적 입장에 있다는 믿음으로 만들어졌다." 그러나, 헤이스는 비판적 건축만이 자신이 특권을 부여한 "사이"의 위치에서 작동한다고 한정하였지만, 33호의 편집자는 이제 모든 건축이 사실상 비판적 위상을 자동적으로 차지한다고 말한다. 헤이스에게 예외적인 실천이었던 것이 이제는 삶의 일상적 사실이 되어버린 것이다. 어쨌든,

적어도 33호 편집자들이 행한 이런 비판적 실천의 인플레이션은 지난 20년간 학제성이 비판성 기획에 흡수되고 고갈되어 버렸다는 사실을 어쩌면 무의식적으로 확인해 주었다. 헤이스의 첫 비판적 건축에 대한 논설이 『퍼스펙타』 21호의 리얼리스트 입장에 필수적인 교정 역할을 했다면, 이제는 비판성의 지배적인 패러다임에 대한 대안을 제시하는 것도 필요할 것이다(또는 최소한 유용할 것이다). 그 대안은 이 글에서 투사적인 것(projective)으로 특정될 것이다.

헤이스의 통찰력있는 논지에서 볼 수 있듯이, 텍스트성의 체제아래 비판적 건축은 여러 사변적 대립물들 "사이"의 존재라는 조건을 요구하였다. 그래서 "문화와 형태"는 "키치와 아방가르드"(클레멘트 그린버그), "대상성과 예술"(마이클 프리드), "자본주의 발전과 디자인"(만프레도 타푸리)으로 대체해서 생각할 수 있다. 역사/이론에서 헤이스나 디자인에서 피터 아이젠만의 작품이든 여하간 건축에서 로우와 타푸리의 담론이야말로 "사이"의 비판적 기획을 (완전하다고는 못해도) 가장 온전하게 실현시킨다.

건축의 비판적 기획이 형성된 것은 로우와 타푸리의 개념적인 유전형질에서이다. 포섭되거나 지양되는 것이든(변증법적 유물론) 균형 잡힌 것이든(자유주의적 형식주의) 상관없이, 두 작가 모두에게 모순 또는 양가성이라는 필수적 가설이 있다. 로우와 타푸리의 다양한 변형을 검토하기에 앞서, 그들간의 대립이 생각하는 것만큼 그다지 명확하지 않다는 사실을 아는 게 중요하다. 로우의 형태 프로젝트(formal project)는 특정 자유주의 정치학과 깊이 연결되고, 타푸리의 변증법적 비판의 참여적 실천은 건축 생산에 관한 염세적 진단일 뿐 아니라 형식에 관한 선험적 관념들(a prioris)의 연속으로 귀결된다. 이렇게 볼 때, 로우보다 더 정치적인 작가는 없으며, 타푸리보다 더 형식주의자는 없다.

헤이스와 아이젠만의 비판성은 자신의 멘토이자 선배들의 저서 속 대립적 또는 변증법적 틀을 유지하는 동시에 그들이 사용한 어휘들을 간략화하거나 흐리는 시도를 한다. 비판적 입지를 만들기 위해 로우와 타푸리를 혼종화하려는 다양한 시도에서3, 헤이스와 아이젠만 모두 변증법에 의지한다. 이는 각각 창간에 관여했던 『오포지션스(*Oppositions*)』와 『어셈블리지(*Assemblage*)』라는 저널의 이름에 명확히 드러난다. 마이클 프리드의 미학에 은근히 비판적이었지만[4], 아이젠만과 헤이스는 프리드가 그랬던 만큼 궁극적으로 리터럴리즘(literalism)을 두려워하며, 삶과 예술을 동형으로 재배치하는 것에 경고한다.[5] 두 사람 모두 학제성(disciplinarity)을 (비판, 재현, 의미화를 가능케 하는) 자율적인 것으로 이해하였을 뿐, 도구성(투사, 수행성, 실용주의)으로서는 아니었다. 학제성에 대한 그들의 정의는 생성(emergence)의 가능성을 향하기보다 사물화에 맞서는 것이라 말할 수 있다. 사물화가 질적 경험이 양화되는 부정적 환원과 관련된다면, 생성은 새로운 특성들의 생산으로 귀결되는 일련의 축적을 약속한다. 이 글은 비판적 기획—여기에는 지표적인 것, 변증법적인 것, 열정적 재현에 연결된다—에 대한 대안으로 투사적인 것—다이어그램적, 환경적, 냉정한 수행—의 대안적 계보학을 개발하고자 한다.

지표에서 다이어그램으로

로우와 타푸리의 평행한 재편으로서 헤이스와 아이젠만의 모두 중요한 저작물에서 비판적 기획은 불가피하게 매개되어 있다. 실제로, 그것은 재생산에 영구히 사로잡혀 있으며 뗄 수 없이 연결되어 있다.[6] 이런 강박은 헤이스의 미스 반 데어 로에 바르셀로나 파빌리온에 대한 설명과 피터 아이젠만의 르 코르뷔지에 돔-이노에 대한 다시 읽기 모두에서 나타나는데, 두 작가 모두 지표의 기법을 적용한다.[7] 지표는 부분들 사이의 가장 적절한 매개체(또는 사이의 비판적 선동자)로 등장하는데 물질(materialism)과 의미(signification)를 자동으로 묶기 때문이다. 달리 말하면, 그것은 상징이나 도상처럼 문화적으로나 시각적으로 결정된 것이 아니라, 물리적으로 추동된 기호로서 존재한다. 헤이스에게, 미스의 건축은 "기존의 문화적 가치들에 대한 효과적인 재현과 그와는 완전히 독립된 추상 형식 체계의 자율성 사이에" 위치한다.[8] 세상 속에 있으면서도 그것에 저항하는 이런 존재의 위상은 건축적 대상이 물질적으로 자신의 특정한 시간적, 공간적 맥락을 반영하는 방식뿐만 아니라 생산 체계들의 흔적으로 기여하는 방식에 따라 이루어진다. 헤이스는 바르셀로나 파빌리온을 "시간적 지속성이 있는 사건"으로서, "그 현행적 실존(actual existence)은 끊임없이 생산되고 있다" 또는 그 의미는 계속 결정되고 있다고 말한다. 이런 결정의 행위는 실제로도 그리고 어원학적으로도 탁월하게 비판적 제스처이다.

아이젠만의 돔-이노 논의에서 서술하는 바는 헤이스가 논한 물질적 생산과 기술적 체계 또는 특정 맥락이라기보다 디자인 프로세스 자체이다. 그 존재의 위상을 표시하면서 자기지시적 기호로 기능하는 그 능력 속에, 돔-이노는 건축에서 최초의 모더니스트적 그리고 비판적 제스처 중 하나가 된다. "건축은 실체이자 행위이다. 기호는 개입의 기록 즉 단순히 필연적 조건들인 요소들의 현전을 넘어서는 사건이자 행동이다." 아이젠만과 헤이스에게, 돔-이노와 바르셀로나 파빌리온은 직접적인 사건의 흔적이며, 디자인 또는 구축 과정의 지표들이자 끊임없이 변형의 상태를 잠재적으로 가리키는 대상이다. 두 경우 모두, 자기지시성의 비판적 형태는 일련의 재생산을 통해 입증된다. 실존하지 않는 돔-이노의 투시도를 아이젠만이 투상도로 다시 그린 것이나 현존하지 않는 원 바르셀로나 파빌리온의 경험을 추출하기 위해 헤이스가 사용한 역사적 사진들이 그것이다. 건축적 인공물이 잃어버린 프로세스 또는 실무의 지표들인 것처럼, 오브제 자체도 두 경우 모두 의미심장하게 상실되고 있어, 그들의 흔적들처럼 일련의 복제물이 대신한다. 무한한 회귀 또는 연기의 이런 과정은 비판적 건축 기획의 구성요소이다. 건축은 재현이자 동시에 그 조건에 대한 주석이라는 위상에 불가피하게 그리고 중심적으로 사로잡힌다.

1970년대 비판적-지표적 기획의 맥락 내에 자리잡은 아이젠만의 짙은 유럽식 프레임에 대한 대안으로서 동일시기 대중 문화적인 미국식 프레임을 전유한 렘 콜하스를 거론할 수 있다. 위에서 제시한 것처럼, 아이젠만은 르 코르뷔지에의 돔-이노를 변형 프로세스의 흔적으로 이해하고, 그리드에 운동을 부여함으로써 로우(Rowe)에게서 벗어난다.

지표적 기획이 건축 주제에 대한 특정한 종류의 독해를 가정하거나 만드는 것처럼, 그 건축적 운동의 상상력은 그리드의 서사에 의지한다. 그래서, 비록 건축의 지표적 프로그램이 다이어그램으로 나아갈 수 있다고 해도, 여전히 기호론적, 재현적, 연쇄적 야망에 묶여 있다. 그 대신 라이프 매거진–다운타운 운동 클럽의 단면 컷뿐 아니라–에 실린 "카툰-정리(cartoon-theorem)"에서 얻은 콜하스의 영감은 건축적 전망을 새로운 집합 형태의 생산과 투사에 대한 기여라고 말한다. 이런 뉴욕식 프레임은 대도시적 가소성의 도구로 존재하며 통상적인 건축으로 볼 수 없다. 그것은 독해의 대상이 아니라 매료시키고, 새로운 사건과 행동을 생성하고, 부추기기 위한 것이다. 마천루-기계는 이 세계 내에 잠재적 세계들(virtual worlds)을 향한 무한한 투사를 허용하며, 이런 방식으로 헤테로토피아와 감옥에 대한 미셸 푸코의 사유를 포괄한다. 질 들뢰즈는, 푸코가 제레미 벤담의 판옵티콘을 단순히 감시를 위한 기계로 이해한 것이 아니라, "특정 다양체에 대해 특정 형태의 행위를 강요하는" 다이어그램으로 더 넓고 생산적으로 이해한 것이라 주장한다. 콜하스의 프레임 구조에 대한 창안도 똑같이 다이어그램적이다.

1970년대 중반 건축 담론에서 이런 두 가지 프레임 구조의 고안에서 학제성을 대하는 두 가지 방향을 식별할 수 있다. 즉, 아이젠만의 돔-이노 독해의 경우처럼 자율성과 프로세스로서의 특수성과 콜하스의 다운타운 운동 클럽의 무대화에서 볼 수 있듯이 힘과 효과로서의 특수성이 그것이다. 게다가, 이런 두 예를 통해 건축에서 지표적인 것과의 관계를 맺는 비판적 기획과 다이어그램을 통해 진척시키는 투사적인 것(the projective)을 구별할 수 있다. 지표가 실재(the real)의 흔적에 해당하는 것처럼, 다이어그램은 잠재(the virtual)의 도구이다.[9]

변증법에서 도플러로

비판적 변증법의 대립적 전략에 의지하기보다는, 투사적인 것은 도플러 효과와 유사한 것을 도입한다. 도플러 효과는 파동의 원천과 파동의 수신자가 상대적 속도를 가질 때 발생하는 파동의 빈도상 인지 가능한 변화를 말한다. 도플러 효과는 기차가 도착할 때의 기차 소리와 청자에게서 멀어질 때의 소리 사이 음 높이의 변화가 왜 발생하는지를 알려 준다.[10] 비판적 변증법이 건축의 자율성을 건축의 영역 또는 학제를 규정하는 수단으로 설정한다면, 도플러 건축은 건축의 많은 우발적인 요소들을 조절하여 종합하는 방법을 알고 있다. 건축을 단독의 자율성으로 고립시키기는 대신, 도플러는 건축의 내재적 다양체들 즉 재료, 프로그램, 글쓰기, 환경, 형태, 기술, 경제 등의 효과와 교환에 초점을 맞춘다. 이런 우발적 요소들의 다양화는 학제간 연구라는 밋밋한 개념과 매우 다르다는 것을 강조하는 것이 중요하다. 학제간 연구는 외부 측정 막대를 통해 건축의 정당화를 모색하며, 그래서 건축을 이질적 삶의 흡수자라는 불확실한 역할로 환원시킬 뿐이다. 투사적 건축은 건축의 정의(定義)를 회복하는 걸 꺼리진 않지만, 그 정의는 수단과 재료의 언어보다는 디자인과 그 효과에서 나와야 한다고 생각한다. 도플러는 학제성을 자율성이 아닌 수행성 또는 실천으로 이해한다. 전자에서 지식과 형태는 공유된 기준, 원리, 전통에 근거하지만, 후자에서는 학제성에 대해 푸코에 더 가까운 개념이 제시되는데, 여기에서 학제는 고정된 자료나 실체가 아니라 능동적 유기체 또는 계획되거나 통제될 수 없는 담론적 실천에 가깝다. 푸코의 "다수의, 자율적이지만 독립적이지 않은 영역들을 형성하고, 규칙에 지배받지만, 영구적인 변형 상태에 있는 통일체들"과 유사하다.[11] 되돌아보거나 현 상황을 비판하기보다는, 도플러는 (대립적인 것이 아닌) 대안적 배열 또는 시나리오를 미래로 투사한다.

투사적 건축은 건축 영역 밖의 전문지식을 주장하지 않으며 건축의 절대적 정의에 전문 지식의 영역을 가두지도 않는다. 디자인은 건축이 이질성의 암운 속으로 미끄러지는 것을 막는다. 그것은 학제성과 전문지식의 불안정한 경계를 그린다. 그래서 건축가가 역사적으로 규정된 건축에 대한 전망의 밖에 있는 주제－예를 들어 경제학의 문제나 공적 정치의 문제－에 관여할 때, 건축가는 경제학 또는 공적 정치학의 전문가로서 관여하는 것이 아니라 디자인 전문가로서 관여하는 것이며 디자인이 경제학 또는 정치에 어떻게 영향을 줄 수 있느냐로 관여하는 것이다. 그들은 비평가로서가 아니라, 이런 타 분야에 대한 디자인의 관계를 담당하는 전문가로서 관여한다. 디자인은 대상의 특성들(형태, 비례, 물질성, 구성 등)을 아우르지만 효과, 분위기, 환경 같은 감성의 특성들 또한 아우른다.

변증법적 건축 전략 대신, 도플러 효과의 전략을 취하는 투사적 건축의 예는 렉싱턴에 위치한 4만 제곱 피트의 커뮤니티센터인, 더블유더블유(WW)의 〈인트라센터(IntraCenter)〉이다. 인트라센터의 고객은 더블유더블유에게 탁아소, 운동시설, 사회복지시설, 카페, 도서관, 컴퓨터 센터, 직업훈련소, 상점 등 어지러울 정도로 이질적인 실행 프로그램 목록을 제시했다. 이런 복합 프로그램을 고려하여 각각 자기만의 형태적 정체성을 부여하거나 중립적 영역을 설정하여 각 프로그램을 규정하기보다, 〈인트라센터〉는 형태와 프로그램 간 중첩될 여지를 없애버린다. 이런 여지를 없앰으로써 형태와 프로그램 간 지속적인 도플러 변이(Doppler shift)[12]를 만든다. 이런 비중심화 전략은, 재료와 구조적 조건들뿐 아니라 중첩되는 고객들 사이의 많은 반향을 포함하여, 다른 도플러 효과를 생성한다. 〈인트라센터〉는 비판적이기보다 투사적인데, 그 속에는 프로그램, 기술의 단일한 표현 또는 형태(현대 건축의 쓸모, 튼튼함, 아름다움)보다는 복합적인 참여의 가능성을 매우 신중하게 행동으로 옮긴다.

도플러 효과는 시차(視差, parallax)와 몇 가지 속성을 공유한다. 여기에서 시차란 이브-알랭 부아(Yve-Alain Bois)가 적었던 것처럼, "변화"라는 뜻의 그리스어 파랄락시스(parallaxis)에서 유래한 말로, "보는 시점의 변화에 따른 대상 위치에서의 분명한 변화"[13]를 지칭한다. 세라(Serra)가 의식적으로 시차의 가능성에 반응한 것을 설명하면서, 부아는 〈시점(Sight Point)〉이라 이름붙은 세라의 조각에 대한 글을 예로 인용한다. "[처음에 보기에는] 오른쪽에서 왼쪽으로 기울어져 보이고, 다음은 엑스(X) 모양이 되며, 그 다음 연장되어 끝이 잘린 피라미드 모양이 된다. 조각의 주변을 돌 때 이런 일이 세 번 발생한다."[14] 달리 말하면, 시차는 대상을 돌 때 발생하는 시야의 연극적 효과이다. 맥락과 관객이 어떻게 예술작품을 "완성하는가"를 고려한 것이다.

도플러가 시차와 다른 점은 순수하게 광학적인 것이 아니라는 점이다. 파동이 청각 또는 시각적인 것이 될 수 있다는 것을 생각해 보면, 도플러는 시각적인 것과 개념적인 것이 여러 감각 중 단 두개에 불과하다고 말한다. 게다가, 도플러는 독해 전략이 아니라—즉, 단지 예술작품의 열린 독해가 아니라—환경과의 상호작용이다. 그것은 주체와 객체 모두 정보와 에너지를 전달하고 교환한다는 믿음을 중시한다. 간단히 말해, 사용자는 다른 사람들보다 건물의 어떤 측면에 더 잘 조율될 수 있다. 그 또는 그녀는 건물이 건축의 형식적 역사에 어떻게 대응하거나 특정 기술을 어떻게 적용하는지 잘 이해할 수 있거나 건물 재료의 색조(material palette) 또는 대지와 특정한 연관성을 가질 수 있다. 소설가 W. G. 제발트가 설명하는 것처럼, 우리 중 각각은 반복, 우연의 일치 또는 복제의 순간을 경험하며, 그곳에서 다른 경험들, 대화들, 분위기들, 만남들의 메아리가 현재의 것에 영향을 준다. 그런 순간적 반향들은 노선을 벗어난 길들과 같다. 현실과 가상 세계의 중첩되는 순간적 기시감들(déjà vus)을 생성하는 단계를 듣고 보는 것과 같다.

열정에서 냉정으로

누군가는 열정과 냉정의 인류학을 설립해야 한다….

—장 보드리야르

대체로, 학제성의 비판적 방식에서 투사적 방식으로의 변화를 냉정화의 과정 또는 마셜 매클루언의 용어를 쓰면, 학제성에 대한 "열정적" 견해에서 "냉정한" 견해로의 변화과정으로 규정할 수 있다. 비판적 건축은 표준적, 배경적 또는 익명적 생산 조건에서 자신을 분리하며 차이를 표현하는 데 몰두한다는 의미에서 열정적이다. 매클루언에게, 영화같은 열정적 매체는 한 채널 또는 하나의 방식으로 아주 분명한 정보를 전달하는 "고화질(high-definition, 고-규정적)"이다. 반대로, 텔레비전같이 냉정한 매체는 저화질(low-definition, 저-규정적)이라 전달하는 정보가 손상되기 때문에 사용자의 참여를 요한다. 이에 관하여, 형식주의자-비판적 기획은 정의, 묘사, 구별(또는 중간의 특수성)을 우선으로 둔다는 점에서 열정적이다. 하나의 대안인 미니멀리즘은 냉정한 예술 형태가 될 것이다. 그것은 저-규정적이며 그걸 완성하기 위해서는 맥락과 관객이 요구되고, 자족성과 자의식은 모두 빠져 있다. 미니멀리즘은 분명히 참여를 요구하며 스미슨의 엔트로피 증진[15]과 관련된다. 냉정화가 혼합의 과정을 제시한다면(그래서 도플러 효과는 냉정의 한 형태가 된다), 열정은 구별을 통해 저항하고, 매우 어렵고, 장황하며, 힘들고, 복잡함을 함축한다. 냉정은 여유롭고 쉽다. 이런 냉정과 열정 간의 구별은 매클루언이 논하지 않았던 매체 즉 배우의 연기(performance)를 간단히 검토함으로써 더 자세히 논할 수 있을 것이다.

배우 로버트 미첨(Robert Mitchum)에 대한 부고 기사에서 데이브 히키(Dave Hickey)는, 로버트 미첨을 통해 비로소 여러분들은 연기가 무엇인지 이해하게 되었는데, 연기는 표현(또는 재현)되는 게 아니라 전달되는 것이라고 말한다.[16] 미첨의 영향력(the Mitchum Effect)은 그 이면에 무엇이 있다는 걸 알지만, 정확히 그것이 무엇인지 확신할 수 없다는 데 있다. 히키는 미첨이 행하는 것은 언제나 놀라우며 호소력이 있다고 말한다. 이런 놀라운 호소력의 특성은 우연한 사건과 확장된 리얼리즘을 결합하는 투사적 효과로 응용될 수 있다는 것은 틀림없다. 두 종류의 배우가 있다고 히키는 주장한다. 첫째는 디테일에서 캐릭터를 구축하는 사람들이며 서사를 구축함으로써 여러분이 그들의 캐릭터를 믿게 만든다. 이것을 "메소드" 학파라고 말할 수 있는데, 여기에 속하는 배우는 몸짓과 동기를 준비하며 대본의 글을 서브-텍스트로 보충한다. 둘째 배우 그룹은 신체를 통해 호소력을 만든다. 히키는 첫째 그룹이 실제 행위를 하고 있다면, 둘째 그룹은 "맹렬히 연기를 하고 있다"라고 말한다. 로버트 드 니로(Robert De Niro)가 첫째 범주에 속한 사람이라면, 미첨은 둘째에 해당한다.

1980년대와 90년대 건축과 철학의 관계는 드 니로와 자기 캐릭터의 관계와 같다. 달리 말하면, 일종의 메소드 연기 또는 메소드 디자인인데, 여기에서는 건축가가 글로 표현하거나 건축이 형상화의 절차를 재현했다. "비판적 기획"으로서 메소드 연기는 정신분석에 연결되었고, 기억과 과거 사건을 상기시키거나 재연하는 것에 연결되었다. 반대로, 히키가 말하길, 미첨은

> 스탠더드를 연주하는 콜트레인처럼 파격적인 관점과 자기만의 속도와 어두운 우발성의 감각으로 글에 몰입하고 있다. 그래서 우리가 미첨의 연기에서 보는 것은 만들어진 캐릭터가 아니라 미첨의 감성을 지닌 이가 커서 바다의 선장이 된다든지 아니면 사설탐정이 된다거나 학교 교사가 된다면 어떻게 될까라는 여러 선택지다.[17]

드 니로의 연기를 보면, 캐릭터 내에서뿐만 아니라 배우와 캐릭터 사이에서 캐릭터 구축의 흔적이 가시화될 정도로 투쟁을 목격하게 된다. 이를 제외하고는 달리 말할 방법이 없는데, 드 니로를 볼 때, (특유의 우스꽝스러운 표정이나 전력을 다하는 몸짓을 생각해보면) 열심히 작업을 하는 것처럼 보인다. 영화 〈케이프 피어〉(Cape Fear)[18]의 두 판형의 시작 장면은 이를 잘 보여준다. 1991년 리메이크작은 드 니로가 감옥에서 운동 또는 훈련을 하는 장면으로 시작하는데, 등뒤에 땀이 흘러내리는 것이 보인다. 원작에서 미첨은 전혀 서두르지 않는다. 비스듬히 모자를 쓰고는 건들거리며, 담배를 꼬나물고, 두 여성에게 슬쩍 눈길을 주고는 산들바람처럼 호탕하게 법원을 떠난다. 그는 이를 쉬워 보이게 만든다. 그래서 "드 니로 건축"은 열정적이며 어렵고 그 생산 절차를 지시한다. 그건 많은 노력이 들어가거나, 서사적 또는 재현적이거나, 실재에 대한 재현의 관계(허구적 텍스트를 위해 실제 사건에서 심리적인 서브텍스트를 제공)를 표현한다. 미첨은 리메이크작에서 형사 역할을 맡아 카메오로 출연하는데, 알몸 조사를 받는 드 니로/케이디를 보고 있는 장면에서, 그는 온 몸을 성서의 잠언으로 문신을 한 케이디의 신체를 보고 (케이디라는 캐릭터 못지 않게 메소드 연기를 펼치는 드 니로에게도?) 다소 비아냥거리며 이렇게 덧붙인다. "이놈을 보고 있는지 읽고 있는지 모르겠군." 이런 서사적 방식과는 반대로, "미첨 건축"은 쿨하며 쉽고, 결코 특별한 작업같아 보이지 않는다. 그것은 분위기 또는 대안적 현실

들(가상이면 어떤가?)에서의 삶에 관한 것이다. 여기서 분위기는 냉정이 만드는 효과의, 열린 결말이다. 고-규정적이지 않고 개입의 여지를 주며, 주체(들)와의 결탁을 촉진한다. 미첨에게는 시나리오가 있지, 사이코드라마가 있지는 않다. 낯섦(the unhomely)이 주는 불편함과 불안은 불시(the untimely)에 제시되는 대안으로 대체되었다.

건축내에서 연기를 행하거나 높은 호소력을 요구하는 기획은 비판적 건축 실무—반성적, 재현적, 서사적인 것—에서 벗어나 투사적 실무로 이동해야 한다고 시사한다. 이런 투사적 프로그램을 설립하는 것은 시장의 힘에 불가피하게 포섭되는 것이 아니라 복합적인 경제 활동, 생태, 정보 시스템, 사회 단체를 존중하고 능동적으로 재조직하는 것이다.

이 글을 위해 수고를 해준 론 이테, 린다 폴라리, 아담 루에딕에게 감사드린다.

주(註)

1 역주: 해당 구절은 국역본, 이제영 옮김, 도서출판 창비, 220~221쪽에서 인용하였다.

2 데보라 버크와 스티븐 해리스가 편집한 에세이 모음집, *Architecture of the Everyday* (New York: Princeton Architectural Press, 1997)을 보라.

3 자신들의 비판적 입지를 형성하면서, 헤이스와 아이젠만 모두 로우와 타푸리를 오독한다. 시적 효과로서의 오독에 대한 해럴드 블룸의 이해에 따르면, "시적 효과—두명의 강력한 진정한 시인들을 포함할 때—는 언제나 선배 시인에 대한 오독과, 실제 그리고 필연적으로 잘못된 해석인 창조적 교정 행위에 따라 진행된다." Harold Bloom, *The Anxiety of influence: A Theory of Poetry* (NY: Oxford University Press, 1973; 1997): 30.

4 의미심장하게도 프리드에게 "사이"는 모더니스트의 특수성을 침식하는 연극적 저주였다.

5 역주: 리터럴리즘은 어떠한 붓질이나 표현이 배제된 평면 그대로의 텅 빈 캔버스, 무미건조한 물체(object)에 가까운 단순한 입방체나 기하학적인 삼차원 입체의 특징을 강조하는 미니멀아트(minimal art)를 지칭하는 마이클 프리드의 표현이다.(권진상, 「모더니즘 미술의 자율성과 매체 특정성: 마이클 프리드의 미술비평 이론을 중심으로」, 『미학』 제81권 3호, 2015년, 38쪽 참조) 프리드는 미니멀리즘 작품이 작품을 둘러싼 상황에 관심을 두기 때문에 연극적이라고 보았고, 각 예술이 이런 '연극성'에 근접할수록 그 고유성을 잃고 퇴보하게 된다고 비판하였다.

6 매개되어 있다는 말은 여기에서 프레드릭 제임슨이 매개를 사이의 능동적인 사이—두 측면 간 순수한 화해로 작동하는 수동적 사이 대신 두 주체들 또는 주체와 객체

사이의 참여적 상호작용으로서-로 이론화한 것과 마셜 매클루언이 매개를 대중매체의 번안가능한 복제가능성으로 이해한 것을 가리킨다.

7 "반복은 그래서 외적인 문화적 현실을 반영하기보다는 어떻게 건축이 저항할 수 있는지를 설명한다." K. Michael Hays, "Between Culture and Form", *Perspecta* 21(Cambridge, MIT Press, 1984): 27. 또한 Peter Eisenman, "Aspects of Modernism: Maison Dom-ino and the Self-Referential Sign", *Oppositions* 15/16(Winter/Spring, 1979).

8 Hays, 같은 책, 15.

9 이런 구분에 대해서 들뢰즈와 가타리는 다음과 같이 말한다. "[다이어그램은] 영토적 기호인 지표, 탈영토화에 속하는 도상, 상대적 또는 부정적 탈영토화에 속하는 상징과 구분되어야만 한다. 이렇게 다이어그램 장치에 의해 정의되는 추상적인 기계는 최종 심급에 있는 하부 구조도 아니며 최상위 심급에 있는 초월적 이념도 아니다. 오히려 추상적인 기계는 선도적인 역할을 한다. 추상적인 기계 또는 다이어그램적 기계는 어떤 것(심지어 그것이 실재적인 어떤 것이라 할지라도)을 표상(=재현)하는 기능을 하지 않으며, 오히려 도래할 실재, 새로운 유형의 현실(=실재성)을 건설한다." *A Thousand Plateaus* (Minneapolis: University of Minnesota Press, 1987), p.142. (국역본 : 김재인 옮김, 『천개의 고원』, 272-273쪽. 번역 일부 수정)

10 도플러 효과는 오스트리아 수학자이자 물리학자, 크리스티안 도플러(1803-1853)가 발견하였다.

11 Michel Foucault, Archaeology of Knowledge.

12 역주: 도플러 효과에 의한 진동수의 변화량

13 이브-알랭 부아는 웹스터 사전(Webster's Dictionary)을 인용하고 있다. "A Picturesque Stroll Around Clara-Clara", in Richard Serra, Hal Foster with Gordon Hughes, eds.(Cambridge: MIT Press October Books, 2001): 65.

14 같은 책, 66.

15 역주: 로버트 스미슨은 기존 형식주의 미술에서 탈피하여 대지미술(Earth Art)을 개척한 선구자이다. 엔트로피는 가용할 수 있는 상태로 환원될 수 없는 즉 무용의 상태로 전환된 질량(에너지)의 총량을 뜻하는 말이다. 열역학에서 자연 물질계는 엔트로피의 총량이 증가하는 방향으로 진행된다고 보는데, 스미슨의 작업에서 이 개념은 인간중심의 시간과 역사 나아가 모든 에너지 시스템은 결국 균질하고 무질서한 상태가 되고 말 것이라는 일종의 비관적이고 종말론적인 함의를 내포하게 된다.

16 Dave Hickey, "Mitchum Gets Out of Jail", *Art Issues*(September/October 1997): 10-13.

17 같은 책, 12.

18 역주: 이 영화는 1962년 제이 리 톰슨 감독이 제작하였으며 1991년 마틴 스콜세이지 감독에 의해 리메이크 되었다. 앞의 영화는 로버트 미첨이 악당 케이디 역을 맡았고, 리메이크 영화에선 로버트 드 니로가 맡았다.

소개문

디자인 지능—제1부: 서론 / 마이클 스픽스

교육자이자 연구자이며 작가인 마이클 스픽스는 "이론 이후"에 작동하는 당대 건축에 관한 그의 평가와 함께 건축 담론의 쟁점을 상기시켰다.[1] 스픽스는 "1980년대와 1990년대 이론은 건축의 실무를 바꿨으나, 오늘날의 이론은 관계가 끊겨 더 이상 건축의 실무에 어떠한 영향도 미치지 못하고 있다."며 공개적으로 발표했다.[2]

2002년 12월 초, 그는 일본의 저널, 『건축과 도시계획(*A+U*)』에 「디자인 지능(Design Intelligence)」이라는 제목으로 열두 개의 기사와 인터뷰를 차례로 실어 이러한 관점을 발전시켰다. 이 시리즈에서 스픽스는 지능의 개념을 상세히 설명했는데, 이것이 하나의 지침적인 건축 개념으로서 이론을 대체해왔다고 믿고 있다. 이 도입부의 에세이에서 스픽스는 "만약 (…) 이론이 20세기 후반 아방가르드들의 지적 지배자였다면, 지능은 21세기 포스트-아방가르드들의 지적 지배자가 되었다."는 주장과 함께, 이론에서 지능으로 패러다임의 전환이 있었음을 밝히고 있다.

스픽스는 미 중앙정보국(Central Intelligence Agency, CIA)과 기타 "모바일과 지속적으로 진화하는 글로벌 조직들"에 힌트를 얻어 다음과 같이 설명하고 있다. 9월 11일 이후 세계에서, 이론적 추구에 부합하는 "비전의, 유토피아적인 관념들"은 "지능의 '수다'에 자리를 내줬다. 철학적, 정치적, 과학적 진리가 급격히 나타나고 사라지며 증식하는 '작은' 진리의 무리로 분열되어 그것이 정말 사실인지 확인하는 것은 완전히 불가능하지는 않지만 비현실적이다."

다시 말해서, 스픽스는 비판 이론이 문화 비평과 현상에 대한 저항을 추구하는 것을, 우리가 살고 있는 변화무쌍한 세상에 맞지 않는 단 하나의 진리를 찾는 행위로 이해하고 있다. 이 불확실성의 조건에서 배웠고 적응했던, "작은 진리의 수다를 디자인 지능으로 변환하는" 그렉 린 폼(Greg Lynn FORM), 필드 오퍼레이션스(Field

Operations), 샵(SHoP)과 같은 회사를 인용한 후에, 스픽스는 다음과 같이 결론짓고 있다. "당대 건축은, 진술되었으나 더 큰 함의는 아직 공식화되지 않은 문제들에 대해 그럴듯한 해결책들을 마련하고 혁신할 것을 강요받는다. 이러한 요구는 오직 지능을 통해 충족할 수 있다."

따라서 미 중앙정보국(CIA)을 건축 모델로 사용하는 것은 예상치 못한 일일 수 있지만(그리고 건축 텍스트 내에서 알 카에다와 전 국방부 장관 도날드 럼스펠드에 대한 언급은 훨씬 더 놀랍지만), 그럼에도 스픽스는 그가 어딘가에서 도발적으로 "이론의 종말 이후의 건축적 사고"로 분류한 학문적 미래의 방향에 관해서 흥미로운 관점을 제공하고 있다.[3]

주(註)

1 Michael Speaks, "After Theory," *Architectural Record* (June 2005): 72-75.

2 같은 저자, "No Hope, No Fear," *arq* 6, no. 3 (2002): 209.

3 같은 글: 213.

마이클 스픽스(Michael Speaks) / 김명식 옮김

디자인 지능
제1부: 서론
Design Intelligence
Part 1: Introduction

『A+U』(2002), 10-18에서 처음 등장, 마이클 스픽스 제공

제트 여객기들이 맨해튼 세계무역센터를 파괴한 날, 9월 11일의 첫 1주기 3일 전, 『뉴욕타임스』 매거진은 그곳에 결국 지어지게 될 건축에 관한 논의를 펼치려는 것에 후원했다. 『뉴욕타임스』의 건축 비평가 허버트 머샴(Herbert Muschamp)은, 만약 천부적인 재능이 그 대지의 재개발에 중요한 역할을 할 수 있도록 허락된다면 일어날 수 있을 비전을 제공한 세계 저명 건축가들의 연구, "거장들의 계획(The Masters' Plan)"을 관리하는 큐레이터의 역할을 했다. 로워 맨해튼 개발공사(Lower Manhattan Development Corporation, LMDC)가 후원하는 공식 제안에 대해 거센 비판이 일어난 후, 후속 기사에서 머샴은 비전을 가진 건축가들은 군소 건축가들과 함께 일하는 개발자가 만들어낼 수 없는 무언가를 우리에게 만들어 줄 것이라 주장했다. 20세기 초 모더니즘의 허세와 순진함을 회상하게 하는 건축적인 힘을 보여주는 이 전시에서 머샴의 노력과 건축가들의 노력은 과연 영웅적이었다. 머샴이 두려워했던 것은 일부 사람들이 여러 프로젝트들을 지나치게 형태에 간주

할 것이라는 점이었는데, 그는 모든 것이 개념적 근거를 가지고 있다고 주장했다. 머샴이 현재의 건축과 그 논쟁에 생소한 사람들을 안심시켰던 것은 “아이디어의 역사”이며, 이것은 “오늘날 건축의 맥락이다.”

머샴이 큐레이팅한 『뉴욕타임스』 매거진의 제안과 같은 영웅적인 노력이, 뉴욕과 미국에 그리고 가해자들이 미국 재정력의 건축적 표현으로 봤던 세계무역센터에 가한, 끔찍한 공격으로 만들어진 공백을 서둘러 채우려 한 것은 전혀 놀라운 일이 아니다. 그 매거진이 제안했던 것처럼, “크게 생각하기” 위한 것이거나, 또는 많은 사람들이 제안했던 것처럼 타워를 다시 세우는 것의 반항적인 욕구는 두려움, 혼란, 좌절과 그것들의 무너짐에 의해 남겨진 상실감에 대한 자연스러운 반응이다. 미국과 뉴욕의 상실은 압도적인 인간의 비극일 뿐만 아니라 미국과 전 세계가 한 시대를 통과하는 흔적을 남겼다. 그날 거리에서 기자들과 사람들이 찍은 것은 무너지고 있는 건물의 끔찍한 비디오로서, 20세기 혹은 미국의 세기 마지막을 기록한 순간들이고, 학살과 혼란 그리고 미지의 미래에 대한 추측으로 이어지는 절망적인 비평이 꿰뚫은 확실성으로써 재생되고 동시에 사용된다. 이러한 상황에서 하워드 로크적인 영웅주의[1]는 아마도 자연스러운 충동일 것이다. 그러나 의문은 그것이 9월 11일의 사건들로 시작된 21세기의 세계에 대한 가장 현명한 대응인지 여부이다.

머샴의 제안을 특집으로 하는 『뉴욕타임스』의 같은 판에 게재된 ‘주간 리뷰(Week in Review)’ 섹션은 건축분야에서 저명한 비평가나 실무가가 부분적으로 보고 있었지만, 지금까지 누구도 언급하지 않은 문제를 집중적으로 다루었다. 「보이지 않는 것: 지능에 관한 특별 섹션(Unseen: A Special Section on Intelligence)」은 전 세계적 영향력과 활동성을 가진 테러리스트의 조직들이 그들을 감시하고 침투하여 파괴해야 하는 기관들을 능가했다는 점에 초점을 맞췄다. 문제는 더글러스 프란츠(Douglas Frantz)가 「동맹으로 스파이하는 법 배우기(Learning to Spy with Allies)」[2]이라는 칼럼에서 지적했듯이, 정보기관들은 여전히 국가 이익에 광범위하게 묶여 있으므로 느려진 반면에, 알 카에다와 같은 테러 조직들은 전 세계적으로 신속하고 신중하게 움직이는 데에 자유롭다는 것이다. 프란츠의 글에서 인용된 스코틀랜드 세인트 앤드류스 대학의 테러 및 정치 폭력 연구 센터의 매그너스 랜스토르프(Magnus Ranstorp)가 관찰한 것처럼, [알 카에다] "조직은 작전상의 요구조건들에 따라 변하고 변형된다."고 말한다. 바로 이런 상황에 좌절한 도널드 럼스펠드 미 국방 장관은 올해 9월 4일 『뉴욕타임스』와의 인터뷰에서, 알 카에다는 국가들보다 많은 이점을 가지고 있고 그 이유는 그가 말했듯이 "그들은 매일 배우고 있다"고 지적했고, 이어서 "여러분이 있는 학교에 가서 여러분이 어떻게 행동하는지 지켜본 다음 우리가 일하는 방식으로 만들어나가는 점진적인 변화에 대해 상대적으로 적은 비용과 시간 그리고 상대적으로 적은 훈련으로 변하고 적응해 나간다"고 했다. 국가 정보기관들이 냉전 기간 동안 그리고 최근까지 국가 안보를 위해 가지고 있었던 정보를 공유하도록 강요한 것은 럼스펠드가 확인한 바, 국가에서 비롯된 것이 아니라 알 카에다와 같은 조직에 의해 제기된 비대칭적 위협에 의한 것이다. 그 결과, 소위 테러와의 전쟁에서 작동되는 정보기관의 범위를 확대하기 위해 새로운 글로벌 동맹이 수립되었다. 우선 국익을 지키기 위한 보안 기관들은 이제 알 카에다 및 기타 비대칭적 위협에 의해 제기된 도전에 직면하게 될 경우, 선제적 행동을 취하는 민첩한 글로벌 조직으로 진화해야 한다.

9월 11일의 사건들과 이 여파로 나타난 정보에 관한 새로운 초점은 그것의 관련성을 결정하는 데 사용되는 지식과 표준의 변화를 강조한다. 예를 들어 경영학의 선구자 피터 드러커(Peter Drucker)는 현대 자본주의가 세계 체계의 정세에 접근할 수 있는 것은, 지식이 더 이상 철학적 또는 종교적 진리가 아니라 실행과 행동으로 관계되는 근본적인 변화에 의해 가능하다고 지적했다. 지식은 자본주의의 첫 번째 산업 시대 당시 도구에 응용되었다. 드러커가 말했듯이, 제2차 세계 대전 이후 이러한 변화의 두 번째 단계가 발생하는데, 지식이 도구뿐만 아니라 지식 자체에도 응용된다는 것이다. 이러한 변화는 경영학에 혁명을 불러일으켰고 드러커가 부르는 "지식 사회"의 출현을 가져왔다. 세계화와 정치에 대한 높은 호평을 받은 신 마르크스주의적 연구인 『제국(*Empire*)』의 저자[3] 마이클 하트(Michael Hardt)와 안토니오 네그리(Antonio Negri)는, "통제 사회"라 부르는 것을 선호하는 더 비관적인 견해를 가지고 있으나, 그럼에도 세계화가 유도한 새로운 경제 질서는 지식 기반이라는 드러커의 주장에 동의하고 있다. 국가는 여전히 권력과 통제의 여과기로서 존재하지만, 하트와 네그리는 실제 지휘와 통제가 이제는 경쟁 우위를 제공하는 세계의 동맹들을 찾아다니는 국가적인 의무에서 벗어나, 모바일과 끊임없이 진화하는 글로벌 조직인 기업, 비영리기구, 범죄 조직 및 정보 기관의 손에 달려 있다고 주장한다. 더 이상 형이상학적 진리가 국가의 은행에 저장되지 않는 오늘날 지식은 정보가 분명하다. 이것은 경쟁력을 유지하는 것이 말 그대로 삶과 죽음의 문제인 세상에서 그러한 조직들을 관리하는 데 사용되는 것이다. 하트, 네그리, 드러커가 제안하는 것처럼, 9월 11일의 사건들이 강조하듯이, 환상적이고 유토피아적인 아이디어들은 지능의 "수다"에 자리를 내줬다. 철학적, 정치적, 과학적 진리는 급격히 나타나고 사라지며 증식하는 "작은" 진리의 무리로 분열되었다. 이러한 것들이 정말 사실인지 확인하는 것은 완전히 불가능하지는 않지만 비현실적이다. 더 이상 아이디어나 이데올로기에 의해 지시되거나 어떤 것이 진짜 진실인지에 의존하지 않고, 이제 모든 것은 어떤 것이 진실일 수 있는지 받아들일 만한 지능에 달려있다.

건축에서 우리는 다른 분야에서와 마찬가지로, 철학에서 이론, 절대적 진리에 대한 철학적 탐구에서 부정적 비판의 "진리"로 후퇴된 이론에 이르기까지 지적 우위가 바뀌는 것을 목격했다. 20세기 초 건축 아방가르드들은 국가 철학의 전통에서 생겨난 아이디어를 표현하는 것이 지배적이었다. 모든 종류의 모더니즘은 국제적인 우위를 두고 경쟁하는 국가들에서 생겨났다. 그것의 보편적 적용을 보장하기 위해 모든 국가적 이데올로기를 벗겨낸(미국의 소비주의 이데올로기는 별도로 하고) 중립적인 "국제 양식"이 제2차 세계 대전 이후 모더니즘의 지배적 형태로 자리매김하며 나타났다. 이론의 후원으로, 철학 아래로 완전히 바닥으로 끌어당겨진 당시 생겨난 하나의 지적 지배자, 미국의 변화된 "국제 양식"은 1960년대와 1970년대 "비판적" 건축을 선호하는 모든 형태의 소비자 문화와 함께 거부되었다. 하지만 곧 이러한 비판적 건축들은, 그들이 비평하고 넘어뜨리는 데 거들었던 국제주의 양식의 건축과 같은 길을 따랐다. 양식화된 시뮬라크라, 이러한 이론적 아방가르드들은 그들의 20세기 초 전임자들의 정치적이거나 철학적인 진지함을 가지고 있지 않았다. 오히려 그들 자신의 "진리"를 확고히 하기보다는 포스트모더니즘, 해체주의, 비판적 지역주의와 1980년대 후반과 1990년대의 많은 다양한 비판적 건축들이 모더니즘에 대한 거짓된 가식으로 자리를 잡았다. 쇠약해진 데리다주의자든 고상한 타푸리주의자든, 이론적 영감을 얻은 아방가르드들은 끊임없이 비판적으로 작업했다. 죽음을 초래하는 데 중요한 역할을 했던 확실한 세계와, 곤두박질 쳐지고 있는 곳에서 떠오르는 불확실성의 세계 사이에 갇힌 이론적 아방가르드들은, 그들의 확고한 부정성에 의해 무력화되었다. 모더니즘의 비판과 진리에 묶인 그들은 그 운명의 간접적인 고통을 겪었으며, 오늘날에는 현재의 관심사가 아닌 단순히 역사적인 것에 불과하다. 이론과 그것이 가능하게 했던 아방가르드의 건축들은 용도 폐기됨에 따라, 1990년대에 처음 우리의 관심을 끌었고, 9월 11일의 사건들에 의해 온전히 시작되었던 새로운 세계적 현실, 이것이 만든 불확실성에서 번영하기에 더 적합한 새로운 건축의 실천들이 생겨났다. 만약 철학이 20세기 초 아방가르드들의 지적 지배자이고, 이론이 20세기 후반 아방가르드들의 지적 지배자였다면, 지능은 21세기 포스트-아방가르드들의 지적 지배자가 되었다. 아방가르드적 사무소들은 앞서 주어진 아이디어, 이론 및 개념에 의존하는 반면, 포스트-아방가르드적 사무소들은 어떤 아이디어, 이론 또는 개념으로도 예측할 수 없는 혁신의 기회를 찾는 데 훨씬 더 기업가적이다. 오늘날 지능은 모든 부가가치의 원천이고, 결과적으로 혁신적인 모든 것의 원천이다. 그와 같이 그것은 하나의 사무소를 다른 사무소와 구별하는 것이다. 21세기를 규정하는 적대적인 조건들에서 건축사무소는 지능없이 살아남을 수 없다. 실제로, "보이지 않는" 기술의 배열, 관계, 경향과 기타 무형의 것들인 디자인 지능은 포스트-아방가르드적 사무소들이 불안정성에서 배우고 적응함으로써 혁신할 수 있도록 하고, 그렇게 함으로써 그들의 전임자들과 구별할 수 있도록 만든다.

질 들뢰즈(Gilles Deleuze)는 그의 작은 저서 『스피노자: 실천 철학(*Spinoza: A Practical Philosophy*)』에서 이러한 포스트-아방가르드적 사무소들이 어떻게 더 지능적으로 변했는지, 그래서 그들의 환경들에 더 잘 적응하고 그들의 환경들을 변화시킬 수 있는지 생각할 수 있는 유용한 방법을 제공한다.[4] 그는 또한 양식적이고, 공식적이며, 전문적이거나 심지어 세대별 구분 없이도 개별 사무소들의 독창성을 이해할 수 있는 방법을 제공한다. 스피노자에 이어 들뢰즈는 신체를 동일한 속도로 한꺼번에 움직일 때 함께 묶인 무한한 수의 부품 또는 입자로 구성된 모든 육체적 배열로 정의한다. 몸은 무엇이든 될 수 있고, 동물, 음역(音域), 심지어 건축적 관행이 될 수도 있다고 그는 말한다. 그는 또한 신체가 다른 신체들에 영향을 미치고 영향을 받을 수 있는 능력이 있다고 말한다. 다시 말해서 신체는 환경에 영향을 받을 수 있는 정도에 따라 환경 변화에 다소 강력하게, 어느 정도 영향을 미칠 수 있다.

건축사무소가 그러한 몸이라면, 그것은 작은 진리의 수다를 디자인 지능으로 변환할 정도로 더 강력해진다. 보다 형태를 지향하는 포스트-아방가르드적 사무소들의 경우, 이러한 변형은 버저닝(versioning) 기법을 통해서 발생한다. 이것은 거의 모든 규모의 개입에 적응할 수 있는 기술을 생성하는 데에 벡터 기반의 정보가 사용되는 신속한 시제품 제작(rapid prototyping)의 한 형태이다. 로스앤젤레스의 그렉 린 폼(Greg Lynn FORM)과 파리의 베르나르 카슈 오브 오브젝틸(Bernard Cache of Objectile)과 같은 사무실들에서, 시제품들은 최종 디자인이 아니라 그 자체로 혁신적인 과정을 주도하는 피드백의 고리를 만든다. 원형들은 회사의 분산된 정보의 일부가 되는 그럴듯한 해법들을 생성함으로써 정보를 만든다. 따라서 다기 세트를 원형화하면서 개발된 기술과 디자인은 도시 규모 프로젝트에서 사용할 수 있으며 반대의 경우도 마찬가지이다. 신속한 시제품 제작은 각 사무소의 지능 구성의 일부가 될 새로운 기술을 발명할 필요성을 강조한다. 예를 들어 로스앤젤레스 제피로타치(Xefirotarch)의 허난 디아즈 알론소(Hernan Diaz Alonso)가 제작한 설비에서, 애니메이션 소프트웨어로 디자인된 21세기 형태들은 19세기 금속을 구부리는 도구들과 그 프로젝트를 위해 특별히 디자인된 기술들의 도움으로만 실현되었다. 또한 시제품 제작은 "최종" 제품이 고유한 디자인이면서, 또한 발명되어 배포된 특별한 기술들의 배열이기도 하다는 점에서 고유성을 대량 생산할 수 있게 한다. 최근 완공된 FOA(Foreign Office Architects)의 일본 요코하마 항만 터미널보다 더 좋은 예는 없다. 이것은 FOA의 디자인 지능 지수를 10배 큰 회사가 부러워할 수준으로 끌어올린 놀라운 건축과 도시의 디자인이다. 로테르담의 에이엠오/오엠에이(AMO/OMA), 로스앤젤레스의 조지 유 아키텍츠(George Yu Architects), 밴쿠버의 랭 윌슨 팩(Lang Wilson PAC), 뉴욕시의 샵(SHoP)과 같은 사무소들은 이러한 기술 개발, 전문화된 문화와 기업의 전문 지식을 결합하여 브랜딩과 마케팅 상담에서 제품과 건물 디자인까지 확장하는 디자인 지능을 전문적으로 다루고 있다. 또한 로테르담의 맥스.1(MAX.1) 그리고 크림슨(Crimson)과 같이 공식적인 경향을 덜 보이는 다른 사무소들은, "오그웨어(orgware)"라는 이름의 개발에 중점을 둔다. 이것은 정책 지침, 구역과 법적 코드의 소프트웨어와 건물이나 구조물의 하드웨어 사이를 절충하는 조직적인 지능이다. 하나의 예는 그들의 도시적 "공간 위치탐지기"이다. 이것은 로테르담 교외 호흐플리트(Hoogvliet)의 경쟁적인 도시 이해 관계자가 도시 계획 문제에 대해 합의에 도달할 수 있도록 설계한 대화형의 도시 게임 매뉴얼이다. 유사하게, 조경 도시 학자 스탠 앨런(Stan Allen)과 뉴욕 필라델피아 필드 오퍼레이션스(Field Operations)의 제임스 코너(James Corner)는 단일의 디자인 요소가 아닌 상호작용의 층위와 영역에서 전개되는 인위적인 생태환경을 디자인한다. 이러한 "야전(field operations)"은 시간이 지남에 따라 생명과 팀을 이루어 자체 조직화된 인위적 생태로 진화하는, 자연과 도시 생활의 새로운 형태의 출현을 일으킨다.

살아가는 환경에 영향을 받는 것에 스스로를 개방하는 것은, 그것의 휴면 속도를 재조정하도록 강요함으로써 신체 조직에 영향을 미친다. 이것은 더 적응할 수 있고, 더 경쟁적일 수 있도록 하는 하나의 복잡하고 가변적인 배열을 만드는 것이다. 실제로 그것은 이러한 건축사무들을 각기 정의하는 어떤 공식적이거나, 이론적이거나, 전문적인 정체성이 아니라 디자인 지능에 의해 정의된 휴면 속도이다. 수다를 신뢰할 수 있는 정보로 전환하는 능력만을 공유하면, 포스트-아방가르드적 사무소들은 기존의 어떠한 분류 시스템으로 나누어질 수 없다. 일부 디자인 상자들, 얼룩들, 가공한 패널과 커피 세트에서 도시 공원에 이르기까지 모든 것, 다른 것들은 도시의 움직임, 복잡한 발레에 대해 대본을 쓴다. 철학적이거나 전문적인 진리를 지니지 않고, 전문화된 이론을 사용하지 않는 아마추어들의 사무소들은 수다의 영향을 받을 수 있고 기꺼이 배우려는 경향을 보인다. 그들의 전임 아방가르드들이 웹에 게시된 작은 진리들에서 수집되고 대중문화에서 발견되며 다른 직업과 디자인 분야에서 수집된 오픈 소스 지능(미 중앙정보국의 용어로는 OSINT[Open Source INTelligence])에 접근할 수 없는 데에 익숙한, 이러한 사무소들은 어디서든 거의 모든 상황에 적응할 수 있다.

비록 우리가 불확실성의 시대에 살고 있으나 한 가지는 확실하다. 현재의 건축은 비전적인 형태로 용맹스럽게 실현된 비전적인 아이디어들에 의해 주도되지 않는다. 대신에, 현재의 건축은 진술되었으나 더 큰 함의는 아직 공식화되지 않은 문제들에 대해 그럴듯한 해결책들을 만들고 혁신할 것을 강요받는다. 이러한 요구는 오직 지능을 통해 충족할 수 있다. 그렇지 않으면 디자인은 어떤 새로운 것을 더하는 것 없이 순전히 주어진 하나의 문제를 완료하는 것에 지나지 않는다. 위에서 언급한 각 사무실들은 요청받은 문제들을 해결하기 위한 공식이나 요약으로 주어진 것이 아닌, 무언가를 추가함으로써 혁신할 수 있도록 하는 고유의 디자인 지능을 발전시켰다. 맨해튼(Lower Manhattan)의 세계무역센터 부지의 개발로 인해 제기된 문제에 대한 지능적인 해결책에 관해서, 9월 초에 LMDC는 400명 이상의 지원자 중 여섯 팀을 선정하여

11월까지 제안할 수 있도록 40,000 달러를 지급하는 설계공모를 후원했다.[5] 여섯 팀 중 두 팀은 우리가 영웅적인 아방가르드와 혁신적인 포스트-아방가르드 사이에 명확한 선을 그리지 못하게 한다. 아방가르드의 선발은 1970년대 유명한 뉴욕 파이브의 세 명, 피터 아이젠만(Peter Eisenman), 리차드 마이어(Richard Meier), 찰스 과스메이(Charles Gwathmey)와 뉴욕 출신의 스티븐 홀(Steven Holl)로 구성된다. 20세기 초 모더니즘을 급진적으로 재고한 것으로 유명한 이 팀은, 지난 세기 문제에 대한 비전적인 해결책을 제공할 수 있는, 비할 데 없는 개별적인 재능의 컬렉션이다. 다른 하나는 현재의 건축에서 가장 혁신적인 축에 속하는 사무소들이 모인 유나이티드 아키텍츠(United Architects)라는 이름의 글로벌 팀(Foreign Office Architects, UN Studio, Reiser Umemoto, Greg Lynn, Imaginary Forces와 Kevin Kenon)이다. 이 팀은 들뢰즈적 의미에서 하나의 신체를 형성하기 위해 결합하는 같은 속도로 움직이는 별개 지능들의 컬렉션으로서, 프로그램 요건에 주어진 문제의 공식화에서 예기치 못한 혁신을 독특하게 제공할 수 있다. 성과가 무엇이든, 이 팀은 단순히 문제를 해결하는 데 만족하지 않는다. 세계무역센터는 현대성의 세계적인 상징이기 때문에 공격을 받았다. 어떤 응답이든 수많은 생명을 잃은 신성화된 땅에 대한 존중과 조율이 있어야 할 뿐만 아니라 현대성 자체의 재확인이어야 하는 데 모두가 동의한다. 그렇다면 세계무역센터의 개발에서 답해야 할 진정한 물음은, 그것을 20세기 재능의 모더니즘으로 이룰 것인지 또는 지능이 인도하는 21세기 모더니즘으로 이룰 것인지의 여부이다.

주(註)

1 하워드 로크는 에인 랜드의 1943년 소설 『파운틴헤드』에 등장하는 건축가의 이름이다.

2 *Washington Post.* September 8, 2002.

3 Michael Hardt and Antonio Negri, *Empire* (Cambridge, Mass.: Harvard University Press, 2000).

4 Gilles Deleuze, *Spinoza, Practical Philosophy* (San Francisco: City Lights Publishers, 1988).

5 LMDC website: http://www.renewnyc.com 참조.

소개문

원칙에서 실천으로: 21세기를 위한 지속 가능한 건축의 창조 / 윌리엄 맥도너, 미하엘 브라운가르트

미국 건축가 윌리엄 맥도너는 1992년 독일의 화학자였던 미하엘 브라운가르트와 함께 『하노버 원칙: 지속가능성을 위한 디자인(*The Hannover Principles: Design for Sustainability*)』[1]을 출판하였다. 이 『원칙』은 2000년 세계 박람회 개최를 주도할 지속 가능한 디자인의 전략이었다. 여기에서 강조한 것은 건축 환경과 자연 환경의 상호 작용이었고, 생태와 인류를 위해 보다 총체적이고 책임 있는 디자인을 장려해서 지속가능성을 현실화할 수 있는 근본 문제들이었다. 1995 년도에 맥도너와 브라운가르트는 맥도너 브라운가르트 디자인 케미스트리(McDonough Braungart Design Chemistry, MBDC) 파트너십을 맺은 후 재료, 프로세스 및 디자인 문제에 대해 다시 생각하기 시작하였다. 그리고 『요람에서 요람으로(*Cradle to Cradle*)』(2002)와 같은 저작을 통해 이 메시지를 계속 전파했다.

"요람에서 요람으로"라는 문구는 맥도너와 브라운가르트가 인간이 만든 모든 제품의 수명 주기를 염두에 두고 자연이 하는 것처럼, 성장 과정에서 특정한 순간에 나오는 부산물을 다른 과정을 위해 사용하는 방식을 모사한 것이다. 맥도너와 브라운가르트에게 자연은 산업을 주도하고 독창성을 고취하기 위한 완벽한 모델이었다. 당시의 환경 의식은 종종 폐기물 감소에 초점을 맞추고 있었다. 그런데 맥도너와 브라운가르트는 이 폐기물을 아예 없애고 오히려 생태학적으로, 사회적으로, 그리고 또한 경제적으로도 유익한 새로운 시스템을 만들어 내야 한다고 주창하였다. 곧, 폐기물 개념은 사라져야 하고 이를 대신해서 재사용 개념을 내세워야 한다는 것이다.

2003년 맥도너와 브라운가르트는 『하노버 원칙』을 개정해서 발표했다. 여기에 게재된 개정문 「원칙에서 실천으로」는 지속가능성의 중요성을 재확인하고, 다양한 재료, 건축물 및 도시 계획의 목표

를 개선하는 것을 포함해서 지난 10년간 디자인되고 지어진 것들의 영역에서 긍정적인 변화들을 검토하고 있다. 맥도너와 브라운가르트가 원했던 것은 하노버 원칙에서 제시했던 것처럼, "원칙적인 디자인의 실행"이 "차세대 산업 혁명"[2]으로 이어져서, 산업과 환경에 대한 이해가 더 이상 서로 배타적인 것으로 분류되지 않는 것이었다. 그들은 우리가 "한탄하기보다는 기뻐할 [생태학적] 발자국을 디딜 곳"으로서의 미래를 희망한다.

주(註)

1 William McDonough, *The Hannover Principles: Design for Sustainability* (New York: William McDonough Architects, 1992); reprinted in *Theorizing a New Agenda for Architectural Theory*, ed. Kate Nesbitt (New York: Princeton Architectural Press, 1996), 409?10.

2 William McDonough and Michael Braungart, "Introduction," in *Cradle to Cradle* (New York: North Point Press, 2002).

윌리엄 맥도너(William McDonough),
미하엘 브라운가르트(Michael Braungart) / 김영철 옮김

원칙에서 실천으로: 21세기를 위한 지속 가능한 건축의 창조

From Principles to Practices: Creating a Sustaining Architecture for the Twenty-first Century

green@work, 2003년 5/6월호에 처음 실림. 윌리엄 맥도너 제공.

10여 년 전 독일 하노버시가 우리에게 2000년 세계 박람회를 위한 일련의 디자인 원칙을 개발하도록 요청했을 때, 지속가능성의 디자인은 아직 초기 단계에 있었다. 1992년 무렵 환경을 의식하던 사람들 사이에서 태양 에너지의 세계로 나아가려는 욕망은 상당한 추진력을 얻고 있었고, 생태학적 디자인을 알리는 아이디어들도 새롭게 등장해서 "녹색" 건축과 기술 분야의 혁신을 장려하고 있었다. 그렇지만 지속 가능한 디자인을 사회의 모든 분야에 적용할 수 있는 일관된 체계는 여전히 등장하지 않았던 상태였다. 그래서 자연과 기술, 인간의 건강, 활발한 교류 등을 긍정적이고 적극적으로 보여주는 디자인을 상상한다는 것은 여전히 머나먼 일이었다.

하노버 원칙이 계획된 것은 이렇게 희망적이고 새로운 패러다임의 토대를 마련하기 위해서였다. 당시 우리는 이 노력이 단지 첫 걸음에 불과하다는 것을 알고 있었다. 우리가 가지고 있는 세상에 대한 지식은 여전히 불완전하며, 이 사실을 인정해야만 했다. 그럼에도 우리는 자연

의 법칙은 지속한다는 생각을 바탕으로 보편적인 원칙을 찾아내려고 노력하였다. 또한 전 세계의 디자이너, 건축가, 비즈니스 리더 및 비정부기구(NGO)들의 창의성은 우리가 1992 년에 상상할 수 있었던 지속 가능한 디자인의 한계를 넘어 더욱 발전할 것이라는 것도 예측 가능한 일이었다. 그래서 우리가 제시하는 원칙은 앞으로 더욱 발전해 갈 것으로 이해하려고 했다. 이렇게 해서 이 원칙은 지속해야 할 이상이었으며, 또한 실행에 옮김에 따라 진화할 열린 사고 체계의 성격이었다.

실제로 이 원칙은 진화해갔다. 우리 회사뿐만 아니라 다른 많은 회사들도 계속해서 원래의 안에 있던 이 원칙을 적용해갔다. 그리고 이 원칙이 디자인 프로세스에 적용되거나 일상적인 의사 결정을 주도할 때마다 새로운 아이디어와 실행 방식이 나타났다. 우리가 사용하는 언어가 좋은 예다. 원칙을 기술한 원래의 문장에서 일부는 다급히 "해야만 할 일"과 "꼭 해야 할 사항" 등으로 표현되어 있었지만, 이제 우리는 진화하는 목표를 반영하여 좀 더 긍정적인 표현을 사용하고 있다. 자연과의 공손한 공존을 추구하기보다 오히려 우리는 인간과 자연 세계 사이에서 서로 유익한 관계를 형성하는 디자인을 통해 인간의 창의성과 살아있는 지구의 풍요로움을 긍정적으로 생각하는 것을 목표로 한다. 그리고 이 원칙의 근본 교리는 앞으로도 계속해서 우리가 설계를 할 때 기준이 될 것이다. 결과적으로 이 원칙은 여전히 지속적으로 시금석 역할을 하고 있으며, 원칙의 엄격함으로 인해 혁신도 가능하고, 지속적인 디자인 패러다임도 계속해서 성숙해져 가고 있다.

이제 이 원칙은 익숙한 사람들에게는 상식이 되었다. 이것을 방금 발견한 사람들에게는 이것을 응용하면 거대한 창의성이 가능하다는 사실을 알게 되는 것만으로도 도움이 될 것이다. 이를 위해 여섯 번째 원칙이 어떤 결과를 보여주었는지 좋은 예가 될 것이다. 여섯 번째 원칙은 폐기물 개념을 없애자는 것이었다. 1992 년도에 이것은 과격할 정도로 새로운 개념이었다. 그때 당시 설계자와 엔지니어는 대부분 낭비를 줄이는 데 초점을 맞추었고, "덜 나쁘게" 되도록 노력한 정도였다. 기존의 통념에 의하면 좀 더 적은 에너지와 좀 더 적은 재료를 사용하고,

공기와 물 그리고 토양으로 방출되는 독성 화학 물질의 양을 제한한다면 지속 가능한 세상이 보장될 것이라고 믿었다. 그러나 여섯 번째 원칙의 요구 사항은 전혀 다른 것이었다. 건축과 산업의 [환경] 파괴적 영향을 완화하려고 노력하기보다 우리는 폐기물 개념 자체를 없애고 디자인을 전적으로 긍정적인 시각에서 보려고 한 것이다.

지난 10년 동안 이 목표를 추구하면서 디자인은 전혀 새로운 방식으로 진화를 거듭했다. 사람들이 건축, 상업, 제조 및 운송의 세계에서, 곧 사실상 사회의 모든 부문에서 폐기물 개념을 없앨 수 있다는 생각을 진지하게 받아들이게 된 후, 디자인의 범위는 급격히 바뀌었다. 우리는 재료의 총체적인 면모를 디자인의 고려 사항에 포함시킬 뿐만 아니라 전적으로 새로운 방식으로 재료를 상상하기에 이르렀다. 오늘날의 세계가 "덜 나쁘게" 되도록 일반적으로 재료는 매립지나 소각로로 향하는 일방통행로를 따르고 있고, 폐기물 관리자는 요람에서 무덤으로의 이동 속도를 늦추기 위해 여기 저기 개입하고 있다. 그러나 단순히 폐기물을 좀 더 효율적으로 관리하는 것에만 만족하지 않는다면 우리는 폐기물이 전혀 없는 '요람에서 요람으로'의 시스템을 통해 비로소 재료를 더욱 효과적으로 만들어내고 사용하게 될 수 있을 것이다.

재료를 폐기물 관리의 문제로 이해하기보다는 요람에서 요람으로의 논리로 생각한다면 이 재료는 생물학적 대사 또는 기술 대사를 통해 순환하는 영양소로 간주된다. 생물학적 신진대사에서 물, 산소, 질소, 이산화탄소와 같이 지구상의 여러 생명체에 영양을 공급하는 요소는 성장, 부패 및 재생의 생물학적 주기를 통해 영구적으로 순환한다. 폐기물 관리 문제가 생기지 않는 것이다. 오히려 폐기물은 음식과 같다. 기술의 관점의 신진 대사도 자연에서 영양이 순환하는 논리를 반영해서 설계되고 있다. 이 대사는 귀중한 첨단 합성 물질과 광물 자원이 생산, 회수 및 재사용의 끝없는 주기로 순환하는 폐쇄 루프 시스템과 같다.

디자이너나 건축가의 경우, 창작 과정에서 자신이 사용하는 성분들이 안전하고 건강한 것이라고 명시함으로써 재료를 요람에서 요람으로의 주기를 따라 사용할 수 있을 것이다. 그들이 생물학적 성분의 커튼 용 직물이나 벽지 혹은 실내 장식 직물 등을 통해 디자인한다면, 이들 재료는 사용 후 안전하게 생분해되고 토양도 복원될 수 있기 때문에 부정적인 영향이 아니라 더 많은 긍정적인 효과를 제공할 수 있다. 무한 재활용이 가능한 나일론 카펫 섬유와 같이 공업 소재로 디자인된 재료는 합성 제품으로 재생산된 후 세대에서 세대를 걸쳐 고품질의 첨단 재료로 다시 사용될 수 있다. 가치 있는 수확물인 셈이다. 그리고 이러한 성분의 자재로 시공되고 지역 에너지의 흐름에 "적합"하도록 설계된 건물은 사람과 자연 간의 연결을 더욱 밀접하게 하고 또한 향상시키기도 한다. 우리 회사와 고객은 함께 이 과정을 이미 잘 확립해 놓은 상태이기 때문에 이 '요람에서 요람으로'의 사고는 지속적인 디자인 혁명을 잘 보여주고 있다. 이것의 근거와 이것을 지탱하는 힘은 바로 하노버 원칙에서 제시된 것처럼 디자인에 적용된 자연의 법칙이다.

이 원칙을 실행으로 옮기기 위해서, 또한 지구의 에너지와 그 성분의 흐름을 산업 및 건축 시스템을 위한 모델로 삼기 위해서는 인류가 생태계에 남겨 놓을 흔적을 제한해야 한다는 생각을 먼저 해야 한다. 실제로, 요람에서 요람으로의 사고는 계속해서 동료들의 작품을 통해 영감을 받아왔고, 우리가 디자인한 장소들과 생산한 제품들도 더욱 삶을 후회와 한탄보다는 기쁜 마음으로 가치 있게 영위할 장소들과 결과물이 되도록 더 잘 디자인할 수 있게 되었다. 이것은 디자인 프로세스의 전체 컨텍스트를 바꾸어 놓고 있다. 이제 디자이너는 "오늘의 환경 기준에 어떻게 부합해야 할까?"라는 질문 대신 "어떻게 더 살만한 주거, 더 건강하고 더 깨끗한 물, 더 많은 번영, 더 많은 즐거움을 창조해 낼 수 있을까?"라고 묻는다.

이와 같이 하노버 원칙을 일상에 적용할 때 제기되는 질문은 전 세계에 걸쳐 '요람에서 요람으로'의 설계가 더욱 진화하도록 자극한다. 이 질문은 인간의 창의성과 세계의 풍요로움을 칭송할 안전한 재료, 제품, 공급망 및 제조 프로세스를 개발하는 데 깊이 관여하며 이 원칙을 고수하는 디자이너들의 성장도 돕는다. 실제로 하노버 원칙의 원본이 출판된 지 불과 1년 후, 우리는 사용 후에도 완벽하게 안전하고 생물학적으로 분해되는 소재로 생산되는 요람에서 요람까지의 실내 장식 직물인 클리마텍스 라이프사이클(Climatex Lifecycle)을 개발할 기회를 갖게 되었다. 이 제품의 설계 및 생산은 독성 폐기물로 가득했던 공장을 긍정적인 배출물만 남기는 공장으로 바꾸어 "폐기물은 음식과 같다"라는 효과를 실제로 보여주었다.

하노버 원칙과 '요람에서 요람으로' 사고는 이처럼 계속 발전해서 중국과 같이 광범위하고 영향력 있는 국가들도 자연 시스템의 지능을 개발 계획에 적용하기 시작하였다. 이들에 근거해서 자연과 사람들을 서로 연결하는 커뮤니티 계획의 설계가 진행되고 있다. 이들은 마치 나무처럼, 태양 에너지를 수집하고, 탄소를 격리하고, 산소를 만들고, 물을 증류하고, 수천 종의 생명체에 서식지를 제공하는 그런 건물의 디자인에 영감을 주고 있다.

이뿐만이 아니다. 우리가 하는 모든 일, 모든 결과가 삶을 지지하고 기쁨을 주고 자연과 조화를 이루는 지혜를 표현하는 제스처라고 상상해 보라. 순환하는 물에서 영양분을 회수하는 습지와 식물원이 함께 있는 건물을 상상해 보라. 도처에 신선한 공기, 꽃 피는 식물 및 일광이 있는 곳. 거주하는 모든 사람을 위한 아름다움과 편안함. 흙으로 뒤덮인 옥상과 비가 내리는 식물. 푸르게 드리워진 건축의 발자국에 둥지를 틀고 먹이를 줍는 새들. 에너지의 흐름, 인간의 영혼 및 기타 생명체들이 건물과 조화를 이루어 생명을 지지하는 시스템이라고 상상해보라.

윌리엄 맥도너 설계사무소(William McDonough+Partners, WD+P)는 하노버 원칙에서 영감을 얻어서 이미 이와 같은 건물을 설계했다. 오벌린 칼리지(Oberlin College) 캠퍼스의 환경 연구 센터부터 갭(Gap Inc.) 기업 사옥까지. 또 마치 야외에서 하루를 보낸 것처럼 느끼게 하는 허먼 밀러(Herman Miller)사의 공장 "그린하우스(Green House)"부터 애팔래치아 산맥의 피드몬트와 그 너머의 자연과 문화의 역사를 깊이 있게 보여주는 생명과 환경 박물관에 이르기까지, '요람에서 요람으로'의 디자인은 원칙과 실천 사이의 활발한 관계를 증거하고 있다.

그리고 이제 우리는 이 원칙이 영향력 있는 여러 기업의 업무에 어떻게 영향을 미치는지도 보고 있다. 포드 자동차 회사(Ford Motor Company)는 유명한 루즈 강(Rouge River) 산업 시설을 요람에서 요람으로의 원칙에 따라 새로운 제조 시설, 살아 숨쉬는 지붕이 있는 공장, 빗물 유출을 자연적으로 정화하는 습지대, 전체를 습지의 풍경으로 개조하기 시작했다. 포드는 또한 2003 년 '요람에서 요람으로'의 비전을 수용하여 설계된 세계 최초의 자동차 모델 U(Model U)도 생산했다.

다른 비즈니스 리더들도 이를 따르고 있다. 세계 최대의 상업용 카펫 생산 업체인 쇼(Shaw Industries)는 제품의 개발 과정에서 하노버 원칙과 요람에서 요람으로 사고 방식을 적용하기 시작했다. 맥도너 브라운가르트 디자인 케미스트리(MBDC, McDonough Braungart Design Chemistry)와 협력하여 쇼 회사는 모든 성분이 안전한지 확인하기 위해 카펫 섬유 및 소재의 화학 성분에 대한 과학적 평가를 수행하고 있다. 그 결과, 폐기물 개념을 잊도록 진정한 기술적 성분으로 만들어서 무한 재활용이 가능하고 전적으로 건강에 좋은 카펫 타일이 탄생했다.

분명히, '요람에서 요람으로'의 디자인은 경제적으로나 사회적으로 좋은 의미를 갖는다. 특히 직장에서 이 사실을 볼 수 있다. 대규모 공장과 사무실을 위한 디자인이 자연의 효율성을 모델로 삼는다면 사람들이 즐겁고 생산적으로 일할 수 있는 장소를 만들 수 있다. 이것은 강력한 공동체 의식과 협력을 장려할 뿐만 아니라 생산성의 향상에도 크게 기여하며 더 큰 목적을 달성하게 하는 효율성과 비용 효율성도 가능하게 한다.

다음과 같은 사실을 고려해보라. 살아 숨쉬는 포드 사옥의 지붕과 잘 구성된 습지는 기존의 기술적 통제 방식보다 3,500만 달러나 적은 비용으로 빗물 유출을 필터링하면서 풍경을 활성화했다. 허먼 밀러사의 그린하우스는 근로자의 만족도를 높였고, 생산성을 24%나 향상시켰으며, 이는 매년 건물당 1,500만 달러의 액수에 해당했다. 지역 에너지의 흐름을 극대화하는 갭 기업 사옥은 캘리포니아의 엄격한 에너지 요구 사항을 30% 초과하고 있다. 긍정적인 효과를 극대화하는 이러한 설계는 효율성을 최상의 목표로 설정한 건물을 훨씬 능가하고 있다.

'요람에서 요람으로'의 설계 원칙은 도시 전체 및 지역 계획에도 적용할 수 있다. 시카고를 "미국에서 가장 친환경적인 도시"로 만들려는 리처드 데일리(Richard Daley) 시장의 요청에 부합하기 위해서 윌리엄 맥도너 설계 사무소는 시카고 시와 협력하여 하노버 원칙의 예를 활용했다. 2003년에 발표될 시카고 원칙은 국가적 모델로서 도시가 산업과 생태, 자연 및 도시가 함께 번영할 수 있도록 하는 커뮤니티 계획과 '요람에서 요람으로' 시스템을 발전시켜 갈 때 기준점이 될 것이다.

앞으로 시카고는 친환경 제조 및 운송, 에너지 효율성을 위해 허브 역할을 하는 것을 볼 수 있을 것이다. 그리고 '요람에서 요람으로' 원칙을 따른 재료의 원활한 흐름도 이곳에서 보게 될 것이다. 모든 자재가 도시에서 시골로, 시골에서 도시로, 그리고 폴리머나, 금속, 합성 섬유 및 통신 소프트웨어가 기술적 신진 대사를 통해 안전하게 이동하고, 모든 광합성 성분이 생물학적 대사의 재생 주기로 이동하는 곳이 될 것이다. 이 모든 것은 인간 공동체의 번영을 장려하고, 생태적이고 경제적이며, 문화적인 부를 풍요롭게 창출하며 누구나 즐길 수 있는 장소로 이어질 것이다.

이 일은 끝이 보이지 않는다. 이것이 핵심이다. 지식을 공유해서 지속적으로 개선해 나가고 세계에 대한 이해가 진보할 때 하노버 원칙은 앞으로도 새로운 디자인을 위한 시금석이자 영감이 될 것이다. 불과 10 년이 지난 이 과정은 이미 세상을 희망찬 곳으로 만들었으며 사물의 제작을 재생의 힘으로 바꾸고 있다. 궁극적으로 우리는 원칙에 따른 디자인이야말로 인간의 독창성을 찬미할 뿐만 아니라 자연의 절묘한 지혜와도 조화를 이루는 장소들과 생산물들로 이어질 수 있다고 믿는다. 그리고 그것이 좋은 디자인의 특징이 되었을 때, 비로소 우리는 인류 역사에서 모든 생명과의 친족 관계를 진정으로 기념할 수 있는 순간에 들어섰다고 할 것이다.

소개문

경계/네트워크 / 윌리엄 J. 미첼

매사추세츠 공대 건축과 미디어 예술과학 교수인 윌리엄 J. 미첼은 『비트의 도시』(1996)와 『이-토피아』(1999)에서 정보기술과 현대문화의 관계를 연구했다. 연구는 미첼의 2003년 책 『나++: 사이보그 자아와 네트워크 도시』에서도 이어진다. 특히 책의 첫 장 「경계/네트워크」는 이제 일상이 됐으며 널리 퍼진 현대적 삶의 현실, 곧 네트워크 현상에 대한 미첼의 도발적 분석을 담았다. 미첼은 옷, 건물에서 국경에 이르기까지 우리를 둘러싸는 다양한 경계에 주목하면서 글을 시작한다. 이런 종류의 장벽은 역사적으로 양쪽을 잇는 연결점과 더불어 우리를 항상 둘러쌌다. 벽에 뚫린 문이나 도시 관문을 사례로 들 수 있다. 햇빛 차단제나 국방 체계와 같은 인공의 층이 더해져 경계의 종류가 달라진 것에 더해, 오늘날 가장 분명한 변화는 접속의 지점이 급격히 늘어났다는 것이다. 미첼은 선언한다. "울타리가 아닌 '네트워크'가 욕망과 쟁투의 대상으로 떠오르고 있다. … 확장과 얽힘이 울타리와 자율성을 압도한다." 21세기 초에 다다른 지금 "우리 도시의 조건을 결정하는 속성"은 "연결성"이라는 것이 미첼의 생각이다.

정보, 통신, 전산 네트워크가 전 지구적 규모로 성장한 것과 함께 시간성과 공간성은 재편됐다. 이제 우리는 시간과 공간을 불연속적인 것으로 경험한다. 인간관계의 변화는 지리적으로 멀리 떨어지고 흩어진 서식지 사이를 연결하는 사회 네트워크를 확산시켰다. 특히 무선과 디지털 기술 발전에 따라 인공 환경, 그리고 우리가 인공 환경과 갖는 상호 작용 역시 급작스럽게 변화했다. 요컨대, 이 단절된 세계 속에서 우리는 우리 일상의 모든 면에 영향을 미치는 복잡하게 중첩된 세계 네트워크에 얽혀있다.

윌리엄 J. 미첼(William J. Mitchell) / 현명석 옮김

경계/네트워크
Boundaries/Networks

Me++: The Cyborg Self and the Networked City
(Cambridge: MIT Press, 2003), 7-17에 처음 실림. MIT Press 제공.

나++를 한 번 고려해보는 게 어떨까요?

나를 이루는 것은 확장되고 구축된 경계와 네트워크 체계로 둘러싸인 생물학적 핵(core)이다. 경계와 네트워크 구조는 위상학과 기능의 측면에서 서로 쌍방향 대응하는 이원적 관계를 맺는다.[1] 경계는 건축의 전통적 영역인 용기(容器)와 장소의 공간을 정한다. 네트워크는 접속과 흐름의 공간을 만든다. 벽, 울타리, 피부는 구분한다. 경로, 도관, 선은 연결한다.

경계

나의 자연 피부는 내포된 경계 구조의 원점이 되는 켜일 뿐이다. 면도할 때 나는 나의 얼굴에 거품을 입힌다. 야외에서 거의 벌거벗고 있을 때에도 나는 적어도 햇빛 차단지수(SPF) 15의 햇빛 차단제를 입는다.

나의 옷은 부드러운 건축의 켜다. 이 켜는 내 몸을 윤곽에 따라 압착 포장한다. 침대, 깔개, 커튼은 속옷과 벽 사이 어딘가에서 나를 둘러

싸는 느슨한 직물의 회집체(assemblage)다. 나의 방은 마치 벗겨진 허물과 같은 갑각(甲殼)이다. 엄격한 기하학으로 투사돼 위치가 고정된, 그리고 편안한 거리에서 나를 감쌀 정도로 규모가 커진 갑각 말이다. 갑각을 포함하는 건물은 비바람에 견디는 바깥 껍데기를 갖는다. 이동이 가능한 근대적 포병대가 등장하기 전까지는 요새화된 도시 성벽이 가장 바깥을 둘러싸는 마지막 강화 껍데기였을 것이다. 이런 종류의 도시적 규모를 갖는 피부는 적어도 1871년 프로이센-프랑스 전쟁 당시 파리가 함락되기 전까지만 해도 꽤 효과적이었다.[2]

냉전 초기 몇 년 사이에 방어를 목적으로 하는 봉쇄 용기는 주택 내부에서 핵 방공호라는 극단적 형태로 다시 등장했다. 1989년 베를린 장벽이 무너지면서 불안했던 냉전 시대는 끝났다. 그러나 여전히 감옥이나 포로수용소나 은퇴 후 요양 시설에서 교내와 교외의 물리적 구분은 무자비할 정도다. 은퇴 후 목장에서 여생을 보내게 됐다고 치자. 경계를 이루는 울타리는 가축이 길을 잃는 것을 막아준다. 나의 조국이 막강한 군사정권의 지배 아래 있다고 치자. 나는 첨단 기술로 만들어진 수천 킬로미터에 달하는 수상쩍은 방벽 뒤로 피신한다. 우리를 감싸던 갑옷의 켜는 점점 더 두렵게 진화하는 무기 체계에 발맞춰 광활한 전자 방벽을 구축하는 레이더 장벽과 미사일 방패로 진화했다. 나는 변화하는 요구와 상황에 따라 끊임없이 그 개수와 속성이 달라지는 연속된 인공 피부로 나 자신을 둘러싼다.[3]

모든 경계의 효율성은 그것이 흐름을 방해할 만한 충분한 밀도를 가질 수 있는지에 달려있다. 예컨대 나는 난방을 유지하기 위해 단열이 잘 되는 질료로 만들어진 얇은 켜를 사용할 수도, 또는 단열이 잘 안 되는 질료로 만들어진 두터운 켜를 사용할 수도 있다. 소음 차단을 위해 나는 문을 닫고 그 뒤로 물러날 수도, 또는 단순히 소리가 도달할 수 없을 만큼 거리를 둠으로써 공기 중에서 음파 감쇠에 의존할 수도 있다. 감옥을 만들기 위해 탈출이 불가능한 벽을 건설할 수도, 또는 18세기 영국이 죄수를 오스트레일리아로 이송한 사례처럼 수감자를 충분히 먼 곳으로 보낼 수도 있다. 인구밀도가 낮은 지역에서는 거리 두기 자체로 많은 자연 장벽을 만들 수 있다. 반면 건물이나 도시에서는 밀집 공간을 인공 장벽이 효율적으로 세분한다.

연결

그러나 나는 게오르크 짐멜(Georg Simmel)의 말처럼 "항상 단절해야 하고 단절하지 않고는 연결할 수 없는 연결하는 생명체"다.[4] 나의 울타리는 조밀하지 않아 새기 쉽다. 통로, 도관, 선, 그리고 인간을 비롯한 다양한 생명체, 상품, 가스, 유류, 에너지, 정보, 돈의 유입과 유출이 집중되는 다양한 채널이 나를 둘러싸는 다양한 경계를 가로지른다. 나는 공기, 물, 폐기물 처리기, 에너지, 교통, 인터넷 공급업체의 네트워크에 얽매여 있는 것을 피할 수 없다.

울타리 안과 밖의 차이를 만들고 유지하기 위해 나는 네트워크로 얽힌 이런 흐름을 제어하고자 한다. 차이가 없다면 경계와 울타리는 무의미한 까닭이다. 교차점은 내가 무엇이 들어오고 나가는지 파악할 수 있고, 출입 여부를 결정하거나 통제할 수 있으며, 욕망을 표현하거나 힘을 행사할 수 있고, 타자를 규정할 수 있는 현장(site)이다. 나는 직간접적으로 문, 창, 방충망, 출입구, 가축 탈출 방지용 도랑, 조정 가능한 조리개, 밸브, 필터, 예방접종, 기저귀, 얼굴 마스크, 안내원, 보안검문소, 교통신호, 라우터, 점멸장치 등을 써서 누가 또는 무엇이 어디로 언제 갈 수 있는지 결정한다. 물론 당신도 이런 결정을 한다. 특정 상황에서 이런 결정을 할 수 있는 능력이 있다면 누구든 사정은 마찬가지다.

울타리를 넘나드는 전송에 영향을 주고 그것을 통제하려는 다양한 노력과 네트워크 자원을 얻으려는 다양한 경쟁 사이 상호작용을 통해 우리는 서로의 일상을 함께 구축하고 제한한다. 서로 연결되고 중첩되고 때로는 공유되는 비교적 안정적인 전송 네트워크의 틀 속에서, 복잡하게 얽혀 있는 요구와 응답은 자유와 제약의 조건을 변동시킨다. 네트워크가 더 빨라질수록, 더 퍼질수록, 그리고 더 필요한 것이 될수록 이들 힘의 작용은 우리 삶에서 점점 더 중요해진다. 교통 체증, 탑승 수속을 위한 줄, 정전, 서비스 거부(denial-of-service) 공격으로 마비된 서버,

시장 붕괴 등이 굳게 잠긴 문만큼이나 효과적인 장벽이 될 수 있음을 우리는 이미 목격했다. 네트워크에 더 의존할수록 우리 운명은 서로의 운명과 더 단단하게 역동적으로 얽힌다.

네트워크

집적지와 서식지, 접속, 움직이는 흐름의 패턴, 상호의존성, 제어점으로 이루어진 네트워크 구조의 원형(原型)은 오늘날 신경세포, 축삭, 연접으로 이루어진 신경 네트워크나 레지스터, 전자경로, 점멸장치로 이루어진 디지털 회로, 그리고 창고, 운송, 항공 노선, 통관으로 이루어진 국제 교통 네트워크에 이르기까지 모든 규모에서 반복된다.[5] 다양한 유형과 규모의 이들 네트워크는 여러 가지 기능을 수행하는 더 큰 네트워크 복합체로 통합된다. 사회 구조나 정치 구조와 맺는 관계에 따라 우리 각자는 이들 복합체 내부 교차점에서 잠재적으로 여러 가지 다양한 역할, 예컨대 소유자, 권한이 부여된 사용자, 운영자, 거주자, 점유자, 세입자, 고객, 손님, 체류자, 관광객, 이민자, 외지인, 침입자, 잠입자, 무단출입자, 염탐꾼, 포위하는 자, 해커, 납치범, 침략자, 문지기, 간수, 죄수와 같은 역할을 수행한다. 역할은 때로는 강하기도, 때로는 약하기도 하다. 이제 이런 역할은 권력이나 정치적 정체성과 떼어놓을 수 없는 것이 됐다.

네트워크가 널리 퍼지고 그것에 대한 의존도가 높아지며 장벽과 접속의 관계는 역전됐다. 도시를 뜻하는 고대 상형문자로 원형 벽을 사용했던 것에서 알 수 있듯이 둘러싸고 나누고 때로는 방어 대상이 되는 '경계'는 한때 정치 지형을 결정하는 메커니즘이었다. 여호수아가 접근 권한을 얻었던 방식은 옛날식이다. 그가 의로운 나팔을 불자 예리코 성벽은 무너졌다. 그러나 20세기 중반 런던을 뜻하는 가장 기억에 남는 상형문자는 지하 네트워크이며, 로스앤젤레스의 경우에는 고속도로 지도다. 당신을 런던 시민이나 로스앤젤레스 시민으로 만드는 것은 벽 안에 갇힌 삶이 아니라 네트워크를 타는 움직임이다. 오늘날 도시 성장에 관한 이야기는 이제 고대, 중세, 르네상스 도시의 경우처럼 연속된 울타리 성벽에 관한 이야기가 아니다. 네트워크로 인한 가장자리에서의 스프롤(sprawl) 현상에 관한 이야기다.

더 최근에는 인터넷이 가져온 상호연결성에 대한 믿을 수 없을 정도로 복잡하고 정교한 다이어그램이 세계화의 가장 생생한 아이콘이 됐다. 이제 접근 권한은 비밀번호를 입력해 얻는다. 정보기술 관리자는 조직의 네트워크 접근 권한 목록을 병합해 조직 사이 경계를 흩뜨린다. 이제 울타리가 아닌 '네트워크'가 욕망과 쟁투의 대상으로 떠오르고 있다. 이제 이원성(dual)이 지배한다.[6] 확장과 얽힘이 울타리와 자율성을 압도한다. 영토에 부여되는 채널 용량과 접근 권한을 통제하지 못한 채 영토를 통제하는 것은 무의미하다.

뉴욕과 워싱턴을 향한 9/11 공격 이후 일 년이 지나자 이 사건의 영향이 충분히 드러났다. 대통령 직속 주요 기반시설 보호 회의(Critical Infrastructure Protection Board)의 다음 보고는 노골적이었으며, 그리 놀라운 일도 아니었다.

> 우리 경제와 국가안보는 전적으로 정보기술과 정보기반시설에 달려 있다. 여러 네트워크의 네트워크가 전력, 석유, 가스와 같은 에너지, 철도, 항공, 해운과 같은 교통, 금융, 은행, 정보통신, 공중보건, 응급 서비스, 수자원, 화학, 방위산업기지, 식품, 농업, 우편, 배송의 운용과 같은 우리 경제의 모든 분야를 직접 지원한다. 전산 네트워크의 범위는 사이버공간의 범위를 넘어섰다. 게다가 이들 전산 네트워크는 변압기, 열차, 도관 펌프, 화학물질 용기, 레이더, 가축과 같은 물리적 객체 또한 제어한다.[7]

이제는 연결성이 21세기 우리 도시의 조건을 결정하는 속성이 됐다.

시계

모든 네트워크에는 고유의 속도와 리듬이 있다. 나의 세계 안에 내포된 켜와 내장된 네트워크 안에서 나의 맥박, 곧 중규모 저속 도관 조직 네트워크가 내는 소리는 기계화, 균일화, 외부화된 채 나에게 끊임없이 메아리로 돌아온다. 마치 경계와 흐름과 제어의 체계가 나의 공간을 관리 가능한 특정 구역으로 나누듯이 구축된 리듬은 나의 시간을 식별과 할당이 가능하도록, 때로는 충전도 될 수 있는 분절된 여러 개의 덩어리로 나눈다. 꼼꼼하게 돈을 헤아리는 회계사는 분을 헤아리는 자이기도 하다. 셀 수 있는 시간은 곧 돈이다.

시간의 계측 가능성을 처음 보여준 것은 기적처럼 단조로운 진자의 박자였다.[8] 고대 해시계와 물시계는 시간 흐름을 표시했다. 베네딕트 수도원의 종은 기계적으로 대략 세분됐던 시간의 구역을 공식화했다. 시계탑은 유럽 마을 공동체의 심장 박동을 더 빠르게 만들었으며, 루이스 멈퍼드(Lewis Mumford)가 지적했듯이 이것은 사회경제적 삶을 규제하거나 조정하는 데, 그리고 산업생산조직에 필수적이었다.[9] 그리고 17세기에 크리스티안 하위헌스(Christiaan Huygens)는 정확하게 움직이는 추시계를 고안했다.

혁신은 또한 규모의 변화를 가져왔다. 가구 규모의 시계탑이라 할 수 있는 주택 복도의 대형 괘종시계는 마을이나 대형 공동체에 더해 주택이나 가족까지 시간 기록(timekeeping)의 영역으로 만들었다. 시계추를 스프링 구동 메커니즘으로 대체하면서 시계는 더 작고 휴대 가능하며 심지어 착용할 수 있는 것이 됐다. 시계는 이제 개인마저 시간 기록의 영역에 옭아맨다.[10] 시계는 주머니로 옮겨갔으며, 다음에는 손목으로 옮겨갔다. 공교롭게도 손목은 유기적 심장 박동의 존재가 가장 뚜렷하게 나타나는 지점이다. 시계는 육체에 단단히 결부된 채 큰 일정 짜기나 개인행동 조정을 가능케 했다. 미국 남북전쟁 당시 연합군이 서로 작전을 동기화하기 위해 시계를 활용했던 일이 그 사례다.

인공 박동(pulse)의 속도가 빨라지면서 시간 기록 메커니즘의 역할은 계속 줄어들고 있다. 오늘날 작은 컴퓨터 칩에 들어가는 기가헤르츠 단위 결정진동자는 모든 곳에 내장돼 있다. 클록(clock) 없는 칩을 만드는 것이 기능하고 이런 칩이 중요한 이점을 가지게 될 수도 있지만, 아직 상용화되지는 못했다.[11] 전자 진동은 초를 수십억 단위로 나누며, 전산 작업 실행을 가속화한다. 전 지구 위치 파악체계(GPS) 길 찾기를 교정하고, 전력분배와 통신체계를 제어한다. 인간의 작업과 기계의 작업을 계측하고 상품화한다. 디지털 시대 가속화된 빠르기와 리듬은 중앙 원자시계의 조정을 통해 정확히 구축된다.[12] 전자 진동은 시간을 단순히 '표시'하는 것에 더해 명령과 프로그램 실행을 '촉진'한다. 일 초, 천 분의 일 초, 백만 분의 일 초, 십억 분의 일 초, 일조 분의 일 초 단위까지 지구의 전자 박동은 점점 더 빠르고 강해진다. 너무 빠르고 강해진 나머지, 전자적으로 제어되는 극소 리듬이 이천년(Y2K)의 도래와 함께 오작동할 것이라는 협박이 있었을 당시 테크놀로지를 소재 삼아 수다 떨기 좋아하는 이들은 겁먹은 눈으로 공포에 떨기도 했다.[13] "엄청난 폭발과 함께 원자로 노심이 녹아내리고 정전이 일어나며 유독물질이 새 나가고 비행기가 충돌하며 은행은 마비될 것"이라는 예측도 있었다.[14]

프로세스(processes)

시간의 발명은 하루를 더 정확하게 나누는 것에 더해 더 중요한 의의를 지닌다. 시계가 공간적으로 증식하고 배분되며 이제는 이들 시간 사이 관계가 중요해진다.

어떤 장소는 단순히 그 자체의 시계로 작동하기도 하지만, 표준화, 동기화된 시간 기록 체계에 따라 작동하기도 한다. 공간적으로 나눠진 서식지 사이 소통이 거의 없었던 시절에는 현지 시간만으로 충분했으며 따로 조정이 필요치 않았다. 그러나 장거리 철도와 전보(telegraph) 네트워크가 연결된 이후 조정은 꼭 필요한 것이 됐다. 1851년 하버드 대학 천문대(Harvard College Observatory)는 철도회사에 전보로 시곗바늘 신호(clock tick)를 전송하기 시작했다. 교통과 통신 용량이 늘어나면서 우리는 그리니치 표준시와 표준시간대, 그리고 밤낮의 변화와 무관한 수면 주기로 대표되는 세계 네트워크 시간의 시대로 들어섰다.[15] 마을 전체가 수탉 울음소리에 기상해 집 근처 평야에서 해 질 녘까지 일하던 시절이 있었다. 오늘날에는 시차 탓에 피곤한 출장 나온 여행객이 집에서 한참 떨어진 호텔 방에서 오전 세 시에 이메일을 보낸다.

컴퓨터는 시간의 구축에 복잡성을 더했다. 튜링(Turing)과 폰 노이만(von Neumann)이 제시한 우아한 원칙에 따라 구축된 초기 컴퓨터는 순차적으로 한 번에 하나의 작업만 수행하는 엄격한 직렬(sequential) 기계였다. 이들 작업을 정확한 순서로 지정하는 것이 바로 프로그램 짜기(programming)였다. 모든 것이 클록 증가분과 (비록 적지만) 유한한 소요 시간에 따라 엄격하게 제어됐다. 그러나 쌍방향으로 작동하는 컴퓨터가 개발되면서 '실시간'으로 수행할 수 있는 작업과 그렇지 못한 작업을 구분하게 됐다. 예컨대 삼차원 환경의 컴퓨터 애니메이션은 나중에 따로 재생될 수 있도록 연산과 저장이 가능한 것에 더해, 오늘날 비디오 게임에서 보듯이 우리 알아챌 수 있을 정도의 시간 지연조차 없이 곧바로 연산과 구현이 가능하기도 하다. 빠른 기계로 과정을 압축할 경우 동시성과 직렬성의 구분은 불필요하다. 이 구분을 지우지 않은 채 '가상현실'은 불가능하다.

시분할(timesharing)은 더한 생략을 가져왔다. 프로세서가 충분히 빠를 경우 이 프로세서가 마치 단일한 과정을 온전히 처리하고 있다는 착각을 주면서도, 동시에 일어나는 여러 개의 처리 과정으로 시간이 나뉘도록 프로그램을 짜는 것이 가능하다. 실제로는 하나의 직렬 프로세서가 자신을 단일한 시공간에 공존하는 여러 개의 '가상기계'로 나누는 셈이다. 오랫동안 의심할 여지가 없는 것처럼 보였던 지금 여기(hic et nunc) 있음의 개념이 흔들리기 시작했다.

프로세서가 더 작고 저렴해지고 네트워크에 통합되면서 처리 과정이 엄격하게 순차적으로 실행되는 것보다 병렬로 실행되도록 프로그램을 짜는 것이 점차 가능해졌다. 작업은 여러 개의 프로세서로 나뉘며, 이들 프로세서는 동시에 작동해 원하는 결과를 얻는다. 심지어 인터넷 전체를 하나의 병렬 전산 장치로 조직하는 것도 상상할 수 있다.[16] 특히 네트워크의 속도가 컴퓨터 내부에서 정보를 공유하거나 전송하는 속도에 근접한 지금, 컴퓨터를 촘촘하게 밀집된 소형의 개별 사물로 생각하거나 컴퓨터와 네트워크를 구분하는 일은 이제 합리적이지 않다. 우리는 결국 물리적 속도의 한계, 그리고 그 한계에서 비롯되는 역설에 맞닥뜨릴 수밖에 없다. 정보가 빛보다 빠르게 움직일 수는 없다. 따라서 광속 네트워크의 특정 교차점에서는 공간적으로 분산된 여러 개의 사건이 마치 동시에 일어나는 것처럼 보일 수 있지만, 다른 교차점에서는 이들이 마치 순차적으로 일어나는 일련의 사건처럼 보일 수도 있다. 반대 상황도 가능하다.

네트워크로 얽힌 병렬주의(parallelism)로 전환할 때 그 논리적 귀결점은 양자컴퓨터의 가능성이다. 모든 원자에 비트가 저장되며 전례 없는 속도로 연산이 가능한 수많은 원자 규모 처리 단위가 장착된, 우리가 일상에서 경험하는 친숙한 시공간 논리가 아닌 악명 높게 괴이한 양자역학의 시공간 논리가 지배하는 양자컴퓨터 말이다.[17] 여러 곳을 동시에 점유하는 양자체계나 0과 1이 동시에 기입될 수 있는 양자비트, 그리고 엄청난 양의 연산을 동시에 수행하는 양자컴퓨터의 존재를 머리로 받아들이기는 쉽지 않다. 어쩌면 궁극의 네트워크는 마치 마법처럼 양자 상태를 하나의 현장에서 다른 현장으로 순간 이동시키는 식으로, 또는 양자얽힘으로 작동할지 모른다.[18]

지역에 정착해 기계적으로 시간을 나누던 우리는 이제 훨씬 더 역동적인 전자 기반 네트워크로 매개되는 전 지구적 배열과 조정의 체계로 옮겨왔다. 초기 근대인은 시곗바늘 신호에 맞춰 (그리고 때로는 프루프록(Prufrock)의 넋두리처럼 커피 숟가락으로) 삶을 헤아렸다. 그러나 이제 확장된 상호연결 네트워크는 양자 논리 세계 언저리까지 따라잡은 십억 분의 일 초 단위 기계 주기로 작동한다. 공간을 넘나드는 사건과 과정의 상호연관성이 심화할수록 동시성은 순차성을 압도한다. 시간은 이제 앞뒤로 이어지는 순차적 사물로 나타나지 않는다. 다원적이고 병렬적이며 때로는 교차 연결돼 서로 복잡하게 얽혀 공간 속으로 흩어진 프로세스가 네트워크를 통해 전세계로 종속 접속되는 구조다. 모든 사물이 그 존재 시간과 장소를 가졌던 때가 있다. 반면 사물은 이제 복잡하고 종종 불확실한 방식으로 다양한 사이트와 순간 사이를 넘나들며 점차 지워져 모호해진다.

불연속성

우리가 직접 구축한 이 고속 디지털 매체 세계에서 0과 1 사이, 픽셀과 이웃 픽셀 사이, 분절된 시간 간격과 그 다음 간격 사이에는 무엇이 존재할까? 당연히 답은 아무것도 존재하지 않는다는 것이다. 본질적으로 아무것도 없다는 말이다. 사이 자체가 존재하지 않는다. 디지털 세계의 논리, 공간, 시간은 불연속적이다.

우리 네트워크 또한 비슷한 불연속 구조다. 네트워크에서 진입 지점은 잘 정의되지만, 지점과 지점 사이는 모든 것이 불확실하다. 우체통에 들어간 편지는 수신인이 편지를 받기 전까지는 우편 네트워크 속으로 사라진다. 전송한 이메일은 수신과 동시에 다시 조립되기 전까지는 인터넷 클라우드 속 데이터 묶음(packet)일 뿐이다. 물론 원칙적으로는 네트워크로 이들을 정확히 추적하는 것이 가능하다. 그러나 우리가 실제로 그렇게 하는 경우는 거의 없다. 우리는 네트워크가 제시하는 인터페이스를 통해서만 네트워크를 경험한다. 뭔가 잘못됐을 경우에나 인터페이스 뒷면의 배관을 걱정한다.

'당신 자신'을 네트워크로 전송하면 당신은 비로소 이 불확실성을 직접 경험할 수 있다. 대륙간 야간 비행에서 아마 이 불확실성을 가장 극적으로 경험할 수 있을 것이다. 어둠에 휩싸인 가운데 헤드폰을 쓴 당신은 어떤 움직임도 감지할 수 없다. 출발지와 도착지의 현지 시간을 표시하기 위해 가끔 멈추는 비디오 화면은 국지적 리얼리티를 만든다. 이 순간 시계를 몇 시로 맞출지, 당신이 정확히 어디에 있는지, 어느 법을 따라야 할지 따위는 걱정하지 않는 게 좋다.

네트워크가 생산하는 불연속성은 효율성과 안전과 보안을 지향한 결과다. 엔지니어는 접근 지점의 개수를 최소화해 이들 사이 전송이 정체되지 않고 빠르게 이뤄지길 바란다. 비유하자면, 긴 시냇물 어디에서나 물을 마실 수는 있지만, 수도관으로 공급되는 물은 오직 수도꼭지로만 마실 수 있다. 비포장도로를 따라 걸을 때는 원하는 어떤 곳에서도 멈출 수 있다. 그러나 기차를 타면 기차역, 고속도로를 타면 진입과 출입 경사로, 항공망을 타면 공항을 이용해야만 한다. 계단을 오르내리면 건물 층 사이에서 건축적 전환을 경험할 수 있다. 그러나 엘리베이터를 이용하면 당신은 문이 열리고 닫히는 사이마다 건축적 불확실의 상태로 진입한다.

서식지

수십 년 전 디지털 시대가 처음 열렸을 때, 확장과 불연속이 공존하는 이런 조건이 우리가 일상적으로 공간을 쓰는 데 있어 어떤 의미가 있는지 기민한 감각으로 이해했던 이는 바로 떠오르는 포스트모더니티의 가장 사려 깊은 건축가였던 찰스 무어(Charles Moore)였다. 우리 서식지는 이제 하나의 상접하는(contiguous) 울타리로 이뤄지지 않는다. 우리 서식지는 파편화됐으며 해체됐다. 우리 서식지는 벽으로 묶이는 대신 우리 네트워크가 도달할 수 있는 범위에 따라 그 한계가 결정된다. 우리 서식지는 이제 다국적 기업과 소매 체인점에서 테러조직 망에 이르기까지 공간 속에 흩어진 조직이 점유한다. 연속된 경계를 따라 통제되고 방어되는 대신 분산된 개별 접근 지점에서 통제되고 방어된다. 엄격한 공간적 순서와 위계를 따름으로써 질서와 의미를 얻는 대신, 전 지구적 접속을 통해 질서와 의미를 얻는다. 우리 지식과 행동 영역은 이제 고정된 인접 구역으로 규정될 수 없다. 역동적이고 창발하며 지리적, 시간적으로 변동을 거듭하는 존재 양상으로 이해돼야 한다. 무어는 영향력 있는 에세이 「람세스여, 접속하라(Plug It In, Rameses)」에서 다음과 같이 썼다.

> 우리 선대가 직접 만들고 후대에 남긴 가장 강력하고 효과적이었던 모든 장소는 상접하는 공간 속에 존재했다. 이들 공간은 중요도에 따라 조직된 위계에 맞춰 작동한다. 우선은 안에 있는 것을 밖에 있는 것에서 분리한 후, 이들을 어떤 방식으로든 중요도에 따라 배열한다. 이로써 사물은 위치에 질서를 부여하고, 위치는 사물에 중요성을 부여한다. 축을 따라 밖에서 안으로 마치 양파껍질처럼 켜켜이 순차적으로 진입함에 따라 중요도가 높아지는, 그리고 마지막에는 황제의 자리에 도달하는 베이징이나 모두가 음용하는 물의 원천인 천(川)의 긴 흐름

을 따라 카스트 제도를 근거로 깨끗한 곳과 더러운 곳을 나누는 힌두교 마을의 사례를 보라. … 그러나 우리가 구축하는 장소는 우리 삶이 그렇듯이 하나의 상접 공간으로 묶일 수 없다. 우리의 질서는 적대적인 바깥 환경에서 깔끔하게 분리된 단일한 내부에서 만들어질 수 없다. … 모두가 알다시피 우리는 즉시 어디든 존재할 수 있다. 지구 위 어떤 곳에 있는 사람과도 곧바로 전자 접속하는 즐거움을 누릴 수 있다. 다시 말해, 우리의 새로운 장소는 눈에 보이는 접착제(glue)가 아닌 전자를 통해 그 형태를 얻는다.[19]

공동체

사회학자라면 무어가 제시한 논점을 더 기술적인 어휘로 설명할 수 있을 것이다. 아마 사회학자라면 다른 수많은 도시민과 마찬가지로 나 또한 강력하지만 적은 수의, 그리고 약하지만 많은 수의 사회적 유대관계를 통해 교류와 원조와 지원과 사회적 통제를 받는다고 설명할 것이다.[20] 휴대전화의 번호 목록이나 이메일 목록 따위로 확인되기도 하는 이런 유대관계는 사회 네트워크를 구축한다. 과거 이런 네트워크는 주로 상접하는 지역 안에서, 다시 말해 장소 기반 공동체 안에서 대면 접촉으로 유지됐다.[21] 그러나 오늘날 네트워크는 지역적 대면을 통한 상호 작용에 더해 여행, 우편, 전화나 영상 연결을 통한 동시 전자 접촉, 이메일을 활용한 비동기 전자 접촉 등이 복잡하게 얽혀 유지된다.[22] 오늘날 네트워크는 그 밀도가 훨씬 낮으며, 전세계로 확장돼 여기저기 흩어진 다수의 불안정한 위치에서 지면과 접촉한다.[23] 배리 웰먼(Barry Wellman)이 깔끔하게 요약했듯이, "네트워크로 연결된 사회에서 인간은 다양한 네트워크 사이를 순회하며 여러 중첩된 관계의 집합 속에서 살고 일한다. 대다수 인간, 그리고 인간이 접하는 대다수 관련 사회 네트워크가 성기게 짜여 있거나 물리적으로 흩어져 있으며, 서로를 인식하지 못한다."[24]

무어가 글을 쓴 이후 몇 년 동안 운송 네트워크는 더 확장됐고 더 빨라졌다. 이와 함께 우리의 물리적 서식지는 더 파편화됐고 분산됐으며, 동시에 전자식 접착제는 더 강해졌다. 이제는 음성, 영상, 정보 채널, 방송, 점 대 점 연결, 장소 대 장소 또는 사람 대 사람 통신, 은행 자동지급기 체계와 같은 고정 기반시설과 세계 도시 곳곳으로 출장 여행을 오가는 기업 사원이 지닌 날렵한 휴대 장비, 이민 노동자의 값싼 전화카드 등이 모두 이런 접착제에 포함된다.

내가 어디에 있든 나는 근처 텔레비전에서 동일한 채널 대다수를 볼 수 있으며, 동일한 은행 계좌에 접근할 수 있으며, 동일한 인물과 휴대전화로 통화할 수 있다. 거의 전적으로 위치와 상관없이 이메일을 내려받고 답장을 보낼 수 있다. 한때는 일시적인 불연속의 파편으로 이뤄졌던 나의 온라인 세계는 점차 더 지속성을 갖게 됐으며, 더 강하게 서로 연결되고 통합됐다. 새로운 위치에서 다시 로그인할 때마다 나의 온라인 세계는 내가 종전에 떠났던 것과 거의 같은 상태로 그곳에 다시 남아있다. 나의 세계 속에서 변하지 않는 무언가를 제공하는 것은 이제 가정집의 상접하는 영토가 아니다. 점점 더 소속감과 연속성을 향한 나의 감각은 점점 여기저기 흩어져 있는 네트워크에서 비롯된다. 내가 마음 붙이고 있는 사람과 장소를 전자적으로 연결하는 네트워크 말이다.

주(註)

1 울타리와 네트워크의 이원성(duality)은 단순한 은유 이상이다. 네트워크 구조를 수학적으로 규명하는 그래프 이론에서 울타리와 네트워크의 이원성은 기본 사실이다. 모서리가 교차점이 되고 벽이 연결선이 되는 평면을 생각해보자. 그리고 밀폐된 모든 방과 바깥 영역의 모든 교차점을 찾은 후 방과 방 사이, 방과 바깥 사이 연결선 개수에 따른 인접도(adjacency)를 분석해 그래프를 그려보자. 이 인접도 그래프와 평면 그래프는 서로 쌍방향 대응하는 이원적 관계를 갖는다. 그리고 벽에 출입구를 뚫어 만들어지는 동선 네트워크는 이 인접도 그래프의 하위 그래프가 된다. 이 내용을 다루는 더 상세하고 엄밀한 논술에 대해서는 다음을 참고할 것. Lionel March and Christopher F. Earl, "Architectural Applications of Graph Theory," in *Applications of Graph Theory*, ed. Robin J. Wilson and Lowell W. Beineke (London: Academic Press, 1979), 327-56.

2 프랑스의 샤를 8세가 이탈리아 북부를 침공하며 말이 끄는 포병대를 배치했던 1494년을 대체로 도시 성벽이 쇠퇴하기 시작한 시점으로 본다.

3 고트프리트 젬퍼는 독일어에서 "의복(Gewand)"이라는 말이 "칸막이(Wand)"라는 말과 매우 밀접하게 연관돼 있음을 발견했다. 젬퍼는 다음 두 편의 위대한 이론 작업에서 벽, 직물, 의류의 관계에 관한 정교한 이론을 펼쳤다. Gottfried Semper, *The*

Four Elements of Architecture (1851); *Style in the Technical and Tectonic Arts, or Practical Aesthetics* (1860-63). 다음을 참고할 것. Harry Francis Mallgrave, *Gottfried Semper: Architect of the Nineteenth Century* (New Haven, Conn.: Yale University Press, 1996). 이 논점은 마셜 매클루언의 에세이에서 다시 언급됐다. "피부와 열 제어 메커니즘이 확장된 것으로 이해할 수 있는 의복과 주택은 인간 관계와 공동체의 패턴을 만들고 재배치하는 커뮤니케이션 매체다." Marshall McLuhan, "Housing: New Look and New Outlook," in *Understanding Media: The Extensions of Man* (New York:McGraw-Hill, 1964), 123. 더 최근에는 비토 아콘치(Vito Acconci)가 일련의 도발적 연구 작업을 통해 이와 같은 논점을 제시했다. "먼저 피부가 있고, 뼈가 있으며, 옷이 있고, 의자가 있으며, 주택이 있다." 다음을 참고할 것. Sarah Boxer, "Poet Turned Antic Architect Keeps Exploring Inner Space," *New York Times*, F1, F5, September 12, 2002. 이후 계속되는 관련 논의는 다음을 참고할 것. Claudia Benthien, *Skin* (New York: Columbia University Press, 2002); Ellen Lupton, Jennifer Tobias, Alicia Imperiale, Grace Jeffets, and Randi Mates, Skin (New York: Princeton Architectural Press, 2002).

4 Georg Simmel, "Bridge and Door," trans. Mark Ritter, *Theory, Culture, and Society* 11 (1994): 5-10.

5 네트워크의 편재성에 관한 논의는 다음을 참고할 것. Albert-László Barabási, *Linked: The New Science of Networks* (Cambridge, Mass.: Perseus, 2002); Mark Buchanan, *Nexus: Small Worlds and the Groundbreaking Science of Networks* (New York: Norton, 2002).

6 『공간의 생산』에서 앙리 르페브르는 주장했다. "사회의 공간적 실천은 그 사회의 공간을 낳는다. 변증법적 상호작용으로 공간을 제기하고 예측한다. 공간을 지배하고 전용함으로써 천천히 확실하게 공간을 생산한다." Henri Lefevre, *The Production of Space* (1974; English trans., Cambridge, Mass.: Blackwell, 1991), 38. 르페브르의 분석이 매우 시사적이긴 하지만, 공간 생산의 구체적 테크놀로지에 대한 관심은 거의 보이지 않으며 이런 테크놀로지의 변화에 따른 효과에 대해서는 더 무관심하다. 『정보도시』에서 마누엘 카스텔스는 "강력한 정보 기술 매체를 통해 문화 정체성과 지역사회의 사회적 제약에서 주요 조직의 논리가 벗어나면서 역사적으로 구축된 장소의 공간을 압도하기 시작한 흐름의 공간"을 인식함으로써 르페브르의 주장을 확장했다. Manuel Castells, *The Informational City: Information Technology, Economic Restructuring, and the Urban-Regional Process* (Cambridge, Mass.: Blackwell, 1989), 6. 『제국』에서 마이클 하트와 안토니오 네그리는 "피할 수 없고 돌이킬 수 없는 경제, 문화적 교환의 세계화"가 "전 지구 영역을 점진적으로 통합하는 탈중심의 탈영토화 규범 장치"를 만들었으며, "명령 네트워크를 조정함으로써 혼종의 정체성, 유연한 위계, 복수의 교환을 관리한다"고 주장했다. Michael Hardt and Antonio Negri, *Empire* (Cambridge: Harvard University Press, 2000). 나는 이 책에서 특히 전 지구적 흐름의 공간의 기술적 기반시설과 이런 기반시설이 낳는 공간 패턴, 그리고 골고루 퍼져가는 무선 전산과 원격통신 기반시설에서 비롯되는 구체적 변화를 다룰 것이다.

7 President's Critical Infrastructure Protection Board, *The National Strategy to Secure Cyberspace*, draft, September 2002, www.whitehouse.gov/pcipb/cyberstrategy-draft.pdf (accessed December 2002), 3.

8 시간 기록 기술과 갈수록 높아지는 그 정확도의 역사에 관해서는 다음을 참고할 것. William J. H. Andrewes, "A Chronicle of Timekeeping," *Scientific American* 287, no. 3 (September 2002): 76-85.

9 Lewis Mumford, *Technics and Civilization* (New York: Harcourt Brace Jovanovich, 1963). 다음 또한 참고할 것. Edward P. Thompson, "Time, Work-Discipline, and Industrial Capitalism," in *Classes, Power, and Conflict*, ed. Anthony Giddens and David Held (Berkeley, Calif.: University of California Press, 1982), 299-309; and David S. Landes, *Revolution in Time: Clocks and the Making of the Modern World*, rev. ed. (Cambridge, Mass.: Harvard University Press, 2000).

10 기계가 어떻게 진화할지를 고민했던 새뮤얼 버틀러는 대형 시계가 결국 공룡의 운명을 맞이할 것으로 예측했다. "작은 동물의 아름다운 구조를 보라. 그것을 구성하는 초소형 구성요소의 지능적 작동을 보라. 이 작은 생명체는 13세기의 둔하고 무거운 시계가 발전된 것이다. 퇴화가 아니다. 지금은 한꺼번에 사라질 기미가 절대 보이지 않는 이들 대형 시계(clock) 모두가 소형 시계(watch)로 대체돼 마치 초기 파충류처럼 멸종할 날이 올 것이다. 최근 몇 년 동안 소형 시계의 크기는 더 작아지는 추세다. 소형 시계는 멸종된 종 가운데 유일하게 살아남는 유형이 될 것이다." Samuel Butler, "Darwin among the Machines," in *A First Year in Canterbury Settlement and Other Early Essays* (London: Jonathan Cape, 1923), 210. 물론 버틀러조차 초소형 진동 석영 결정이 기계로 작동하는 손목시계조차 거대하고 값비싼 공룡처럼 보이게 만들어버릴 날이 올 것을 예측하지는 못했다.

11 Ivan E. Sutherland and Jo Ebergen, "Computers without Clocks," *Scientific American* 287, no. 2 (August 2002): 62-69.

12 디지털 시대의 분할과 속도 가속화에 관한 논의는 다음을 참고할 것. David J. Bolter, *Turing's Man: Western Culture in the Computer Age* (Chapel Hill: University of North Carolina Press, 1984); James Gleick, Faster: *The Acceleration of Just About Everything* (New York: Vintage Books, 1999).

13 예컨대 『컴퓨터월드(Computerworld)』 1998년 10월호 칼럼에서 에드워드 요든(Edward Yourdon)은 질문했다. "이천년(Y2K)이 대기업 파산으로 이어져 경기 침체와 경제 공황을 가져온다면? 국제 통신이 중단되거나 국제 공항 폐쇄가 6개월 동안 계속된다면?" 이것은 지나친 걱정이었으며, 결국 이천년은 별다른 사고 없이 지나갔다. 그러나 이천년 도래와 함께 예상됐던 붕괴의 가능성 일부는 어느 정도 진짜였으며, Y2K 버그를 찾고 제거하는 상당한 노력을 통해 해결됐다.

14 Edward Yourdon, "What Comes after 1/1/00," *Computerworld* 32, no. 42 (1998): 89.

15 1884년 워싱턴 D.C.에서 열린 국제 자오선 회의에서 지구를 24개 시간대로 나눴고

그리니치 왕립 천문대를 본초자오선으로 선정했다.

16 David P. Anderson and John Kubiatowicz, "The Worldwide Computer," *Scientific American* 286, no. 3 (March 2002): 40-47.

17 Seth Lloyd, "Quantum Mechanical Computers," *Scientific American* 273 (October 1995): 140-45; Seth Lloyd, "Quantum Computing: Computation from Geometry," *Science* 292 (2001): 1669; George Johnson, *A Shortcut through Time* (New York: Alfred A. Knopf, 2003).

18 Carlton M. Caves, "A Tale of Two Cities," *Science* 282 (1998): 637-38.

19 Charles W. Moore, "Plug It In, Rameses, and See if It Lights Up, Because We Aren't Going to Keep It Unless It Works," *Perspecta*, no. 11 (1967): 32-43. Reprinted in *You Have to Pay for the Public Life: Selected Essays of Charles W. Moore* (Cambridge, Mass.: MIT Press, 2001), 151-60.

20 Mark Granovetter, "The Strength of Weak Trees," *American Journal of Sociology* 78 (1973): 1360-80.

21 장소 기반의 전통 공동체는 많은 경우 이상화됐으며, 몇몇 대표 사회학 저서에서는 대도시 삶과 대조되는 것으로 그려졌다. 구체적으로 다음을 참고할 것. Emile Durkheim, *The Division of Labor in Society* (1893; New York: Free Press, 1964); Ferdinand Tönnies, *Community and Society* (1887; East Lansing: Michigan State University Press, 1957); Louis Wirth, "Urbanism as a Way of Life," *American Journal of Sociology* 44 (1938): 3-24.

22 Barry Wellman, *Networks in the Global Village* (Boulder, Colo.: Westview Press, 1999).

23 사회 네트워크를 유지 또는 약화시키는 전자 상호 연결의 역할을 다루는 실증적 연구가 늘어나고 있다. 예컨대 다음을 참고할 것. Keith Hampton, "Living the Wired Life in the Wired Suburb" (Ph.D. diss., University of Toronto, 2001); Philip E. Howard, Lee Rainie, and Steve Jones, "Days and Nights on the Internet: The Impact of a Diffusing Technology," *American Behavioral Scientist* 45, no. 3 (2001): 383-404; Robert Kraut, Vicki Lundmark, Sara Kiesler, Tridas Mukopadhyay, and William Scherlis, "Internet Paradox: A Social Technology That Reduces Social Involvement and Psychological Well-Being," *American Psychologist* 53, no. 9 (1998): 1017?31; Norman Nie, "Sociability, Interpersonal Relations, and the Internet: Reconciling Conflicting Findings," *American Behavioral Scientist* 45, no. 3 (2001): 420-35.

24 Barry Wellman, "Designing the Internet for a Networked Society," *Communications of the ACM* 45, no. 5 (May 2002): 91-96.

소개문

미래 도시 / 프레드릭 제임슨

미국 듀크 대학의 교수이며 문학 및 문화 비평가인 프레드릭 제임슨은 「미래 도시」라는 제목의 기고문에서 렘 콜하스가 하버드 대학교 디자인 대학원에서 진행한 '도시 프로젝트'에 기인한 두 출판물을 분석하고 있다. 이 두 권의 책은 렘 콜하스가 주도한 일련의 연구 세미나의 성과였다. 첫 번째의 책 『대약진(*Great Leap Forward*)』은 20세기 후반 중국의 진주강 삼각주에 우후죽순처럼 건설된 건물들을 대상으로 다루었다. 두 번째의 책 『쇼핑 안내서(*Guide to Shopping*)』는 소비주의와 그 조건들을 조사했으며 또한 쇼핑이 도심 지역과 사회에 미치는 영향도 광범위하게 다루고 있다. 이 두 권의 책은 새로운 현상으로서 현대 도시의 내부와 주변(과거에는 아마도 도시라고 알려졌을 것)의 성장과 변형이 어떤지를 탐구하고 있으며 이를 위해서 놀랍게도 역사적 유형에서 출발하고 있다. 제임슨은 『대약진』의 경우 커서를 움직이듯 단지 몇 곳을 언급한 정도이지만 『쇼핑 안내서』에서는 많은 노력을 기울여 그 내용을 상세하게 탐색해 나갔다.

제임슨의 입장에서는 『쇼핑 안내서』가 "위기에 처한 쇼핑몰"의 논리에 근거하고 있다는 점에서 다른 소비주의 연구들과 차이가 있는 것으로 여겨졌다. 콜하스가 이 책을 위해서 「정크스페이스」라는 제목의 글을 기고한 사실이 이 주장을 적극적으로 반영한다.[1] 제임슨은 콜하스의 글을 좀 더 넓은 포스트모더니즘의 맥락에서 파악하고 있다. 그의 문장을 인용하자면, 콜하스의 글은 "범상치 않으며... 그 자체로 포스트모던의 산물"이기도 했다. 제임슨은 콜하스가 정크스페이스인 "바이러스"를 어떻게 추적하고 있는지 자세하게 검토해 나갔다. 콜하스는 "탈분화"의 상, 곧 동질성의 영역에서 새롭지만 동시에 울적할 정도로 반복적인 세계의 상을 창조해냈다. 이는 더 크고 더 빛나며 최상의 사치를 끊임없이 추구하는 세계상이었다. 콜하스의 에세이는 바로 이러한 현실을 복제하고 있다. 겉으로 보기에는 끝없는 메타포를 연속적으로 분출해내지만, 서로 이전의 것들보다 우세해지려고 다투고 있으며, 역사를 끌어 들여 이를 능가하려는 모습의 현실이었다.

제임슨이 「정크스페이스」를 읽는 과정에서 주된 관심을 보였던 부분은 바로 역사였다. 그에게 역사란 "종말을 제외하고는 그 어떤 것으로도 상상할 수 없고, 그것의 미래는 또한 지금까지 있었던 사건의 단조로운 반복처럼 보이는" 것이었다. 제임슨의 입장에서 볼 때 문제는 "아무런 미동도 없는 포스트모던적 현실을 깨고 나와 실제의 역사적 시간 속으로, 그리고 인간에 의해 창조된 역사 속으로 되돌아 가는 것"이었다. 제임슨에 따르면 콜하스의 텍스트가 그려내고 있는 것도 바로 이런 시도였다.

> 글쓰기는 정신착란증적 반복, 즉 계속 두드리기만 하는 다짐 메와 같아서 우리의 모든 존재 형식을 관통하는 동일성에 망치질 해댄다… 더 나아가 이 형식들을 호되게 때려서 결국 … 서로가 표준화된 정체성을 갖고 있음을 인정하도록 치댄다… 글에 있는 문장들은 이런 반복적 주장들로 넘쳐나 있으며, 공간 자체의 공허함을 향한 난타로 가득하다. 또한 이들 문장의 에너지는 북새통과 신선한 공기를, 안도의 행복감을, 또한 역사와 시간 속으로 그리고 하나의 구체적인 미래 속으로 다시 한 번 돌진해 들어가는 오르가슴을 예언한다.

제임슨의 「정크스페이스」 해석은 우리로 하여금 '도시 프로젝트'가 보여준 노력의 전체 면모를 자세하게 이해할 수 있도록 해준다. 이 프로젝트는 곧 우리 시대의 상황, 또한 물질적, 기술적 조건들, 그리고 이 상황을 가능하게 했던 문화적 조건들에 대한 연구일 뿐만 아니라, 건축가들, 그리고 건축이 미래를 향해 나아 가는 길을 열어줄 수단이기도 하다.

주(註)

1 편집자 주: 제임슨의 코멘트는 『쇼핑 안내서』에 실린 「정크스페이스」를 따르고 있는데 이는 이 책에 실린 「정크스페이스」와 약간 차이가 있다. 이 글이 처음 출판된 곳은 『*A+U*』 특집호, 『OMA @ Work』, 2000년 5월호, 16-24쪽이다.

프레드릭 제임슨(Fredric Jameson) / 김영철 옮김

미래 도시
Future City

New Left Review 21 (May-June 2003)에 처음 실림. 출판사 제공.

'도시 프로젝트(Project on the City)'는 렘 콜하스가 하버드 대학교 디자인 대학원에서 연구의 형식으로 진행하고 있는 세미나의 성과들을 집대성한 것이다. 그 결과물이 처음 두 권의 책으로 최근 타셴(Taschen) 출판사에서 발행되었고, 그 편집본의 크기도 대단하다. 『대약진(*Great Leap Forward*)』이라는 제목의 첫 번째 책은 홍콩과 마카오 사이에 있는 진주강 삼각주 개발 사업을 탐색한 책이고, 두 번째 책은 『쇼핑 안내서(*Guide to Shopping*)』라는 제목이 붙어 있다.[1] 이 두 권의 책은 기존의 출판물에서 찾아볼 수 있는 형식과는 전혀 다를 뿐만 아니라, 여러모로 예외적이기도 하다. 화보집도 아니고 도판집도 아닌 이 책은 마치 우리가 시디롬으로 영상을 재생하며 볼 때처럼 움직인다. 그리고 이 책에 포함된 통계 자료 역시 시각적으로 아름답고, 이미지들도 어느 정도 가독성이 좋은 편이다.

건축은 여전히 위대한 작가주의가 존재하는 몇 안 되는 예술 분야 가운데 하나이며, 콜하스도 분명히 그에 속하는 사람들 중의 하나이다.

그렇지만 그가 진행한 세미나의 성과로서 펴낸 이 책들은 건축이 아니라, 오히려 오늘날 도시의 분석에 헌정하고 있다. 오늘날의 도시는 적어도 2차 대전까지 존재했던 고전적 도시 구조와는 이론적 해명이 없더라도 분명히 다르다. 근대 건축은 18세기와 19세기의 태동기 때부터 도시 문제와 밀접하게 연관되어 있었다. 지크프리트 기디온(Sigfried Giedion)이 저술한 모더니즘의 교과서라 할 『공간, 시간 그리고 건축(*Space, Time and Architecture*)』도 식스토 5세 교황이 주도한 로마의 바로크식 재건에서 시작하여 록펠러센터와 로버트 모지스(Robert Moses)가 설계한 파크웨이(parkway)까지 다루고 있기 때문이다. 물론 이 책은 근본적으로 르 코르뷔지에(Le Corbusier)를 칭찬하기 위한 책이었다. 의심할 여지없이 르 코르뷔지에는 건축가였을 뿐만 아니라 동시에 빛나는 도시(the Radiant Cities, Ville Radieuse), 인도 찬디가르(Chandigarh), 그리고 알제리 수도 알제(Algiers)의 도시를 계획한 "도시계획가"였다. 그런데 콜하스도 도시 문제에 헌신하고 있다는 사실을 '도시 프로젝트'가 증명하고 있기는 하지만, 학문적인 의미에서는 그를 결코 도시 연구자라고 할 수 없다. 그리고 프로젝트라는 말 자체도 이 두 책의 성격을 설명하는 데 큰 도움을 주지 못한다. 왜냐하면 이 책들은 사회학이나 경제학 같은 분과 학문의 범주를 벗어나기 때문이다. 그렇기 때문에 오히려 문화연구라고 하면 가장 적합한 표현일 것이다.

전통적인 도시 계획, 혹은 우리가 모더니스트의 도시 계획이라고 부르기를 더 선호하더라도 이제 이 도시 계획은 막다른 골목에 다다랐다. 미국식의 교통 패턴과 도시의 구획화 문제에 대한 논쟁, 심지어는 노숙이나 젠트리피케이션, 부동산세 정책 등에 대한 논쟁 마저도 소위 제3세계의 도시들이 엄청나게 확장되고 있는 현실을 생각해보면 무의미해지고 있는 상황이다. 콜하스가 쓴 다른 저서에는 다음과 같은 내용이 있다. "2025년에는 도시 거주자들의 수가 50억에 이를 것이다. [⋯] 2015년에는 33개의 거대 도시들 가운데, 27개 도시가 아시아 지역의 19개 도시를 포함하여 미개발 국가에 생겨나게 될 것이다. 거대 도시 10개 가운데 도쿄가 유일하게 부유한 도시가 될 것으로 보인다."[2] 이 문제는 해결될 수 있는 문제라기 보다는 오히려 새롭게 개진해야 할 현실이다. 그리고 이 현실 탐험이 바로 내가 받아들이기로는 '도시 프로젝트'의 임무라 할 수 있다. '도시 프로젝트'는 두 권의 책을 더 기획하고 있는데, 한 권은 나이지리아의 라고스(Lagos)에 대한 것이고 또 하나는 고대 로마를 원형적인 도시 유형으로 다룰 것이라고 한다.

'도시 프로젝트'의 제1권 『대약진』은 오늘날 중국에서 일어나고 있는 엄청난 건설 붐을 분석하고 있다. 1992년 이후 상하이에서만 거의 9천 동의 고층 빌딩이 건설될 정도였다. 이를 분석하기 위한 조건은 자본주의로의 전환이나 회귀라는 관점이 아니라 자본주의를 이용하여 급진적으로 다른 사회를 건설하고자 했던 덩샤오핑의 전략이었다. 곧 적화(red)가 아닌 "적외화(ultrared)" 전략인 것이다.

> 공산주의가 사면초가의 위기에 처해 있고 또 전 세계가 온갖 공산주의의 유린과 참혹함의 증거를 모아가고 있는 상황에서 유토피아를 구원하기 위해서는 공산주의적 적화(red)의 이상은 은폐되어야 한다. [...] 적외화(infrared)ⓒ라는 개혁 이데올로기는 유토피아의 종말을 선제적으로 방어하기 위한 운동이며, 19세기의 이상을 21세기의 현실속으로 은폐하기 위한 기획이다.

시장이 자연에 그리고 또한 존재에 근거한 현실이라고 믿는 사람들은 위의 전제를 이해하기 어려울 것이다. 그들이 보기에는 이 전제는 자본주의로 완벽하게 전환하거나 혹은 경제가 붕괴되는 순간, 곧바로 사라지게 될 것이기 때문이다. 하지만 건축의 입장은 어떨까? 우리는 입주할 세입자도 없지만 수천 동의 건물이 건설되었고 또 건설 중인 사실을 목격한다. 이런 건물들은 자본주의의 조건이라면 조달되지도 않을 뿐만 아니라, 그 존재 자체도 시장의 기준으로는 정당화될 수가 없다. 여기에서 진주강 삼각주 지역에 있는 주거 커뮤니티의 개요를 따르면 이 진주강 삼각주는 서구 자본주의 세계의 투자자들이나 은행, 투자기관들이 연구한 것과는 전혀 다른 미래를 위해 기획되었다. 이곳에 있는 네 개의 도시는 네 종류의 전혀 다른 유토피아적 기획과 같다. 선전

(深圳)시는 홍콩을 빼어 닮았고, 동관(東莞)시는 오락 도시, 주하이(珠海)시는 골프 천국이다. 과거 중심지였던 광저우는 이상하게도 깨끗하게 지우고 다시 쓴 양피지(팰림프세스트[palimpsest])를 떠올리게 한다. 기존의 전통적인 경제 중심지 위에 새로운 것이 덧대어진 상태인 것이다. 그래서 광저우는 미래로 가는 기행문처럼 읽히며, 중국의 현재와 미래에 대해 그 어떤 관광 안내서보다 또 여러 실제 여행보다 더 구체적인 모습을 보여준다.

프로테우스는 쇼핑 중

『쇼핑 안내서』는 서술 방식이나 목적을 볼 때 다른 책들과 전혀 다르다. 소비가 가장 핵심적인 주제이기는 하지만 그렇다고 해서 소비에 대한 전통적 연구도 전혀 아니다. 이 책은 특별한 화집이며, 또 도시와 상업에 관한 주제의 에세이들을 모아 놓은 것이기도 하고, 유럽에서 싱가포르까지, 디즈니월드에서 라스베가스에 이르는 지구상의 공간들에 대한 조사이기도 하며, 또한 초기 이론적 원형들부터 시작해서 최근의 형태들에 이르기까지 쇼핑몰 자체에 대한 연구서이기도 하다. 그래서 이 책의 구체적인 대상이 무엇인가 하고 질문하면 답은 그 대상보다 더욱 더 모호하다. 우리가 이 책의 본래 주제인 '쇼핑'의 특징에 집중한다고 할 때, 이 특징을 어떤 범주들로 설명해야 할까? 물건의 판매를 포함한 물리적인 성격의 쇼핑? 혹은 물건을 사고자 하는 욕망과 연관된 심리적 문제로서의 쇼핑? 아니면 쇼핑몰들의 공간적 독창성과 연관된 건축적 의미에서의 쇼핑? 구체적으로 19세기 아케이드에 대한 발터 벤야민의 분석에서 그 기원을 찾을 수 있는 것처럼. 이것도 아니라면, 이 책의 연대기가 보여주듯이, 기원전 7,000년으로 거슬러 올라가 '상품 거래를 위해 세워진 도시 차탈회위크(Catalhoyuk)'나, 기원전 7세기 리디아(Lydia)의 소매업의 '발명'까지 거슬러 올라가면 볼 수 있는 것? 혹은 소비의 세계화(소비주의)에 관해서 말하고 있는 것일까? 아니면 그러한 세계화와 관련되어 나타난 새로운 무역 항로나 생산과 분배 네트워크? (그런 네트워크를 조직하는 기업가?) 그리고 차탈회위크 이래로 끊임없이 진화해온 상업의 여러 기술은 어떤가? 많은 국외 나라의 규모보다 더 비대해진 상품화 회사와 대기업들의 엄청난 성장도 중요하지 않을까? 쇼핑과 현대 도시 형태의 관계는 어떨까? 만일 이 주제가 가능하다면? 콜하스의 경우, 그는 자신이 진행하고 있는 공동 프로젝트의 본래 제목 '도시였던 곳을 위한 프로젝트(Project for what used to be the city)'를 좀더 평범하고 낙관적인 이름인 '도시 프로젝트'로 바꾸었다. 여기에 한 가지 질문을 더한다면, 통제 공간(control space)이나 정크스페이스(junkspace) 이름의 공간처럼, 과연 새로운 종류의 공간이 탄생하고 있는 중인가? 그리고 과연 새로운 공간의 탄생은 인간의 심리와 인간의 현실 그 자체를 위해 무엇을 의미하는가? (최초의 광고 이론가 에드워드 버니즈[Edward Bernays]는 프로이트의 조카였다.) 이 공간은 미래와 유토피아를 위해서 무엇을 암시하는가?

어쩌면 나는 이 변화무쌍한 주제의 다른 가능성들에 대해서는 잊고 있는 것 같다. 그럼에도 불구하고 명백한 것은 이 『쇼핑 안내서』가 건축과 도시 연구 영역 말고도 다양한 분과 학문의 경계를 넘나들고 있다는 것이다. 정신분석학과 지리학, 역사와 경영학, 경제학과 공학, 생물학, 생태학, 페미니즘, 지역학, 이데올로기 분석, 고전 연구, 법적 판결들, 위기 이론 등과 같은 분과 학문들이 이에 포함될 수 있다. 이렇게 광범위한 학문 영역은 포스트모던 시대에서는 그리 놀랄 만한 일이 아닐 것이다. 왜냐하면 이 시대의 존재의 법칙은 바로 탈분화(de-differentiation)이며, 또 이러한 시대에 우리가 가장 관심을 갖고 있는 것은 사물들이 어떤 방식으로 서로 중첩되며 또 어떻게 학문들이 각 계를 넘나드는지 하는 것이기 때문이다. 다른 식으로 표현하자면, 과거에는 전문화된 학문 사이의 구별이 두드러졌지만 포스트모던 시대에는 각 분야만의 구조가 지워진 상태로 되어 이제는 여러 영역이 중첩되어 있다. 우리가 가장 흥미를 가질 만한 연구 저작들에서 이런 경향이 강하게 나타난다. 들뢰즈와 가타리의 『천개의 고원(*Thousand Plateaux*)』과 로버트 카로(Robert Allen Caro)의 『권력 브로커(*Power Broker*)』, 『제국(Empire)』이나 『렘브란트의 눈(*Rembrandt's Eyes*)』, 벤야민의 『아케이드 프로젝트(*Arcade Projects*)』

와 네크트(Oscar Negt)와 클루게(Alexander Kluge)의 『역사와 고집(*Geschichte und Eigensinn*)』 등이 그러하며, 『스몰, 미디엄, 라지, 엑스라지(*S, M, L, XL*)』와 『공간, 시간 그리고 건축』과 같은 책도 마찬가지이다. 이 책 『쇼핑 안내서』에는 이론에 관련해서 보드리야르(Jean Beaudrillard)가 한 번 언급된 적이 있기는 하지만 이론에 대한 언급은 가능한 한 피하고 있다. 그렇다고 해서 우리는 이 책을 이론과 무관한 문화저널리즘의 결과물이나 커피 탁자 위에나 놓여 있을 법한 화집 정도로 여겨서는 안 된다. 이 책은 앞서 나열한 책들이 암시하듯이, 공동 저서다. 물론 위에서 언급한 저자들과 같이 각 분야의 전문가들이 모여 각자 자기 분야의 글을 순서대로 나열해 만든 그런 책은 아니다. 이 책이 공동 연구서이지만 리뷰를 하는 사람으로서 몇 사람의 이름만을 특기하는 일은 당혹스럽다. 필자 중에서 스충렁(Sze Tsung Leong)이 가장 많은 글을 철학적으로, 또 가장 깊이 있게 썼고, 추이후아 주디 청(Chuihua Judy Chung)은 이어서 구체적인 논의를 다루었다. 콜하스의 경우, 그의 역할은 대개 책을 구성하는 일에 한정된 것처럼 보이지만(그의 역할은 마치 일종의 신과 같아서 어디에서도 보이지 않지만 동시에 어느 곳에서나 그 존재를 느낄 수 있다), 그의 이름이 등장할 때면 놀라움을 금치 못하게 된다. 이 부분에 관해서는 뒤에서 다시 다룰 것이다.

쇼핑몰 그 이후

나는 이제 이 주제를 이론적 관점에서 다루려고 한다. 우선 먼저 해야 할 것은 『쇼핑 안내서』에 있는 여러 층위, 혹은 지층들을 상세하게 살펴보는 일이다. 그런데 이 책은 목차가 알파벳 순서로 되어 있어서 이들을 파악하는 데 오도할 가능성이 꽤 크다. 따라서 이 책을 읽을 때는 대단한 기술과 인내가 필요하다. 몇몇 사람에게는 쇼핑몰에 대한 몇 가지 시사 지식이 하나의 길일 것이다. 그리고 나면 이후에는 훨씬 더 발전된 형태로 다양한 맥락에서 쇼핑몰의 문제로 되돌아오게 될 것이다. 그렇지만 쇼핑몰은 결국 공간적이고 건축적인 측면에서 마치 좀더 거대한 주제로 이행하기 위한 실마리와 같은 것이다. 쇼핑몰만큼이나 형식으로서 새롭고, 특별히 미국적이며, 또한 후기자본주의적인 것도 없을 것이다. 쇼핑몰의 등장은 1956년으로 거슬러 올라간다. 이것은 다소 당시에 나타나기 시작했던 소위 '도심의 붕괴와 교외의 성장'과 관계가 있었다. 이러한 쇼핑의 계보는 예전에는 상상도 할 수 없던 방식으로 쇼핑을 위한 물리적, 공간적 성격의 예전 역사를 펼쳐 보였다. 그리고 쇼핑몰이 전 세계적으로 확산됨에 따라 이제는 미국화, 포스트모던화 혹은 전지구화의 역학적 지도를 그릴 수 있게 되었다. 이렇게 쇼핑몰은 조사를 위한 구심점이 되었고, 나중에 이어질 주제의 확장을 위한 틀로서의 역할도 하게 되었다. 여러 쪽에 걸쳐서 연대기 표가 실려 있고, 색깔로 코드화가 되어 있는 상호 관련도, 그리고 수많은 주제별 색인 목록 등은 확장된 주제를 우리로 하여금 리좀처럼 읽도록 훈련시켜간다. 또 한편으로는, 전 세계의 소매 지역들 사이의 비교, 그리고 국가별 GDP와 거대 유통업체들의 소매 수입액의 비교를 통해서, 우리는 마음속으로 그 과정을 추적하고 결과적으로 하나의 지도를 그려낼 수 있게 된다. 이는 상대적인 전지구화의 위계를 보여주는 지도일 뿐만 아니라, "쇼핑" 자체를 바라보는 시각의 것이기도 할 것이다. 내가 보기에 결국 이 시각의 문제는 정치적일 뿐만 아니라 형이상학적인 문제가 될 것이 분명하다.

그런데 우리가 이 책 읽기를 잠깐 멈추면, 이 책은 쇼핑이나 쇼핑몰, 혹은 소비 등과 같은 문제를 다루었던 다른 새롭고 탁월한 문화 연구서들과는 다르다는 것이 분명해진다. 쇼핑몰이라는 핵심 문제에 이르기도 전에 우리가 목도하게 되는 것은 위기에 처한 쇼핑몰, 경제적 손실과 임차인, 그리고 대체재의 등장 등이다. 그런데 무엇이 대체된다는 것인가? 벤야민은 19세기 말엽의 아케이드를 묘사하며, 이를 통해 역사에 대한 하나의 온전한 이론을 발전시켰다. 곧 최근 과거의 관점에서 볼 때 현재를 가장 잘 이해할 수 있으며 이 과거의 유행들은 이미 어느 정도 '시기를 벗어나 있기' 때문이다. 책의 내용 가운데 위기를 말하고 있는 곳에서는 우리에게 쇼핑을 고고학적으로 접근하거나 그것의 전사를 다룰 것이 아니라, 혹은 쇼핑의 현재를 문제 삼을 것이 아니라 오히려 그것의 미래에 대해서 생각하도록 요구하고 있다. 쇼핑몰의 미래가 무엇이건, "밖에는 건물쓰레기들이 가득하다. 저 오래된 동굴과도 같은 쇼핑몰들은 공룡이 되어버렸다. 이 공룡들은 전산 센터나 전선망에서 운영되는 가치 창출 소매업의 편리함과는 결코 경쟁할 수 없다." 여기에 이제 이베이(eBay)도 포함된다는 것에 대해 누구도 부정할 수 없다.

쇼핑몰이 존재할 수 있었던 선행 조건에 무언가 큰 변화가 생긴 것은 틀림없다. 그 조건은 무엇이었을까? 아리스토텔레스의 인과율에서처럼, 이 선행 조건은 다양한 형태와 모양을 띠고 있다. 먼저 물리적이거나 공학적인 조건들이 충족되어야 하는데, 이것이 바로 쇼핑몰의 첫 요소들에 해당하는 것이다. 바로 에어컨의 설치다. 이 문제에 대해서는 적당한 때에 다시 언급할 것이다. 쇼핑 산업의 역사 이전에 대해서 말하자면, 굳이 차탈회위크까지 거슬러 올라가지 않더라도, 분명히 여러 형태의 흥미로운 쇼핑몰의 전신들이 있었다. 가장 주목해볼 만한 대상은 아케이드다. 아케이드는 19세기 초기부터 발전하기 시작하여 1850년대와 1860년대에 이르면 벌써 위기에 봉착하게 되는데, 이 시기는 그 다음 형식이 막 부상하던 때다. 바로 현대식 백화점이었다. 졸라(Emile Zola)는 『여인들의 행복 백화점(*Au bonheur des dames*)』에서 그 탄생의 순간을 불멸의 작품으로 그려냈다. 『여인들의 행복 백화점』은 프랑스의 프랭탕(Au printemps)이나 사마리탱(La Samaritaine)과 같은 실재 백화점들을 소설로 그려낸 것이며, 최근에는 이 백화점들에 대한 꽤 많은 연구가 이루어졌다. 이들이 도시뿐만 아니라 상업에 끼친 영향 때문이겠지만, 분명한 사실은 바로 이 백화점들이 탄생한 시점과 오스망(George Eugene Haussman)의 파리 혁신 사업이 진행된 시점이 거의 일치한다는 점이다. 그렇다면 우리가 지금 다루고 있는 쇼핑몰은 어떨까? 이제 쇠퇴의 길로 들어선 것은 아닐까? 이 문제에 대해서는 잠시 후 다시 돌아올 것인데, 이 형식과 관련한 이름과 면모들을 거명하려고 한다. 시나 소설처럼, 쇼핑몰도 사실은 발명가나 작가가 있다. 물론 이 쇼핑몰 장르 전체의 발명가라고 해야 적절한 표현일 것이지만 어쨌든 그것은 우리가 자주 마주하게 되는 그런 것이 아니다.

정신착란증의 테크놀로지

먼저 이 변화무쌍한 쇼핑몰 형식의 범위와 변형된 모습들을 살펴보기 위해서는 어느 정도 도약이 필요하다. 예를 들면 공항으로 가는 일. 지금의 모든 공항은 새로운 쇼핑몰들로 되어 있다. 박물관에 가 보고, 또 마지막으로 도시 그 자체로 가 보자. 과거의 도시 중심지는 교외 지역과 새로운 슈퍼마켓에 의해서, 그리고 나서는 쇼핑몰들 자체로 인해 시들어갔지만 이제는 포스트모던 유행과 젠트리피케이션이 뒤를 따르고 있는 상태이다. 주거 건축을 따라 새로운 거대한 쇼핑몰들이 들어섰을 뿐만 아니라, 그 자체로 이제는 가상의 쇼핑몰이 되어가고 있는 중이다. 이 중심지에는 정말로 '도시 프로젝트' 에서 설명하는 것에 꼭 들어맞는 어떤 중요한 일이 벌어지고 있다.

> 1994년 쇼핑몰은 전통적 다운타운이 수행했던 도시의 기능을 공식적으로 대체하게 되었다. 뉴저지 대법원은 쇼핑몰에서 정치 유인물을 나눠주는 것에 관한 판결에서 "쇼핑몰이 '전통적으로 언론의 자유의 본거지' 였던 공원과 광장의 역할을 이제 대체했다" 고 선언함으로써 "쇼핑몰은 오늘날의 도시 중심가(Main Street)를 구성하고 있다" 고 주장한 시위자들의 편을 들어주었다.

그러나 "쇼핑몰이 도시로 복귀하게 된 이 사건은 재판에서 승리한 것에 불과했기 때문에", 이 책의 저자들은 다음과 같이 덧붙일 수밖에 없었다. "쇼핑몰이 구원받기 위해서 다운타운들은 교외가 행한 죽음의 키스를 받아들여야만 했다."

이제 앞에서 말했던 선행 조건의 문제로 돌아가보자. 상품의 바코드 그 자체, 곧 범용 제품 코드(Universal Product Code)가 이런 선행 조건 중 하나가 될 수 있을까? 바코드의 기능을 분석해보면 바코드가 제공하는 통계자료를 통해 상품의 재고, 공급, 마케팅 등 소매업 전체의 구조가 바뀌어 가기도 한다. 브랜드 이름들은 이 방식의 쇼핑의 문화적 결과일 뿐, 쇼핑몰의 선결 조건이라고 할 수는 없을 것 같다. 왜냐하면, 이들 이름의 구역, 곧 호화 부티크들은 "자본주의적 소비주의라고 하는 전 지구적 종교의 최후 성역"이기 때문이다. 이들은 또한 "협조적 경쟁(co-opetition)"이라고 싱가포르에서 표현하는 새로운 종류의 역동적 소비주의를 강조하기도 한다. 협조적 경쟁이란 경쟁자들뿐만 아니라, 모든 사람들의 소비 조류에 힘을 더 실어주는 상황을 칭송하는 표현이다.

이제 우리는 이러한 쇼핑몰을 통해 세계 여행의 길에 올라선다. 다르게 말하면 쇼핑의 세계 여행이다. 쇼핑몰 자체가 한 곳에서 다른 지점으로 각 지역의 문화에 따라서 모습을 달리하는 상태이기 때문이다. 싱가포르의 경우는 콜하스가 한때 매력을 느끼던 곳이었다(『스몰, 미디엄, 라지, 엑스라지』 참조). 그리고 싱가포르의 역동성은 연구할 만한 가치가 있는 훌륭한 대상이다. 발전의 측면뿐만 아니라, 하나의 도시국가가 지역을 넘어 세계 그 자체로 적응해 간 방식 때문이다. 크리스탈 팰리스(The Crystal Palace)의 경우는 다시 한 번 우리를 근본으로(그리고 조지프 팩스턴[Joseph Paxton]이라는 한 개인의 특별함으로) 안내한다. 데파토(Depato)라는 이름은 백화점의 일본식 표현인데, 이 데파토는 백화점의 미래까지는 아니더라도 그것의 특별한 문화적 변용을 엿볼 수 있게 해준다. 특히 도쿄가 자신을 중심으로 전국적으로 펼쳐진 민간 철도 노선들을 통해 결국 세계 3대 도시로 성장한 논리와 긴밀하게 연관되어 있기 때문이다. 그리고 마지막으로 디즈니의 경우이다. 쇼핑 분야에서 혁신과 관련된 그 어떤 연구도 디즈니가 창조해낸 모든 것을 들여다보지 않고서는 아무 말도 할 수 없을 것이다. 새로운 도시 계획, 새로운 종류의 쇼핑, 세계화, 오락 산업, 심지어 새로운 종류의 유토피아까지 이 모든 것이 월트 디즈니의 발명품들이다. 분명히 디즈니와 디즈니화(Disneyfication)를 단순히 스포츠나 전형적인 미국식 사건으로 치부하기보다는 새로운 비교학적인 관점으로 전 지구적인 맥락에서 연구하는 것이 바람직해 보인다.

그렇다면 쇼핑몰 그 자체, 예를 들면 공간의 문제는 어떤가? 사물의 체계에는 생태학이 존재하듯이, 쇼핑몰에는 공간의 심리학, 곧 구획이나, 복도, 혹은 매트릭스와 같은 공간의 심리학이 존재하는 것이다.

그리고 바로 이곳에서 쇼핑몰의 선행 조건들이 확연하게 다시 나타난다. 공기 조절(air-conditioning)과 그것의 아주 흥미로운 역사(다수의 익살스러운 발명가들과 창의적이지만 강박증도 있던 몽상가들도 포함된다)뿐만이 아니라, 에스컬레이터가 그것이다. 콜하스의 초기 저작 『정신착란증의 뉴욕(*Delirious New York*)』에서는 마천루와 그것이 만들어낸 도시 풍경을 분석하면서 결정적으로 엘리베이터를 통해 쇼핑 공간과 건물의 가능성에 가져온 파급효과를 다루었다. 『쇼핑 안내서』에 이와 관련된 부분이 약 30쪽 정도를 차지한다. 또 뒤에는 자연 채광창과 스프링클러 시스템을 다루기도 하고, 또 어떤 방식으로 이 새로운 공간이 편의 시스템을 눈에 띄지 않게 감춰버리는지도 분석한다. 물론 계산대, 윈도우 디스플레이, 거울, 마네킹처럼 "테크놀로지"의 전조라고 할 수 있는 것도 다루고 있다.

이제 이데올로기의 문제로 다뤄 보기로 한다. 그래야만 우리가 비로소 육체에서 영혼으로 이행할 수 있기 때문이다. 제인 제이콥스(Jane Jacobs)의 경우는 안타깝게도 헤겔적인 역사의 간계를 몸소 실현하는 배역으로 그려지고 있는데, 그녀가 여러 형태의 도시 및 건축의 모더니즘에 대항하여 진정한 도시 경험의 근본적인 특징들을 옹호함으로써 "쇼핑이 도시성을 상징할 수 있는 기준으로서 미국의 병든 다운타운들을 소생시킬 모델이 된 '가벼운 도시(city lite)'를 창조할 여러 요소들"을 늘어놓는다는 이유에서다. 이건 좀 가혹한 평가로 보인다. 하지만 제이콥스는 많은 건축가와 도시연구자들로부터 포스트모던 혁명을 향한 방아쇠를 당긴 인물로 인정받고 있더라도 결코 자본주의에 반대하는 입장이 아니었다는 점은 확실하다. 그리고 그녀는 오히려 (소규모) 비즈니스에 꽤 의미를 두었다.

그런데 빅터 그루엔(Victor Gruen)의 경우, 그는 우리를 쇼핑몰의 기원으로 안내한다. 우리는 이 기원을 더 이상 '원점(ground zero)'이라고 부를 수는 없다. 차라리 해럴드 블룸(Harold Bloom)이 말하는 천재라는 표현이 타당할 지 모르겠다. 왜냐하면 쇼핑몰은 그루엔의 머릿속에서 나온 창작품이고, 우리가 경험하는 현대의 미국적 공간 혹은 비공간이라는 것은 누군가가 상상해낸 것이며, 단지 시장의 역사적 사건들의 축적으로 만들어진 것이 아니라 인간 생산 활동의 산물이라는 것을 알게 된다면 어느 정도는 이해가 갈 것이기 때문이다. 그러나 그루엔의 성취를 강조하다 보면, 다른 한편으로 즉각적인 원론적 반응을 불러 일으켜서 결국에는 자발적이든 아니든 간에 그러한 것을 디자인한 위대한 모더니스트가 얼마나 소수였는지 상기하게 된다. 게다가 그런 것을 이론화한 사람은 더욱 드물다(반면에 포스트모더니스트들에게 그의 작품들은 성장을 위한 자양분이었다). 그루엔 개인을 강조하는 것은 또한 현대의 작가 개념에 대해서도 다시 생각해 보도록 요구하는데, 그는 현란하게 빛나는 사람일 수도 있고, 또는 대중문화의 차원에서 좀 더 고고한 미학적 기획에 필적하는 자, 또는 진정 경이로움 그 자체라고 칭할 수 있는 작가일 수도 있다. 예컨대, 샌디에이고의 호튼 플라자(Horton Plaza)를 만든 존 저드(Jon Jerde)가 그러한 경이로운 작가라 할 만하다. 현대의 다른 모든 문화 영역에서도 그러하듯이, 건축 역시 고급예술/대중문화의 분열을 피할 수 없게 되었다.

그런데 우리가 이 문제에 대해 숙고하기 시작해서 다른 관련된 전 지구의 현상들, 예를 들면 인도네시아의 리포 그룹(Lippo Group)을 다루려고 하는 순간, 우리는 한 때 벤투리와 스콧 브라운이 말했던 "라스베가스의 교훈"으로 되돌아 가게 된다. 그리고 여기에 이들과의 인터뷰도 많은 양이 할애되어 있다. 페미니즘에 관련된 주제도 다룬다(여성과 쇼핑의 관계는 오래된 문제이기는 하나 다소 악의적인 주제라 할 수 있다). 그 외에 인공 풍경, 그리고 인공 풍경과 심리학 및 정신분석학과의 관계. 그 다음에는 쇼핑몰에 대한 유럽의 저항과 그로 인한 미국화의 결과를 다루고 있다. 그리고 책의 후반부는 여러 다른 흥미로운 주제들을 거론하다가 갑자기 블랙홀 같은 것에 직면하게 되는데, 이것은 엄청난 에너지를 사방으로 뿜어낸다.

정크스페이스 바이러스를 타도하라

렘 콜하스가 『쇼핑 안내서』에 기고한 글 「정크스페이스」는 대단한 작품이며 그 자체로 포스트모던한 창작물일뿐만 아니라, 역사에 대한 전혀 새로운 비전까지는 아니더라도 최소한 전혀 새로운 미학의 제시라고 할 수 있다. 이 글은 페이지 전체가 꽉 차있는 방식으로 편집되어 있기 때문에 전체를 보기 위해서는 잠시 멈추고 생각도 다시 해야 한다. 이를 위해서 우선 그의 글 자체를 들여다보아야만 할 것이다. 혐오감과 행복감(euphoria)이 서로 어우러져 있는 점은 여러 가지 유익한 방식에서 포스트모던이 지닌 독특한 성격이기도 하다. 콜하스가 과거 한때 흥미로운 대본 작가였다는 사실을 우리는 알고 있다. 이 관점에서 그는 몇몇 현대 건축가에 비견된다. 그가 쓴 책, 특히 『정신착란증의 뉴욕』과 『스몰, 미디엄, 라지, 엑스라지』는 형식에서도 혁신적이었고, 신랄한 문장과 더불어 도발적인 특성의 태도도 잘 보여주었다. 하지만 이 책들에서 어떤 문장도 이제 우리가 「정크스페이스」에서 보게 될 것과 같은 지속적이고 또 멈춤도 없는 건축 공간의 '공연'을 우리에게 보여주지는 않았다. 이 공연은 현대 도시뿐만 아니라 전 우주, 어떤 목적에도 부합하는 다용도의 무정형 마그마로 녹아 들어가려는 순간에 있는 그런 우주의 공연이었다.

「정크스페이스」는 표준화(혹은 미국화)에 대해 불만에 가득 찬 문화 비평 차원의 불평보다 그 정도가 훨씬 더하다. 이 글은 고전적인 의미에서의 잔여물(remainder)(변증법 이후에 남는 것들, 혹은 당신이 받은 정신분석학적 치료 이후에 남는 것)로서의 정크(junk) 개념으로부터 시작한다. "우주 정크(space-junk)가 인간이 우주에 흐트러트린 파편들이라면, 정크 공간(junk-space)은 인류가 지구에 남겨둔 잔류물이다. 이 정크스페이스는 금세 우주 전체에 퍼져 창궐하는 바이러스로 돌변한다.

> 모가 난 모양의 기하학적 파편들이 별이 빛나는 무한의 공간으로 침략한다. 실제 공간은 가상 공간으로 매끄럽게 변환되도록 편집되고, 결정적인 힌지는 지옥의 피드백 고리로 …… 광대한 정크스페이스는 빅뱅의 가장자리까지 뻗어나간다.

하지만 텍스트 그 자체만 놓고 본다면 보드리야르나 다른 텔레비전 이론보다 더 나을 것이 없다. 곧 (들뢰즈의 '흐름[flow]' 에 대해 흔히 하는 비판처럼) 약속으로서의 가상성(virtuality)에 대한 비판에 지나지 않는다. 여기서의 핵심은 오히려 유의어를 찾는 것이라 할 수 있다. 수백 수천의 이론적 유의어, 하나를 다른 것에 올려 놓고 망치질 하듯 융합시켜 하나의 거대하고 무시무시한 비전으로 만들며, 현 시대나 '포스트모던' 의 '이론' 들은 모두 단지 맹목적으로 이면을 보기만 해도 다른 이론들에 대해 은유적 성격을 갖도록 하고 있다.

> 정크스페이스는 이전 세대들이 포장해 감춰두었던 것들을 들추어낸다. 침대의 매트리스에서 스프링이 튀어나오듯 구조물들이 보이고, 비상 계단은 체조실의 그네처럼 덩그러니 매달려 있다. 탐사선이 우주공간으로 발사되어 전송하지 않아도 될 것을 고생스레 전송한다. 자유공기, 거대한 유리판이 거미줄 같은 케이블에 걸려 있다. 팽팽하게 당겨진 외피는 이름도 붙일 수 없는 희미한 무엇인가를 감싼다.

정크스페이스는 하나의 경향으로서 일정 시간 동안 우리 주위에 있었다. 처음에는 인지되지도 않았고 바이러스처럼 발견도 되지 않았다.

> 건축가들은 처음 정크스페이스를 생각해내고 이를 거대구조(Megastructure)라고 이름 붙였다. 자신들이 봉착했던 난국을 벗어날 수 있는 최종 해결책이라 여겼던 것이다. 이 엄청나게 거대한 구조물은 바벨탑처럼 영원히 존속하면서, 시간의 흐름에 따라 가변적인 하위 조직으로 가득 채워질 것이라 여겨졌다. 물론 변화의 방향은 통제할 수 없을 것이다. 그러나 정크스페이스에서는 모든 것이 뒤바뀐다. 상부 구조 없이 오로지 하부 조직만이 존재한다. 고아가 된 입자들처럼 자신의 존재를 위한 프레임워크나 패턴을 찾아 나선다. 모든 물질적 구체화는 잠정적인 것이다. 자르기, 구부리기, 찢기, 코팅하기. 건축물은 이제 양복을 짓는 일처럼 새로운 종류의 부드러움을 획득하였다.

여기에서 건축과 공간이 그 밖에 다른 모든 것에 대한 은유라고 말한다면 지나친 단순화일지도 모른다. 그러나 여기서 말하는 것은 더 이상 건축 이론도 아니며 건축가의 관점에서 쓴 소설도 아니다. 오히려 그것은 새로운 공간의 언어이며 스스로 증식하고 스스로를 영속화하는 문장들을 통해 말한다. 따라서 공간 그 자체는 역사(History)를 위한 새로운—혹은 마지막?—동력의 주도적인 기호(code)이거나 헤게모니 성격의 언어가 되었다. 하지만 이 동력을 구성하는 원 재료 자체는 이미 소실될 정도로 훼손되어 있어서 이 공간을 비난할 수 밖에 없는 상태이다.

> 정크스페이스에서 노화의 현상은 존재 자체가 부정되는 일이거나 혹시 있더라도 그것은 재앙일 것이다. 백화점이나 나이트클럽 혹은 독신자 아파트와 같은 총체적 정크스페이스는 아무런 경고도 없이 하룻밤 사이에 슬럼가로 돌변한다. 아무도 모르게 전력량이 줄어들고, 간판에서는 글자가 떨어져 나가고, 에어컨 기계에는 물방울이 맺히기 시작한다. 그리고 등록되지 않은 지진으로 인해 생긴 것처럼 보이는 균열들이 곳곳에 나타난다. 이제 단면들은 부실해졌고 더 이상 지탱도 불가능하며 그저 괴저병으로 망가진 것처럼 보이는 통로를 통해 본체의 덩어리에 붙어 있을 뿐이다.

마치 알츠하이머 병에 걸린 듯 공간의 이런 급진적 훼손은 필립 딕(Philip K. Dick)이 그려낸 소설에서처럼 악몽의 순간이 실현되는 순간이다. 마약을 먹고 난 후 현실이 약화되고 환각 증세가 나타나면서 현기증이 날 정도로 빠른 정신적 변화를 경험하게 되는 그런 순간, 그리고 이를 통해 시간을 초월하여 우리가 매몰되어 있던 사적 세계가 밖으로 드러나게 되는 그런 악몽 같은 순간 말이다. 하지만 이런 악몽의 순간이 이제는 더 이상 공포스럽지는 않다. 그것은 이제는 오히려 흥분에 가까운 것이다. 그리고 이것이 바로 우리가 앞으로 설명해야 할 새로운 행복감이다.

허물어진 경계의 제국

분명히 말하자면 콜하스라는 이름은 끊임없는 혁명 이상을 의미하지는 않는다. 그는 과거의 것을 부수고 동시에 그것을 끊임없이 재활용해서 한때 고상한 (심지어는 과대망상증의) 거장 건축가의 직능도 바로 이런 파괴와 재활용이라고 여겨질 과정을 지속해왔다. "어떤 것이든 확대시키면 정크스페이스가 된다. 리무진, 신체 일부 혹은 비행기 등. 사물의 본래 개념은 남용된다. 복원하다(restore), 재배치하다(rearrange), 재조립하다(reassemble), 개조하다(revamp), 혁신하다(renovate), 수정하다(revise), 회복하다(recover), 재디자인하다(redesign), (파르테논 신전의 조각상을) 반환하다(return), 다시 하다(redo), 존중하다(respect), 임대하다(rent) 등 접두사 re-로 시작하는 동사는 정크스페이스를 양산한다." 이것은 의심의 여지 없이 원본(original)의 상실이며, 그와 더불어 역사도 사라진다.

> 유일하게 확실한 것은-계속적인-변화이다. 그렇지만 아주 드문 경우 여기에는 '복원'이 뒤따른다. 이 과정은 역사의 새로운 장들을 정크스페이스로서 요청한다. 역사는 부패한다. 절대 역사(absolute history)는 절대적으로 부패한다. 색깔이나 재료는 수혈도 되지 않은 상태로 이식되었기 때문에 결국 제거되고 만다. 건조함만이 옛 것과 새 것이 만날 수 있는 유일한 토대다.

이제 우리는 (바타유[Bataille]로부터 로잘린드 크라우스[Rosalind Krauss]가 정의한) 무형식(the formless)의 영역 속으로 들어가게 된다. 그러나 "무형식은 여전히 하나의 형식이다. 무형식도 하나의 유형이다." 그런데 이것은 건축에서 "블롭 건축가(blob architects)"로 명명되는 컴퓨터 활용의 새로운 세대(그렉 린[Greg Lynn], 벤 판 베르켈[Ben van Berkel])가 생각하는 '뭐든 상관없다'와는 꽤 다르다. "사실 정크스페이스의 비밀은 그것이 무차별적이면서도 억압적이라는 것이다. 무형식이 번성하게 되면, 형식적인 것은 시들기 마련이다. 그리고 모든 규칙과 규제, 법률적 수단도 마찬가지다." 이것은 마르쿠제(Marcuse)와 억압적 관용(repressive tolerance)의 그림자가 드리워진 것과 같지 않을까?

> 정크스페이스는 개념들의 버뮤다 삼각지대이며, 버려진 세균 배양 접시다. 그것은 차별을 없애며, 결의를 훼손하고, 의도와 실현을 혼동한다. 그것은 위계를 축적으로 대체하며, 구성을 부가로 대체한다. 점점 더 많이 많은 것은 많아진다. 정크스페이스는 과도하게 익었지만 오히려 영양가는 부족하다. 지구를 덮고 있는 거대한 보안망이 우리를 돌본다는 명목으로 목을 졸라 맨다…… 정크스페이스는 마치 수백만이나 되는 친한 우리의 친구들과 영원히 거품 목욕을 하도록 비난을 받게 된 듯하다…… 경계가 허물어져 희뿌연 제국, 그것은 높은 것과 낮은 것을, 공적인 것과 사적인 것을, 곧은 것과 굽은 것을, 배부른 자와 배고픈 자를 모두 뒤섞어 어느 하나도 연결되어 있지 않지만 끝내 솔기 없이 짜여진 천처럼 보이도록 한다.

분명 정크스페이스에는 마법과도 같은 순간들의 "궤적"이 여전히 존재한다.

> 포스트모더니즘은 바이러스 주머니처럼 구겨진 영역을 추가한다. 그래서 끝없이 펼쳐진 상품 진열의 최전방 경계선을 부수고 다시 확장한다. 그 진열은 쭈글쭈글해 보이지만 상품 거래를 위해서는 반드시 필요한 압축 포장과도 같다. 움직임의 궤적들은 램프(ramp)로 시작해서 아무 경고도 없이 수평으로 회전하고, 교차하고, 밑으로 접혔다가, 거대한 공터에 현기증 날 정도로 높은 발코니 위로 갑작스레 나타난다. 독재자 없는 파시즘과 같다. 기념비같은 거대한 대리석 계단을 오르다 갑자기 막다른 길에 들어서게 되었을 때, 에스컬레이터가 나타나 보이지도 않는 목적지로 데려다 준다. 이곳에서는 잊어도 좋을 어떤 것에서 영감을 받아 만들어져 잠깐 눈에 들어왔다가 사라지는 회벽과 마주하게 된다.

이렇게 우리 주변에서 모든 것을 끊임없이 돌연변이로 휘젓는 물질의 의사 시간성 속에는 또한 아주 희귀하고 숨이 멎을 정도로 아름다운 순간들이 존재한다. "철도 역사가 철재의 나비처럼 날개를 편다. 공항은 키클롭스의 이슬 방울처럼 반짝인다. 폭이 좁은 둑을 연결하는 다리는 그로테스크하게 확대된 하프의 모양을 하고 있다. 작은 시냇물에도 칼라트라바(Calatrava)의 다리가 건설된다." 하지만 그러한 순간만으로는 악몽을 보상해주거나 환각 상태를 가치 있는 것으로 만들어 주지도 못한다. 여기에서 사이버펑크(Cyberpunk)가 참조가 될 만해 보인다. 사이버펑크는 콜하스처럼 모호하고 냉소적이기 때문에 자기 자신(그리고 자신이 속한 세계)을 과도하게 허비하지만 이를 긍정적으로 보고 있는 듯하다. 그러나 사이버펑크는 실제로는 묵시록적이라 할 수 없다. 그리고 내가 생각하기에 더 어울리는 것은 오히려 밸러드(J. G. Ballard), 곧 "여러 세계의 종말"을 얘기하는 밸러드이다. 물론 여기에서 바이런(Lord Byron) 식의 우수(melancholy)와 화려한 연주의 염세주의나 세상의 고통(Weltschmerz)이라는 항목은 제외해야 한다.

왜냐하면 여기에서 문제가 되는 것은 바로 세계의 종말이기 때문이다. 그리고 묵시록이 세계의 종말을 상상하는 유일한 방법이라면 그것은 아마도 상당히 유쾌한 일일 것이다(우리가 세계의 종말에 대해 당당히 맞설지 아니면 우는 소리를 할 것인지는 별로 흥미로운 문제는 아니다). 구세계는 분노와 조롱의 대상이 되어야 마땅하다. 그러나 지금의 신세계는 단지 스스로를 망각하고 있으며, 필립 딕이 키플(kipple)이나 거블(gubble)이라고 이름 붙였던 상태다. 이러한 상태를 판타지 소설가 르귄(Ursula K. Le Guin)이 한때 "용해(melting)"하는 건축물이라고 묘사하기도 했다. 햇볕을 받아 말랑말랑해진 젤리처럼 건물들은 점점 맥이 빠져있고 비실거리는 모습이었다. 건물의 모서리에는 이미 반듯한 면들이 없어지기 시작했고 끈적끈적한 얼룩들만 남아있다." 누군가 한때 자본주의의 종말을 상상하는 것보다 세계의 종말을 상상하는 것이 쉽다고 말한 적이 있다. 이제 우리는 이 말을 수정하여 세계의 종말을 상상함으로써 자본주의를 상상하려는 모습을 보게 될 것이다.

역사로 탈출하기

그러나 내가 생각하기에는 이 모든 것을 역사의 관점에서 규명하는 것이 좋을 듯하다. 종말을 제외하고는 그 어떤 것으로도 상상할 수 없고,

그것의 미래는 또한 지금까지 있었던 사건의 단조로운 반복처럼 보이는 그런 역사 말이다. 그렇다면 문제는 어떻게 급진적 차이를 규정할 것인가? 어떻게 하면 역사의 의미를 다시 소생시켜 역사가 우리에게 희미한 상태이지만 시간의 신호를, 타자성의 신호를, 변화의 신호를, 그리고 유토피아의 신호를 다시 한 번 전송할 수 있도록 할 수 있을까? 해결해야 할 문제는 아무런 미동도 없는 포스트모던적 현재를 깨고 나와 실제의 역사적 시간 속으로, 그리고 인간에 의해 창조된 역사 속으로 돌아가는 것이다. 이런 의미에서 「정크스페이스」 글은 역사로의 회귀를 위한 기획이며, 적어도 그렇게 하기 위한 부단한 노력이라 할 수 있다. 이 글은 공상과학 소설 장르의 특성이 두드러진다. 즉 부재하는 미래 속에서 단 하나의 악의적인 성향을 선택하여 그것에 초점을 맞추고, 이를 극단적인 방식으로 확대하고 확장하는 것이다. 그렇게 되면 그것은 결국 이 자체로 묵시록적인 것이 되어 우리를 가두어 에워싸고 있는 세계를 수많은 파편과 원자로 폭파시키고 만다. 따라서 이 글이 가지고 있는 디스토피아적인 겉모습은 후기자본주의라는 솔기조차 보이지 않는 매끈한 뫼비우스의 띠에 균열을 낼 수 있는 날카로운 칼날이며, 일종의 푼크툼(punctum) 내지는 지각 강박(perceptual obsession)과 같은 것이다. 이는 후기자본주의의 엉킨 실타래의 한 가닥, 어떤 실타래라도 골라 그것의 끝자락까지 집요하고 끈질기게 쫓아간다.

그런데 이것만으로는 충분치 않다. 역사적 상상력이 독사에 물린 것처럼 마비되고 유폐되어버린 상황에서도 우리는 역사를 가로막고 있는 단단한 장벽을 돌파해야만 한다. 우리가 글쓰기를 통하는 방식 이외에는 유토피아를 꿈꾸는 것은 고사하고 미래를 향해 돌진해서 차이를 다시 정복할 수 있는 방법도 보이지 않는다. 글을 쓰며 미래로 나아가되 뒤돌아보지 않는 것이다. 망치질로 두들겨 결국 판을 구부리 듯 글쓰기는 정신착란증적 반복, 즉 계속 두드리기만 하는 다짐 메와 같아서 우리의 모든 존재 형식(공간, 주차, 쇼핑, 일, 식사, 건물)을 관통하는 동일성에 망치질 해댄다. 더 나아가 이 형식들을 호되게 때려서 결국 색상이나 질감의 차이에도 불구하고 서로가 표준화된 정체성을 갖고 있음을 인정하도록 치댄다. 이렇게 형체를 잃고 흐물흐물해진 상태는 더 이상 과거의 플라스틱도 비닐이나 혹은 고무 등도 보여주지 못할 정도다. 글에 있는 문장들은 이런 반복적 주장들로 넘쳐나 있으며, 공간 자체의 공허함을 향한 난타로 가득하다. 또한 이들 문장의 에너지는 북새통과 신선한 공기를, 안도의 행복감을, 또한 역사와 시간 속으로 그리고 하나의 구체적인 미래 속으로 다시 한 번 돌진해 들어가는 오르가슴을 예언한다.

이것이 바로 콜하스의 글쓰기에 내재된 새로운 상징적 형식의 비밀이다. 물론 콜하스가 우리 시대에 이런 형식에 동력을 불어넣을 수 있는 유일한 사람은 아니다(하지만 그보다 더 잘할 수 있는 사람은 거의 없다). 그의 글이 다소 감압실 같은 진부한 쇼핑의 세계로 다시 천천히 들어가 보려는 목적은 이렇게 정신착란증적인 모험의 출발점이기도 했고, 결국 무엇이 지금의 모험을 촉발시켰는지, 또한 무엇이 이렇게 기념비적일 뿐만 아니라 진정 형이상학적인 반응을 촉발시켰는가에 대한 해답을 찾으려는 시도이기도 하다. 사실 이에 대한 해답은 스충렁이 『쇼핑 안내서』에 쓴 다소 무심코 던진 문장 속에 이미 표현되어 있다. 곧 책 전체의 주제라 할 수 있는 지구의 상업화 과정을 절제되고 학술적으로 집중해서 다룬 글의 말미에 그는 이렇게 쓰고 있다. "결국 쇼핑 말고는 우리가 할 일이 거의 없을 것이다." 우리를 가두고 있는 이 세계는 사실 그 자체로 쇼핑몰이다. 바람도 불지 않는 이 밀폐 공간은 이미지를 진열하기 위해 파놓은 지하 땅굴 네트워크에 지나지 않는다. 정크스페이스라는 바이러스는 사실 쇼핑 바이러스인 것이다. 디즈니가 세계 도처에 퍼지는 것처럼, 이 바이러스는 유독성의 이끼처럼 점차 우리가 알고 있는 우주로 퍼져나가게 될 것이다. 그렇다면 우리가 지금까지 계속해서 이야기해온 (그리고 『쇼핑 안내서』의 저자들은 더 오랫동안 이야기했던) 쇼핑이란 것은 과연 무엇인가?

이론적으로 보면 이에 대한 해답은 다양한 방식으로 나타난다(그리고 예상 가능한 대로 우리가 선호하는 이론의 틀이나 명품 브랜드 같은 이름을 쇼핑하듯 살펴볼 수도 있다). 서구 마르크스주의 전통에서는 이를 '상품화' 라고 부른다. 이에 대한 설명은 최소한 마르크스의 그 유명한 『자본론』의 첫 장인 상품 물신주의에 대한 이야기까지 거슬러 올라간다. 19세기의 종교적 관점에 근거해서 마르크스는 구체적으로 자본주의의 상품 교환 체계의 상부구조적 차원을 강조하는 방법을 택하였다. 그는 상품 이론의 "형이상학적 미묘함과 이론적 세밀함" 이 상품의 구매자들("쇼핑하는 사람들" ?)로부터 노동 관계를 은폐하기 위한 방법이라고 이해하고 있었다. 그렇기에 그는 상품화를 근본적으로 이데올로기적인 것으로, 즉 (부르주아) 소비자들로부터 가치의 생산을 구조적으로 은폐하도록 작동하는 일종의 허위 의식으로 파악했다. 소위 서구 마르크스주의의 시작을 알리는 고전적 철학 저서 『역사와 계급의식(*History and Class Consciousness*)』의 저자 게오르크 루카치(Georg Lukács)는 상품에 대한 분석을 철학의 역사라는 좀더 큰 틀 위에서 수행하였고 상품화 개념을 재정립해서 일반적으로 정신적일 뿐만 아니라 물리적인 사물화(reification)라는 사회적 과정의 중심에 위치시켰다.

그런데 2차 대전 이후 상품 분석에 관련한 이데올로기적 지향성은 어딘가 다른 방향으로 선회하게 된다. 이때는 상품이나 사치품의 판매가 소위 제1세계라 칭해지는 유럽과 미국 (그리고 나중에 일본까지 포함한) 지역에서는 단순한 생계 유지나 사회적 재생산을 넘어 일반화되었다. 이 시점에서 상황주의자들(situationalist)과 그들을 뒷받침했던 이론가 기 드보르(Guy Debord)는 상품화에 대한 새로운 관점을 창안해냈다. 그들의 말을 그대로 옮기면, "상품 물신주의의 최종 형식은 이미지다." 이 명제가 바로 그들이 주장한 소위 스펙터클 사회(spectacle society) 이론의 출발점이었다. 스펙터클 사회에서는 예전에 "국가의 부" 라고 이해되던 것이 이제는 "무한한 스펙터클의 축적" 으로 파악되었다. 이러한 관점은 상품에 관한 현재 우리의 전제(혹은 견해)와 크게 다를 바 없다. 곧, 상품화 과정은 허위 의식의 문제가 아니라 오히려 전적으로 새로운 삶의 방식이라는 것이다. 이를 우리는 소비지상주의(consumerism)라 부르고 있으며, 이는 철학적 오류에 기인하거나 혹은 잘못된 정보를 가지고 정당을 선택하는 실수라고 하기 보다는 차라리 중독에 비견될 수 있는 것이다. 소비주의로의 이런 이데올로기적 방향 전환은 문화에 대한 보다 최근의 관점들과 맥락을 같이한다. 여기에서는 문화를 일상적 삶의 진정한 실체로 정의한다(이것은 상대적으로 새로운 전후 세대의 문화 개념이며, 앙리 르페브르[Henri Lefebvre]가 선구자 역할을 했다).

『쇼핑 안내서』에 실린 이미지들은 이미지의 이미지들이다. 그렇기 때문에 이들은 새로운 종류의 비판적 거리 두기를 가능하게 한다. 즉, 개념적으로 상업적 교환의 시점에서 상품 관념을 상품이 있었던 본래 상황으로 되돌려 놓을 때의 거리다. 이미지로서 상품을 대한다는 것의 의미는 우리가 그것을 그저 바라본다는 것이 아니다. 우리가 이미지를 구매한다는 관념 자체는 이미 상품 개념에 대한 유용한 낯설게 하기라고 할 수 있다. 그런데 우리가 이미지를 쇼핑한다고 말한다면 그것은 훨씬 더 유용한 것이 될 것이다. 왜냐하면 이를 통해 우리는 쇼핑 과정을 새로운 형식의 욕망으로 대체해서, 실제로 판매가 이루어지기 이전의 상황으로 옮겨가게 되며, 이때의 우리는 이미 잘 알려진 것처럼 물건 그 자체에 대해서는 관심을 갖지 않게 된다. 이 관점에서 보면, 실질적으로 소비는 모두 증발해버린 것과 같은 상태다. 그리고 마르크스가 두려워했던 대로, 소비는 철저하게 정신적인 것이 되고 만다. 물질적인 것은 정신적 쾌락을 구하기 위한 구실에 지나지 않는다. 비싼 신형 자동차를 사서 동네 거리를 운전하고 다니다가 빈번하게 세차하고 광을 낼 때, 이런 소비의 방식에는 과연 어떤 구체적인 물질적 측면이 존재하는 것일까?

"결국 쇼핑 말고는 우리가 할 일이 거의 없을 것이다." 이 말은 지구 도처에서 쇼핑의 욕망이 엄청나게 팽창하고 있다는 사실을 반영하는 것이 아닐까? 쇼핑할 만한 경제적 능력을 지니기도 했지만, 오랫동안 삶의 의미 없음과 만족의 불가능성에 길들여져 그저 이 의미 없음과 또한 불가능성을 소비하도록 욕망의 구조가 새롭게 바뀌어버린 삶의 방식이 우리의 새로운 존재 조건이 되었음을 의미하는 것은 아닐까? 아마도 이 시점에서 우리는 진주강 삼각주와 덩샤오핑의 포스트모던 사회주의를 되돌아볼 필요가 있을 것 같다. 덩샤오핑의 체계 내에서 "부자가 된다"는 것은 더 이상 실제로 돈을 많이 번다는 것을 의미하지 않는다. 오히려 거대한 쇼핑몰을 건설하는 것에 더 가깝다. 여기에 숨겨진 비밀은 쇼핑을 하는 것이 반드시 물건을 사야 한다는 것을 의미하지 않는다는 사실이다. 그리고 쇼핑의 형식도 하나의 무대 위의 공연처럼 여겨진다는 것이다. 여기에서 돈은 없어도 된다. 적당한 공간이 제공되는 한 가능하며, 그 공간의 이름이 바로 정크스페이스이다.

주(註)

1 Chuihua Judy Chung, Jeffrey Inaba, Rem Koolhaas and Sze Tsung Leong, eds, *Great Leap Forward*, Harvard Design School Project on the City, 722 pp, Cologne, 2002. *Guide to Shopping*, Harvard Design School Project on the City, 800 pp, Cologne, 2002.

2 *Mutations*, Barcelona, 2001.

소개문

건축과 가상: 새로운 물질성을 향하여 / 앙투안 피콩

건축가, 엔지니어 그리고 역사학자로 교육받은 앙투안 피콩(Antoine Picon)은 주로 건축과 기술의 교차에 관해 연구했다. 피콩은 자신의 글 「건축과 가상: 새로운 물질성을 향하여」에서 컴퓨터와 컴퓨터 지원 설계(CAD-Computer-aided design)의 잠재적 파급력에 대해 다루었다. 하버드 디자인 대학원의 건축사 교수인 피콩은 가상이 야기할 효과를 무시하며 단지 건축 물질성의 위협물로 컴퓨터를 취급하는 대신에, 컴퓨터가 물질성의 새로운 이해와 경험을 창조한다고 시사한다.

피콩은 건축 표상(Architectural Representation)에 대한 검토로 글을 시작하는데, 그에 따르면 건축 표상은 본질적으로 모호하고 추상적이다. 예를 들면 평면은, 우리가 평면으로 보여진 건물을 전혀 경험하지 못한 것이기에 실제 매우 추상적이다. (사실, 컴퓨터를 통해 새처럼 둘러보는 경험이 2차원 평면보다 더 "실제적"이지 않은가?) 이런 생각은 피콩이 다음과 같은 질문으로 나아가게 한다. "컴퓨터 표상이 명백히 전통적인 건축 실무에서 출발한다는 것일까?" 그의 대답은 예와 아니오 둘 다이다. 왜냐하면 디지털화는 어느 정도 다른 도구와 같이 단지 기술적으로 진보된 건축가가 사용하는 도구이면서도 동시에 디자인 도구로서 컴퓨터 사용은 펜과 종이 없이 확대된 조정의 층을 도입한다.

여기에 피콩은 우리의 공간 지각, 여행 그리고 환경에 엄청난 파장을 가져온 기계인 자동차를 비유로 끌어들인다. 고속도로, 옥외 광고판, 그리고 주차장 등 지금 일상생활 물건의 발전은 물론이고 새로운 감각작용, 축척 그리고 형태를 가능하게 한 "자동차가 우리가 사는 세계를 비물질화한다기보다, 우리의 물질성 개념을 변화시켜왔다." 그래서 우리의 앞선 물질성에 대한 이해가 변이되었던 것이지 물질성 그 자체의 해체를 통한 것은 아니다.

이와 유사한 전환이 건축에서 끊임없이 발전하는 컴퓨터의 개입에서 나오고 있다. 피콩의 관점에 따르면, 디지털 디자인에서 최근 추세는 볼륨보다 표면과 재질에 초점을 두며, 예상하지 못한 축척을 주제로 도입하거나, 텍토닉을 건축 표상의 더욱 복잡한 양상이 되도록 하는 것이었다. 수많은 작업에서 수집한 구체적인 데이터인 정보의 흐름 자체가 추상적인 건축 디자인에 영향력 있는 구성요소로 자주 등장한다. 피콩에 의하면, 구체와 추상, 실제와 디지털의 상호작용은 건축을 실행한다는 의미에서 가능한 새로운 구상을 밀접하게 이뤄내는 물질성의 새로운 혼종을 제시한다.

컴퓨터와 디지털화는 전통적인 물질성 이해, 디자인 과정, 그리고 건축 전체를 재구성하고, 이 재구성은 기술 성숙에 따리 지속될 것이다. 피콩은 디지털 기술을 통해 건축가가 건설 재료 및 주변 환경 생성에 더 많이 참여하게 되는 일이 디자인에서 보편화될 것으로 예측한다. 그는 이런 건축 분야의 확장과 그에 따른 재평가가 건축이 더 큰 사회적 · 정치적 역할을 할 수 있는 미래로 우리를 이끌면서 도덕적 책임감을 증가시키길 바라고 있다.

앙투안 피콩(Antoine Picon) / 신건수 옮김

건축과 가상: 새로운 물질성을 향하여

Architecture and the Virtual: Towards a New Materiality

PRAXIS 6: New Technologies://New Architectures (2004), 114-21에 처음 실림. 2004 PRAXIS 허가 받고 전재.

디지털 디자인의 발전은 건축의 근원적 차원 중 하나인 건설과 구축기술의 구체적인 양상, 한마디로 말해서 물질성에 대한 위협으로 종종 간주된다. 그런 예로 케네스 프램프턴(Kenneth Frampton)이 최근 저작인 『텍토닉 문화에 대한 연구(*Studies in Tectonic Culture*)』의 초반부에서 언급한 관심사이기도 하다.[1] 윌리엄 미첼(William Mitchell)등과 같은 사람들의 반론에도 불구하고[2], 많은 건축가의 디지털 생산물이 지닌 형태적인 특성을 고려해볼 때 이런 관심은 쉽게 이해될 수 있다. 컴퓨터 기반 디자인은 건축의 물질적 차원, 즉 무게, 힘의 작용(thrust), 그리고 저항력을 종종 무시하는 듯 보인다. 컴퓨터 화면에서 형태는 프로그램과 디자이너의 상상이 반영된 것 이외의 다른 어떤 제약 없이 자유롭게 떠 있는 것처럼 보인다. 건축 분야의 특성에 대한 근본적 추정에 의문을 제기하는 듯한 이 명백한 자유로움 안에 뭔가 깊게 불안정한 무엇인가 있다.

그런데 컴퓨터 기반 디자인의 현 단계를 마치 명확히 정착된 기준

으로 받아들여야 하는가? 디지털 건축은 아직 유아기 상태에 있기 때문에 지금 보이는 일시적 특징으로 결론을 내리지 않도록 주의할 필요가 있다. 프램프턴 등과 같은 비판론자들은 디지털 건축이 야기한 진정한 질문을 과소평가하고, 그 일시적인 특징이 너무 심각하게 여기면서 아마도 현재의 조건이 영원히 지속될 것이라고 추정하는 것 같다. 확실히 비물질성으로 향하는 현재의 경향, 아니 오히려 물질성을 향한 그럴듯한 태도가 무척 허무해 보인다. 컴퓨터의 일반화와 가상세계의 발전이 위태롭게 하는 것과는 상관없이 물질성은 건축 생산의 근본적인 특성으로 남게 될 것으로 보이기 때문이다. 혹자는 인터넷(Web)의 확대와 함께 컴퓨터의 사용이 건축적 재현의 전통적 특징에서 실질적인 일탈을 더욱 보여준다고 추측할 수도 있다. 그러나 많은 면을 고려해 볼 때, 2 차원 손작업 드로잉이 컴퓨터에 기반을 둔 드로잉보다 더 물질적이라고 할 수 없다. 건축 표상에 내재된 추상성이 그 실현에서 물질성의 결핍을 필연적으로 암시하지는 않는다.

컴퓨터가 야기한 변화로 넘어가기 전에, 건축 표상에 대한 일반적인 질문을 정교히 할 필요가 있다. 내가 언급하게 될 내용 중 핵심은 물질성이 우리 환경의 거의 모든 특징과도 같아서 크게 보자면 문화적 구축이라는 점이다. 사회적 구성주의(Social constructivism)의 다양한 지지자들이 주장했던 물리적 경험은 문화, 특히 기술 문화에 의해 형성된다. 우리는 우리를 둘러싼 기술 문화가 제공하는 렌즈, 즉 문자 그대로 그리고 더 상징적인 의미의 렌즈로 외부 세계를 파악한다. 지각을 넘어서 우리의 일상 행위와 움직임은 기계들과 이들의 구체적 요건에 의지하고 있다. 이런 관점에서 컴퓨터의 영향력은 물리적 경험이나 물질성과 멀어지기는커녕 더욱 정교하게 재조직된다고 말할 수 있다.

여기서 취한 방식은 디지털 건축의 현 상태에 대한 순진한 열광 아니면 깊이 조사하지 않고 단지 거부하는 대칭 편향의 위험을 피하는 것이다. 디지털 건축에 대한 다양한 공헌이 지닌 가치를 언급하기보다는 (그런 연유로 그 공헌에 대한 서술이 부족하다) 인식론적 특성에 대한 질문에 더 집중하고자 한다. 즉, 지금 불완전하게 발전한 상태를 감안

하더라도, 디지털 건축이 물리적 경험의 범주 변화에서 무엇을 시사하고 있는가? 물질성이 위험에 처하지 않는다면, 디지털 건축의 정의는 도대체 어떻게 진화하고 있는가?

우리가 컴퓨터 생산물, 즉 이미지에서 웹기반 세계까지 언급할 때, 가상 현실과 진짜 현실을 명확히 가르는 비물질화로 비난받는 "가상(Virtual)"이란 용어가 거의 즉각 연상된다. 앙리 베르그송(Henri Bergson)이나 질 들뢰즈(Gilles Deleuze)를 연상시키는 통상적인 철학 논쟁에 끼어들지 않고도, 이러한 구분법이 건축 담론에서도 유지되기 어렵다는 것을 알아챌 수 있을 것이다. 건축 디자인은 사실 가상물이다. 그래서 더욱, 건축 디자인은 지어진 단일 실체가 아니라 구상된 전체 범위를 예상하는 가상적인 것이다. 건축 디자인은 그에 수반되는 수많은 다른 방안의 불확정성을 포함하기에, 어느 정도의 여백 없이는 이뤄지지 않는다. 통상적으로는 오직 단 하나의 디자인 안만 실현된다. 지어진 결과물에 가능한 가깝게 예측할 수 있도록 디자인 과정의 시스템을 아무리 향상시키도 상대적 불확정성은 건축 프로젝트에서는 근원적인 것이다. 그래서 건축 디자인은 프로젝트를 "말"할 수 있게 하거나, 아니 오히려 단순한 기술적 청사진이 아니라면 예상된 지어질 실체(the built reality)에 대해 가능한 이야기들의 그물망처럼 작동할 수 있게 한다.

물질성에 대한 질문으로 돌아가서, 디자인이 건설 현실을 전제로 존재하는 한 이 관계는 모호하다고 이 상황을 요약할 수도 있다. 다시 한 번, 도면과 설계도서는 정교하고 명확하면서 특수한 물질적 실체라기보다는 물질적 결과의 범위 정도를 알려주는 것이다. 건축 디자인의 모호함은 건축 표상에 나타난다. 가장 설득력 있는 표상 기술도 지어진 실체의 경험과 완벽하게 대응되지는 않는다. 우리는 단면도나, 무한한 지점에 자리 잡은 관찰자를 염두에 둔 근대 액소노메트릭(axonometric)으로 보는 것을 언급하지 않고는 평면과 입면에서 결코 건물을 파악할 수 없다. 그래서 우리는 건축 표상에서 지도처럼 불가능한 위치에 자리한 관찰자로 상정하는 유혹에 빠지기도 한다.

건축 표상은 다음의 대조적인 경향, 즉 신뢰성(verisimilitude)의 추구와 불확정의 여지를 보존하려는 열망을 중재하고 있다. 확실히 두 대립된 관점 사이에서 균형의 필요는 건축 도면에 내재된 모순을 잘 설명하고 있다. 마치 이 물질성과 추상성 사이의 평형유지로 해석되는 근본적 긴장처럼, 물리적 효과가 분명하도록 더 구체적이면 건축적 표현은 더 모호해진다. 르네상스시대 이래로 건축 윤곽을 표현하는 도면은 이를 증언하고 있다. 비트루비우스에 영감을 받은 건축가들에게 건물의 다양한 몰딩 위에 빛의 놀이보다 더 물질적인 것은 아무것도 없었다. 그럼에도 불구하고, 이런 윤곽 표현은 원했던 효과와는 거리가 먼 경우가 대부분이었다. 팔라디오의 『건축사서』같은 고전 저작에서도 이 표상은 선 드로잉으로 축소된다.

이 이야기를 고려해 보면, 컴퓨터 표상이 명백히 전통적인 건축 실무에서 출발한다는 것일까? 이 단계에서 디자인의 디지털화가 단순한 기술적 진보, 디자이너에게 부여된 부수적 능력으로 건축 생산의 본질에 영향을 주지 않는 것처럼 보인다. 디지털화는 건축가가 극단적으로 복잡한 형태를 조정할 수 있고 더 자유롭게 디자인 수정을 시각화할 수 있게 해준다. 그러나 건축 어휘의 확장과 디자인의 매 순간에 대응할 수 있는 능력이 진정으로 혁명적인 것의 전부일까? 이는 마치 현대 디자이너가 단순히 더 다양해지고 유연한 연필과 자의 세트를 쥐게 된 것처럼, 질적 변화라기보다는 양적 변화인 것인가?

물론 이것은 전적으로 사실이 아닌데, 왜냐하면 컴퓨터는 인간 행위의 직접성을 끊어버리기 때문이다. 손 표상[스케치]과 그래픽 표상[컴퓨터 그래픽 작업] 사이에 있는 하드웨어와 소프트웨어 층위가 이를 만들어낸다. 디자이너가 작업하는 작동 방식과 환경설정(preferences)이 소프트웨어에 내재되어 있다. 기계와 그 프로그램은 전통적인 도구에 부재한 [설정할 게 많은] 밀집함(thickness)을 지니고 있다.

이 밀집함은 컴퓨터가 디자인 실무에 빈틈없이 거의 통합되어가서 점차 복잡해진 인터페이스의 발전과 함께 결국 사라질 것이다. MIT 대학의 미디어 랩은 물리적이고 디지털화된 모델링을 연결하는 카메라(그리고 레이저) 피드백 시스템뿐만 아니라 디지털 장갑과 터치스크린을 수년에 걸쳐 연구해왔다. 그럼에도 불구하고 기계와 그 소프트웨어의 조정 자체는 사라지지 않을 것이다.

손 디자인과 컴퓨터 사용 디자인의 차이는 걷기와 자동차 운전과 비교된다. 단순히 장식으로 환원될 수 없는 기계와 인간이 함께 만들어 가는 페어링(pairing)[자동차 운전]과 인간[걷기] 사이를 구분하여 대립적으로 보는 것은 두 경우 모두에게 위험하다. 컴퓨터의 힘과 그리고 역시 그 밀집함은 전통적인 도구와는 분명한 차이를 만든다. 컴퓨터 사용은, 브뤼노 라투르(Bruno Latour)의 개념적 틀을 사용하자면 "비인간 인자"와 조우하는 것과 비교될 수 있다.[3] 2차 세계대전 이후 수십 년간 자동차는 이런 만남을 이미 가져왔다.

또 다른 가능성은 새로운 조합 주제로 기계와 인간이 함께 만들어 가는 페어링, 즉 자동차 운전자에게서 실현된 살과 기계의 혼합을 고려하는 것이다. 컴퓨터 사용자와 스크린 및 키보드의 본능적 관계가 동일하게 조명된다면, 디지털 건축이 사이보그 같은 저자를 의미하게 될 것이다.[4] 이런 명제는 컴퓨터 기술과 그에 대한 인류학적 차원에서 나타난 다양한 동시대의 성찰에서 나온 것이다. 그 영향은 다양한 건축 저작물에서도 확인할 수 있다.[5]

만일 우리가 이런 폭넓은 전망을 제쳐놓는다면, 자동차 비유는 여전히 유효하다. 걷기의 풍요로움과 운전의 건조함의 전통적인 대립 구도는 위태로운데, 왜냐하면 실제 물리적 경험의 풍부함과 기술적으로 결정된 환경으로 조성된 추상화 사이의 대립적으로 보기 때문이다. 자동차는 현대 문화의 중심이 된지 거의 1세기가 된 지금 우리는 이 대립이 자동차 경험에 부합하다고 여기기 어렵다는 것을 알고 있다. 자동차가 우리가 사는 세계를 비물질화한다기보다, 우리의 물질성 개념을 변화시켜왔다. 내 요점은 여기서 이 변화들의 세부 논의보다는 몇 가지 주요 요점만을 다루고자 한다.

우리가 운전할 때는 걷고 있을 때만큼 사물을 정확하게 인지하지는 못한다. 고속도로에서 보는 건물은 우리가 산책할 때 바라보는 것과는 다르다. 자동차 속도에서 사물은 새로운 지각체로 형성되면서 재조직된다. 마치 주요 고속도로에 따라 있는 옥외광고판이 빠르게 연속되어 지나가는 풍경처럼, 현대 도시의 스카이라인의 크기와 형태는 자동차 시대의 징후이다.

자동차는 가속과 감속부터 바람이 자극하는 느낌까지 일련의 다른 감각들을 제공하는데, 그중 일부는 엔진 이용과 밀접하게 연계된 감각이다. 우리는 가속에 많이 익숙해져서 가속이 만들어내는 감각이, 느리고 규칙적인 움직임이 지배적인 비-기계적인 사회에서는 분명하게 도달 불가능하다는 점을 잊어버리곤 한다. 기계 환경에서 속도의 쾌감과 교통사고 가능성 사이에서 우리는 강력함에 대한 인상과 취약함에 대한 감정을 모두 가지게 된다. 제임스 그레이엄 밸러드의 유명한 소설 『크래시』는 인간 몸의 새로운 상태(status), 즉 인간과 기계적 확장이 만드는 혼성에 초점을 두고 있다. 강력함과 취약함을 모두 지닌 이 혼성은 수 마일의 거리를 아무렇게나 여기며, 항상 멍이 들 수 있는 상태이다. 밸러드의 관점에서 강력과 취약의 혼성은 강력한 성적 함의를 담아낸다. 밸러드의 소설 속 등장인물에게 교통사고, 즉 이 소설의 제목이 된 치명적 충돌(Crash)은 기술적으로 매개된 새로운 형식의 성적 행위가 되었다.[6]

차를 타는 동안 우리가 경험하는 지각 실체의 재정의는 우리의 공간 개념이 달라지면서, 결국 우리 전체 몸의 존재론적 상태가 변화하게 된다. 가장 중요한 전환은 아마도 자동차 사용이 일상 공간 경험에서 스며든 예민한 변화일 것이다. 자동차가 물질성의 내용과 경계를 변경하면서 물리적 세계에 대한 우리의 지각이 변화된 것이지 축소된 것은 아니다.

이는 컴퓨터에 비유된 자동차를 통해 물리적 경험과 물질성의 새로운 전치로 유도해서 다른 수단[이동수단]으로 해석해 본 것이다. 컴퓨터를 이용하는 건축가는 자동차 운전자이거나 새로운 방식의 경험을 겪는 여행에 참여하는 여행자와 대략 비교될 수 있다. 그런데, 이 물질적 경험의 핵심적인 특징은 무엇일까?

컴퓨터는 우리에게 새롭게 지각된 세계와 대상을 보여주고 있다.

이전 건축가가 정적인 형태를 다뤄왔던 반면에 지금 건축가는 기하 흐름의 형태 놀이를 할 수 있다. 표피와 볼륨의 변형은 전통적인 그래픽 표현방법으로는 획득할 수 없다는 게 명백하다. 표피와 볼륨은 화면상에서 생성되고 실시간으로 작업이 계속 이어지게 된다. 이런 점에서 컴퓨터의 사용은 이상하게도 점토 모형작업처럼 실행되는 것 같다. 그래서 MIT 미디어랩처럼 삼차원 형태 만들기와 기하 표현방법의 결합하는 다양한 시도들이 우연히 나타난 것이 아니다.

기하 흐름이 얻게된 이 새로운 징표는 유체표면처럼 보이는 프로젝트의 폭증으로 설명된다. 예를 들어 라이저+우메모토(Reiser + Umemoto)의 〈웨스트 사이드 컨버전스(West Side Convergence)〉는 동결된 기하 흐름이 건축 형태로 나타났다.[7]

변형과 흐름에 더해서, 컴퓨터는 빛과 질감 같은 반-물질적 현상을 조정할 수 있어서, 건축가는 유사-오브제의 상태를 획득하게 된다. 수많은 빛을 매개변수(parameters)로 조정할 수 있다. 즉, 빛을 강조하거나 어둑하게 할 수 있으며, 집중하거나 혹은 분산시킬 수도 있다. 이와 비슷하게 표피도 거의 만져질 정도의 만들 수 있는 매우 정교하게 거침과 부드러움, 투과와 반사의 인자(factors) 조합으로 조정될 수 있다. 이러한 조정은 어떤 이미지로도 재질화하고 어떤 형태도 가능하게 하는 디지털 세계의 능력으로 만들어진 "초곡면(Hypersurface)" 투사 같은 표피적인 효과에서부터[8] 베르나르 카슈(Bernard Cache)의 사무소 오브젝틸(objectile)이 수학적인 내용으로 만들어낸 작품[9]까지 매우 폭넓게 다양한 발현(Manifestations)이 있다. 그들의 공통점은 추상적인 볼륨 구상에 반대된 표면과 질감 상태에 주안점을 둔 것이다.

디지털 건축이 내가 방금 언급했던 표피 상태처럼 몇몇 차원에서 필수적이라면, 다른 차원에서는 문제적이다. 자동차 경우로 말한다면, 적절한 [옥외광고판 같은] 대상의 출현은 접근성의 관점에서 보면 일상적 거리감의 상실이 동반된다. 유사한 방식으로 디지털 건축과 함께 축척은 더 이상 분명하지 않게 된 듯하다. 컴퓨터 화면에 나타난 형태가 진짜 축적인가? 합성사진에 포함된 축척 형상을 포함함에도 불구하고,

이 질문에 대답하기가 쉽지 않다. 녹스(Nox)의 "비치니스(Beachness)" 같은 프로젝트에 나타난 기본 표현은 이러한 측면을 매우 잘 드러내고 있다. 우리는 처음에는 복잡한 선의 미로를, 그리고 다음 구겨진 종이나 천 조각처럼 보이는 꼬여진 형태를 지각한다. 부수된 이미지들에서 우리는 최종적으로는 거대한, 거의 메가스트럭처 급 디자인을 보고 있다는 사실을 알게 된다.[10] 컴퓨터 형상화는, 정보와 복잡성이 매 수준에서 발견할 수 있는 전통적인 기하학보다는 프랙털 기하학으로 조직된 세계에 깊이 연관되어 있다. 이런 세계에서 판독되어야 하는 사물들에 명확한 축척이란 존재하지 않는다.

축척 개념을 문제 삼는 것에 더해, 디지털 기술은 과거보다 건축 표상과 텍토닉 사이의 관계가 덜 명료하다. 표상과 텍토닉 사이의 분리는 프랭크 게리(Frank Gehry)가 카티아(CATIA)로 디자인 한 복잡한 표면, 즉 구조적 고려가 거의 없는 형태에서 명백하다.[11] 건축가의 언급에도 불구하고, 토요 이토(Toyo Ito)의 센다이 미디어테크(Sendai Mediatheque) 공모전에서 투명하고 빛나는 모형과 건물로 구축되면서 사용했던 무거운 강철판의 실제는 이 정도의 간극을 발생시킨다.[12] FOA(Foreign Office Architects)의 요코하마 항만터미널(Yokohama Terminal)에서도 원 디자인안의 유동성과 실현되면서 동원된 기술 사이에 유사한 긴장감이 나타난다. 디지털 기술로 만들어지는 세계는 매 단계마다 복잡해서가 아니라, 컴퓨터 모델링과 기술을 자주 분리하는 차이 때문에 많이 놀란다.

케네스 프램프턴 같은 비평가들이 가진 적대감은 직접적으로 디지털 기술과 전통적 텍토닉 사이의 이런 간극에서 발생하는 지각과 직접 관련되어 있다. 아무리 이를 거부한다 할지라도, 이러한 간극이 건축의 비물질화와 당연한 동의어는 아니다. 컴퓨터는 순수한 이미지의 유혹에 따라 물질성을 포기하는 것이 아니라 재정의하는 것이다.

이런 전치는 디자인 목표와 절차에 대한 재정의를 요구한다. 디지털 세계에서는 전체적인 것과 지엽적인 것 사이, 즉 프로젝트의 포괄적인 정의와 파라메트릭 변주로 발생한 때때로 미세하고 극적인 변화 사이에 상호작용하는 복잡한 미로를 따라가는 새로운 시각적 실행이 요구된다. 이러한 세계에서 최소의 변화가 미치는 영향은 카오스 이론의 유명한 명구처럼 한쪽에서 한 마리 나비의 날갯짓이 다른 쪽에서 폭풍을 야기한다는 나비효과처럼 전체적일 수 있다.[13] 파라메트릭 변주에 의존하면서 생성되는 감수성은 극소의 장애물도 극적 결과를 야기할 수 있는 울퉁불퉁한 표면에서 최대 속도로 운전하여 가속화된 감각 경험에 비교될 수 있다. 마르코스 노박(Macros Novak)은 디지털과 유체 상태를 비교했다. "액체의 특성과 관련된 작용은 파라메트릭이 사물과 그 반대가 연속체로 내에서 극단적인 가변성을 야기한다는 것을 시사한다."[14] 컴퓨터는 우리의 감각작용에 강렬함을 주며 그래서 그 감각작용에 이끌려 판단하도록 우리를 이끄는, 유동적이며 대단히 다양한 세계에 우리가 몰입하게 한다.

자동차는 은유일 뿐이니 그렇게 너무 문자적으로 받아들이지는 말아야 한다. 자동차의 선적인 여정에 대비되어, 디자이너의 눈 아래 펼쳐지는 디지털 세계는 다차원적이다. 이론적으로 모든 방향으로 흘러가며 또한 이론적으로 가역적이다. 실제로 이 특성은 사전 스케치에서 최종 기술상세로 나아가는 특정 과정과, 건축가의 협력업자에서부터 특수 기술 분야를 책임지는 엔지니어나 건설자까지 개입하는 과정은 디자인 프로세스 중 서로 부딪친다. 다르게 말하면, 컴퓨터 지원 설계(CAD. Computer Aided Design)는 기계가 제공하는 거의 무한한 가능성의 미로(labyrinth) 탐험이 될 수 없다. 형태가 끝없이 다양해지는 반면에, 선택을 해야 하며, 결정에는 디지털 조정의 이론적으로 가역적인 본성과 단절하도록 강요된다.

이러한 선택의 중요성은 주요 개발 단계마다 디자인 개선 가능성에 대한 전략적 평가에 따라 새로운 태도를 조성한다. 컴퓨터가 시나리오화된 반응을 준다고 자주 이해되곤 한다. 시나리오 사용뿐만 아니라, 다이어그램도 디지털 매체가 만들어내는 가능한 개선의 다양한 길들 사이에서 디자이너가 방향잡고 있는 것이다. 이런 개념 접근과 이러한 진행에서 불필요한 디테일을 제거해도, 다이어그램은 자주 순수한 정신적 계획으로 인식되곤 한다. 이런 인식은 다이어그램의 진정한 본성,

말하자면 다이어그램이 행동방침과 불가분의 관계라는 사실에 부합되지 않는다. 다이어그램은 안무가가 발레의 스텝을 음표화하여 사용하는 추상적 표기법과 비슷하게 그 자체로의 물리적 형태를 소유하고 있다. 주로 네덜란드 영향인 현대 건축 다이어그램과 이 세기[20세기] 초반에 생산된 지리정치학적 다이어그램 사이에 놀라운 유사성이 있다.[15] 둘 모두 축척의 다양함과 역사적 특수성을 전혀 말하지 않으면서 지리적 복잡함을 무시하는 경향을 보이며, 세계의 도식적 묘사에 의존한다. 지정학은 블록(Blocs), 동맹(Alliances) 그리고 다른 포괄적인 실체를 선호한다. 네덜란드 영향인 다이어그램은 대규모 총계와 지구적 데이터에 근거하고 있다.[16] 이 두 경우에서 세계는 정적인 지형도보다는 힘들(forces)이 표출된 장으로 나타난다. 다이어그램은 목적이거나 표적에 비유될 수 있는 결절점에 수렴된다. 두 경우 모두에서 위태로워 보이는 것은 지속적인 조치가 필요로 하는, 이동적 · 유동적 환경에 대한 이해력이다.

더 일반적으로 컴퓨터는 정신의 확장, 즉 거대한 기억장치나 논리회로를 탐색하는 진화된 도구로 이해되기도 한다. 프랑스 인류학자인 르루아 구랑(Leroi Gourhan)의 경우에는 자신의 책 『행위와 말(*Le Gest et la Parole*)』에서 기술 도구의 사용을 통해 인간의 진보를 언급한 대범한 추론을 제시했다. 이 책은 신석기 시기에서 20세기까지, 즉 최초로 자르고 다듬은 돌에서부터 초창기 컴퓨터 시기까지를 다루고 있다.[17] 르루아 구랑에게 인류 진화는 점차적인 기능의 외부화, 손의 능력을 확대하는 돌칼과 돌도끼에서 컴퓨터를 이용한 정신적 기능의 외부화까지 나타난 것이다.

컴퓨터는 의심의 여지없이 정신의 확대와 관련되나, 또한 감각작용 영역도 확대하면서 우리의 지각을 변형시킨다. 현재 전개된 새로운 인터페이스는 곧 우리의 운동 기능에 영향을 줄 것이다. 이미 마우스의 단순한 사용도 새로운 종류의 행위를 만들어 냈다. 10대들 사이에서 비디오 게임의 발전은 더욱 특정한 방식으로 반사작용을 조성해오고 있다.

우리의 바로 그런 공간 지각은 결국 물리적인 변화에 영향 받게 될 것이다. 〈코드명 J〉, 〈매트릭스〉 혹은 〈마이너리티 리포트〉 같은 영화들은 일상적인 공간과 디지털 공간 사이의 복잡한 인터페이스의 발전이 가져온 일상공간 지각의 변화를 잘 감지했다. 증강된 혹은 확대된 실제 개념은 물리적인 것과 디지털적인 것의 혼성화가 만들어 낼 수 있는 다른 물질성을 시사한다. 혼성화는 충분히 발전된 것이 아니지만, 일부 물질성의 전치는 이미 명백히 나타났다.

비슷하게, 시각적 코드도 놀라운 속도로 변하고 있다. 예를 들어 우리는 줌인과 줌아웃 효과 같은 디지털 매체의 능력을 더 이상 경이로워하지 않는다. 우리는 마치 일상 세계를 매우 작은 것과 극단적으로 큰 것 사이, 혹은 원자나 픽셀과 은하 사이의 일상적인 세계를 잠정적 타협, 아니 차라리 중간 정도의 수정체 적응의 결과인 것처럼 여기면서 일상적인 삼차원 세계를 지각하는 경향이 있다. 즉각적으로 인지될 수 있는 형태와 물체는, 어떤 추상예술이 연상되는 근접하게 관찰된 표피 및 질감과 위성사진 같이 표피 · 질감 효과가 우선되어 덜 추상적 시선 사이에 걸려있다. 두 경우 모두, 볼륨 지각은 두 종류의 표피나 외피의 관계성에 의존된다.

형태와 물체의 새로운 상태는 세계화가 야기한 문화적 맥락과 연계하여 거론될 수 있다. 세계화는 중간범위의 제도와 실천을 불안정하게 하는, 국지적인 것과 전체적인 것 사이의 정말 이상한 합선으로 특징되어 있다.[18] 세계화 세계에서 우리는 사물을 바로 가까이에서나 아니면 극단적으로 먼 지점에서 본다. 컴퓨터가 세계화 과정에서 도구화된 것이 우연은 확실히 아니다. 줌 사용(Zooming)은 컴퓨터의 사용과 세계화로 드러난 전통적인 개념의 위기, 즉 특정 형태의 지각적 불안 만들어내는 위기의 단순한 결과일 수도 있다.

이 불안정성은 추상화와 구체화 사이의 구별을 모호하게 한다. 왜냐하면 어느 것도 형태와 물체의 일상적 범주에 근거한 해석을 문제 삼는 관점보다 동시에 더 추상적이고 더 구체적으로 존재할 수 없기 때문이다. 한편에는 기호와 코드에 따른 전적으로 추상적인 것이, 반대편에는 극도로 구체적인 것, 말하자면 줌 같은 작업으로 드러나는 빛과 재질

같은 물리적 현상과 속성의 예민하고 거의 병적인 지각이 존재한다. 추상적인 것과 극도의 물질적인 것 사이의 이런 혼성화는 우리가 오늘날 진입하고 있는 감각작용과 운동의 새로운 세계를 표상하고 있다.

건축 영역에서, 물질의 매우 구체적인 측면에 대한 관심과 함께 다이어그램 특성이 주는 영향의 공존이 이런 상황의 전형이다. 도시 차원에서는 GPS가 추상화와 구체화 사이의 즉각적 공존을 표상한다. GPS를 이용하면서 우리는 추상적인 측지선 그리드의 구형에 접속된 상태로 즉각적 주변환경과 마주한다.[19] 컴퓨터가 건물 디자인에 영향을 주기 시작하면서, 디지털 환경은 결국 도시 디자인도 변경할 것이다. 도시 시퀀스의 가독성 같은 낡은 문제가 지금 GPS같은 도구로 인해 재정의되고 있기 때문이다.

그러나 건축가와 도시 디자이너의 직관이 실현될 프로젝트에 살게 될 대중에게 어떻게 잘 전달할 수 있을까? 다르게 말하면, 컴퓨터를 사용하는 디자이너들, 즉 그렉 린, 마르코스 노박, 제시 라이저 같은 인물들이 원하는 새로운 물질성을 다양하지만 다소 모순된 성찰에 대해 대중이 이해하지 못하는 것과 관련 있을까? 그들의 블롭(Blobs) 건축과 위상기하학적 형태는 통상적 건축 정의와는 거리가 멀어 보인다. 도시 수준에서도 동일한 간극이 컴퓨터로 만들어진 도시 시뮬레이션과 사람들의 일반적인 지각 사이를 분리하고 있다.

이에 긍정적인 대답을 위해서는 적어도 두 가지 근거가 있을 수 있다. 첫 번째는 컴퓨터가 일상생활에 침투된 상황에 놓여서, 물질성의 변이가 일반적인 현상으로 이해되는 것이다. 그래서 우리 모두 일상적인 세계와 가상 세계 모두에서 살고 있다. 그런 연유로 건축가는 두 몸체, 즉 진짜 몸체와 가상 몸체에 주어진 주제 모두를 디자인해야 한다는 이토 도요(Toyo Ito)의 유명한 선언이 나온다. 이토는 다음과 같이 글을 썼다. "현대 사회에 사는 우리는 두 가지 신체 유형으로 주어지는 데 진짜 신체는 안쪽으로 흐르는 방식으로 진짜 세계와 연결되며, 가상 신체는 전자(electrons)의 흐름으로 만들어진 세계와 연결된다."[20] 센다이 미디어테크는 이러한 동시대 물리적 상태, 즉 동시에 육중한 강철판을 지닌 무겁고 지저분한 선박 건설의 연상되는 빽빽한 재료 그리고 귀중한 전자 보석처럼 유동적이며 투명한 재료에 대한 완벽한 본보기이다. 그래서 이 경우 기술적 표상과 건축 표상 사이의 간극이 우연적인 것이 아니라 건축가의 핵심 의도에 뿌리를 두고 있다.

앞서 내가 비디오 게임과 그 영향이 전 세대에 미치는 영향에 대해 언급했는데, 그 행동은 오락기인 게임 보이(Gameboy)나 컴퓨터 스크린 상에 달리고 뛰는 난장이, 왕자 그리고 괴물의 기괴한 형상으로 만들어졌다. 이 세대는 전통적인 전체 지도제작 대신에 [게임하듯이] 힌트 체계와 열린 시나리오 방식을 통해 해독될 수 있는 다른 종류의 공간을 요구하는 물리적이고 정신적인 태도를 발전시켰다. 이 세대의 공간적 요구는 디지털 지향 건축으로 곧 가득 채워질 것이다.

컴퓨터가 가능케 한 새로운 건축적 물질성에 대해 신뢰할 수 있는 두 번째 근거는 자동차와는 반대로 컴퓨터가 프랑스 철학자 시몽동(Gilbert Simondon)이 "기술적 개인(technological individual)"[21]이라고 부른 것, 즉 인간의 신체 능력을 더하는 인공기관 같은 고립된 기계는 아니라는 사실에 있다. 컴퓨터는 수많은 개인 디지털 조력자일 뿐만 아니라 전체적인 글로벌 네트워크를 포함하는 지구적 디지털 우주의 일부분이다. 물론 자동차도 이미 도로와 가로등, 주유소 그리고 주차장과 함께 결합되어 있다고 주장할 수 있다. 그러나 자동차 세계는 빈틈없는 직조보다는 차라리 가산 시스템과 비교되었다.[22] 디지털 우주를 특징짓는 [컴퓨터가 만들어 내는] 밀도와 높은 수준의 상호관계 및 과잉 반복은 시스템의 관점에서 설명하기 어렵다. 풍경(Landscape)같은 환경적 범주가 더 적당해 보인다. 우리는 점점 더 이 풍경에서 빠지게 된다.

물질성 문제와 관련해서, 디지털 풍경은 수동적인 방식으로 물질을 이용하는 대신에 물질를 디자인하고 특성과 외피를 형상화하는 등 수많은 새로운 가능성을 제공하고 있다. 여러 저술가들이 지적했듯이, 디지털 혁명은 우리가 생산하고 사용하고 있는 물질의 혁명과 동시대에 존재한다.[23] 하버드 디자인 대학원에서 토시코 모리(Toshiko Mori)가 이끄는 교수와 학생 그룹은 최근에 디자인으로 물질의 건축적 표현이 지닌 잠재력, 즉 맥 스코긴(Mack Scogin)이나 실라 케네디(Sheila Kennedy) 같은 디자이너가 이미 시도했던 잠재력을 탐구하고 있다.[24]

전통적인 텍토닉과 다른 의미에서 물질성을 정의한다면, 컴퓨터를 활용한 재료 생산은 표상과 물질성 사이의 거리를 제거하는 듯 보인다. 그러나 이런 붕괴는 디자인으로 건축 표상과 재료 사이의 거리에 다리를 놓는 데 필요한 복잡한 인터페이스가 제거되면서 나타난 환영일 뿐이다. 반대로 컴퓨터는 표상과 실제 사이의 간격을 제거하지 않는다. 단지 순수 건축 표상과 기술적 세부내역 사이를 잇는 과정을 보여주며 가능성을 창조하고 있을 뿐이다. 가스파르 몽주(Gaspard Monge)는 그의 혁명적인 도형기하학 수업에서 엄격한 정의로 지각될 수 있는 사물과 그렇지 못한 것을 구분하기 시작했다.[25] 디지털 시대는 정밀 제작의 각 과정에서 정교하게 규정될 수 있는 어떤 물체이든 어떤 재료이든 가능하게 됐다. 진정한 새로움은 건물과 다양한 건설 기술 시스템뿐만 아니라 재료와 이를 넘어 제작된 실제의 특징을 보면서 작업하는 디자인의 보편화라는 데에서 매우 잘 드러난다. 프레시 킬스 쓰레기 매립지(Fresh Kills landfill) 공모전 안들[26] 같은 많은 현재 조경 제안은 더 이상 자연을 도면에 그려 넣는 외적 자원으로 취급하지 않는다. 점진적으로 조경은 적절한 디자인으로 형성할 수 있는 생산물로 나타나게 된다. 다운뷰(Downview) 공원이나 프레시 킬스 공원 같은 상황에 대해 "조경도시계획(Landscape Urbanism)"이란 용어의 점차적인 사용은 이런 경향의 결과이다.[27] 이런 기술적인 특징에서 물질성은 오늘날 디자인에 스며들었다. 건축 표상과 텍토닉의 분리에도 불구하고 진정한 새로움은 디자인과 물질성 사이에 늘어가는 간극이 아니라 건축가나 디자이너의 전통적 직업 정체성에 도전하고 있는 이들 사이에 내밀한 상호작용이다. 두[건축 표상과 건축 텍토닉] 정체성은 지적 세계와 물질 세계에 사이에 존재하는 간격이며, 이 간격에 다리를 놓는 것이 디자인이라는 추정에서 기반한 것이다. 만일 추상화와 구체화 사이의 경계가 모호해진다는 가설을 중요하게 받아들이게 되면 이 정체성은 변화될 것이다. 세실 발몬드(Cecil Balmond)가 단순한 구조계산에 갇히는 대신에 디자인 과정에서 협업하라는 주장은 수학적 추상과 공간적 구체성의 구분이 모호해지는 세상에서 일어나는 새로운 관점을 대표한다.[28]

세계는 자연에서 인공물로 그리고 재료에서 건설로, 점차 더 우리의 창조물로 나타나기 때문에, 디자인 과정의 가능한 보편화로 인한 결과에 대한 책임이 전에 없이 높아졌다. 그래서 새로운 정치적 책임에 성패가 달려있다. 건축가가 정치적 책임에 대해 무관심한 전통적인 직업자세에서 이제 이에 대한 자각으로 인해 커다란 근심거리를 지닌다는 시작을 의미하는 것이다. 샌포드 퀸터(Sanford Kwinter)가 지적했듯이 건축의 과제가 "특별한 물질성으로 역사적 조건의 흐름"[29]을 취해야 한다는 점을 고려하면, 현재 시점의 경제적 · 문화적 경향에서 이를 설명하는 방식은 아마 더 이상 충분하지 않다. 우리가 이미 봤듯이, 물질성은 오늘날 국제 시장을 만드는 힘들의 단순한 이해를 넘어선다. 토시코 모리(Toshiko Mori)는 "건축가와 시민들은 적극적으로 어디에 살 것인지, 무엇을 지을 것인지, 어떻게 건설할 것인지 그리고 무엇으로 지을 것인지를 선택해야 한다"[30]라고 말했다. 환경과 지속 가능한 발전이 중요한 과제가 되어버린 세상에서 아마도 여기에 "짓지 않아야 할 때"를 마지막에 추가해야 할 것이다. 건설을 삼간다는 것은 결국 훼손하는 것으로 판명된 개발에 관여하는 것보다 훨씬 더 좋은 해결책이다. 전적으로 내 의견이지만 오늘날 건축 정세에서 진짜 문제는 건축의 가능한 비물질화가 너무 많다는 것보다는 그 어느 때보다 필요함에도 불구하고 분명한 정치적 · 사회적 아젠다가 결핍하다는 것이다. 반 시게루(Shigeru Ban) 같이 지속 가능한 구조를 설계하는 디자이너들의 점점 성공하는 이유는, 그들이 물질성과 기술적 혁신 모두에 대한 관심을 확실하게 드러낼 뿐만 아니라 정치적 사회적 관심을 명확하게 드러내기 때문이다.

건축 디자인이 멸종위기라고 표현하는 대신에 물질성은 여전히 널리 퍼지는 관심사로 남게 될 것이다. 그러나 이런 관심이 이제 새로운 책임과 동의어가 되어야 한다. 그 내용은 변화하고 있으며, 그 의미는 아직 미확정이다. 건축의 임무 중 하나가 현재의 잠재력에 대해 조명하는 것이다.

주(註)

1 여러 사람의 저술 중 다음을 참고하라. Kenneth Frampton, *Studies in Tectonic Culture* (Cambridge, Mass.: MIT Press, 1995).

2 William J. Mitchell, "Antitectonics: The Poetics of Virtuality", in *The Virtual Dimension*, ed. J. Beckmann (New York: Princeton Architectural Press, 1998), 205-17.

3 다음을 참고하라. Bruno Latour, *Nous n' avons jamais été modernes: Essai d'anthropologie symérique* (Paris: La Découverte, 1997); Bruno Latour, Politiques de la nature (Paris: La Découverte, 1999).

4 Cf. Donna Haraway, "Manifesto for Cyborgs: Science, Technology, and Socialist Feminism in the 1980s)," *Socialist Review* 15:2 (1985): 65-107; Donna Haraway, *Simians, Cyborgs and Women: The Reinvention of Nature* (New York: Routledge, 1991); Paul N. Edwards, *The Closed World. Computers and the Politics of Discourse in Cold War America* (Cambridge, Mass.: M.I.T. Press, 1996).

5 다음을 참고하라. Antoine Picon, *La ville territoire des Cyborgs* (Besançon, France: Editions de l'Imprimeur, 1998).

6 James Graham Ballard, *Crash* (London: Cape, 1973).

7 이 프로젝트의 재생산물을 확인하려면 다음을 참고하라. *Città: Less Aesthetics More Ethics* (La Biennale di Venezia: Marsilio, 368?69).

8 Stephen Perrella, "Electronic Baroque, Hypersurface II: Autopoeisis)," *Architectural Design* 69: 9-10 (1999): 5-7.

9 Bernard Cache, *Earth Moves: The Furnishing of Territories* (Cambridge, Mass.: MIT Press, 1995).

10 예를 들어 다음의 표현 사례를 참고하라. Peter Zellner, Hybrid Space, New Forms in Digital Architecture (New York: Rizzoli, 1999), 114-17.

11 게리(Frank Gehry)의 작업이 전형적으로 보여준 표피와 텍토닉 사이의 긴장에 대한 토론에 대해서는 다음을 참고하라. Mark Burry, "Between Surface and Substance," *Architectural Design* 72:2 (2003), 8-19.

12 Cf. Ron Witte and Toyo Ito (eds.), *Mediatheque of Sendai* (Munich: Prestel, 2002).

13 Cf. James Gleick, *Chaos* (New York: Viking Press, 1987).

14 Marcos Novak, "Eversion: Brushing against Avatars, Aliens and Angels," *Architectural Design* 69:9-10 (1999): 72-76, 72 in particular.

15 지리정치학이 생산한 다이어그램에 대해서는 다음의 사례를 참고하라. Claude Raffestin, *Géopolitique et histoire* (Lausanne: Payot, 1995).

16 이런 작업에 대한 전형적인 출간물은 다음을 참고하라. Richard Koek, Winy Maas and Jacob van Rijs, *Farmax: Excursions on Density* (Rotterdam: 010 publishers, 1994) 그리고 Rem Koolhaas, Stefano Boeri, and Sandford Kwinter, *Mutations* (Bordeaux, Arc en Rêve, 2001).

17 André Leroi-Gourhan, *Le geste et la parole, I. Technique et Langage), II. La mémoire et les*

rythmes (Paris: Albin Michel, 1964, 1991).

18 Cf. Pierre Veltz, Mondialisation, Villes et territoires: L'economie d'archipel (Paris: P.U.F., 1996).

19 GPS 기술은 현재 추상과 구체 사이의 마주함을 탐색 중이다. 다음을 참고하라. *GNS Global Navigation System* (Paris: Editions Cercle d'Art, 2003).

20 Toyo Ito, "Tarzans in the Media Forest," *2G* 2 (1997): 121-44, 132.

21 George Simondon, *Du mode d'existence des objets techniques* (Paris: Aubier, 1969)

22 Cf. Gabriel Dupuy, *Les territoires de l' automobile* (Paris: Anthropos, 1995).

23 다음의 사례를 참고하라. Bernadette Bensaude-Vincent, *Eloge du mixte: Matériaux nouveaux et philosophie ancienne* (Paris: Hachette, 1998).

24 Toshiko Mori (ed.), *Immaterial/Ultramaterial* (Harvard Design School: George Braziller, 2002).

25 *Programmes de l'enseignement polytechnique de l'école centrale des travaux publics*; Janis Langins, *La république avait besoin de savants. Les débuts de l'ecole polytechnique et les cours révolutionnaires de l'an III* (Paris: Belin, 1987), 126-98, 142에 재수록.

26 이 작업들을 다음의 책에서 참고하라. *Praxis* 4 (2002).

27 Charles Waldheim, "Landscape Urbanism: A Genealogy," *Praxis* 4 (2002): 10-17.

28 Cecil Balmond, with Jannuzzi Smith, *Informal* (Munich: Prestel, 2002).

29 Sanford Kwinter, contribution to *Flying the Bullet, or When Did the Future Begin?* (New York: Princeton Architectural Press, 1996).

30 Toshiko Mori, *Immaterial/Ultramaterial*, xv.

소개문

이제 꿈은 없는가? 최근 네덜란드 건축의 리얼리티를 향한 열정… 그리고 한계 / 루머르 판 토른

네덜란드 교육자이자 작가이자 비평가 루머르 판 토른은 「이제 꿈은 없는가?」에서 자율성, 미장센, 자연화(naturalization)와 같이 네덜란드 현대 건축 풍경을 이루는 다양한 투사적 실천(projective practice)의 특징을 그린다. 건축, 어바니즘, 문화가 교차하는 다양한 지점을 주로 다뤘던 판 토른은 이 글에서 투사(the projective)의 이론적 전조(前兆)였던 비판적 건축(critical architecture)에 대해 검토함으로써 투사를 분석한다. 판 토른이 말하는 비판적 건축이란 후기 자본주의를 비판했던 해체주의(deconstructivism), 비판적 지역주의를 포함한다. 그에 따르면 비판적 건축이 실패한 원인은 그것이 "현대 사회가 성취한 긍정적 측면, 예컨대 쾌락주의, 사치, 웃음과 같은 대중문화의 활력을 부정하고 저항한" 데 있다. 대신 판 토른은 투사가 취하는 "선제적(proactive)" 접근을 선호한다. 그리고 특히 이런 투사적 실천이 근대적 삶의 현실을 부인하거나 회피하기보다 현실 안에서 작동한다고 말한다. 그러나 판 토른은 실용주의, 테크놀로지, 미학 등에 집중하며 서로 다르게 발현되는 이런 투사적 건축이, 그것이 무엇으로 발현되든, 모두 "현실에 중독된" 까닭에 불안정할 수밖에 없다고 말한다. 그에 따르면 투사적 건축은 정치, 사회 의제를 건축 안으로 가져올 수 없다. 투사적 건축가는 디자인을 통해 정치적 주장을 내세우거나 윤리 원칙을 강요하는 대신, "사회 구축이 현실에 가져올 수 있는 결과에는 무심한" 채 "이론이나 정치의 매개를 거치지 않는 극한의 리얼리즘", 곧 "정치적 진공상태(degree zero)"에 천착한다. 이들은 리얼리티를 받아들이지만, 의식적으로 유토피아를 동경하며 리얼리티를 바꾸는 일은 거의 하지 않는다.

판 토른이 암시하는 것처럼 유토피아 개념은 이미 지난 유행이

다. 판 토른은 말한다. "이젠 유토피아의 꿈을 찾기 어렵다." "이 바닥에서 통하는 유일한 게임은 후기 자본주의다." 그런데도 판 토른은 "더 큰 야심"을 품고 있다. 그는 유토피아가 여전히 어떤 역할을 할 수 있다는, 그리고 "유토피아의 꿈과 리얼리티의 상호 작용으로 투사 작업이 새로운 사회적 관점을 가질 수 있다"는 희망을 품고 있다. 판 토른은 구체적으로 우리 시대, 곧 세계화 자본주의 시대에 "이제는 훼손된 민주주의 개념을 다시 생각"하게 하는, "공간의 층위에서 민주주의가 어떤 의미를 지닐 수 있는지에 관한 연구로 진행될 준비가 된" 건축을 묻는다. 판 토른에게 이런 대안적 생각의 틀은 미래를 예측하기 위한 것이 아니다. 오히려 그는 이런 대안적 생각을 통해 우리가 "문을 두드리는 미지의 소리에 주의를 기울이며" 앞으로 나아가는 새로운 길을 찾길 희망한다.

루머르 판 토른(Roemer van Toorn) / 현명석 옮김

이제 꿈은 없는가? 최근 네덜란드 건축의 리얼리티를 향한 열정… 그리고 한계

No More Dreams? The Passion for Reality in Recent Dutch Architecture… and Its Limitations

Harvard Design Magazine 21 (Fall/Winter 2004), 22-31에 처음 실림. 저자와 출판사 제공.

큰 꿈을 꾸는 일을 어리석은 일로 여기지 않던 시절이 있었다. 더 나은 새로운 세상을 상상하는 일은 사상가에게 활력을 줬으며 현 상태(status quo)를 흔들기 위한 저항을 부추겼다. 그러나 이젠 유토피아의 꿈이 잘 눈에 띄지 않는다. 우리는 잡히지 않는 이상을 좇기보다 세계 자본주의 자유 시장의 요동치는 파도를 타는 일을 더 좋아한다. 전산화된 생산, 테크놀로지와 유전학 적용, 상업과 문화 오락으로 포화 상태가 된 채 걷잡을 수 없이 번영하는 제일세계의 리얼리티는 꿈보다 더 흥미로워 보이기도 한다. 혹자는 우리가 과거에 추구했던 이상이 비로소 현실이 됐다고 주장한다. 제삼의 길을 표명하는 정치 노선에 따르면, 신자유주의 경제 엔진은 약간의 세부 수정이 필요할 뿐이다. 이 바닥에서 통하는 유일한 게임은 후기 자본주의다. 사회 권리와 어느 정도 평등이 보장돼야 하겠지만, 기업 세계화는 이제 피할 수 없다.[1]

자유 시장 경제 원리에 따르면 사회를 바꾸려는 유토피아의 시도는 독재를 낳는다. 보수주의자만 이렇게 생각하는 게 아니다. 신마르크

스주의자인 마이클 하트(Michael Hardt)와 안토니오 네그리(Antonio Negri)는 주변부에서 저항을 조직하는 일이 이제 필요 없다고 주장한다. 저항이 사회 심장부에서 작동하고 있기 때문이다.[2] 하트와 네그리는 후기 자본주의가 지나치게 복잡하고 역동적인 나머지 소외의 통제된 균형 상태가 다중적 해방의 가능성으로 자동 전환될 수 있다고 믿는다. 모든 것이 우리가 상상했던 것보다 훨씬 빠르게 변한다. 1980년대까지만 해도 주류 제도권 문화계는 아방가르드의 위반 행위를 규탄했지만, 오늘날에는 위반의 작업을 지원하고 선호한다. 이런 위반의 작업이 갖는 선정성이 유명세에 도움이 되기 때문이다. 세계화와 자본주의는 자신이 지닌 본래 한계를 도전으로 바꿔 새로운 투자를 끌어낼 수 있음을 증명했다. 이런 현상은 이전의 사회 비판이나 참여를 구태의연한 것으로 만들었다. 많은 사려 깊은 건축가가 새로운 이데올로기를 구축하거나 '체제'를 비판하는 일이 이제 무의미하다고 믿는다. 대신 이들은 후기 자본주의의 끊임없는 변이(mutation)에서 영감을 얻는다.[3]

캘리포니아 대학 로스앤젤레스 캠퍼스(UCLA) 건축대학원 학장 실비아 래빈(Sylvia Lavin)은 컬럼비아 대학에서 열린 『21세기 초 건축 현황』 심포지엄에서 건축이 비판의 전통에 매달리는 한 "쿨"해질 수 없다고 도발했다.[4] 이렇게 생각하는 이는 단지 래빈만이 아니다. 미국 평론가 집단 전체가 비판적 건축을 넘어서려고 안달이 났다.[5] 피터 아이젠만(Peter Eisenman), 다니엘 리베스킨트(Daniel Libeskind), 딜러+스코피디오(Diller+Scofidio), 베르나르 추미(Bernard Tschumi)의 작업이 대표하는 비판적 건축은 건축과 사회 담론에 이런저런 논평을 보태긴 하지만, 리얼리티 안에서 더 나은 대안을 찾지는 않는다. 예컨대 아이젠만의 프랭크(Frank) 주택에서 침대 사이 벌어진 바닥 틈은 집에 거주하는 부부가 함께 사는 서로의 심리 상태에 관해 생각하게 하는 계기가 된다. 로버트 소몰(Robert Somol)과 사라 와이팅(Sarah Whiting)은 대립을 주장하는 이런 종류의 "뜨거운" 건축에 우리 손가락을 데는 일을 멈춰야 한다고 도발적으로 주장한다. 와이팅과 소몰은 규범을 파괴해야 한다는 요구나 고통을 바탕으로 하는 건축을 그만두고, 대신 건축가가

"쿨"한 "투사적" 실천을 시작해야 한다고 말한다.[6] (왜 하필 투사일까? 와이팅이 쓴 이메일에 따르면 "투사(projective)가 기획(project)이라는 말을 포함하기 때문이다. 투사는 생산물보다 접근 방식이나 전략에 관한 말에 더 가깝다. 투사는 항상 뒤를 돌아보는 비판성과 달리 앞을 내다본다[투사한다].")

와이팅과 소몰이 해체(deconstruction) 이론으로 공고해진 미국의 비판적 건축에 초점을 둔다면, 안도(Ando), 헤르츠베르허르(Hertzberger), 시자(Siza), 머컷(Murcutt)의 작업이 대표하는 유럽, 아시아, 호주의 비판적 지역주의는 현대 사회에 진절머리가 난 나머지 소외, 상품화, 자연 파괴를 극복하고자 한다.[7] 비판적 지역주의는 사회에 관한 난해하거나 유쾌한 논평을 시도하지 않는다. 대신 고삐 풀린 후기 자본주의 도시에서 멀찌감치 떨어진 대안 공간에 몰두한다. 비판적 지역주의는 통제 불능의 우리 세계에서 살아남기 위해 몸과 마음을 안정시킬 수 있는 진정성의 순간을 찾고자 한다. 비판적 건축은 건축 담론이나 현상 유지의 신화를 해체하고 주변부에서 대안 세계를 찾는 한편, 사회 중심부에서 해방의 리얼리티를 구축하는 것은 불가능하다고 믿는다.

해체주의나 비판적 지역주의와는 대조적으로 와이팅과 소몰이 제안하는 "투사적 실천"은 특정 지역적 맥락의 현실에 개입하고자 한다. 와이팅과 소몰이 볼 때 건축 프로젝트의 역할은 구축 형태를 유토피아의 꿈이나 비판에서 파생된 편향된 이데올로기와 연관시키는 데 있기보다 상호 작용을 가능하도록 하는 데 있다. 비판 이론의 거리 두기는 이제 큐레이팅의 태도가 대체한다. 네덜란드 작가 하름 틸만(Harm Tilman)의 말을 빌리면, 새로운 건축 패러다임은 "무엇"과 "왜"를 규정하지 않은 채 "어떻게", 곧 방법론을 향한 끊임없는 몰두를 전제로 한다.[8] 투사적 건축가는 다이어그램이나 다른 분석 틀을 활용해 발견된(found) 현실을 체계적으로 연구함으로써 그 속에 묻힌 모든 아름다움, 힘, 가능성을 표면 위로 길어 올릴 수 있다고 생각한다.[9]

발견된 현실은 투사적 프로젝트로 인해 활성화될 뿐만 아니라, 때에 따라서는 이상(理想)이 되기도 한다. 투사적 디자인이 별문제 없이 현실이 될 경우 정보를 활용한 지적 추정, 미학적 감성 배치, 프로그램 변형, 적절한 테크놀로지 적용은 유토피아의 순간을 불러올 수 있다. 투사적 프로젝트의 유토피아주의는 우발적이며, 중심을 지향하지 않는다.

투사적 프로젝트는 주로 미국에서 논의된다. 그러나 네덜란드를 비롯한 유럽과 아시아 건축가는 이미 꽤 오랫동안 투사적 건축을 추구해왔다. 사례 몇 가지를 보기 전에 투사적 건축에 선행했던 비판적 건축의 본질과 실패에 대해 잠시 따져보자. 투사적 실천은 개인의 전략적 동기에 따라 촉발된다. 새로운 세대로서 성공하고 싶다면 자신의 위치를 앞선 세대와 대비시키는 것이 유리하다. 비판의 전통은 전체주의적 꿈꾸기를 거부해야 한다는, 그리고 도달해야 할 현실을 포괄적으로 그리는 사변적 체계를 설계하는 일을 거부해야 한다는 주장을 투사적 건축에 유산으로 물려줬다.

미몽에서 깨어나기

전후(戰後) 1970년대 초까지 많은 건축가가 근대 건축이 해방을 가져오긴커녕 억압과 조작을 부추겼다는 결론을 내렸다.[10] 희망에 찬 꿈이 악몽으로 끝날 수 있다는 우울한 발견 이후 케네스 프램프턴(Kenneth Frampton), 만프레도 타푸리(Manfredo Tafuri), 알도 로시(Aldo Rossi), 알도 판 아이크(Aldo van Eyck)와 같은 건축계 주요 인사는 인기에 영합하는 상업주의가 만연한 도시에 맞서 굴하지 않겠다는 반대 의사를 꾸준히 표명했다. 이들은 건축이 근대성의 포로가 되는 대신 자본주의 사회를 향한 끊임없는 저항을 이어가야 한다고 믿었다. 비판적 건축이 사회 주변부에서 작동한다는 사실, 그리고 많은 경우 그것은 소수 엘리트만을 위한 건축이라는 사실과 무관하게, 비판적 건축의 창의성은 자신이 그토록 혐오하는 바로 그 대상을 다뤄야만 얻어질 수 있는 것이다.

테오도르 아도르노(Theodor Adorno)가 말했듯 "오늘날 아름다움의 잣대는 모순을 해결하는 작업의 깊이 말고는 없다. 작업은 모순을 숨기지 않고 좇음으로써 그것을 가로지르고 극복해야 한다."[11] 홀로코스트를 추념하는 다니엘 리베스킨트의 베를린 유대인 박물관 안에 있는 빈 곳(void)이 바로 아도르노가 말한 아름다움의 사례다. 이 빈 곳을 배회하는 파시즘의 공포와 재앙의 어두운 그림자는 박물관에 상징적 의미를 부여한다. 장 누벨(Jean Nouvel)은 비스듬히 전해지는 상징적 의미를 형태에 담아 만듦으로써 직접 비판하는 일을 피해간다. 매혹적 사색을 불러일으키는 강하고 낯선 존재로 누벨은 매개되는 세계의 미몽을 부수고자 한다. 누벨의 오브제를 식별하거나 소비하는 일은 불가능하다. 그의 오브제는 낯설다. 사회 이론가 장 보드리야르(Jean Baudrillard)에 따르면 이런 생경한(uncanny) 건축은 설명할 수 없는 어떤 것에 도달할 수 있도록 개발돼야 한다. 모든 것에 과도한 의미를 부여하는 일시적 정크 이미지로 가득한 문화와 맞설 수 있을 정도로 형언할 수 없는 리얼리티에 도달할 수 있어야 한다.[12] 누벨의 건축이 구사하는 낯선 언어에는 무(無)의 아우라가 있다. 폴 비릴리오(Paul Virilio)의 어법으로 말하면, 이것은 우리 디자인 문화의 과잉에 철저히 맞서는 침묵의 공간이 지닐 수 있는 아우라다. 리베스킨트나 누벨의 작업에서 드러나는 우리 문화 상황에 대한 광범위한 부정 대신 딜러+스코피디오(Diller+Scofidio)의 작업은, 마이클 헤이스(Michael Hays)의 말을 빌리면, "의혹을 열거하는 일종의 목록을 생산한다." "딜러+스코피디오는 주어진 상황 또는 문제에서 돋보이는 지점을 포착하고 기록한 후, 이 모든 것이 다시 문화 규범으로 포섭돼 비판의 손길을 벗어나기 직전에 그들 자신의 관심을 촉발했던 과정의 속도를 충분히 늦춰 드러냄으로써 그 작동 방식을 인식 가능케 한다."[13]

또 다른 비판의 종류인 비판적 지역주의는 뿌리를 잃어버린 근대 도시 삶에 대한 반작용이다. 비판적 지역주의는 우리 문화의 이동성(mobility)에 반하는 내구성의 가치를 추구한다. 비판적 지역주의자가 자동차를 두려운 대상으로 여기는 것은 우연이 아니다. 비판적 지역주의는 지형학, 인류학, 텍토닉, 그리고 지역성에서 저항의 근거를 찾는다. 아이젠만, 리베스킨트, 누벨, 딜러+스코피디오처럼 대립 상황을 만들기보다 도시 문화에서 후퇴함으로써, 그리고 자문(自問)과 자평(自

評)을 통해 비판적 태도를 취한다. 알렉산더 초니스(Alexander Tzonis)와 리안 르페브르(Liane Lefaivre)에 따르면, 장소를 정의하는 요소는 반드시 거리를 유지해야 하며 난해해야 한다. 지역의 익숙함, 낭만주의, 대중성의 환상을 극복하기 위해서는 심지어 불온해야 한다.[14] 비판적 건축은 착취로 이어지는 논리를 해체하거나 그것과 거리를 두려 하므로 타협하지 않는다. 그러나 비판적 건축은 반대 세력에게 끊임없이 자신의 힘을 드러내야 하는 까닭에 그 효력이 위협받는 전장에 나가 싸워야만 하는 운명에 처했다. 비판적 건축은 선제적이기보다 방어적이다.

일반적으로 비판적 건축은 이론적, 이데올로기적 신념의 자기-확신 체계를 바탕으로 한다. "나를 봐! 나는 비판적이야! 나를 읽어줘!" 비판적 건축이 미리 형성된 가독성을 근거로 한다는 소몰과 와이팅의 지적은 따라서 적절하다.[15] 비판적 건축은 다른 대안의 해석을 용납하지 않는다. 비판적 이론과 관점이 제대로 읽히지 않는 사물은 실패할 수밖에 없다. 비판적 건축은 규범적인 익명의 생산 조건을 반대하며, 대신 차이를 만드는 데 몰두한다. 비판은 억압하는 세력의 민낯을 폭로하고자 하는데, 이렇게 권력을 펼쳐 드러내는 일은 보통 정치의식을 높이는 계기가 된다. 비판적 건축가에게 비판은 유일한 희망이다. 이런 비판의 대부분은 형식주의나 해체주의 이론에 집중하며 텍스트나 언어학을 향한 편향성을 보인다. 예컨대 알도 판 아이크(Aldo van Eyck)나 초기 헤르만 헤르츠베르허르(Herman Hertzberger)가 취했던 비판적 입장과 비판적 지역주의는 대안 세계, 곧 익명성과 파멸의 바다 위를 떠다니는 '유토피아의 섬'을 창조하고자 했다.

나는 비판적 지역주의에 상당히 공감한다. 그러나 비판적 지역주의는 잃어버린 시골 풍경을 동경하는 노스탤지어의 성격이 지나치게 강하다. 안주하며, 주변부에 머무른다. 건축이 그리는 삶보다는 건축 자체에 푹 빠져 있다. 사회 속에서 사회와 함께 작동하는 작업, 근대화와 직접 소통함으로써 집단적 공공 의제를 설정하는 작업이 더 바람직해 보인다. 비판 이론이 갖는 피해 의식은 소외와 상품화를 포함하는 진부한 일상의 맥락에서 프로젝트 완성을 위해 필수적인 납득 가능한 독해의 여지를 남기지 않는다. 소외를 극복해야 할 대상이 아니라 새로운 지평을 열어주는 기점으로 인식해야 한다. 도시와 자본주의와 근대 일상은 매일의 삶을 점점 더 동질적인 것으로 만들지만, 시대착오의 간극으로 뒤범벅이 된 탈-산업화 도시에서 나타나는 화합 불가능한 괴리의 양상은 근대화를 단지 부정적인 것으로만 여길 수 없게 만든다. 미셸 드 세르토(Michel de Certeau)의 작업은 후기 자본주의로 인한 일상의 온전한 식민지화는 가능하지 않다는 점, 그리고 잠재적 대안이 항상 있다는 점을 확인해줬다. 개인과 제도가 자원 배분이나 구체적이고 창의적인 진영 짜기를 통해 다른 방법을 찾아가기 때문이다. 비판적 전문가와 지식인은 많은 경우 자신은 일상 밖에 있는 것으로 여긴다. 일상은 부패한 것이라고 확신하는 나머지, 그곳에서 도피하려 한다. 앙리 르페브르(Henri Lefebvre)의 어법으로 말하면, 비판적 전문가와 지식인은 경험을 수사적 언어, 메타언어, 자율적 언어로 영구적으로 대체해 자신이 처한 진부한 상황을 지우려 한다. 비판적 실천은 현대 사회가 성취한 긍정적인 측면, 예컨대 쾌락주의, 사치, 웃음과 같은 대중문화의 활력을 부정하고 저항한다.

비판 이후

비판의 건축은 선험적 입장을 취하거나 저항을 통해 리얼리티를 공격한다. 반면 투사 작업은 사실을 분석하며, 그것을 만드는 과정에서는 구체적이고 놀라운 방식으로 프로젝트를 바꾸는 미시적 결정이 내려진다. 건축가는 제작 과정에서 정보가 자신을 어디로 이끄는지 기다리며 관찰한다. 마이클 록(Michael Rock)이 말했듯 "최근 네덜란드 건축의 낯선 모양은 대부분 다이어그램을 향한 몰두와 그것이 주는 권위적 면죄부 때문이다. 네덜란드의 전통적 실용주의를 무표정한 얼굴로 터무니없는 극한까지 밀어붙임으로써 디자이너는 전혀 예상치 못한 새로운 형태를 생성한다. 드로흐 디자인(Droog Design)의 일부 작업은 이런 황당무계한 과잉의 이성주의를 구체화한다. 디자이너는 형태가 철저히 낯설어질 때까지 체계를 반복 적용한다. 네덜란드 디자인은 디자이너가 부여하는 주체성(subjectivity)의 감각을 완전히 지우려고 작심한 듯 보인다."[16]

판단 기준은 주체의 관점이 아닌, 극한의 리얼리즘을 향한 중독이다. 이론이나 정치의 매개를 거치지 않는 리얼리즘, 사회 구축이 현실에 가져올 수 있는 결과에는 무심한 일종의 정치적 진공상태(degree zero) 말이다. 투사 작업이 맞서야 할 극한 현실은 사이보그이자 정보사회이자 국경을 무시하고 오가는 돈과 사람과 상상력이다. 쇼핑, 패션, 미디어, 레저다. 엄청난 효율성과 절대적 추상성의 우연한 일치로 가속화하는 디지털화(digitization)다. 다시 말해, 투사적 실천은 모더니티의 현대적 기제를 구성하는 상품화와 소외의 과정이 가져올 수 있는 결과를 극한으로 밀어붙인다.

투사적 실천에서 꿈을 꾸는 일은 이제 필요 없다. 가장 황당한 꿈에서조차 리얼리티가 불러일으키는 영감, 혼란, 자유, 역동성을 예측할 수 없기 때문이다. 정작 중요한 것은 프로젝트가 현실과의 타협을 통해 구현할 수 있는 지능이다. 투사적 실천 진영에 따르면, 새로운 세계를 꿈꾸며 냉담한 것보다는 참여하는 것이 더 생산적이다. 비록 그 참여가 주어진 조건과의 공모로 이뤄지더라도 말이다. 투사적 실천은 창조 과정에서 존재하는 다양한 경제, 생태, 정보 체계와 사회 집단을 존중하고 재조직한다. 투사적 건축은 프로젝트를 실현하는 데 있어 작동하는 학제간(interdisciplinary) 교류를 모색하는 실용적, 기술적 접근을 통해 건축이 건축 분야로 다시 돌아올 것을 장려한다. 투사적 실천에서 핵심 질문은 이것이다. 건축이 물리적 현실로서 표현할 수 있는 것은 무엇인가? 오랫동안 비판적 건축의 걸림돌이 됐던 "우리가 제일 잘 안다"는 식의 가부장적 태도는 이제 통하지 않는다. 건축은 피상적이 되거나 번지르르해지는 위험을 두려워하지 않고 아름다워질 수 있다.[17] 로버트 소몰에 따르면 우리는 더는 "미안하다"라고 말할 필요가 없다.[18] 포린 오피스 아키텍츠(Foreign Office Architects)와 같은 투사적 건축가는 테크놀로지와 도구성이 주도하는 비정치적 건축 지식 말고는 자신이 무엇을 추구하는지 전혀 알지 못한다. 간혹 누군가는 2007년 카셀

(Kassel)에서 열린《도큐멘타(Documenta)》전시회 주제였던 아름다움이나 기술 지식, 때에 따라서는 상향식 자가-조직 체계에 관해 말하기도 한다.[19]

그렇다면 투사적 실천이 실제로 할 수 있는 일은 무엇인가? 내가 보기에, 최근 네덜란드에서 실현된 많은 투사적 프로젝트는 크게 세 가지 기본 유형, 곧 '투사적 자율성', '투사적 미장센', '투사적 자연화(naturalization)'로 나뉜다. 투사적 자율성은 주로 기하학 모형이다. 반면 투사적 미장센과 자연화는 토대로서의 건축을 실험한다. 투사적 자율성은 수동적 경험을 통해 사용자나 관찰자와의 접촉을 회복하려 한다. 반면 투사적 미장센과 자연화는 상호 작용을 추구한다. 투사적 자율성의 관심은 형태, 곧 온전히 그 자체로 소통할 수 있는 심미적 형태에 있다. 반면 투사적 미장센은 극적(theatrical) 상황을 만들고자 한다. 투사적 자연화는 엄격하게 도구적이며 작동 가능한(operational) 체계를 추구한다.

내가 이제 논하려는 네덜란드 건축의 건축에서 건축가가 직접 자신의 작업을 '투사적'인 것으로 이론화한 것은 아니다. 오히려 이들 건축가는 미국적 투사 개념과 같은 의미로 실천하고 만들 뿐이다.

투사적 자율성

클라우스 앤 칸(Claus & Kaan), 라프+라프(Rapp+Rapp), 뇌텔링스 리데이크(Neutelings Riedijk)의 건축은 내가 '투사적 자율성'이라 이름 붙인 건축의 사례다. 이들이 취하는 투사적 전략의 특징은 건축 분야로의 복귀라고도 볼 수 있는 꼼꼼히 제작된 형태에서 나타난다. 이런 형태는 안락함과 안정성을 제공한다. 투사적 자율성은 세련되고 과하지 않은 형태에서 오는 자기만족을 중심으로 공전한다. 스쳐 지나가는 꿈이나 삶의 우여곡절에도 불구하고 (적어도 이론적으로는) 수 세기 동안 유지될 수 있는 형태 말이다. 많은 경우 투사적 자율성은 기능, 경제, 재현의 요구 사항을 효율적이고 심미적이며 지속가능한 방식으로 아우르는 겸손한 건축처럼 보인다. 평온과 조화를 선호하고 변화에 무심하다는 점은 투사적 자율성이 관습적이고 제한된 투사적 실천만을 다루고 있음을 드러낸다. 투사적 자율성은 상대적으로 안정된 문화, 경제 가치 말고는, 프로젝트를 정당화하는 데 활용할 수 있는 움직임이나 복잡성 또는 그 밖의 어떤 다른 동적 프로세스에도 별 관심이 없다.

라프+라프는 과거에서 전수된 건축 언어를 통해 작업한다. 또한 역사적이고 현대적인 도시의 층층이 쌓인 흔적으로서 건축 유형의 내적 구조를 활용해 작업한다. 비교적 덜 형상적이었던 알도 로시(Aldo Rossi), 한스 콜호프(Hans Kollhoff), 콜린 로우(Colin Rowe)의 초기 작업과 정신을 공유하는 건축 유형 말이다. 암스테르담의 보스 언 롬메르(Bos en Lommer) 지구에 있는 로비는 고전 아트리움 유형의 변형이다. 클라우스 앤 칸(Claus & Kaan)의 경우 조직의 핵심 요소는 역사 유형이 아니라 건물이 갖는 타이포그래피의 자율성이다. 내가 말하는 타이포그래피의 자율성이란 문자와 숫자를 선호하는 건축가의 경향을 뜻하지 않는다. 오히려 문자와 숫자가 건물을 '사이-공간화' 하는 방식, 다시 말해 가장 작은 디테일에서 전체 볼륨에 이르기까지 개별 요소가 두껍거나 얇게 공간을 규정하며 만드는 리듬을 뜻한다. 타이포그래피 디자이너가 서체를 고르고 적합한 자간을 찾듯이 클라우스 앤 칸은 창, 기둥, 문, 입면 패널, 볼륨을 장인적 솜씨와 반복의 방식으로 다룬다. 클라우스 앤 칸은 자신만만하고 논쟁적이지 않은 기존 건축, 곧 매스, 상자를 닮은 볼륨, 빛, 아름다움, 스타일을 다루는 건축을 추구한다.[20] 급진적 맵시(chic)와 전복이 이들의 목표가 아닌 것은 분명하다. 그런데도 클라우스 앤 칸의 건물은 미니멀리즘의 맵시를 어느 정도 갖추고 있다. 추상적 언어와 세심한 디테일이 건물에 자기만족의 세련된 윤기를 더한다. 브레다(Breda)에 있는 지방청사의 정면 파사드에서 보이는 매끄러운 줄무늬 패턴의 부유하는 검은 막대기는 뱅 앤 올루프센(Bang & Olufsen)의 우아한 윤곽 디자인을 떠올린다. 추상적 완벽함에 도달한 미니멀리즘의 시크함이 상스러움을 은폐한다.

라프+라프(Rapp+Rapp)와 클라우스 앤 칸(Claus & Kaan)의 건물이 예의 바르고 진지하다면, 뇌텔링스 리데이크(Neutelings Riedijk)의 작업은 장난기 넘치는 공간으로 가득하다. 뇌텔링스 리데이크에게 청교도적 건축은 없지만, 대신 이야기를 담을 수 있는 건강하고 강력한 모양이 있다. 건축은 텔레비전, 만화, 그리고 다른 시각 대중문화의 발현처럼 대중과 소통해야 한다. 뇌텔링스 리데이크의 작업에서 우리는 다시금 '캐릭터를 갖는 건물'을 발견한다. 뇌텔링스 리데이크는 보는 이에게 "일상의 건축적 초현실주의"[21]를 제공하는 극적 효과를 추구한다. 건물은 마치 메트로폴리스의 붉은 카펫 위를 걸으며 두리번두리번 자신의 주변을 둘러보는 연극의 등장인물 같다. 주인공이 사용자가 아닌 건축임에도, 풍경 속 건물은 삶이 이루는 극장의 일부가 된다. 뇌텔링스 리데이크의 관심은 삶 자체가 아니라 삶이 전개되는 데코르(decor)의 자율성에 있다. 건물은 우울하거나 튼튼하거나 익살스러우며 심지어 기괴하다. 비판적 건축이라면 이런 강력한 캐릭터를 건축 언어 또는 사회 규범과 가치에 대한 저항을 위해 쓸 것이다. 그러나 뇌텔링스 리데이크의 '팝 아트'에는, 예컨대 앤디 워홀(Andy Warhol)과 달리, 숨은 동기가 없다. 이들의 건물이 지닌 자율적 캐릭터는 독특하면서도 전복적 재미를 선사하는 쉬이 잊히지 않는 정체성을 발산하려는 의도의 결과다. 이런 서사의 조각상은 클라이언트와 도시가 그토록 사랑하는 상표 붙이기 게임에 안성맞춤이다.

투사적 미장센

엠비알디비(MVRDV)와 엔엘 아키텍츠(NL Architects)가 선호하는 투사적 미장센의 접근 방식에서 건축가는 자신이 기획한 연극의 주요 배역을 맡을 배우로 사용자를 섭외한다. 이런 투사적 실천에서 프로젝트는 관조의 대상이 아니다. 오히려 프로젝트는 건축가가 당대 '극한 현실'에서 찾은 정보를 근거로 극적 프로그램에서 나오는 시나리오의 도움을 받아 현실을 앞으로 투사한다. 이런 현실에서 전례 없는 수준의 혁신과 불확실성을 마주했을 때 어떻게 '적절히' 반응해야 하는지는 아무도 모르는 까닭에, 그 많은 리얼리티의 변이를 '중립적으로' 관찰하는 것이 반드시 필요하다.

투사적 미장센에서 도시는 하나의 거대한 데이터-스케이프(data-scape)다. 이들 건축가의 방식은 체계적 이상화를 근거로 한다. 체계적 이상화란 주어진 단서를 활용해 진부한 요소조차 통합할 수 있을 만큼 과대-추정하는 일을 말한다. 마치 복잡하고 엄격한 네덜란드 건축법규처럼, 종종 지키는 일이 불가능해 보이는 요구 사항의 프로그램을 이들은 예외 없이 엄밀하게 따른다. 그러나 이들에게 현실 세계를 실험하는 일은 여전히 기본 목표로 남아 있다. 후기 자본주의의 주변부와 틈새에서 이들 건축가는 평범한 세계의 일부라고 쉽게 인정할 수 있는 분류되지 않은 현실을 극적 공연(theatrical performance)을 통해 뒤집는 동시에, 바로 그 현실을 전면에 드러내고자 한다.

대개 연극 공연은 다른 세계를 꿈꿀 수 있게 해준다. 그러나 엠비알디비와 엔엘 아키텍츠의 연극은 다르다. 이들은 변화하는 사회를 관찰하고 도표로 만든 후에 창의적 프로그램과 신선한 미학을 빌려와 실질적 일상의 기능과 요구를 충족시키는 새로운 모양을 탐색한다. 이들 건축가는 삶을 낙관적이고 쾌활한 놀이로 바꾼다. 끊임없이 변이하는 리얼리티를 소재로 농담을 던지면서도 새로운 해결책을 제시할 수 있는 놀이 말이다. 위트레흐트(Utrecht)에 있는 바의 평지붕에 기능을 추가한 것은 영리한 공간 활용 이상의 의미가 있다. 이 학생 전용 바의 지붕 위에 농구장을 설치함으로써 엔엘 아키텍츠는 완전히 다른 두 가지 분위기를 터무니없이 유쾌한 방식으로 나란히 병치한다. 엠비알디비는 다양한 프로그램이 빽빽하게 조직된 '끝없는' 내부를 만든다. 엠비알디비는 이 내부를 "굶주린 상자"라고 부른다. 연속하는 랜드스케이프 위에서 다양한 프로그램을 결합하는 일에 굶주렸다는 말이다.[22] 뇌텔링스 리데이크가 사용자 또는 관찰자에게 이야기를 전달하는 재현 형태를 만든다면, 엠비알디비는 프로그램을 신중하게 조직된 공간 경험, 곧 사용자를 일상에 숨겨진 공상 과학 소설의 등장인물로 만드는 경험으로 번역한다. 브라반트(Brabant) 지방의 마을 도서관 모두를 층층이 쌓아 올려 개선된 피사의 사탑 모양을 한 거대한 마천루로 만들고 개별 열람실을 책으로 가득 채운 파사드를 오르내리는 엘리베이터로 만들면, 사용자는 어느덧 미래 세계 미장센 속으로 빨려 들어간다.

엔엘 아키텍츠와 엠비알디비의 건축을 통해 우리는 스펙터클의 효능을 정당하게 주장할 수 있다. 특정 방향으로 (특히 시각을 통해) 경험을 유도하는 '짜여진(scripted) 공간'의 효능 말이다. 엔엘 아키텍츠는 별다른 죄의식 없이 데이터 기반의 사이비 과학을 알리바이 삼아 디자인함으로써 농담을 건네거나 유행하는 라이프스타일 유형을 개발한다. 엠비알디비는 고삐 풀린 우리 사회에 상상할 수 있는 가장 놀라운 모양을 안겨줄 새로운 공간 개념을 탐색한다.

투사적 미장센에서 해방되는 것은 투사적 자율성에서처럼 유형, 시크한 미니멀리즘, 표현하는 데코르의 자율적 힘이 아니다. 사회 속에 살아있는 백일몽이다. 투사적 미장센에서 사물은 그 자체로 중요하지 않다. 투사적 미장센의 사물은 우리 극한 현실의 파편이 투사되는 스크린이다. 하노버 세계 박람회의 네덜란드관에 엠비알디비는 인공 경관, 모래 언덕, 튤립 들판, 숲, 풍차와 같은 온갖 종류의 네덜란드 정보 클리셰를 투사했다. 사회 과학에서와 마찬가지로 사물은 일상의 문화와 삶을 담는 것으로 여겨진다. 건축은 문화적, 사회적 의미를 구현하는 공동 제작자다. 투사적 미장센에서 건축가는 현대 사회의 숨은 논리를 재생산하는 데이터를 근거로 조립한 데코르의 스펙터클로 일상을 크게 확대해 보여준다. 엠비알디비는 네덜란드의 그림 같은 시골에 펼쳐진 수천 개의 뾰족지붕 바이오산업 축사에서 기르는 천육백만 마리가 넘는 돼지를 계속 은폐하는 대신, 로테르담 항구의 고층 아파트에서 돼지를 기르는 것이 더 효율적이며 동물 친화적이라고 제안한다. 어떤 가치 판단도 없는 가운데 네덜란드에는 사람보다 돼지가 더 많이 산다는 사실, 그리고 돼지도 전망 좋은 고층 건물에서 더 행복할 수 있다는 사실이 어느덧 그럴싸해 보인다. 예컨대 에이즈 환자가 거실에서 죽어가는 모습을 담은 올리비에로 토스카니(Oliviero Toscani)의 베네통 광고 사진처럼 말이다. 이런 초현실적이면서도 실용적인 미장센의 충격 효과는 즉시 우리 주의를 끈다. 그러나 이 황당무계한 리얼리티 재현 방식이 과연 더 나은 세상이나 우리의 멋진 신세계를 가시화하는 데 관심이 있는지는 여전히 확실치 않다. 엠비알디비의 우발적 상상력은 일상 속 숨겨진 우화를 밖으로 꺼내는 한편, 예컨대 펠트호번(Veldhoven)에 있는 의료 센터의 피자마(Pyjama) 정원에서처럼 사용자를 주요 등장인물로 만들어 버린다. 환자는 병원에서 흔히 볼 수 있는 무균 복도나 내향적 공간을 배회하는 대신, 올리브 나무와 초현실적 '지중해풍' 무대 장치에서 지중해에 대한 공상을 꾸며 잠옷만 입은 채 쉴 수 있다.

유토피아를 꿈꾸는 일이 이젠 매력적이지 않다. 일상이 너무 많은 환상으로 가득 찬 나머지 기존 세계 밖의 다른 세계를 꿈꾸는 일이 이젠 필요치 않다. 건축가는 스티븐 스필버그(Steven Spielberg)처럼 모두가 즐길 수 있는 새로운 재현을 줘야 한다.[23] 오락물은 먼저 당신이 (예컨대 돼지 천육백만 마리가 쌓인 아파트와 같은) 디스토피아와 직면하고 있음을 보여준 다음, 이런 디스토피아를 은폐하는 최적의 '실용적 해결책'을 제시함으로써 행복한 결말을 보장한다. 이것은 사실상 "무엇이든 상관없다"는 쿨한 태도다.

투사적 자연화

투사적 미장센은 사물에 의미를 투사하는 데 열심이지만, 사물이 사물 자체로서 의미를 전달할 수 있고, 민감하고 능동적일 수 있으며, 눈과 신체 둘 다를 작동시킬 수 있다는 점을 잊었다는 데 한계가 있다. 투사적 미장센에서 부족해 보이는 이런 사물 자체의 실행력이 바로 '투사적 자연화(naturalization)'라 부를 수 있는 노선의 핵심이다. 네덜란드에서 투사적 자연화는 오스터하위스.엔엘(Oosterhuis.nl), 유엔스튜디오(UNStudio), 마우리스 니오(Maurice Nio), 녹스 아르키텍텐(NOX Architekten) 등이 주도했다. 이들 건축가의 작업은 대개 최근 프랑스에서 열린 《비표준 건축(Non-Standard Architectures)》 전시회에서 선보였다.[24] 투사적 자연화는 사물에 투사되는 기호, 메시지, 코드, 프로그램, 생각의 콜라주를 다루지 않는다. 투사적 자연화는 물질이 실행력을 발휘할(performative) 수 있도록 해주는 테크놀로지를 다룬다.

녹스의 건축가 라르스 스파위브룩(Lars Spuybroek)은 기능과 편안함을 규제하는 도구로서의 테크놀로지에 관심이 없다. 그는 테크놀로지를 불안정을 강화하는 힘, 곧 다양한 잠재력과 사건을 제공함으로써 우연을 향한 우리 갈망을 충족시킬 힘으로 여긴다. 스파위브룩은 말한다. "피부와 환경, 신체와 공간, 사물과 속도의 유동적 병합을 통해 우리는 평면과 볼륨, 바닥과 스크린, 표면과 인터페이스를 병합할 것이다. 신체를 기계로 인식하는 관점을 떠나 신체를 행위와 시각이 통합된 더 조형적이고 촉각적인 액상의 것으로 인식하는 관점을 향해 나아갈 것이다."[25] 투사적 자연화의 건축가는 지질학, 생물학, 그리고 역사를 통해 변이 가능한 프로세스가 어떤 기성(ready-made) 생각보다도 훨씬 더 지능적이고 세련되고 복잡한 체계를 생성한다는 사실을 배웠다.[26] 이 비관습적 건축은 다양한 양상과 학파를 포괄한다.[27] 이런 다양한 건축적 발현은 그 모양새가 생물학 구조, 프로세스, 모양과 유사하다는 점에서 자연과 비슷하다. 건물의 속성도 자연과 마찬가지로 변화하는 조건에 따라 변한다. 파사드는 단지 껍데기가 아니다. 행위, 빛, 온도, 그리고 때로는 감정에 따라 변화하는 깊이를 갖는 피부다.

녹스가 디자인한 블롭(blob) 모양의 대화형(interactive) 디-타워(D-Tower)는 예술가 Q. S. 세라페인(Q. S. Serafijn)이 설계한 웹사이트와 연결돼 있는데, 이 웹사이트는 도시 일상에서 주민들이 겪는 증오, 사랑, 행복, 공포의 감정을 묻는 설문 조사 답변을 기록한다. 이렇게 모인 답변은 웹사이트의 다양한 '랜드스케이프'에 도표로 나타나며, 따라서 도표는 우편번호로 구분되는 각 도시가 느끼는 감정의 부침을 보여준다. 네 가지 감정은 각각 녹색, 빨간색, 파란색, 노란색으로 표시되며, 타워를 밝히는 조명의 색깔을 결정한다. 매일 밤 두틴험(Doetinchem) 시를 운전하며 지나는 이는 그날 도시가 느낀 가장 깊은 감정을 볼 수 있다. 포린 오피스 아키텍츠(Foreign Office Architects)의 요코하마 터미널에서 보듯, 수많은 측정 가능한 일련의 정보와 테크놀로지는 사람, 자동차, 선박, 정보의 흐름을 나누고 그 방향을 결정하는 정교한 메타볼리즘의 근거가 된다. 마치 건물 유기체 주변을 맴돌고 통과하는 혈액 세포처럼 말이다. 이 프로젝트는 장애물이나 충돌 없이 기능하고자 하되, 엠비알디비의 작업처럼 충격 효과를 통해 문화 의미를 전달하려고 하지는 않는다.

투사적 자연화 작업은 많은 투사적 미장센 작업과 달리 미숙하거나 거친 상태로 남지 않는다. 매끈하고 유동적이다. 투사적 자연화에서 복잡한 프로세스가 적절하게 작동하도록 보장하는 것은 이데올로기가 아니라 인공 유기체가 본능적으로 갖는 간절한 열망이다. 건물은 복잡한 생체역학 논리에 따라 움직이는 두뇌 없는 신체처럼 작동하게 설계됐다. 포린 오피스 아키텍츠가 베네치아 비엔날레에서 요코하마 터미널을 선보였을 때, 이들은 신체 단면 스캔을 터미널과 나란히 보여줬다. 건축 논리와 신체 논리가 닮아야 한다고 주장하듯 말이다. 투사적 자연화에서 정보와 테크놀로지의 '유전자 조작'이 생성하는 낯선 형태 존재는 이들 프로젝트를 선악 또는 아름다움과 추함으로 즉시 분류하기 어렵게 만든다. 판단은 유보된다. 건물은 상징이나 신화로 즉각 소비되길 거부한다. 대신 건물은 사람이 건물을 사용하고, 해석하고, 건물과 관계를 맺고, 물질에 의해 조직된 자극의 흐름 속으로 들어오도록 유도한다. 새로운 디지털 디자인 방식과 ('고급 프로토타입화[advanced prototyping]'라 부를 수 있는) 복잡한 삼차원 요소의 전산 제어 생산에 힘입어 건물은 그 어느 때보다 유기체처럼 작동하는 것이 가능하다.

투사적 미장센과 달리 투사적 자연화는 사회, 종교, 권력, 정치, 세계화, 개인과 연관된 사물에 시나리오를 투사하는 데 별 관심이 없다. 투사적 자연화는 운동, 자가-조직 및 상호 작용성을 중심으로 하는 초-기능성을 갖는다.[28] 투사적 자연화 프로젝트의 지능은 성찰을 위한 능력이 아니며, 무언가에 저항하는 재현을 제공하지도 않는다. 오히려 현상 유지의 관성에 따라 자동으로 작동하는 듯 보이는 열린 프로세스를 활성화한다. 투사적 자연화는 개방적 자가-조직 체계에 관심을 두는 기계론의 관점에서 정밀하고 지역적인 결정을 조정하는 일이다. 건설 과정의 고급화로 가능해진, 합의의 흐름이 서로 다른 궤도를 따라 나아갈 수 있게 해주는 자가-조직 체계 말이다. 웅대한 꿈과 패러다임은, 고급 테크놀로지와 디자인 전문성에 관한 것 말고는, 투사적 자연화와 거의 무관하다. 투사적 자연화는 유기적 추상화에 몰두하는 한편, 프로젝트의 모든 전용(appropriation)이 용도의 서사에 따라 결정되며 사회 행태와 주어진 객관적 조건 사이 상호 작용에 관한 것이라는 사실을 전혀 개의치 않는다. 투사적 자연화는 우리 생물학적 신체가 아닌 사회적 행위가 우리 정체성을 구성한다는 사실을 잊곤 한다.[29]

더 큰 야망

"두 번째 모더니티"에 내재한 많은 가능성을 최대한 활용하기 위해 비판과의 결별, 리얼리티를 향한 열정, 그리고 건축 분야가 투사 가능한 것으로 복귀하는 일은 꼭 필요하다.[30] 미래를 예측하는 대신, 우리는 문을 두드리는 미지의 소리에 주의를 기울여야 한다. 투사적 실천은 또한 건축이 후기 자본주의와 함께해야 할지 말아야 할지가 우리의 질문이 될 수 없다는 점을 잘 보여준다. 후기 자본주의는 이미 주어진 조건이다. 그러나 시장과의 이런 관계가 어떤 형식이 돼야 할지는 엄연히 윤리적이며 정치적인 문제이며, 단지 실용적이고 기술적이며 심미적인 방식으로 다뤄질 수 없는 문제다.

이 글에서 묘사한 투사적 실천은 지배 체제가 입는 옷에 사용된 것과 동일한 옷감을 잘라 공간을 만든다. 따라서 투사적 실천은 특히 세계 중산층이 누리는 안락함의 형태에 자신을 한정한다. 이런 중산층은 아직 알지 못하는 것과 맞서는 일을 두려워한다. 이들의 주요 관심사는 권력, 개인주의, 직업 경력, 정체성, 사치, 오락, 소비, 그리고 이 모두를 가능케 하는 기반시설에 대한 권리를 보장하는 막힘 없는 프로세스다.

신자유주의 '다중(multitude)'이라고 불리는 다수 개인의 권리, 그리고 차이가 이루는 이런 전체주의는 (다국적 중산층을 포함하는) 세계 인구의 집단적 이익에 주의를 기울이는 일이 필수적이라는 사실을 간과한다. 차이의 패러다임이 아닌 동일성과 개인을 초월한 책임의 패러다임을 활발히 작동시켜야 한다. 이제 문화는 다양성과 유연성에 관한 것이며, 프로젝트가 촉발하고 주도하는 영원한 새로움과 효과를 향한 탐색에 관한 것이다. 그리고 중립적인 듯 보이는 플랫폼으로서의 열린 시장과 사물이 어떻게 관계 맺을 수 있는지에 관한 것이다. 이것은 정치적 이상 없이, 그리고 정치적 또는 사회-역사적 인식 없이 작동하는 전략이다. 미학, 테크놀로지, 그리고 맹목적으로 돌진하는 세계 경제의 실용주의 독재의 희생양이 될 위험에 처한 전략이기도 하다. 디자인에 대한 책임을 지는 대신, 그리고 특정 방향으로 흐름을 바꿀 용기를 갖는 대신, 디자인 결정에서 발생하는 윤리적, 정치적 결과는 시장 현실주의에 맡겨진다. 건축가는 자신의 기율이 규정하는 조건 속으로 물러난다.[31] 이런 까닭에, 여기 묘사된 세 가지 투사적 실천은 모두 형식주의적(formalistic)이다.

프로젝트를 만들 때 질료, 경제, 건설, 형태, 프로그램, 특정 맥락의 영향을 받아들이고 건축 지식과 도구를 활용해 투사를 실험하거나 발전시킬 수 있다는 측면에서 투사적 실천은 긍정적이다. 투사적 실천은 걷는 행위 자체를 통해 스스로 길을 만들어 나아간다. 리얼리티는 작업을 만드는 과정에서 스스로 투사된다. 그러나 현상 유지 너머로 도달하기 위한 관점을 프로젝트 안에서 개발하려면 유토피아의 꿈이 필요하다는 사실을 투사적 실천은 인식하지 못한다. 유토피아의 꿈이 실현 가능하단 말이 아니다. 유토피아의 꿈이 정치 행위를 위한 기준들을 제공한다는 말이다. 유토피아의 꿈은 우리가 현재를 객관화해 바라보고 그것에 대한 진단을 내릴 수 있게 해준다. 현실 중독에서 벗어나는 이 꿈의 순간을 통해 우리는 우리가 암묵적으로라도 가치 판단을 내릴 수밖에 없는 존재임을, 그리고 정치적이고 사회적인 편향성을 배제하는 것 자체가 바로 정치적이고 사회적인 편향성이라는 사실을 인식한다. 유토피아의 꿈과 리얼리티의 상호 작용을 통해 비로소 투사적 실천은 새로운 사회적 관점을 펼쳐낼 수 있다. 정작 투사적 실천이 몰두해야 할 문제는 바로 이것이다. 어떻게 자본주의를 변곡시켜 민주주의를 향하게 할 것인가?

문제는 아무도 아직 훼손된 민주주의 개념을 다시 생각하거나 공간의 층위에서 민주주의가 어떤 의미를 지닐 수 있는지에 관한 연구를 진행할 준비가 돼 있지 않다는 데 있다.[32] 민주주의에 관해 말하는 것은 금기인 동시에 페티시(fetish)다. 우리는 민주주의란 용어를 민주주의 실현의 진정한 의미에 대해 심각하게 생각하지 않도록 완화해주는 진통제 정도로 취급한다.

우리가 새로운 형태의 민주주의를 꿈꿀 때 비로소 우리는 오늘날의 정치적 권태, 시장을 향한 맹목적 추종, 끊임없는 집요한 트집 잡기를 떨쳐낼 수 있는 시야를 가질 수 있다. 그러나 우리는 오히려 졸음에 빠진 듯하다. 과연 우리는 편안함, 디자인 유행, 테크놀로지, 그 밖의 수많은 서로 무심한 차이를 중독적으로 소비하면서 진정으로 즐거운 것일까? 깊은 잠에서 깨어나 다시 유토피아를 꿈꿀 때가 된 건 아닐까?

감사의 말: 이 글을 쓰는 데 조언을 준 윌리엄 S. 손더스(William S. Saunders)와 데이브 벤트(Dave Wendt)에게 감사한다. 이 글의 짧은 판이 『네덜란드 건축 연감, 2003-04』(Rotterdam: Nai Publishers, 2004)에 실렸다.

주(註)

1 다음을 보라. Francis Fukuyama, *The End of History and the Last Man* (New York: Free Press, 1992); Anthony Giddens, *The Third Way: The Renewal of Social Democracy* (Malden, Mass.: Polity Press, 1999); and Anthony Giddens, ed., *The Global Third Way Debate* (Cambridge, U.K.: Polity Press, 2001).

2 Michael Hardt and Antonio Negri, *Empire* (Cambridge, MA: Harvard University Press, 2000); and Gopal Balakarishnan, ed., *Debating Empire* (London and New York: Verso, 2003).

3 다음을 보라. Zaha Hadid and Patrik Schumacher, ed., *Latent Utopias: Experiments within Contemporary Architecture* (Vienna and New York: Springer Verlag, 2002).

4 2003년 3월 28일과 29일 뉴욕, 베르나르 추미(Bernard Tschumi)의 컬럼비아 대학 학장 은퇴 기념 심포지엄에서. 이후 다음 책에 실려 출간됐다. Bernard Tschumi and Irene Cheng, ed., *The State of Architecture at the Beginning of the 21st Century* (New York: Monacelli Press, 2003).

5 "탈-비판"에 관한 더 자세한 내용은 다음을 보라. Sanford Kwinter, "Who is Afraid of Formalism?" *ANY* 7/8, 1994; "Equipping the Architect for Today' s Society: the Berlage Institute in the Educational Landscape" (dialogue between Wiel Arets, Alejandro Zaero-Polo, and Roemer van Toorn), Stan Allen, "Revising Our Expertise," Sylvia Lavin, "In a Contemporary Mood," and Michael Speaks, "Design Intelligence" *Hunch*, 6/7, 2003; and Jeffrey Kipnis, "On the Wild Side" (1999), *Foreign Office Architect: Phylogenesis, FOA' s Ark*, ed. Farshid Moussavi and Alejandro Zaera-

Polo (Barcelona: Actar Editorial, 2004), 566-80. 비판을 소재로 할 포스터(Hal Foster), 마이클 스픽스(Michael Speaks), 마이클 헤이스(Michael Hays), 샌포드 퀸터(Sanford Kwinter), 펠리시티 스콧(Felicity Scott)이 벌인 활발한 논쟁은 다음을 보라. *Praxis: Journal of Writing and Building* 5, Architecture after Capitalism, 2003, 6-23.

6 Sarah Whiting and Robert Somol, "Notes around the Doppler Effect and Other Moods of Modernisms," *Perspecta: The Yale Architectural Journal* 33, Mining Autonomy, 2002, 72-77.

7 Kenneth Frampton, "Towards a Critical Regionalism: Six Points for an Architecture of Resistance," *The Anti-Aesthetic: Essays on Postmodern Culture*, ed. Hal Foster (New York: New Press, 1999) and Liane Lefaivre and Alexander Tzonis, *Critical Regionalism: Architecture and Identity in a Globalized World* (New York: Prestel USA, 2003).

8 Harm Tilman, "Architectuur onder globalisering" editorial, *De Architect*, January 2004.

9 "발견된" 구체적 현실을 개발하는 데 근거가 되는 위치, 프로그램, 용도, 기반시설은 물론 경제, 정치, 예술, 유행, 미디어, 일상, 테크놀로지, 유형학, 질료에 관한 모든 자료가 다이어그램의 형태로, 특히 도표와 그래프로 기록돼 있다. 물론 이데올로기는 측정 과학과 리얼리티의 숨은 특질을 소통하는 방식 자체에 이미 내재한다. 그러나 투사적 실천은 대부분 이런 이데올로기의 차원을 인식하지 못한다. 게다가 유행과 스타일의 가림막이 디자인 전개를 통해 많은 모순을 은폐하는 나머지, 투사적 실천은 이념적으로 "매끄럽다". 네덜란드 현대 건축의 이념적 차원에 관한 자세한 내용은 다음 나의 글을 보라. "Fresh Conservatism : Landscapes of Normality," *Artificial Landscape: Contemporary Architecture, Urbanism*, ed. Hans Ibelings (Rotterdam : NAi Publishers, 2000).

10 만프레도 타푸리(Manfredo Tafuri)는 근대 아방가르드가 급진적 근대화 기술로 과거를 전복함으로써 진보적 아방가르드 프로그램에 기여했으며, 특히 자본주의 근대화의 가속화를 가져왔다고 건축계를 설득하는 데 성공했다. 타푸리에 따르면, 아방가르드의 몽타주 법칙은 모든 개인이 겪어야 하는 역동적이고 기계적인 자본주의 혁명의 동화 과정, 곧 도시의 삶과 가치 상실이 불러오는 영원한 불안을 예고했다.

11 Theodor Adorno, 다음에서 인용. Hilde Heynen, *Architecture and Modernity: A Critique* (Cambridge, Mass.: MIT Press, 2000), 4.

12 장 누벨(Jean Nouvel)의 작업에 대한 탁월한 설명은 다음에 실린 K. 마이클 헤이스(K. Michael Hays)의 서문과 장 보드리야르(Jean Baudrillard)와 장 누벨의 인터뷰를 보라. *The Singular Objects of Architecture* (Minneapolis, Minn.: University of Minnesota Press, 2002).

13 K. Michael Hays, "Scanners," *Scanning: The Aberrant Architectures of Diller+Scofidio*, ed. Aaron Betsky, K. Micheal Hays, and Laurie Anderson (New York: Whitney Museum of Art, 2003), 129-36.

14 주 7을 보라.

15 비판 대 투사를 보는 다양한 관점은 다음 글이 명료하게 제시했다. Somol and Whiting in "Notes around the Doppler Effect and Other Moods of Modernisms."

16 "Mad Dutch Disease," Premsela Lecture by graphic designer Michael Rock at Premsela Dutch Design Foundation, Amsterdam, February 11, 2004, available from the Premsela Foundation. www.premsela.org.

17 한스 판 데이크(Hans van Dijk)는 1995년에 이미 (표준, 법규, 예산 등의 문제를 다루는) 리얼리즘과 멋있어 보이는 (그러나 어떤 미학 이론도 참조하지 않는) 건물 생산을 향한 욕구가 결합한 일종의 "심미적 실용주의" 경향을 네덜란드 건축에서 감지했다. 다음을 보라. "On Stagnation and Innovation. Commentary on a Selection," Ruud Brouwers et al., *Architecture in the Netherlands Yearbook*, 1994-1995 (Rotterdam: NAi Publishers, 1995), 138-52.

18 다음을 보라. Robert Somol, "12 Reasons to Get Back into Shape," *Content*, ed. Rem Koolhaas and OMA-AMO (Cologne: Taschen, 2004), 86-87.

19 예컨대 스테파노 보에리(Stefano Boeri)와 멀티플리시티(Multiplicity), 라울 분쇼텐(Raoul Bunschoten)과 코라(CHORA)와 같은 사무소는 현대 사회에서 일어나고 있는 영토 변형을 연구한다. 이들은 새로운 관찰, 재현, 큐레이팅 도구를 활용해 거주 공간의 유형학적 프로토타입이 아닌 자가-조직 프로세스의 지도를 그리고 다룬다. 이들 디자인 프로젝트에 내재한 규칙은 영토 안에서 이미 작동하고 있는 역학, 곧 중앙 집중형 계획 방식으로 모든 것을 제어할 수는 없는 역학에 따라 자신을 스스로 구축하는 것을 목표로 한다. 다음을 보라. Stefano Boeri, "Eclectic Atlases," *Multiplicity, USE: Uncertain States of Europe* (Milan: Skira Editore, 2003) and Raoul Bunschoten and Chora, Urban Flotsam (Rotterdam: 010 Publishers, 2001).

20 "우리는 장인적 솜씨를 발휘해야만 만들 수 있는 복잡한 형태의 심미적 오브제를 만들지 않는다. 대신 우리는 표준 산업 자재와 스팬과 건설법을 활용한다. 보통 제품, 보통 기술 말이다." Claus & Kaan, *Hunch* 6/7, 2003, 140.

21 Willen Jan Neutelings and Michael Riedijk, *At Work: Neutelings Riedijk Architects* (Rotterdam: Uitgeverij 010, 2003), 7.

22 2002년 1월 2-5일 네덜란드 건축 연구소에서 열린 엠비알디비(MVRDV)의 작업에 관한 이동식 전시회 《굶주린 상자(The Hungry Box)》에서.

23 비니 마스(Winy Maas)는 2004년 3월 2일 베를라헤 연구소에서 연구 스튜디오를 소개하며 건축가에게 전하는 말 가운데 스필버그(Spielberg)를 언급했다.

24 다음을 보라. *Non-Standard Architectures*, catalogue and exhibition curated by Zeynep Mennan and Frédéric Migayrou in the Centre Pompidou, Paris (December 10, 2003?March 1, 2004). 이 전시회/도록은 다음 건축가를 선보였다. Asymptote, dECOi Architects, DR_D, Greg Lynn FORM, KOL/MAC Studio, Kovac Architecture, NOX Architekten, Objectile, Oosterhuis.nl, R&Sie, Servo, and UNStudio.

25 녹스 아르키텍텐(NOX Architekten)의 철학을 소개하는 라르스 스파위브룩(Lars

Spuybroek)의 1998년 글에서. www.archilab.org.

26 다음을 보라. Manuel de Landa, *A Thousand Years of Nonlinear History* (New York: Zone Books, 2000) and *Intensive Science and Virtual Philosophy* (London and New York: Continuum, 2002).

27 오스터하위스.엔엘(Oosterhuis.nl)과 아심토트(Asymptote)의 플로리아드(Floriade) 공원 파빌리온에 관해선 다음을 보라. *Architecture in the Netherlands: Yearbook 2002-2003*, ed. Anne Hoogewoning, Roemer van Toorn, Piet Vollaard, and Arthur Wortmann [Rotterdam: NAi Publishers, 2003], 38-40. 니트예 얀스(Neeltje Jans)에 있는 카스 오스터하위스(Kas Oosterhuis)의 바닷물 파빌리온과 라르스 스파위브룩(Lars Spuybroek)의 민물 파빌리온에 관해선 다음을 보라. *Architecture in the Netherlands: Yearbook 1997-1998*, ed. Hans van Dijk, Hans Ibelings, Bart Lootsma, and Ron Verstegen [Rotterdam: NAi Publishers, 1998], 42-47.

28 투사적 자연화는 또한 작동 가능하길 바란다. 벤 판 베르켈(Ben Van Berkel), 샌포드 퀸터(Sanford Kwinter), 알레한드로 자에라-폴로(Alejandro Zaera-Polo), 그렉 린(Greg Lynn)의 선언문에 대해 (1997년 로테르담에서 열린 『애니하우[Anyhow]』 컨퍼런스에서) 렘 콜하스가 반응하며 이 문제에 관해 한 다음 말도 참고하라. "그들에게는 화려한 컴퓨터 (비)애니메이션로 재현되는 (반-의미론적이고 순수하게 작동 가능한) 신선하고 새로운 야망과 태도가 있었다. 당시 나는 그들의 주장, 곧 그들이 형태를 넘어 순전히 실행(performance)의 차원으로 넘어갔다는 주장, 의미론을 넘어 순전히 도구적이고 엄격히 작동 가능한 차원으로 넘어갔다는 주장에 비판적이었던 것으로 기억한다. 나는 그들이 의미론을 향해 보이는 적개심을 아직도 이해하지 못한다. 예컨대 기업으로 넘쳐나는 세계나 브랜드 만들고 붙이기가 방증하듯 기호학은 그 어느 때보다 더 승승장구하고 있다. 지금 의미론적 비판은 그 어느 때보다 더 유용할 수 있다." Rem Koolhaas, "Spot Check: A Conversation between Rem Koolhaas and Sarah Whiting," *Assemblage* 40, December 1999, 46. 다음 또한 보라. Felicity D. Scott, "Involuntary Prisoners of Architecture," *October* 106 (Fall 2003): 75-101.

29 나는 벤 판 베르켈(Ben Van Berkel)과 캐롤라인 보스(Caroline Bos)의 유엔스튜디오(UNStudio)가 자신의 새로운 건축 작업의 은유로서 "매니멀(Manimal)", 곧 사자와 뱀과 인간의 혼종 이미지를 보여줄 때마다 이들이 오직 매니멀을 생성하는 과정만 설명할 뿐 그 문화적, 이념적, 상징적 함의에 관해서는 전혀 말하지 않는 점이 매번 놀랍다. 이들에게는 모든 것이 형태일 뿐이며, 용도의 사회적 실천이 이런 은유를 어떻게 풀어놓는지 이들은 전혀 관심이 없다.

30 "두 번째" 또는 "재귀적(reflexive)" 모더니티 개념은 다음에서 처음으로 소개됐다. *Ulrich Beck, Risikogesellschaft: auf dem Weg in eine andere Moderne* (Frankfurt am Main: Suhrkamp, 1986), translated as *Risk Society: Towards a New Modernity* (London; Newbury Park, Calif.: Sage Publications, 1992).

31 건축에서 시장의 역할에 관해서는 다음을 보라. Roemer van Toorn, "Lost in

Paradise" *Architecture in the Netherlands: Yearbook 2001-2002*, ed. Anne Hoogewoning, Piet Vollaard, and Roemer van Toorn (NAi Publishers: Rotterdam 2002) and "Propaganda" *Architecture in the Netherlands: Yearbook 2002-2003*.

32 때때로 렘 콜하스(Rem Koolhaas)의 작업은 (콜하스 자신은 이에 대해 언급하길 거부하지만) 공간의 새로운 민주주의 개념을 실험하는 것처럼 보인다. 이 글에서 다룬 세 가지 투사적 실천에 후기 자본주의의 영원한 위기를 영감의 원천으로 삼는 "투사적 병치"를 더할 수 있다. 투사적 병치는 규정할 수 없는 비판적 분리(detachment)를 특징으로 한다. 프로그램과 함께 사회 조직을 지속적으로 위기 상황에 몰아넣는 비판적 분리 말이다. 예컨대 오엠에이(OMA)의 작업에서 흔히 보이는 투사적 병치에서 프로젝트는 영원히 결론에 도달하지 못한 채 끝없는 주관적 해석과 점유를 촉발한다. 오엠에이의 초기 투사적 병치 작업은 새로운 자유를 실험하는 그릇이었다. 예컨대 쿤스탈(Kunsthal)은 박물관이 준-중립의(quasi-neutral) 백색 전시 공간으로 이뤄진 사원(temple)이어야 한다는 당시 생각에 저항했다. 여기서 투사적 병치는 이매뉴얼 월러스틴(Immanuel Wallerstein)의 유토피스틱스(Utopistics)와 결합한다. (Immanuel Wallerstein, *Utopistics, Or, Historical Choices of the Twenty-First Century* [New York: W.W. Norton, 1998]). 유토피스틱스를 통해 월러스틴은 무엇이 도래할지 이미 알고 있는 진보주의를 말하는 것이 아니라, 해방의 역사적 대안, 곧 멀고도 불확실한 미래에 따라갈 수 있는 최선의 가능한 길이 무엇인지를 진지하게 평가할 수 있는 과학을 간절히 바라고 있다. 과거 자유를 만드는 데 성공했던 유토피스틱스의 사례를 재평가하는 일은 새로운 자유의 상황을 만드는 데 도움이 될 수 있다. 많은 유토피스틱스의 사례 가운데 하나를 꼽자면, 이런 접근 방식은 오엠에이의 시애틀 도서관에서 볼 수 있다. 시애틀 도서관은 많은 부분에서 베를린에 있는 한스 샤로운(Hans Scharoun)의 국립 도서관을 재-작업한 것이다. 유토피스틱스가 투사적 병치와 결합할 때 우리는 내가 좇는 것에 가까워진다. 그러나 프라다와 라스베가스 구겐하임에서 오엠에이의 실험은 살바도르 달리(Salvador Dali)가 사랑했을 법한 투사적 미장센을 넘어서지 못했다. "내가 농담을 하는 것인지 진지한 것인지 대중은 알 필요가 없다. 나 자신이 그것을 알 필요가 없는 것처럼 말이다." (Salvador Dalí, *Diary of a Genius* [London: Creation Books, 1964]).

소개문

건축의 확장된 장 / 앤서니 비들러

이제 고전으로 평가되는 「확장된 장에서의 조각」은 예술 비평가이자 이론가인 로잘린드 크라우스가 1979년 『옥토버』지에 발표한 글이다. 이 에세이에서 크라우스는 1960년대 초에 시작된 조각의 경향에 대해 논했는데, 그때까지 인정되었던 조각 분야의 경계를 넘어 조경 및 건축 모두와 다양하게 상호작용한다는 것이 핵심이다. 그녀는 조각 말고도 1960년대 후반과 1970년대 동안 특정 '조각가'들의 작품을 이해하는 데 사용될 수 있는 세 가지 범주—표식된 장소들, 자명한 구조물, 장소 구축—를 추가로 제시했다.[1]

2005년 봄 클라크 예술대학에서 열린 《스펙터클과 사용, 건축은 어느 쪽인가?(Architecture Between Spectacle and Use)》 컨퍼런스 간행물에 실린 「건축의 확장된 장」에서 앤서니 비들러는, 포스트모던 조각을 이론화한 크라우스의 작업을 기반으로 21세기 초 건축의 경향을 탐구했다.[2] 건축역사가이자 이론가이며 쿠퍼 유니언 어윈 S. 채닌 건축학교의 학장인 비들러는 이 글에서 조경과 조각의 개념들을—자연, 장소, 도시와 연관해서는 조경을, 기념성 관련 개념들을 다룬다는 점에서는 조각을—다 포함하는 건축의 확장된 장을 검토한다. 비들러는 이러한 고찰들이 '정확하게 건축도 아닌' 건축을 발생시킨다고 주장한다. "적어도 지금까지 우리가 경험해 온 건축에 따르면 '정확하게 건축이 아닌' 것이다."

비들러에 따르면, 각각 건축—조경, 건축—생물학, 건축—프로그램, 건축—건축을 결합한 4가지 계열이 최근 건축 사고에서 유력하게 전개되는 양상을 보여준다. 이 원리들은 모두 그들에 앞섰던 경향에 대한 반작용으로 나타났다: "신합리주의, 순수 언어 이론, 포스트모던의 인용 열기 모두를 거부하면서 건축도—수십 년 전 조각에서 그랬던 것처럼—조경부터 디지털 애니메이션에 이르는 다양한 분야와 기술에서 새로운 형태와 프로그램을 고무시키는 영감을 발견했다." 비들러는 새로운 건축들이 물리적 외관과 생성 코드에서 아주 다르지만, (비록 모습은 다양해도) 다이어그램을 작동방식이자 개념장치로 사용한다는 점에서는 일치한다고 주장한다. 비들러는 범위가 넓어진 새로운 건축 영역에서 작업하는 건축가들이 독창성, 현대 기술, 선배 건축가에게서 얻는 교훈 등으로 무장한 채, 20세기 건축의 (형태 vs. 기능 같은) 진부한 이분법을 뛰어넘어, 근대 건축가들이 제기했지만 해결하지 못한 쟁점들, 특히 인구 폭발이나 환경 위기 같은 쟁점들과 고투하기를 희망한다.

주(註)

1 Rosalind Krauss, "Sculpture in the Expanded Field," *October* 8 (Spring 1979): 41.

2 "Architecture' s Expanded Field"의 초판본은 *Artforum* 42, no. 8 (Apr. 2004)에 실렸다.

앤서니 비들러(Anthony Vidler) / 정만영 옮김

건축의 확장된 장

Architecture's Expanded Field

A. Vidler ed., *Architecture Between Spectacle and Use*
(Sterling and Francine Clark Art Institute: Williamstown, Mass., 2008),
143-154쪽에 수록. 저자와 출판사의 허가 받고 게재.

회화와 시를 비교한 첫 번째 사람은 아주 예민한 감식력을 갖고 있어서 두 예술이 그에게 동일한 효과를 일으킨다고 느낀 사람이었다. 그는 두 예술이 실재를 외양으로 대체함으로써 부재한 것을 현전하도록 복원시킨다는 점을, 즉 두 예술이 결국은 우리를 속임으로써 우리를 기쁘게 한다는 점을 알아챘다. 두 번째 사람은 우리가 느끼는 즐거움을 더 잘 이해하기를 원했고, 두 예술에서 즐거움은 같은 원천에서 나온다는 것을 발견했다. 아름다움이라는 개념이 처음에는 물질적인 대상에서 우리에게 전해졌지만, 형태뿐만 아니라 행동이나 사고 같은 다른 영역에도 적용되는 일반적 규칙을 갖는다는 것이다. 세 번째 사람은 이 일반적 규칙의 가치와 유통에 대해 심사숙고하면서, 주석과 사례를 통해 어떤 것은 회화에서 두드러지고, 다른 것은 시에서 두드러지며, 어떤 경우에 시가 회화를 지원하는 것과 똑같은 방식으로 다른 경우에는 회화가 시를 지원할 수도 있다는 점에 주목했다. 첫째는 아마추어이고, 둘째는 철학자이고, 셋째는 비평가이다.
—고트홀트 에프라임 레싱[1]

레싱은 회화와 시 예술을 비교하고 상호연관시키는 풍조를 공격하면서, 재현수단에 따라, 즉 서사 형식인 시와 한 순간을 포착하는 회화가 각각 수행하는 고유한 역할을 강조했다. 위베르 다미쉬(Hubert Damisch)가 18세기 이론에 가해진 거대한 문화충격이라고 규정한 바 있는 이 논쟁은, 레싱이 제기한 이래 오늘날까지도 계속되고 있다. 각 예술에 고유한 속성은 무엇이며, 그것이 각 예술만의 특별한 매체에 상응하는 것이라면 그건 무엇일 수 있을까?

만약 화가가 시인과 다른 수단과 기호를 사용하여 모방하는 것이 사실이라면, 다시 말해 시가 시간에 따라 서로 연이어지는 분절된 음들을 구사하는 것과 달리 회화는 공간을 차지하는 형태와 색상을 사용하는 것이 사실이라면, 그리고 만약 기호가 의미된 대상과 자연스럽고 단순한 관계여야 한다는 점에 반박의 여지가 없다면, 병존하는 기호는 병존하는 대상만을 표현할 수 있으며 마찬가지로 순차적인 기호는 대상이나 그 대상의 순차적인 요소들만을 번역할 수 있을 것이다. 병존하는 대상이나 그 요소들은 '물체'라고 할 수 있다. 따라서 뚜렷한 성격을 가진 물체는 회화에 적합한 대상이다. 순차적인 체제에 따라 배열된 대상이나 그 요소들은 가장 넓은 의미에서 행위를 환기시킨다. 따라서 행위는 시[2]에 적합한 대상이다.

고트홀트 에프라임 레싱(Gotthold Ephraim Lessing)이 회화, 조각, 문학 예술을 각 매체의 특정성 및 그것이 공간과 시간을 재현하는 내재적 역량과 연관시켜 규정하려 했던 에세이 『라오콘』(1766)을 발표한 지 거의 2세기 반이 지났고, 또 클레멘트 그린버그(Clement Greenberg)가 「더 새로운 '라오콘'을 향하여」(1949)에서 레싱에 답한 지 60년이 된 지금도 이 쟁점은 여전히 해결되지 않은 것으로 보이는데, 특히 건축의 경우가 그렇다.[3] 레싱의 글에서 건축이 언급되지는 않았지만, 이 문제는 예술 중에서도 특별한 경우인 건축 주위를 항상 맴돌았으며, 회화도 조각도 아니고, 시나 산문은 더더군다나 아님에도 불구하고, 거론된 모든 예술들에 관여하고 참여하는 이 예술(즉 건축)을 여전히 구속하고 있다.

이 글에서는 건축, 건축이 갖는 전시 속성, 재현, 그리고 더 밀고 나간다면 스펙터클에 대한 논쟁과 관련된 몇 가지 쟁점들을 조망하고자 한다. 그 이유는 공연 예술, 설치 예술, 장소 특정적 예술, 대지 예술 등등에서 비롯된 실행들을 통해, 회화, 조각, 건축 사이의 구별이 점점 더 흐릿해지는 상황에서, '매체 특정성(media specificity)' 이 또다시 결정적 표어로 부각되었기 때문이다. 더 이상 공간성과 텍스트성 사이를, 또는 훨씬 문제가 많은 조각과 건축의 경우처럼, 미적으로 구축된 공간과 기능적으로 구축된 공간 사이를 구분할 수 없게 된 것처럼 보이는 이때, 어떻게 각 예술의 개별적 통합성을 정의하고, 이를 지켜낸다는 말인가? 비토 아콘치(Vito Acconci) 같은 예술가들은 건축을 실험하고, 반면 프랭크 게리(Frank Gehry) 같은 건축가들은 기능적 역할만큼 건물의 조각 형태에 몰두하는 것을 보면, 예전에 로잘린드 크라우스(Rosalind Krauss)가 조각의 '확장된 장' 이라고 명명했던 바는 건축을 침범하고,[4] 반대로 댄 그레이엄(Dan Graham) 등의 실험적 구축물들이 입증하듯이 건축은 조각을 침범하는 것으로 보인다.

그러나 기능 vs. 형태, 사용 vs. 불용 같은 단순한 질문을 넘어서, 각 예술에 적합한 쓰임새에는 근본적인 구별이 내재된 것 아닌가라는 의심이 여전히 남아 있다. 그리고 칸트(Immanuel Kant)가 직감했듯이, 그 차이는 계몽주의 때부터 모색되어 왔다. 건축에서 그 질문은 예술과 생활 양면 사이의 갈등으로 해석되었다. 철학자이자 수학자인 장 르롱 달랑베르(Jean le Rond d'Alembert)는 이 문제를 간결하게 정리해서, 건축을 "우리에게 가장 필요한 것을 가리고 있는 장식된 가면" 이라고 정의했는데, 이는 철학자의 눈에 건축은 쉘터를 미학적으로 또는 '수사적으로' 보강한 것에 지나지 않는다는 것을 의미한다. 그 이후 건축의 '본질' 을 정의하려는 모든 시도는 이 이중성을 단일성으로 환원시키려는 투쟁이라고 해석할 수 있다. (존 러스킨[John Ruskin]에서 루이스 칸[Louis I. Kahn]에 이르는) 순수 형이상학으로 고양되는 건축, 또는 (장 니콜라 루이 뒤랑[Jean-Nicholas-Louis Durand]에서 한네스 마이어[Hannes Meyer]에 이르는) 순수 기능주의를 향한 건축, 아니면 그 양극 사이에 위치한

온갖 수준의 기능주의 미학, 그 어디에 호소하는 것이든 다 마찬가지이다. 모더니즘의 각 단계에서는 국면별로 정치나 미학의 기준에 따라 균형을 맞춰왔다. 이에 따라 '형이상학'은 정신적 고양 또는 숭고 효과로 정의된 반면 '기능'은 구조적 통합이나 경제적 공간으로 축소되었다. 근래의 다른 이론들은 '프로그램'의 우위, '기호'의 힘, 또는 '전통'으로의 복귀를 상정하기도 했다. 더 최근에 건축의 본질에 대한 논쟁들은 모더니즘 전성기보다 신랄하지 않고 더 절충적이긴 하지만, 두 방향을 향하고 있다. 하나는 '다이어그램'의 도구적 역할을 향한 것으로 기능과 공간을 하나의 단일체로 제안하려는 것이며, 다른 하나는 표면 '효과'를 향한 것으로 디지털 프로그램의 조각 작업에 따라 주조, 성형되는 새로운 재료의 효과에 미학적으로 호소하는 것이다.

조각과 건축 사이의 실질적 애매함은 물론 모더니스트들이 추상을 두 영역의 형태 언어로 받아들이면서 나타난 것이다. 조각은 인물을 재현하고, 건축은 역사적 양식을 재현해 왔지만, 오귀스트 로댕(Auguste Rodin)이 문의 표면에 조각 형태의 공간을 병합하기 전까지, 또 구축주의와 신조형주의가 공중에 뜬 추상 형태를 건축, 조각, 회화와 그래픽 예술 모두에 동일하게 적용하기로 결정하기 전까지, 조각과 건축의 경계면에 대한 논쟁은 거의 찾아볼 수 없었다. 블라디미르 타틀린(Vladimir Tatlin)의 〈모서리 부조(Corner Relief)〉를 뒤이은 부조의 침공으로부터 회화를 구제하려고 했던 그린버그는 평면성(flatness)을, 즉 캔버스에 남긴 표식을 결정적 요인으로 규정하고자 했다.

조각과 건축 사이의 이 애매함이 모습을 드러낸 것은 늦게 잡아도 1960년대 이후라고 할 수 있는데, 당시는 댄 그레이엄이 건축 이론과 실천에서 영감을 얻은 것도, 반대로 루이스 칸이 도널드 저드(Donald Judd)와 그의 동료들이 발전시킨 것과 유사한 '미니멀리스트' 미학을 구축하는 것도 모두 볼 수 있던 시기였다. 그러나 현재 프랭크 게리나 더 젊은 동료들의 건축과 리처드 세라(Richard Serra) 같은 조각가들 모두에게 공통된 디지털 형태의 탐구를 살펴보면, 구별은 '사용' vs. '불용' 같이 아주 협소한 영토에 국한된 것처럼 보인다.

철학자가 순수하게 객관적 즐거움을 주는 예술과 사회적 유용성을 갖는 예술을 구분한 그 유명한 명제에서 비롯된 이 신-칸트적 용법은, 조각의 사회적 점유와 공간적 경험이 외부를 지각하는 문제에 국한될 때까지는 잘 작동해 왔다. 그러나 리처드 세라의 〈비틀려 회전하는 타원(Torqued Ellipses)〉 같은 조각이 공간적 구축물로 공공영역에 설치되고, 불가피하게 지각하는 눈뿐 아니라 움직이는 몸에 의해 점유되면, 전통적으로 정의되었던 '사용' 문제는 의문시될 수밖에 없다. 예를 들어 공공광장을 공간이나 오락을 경험하는 장으로 '사용'하는 것과 같은 광장을 세라의 〈기울어진 원호(Tilted Arc)〉 같은 작품이 점유하도록 사용하는 것을 어떻게 구별하겠는가? 둘 다 예전에는 건축으로 정의되었던 영역을 차지하는 것처럼 보이며, 한때 광장 중앙에 독립적으로 서 있던 조각상이 제공했던 것과는 아주 다른 공간적 실체를 조성하는 것처럼 보인다. 〈기울어진 원호〉는 조각적인 동시에 건축적이다. 이와 마찬가지로 현대 건축가들도 자신이 설계한 건물의 외부와 내부 형태가 건축적인 동시에 조각적이라고 주장할 수 있을 것이다. 결국 양자 모두 투사에 의해 촉각적으로 경험될 뿐만 아니라 시각을 통해 광학적으로도 경험된다. 양자 모두 몸에 영향을 주는 동시에 몸에 반응한다. 즉, 양자 모두 경험적, 미적, 기능적 '사용'을 결합하고 있다.

이제 1979년에 조각의 '확장된 장(expanded field)'을 처음 탐구한 로잘린드 크라우스의 글을 살펴보는 것이 유익해 보인다. 이 획기적인 글에서 크라우스는 1960년대의 '조각'을 조경과 건축처럼 조각이 아닌 다른 예술들과 처음 연관시켜 자리매김하면서, 관계와 구별을 나타내는 다이어그램을 제시했다. 그녀에게 조각은 엄밀히 말해, 보편적인 특질이 아니라 기념과 추도라는 속성에 의해 규정된, 명확하게 역사적인 특질이었다. 이 특정성은 로댕의 〈지옥의 문(The Gates of Hell)〉과 더불어 점차 상실되기 시작했고, 모더니스트 추상이 최종적으로 '장소'를 잃으면서 완전히 소멸되고 말았다. 이때 모더니스트 조각은 유목한 셈이다. 1950년대에 이 전위적 유목주의는 기진맥진 고갈되었고, 조각은 자기 밖의 영역을 탐구하기 시작해서, 조각도 아니지만, '조경도 아니고',

'건축도 아닌' 뭔가로 발전해 갔다. 이후 이런 '비-장소들'은 보다 구체적인 '비-조각' 범주들로, 즉 '장소 구축'(로버트 스미슨[Robert Smithson]의 〈부분이 묻힌 목재 헛간[Partially Buried Woodshed]〉), '표식된 장소'(스미슨의 〈나선 방파제[Spiral Jetty]〉와 마이클 하이저[Michael Heizer]의 〈이중 음각[Double Negative]〉 같은 '조경'과 '비-조경'의 결합) 및 '자명한 구조물'(리처드 세라, 로버트 어윈[Robert Irwin] 등의 작품 같은 '건축'과 '비-건축'의 결합)로 정교해졌다.

여기서 흥미로운 것은 건축과 비-건축을 연결하는 마지막 범주다. 크라우스의 주장대로, "모든 경우의 '자명한 구조물(axiomatic structures)'은 실제 건축공간에 어느 정도 개입한다. (…) 현실로 주어진 공간에 건축 경험의 자명한 특질들을—예를 들어 열림과 닫힘 같이 추상적 조건들을—투상하는 (…) 가능성(…)"이 모색된다.[5]

이런 것이 포스트모던의 장에 속한 조각의 숙명인 게 맞다면, 현재의 이 탐구 조건에서 유사한 방식으로 건축의 확장된 장을 해석해 볼 수는 없을까? 이유는 '조경'과 '조각', 혹은 '비-조경'과 '비-조각' 모두가 건축의 새로운 조건을 해석하기 위한 은유로 강력하게 대두되고 있기 때문이다. '조경'은 인공과 자연, 건물과 도시, 장소와 영토의 연속성을 예견하게 만드는 방식으로 떠오르고 있다. '조각'은 새로운 종류의 기념성, 말하자면 과거 모뉴먼트의 정치적 함의에 도전하면서도 동시에 건축을 위해 '비-기념적' 역할을 유지하는 '비-정형(informe)'의 기념성을 정의하는 방식으로 두드러진다.

수십 년간 스스로 자율성을 부과했던 시기를 거쳐, 최근에 건축은 크게 확장된 장으로 진입했다. 신합리주의, 순수 언어 이론, 포스트모던의 인용 열기 모두를 거부하면서 건축도—수십 년 전 조각에서 그랬던 것처럼—조경부터 디지털 애니메이션에 이르는 다양한 분야와 기술에서 새로운 형태와 프로그램을 고무시키는 영감을 발견했다. 예전의 이론가들은 건축의 유일하고 본질적인 근거를 확인하려고 시도했지만, 이제는 다양체과 다원성이 찬양되고 있고, 흐름, 네트워크, 투상이 그리드, 구조, 역사를 대체한다. 한때 르 코르뷔지에(Le Corbusier)와 팔라디오(Andrea Palladio)를 원천으로 한 진영 간의 논쟁이 격렬했지만, 이제 앙리 베르그송(Henri Bergson)과 질 들뢰즈(Gilles Deleuze)가 비정형적 과정을 예측했다는 이유로 연구되고 있다. 블럽, 스웜, 크리스탈, 웹이 건물 형태의 패러다임으로 확산되는 한편, 소프트웨어로 인해 전통적 재현수단은 역동적인 효과로 대체되었다. 고트홀트 레싱이 『라오콘』에서 매체의 특정성을 탐색하기 시작한 지 거의 2세기 반이 지났고, 그린버그가 근대 회화 및 조각에 대한 자기성찰적 정의를 명확히 한 지 50년이 넘었는데, 건축의 경계선은 여전히 견고하다.

그럼에도 불구하고, 새로운 형태 실험은 형태와 기능, 역사주의와 추상, 유토피아와 현실, 구조와 외피 등 한 세기 넘게 건축을 괴롭히며 문제를 야기시켰던 이원론을 극복하려고 노력하는데, 그 기저에는 건축 분야의 근거를 특이한 용어가 아니라 확장된 장을 인정하는 더 넓은 개념으로 재해석하려는 진지한 시도가 깔려 있다. 지난 10년 동안, 4개의 새로운 통합 원리가 가장 두드러지게 대두되었다. 조경 이념, 생물학적 유추, 새로운 '프로그램' 개념, 그리고 건축 자체 안에서 발견된 형태적 원천을 탐구하는 새로운 관심이 그것이다. 물론 겉보기에 새로워 보이는 이 개념적 모델들이 모더니즘 건축 역사에 깊이—어떤 것은 저 멀리 르네상스까지 거슬러 가도록—뿌리내리고 있는 것은, 또 각각이 지난 200년 넘게 한 시대 또는 다른 시대에 통합적 개념으로 이미 제안된 바 있었다는 것은, 우연이 아니다.

먼저, 18세기 픽처레스크 정원에서 유래된 조경 개념은, 이야깃거리가 많은 산책로와 틀에 담긴 조망에서 확장되어, 이제 도시형태를 지역적, 지구적 시각에서 보는 문제까지 망라하게 되었다. 네덜란드에서 풍경화 장르가 일찍 발달한 것과 국토 경관을 건조해 온 경험을 고려하면, 유엔스튜디오(UNStudio)의 벤 판 베르켈(Ben van Berkel)과 캐롤라인 보스(Caroline Bos), 엠비알디비(MVRDV)의 비니 마스(Winy Maas)를 포함한 많은 네덜란드 건축가들이 조경 이념에서 영감을 얻어, 데이터 흐름으로 신도시와 지역계획의 디지털 모델을 해석하고, 작은 규모에서는 주택 내부의 풍경에 새로운 위상학적 형태를 적용한 것은 자연스러워 보인다.

생물 형태 문제도 19세기 후반, 특히 찰스 다윈(Charles Darwin)의 이론이 대중화된 이후, 건축과 디자인에 강하게 영향을 미쳐 아르 누보의 특징적인 실험으로 이어졌다. 그 후 20세기 들어서 사이버네틱스의 발달과 이중나선의 발견을 포함한 DNA에 대한 초기 연구 덕분에, 레이너 밴험(Reyner Banham) 같은 건축 이론가들은 1960년대에 생물 형태가 차세대 건축 혁명을 이끌 것이라고 예측하였다. 찰스 젱크스(Charles Jencks)는 1974년의 저서 『건축 2000』에서 이 주장에 동조했는데, 이 책에 실린 그의 건축 '운동들'에 대한 차트는 '생물 형태'로 예측된 2000년에 끝난다. 그렉 린(Greg Lynn) 같은 현대 건축가들은 이러한 이론들에 토대를 두고 애니메이션 소프트웨어에 의해 개척된 기법들을 사용하여 새로운 형태의 레퍼토리를 개발했다. 그 범위는 '블럽(blob)'의 이념에서 시작해 최근에는 나비에서 해파리에 이르는 복잡한 유기체 형태를 실험하는 것에 이르고 있다. 린은 곤충이나 거북이의 등딱지처럼 서로 맞물린 커피 세트도 디자인하고, 거대하고 색이 화려한 난초나 아티초크처럼 지면에서 피어오르는 시설도 설계했다.

또 다른 모델인 '프로그램'의 이념은 첫 번째 아방가르드 시대에, 학생 건축가를 위한 디자인 연습을 의미하던 18세기 용법에서부터 기능을 상세하게 이해함에 따라 형태를 조절하고 생성한다는 가장 압도적 개념으로 변형되었다. 1950년대에는 존 서머슨 경(Sir John Summerson) 같은 이론가들이 이 이념을 확장해서, 근대 건축을 위한 단일한 '통합 원천'으로 중심적 자리를 부여했지만, 포스트모던 역사주의 밑에 기능주의를 묻어 버리려는 시도들이 쇄도하면서 금방 잊혔다. 이제 렘 콜하스(Rem Koolhaas) 같은 건축가들은 프로그램 이념을 확장해서, 전통적인 건축 모더니즘의 모든 관습을 타파하고 현재의 글로벌 정치, 사회, 경제 현실을 사실적으로 직면하는 건축의 토대를 만드는 수단으로 사용한다.

마지막으로, 건축형태의 내부 탐구, 즉 외부가 아니라 실무 자체를 구성하는 성분들에서 발전된 건축언어를 탐색하는 것은—레싱의 주장을 일종의 형식주의로 변형한 것이라고 할 수 있는데—전위적 모더니즘과 특히 순수 추상예술의 해석에 그 뿌리를 두고 있다. 이 계보는 피트 몬드리안(Piet Mondrian)과 테오 판 두스뷔르흐(Theo van Doesburg)에서부터 시작해서 피터 아이젠만(Peter Eisenman)에 이른다. 특히 아이젠만은 자신의 선례를 넓혀 주세페 테라니(Giuseppe Terragni), 나중에는 안드레아 팔라디오와 프란체스코 보로미니(Francesco Borromini) 같은 건축가까지 형태 변형의 패러다임에 포함시켰다. 표면상으로는 서로 다르고 (아마 명성을 노린) 주창자들 사이에서 뜨겁게 논란이 되고 있음에도 불구하고 이 패러다임은—제각기 부르는 방식은 다르지만— '다이어그램' 이라는 하나의 장치에 공통적으로 의존한다는 점에서 연결되어 있다. 다이어그램은 작업 방식인 동시에 모더니즘의 이원적 개념들을 뛰어넘어, 형태와 기능을 정보의 매트릭스와 그 애니메이션에 복속시키고 건축을 위한 새로운 행동의 장을 고안하기 위한 시도인 셈이다.

최근 미국에서 '다이어그램' 은 1970년대 '유형' 과 1980년대 '포스트모던' 그리고 1990년대 '블럽' 처럼, 마술 지팡이 단어가 되었다. 그야말로 모두가 다이어그램을 만들고 있다. 이토 도요(Toyo Ito)가 1996년 처음으로 건축비평에 도입한 다이어그램은 어떤 면에서는 좀 낯설고, 사실상 일시적으로 유행하는 춤과 같은 것이다. 이토는 세지마 가즈요(Kazuyo Sejima)의 건축을 논하면서, "당신(세지마)은 본질적으로 건물을, 건물이 추상적 형태로 담아내야 하는 일상적 활동들을 설명하기 위해 사용된 공간 다이어그램과 등가물로 본다. 적어도 이 조건에 가능한 한 가까이 가는 것이 당신의 목적인 것처럼 보인다"[6]라고 썼다. 이토는 이런 건축을 「다이어그램 건축(diagram architecture)」이라고 불렀다. 그 이후 겉보기에는 별로 중요해 보이지도 않는 이 작은 단어 주변은 아수라장이 되었고, 모든 건축가가 자기도 다이어그램 건축을 수행하고 있다는 점을 잊지 말라고 떠들어대기 시작했다. 그중에서도 아이젠만이 가장 눈에 띄는 다이어그램 건축가로 보이는데, 그는 『다이어그램 일기(*Diagram Diaries*)』라는 책을 출판하여 자신이 그 누구보다 오랫동안 다이어그램을 사용해 왔을 뿐만 아니라, 전 경력에 걸쳐 다이

어그램을 사용했고, 그 누가 아니라 바로 자신이 다이어그램을 창안했다는 점을 결론적으로 입증했다.[7]

나는 다른 지면에서 다이어그램 작성과정이 여러 방식으로 반복되어 온 것을 탐구했고, 찰스 퍼스(Charles Pierce)가 도상(icons)의 본성을 연구한 것에서 다이어그램의 인식론이 시작했다는 점을 추적했으며, 스케치부터 '파르티(parti)' 에 이르는 여러 유형의 드로잉이 이미 산재한 장에 다이어그램까지 진입하면서 그 장을 고급 컴퓨테이션을 위해 준비된 영역으로 변형시킨 방식을 설명했다. 조경가, 생물-블럽주의자, 프로그램을 반어적으로 활용하는 건축가, 자율성을 강조하는 형태주의자들이 사용한 것에서 보듯, 다이어그램은 디지털 수단을 통해 건축의 반복에 접근하고 이를 동기화하는데 최적화된 방식으로 제작되었다. 다이어그램은 '지면' 에 대한 다양한 유형의 정보를 통해 틀이 재설정되고 추상되기도 하는 지도의 형태를 취하기도 하고, 피부에서 DNA에 이르는 자연의 구조체에서 추출한 위상 기하학 형태를 통합할 수도 있고, 전통적 '파르티' 에서는 종합하는 것이 불가능할 정도로 광범위한—기술적인 것에서 사회적인 것에 이르는—정보를 단일 복합형태로 합성할 수도 있고, 새로운 형태를 생산하기 위해 부지, 건물 또는 사물을 분석해서 얻은 중층적 형태들을 복잡한 방식으로 탐구할 수도 있다.

이제 우리는 조각의 장을 확장시킨 크라우스를 따라, 건축과 조경, 건축과 생물학, 건축과 프로그램, 건축과 건축을 결합해서, '조경도 아니고', '조각도 아니면서' 그렇다고 '정확하게 건축도 아닌' 새로운 버전을 생산하고 있다. 적어도 지금까지 우리가 경험해 온 건축에 따르면 '정확하게 건축이 아닌' 것이다. 새로운 디지털 기술이 가용해지면서, 많은 비평가들이 지적했듯이 건축의 확장된 장은 오토 캐드, 라이노, 마야 같은 모든 새로운 프로그램과 함께 도래하는 소프트웨어 미학에 완전히 종속된 기술들에 직면해 있다. 동시에, 이 새로운 모델들은 새로운 교조주의, 전체주의적 유토피아, 혹은 비정치적 형태주의라는 비난에 직면해 있다.

하지만 필자는 이 모델들이 실험적 언어와 기법을 탐구하는 하나의 계기를 아주 간단하게 나타내고 있다고 느낀다. 이를 현명하게 활용한다면 근대주의에 의해 어젠더로 상정되었지만 정치적이든 건축적이든 아직 만족스럽게 해결되지 않았던 문제들에 비판적으로 응답할 수 있을 것이다. 아니, 사실 어느 정도는 이미 응답하고 있다. 그 문제들이란, 전지구적으로 여전히 건축과 개발을 괴롭히고 있는 주거 문제, 인구 폭발과 토지 부족으로 인해 제기된 밀도 문제, 자원과 보존방식에서 나타나는 생태학적 위기를 말한다. 특히 급격한 기후 변화와 에너지원의 감소로 인한 생태학적 위기는 재료나 '녹색 건물'의 개발 정도에 주력하는 건축에 더 근원적인 문제를 제기한다.

이런 문제를 제기하는 데 도움이 될 수 있는 새로운 모델링 기법들은, 모든 종류의 자료들을 흡수하고 통합하고 궁극적으로 형태화하여 프로그램상 결정의 결과가 디자인 대안들이란 관점에서 평가될 수 있도록 한다. 이 대안들은 멋진 표면이나 특정 블럽 형태를 무작위로 선택해서 출현하는 것은 아니다. 오히려 이 대안들은 정치적, 사회적, 기술적 개입을 제안하는 형태의 주장들로 자리 잡고, 결국 통상적인 사업에 대한 비판을 함축한다. 요약하자면 이 새로운 근대성은 전위의 상상력을 바탕으로, 또 만시지탄이긴 하지만 근대적인 것에 대한 진정한 역사적 이해를 바탕으로, 현재 당면한 문제들과 지속적으로 고투하고 있다. 건축의 확장된 장은 그 이전인 조각의 장 확장에 힘입은 바 크다고 해도 과언이 아닐 것이다. 따라서 이제 공간예술들이 확장된 장에서 서로 겹쳐지는 것은, 단지 영역 간의 구별을 흐릿하게 만들거나 영역의 순수성은 잠식시키기 위한 것이 아니라, 진정한 생태학적 미학을 최초로 구성하게 될 새로운 버전의 공간예술을 구축하기 위한 것이다.

주(註)

1 역주: 원문에는 고트프리트 레싱(Gottfried Lessing)으로 표기되어 있지만, 고트홀트 에프라임 레싱(Gotthold Ephraim Lessing)을 잘못 표기한 것이다.

2 역주: 비들러는 '회화' 라고 적었지만, 레싱의 원문에서는 '시' 로 확인된다. Gotthold Ephraim *Lessing, Laocoön: An Essay upon the Limits of Painting and Poetry*, trans. Ellen Frothingham (New York: The Noonday Press, 1957), 91(16장 시작쪽)을 보라. 레싱은 공간에 병존하는 기호는 회화에, 시간에 순차적인 기호는 시(문학)에 대응시켰다.

3 Clement Greenberg, "Towards a Newer *Laocoön*," *Partisan Review* 7, no. 4 (July-August 1940): 296-310.

4 Rosalind Krauss, "Sculpture in the Expanded Field," *October* 8 (Spring 1979): 30-44.

5 Krauss, "Sculpture in the Expanded Field," 41.

6 Toyo Ito, "Diagram Architecture," *El Croquis* 77, no. 1 (1996).
역주: 이 문장은 『엘 크로키』에 실린 문장과 차이가 많고, 정확한 출처는 확인할 수 없다.

7 Peter Eisenman, *Diagram Diaries* (New York: Universe, 1999).

소개문

숫자로 하는 건축 / K. 마이클 헤이스

"건축은 더 이상 오브제가 아니라 조건과 구성으로서 이해되어야 한다."[1]

2004년 봄, 휘트니 미술관 알트리아 갤러리는《숫자로 하는 건축》이라는 제목의 전시를 열었다. 이 전시회에서 K. 마이클 헤이스(하버드 디자인 대학원의 건축이론 교수이자 휘트니 미술관의 건축 부문 큐레이터)는 다양한 방식으로 숫자를 조작해 만든 작품들을 모았다. 각각의 프로젝트는 저마다 독특한 방식으로 수학적 정보를 활용하는데, 극지 풍경이나 키보드의 발음구별부호 또는 아브라함 종교 등을 연구 대상으로 삼아 그 안에 잠재한 패턴들을 드러내거나 공학적으로 설계한다. "예술가-건축가"들이 개발한 이 작품들은 통상적인 건축 개념을 뛰어넘어 건축 분야가 숫자와 맺는 관계에 집중한다. 이는 어떤 건설된 실체를 만들려는 게 아니라, 현재 건축 분야의 한계 너머를 사유하는 방식이다. 실제로 "이런 프로젝트에서 건축은 오브제를 만드는 실천으로서 존재하지 않는다. 심지어 그것은 통상적 의미의 설계 과정도 아니며, 오히려 특정한 예술적 문제들을 사유하기 위한 틀로서 존재한다. (…) 여기서 건축은 특수한 종류의 활동일 뿐만 아니라, 특수한 사고 방식이기도 하다. 다른 무엇이 아닌 이런 식으로 사유하겠다는 의식적인 결정인 셈이다."

헤이스가 보기에 이 작품들의 미적 현상보다 중요한 것은 그 현상의 근원이 된 밑바탕의 태도다. "이론 이후"라고들 얘기하는 시대에, 헤이스는 실천적, 실용적, 구체적인 것들을 뛰어넘는 사유 방법을 옹호한다. 여기서 그가 제안하는 이론은 규범적인 것도 해석적인 것도 아니다. "오히려 이론은 (…) 이미 알려진 무언가의 배역을 바꾸는 행위다." 헤이스는 이러한 배역 바꾸기를 정초하는 수단으로서 '건축가(architect)'라는 말을 동사로 활용하는 부정사적 표현을 제시한다. 그에 따르면 '건축가하기(to *architect*)'란 "특정한 인식의 양식으로서 건축을 추구하기, 역사적으로 건축이라고 승인되었지만 이제는 동일한 방식으로 이뤄질 수 없는 실천을 연장하거나 지속하려는 목적으로 특정한 활동을 현 시점에서 수행하기, 가능한 여러 실천(무용, 글쓰기, 영화 제작, 디자인 등) 중에서도 이 특수한 일련의 행위를 선택하기, 그것을 다른 체계들과 나란히 병치하기, 건축을 의도하기, 그리고 건축을 욕망하기"를 뜻한다.

헤이스는 인간의 심리 구조를 탐구한 라캉에게서 비롯한 욕망의 개념이 《숫자로 하는 건축》에서 제시된 작업을 간단히 특징짓기에 더 유용하다고 본다. 이 개념은 1960년대 말부터 1980년대 초까지 작업되었던 네오아방가르드의 건축을 재개념화하는 방법으로도 기능한다. 헤이스는 다른 문헌에서 우리가 언어학에 기초한 모델을 대신하여 "분석적인 건축 모델을 [그의 용법으로] 건축이 욕망하는 무엇 속으로, 또는 우리가 건축적 상상계(Imaginary)와 상징계(Symbolic)라고 부를 만한 영역 속에 다시 쓴다"[2]고 말한다. 이 대안적인 이론적 틀은 건축을 위한 잠재적인 미래를 확정한다. 실제로 "욕망을 본뜬 건축은 통제할 수 없는 것을 열어젖히는 지적 열정의 예리한 날을 표시하며, 무정형성(formlessness)의 위험과 예측할 수 없는 개념적 결과들을 환영한다. (…) 자명해 보이던 진술들이 해부되고, 온갖 매듭이 풀어지며, '잠정적 일반화'들이 새로운 인식의 맥락들을 만들어낸다. 아마도 네오아방가르드를 다시 고려하는 과정에서 우리는 진정 새로운 건축과 조우하게 될지 모른다."[3]

주(註)

1 K. Michael Hays in Deborah Hauptmann, "Critical Thought and Projective Practices: An Interview with K. Michael Hays," in *The Architecture Annual 2005-2006, Delft University of Technology*, ed. Henco Bekkering, Deborah Hauptmann, Alexandra den Heijer, Julius Klatte, Ulrich Knaack, and Sanne van Manen (Rotterdam: 010 Publishers, 2007), 59.

2 같은 책.

3 같은 책.

K. 마이클 헤이스(K. Michael Hays) / 조순익 옮김

숫자로 하는 건축
Architecture by Numbers

Praxis 7: Untitled Number Seven (2005) 88-99쪽에 처음 실림. 허가 받고 전재.

건축은 근본적으로 숫자와 관련이 있다. 건축 이론은 애초 그 시작부터가 피타고라스와 플라톤의 조화와 비례의 철학이었던 만큼, 사물로 구성된 물질적 세계와 우주 자체의 초월적 수학을 잇는 지렛대로 이해되어왔다. 2004년 봄에 나는 휘트니 미술관 알트리아 갤러리에서 《숫자로 하는 건축(Architecture by Numbers)》이라는 전시를 기획했다. 이 전시의 전제는 단순했다. 요즘 건축에서 꾸준히 이뤄지는 숫자에 대한 개입을 건설에 대한 개입보다 더 근본적이라고 여기는, 현대적 실천의 사례들을 병치하는 것이었다.

많은 주류 건축들, 예컨대 엠비알디비(MVRDV)와 유엔스튜디오처럼 실증적인 데이터스케이프를 추구하는 건축과 그렉 린처럼 디지털적 움직임의 지형학을 추구하는 건축은 모두 숫자에 깊이 그리고 직접적으로 의존하고 있음이 분명하다. 우리의 모든 경험이 디지털화된 걸로 보이는 이 시대에 이러한 개입은 숫자를 건축의 중심 기율로 통합하는 불가피하고도 주로 실용적인 작업의 일부라고 볼 수 있을 것이다.

하지만 이 전시에 참여한 다섯 명의 예술가-건축가[1]들은 실용성이 매우 낮은 건축의 주변부—일탈이나 심지어 집착으로 여겨질 수도 있을 만큼 특이한 오브제, 장소, 또는 아이디어—에서 숫자 정보를 찾는다. 예컨대 그들은 미궁들의 숫자점(numerology), 극단적 풍경들의 디지털 기록, 자기재귀적이고 자기부정적인 기하학적 변형들, 인체 표면이 만들어내는 숫자 패턴들, 그리고 구두점에서 도출할 수 있는 정보의 풍경들에 집착한다. 이런 프로젝트들에서 건축은 오브제를 만드는 실천—또는 통상적인 의미에서 심지어 설계 과정—으로서가 아니라 특정한 예술적 문제들, 예컨대 저자성과 생산이라든가, 공간 경험의 감각적 특수성에 대비되는 현대 공간 특유의 추상적 계산들, 그리고 개인적 표현에 맞선 사회적 재현과 같은 문제들을 생각해보기 위한 하나의 틀로서 존재한다. 여기서 건축은 어떤 특정한 종류의 활동일 뿐만 아니라, 어떤 특수한 사고 방식이기도 하다. 다른 무엇도 아닌 이런 방식으로 생각하겠다는 결정을 의식적으로 내리는 것 말이다.

이런 프로젝트에서 제시되는 숫자와 패턴, 반복, 특이성 등에 대한 관심은 분명 최근 또 다시 의심을 받아온, 이름하여 이론적(theoretical) 탐구의 수준에서만 지속될 수 있을 것이다. 현재는 건축에 대한 순전히 실용적인 요구들이 복잡하게 나타나고 건축가들이 그런 요구들에 확실히 영악하게 반응하면서 우리 시대의 건축에 대한 문화적 관심을 소진시키는 게 대세인 듯하다. 통상적인 용법에 따르자면 우리는 "이론 이후(after theory)"에 살고 있다. 대량의 정보를 정교한 그래픽 소프트웨어에 밀어 넣어 처리할 수 있는 능력을 갖추게 된 우리는 더 이상 이론이 내밀하게 활용하는 느리고 번거로운 개념과 추상을 필요로 하지 않는다. 세계 체제의 거대한 운동과 급격한 속도는 실시간 기술관료주의에 덧붙여지는 이론을 단지 장식과 변용으로, 그리고 진짜 진보와 효과의 직접성을 뒤집은 도착적 결과로 만들 뿐이다. 투지가 있는 직능인뿐만 아니라 학생들도 이론의 난해한 분위기를 회피하면서 명료하고 구체적이며 실질적인 기반 위에 머무르도록 장려 받는다. 내가 (건축 직능과 학계와 구분된 환경으로서) 미술관 전시와 관련해 흥미롭게 여기는 것 중 하나는 미술관이 새로운 이론적 실천을 위한 장소로 쓰일 수 있으며 아마도 이런 작업들이 상호작용할 수 있는 유일한 장소일 거란 점이다.

탈이론적 전회는 건축이 다른 어떤 예술보다도 더 설계 의도의 통제 범위를 넘어선 다양한 힘들에 휘둘린다는 인식에서 온 것이라 보는 게 옳다. 건축은 경제적이고 구축적인 한계, 의뢰인과 프로그램 및 정책의 요구들뿐만 아니라 학문적 관습과 문화적 기대, 또한 다양한 유행과 양식이 오고 가는 역사의 운동 자체에서도 제약을 받는다. 게다가 최근 미디어 기술의 발전은 건축과 다른 시각적 · 공간적 예술 간의 전통적 경계를 흐려놓았고, 더 나아가 건축의 자율성과 특수성에 도전하고 있다. 이런 맥락 속에서는 1970년대의 기호학이나 유형학이 어떤 실천을 이끌었던 것처럼 설계 실무를 이끌거나 통제할 수 있는 이론이 없다. 하지만 이렇게 실천적인 것을 지나치게 강조하는 건 적어도 부분적으로 현재의 한계 너머에―건축의 과거나 어떤 미래의 기획에, 또는 사실상 우리의 사이에―있는 무언가를 상상하길 거부하는 징표로 보인다. 그러한 건축적 노력이 아무리 유능하고 정교한 심신(body and mind)을 갖추고 있다 해도, 정신(spirit)을 향한 노력은 놀라우리만치 편협하다. 반면에 여기서 주목하는 작품들은 그보다 거리낌없이 더욱 넓은 범위의 경험과 사유를 한다.

나는 여기 모아놓은 작품들을 이론적 탐구라고 부르는데, 이것은 설계 실무를 이끌고 통제하는 이론과는 뭔가 다른 걸 뜻한다. 좀 더 근본적일 뿐만 아니라 건축 분야만의 고유한 경험―일반적으로는 건축적인 대상 자체나 사건, 특수하게는 수치적인 구성이나 패턴에 속하는 경험―들을 개념화하는 보다 제한된 활동을 의미하는 것이다. 따라서 건축은 사유와 행동에 대한 가능 조건인 동시에 제약으로도 이해되는데, 이러한 조건은 어떤 사물이 아니라, 리글이 말한 예술의지(*Kunstwollen*)나 에드워드 사이드의 "최초 의도(beginning intention)"[2]라는 개념에 매우 가깝다. 예컨대 무용 공연은 건축이 아니지만, 베르나르 츄미의 『맨해튼 트랜스크립트(*Manhattan Transcripts*)』나 딜러+스코피디오의 『유리 속의 지연(*Delay in Glass*)』에서처럼 건축적 인식을 생산하기 위한 가능 조건으로서 표현될 수 있다. 음악은 건축이 아니지만, 샌포드 퀸터와 제프리 킵니스가 보여준 것처럼 음악이 건축이 되려는 "의지(willing)"는 음악과 건축을 심지어 다른 분야와도 연결하는 양상을 확산시킬 수 있다. 영화는 건축이 아니지만, 줄리아나 브루노가 하는 것처럼 영화를 건축적으로 읽어내는 활동은 두 분야를 모두 확장시킨다. 그리고 내가 여기서 뜻하는 이론은 (형태를 만들어내는 설계 기법처럼) 어떤 방법도 아니고, (비평과 역사서술처럼) 해석에 형식을 부여하는 절차도 아니다. 오히려 이론은 기존의 여러 전통에서 비롯한 현재의 차이를 의도적으로 생산하는 과정의 첫 단계로서, 학문적 개념들의 기능과 형식을 재구성하는 일이다. 이론은 이미 알려진 무언가의 배열을 바꾸는 행위, 즉 사이드의 용법으로 말하자면 "치근덕거림(molestation)"이다. 그것은 최초의 논리로 채워졌다가 그에 따른 차후의 텍스트들과 함께 승인되어야 하는 행위다. 어떤 의미에서 이론은 뭔가 욕망과 비슷한 것이다.

이탈리아어에는 프로젝트를 설계(design)하거나 디자인을 기획(project)하는 데 필요한 활동을 뜻하는 '프로제타레(progettare)' 라고 하는 좋은 용어가 있다. 이 말은 다른 말로 대체할 수도, 번역할 수도 없다. 이 지점에서 나는 이곳에 전시되는 예술가-건축가들에게서 볼 수 있는 의도와 욕망을 비유하는 용어로서 '건축가' 를 동사로 활용한 부정사적 표현을 제시하고 싶다. '건축가하기(to *architect*)' 는 이제 오브제 자체가 될 수 없는 범주들을 생산하기 때문에 '만들기' 와도 다르고 '계획하기' 와도 다른 무언가를 의미하게 된다. 오히려 건축가하기는 특정한 인식의 양식으로서 건축을 추구하기, 역사적으로 건축이라고 승인되었지만 이제는 동일한 방식으로 이뤄질 수 없는 실천을 연장하거나 지속하려는 목적으로 특정한 활동을 현 시점에서 수행하기, 가능한 여러 실천(무용, 글쓰기, 영화 제작, 디자인 등) 중에서도 이 특수한 일련의 행위를 선택하기, 그것을 다른 체계들과 나란히 병치하기, 건축을 의도하기, 그리고 건축을 욕망하기를 뜻한다. 여기에 모아놓은 작품들은 건축(architecture)이라는 사회적 상징 체계를 이루는 다양한 표지들이다. 벤 니콜슨의 소우주부터 로라 커갠의 영토에 이르기까지, 이 작품들은 경험적이고 지각적인 차이의 대역폭 속에서 그리고 상당히 다양한 규모를 아우르며 건축의 충동을 추적한다. 그리고 그들은 건축가하기(architecting)가 어떤 상상3의 활동이자 과정이라는 확신을 공유한다.

이렇게 말하면 누군가는 내가 본질주의적 주장을 하고 있다고 즉각 의심하게 될 것이다. 내가 이 그룹의 각 일원들에게 대문자 A의 건축을 활용한 어떤 특별한 헛소리를 한다고 말이다. 그러니까 당신이 그러한 건축의 본질을 이미 알고 있어야 하고, 당신 말고는 아무도 그걸 알려줄 수 없음을 전제하는 어떤 난해하고 동떨어진 기획이라고 의심할 것이다. 하지만 일례로 프레스톤 스콧 코헨(Preston Scott Cohen)을 살펴보자. 그는 특수한 범위로 한정된 일단의 약호와 절차로서 사영기하학(projective geometry)을 활용한다. 이러한 기하학은 건축 고유의 학문적 역사 속에서 개발되어온 여러 가지 방식으로 쓰이면서 이 특정한 분야의 활동을 보호하고 확장하며 그 형태와 정체성을 계속해서 치환하게 된다. 또한 기하학적 체계와 역사적으로 구체화된 법들의 기술화(technicalization) 그리고 프로그램화된 표현성은 어떤 본질주의도 제거해버리게 된다. 왜냐면 이것은 건축적 오브제의 불변하는 규범보다 건축이 거의 확고하게 "배경화(backgroundization)" 되어가는 현대적 상황 속에서 건축을 지속시키려는 현재의 노력을 가장 힘차게 증언하기 때문이다. 따라서 코헨은 '건축가하기' 란 반드시 '반복하기' 임을 이해한다. 어떤 기하학적 절차들의 반복은 경험을 내포하며, 경험이 축적되는 건 건축이 현재 변화할 수 있고 정교해질 수 있으며 다른 문화적 질료들과 다시 연결될 수 있는 능력을 보여줄 수 있을 때다. 이러한 절차적 반복은 하나의 욕구이며, 이런 노력을 통해 건축은 스스로를 보호하려고 분투한다. 그리고 그러한 욕구에 대한 의식은 내가 건축가하기의 욕망이라는 말로 뜻한 바와 똑같다.

또는 건축가이자 역사가요 신비주의자인 벤 니콜슨(Ben Nicholson)을 보라. 그는 공책에 집착적일 만큼 세심하게 연필 드로잉을 하면서 미궁의 숫자점을 탐구한다. 그의 궁극적인 목적은 숫자와 기하학, 그리고 종교—특히 건축의 역사에 매우 중요하게 기여해온 아브라함 종교들—의 개념들을 서로 연관시키는 것이다. 니콜슨에게 그 구불구불한 경로—그리고 하나의 미로에서 시작되어 그 자신으로 되돌아오는 미로—는 시간과 공간을 통과하는 신체 운동의 가장 기본적인 궤적들이다. 이것은 건축의 근원(*Ursprung*), 즉 처음으로 순수하게 나타나는 최초 의도의 근원적 현상이다. 하지만 니콜슨은 그 구불구불한 경로의 규칙을 정교히 하면서 처음에는 지나치게 예상 밖의 장소들이라고 보이는 것, 예컨대 7일간 이동하는 하지(메카 순례), 히브리어 알파벳, 요한계시록의 구조 속에서 어떤 숫자의 같은 형상을 발견한다. 이런 사례들이 건축과 완전히 동떨어져 있다는 게 중요하다. 니콜슨의 경우는 숫자가 건축에 필수적이면서도 완전히 이질적이라는 점에서, 코헨과 달리 숫자가 건축을 해체한다. 숫자는 건축이 아니다. 숫자는 아브라함적 전통이 행사하는 힘이 건축에 미치는 효과다. 프로이트적 언어로 말하자면 근원적 욕망의 전치라 부를 수 있겠는데, 이때 건축가하기라는 활동은 꿈작업(dreamwork)과 유사하다. 또는 더 현대적인 언어로 말해보자면, 아브라함적 체계는 니콜슨이 발견하고 구축한 건축적 배치 속에 있는 일종의 하부구조다. (욕망의 장치가 늘 구축되어야 하기 때문이다.) 니콜슨이 모아 놓은 별개의 힘들이 인접하며 교차하는 가운데서 우리는 다시 욕망을 발견한다.

숫자와 기하학의 관계에서 숫자와 지리학의 관계로 이동하는 로라 커갠(Laura Kurgan)의 작업은 일종의 외부 자료가 늘 필연적으로 숫자를 통해 건축의 시각적-공간적 패턴과 엮이는 모습을 아마도 나머지 작가들보다 훨씬 더 명백하게 보여준다. (이질적인 공간과 약호 들이 이와 같은 방식으로 유비적 관계를 이루며 좀 더 머무르기 위해 꿈작업 속에 함께 묶인다.) 그녀의 〈단색 풍경화(*Monochrome Landscapes*)〉(2004) 네 점은 멀리서 보면 1950년대 말과 1960년대 초 엘즈워스 켈리의 단색 회화들과 유사하다. (그중 하나인 〈그린 블루 레드[Green Blue Red]〉는 휘트니 미술관이 소장하고 있다.) 하지만 커갠의 작품은 민간 소유의 이코노스와 퀵버드 위성들이 입수한 극지 풍경—카메룬의 다우림, 알래스카의 툰드라, 대서양, 또는 이라크의 사막—의 디지털 이미지들이다. 각 이미지 속의 픽셀은 저마다 하나의 숫자로 표현되고 하나의 특정한 위도와 경도—위성 센서들이 기록하도록 지시된 픽셀당 약 61㎠의 고유한 지리 영역—에 상응한다. 각 위치의 열량 값이 먼저 숫자로 표현되었다가 다시 표준 적외선 색상이 할당된다. 순수한 수학적 정보를 이렇게 시각화함으로써 보통 육안으로는 보이지 않는 전자기 스펙트럼의 일부를 표현하게 된다. (과학자들은 표준 적외선 이미지를 활용해 삼림 벌채부터 군사 이동에 이르는 모든 종류의 지형 조건을 지도화한다.) 그러고서 커갠은 표준 적외선 색상을 육안으로 볼 수 있는 "진짜(true)" 색상으로 반전시켜 네 개의 이미지를 만들어냈다. 여기에는 오로지 오랜 기간 영토를 이해하고 관리하려 노력해온 건축의 투쟁과 관련이 있으나 현재에 와서야 기술적 또는 개념적으로 생산될 수 있었던 특별히 내적인 정보 구조가 활용되었다. 아울러 그녀는 (회화, 사진, 조경 등의) 범주들을 해체하여 작품의 본래 틀을 이루는 이데올로기적 장치들인 미술관과 과학 그리고 정보의 상업화로 나아간다. (이 모든 게 이 작품의 하부구조에 속하게 된다.) 하지만 이 작품에는 어떤 특이성이, 말하자면 어떤 식으로도 설명하기 어려운 경험의 근본적 특수성이 있다. 우리의 가장 성공적인 해석과 언급마저도 이러한 시각적 계기가 순전히 사유 불가능하다는 점으로 인해 와해되고 마는 것이다.

마샤 코트렐(Marsha Cottrell)의 작업 배경이 된 디지털 정보는 키보드 기호들에 기인한다. 수많은 구성들로 흩어지고, 중첩되고, 반복되고, 규모 조정되고, 이어지고, 조직된 그 모든 (하지만 글자는 제외한) 구두점과 발음 구별 부호 말이다. (단계적으로 변경되어 추적할 수 없는 일련의 즉흥적 행위들에 귀속되는) 타이핑된 단위 기호들은 광대하게 확장하는 디지털 도서관의 토대다. 코트렐은 이 가상 세계의 잔해들이 담긴 저장소에서 일부를 취하고 거기에 뭔가를 더하는 드로잉을 구축한다. "숙련된" 관찰자가 이러한 그녀의 작업 절차를 처음 대할 때 떠올리는 건축적인 약호와 범주는 이 작품의 문제의식을 파악하기에 무용지물이다. 우리의 비판적 의식이 이 문제의 작품을 읽는 데 도움이 될 만한 기존의 모든 해석 틀을 가져다 쓴다 한들, 그 시각적인 증거 앞에 가로막혀 멈춰 서게 될 뿐이다. 그렇다면 그러한 읽기의 관습 자체를 바꿔야만 한다. 건축의 상투적인 해석 틀을 치워 버리고 생생하고 새로운 무언가를 찾아야 한다. 관찰에 필요한 정신의 회로망은 이제 키보드 타자와 드로잉, 판화술을 숫자점과 풍경 그리고 기상학과 관련 짓는 전환 과정을 포함해야 한다. 〈정원(*Garden*)〉, 〈돌풍(*Gale*)〉, 그리고 〈미래를 꿈꾸는 수학(*Math Dreaming Future*)〉에서 건축은 융합한다. 또는 건축이 판화 속에서 어울리지 않는 무언가로 "스스로를 사건화" 한다고 말할 수도 있을 것이다. 그것은 예견되지도 미리 개념화되지도 않았으며, 전적으로 건축적인 상상계 자체 속에서 (시간적으로 어긋나고 형태적으로 일그러지는 방식으로) 발견되고 생산되었을 뿐이다.

만약 뒤샹이 그의 〈세 개의 표준 정지 장치(*Three Standard Stoppages*)〉를 "미터에 대한 농담(a joke about the meter)",[4] 즉 기존에 수용된 표준 측정 단위에 대한 공격으로 여겼다면, 미셸 포너바이(Michelle Fornabai)의 작품도 건축에서 인체가 으레 자연적이고 자명한 표준으로서 가졌던 권위에 대한 비슷한 유희일지 모른다. 〈신체 구름 피복 의자(*Body Roll Sheath Chaise*)〉 프로젝트에서는 평탄한 표면 위를 구르는 신체 운동이 만들어내는 접힘과 주름, 점, 압력이 평면적으로 표시된 다음 복잡한 3차원 형태로 변이되어 컴퓨터수치제어(CNC) 기계를 통해 직조된다. 그 결과물은 외투로 입을 수도 있고 공기를 꽉 채워 넣어 의자로 사용할 수도 있다. 〈간섭(*Interference*)〉 스크린에서 포너바이는 (인체의 평균 키인) 6피트 × (사람 손의 평균 폭인) 6인치의 단위 모듈 12개를 수학적 알고리즘에 따라 왜곡시켜 거울처럼 반전되는 일련의 반복적인 순환 고리들을 만들어낸다. 그렇게 만들어진 스크린은 인체측정학을 광학으로, 말하자면 오르락내리락하는 간섭과 맥동하는 패턴의 시각 효과로 전환한다. 포너바이의 작업에서는 고급 기성복의 재료와 기법이 연속적 변이를 만들어낼 수 있는 고급 건설 부품 제작의 잠재력과 만나지만, 여기서도 시각적 사건의 특이성은 건축적 인식의 화용론적 규칙을 변화시키는 역할을 한다.

이러한 일단의 작품들에 대한 생각을 자꾸 반복할수록, 나는 계속해서 영화 〈매트릭스(*The Matrix*)〉의 첫 장면이 떠오른다. 컴퓨터 스크린을 따라 숫자들이 액체처럼 흘러 내리면서 마치 어떤 디지털화된 생명이 있기라도 한 것처럼 맥동하던—그러니까 코드화되지 않은 입자들이 일종의 정보 플라스마 속에서 소용돌이치던—장면 말이다. 나는 스크린 상에서 잠정적으로 지도화되는 이 영역이 라캉적인 의미의 실재(the Real)라고 상상한다. (그것은 상징화에 저항하고, 결코 즉각적으로 경험될 수 없지만 그 효과가 계속해서 상징계와 상상계의 매개 영역들로 분출하는 것으로서 실재한다.) 나는 우리가 재현할 수 없는 디지털 정보의 무한한 벡터들이 우리 세계와 모든 지점에서 교차함에도 불구하고 그것의 물성이 우리 세계를 결정짓는다고 상상한다. 그렇다면 여기서 탐색하는 작품들도 매트릭스 속에서 중첩하는 다양한 프로그램들과 유사하게, 우리가 실재에 이미지를 부여할 수 있게 해준다고 본다. 이런 프로젝트들은 라캉의 상상계라는 의미 영역 속에 작은 타자적 대상들로서, 욕망의 흔적으로서, 또는 욕망의 대상 자체로서 거주한다고 보는 게 맞을 듯하다. (이 프로젝트들의 시각적, 공간적, 그리고 실로 대수학적인 함의들은 라캉이 우리에게 유지할 것을 분명히 의도했던 거울 단계를 펼쳐놓았다.) 이 작품들은 숫자를 제한하고 조직하며, 개념화하고, 이데올로기화하고, '건축가하기' 를 의도한다. 다양하게 패턴화되고 조율되는 표면들은 모든 게 일어나는 배경이 되는 정보의 복합체—현재 라캉처럼 언어적이기보다는 수치적으로 구조화된 사회적 상징계의 거주자요 문화적 무의식 자체—를 저마다 다르게 다이어그램화한다.

자동사인 "건축가하기" 라는 이름이 붙은 활동을 더 충분하게 해명하고, 일종의 에너지 장(energy field)과 같은 건축 욕망 또는 끊임없이 건축적 양자를 연결하고 분리하고 재연결하는 실재에 대한 더 완전한 이론을 구축한다면, 현대 건축의 실천을 이해하는 데 중요한 기여를 할 수 있을 것이다. 하지만 그건 이 글에서 할 수 있는 작업이 아니다. 현재로서는 이 글이 일반적인 전시 기획 실천을 고민하는 『프랙시스』의 한 호에 실리는 만큼, 하나의 전시회로 모은 이 오브제들의 관계와 그에 대한 나의 설명을 뭔가 간략하게라도 제시해야 한다. 이런 오브제들이 내가 건축 욕망이라고 부르는 무언가 또는 건축 상상계라고 부르는 영역 속에서 구성된다는 나의 주장은 그것들이 관습적인 해석 이론의 도구인 언어 및 개념과 구분되는 어떤 구체적인 공간과 경험을 점유한다는 뜻이다. 이러한 프로이트적 욕망의 기계 장치는 합리적이고 개념적으로 작동하는 의식적 담론의 이차적 과정으로 환원할 수 없는 무의식의 일차적 과정을 숫자들로 제시한다. 나의 주장은 그러한 일차적 과정이 비판적 사유와 비판적 글쓰기가 결코 완전히 담아낼 수 없는 숫자적인 와해와 왜곡으로 나타나는 한, 이 프로젝트들은 유비적 차원을 예비한다는 것이다. "꿈작업은 생각하지 않는다(Le Travail du reve ne pense pas)"고 리오타르는 선언했다.[5] 물론 나는 이 프로젝트들에 대해 일종의 글쓰기가 그 자체로 같은 종류의 개념화할 수 없는 경험을 생산하기도 한다고 주장한 바 있다. 하지만 그에 대한 논의는 다른 기회에 하기로 하고, 여기서는 전형적으로 건축에 대한 이론적 글쓰기가 그것의 주체인 오브제와 사건에 대해 늘 분별 있는—그것들을 (원하는 대로) 환원하지 않고 매개하는—개념들을 생산하려 한다는 얘기를 하기로 하자. 물론 이론은 통념을 초월한 것(para-doxa)으로서 파열적이어야 하고, 여러 대상과 개념을 함께 고려해 넣음으로써 모든 걸 영원히 열린 상태로 유지하려고 노력해야 한다. 그럼에도 우리 제재의 작동 방식과 특질을 선별해서 계측하기 위해, 우리는 그걸 잠정적으로 안정화하고 구조화한다. 일시적인 중단이 더 나아간 운동의 가능성을 생산할 수 있길 바라면서 말이다. 하지만 그렇다면 전시 기획은 오브제 만들기와 이론 만들기 사이에 놓인 제3의 활동이 아닌가? 전시를 기획한다는 것은 (단순히 일차적으로 오브제들을 병치해서) 건축 욕망에 관한 추가 작업을 하고, 담론과 개념화의 규칙들을 전치시키고, 해결할 수 있는 아이디어에 호소하지 않은 채 건축의 사건을 증언하는 게 아닌가? 전시 기획은 기획 프로젝트에 대한 어떤 개념이 존재하고 그걸 이론적으로 제공할 수 있을 가능성을 보여줘야 한다. 하지만 이런 기획은 그 개념을 언어로 제공하는 게 아니라, 오히려 하나의 사건으로서 생산하고자 한다.

이론화와 전시 기획을 비롯한 다양한 건축가하기의 실천들이 추구하는 건축은 이 모든 활동을 뛰어넘지만, 그런 활동들이 없이는 출현할 수 없었다. 이미 말했듯이 이런 건축은 특이하고, 지나치고, 궤도를 벗어나며, 어디서나 읽기와 다시 읽기에 열려 있다. 사실 이러한 모든 읽기는 다시 읽기다. 그리고 거기에는 늘 새로운 생각들이 필요하다. 마치 가늠할 수 없는 건축 욕망의 총체성이 스스로를 모든 단순한 건축 실천의 한계 조건으로서 각인할 뿐만 아니라 다른 무언가에 대한 풀리지 않은 욕구를 가하기도 하듯이 말이다.

주(註)

1 프레스톤 스콧 코헨(Preston Scott Cohen), 미셸 포너바이(Michelle Fornabai), 로라 커갠(Laura Kurgan), 벤 니콜슨(Ben Nicholson)은 모두 건축가 수련을 받았고 꾸준히 건축 설계를 가르치는 중이며, 미술관에서 전시회도 가진 바가 있다. 마샤 코트렐(Marsha Cottrell)은 근본적으로 건축적인 기법이 느껴지는 작업을 하는 예술가다. 나는 이 그룹을 예술가-건축가(artist-architect)들이라고 칭할 것이다.

2 사이드는 『시작(*Beginnings*)』(1975)에서 (신성하고 신비하며 특권화된) "기원(origin)"과 (세속적이고 인간적으로 생산되는) "시작(beginning)"을 구분한다. 고전기와 신고전주의의 사상에서 "기원"은 선형적이고, 왕조 중심적이며, 연대기적인 명성을 부여받아 그로부터 파생된 것을 중심에서 지배하게 된다. 반대로 특히 매우 근대적인 사상에서 구현되곤 하는 "시작"은 확산과 인접성 그리고 상보성의 질서를 장려한다(xii, 373). 사이드는 소설이 서양 문학 문화의 주된 시작이라고 본다.

3 여기서 나는 상상(imagination)을 칸트의 상상력(*die Einbildungskraft*)이라는 의미로, 말하자면 직관(intuition)과 지성(understanding) 사이에서 벌어지는 활동으로 이해한다. 상상은 한편으로 감각적 다양성 위에 시 · 공간적 구조를 부과하지만, 다른 한편으로는 감각의 영역을 지성의 인지 법칙과 연결한다. 그렇다면 미적 판단의 사례에서 상상의 활동은 본질적으로 도식화(schematization)－개념적 결정을 감각적으로 표현－하는 일이다. 특히 흥미로운 것은 지성의 능력이 소진될 때, 판단이 필요하면서도 불가능할 때, 감각적 대상이 개념적 이해를 뛰어넘을 때, 숭고를 판단하는 과정에서 이런 활동이 갖는 본질이다.

4 Theirry de Duve, *The Definitively Unfinished Marcel Duchamp* (Cambridge, Mass.: MIT Press, 1991), 55.

5 이 표현은 장-프랑수아 리오타르의 『담론(*Discours*)』(Paris: Klinckseick, 1971) 중 한 챕터의 제목으로서, 숫자의 이질적 특이성이라는 개념을 발전시키기 위해 프로이트적 욕망의 시스템에 크게 의존하고 있다.

소개문

무엇에 대한 비판인가? 유토피안 리얼리즘을 향해 /
라인홀드 마틴

비판성(criticality)에 대한 오늘날의 비평은 일정 부분 세대 간의 분리라는 관점에서 기술되어 왔으며, 자신들의 아버지(즉, 피터 아이젠만)를 넘어서려는 신세대들의 오이디푸스적 충동으로 특징지어진다. 심지어 소몰(Somol)이나 와이팅(Whiting)의 논문에서 사용되는 용어-프로젝티브 진영의 "쿨", "완화된", "쉬운" 이라는 태도는 비판성 진영의 "핫", "꾸짖는", "어려운" 본성에 대항하는 것-도 낡음 대 새로움, 진보 대 보수라는 구도에 기대어 비판(critical)을 넘어서려는 프로젝티브(projective) 진영의 주장을 옹호하는 심리상태를 암시하고 있다. 그러나 2005년에 발표된 자신의 아티클 「무엇에 대한 비판인가? 유토피안 리얼리즘을 향해」에서 라인홀드 마틴(Reinhold Martin)-건축사무실 마틴/백시(Martin/Baxi)의 파트너로서 이 젊은 세대의 일원이기도 한 컬럼비아 대학교 조교수-은 유토피안 리얼리즘이라는 자신의 이념을 바탕으로 비판성(criticality), 혹은 적어도 그것의 재해석을 옹호하였다.

마틴은 프로젝티브 혹은 "탈비판적(post-critical)" 프로젝트에 관한 조지 베어드(George Baird)의 탐구에 동조하면서, "'탈비판'은 기존의 사회적, 경제적, 문화적 규범들의 단순한 수용 및 적응을 넘어 어떤 기준에 따라 평가되어야 하는가?"라고 질문한다. 그리고 그는 비판성(criticality)의 역사를 개괄하면서 개념의 두 가지 변용을-첫 번째는 정치적 비판(만프레도 타푸리와 같은 역사-비평가들에 의해서 시도된)에 주목하여, 두 번째는 미학적 비판(아이젠만과 같은 건축가들에 의해서 지지되는)과 연관하여-구분한다. 마틴은 탈비판적 입장이 건축에서 모든 비판을 제거해버릴 위험이 있다고 우려한다. 그는 세계무역센터(World Trade Center)의 디자인에 참여하고 있는 실무 건축가들, 특히 파시드 무사비(Farshid Moussavi)나 FOA의 알레한드로 자에라-폴로(Alejandro Zaera-Polo) 및 그렉 린(Greg Lynn) 등이 참여하고 있는, 유나이티드 아키텍츠(United Architects)라고 알려진 그룹을 하나의 사례로 제시하였다. 마틴의 판단에 따르면, 이 들 건축가들이 제시한 디자인은 "상상력으로 충만한" 이미지에도 불구하고 정치적으로는 현재의 상태를 유지함으로써 궁극적으로는 보수적이었다. 그들의 제안은 사회적으로 받아들여진 규범에 도전하지 않았으며, 그래서 마틴은 그들의 제안이 미국식 제국주의와 자본주의의 성장에 관련된 이념을 심지어 강화했다고도 생각한다. 그는 유나이티드 아키텍츠의 디자인을 "정치로서의 미학"으로 언급하는데, 즉 진보적인 것처럼 보이는 건축 프로젝트가 이라크 전쟁이라는 불쾌한 정치적 기획의 전조 같은 사례라는 것이다. 그는 "'탈비판' 진영의 긍정적이고 투사적인 실무 건축가들은... 자신들의 건축과 담론에서 도대체 어떤 종류의 세계를 기획하고 긍정하고 있는가?"라고 묻는다.

이 질문에 대한 응답으로, 마틴은 유토피아의 개념에 근거를 둔 실행이라는 대안을 제시하는데, 이때 유토피아는 "말 그대로, 어원적 기원에 기록되어 있는 '비-장소'로서, 이상적이고 접근하기 어렵기 때문에 '어디에도 존재하지 않는' 것이 아니라... 그렇기 때문에... 그것은 또한 '어디에나 존재하는' 그런 것이다." 계속해서 그는 그런 유토피아가 "데리다가 '유령'이라고 불렀던, 공상적인 꿈이 아니라 일상의 현실을 다른, 가능한 세계에 주입하는 생명의 근원이다."라고 말한다. 그러므로 유토피아라는 개념은 새로운 사고로 향하는 길을 열 수 있으며 마틴이 "유토피안 리얼리즘"이라고 명명한 건축의 실행을 위한 토대를 제공할 수 있다. 그 자신의 "쿨"한 계략에 따라, 마틴은 유토피안 리얼리즘을 정확하게 정의하거나 그러한 방식으로 작업하는 건축가들의 신원을 밝히지 않는다. (왜냐하면 "그들의 신원이나 작업에 이름을 부여하면 그들이 덮고 있는 장막이 벗겨지기 때문에") 게다가 이처럼 규정하지 않는 것이 유토피안 리얼리즘의 필수 요소이며, 유토피안 리얼리즘은 "'리얼리티' 그 자체를... 파괴적이고 억압적인 현상을 받아들이기를 선호하는 사람들에 의해 강제된, 너무나 현실적인 꿈으로 인식한다." 유토피안 리얼리즘의 아름다움은 사회-정치의 영역에서 건축이 잠재적으로 강력하고 효과적인 위치를 유지할 수 있도록 허용하는 리얼리티에 관한, 결론이 정해져 있지 않은 재검토이다.

라인홀드 마틴(Reinhold Martin) / 박민수 옮김

무엇에 대한 비판인가? 유토피안 리얼리즘을 향해

Critical of What? Toward a Utopian Realism

Harvard Design Magazine 22 (Spring/Summer 2005), 104-9에 처음 실림.
저자와 출판사 제공.

건축계에서는 때려눕히기 위해 허수아비를 세우는 일이 오래 전부터 있어 왔다. 조지 베어드(George Baird)는 『하버드 디자인 매거진』 2004년 가을/2005년 겨울호 '리얼리즘과 유토피아니즘(Realism and Utopianism)'에 실린 그의 아티클 「비판성과 그 불만(Criticality and its Discontents)」에서 훌륭하게—내 생각에는 정밀하게—그렇게 하려는 최근의 노력들을 개괄하였다.[1] 이들은 "비판(the critical)" 혹은 "비판적 건축(critical architecture)"이라고 불리는 것들을 구분하고 뒤이어 공격을 가했으며, 일반적으로 "이론(theory)"이라고 불리는 것에 대한 부수적인 공격도 동반하였다. 베어드가 행한 분석의 미묘한 지점들을 무력화하는 또 다른 허수아비를 세우려는 시도에 직면하여, 줏대 없고, 거부하지도 않으며, 저항하지도 않고, 불만을 표출하지도 않는, 그래서 유토피아를 지향하지 않는, 건축 생산의 양상들을 공유하는 차원에서, "탈비판적(post-critical)"이라거나 "프로젝티브(projective)"하다고 다양하게 이름 붙여진 그러한 실천들의 특징을 묘사할 필요가 있다. 그러나

베어드가 지적한 바와 같이, 이러한 노력은 지금까지 "쉬운", "완화된" 그리고–사고를 마비시키는–"쿨" 등과 같은 모호한 형용사들을 구체화하는 실질적이고 긍정적인 프로젝트를 이끄는 데 실패했다. 따라서 베어드는 그들이 담론의 형태로 무엇을 극복하길 기대하는지 혹은 그가 무엇을 "비판적 평가(critical assessment)"라고 부르는지에 관한 질문(비판의 의미를 내포한?)으로 자신의 아티클을 마무리하였다. 베어드의 질문은 "탈비판(post-critical)"은 기존의 사회적, 경제적 혹은 문화적 규범의 단순한 수용과 적응을 넘어 어떤 기준에 따라 판단되어야 하는가에 관한 물음이다.

이 질문은 추구할 가치가 있지만 그럼에도 어느 정도는 수정될 필요도 있어 보인다. 왜냐하면 그것에 앞선 다른 모든 "탈-(post-)"들과 마찬가지로 "탈비판"(혹은 "느즈러진" 혹은 "프로젝티브")은 탄핵하거나 혹은 어떤 경우에는 비난하려고 하는 대상의 존재를 가정하기 때문이다. 이 지점에서 베어드는 "비판적 건축"의 공식적인 역사에 관한 유용하고도 철저한 개요를 제공한다. 하지만 우리는 여기에 그것은 무엇에 대한 비판인가? 라는 또 다른 질문을 부가해야 한다. 왜냐하면 이 역사는 대부분 세대 반복을 통해 두 개의 상반되는 입장들을 하나로 축소한다는 점에 유의해야 하기 때문이다. 먼저, 건축에서 "비판"은 만프레도 타푸리(Manfredo Tafuri)나 그의 미국인 독자들, 예를 들면 마이클 헤이스(Michael Hays)처럼 프랑크푸르트 학파의 부정의 변증법을 따르는 역사가들이나 이론가들에 의해서 정의되었음이 당연시되어 왔다. 이 입장은 보통 비판을 추구하는 건축의 존재가 아니라, 경제학자 에르네스트 만델(Ernest Mandel)이 얼마 전에 "후기 자본주의"라고 불렀던 것에 의해 자행된 극복할 수 없는 폭력에 직면하여, 비판의 불가능성 또는 기껏해야 환원할 수 없는 부정성에 관해 증언하는 것으로 마감한다. 반면에–전해지는 바에 따르면–피터 아이젠만(Peter Eisenman)과 같은 건축가들은 학문적이거나 전문적인 실행이라는 수준에서 그러한 폭력을 확인하고 저항하는 데 무관심함을 분명히 고백하고, 대신에 소위 자율성의 기획이라는 형태로 내적인 규정들을 활발하게 부정하거나 수정하는 데 전념하는 것을 선호했다. 따라서 이탈리안 파시스트 건축가 주세페 테라니(Giuseppe Terragni)의 작업을 모델로 삼는 아이젠만의 도발적인 회귀는 그것의 형식적인 구문론이 정치적인 의미론과 확실하게 분리될 수 있다는 주장에 근거해서 행해졌다. (이 사례는 마이클 스픽스[Michael Speaks]와 같은 탈비판론자들이 우익 싱크 탱크나 CIA가 관련된 전문 용어를 옹호하는 과정에서, 이론이 배제된 상태로 충실하게 복제되었다). 그럼에도 불구하고, 이들 두 "비판"적 접근 방식들이 만나는 전통적인 지점은 변증법이며, 그 속에서 미학적 자율성은 구체적인 사회적 변화가 도래할 때까지 계몽주의적 주체의 자율성을 위한 일종의 일시적인 대역이거나, 테오도르 아도르노(Theodor Adorno)가 취했던, 주체의 피할 수 없는 소멸을 반영하는 부정이라는 거울이다.

베어드는, 자신이 "탈비판적"이라고 이름 붙인 것의 지지자들 대부분이 이전 시대의 주장들과 연관되어 있는 학계나 직업계 출신이라는 점에 주목했다. 그러나 우리가 더 중요하게 부언해야 하는 것은 그들이, 아이젠만이 자신의 작품과 관련하여 비판이라는 용어를 사용하면서 의미했던 핵심적인 주장을 지나치게 순종적으로 수용했다는 것이다. 자율을 추구하는 건축이라고 추정되는 것에 대해 내부에서 제기되는 비판의 표식들과 그 자체의 자율성을 지속적으로 재창조하는 "새로운" 건축을 부수적으로 추구하는 작업은—변증법적으로 연결되어 있기보다는—모더니스트 아방가르드에 관해 타푸리가 정교하게 설명했듯이, 외적인 힘들에 저항하는 것처럼 보이지만 선험적으로는 제휴하고 있는 건축의 비극에 대한 비판과 어느 정도는 동일하다. 다시 말하면 후세들이 "비판적 건축"을 주장한 아버지를 제거할 목적으로 아이젠만을 지목하는데 숨어있는 가설은 (타푸리 같은 역사학자나 이론가들에 의해 입증된) 정치적 비판과 (아이젠만 같은 건축가들에 의해 입증된) 미학적 비판이 다르지 않다는 것이다.

반면에, 후기 자본주의의 해변에서 서핑으로 시간을 보냈을지도 모르는 "편집증적으로-비판적(paranoid-critical)"인 렘 콜하스가 탈비판론자들에 의해 더 긍정적인 역할 모델로 채택되었음을 발견하는 것은 다소 의외의 일이다. 그러나 어느 쪽이든, 아버지의 이름이 피터이든 렘이든, 탈비판 프로젝트는 철저하게 오이디푸스적이다. 이것은 제도화된 역사(비록 그 근거가 실질적이라 하더라도)이라서가 아니라 심지어 가장 단호한 반-이론가들조차도 벗어날 수 없는 이론적 철학적 근거이기 때문이라는 점에서 가치가 있다. 베어드가 거명한 다수의 사람들뿐만 아니라 그들 주변의 이념적 동지들까지도—그들이 들뢰즈의 정치-철학적 기획을 왜곡시켜서 알아볼 수 없게 만들었다는 것이 지적되어 그들이 그렇게 하는 것이 지나치게 황당한 일이 되기 전까지는—때때로 철학자 질 들뢰즈(Gilles Deleuze)를 자신들의 동지로 언급하기도 했다. 그리고 아직도, 폴드(fold)와 리좀(rhizome)은 제쳐두더라도, 다른 형태로 그러한 당혹감이 계속되는 하나의 원인은 들뢰즈가 펠릭스 가타리와 공동으로 집필한 "난해한" 책 때문이다. 『안티-오이디푸스』(1972)는, "비판성"을 영원히 없애버리기 위해, 그것을 마지못해서 맹목적으로 숭배하는 사람들에게 호의적인 편협한 계보들이나 "동시대의 사람"들을 향한 전면적인—인식론적, 철학적, 정신분석학적, 역사적, 정치적인—공격이다.

몇 번이나 언급되었듯이 『안티-오이디푸스』는 60년대에 출판된 책이다. 그리고 미국에서 벌어지는 "탈비판"과 관련된 논쟁에 대항해 베어드가 전선을 분명히 하고 있는 상황에서, 당대 미국의 선거 정치가—가장 최근에 이르기까지 유혈이 낭자한 문화전쟁을 치르는 와중에도—그 당시 10년간의 경향인 대안문화적 급진주의에 관해 여러 번의 투표를 진행해야 했음을 언급하는 것은 충분히 가치 있는 일이다. 그러므로 "탈비판" 논쟁은 일반적으로 미국의 정치에서 더 많은 점유율을 가지고 있는 우파들처럼, 1960년대식 유토피안 정치를 일거에 매장시켜버리기 위해 얄팍하게 위장한 노력일 가능성도 있지 않을까? 다시 말하면, 아무런 긴장감도 없는, "탈비판"의 오이디푸스 콤플렉스는—권위주의를 반대하는 진영의 반-오이디푸스 콤플렉스와는 대척점에 있지만—실질적으로는 정치적 비판을 미학적 비판으로 전환시킨 후 그 다음으로는 무심코 획득될 수 있는 변증법적인 힘을 서서히 배출시켜버림으로써 급진적인 정치의 유령을 일거에 그리고 영원히 제거해 버리고자 하는 권위주의의 요청일 가능성은 없을까?

이런 질문이 조금 후회스럽기는 한데, 왜냐하면 이 질문은 주로 현재 상태에 대한 비판의 가능성이 어느 때보다도 강력하게 방어되어야 하는 바로 그 순간에 진지한 비판(그것이 정치적이든 아니면 미학적이든)을 업계의 발전을 저해하는 장애가 되는 것으로 매도하려고 돌진하는 사람들에게 제기되기 때문이다. 하지만 나 자신 건축가로서 아무리 미미하다 하더라도 반대의 목소리를 내면서 건축 업무를 수행하는 (그리고 비용을 지급받는) 일이 실제로 얼마나 어려운 일인지도 잘 알고 있다. 그런 까닭에 이 질문에 대한 통상적인 대답은 이럴 것이다. 건축은 어떤 경우에도 자신의 벽 안에서 나오는 비판을, 완전히 무의미하지는 않더라도 효과적이지 않게 만들 정도로 철저하게 권한이 박탈되어 있으며, 문화적으로 한계가 있다. 추구되어야만 하는 것은 더 "튼튼하고" 더 "효과적인" 건축이다. 이것은 모두 소문난 난해함으로 인해 이중으로 무관하다고 평가된 학구적인 이론에, 역사는 말할 것도 없고, 추가적으로 적용하기 위해 주장되었다. 그렇다면 왜 고민해야 하는가?

하지만 이러한 주장들은 범주적 오류에 이르게 된다. 왜냐하면 문제는 건축 담론이 정치적인 적절성을 갖기에 지나치게 학구적이기는커녕 충분히 학구적이지 않다는 데 있기 때문이다. 탈비판론자들이 생계유지를 위해 의존하는 대학들의 매우 현실적인 정치에 "적절하지 않은" 것은 없다. 대학에서는 매우 현실적인 교수들이 매우 현실적인 문화적 보수주의자들에게 정기적으로 비난을 받으며, 그러한 상황에 대한 반발로 종종 (틀림없이 적절한 정치적 개념인) 학문의 자유에 관한 고뇌에 찬 심포지엄을 촉구하기도 한다. 에드워드 사이드(Edward Said)나 다른 많은 지식인들이 자신들의 후기 작업에서 보여주었던 영웅적인 노력들은 현실정치의 영역 내부에서 학문적 실천이 중요함을 증언한다. 최근에 작고하였을 때 『뉴욕타임스』로 하여금 치욕스럽고 수세적인 "부고기사"를 내게 만든 자크 데리다(Jacques Derrida) 역시도 정치에 학문적 담론을 구체적으로 투사했다. 그런 일화들 중에서도 가장 자주 언급되는 사건은 2003년에 『비판적 탐구』라는 저널의 편집자들이 "이론의 미래"를 예측해보기 위해 뛰어난 학자들을 초청해 개최한 원탁회의일 것이다. 그 회의 또한 『뉴욕타임스』의 주목을 받았는데 그 회의에 대한 이 신문의 평가는 "가장 최신의 이론은, 이론은 중요하지 않다는 것"[2]이었다. 하지만 『비판적 탐구』는 나름대로 (주로 정치적 좌파들이 저술한) 모든 짜증의 결과물들을 출판하면서, 우리가 생각했던 방식과는 다르게 결국 편집 논설에서 "이론"이 중요하다고 결론을 내렸다.

하지만 어쩌면 이 특집호에서 건축에 더 흥미로운 것은 컨퍼런스와 직접적으로는 연관되지 않았음에도 같은 호에 게재된 두 편의 논설들이다. 첫 번째 논설은 과학 철학자 브뤼노 라투르(Bruno Latour)가 쓴 「비판은 왜 동력을 상실했는가? 사실의 문제에서 관심의 문제로」[3]라는 제목을 가진 글이다. 이 글은 반항심이나 급진적 정치에 의해 주입된 인식론을 논쟁의 여지가 없는 "사실"이 아니라 논쟁의 여지가 있는 "관심의 문제"에 기초한 새로운 리얼리즘으로 대체하려는 라투르의 최근의 노력을 요약했다. 라투르에게 "비평"은 기본적으로 마르크스주의(그것은 다른 모더니즘들이나 그리고 그것들의 위협적인 성향과 함께)를 지향하는 코드이며, 그는 의회 민주주의 제도의 개혁을 지향하는 미국식 실용주의의 모호하게 포스트모던한 변형을 탄핵하고 대체하기 위해 애를 많이 쓰고 있다. 따라서, 만약 자칭 "탈비판" 진영이 아직도 소위 민주당을 지지하는 성향을 가진 지역에 거주하고 있다면, 자유주의자로 인정받으려는 그 구성원들 중 일부는 자본주의의 "모순"이라고 불리는 것을 해결하는 라투르의 방법, 즉 예를 들면 "비판적" 건축을 하면서도 그에 대한 보수를 받음으로써 위안을 찾아야만 한다.

확고한 정체성을 가진 사람들을 위해, 『비판적 탐구』 특집호에는 「진행 중인 '유연한 혁명'」[4]이라는 이론가 슬라보예 지젝(Slavoj Žižek)의 글도 또한 제공되었다. 마르크스주의자임을 부정하지 않는 (이단일지언정) 지젝은 그 글에서 "들뢰즈를 읽는 여피"라는 매우 신랄한 이미지를 소환하고 광고에 의해 예증된 욕망의 장치와 들뢰즈의 "욕망하는 기계" 사이의 확실한 유사성을 도발적으로 주장한다. 지젝은 이 주장의 환원주의를 잘 알고 있으며, 그래서 그는 들뢰즈와 가타리에게 급진적인 사회 변화를 이끄는 철학자라는 최고의 지위를 부여하기 위해 이곳저곳을 계속해서 다녔다. "들뢰즈를 읽는 여피"라는 이미지는 여전히 우리와 경쟁하고 있으며, 이 이미지를 근거로 "탈비판적" 건축이라고 공인된 것들에 대한 비판적 평가를 요청하는 베어드에게 간단하지만 구체적으로 응답하고자 한다.

어찌 보면 이론적으로 충만한 당대 건축의 너무나도 적절한 정치적 유효성은 맨해튼 남부에 위치한 이전 세계무역센터 부지의 미래에 관해 진행 중인 논쟁에서 가장 명료하게 표출되었다. 나는 이 논쟁이 펼쳐놓은 무수한 제안들 중에서, 구체적인 사례 하나를 인용하려고 한다. 그것은 "탈비판"을 지향하는 경향에 동조하는, 스스로를 유나이티드 아키텍츠(United Architects)[5]라고 부르는 그룹(그들 중 몇몇은 그러한 경향의 유럽적 변형을 대표하는)이 디자인한 제안이다.

이 이야기는 전시기획자 막스 프로테크(Max Protetch)가 《새로운 세계무역센터》라는 제목으로 2002년 1월 17일부터 2월 16일까지 뉴욕에서 개최한 전시에서 시작된다. 공격이 있은 지 불과 4개월 만에, 대중들은 건축가, 디자이너, 그리고 예술가들이 제출한 58개의 제안들을 접하게 되었으며, 화랑에 따르면, 그것들 모두는 "건축가와 일반 대중 모두에게 세계무역센터 부지의 가능성을 탐구할 수 있는 획기적인 기회"[6]를 제공하였다. 한편으로 (미국의 외교정책에서 허풍이 증가하는 것과 병행하여) 이것은 9/11로 인해 조성될 지면이 제공하는 "획기적인 기회"를 활용하기 위한 원초적이고 꾸밈없는 노력이었다. 그 기회란 대담한 비전(포스트-사담이거나 포스트-모던?)을 이행하기 위해 싱크탱크나 대학들에서는 이미 준비되어있던 것이지만 그것은 직업적인 현실주의라는 특수한 상황에 따라 선점된 것일 뿐이었다. 반면에, 프로테크가 개최한 전시는 권력에의 의지를 기업형 건축회사나 주류 문맥주의자들의 더 직설적인 순응주의에 접근하기 어려운 방향으로 유도하는, 네오모던 미학의 역량을 보여준 최초의 실제적인 증거였다.

이 전선에서 일어날 일들의 전조는 포린 오피스 아키텍츠(Foreign Office Architects: FOA)가 제출한 계획안이었는데, 그것은 한 묶음의 튜브들로 구성된 물결모양의 탑으로써 다음과 같은 설명을 동반하고 있었다. "무엇을 위해? 라는 것을 기억하는 것조차 고려하지 말자. 우리는 위대한 도시에 위대한 사이트를 가지고 있으며 세계에서 가장 높은 건물을 뉴욕에 되돌려줄 수 있는 기회를 가지고 있다. 그라운드 제로는 백삼십만 평방미터의 사무공간을 유치하기 위해 사용되었으며, 그것은 뉴욕에 되돌려 주어야 하는 타당한 규모이다."[7]

뉴욕이 잊어야만 하는 것이 무엇인지는 불분명하지만, 그러한 고의적인 기억 상실은 종종 기념이라는 거짓된 명령에 대한 거부일 뿐만 아니라 9/11이 하나의 구성요소였던 역사적 상황을 능동적으로 외면하는 것을 의미한다는 것은 매우 분명하다. 새로운 역사적 유형-초고층의 새로운 유형-을 위한 이 "역사의 종말"론은, 기술-기반 기업의 세계화에 따라 개방된 새로운 "기회들"에 관한 신자유주의적 합의를, 전형적으로 "탈비판적인" 방식으로, 영원히 기념하려는 자신의 내적 모순들을 거의 감추지 않는다. 그러므로 새로운 세계질서 속에서 전문가들의 책임은 이 새로움이라는 이름을 부여하는 중층적으로 결정된 역사서술과-그것의 시체들-에서 자신들의 손을 씻음으로써 "새로움"의 도착을 돕는 것에 한정된다.

태도라는 점에서 여기에 필적할만한 것은 "글로벌한 군사적 충돌과 일상생활 사이에 있는 경계들의 붕괴"[8]에 대한 통찰력이 전제된 전형적인 방어용 초고층건물을 위한 그렉 린 폼(Greg Lynn FORM)의 계획안이었다. 그러나 그 프로토타입과 그것의 저자는, 가장 기초적인 비평조차도 들뜬 상태의 단조로움으로 붕괴되는 상황에서, 오래 전에 "전면전"이라는 이름을 부여받은 이러한 정세들에 이견을 제시하기보다는 받아들였다. 전면전에 대한 찬가는 할리우드의 군사-오락 복합체나 독일인 군사 탐미주의자 에른스트 윙거(Ernst Jünger)와 연관성을 가지고 있는 생산과 소비 도구들에 대한 내부적이고 디지털적인 가상의 논리에 린이 지속적으로 참여하는 배경을 조명해볼 때만 의미가 있다.

이런 식으로 린은 분명한 냉소주의를 바탕으로, "군사적 사고를 일상생활로 이전하는 것은 불가피하다"[9]고 주장했다.

린과 FOA를 포함해서 상대적으로 젊은 디자이너들의 국제적인 연합체인 유나이티드 아키텍츠는, LMDC(남부 맨해튼 개발회사)가 이 사이트에 적용할 "혁신적인" 디자인을 수립하기 위해 2002년 9월에 초청한 6개의 팀들 중 하나였다. 자신들의 선택을 지지하기 위해 LMDC의 보도 자료는 그 팀을 무엇보다도 특히 "이론"에 전문적 식견을 지닌 "비전가들"이라고 언급했지만, 이러한 공식적 언급은 지젝(Slavoj Žižek)이 우스꽝스럽게 묘사한 "들뢰즈를 읽는 여피"라는 이미지를 괴이하게 재생산하는 것이었다.

자신을 유나이티드 아키텍츠라고 부르는 젊은 전문가들로 구성된 이 팀에는 할리우드에 기반을 두고 엔터테인먼트, 디자인 및 마케팅 분야에서 활동하는 회사인 이매저네리 포시스(Imaginary Forces)도 포함되어 있었다. 그리고 실제로 그라운드 제로에서는 그 팀에서 내보낸 홍보 메시지가 자신들의 이름에서 시작되었는데, 그것은 미합중국(United States)을 다민족연합(United Nations)으로 재치 있게 바꾼 것이었으며, 채색된 사각형 바탕에 다양한 민족들의 얼굴을 조합한 팀의 단체사진 그 자체를 다국적 기업-베네통과 중첩시킨 혼합물이었다. 다양성 속에서의 확고한 통합("얼굴 없는" 적 앞에서?)이라는 함축된 주제를 지지하기 위해 사업계획서는 엄숙한 전진이라는 레토릭을 제공했고, 계획안의 이미지들은 수정같은 건물들로 구성된 "타워 연합(United Towers)"이라는 결과를 공표하였다. 그것은 "사이트에 자부심을 되돌려주는 것"[10]에 헌정된 "미래를 향한 대담한 비전"이었다.

그렇다면 연속성 안에서의 차이라는 들뢰즈주의(Deleuzianism)는? "연속된 하나의 건물"로서 그것은 다섯 단계로 나뉘어 건설되는 다섯 개의 연결된 타워로부터 스스로를 구별한다. 기업의 "다양성"에 대한 기념비인 이 프로젝트는 끊임없이 진화하는 사이트의 발전상을 보여주는 형태를 이용해 글로벌 자본주의라는 환상의 자연스러운 성장을 내면화했다. 정서적인, 민족주의적 연합("자부심")은 "차이"(미국인 유권자들에 의해 최근에 비준된 더 친절하고 더 온화한 제국주의의 기본 전제)를 배제하지 않는 것으로 보였다. 건축 아방가르드들은 이런 식으로 1980년대에 복수심에 불타서 (비판이나 포스트-구조주의) "이론"을 기율로 치환했던, 현재 진행 중인 문화전쟁에서 진영을 변경한다. 그들이 제시한 패키지의 폭력에 관해 완전히 무지한 상태로 건축의 "비전"에 관한 요청에 순종적으로 응답함으로써, 이 건축가들과 그 주변의 사람들은 스스로 전쟁 중인 국가의 명령에 유순하게 순종하는 상태가 되어갔다.

계획안의 상징적 의미를 위해, 그것은 여러 가지 방법으로 애국심과 신앙심을 결합시켰는데, 다니엘 리베스킨트의 표현주의적인 당선안이 그랬던 것보다 훨씬 더 체계적이었다. 유나이티드 아키텍츠에 의해서 디자인된 기업의, 신비주의-고딕 "성당"(그들의 용어)을 무장한 이슬람의 활동에 대한 노골적으로 상징적인 반응으로 보는 것에는 오직 약간의 "상상력"만 필요할 뿐이다. 초고층건물—카스 길버트(Cass Gilbert)의 "교역의 성당"—은 필립 존슨의 크리스탈 대성당과 교우한다. 그러나 "의미심장한" 종교적 상징을 그처럼 무자비하게 역동적인 일련의 시각 효과(동반하는 영상에서 건물들을 장엄한 숲과 오버랩시키는 동안, 사라진 "쌍둥이"의 부재 속에서 손을 잡고 서 있는 초고층건물들에 관한 더 무의식적인 인상을 허락하는)로 융해시켜버림으로써 그 계획안은 계속되는 군비확장을 체계화하는 것에 비견될만한 유동성을 발휘하였다. 미국의 정치적인 환상이 오사마를 사담으로 변형시킨 것처럼. 유나이티드 아키텍츠에 의해서 제안된, 정신적인 것에 마케팅을 혼합한 그럴듯한 건축물에서, 이라크 침공과 관련하여 유엔을 대표하여 도덕적으로 행동한다고 주장하는 미국의 폭력적 아이러니가 효과적이고 미학적으로 예시되었다.

그들의 계획안이 자신의 기호에는 맞지 않았지만, 『뉴욕타임스』의 건축비평가인 허버트 머샴이 (유명한 "탈비판적" 미학 이론가인 데이브 히키[Dave Hickey]를 연상시키는 레토릭을 사용해서) "도발적인 아름다움을 가진 국제회의장"이라는 "형태를 위한 형태"11를 실현하려는 그들의 분명한 노력을 인정하고, 유나이티드 아키텍츠에게 이름을 바꿀 것을 제안하는 동안, 『뉴욕타임스』의 다른 지면에서는, 신학자이자 건축 이론가인 마크 C. 테일러(Mark C. Taylor)가 그러한 주장에 동의했다. 놀랍게도 테일러는 "우리가 결코 이해할 수 없는 과거에 집착하는 것"을 피하고 미래를 향해서 낙관적으로 나아가자는 특별한 권고를 덧붙이기까지 했다. 주로 기억 산업을 표적으로 삼았지만, 9/11의 역사적 차원을, "진보"의 이미지를 긍정적인 역사적 변화와 그리고 신비화를 비판적 반성과 계속해서 뒤섞어서, 지나치게 회고적인 향수병으로 규정하려는 누군가의 노력을 그와 같은 부수적인(의도적이지 않았다면) 방식으로 퇴출시켜버렸다. 생략된 부분을 강조라도 하려는 듯 냉정하게, 테일러는 그가 유나이티드 아키텍츠로부터 전해 들었던 메시지와 함께 자신의 주장을 만족스럽게 결론지었는데, 그것은 "다수로 이루어진 하나(미합중국의 표어)"[12]였다. 또 다시, 진보로 보이는 그 무엇이 그것의 반대편으로 스러졌다.

이 이야기의 후속편은, 텔레비전 방송용으로 제작된 계획의 건축 이미지 통제권에 관련된 리베스킨트와 데이비드 차일즈(David Childs) 양자 간의 주도권 다툼(결국에는 차일즈가 주도)에 이르기까지, 잘 알려져 있다. 이후에 유나이티드 아키텍츠의 일원이 되는 사람들의 담론에서 "이론"이 왜곡되어 천박해졌던 것처럼, 리베스킨트의 감정주의가 단지 잉여적인 것이 되는 것도 가능하다. 리베스킨트의 것을 포함해서 2002년과 2003년 사이의 겨울에 유행했던 "진보적인" 건축의 이미지들은, 미국의 텔레비전 화면에서, 바그다드 폭격 캠페인 "충격과 공포"의 이미지로 대체되었다. 전면전은 그라운드 제로라고 불리는 미학 훈련 캠프 내부에서 진행되었지만, 거의 동일한 형태로 외부로 다시 투영되었다.

따라서 이것은 발터 벤야민이 한때 정치의 미학화라고 불렀던 것을 그저 탐욕스럽게 재탕한 것은 아니었다. 그것은 정치로서의 미학이었다. 탈비판 그자체를 목적으로 문화적(그리고 건축적)인 "진보"의 규약을 열정적으로 수용함으로써, "탈비판" 진영의 건축가들은 곧이어

생중계된 가상 전쟁의 실행에서는 정치적인 지지라고는 할 수 없을 정도로 너무나 자발적으로 자신들의 모든 것을 보여주었다. 마찬가지로 오늘날에도 대다수가 "비전"에 대한 요구를 처음부터 표현된 신제국주의적 욕망의 과다한 노출이라기보다는 정치인과 개발업자의 암묵적인 거래로 인해 나중에야 드러나게 되는 "기회"로 잘못 인식하는 것을 선호한다. 이런 식으로, 세계적인 도시는 "비전적인" 건축이 상징하는 아마도 계몽된 합리성이라는 이미지를 스스로 시장에 내놓았다. 간단히 말해서 딜레마는 이러한 선전행위가 제국의 대담해진 감각이나 모든 전선에서 벌어지는 전쟁에 저항하기보다는 봉사하기 위해 만들어졌다는 것이다.

확실히 "탈비판" 진영의 더 온건한 실무 건축가들에게는, "계획"이라는 진보적-인본주의적 이념이 지침이라는 신성한 비전을 대신한다. 그러므로 오로지 비판하기만 하는(혹은 "그저" 전쟁에 반대하는?) 건축 그리고/혹은 건축가는 "기획"과 그것에 의해서 계몽된 대안을 긍정하는 원래 모더니스트의 사명을 충족시키지 못한 것으로 판단된다. 그러나 비판적 건축이라고 불리는 허수아비에게 "무엇에 대한 비판인가?"라고 정당하게 질문할 수 있는 것처럼, "탈비판" 진영의 긍정적이고 투사적인 실무 건축가들에게는 자신들의 건축과 담론에서 도대체 어떤 유형의 세계를 기획하고 긍정하고 있는가도 분명하게 질문해야 하지 않을까?

만약 대답이 유나이티드 아키텍츠의 제안과 유사하다면, 실질적이고, 기술적으로도 가능해진 도시생활13에 대해 그들이 제기한 수많은 정당한 주장들에도 불구하고, 나는 "아니오"에 투표할 것이다. 여전히, 많은 비판(아마도, 위에서 제공된 것과 같은)의 끊임없는 부정성을 애통해하는 사람들은 적어도 부분적으로는 옳다. 왜냐하면 문제는 비판을 추구하는 담론이 지나치게 난해하고 그래서 효과가 없기 때문이 아니라 그것이 종종 너무 쉽기 때문이다. 타푸리가 "실무적 비평(operative criticism)"이라고 불렀던 것과 공모함으로써 얻은 마음의 상처로 인해, 많은 비판적 작업들은 내가 생각하기에 많은 건축가들이 정당하게 주장하는 것과 같은 체계적인 방법으로 미래에 개입하려고 모험하지 않는다. 일부 탈비판론자들의 요구처럼 엉망진창인 현실에 직접 참여해야 할 필요성도 마찬가지로 시급하다. 문제는 당신이 어떤 현실을 선택했으며, 어떤 목적을 가지고 있느냐다. 다시 말하면, 당신의 프로젝트는 무엇인가? 이것은 또한 리얼리티가 전적으로 실재한다는, 즉 이미-존재하고 고정되어 있어서 비판을 통해 다시 상상할 수 있는 영역이 아니라고 당연하게 여기는 근본적인 실수를 회피함을 의미한다. 이를 위해서는 동맹이 필요하다.

그렇다면 무엇이 선행되어야 하는가? 우선 첫째로, "탈비판" 진영의 할아버지인 콜린 로우(Colin Rowe)식의 포스트-유토피안 실용주의로 퇴보하기보다는, 유토피아에 관한 질문을 건축에 관한 논의의 테이블에 다시 올려놓아야 한다. 그러나 그것은 완전한 세계에 대한 요청, 현실세계와는 다른, 불가피하게 전체주의가 될 수밖에 없는 불가능한 전체성을 요구하는 것으로 잘못 해석되어서는 안 된다. 대신에 유토피아는 어원상의 기원들에 써져 있는 "비-장소"로서 글자 뜻 그대로 읽어야 한다. 이상적이며 도달하기 어렵기 때문에 "어디에도 없는 곳"이 아니라, 완벽하게 동일한 형태로, 그것은 또한 "모든 곳"이기 때문이다. 유토피아는 매혹적인 동시에 지루한 곳이며, 예외적인 동시에 평범하다. 그것의 선구자들 중 한 사람인, 남부 맨해튼 초기의 주민이며 허먼 멜빌(Herman Melville)의 단편소설 『필경사 바틀비(Bartleby the Scrivener)』의 주인공이기도 한, 익명의 겸손한 서기는 60년대가 나중에 "제도"라고 부르게 되는 것을 재현해달라는 직설적인 요청을 받고 "나는 원하지 않는다." 라고 단언하면서, 간단하지만 정중하게 거절했다.

그래서 유토피아는 데리다가 "유령"이라고 부르는 그런 것이며, 이 유령은 일상의 리얼리티를 세속을 초월하는 꿈이 아닌, 가능한 다른 세상들 속에 불어 넣는다. 그리고 만약 우리가 탈비판이라고 부르는 것의 또 다른 이름이 "리얼리즘"이라면, 우리는 그라운드 제로(Ground Zero)에서 비틀리고 춤추는 고층건물이라는 건축의 현실주의적 환상이 어떻게 체계적으로 유토피아의 유령을 근본주의 과두정치에 봉헌된 수정 대성당을 통해 축출해버리는지를 이미 경험했다. 그러나 모든 유령들과 마찬가지로, 그 유령은 결코 완전히 죽지 않았으며, 우리와 다른 사람들 사이에서 조용히 건축 프로젝트를 다시 시작했다. 우리는 이 프로젝트들을 "유토피안 리얼리즘"의 첫 번째 증거라고 부를 수 있다(따라야 할 세부사항들). 한편, 유토피안 리얼리즘은 그것을 실행하는 실무자들 모두가 이중 스파이로서, 존재하거나 혹은 존재하지 않을 수도 있는 운동으로 생각해야 한다. 그들 혹은 그들의 작업을 규정하는 행위는 그들을 감싸고 있는 막을 벗겨버릴 것이다. (그들 모두는 건축가일 수도 있고 아닐 수도 있다.) 케리(Kerry)에게 투표할 수 있는 사람들. (그래서 당신도 유토피안 리얼리스트가 될 수 있다.) 유토피안 리얼리즘은 매우 중요하다. 이건 정말이다. 그것은 매혹적이며 세속적이다. 그것은 생각하는 방식이 다르다. 그것은 형태가 없는 스타일이다. 그것은 가계도 상에서 상하가 아니라 좌우로 움직인다. 그것은 (다른) 세속적인 것이다. 그것은 세계적인 마을이라기보다는 세계적인 도시를 점유한다. 그것은 기율화된 코드를 어기기도 하지만 그것을 지키기도 한다. 그것은 불가능한 꿈을 꾸기 때문이 아니라, "리얼리티" 그 자체를, 파괴적이고 억압적인 현재의 상황을 받아들이기를 원하는 사람들에 의해 강조된, 너무나 실제적인 꿈으로 인식하기 때문에 유토피아적이다. 유토피아의 유령은 이 꿈 속에서 떠다니고 있으며, 그러고 싶지 않은 사람들에 의해서 되풀이해서 소환되었다.

주(註)

1 George Baird, "'Criticality' and its Discontents," *Harvard Design Magazine* 21 (Fall 2004/Winter 2005): 16-21.

2 Emily Eakin, "The Latest Theory is that Theory Doesn't Matter," *New York Times*, D9, April 19, 2003.

3 Bruno Latour, "Why Has Critique Run out of Steam? From Matters of Fact to Matters of Concern," *Critical Inquiry* (Winter 2004): 225-48.

4 Slavoj Žižek, "The Ongoing 'Soft Revolution,'" *Critical Inquiry* (Winter 2004): 292-323.

5 세계무역센터를 둘러싼 건축 담론에 대한 더 자세한 분석으로는 Reinhold Martin,

"Architecture at War: A Report from Ground Zero," in *Angelaki* (August 2004): 217-25을 참조. 내가 여기서 논하는 유나이티드 아키텍츠에 대한 설명을 담고 있다.

6 Max Protetch, "A New World Trade Center: Exhibition Overview," www.maxprotetch.com/site/previous/andewwtc/foa.index.html.

7 Foreign Office Architects, "A New World Trade Center: Foreign Office Architects Bunch Tower," www.maxprotetch.com/site/previous/andewwtc/foa.index.html.

8 Greg Lynn FORM, "A New World Trade Center: Greg Lynn FORM, A New World Trade Center," www.maxprotetch.com/site/previous/andewwtc/foa.index.html.

9 같은 글.

10 Lower Manhattan Development Corporation, "Introduction," www.renewnyc.com/plan_des_dev/wtc_site/new_design_plans/firm_f/default.asp.htm.

11 Herbert Muschamp, "The Latest Round of Designs Rediscover and Celebrate Vertical Life," *New York Times*, B10, December 19, 2002.

12 Mark C. Taylor, "Beyond Mourning, Building Hope on Ground Zero," *New York Times*, December 29, 2002.

13 LMDC의 연구 중 비판성을 극복하려는 당시의 토론에서 다른 인물들에 관해 다룬 다른 두 개의 프로젝트들이 다소 더 설득력 있는 엔드게임을 수행했다는 점은 필히 주목되어야 한다. 첫 번째 프로젝트는 피터 아이젠만, 찰스 과스메이, 스티븐 홀, 리처드 마이어가 제작한 (코너를 도는 그리드)와 같은 건축의, 말없는 부정의 심볼을 대상으로 그리고 두 번째 것은 스탠 앨런과 제임스 코너가 스키드모어, 오윙스 앤 메릴 및 다른 사람들과의 콜라보레이션을 통해 만든 동등하게 말이 없는, 기울어진 탑의 광장(뒤틀린 힐버스아이머?)을 대상으로. 그러나 어느 프로젝트도 LMDC의 연구 방향이 설정되었던, 정치성을 띤 상징주의를 향한 요청에 대항해 체계적인 대안을 제시하지 못했다.

소개문

기술, 장소, 비근대적 지역주의 / 스티븐 A. 무어

요즘 건축의 지역주의 담론은 20세기 중반에 루이스 멈퍼드와 하웰 해밀턴 해리스 등이 쓴 글에서 그 기원을 찾을 수 있다.[1] “비판적 지역주의(critical regionalism)”라는 표현은 리안 르페브르와 알렉산더 초니스가 1981년에 처음 도입한 것으로, 케네스 프램프턴의 저술을 통해 널리 주목받게 되었다. 프램프턴은 이 용어를 채택해 많은 글에서 자신의 비판적 지역주의 개념을 논했는데, 「비판적 지역주의를 향하여: 저항의 건축을 위한 6원칙(Towards a Critical Regionalism: Six Points for an Architecture of Resistance)」(1983)[2]이라는 글이 대표적이다. 이 글에서 그는 문화(culture)와 문명(civilization)의 대립뿐만 아니라 보편적으로 문명이 문화를 짓밟는 경향도 인식한다. 장면구성법과 시각적 요인 같은 부정적 특징들이 축조적이고 촉각적인 요인 같은 긍정적 측면들을 지배하게 되었다는 것이다. 그는 특정한 장소와 지역 문화 보존을 다루는 디자인의 예로서 알바 알토와 알바루 시자, 안도 다다오 같은 건축가들의 작업을 든다. 또 다른 글인 「지역주의 건축에 관한 10원칙: 잠정적 논설」의 결론 부분에서 프램프턴은 이러한 지역주의 버전을 “현대의 저항적 건축이 진화해가기 위한 비판적 토대”로 상정한다. 그것은 “말하자면 유행에 따른 양식적 관습에서 자유로운 반대의 문화이고, 공간보다는 장소의 건축이며, 시간과 기후의 갖은 변화에 감응하는 건설의 방식이다. 무엇보다 이는 환경의 한 개념이며, 여기서 몸은 환경을 경험하는 방식에 필수적인 하나의 전체로 여겨진다.”[3]

캐니자로에 따르면 비판적 지역주의는 “가장 최근의” 지역주의 이론이며 “결코 혼자가 아니다.”[4] 실제로 캐니자로의 선집에는 21세기에 맞게 갱신된 지역주의 개념들을 제시하는 일련의 글들이 실려 있다. 「기술, 장소, 비모던 지역주의」가 바로 그런 글 가운데 하나다. 건축가이자 교육자요 텍사스 대학교 오스틴 캠퍼스 지속가능개발센터 공동 디렉터인 스티븐 A. 무어의 이 글은 프램프턴의 비판적 지역주의가 미학을 강조하는 경향을 문제시하고, 브뤼노 라투르와 앙리 르페브르 같은 문화이론가들의 사상을 기반으로 건축을 하나의 정치적 실천으로 묘사한다. 무어는 자신만의 8원칙("연역적 명제들이 아니라 실천에 기초한 태도로 진술되는 일반화들")을 제시하면서 미래의 건축적 사유를 위한 틀로서 "재생적 지역주의(regenerative regionalism)"를 향한 선언을 제시한다.

주(註)

1 지역주의에 관한 더 많은 내용은 Vincent B. Canizaro, ed., *Architectural Regionalism: Collected Writings on Place, Identity, Modernity, and Tradition* (New York: Princeton Architectural Press, 2007)을 참조. 고대 그리스인들과 함께 시작하여 20세기 이후 비판적 지역주의 담론으로 이어지는 지역주의의 역사를 훑어보려면 Alexander Tzonis, "Introducing an Architecture of the Present: Critical Regionalism and the Design of Identity," 8-21와 Liane Lefaivre, "Critical Regionalism: A Facet of Modern Architecture since 1945," 22-55를 각각 참조. 두 글은 모두 *Critical Regionalism: Architecture and Identity in a Globalized World*, ed. Liane Lefaivre and Alexander Tzonis (New York: Prestel, 2003)에 실려 있다.

2 Kenneth Frampton, "Towards a Critical Regionalism: Six Points for an Architecture of Resistance," in *The Anti-Aesthetic: Essays on Postmodern Culture*, ed. Hal Foster (Port Townsend, Wash.: Bay Press, 1983), 16-30.

3 Kenneth Frampton, "Ten Points on an Architecture of Regionalism: A Provisional Polemic," *Cente 3: New Regionalism* (1987), 20-27. Reprinted in Canizaro, ed., *Architectural Regionalism*, 385.

4 Vincent B. Canizaro, "Preface: The Promise of Regionalism," in Canizaro, ed., *Architectural Regionalism*, 10.

스티븐 A. 무어(Steven A. Moore) / 조순익 옮김

기술, 장소, 비근대적 지역주의

Technology, Place, and Non-Modern Regionalism

Architectural Regionalism: Collected Writings on Place, Identity, Modernity, and Tradition (ed. Vincent B. Canizaro, New York: Princeton Architectural Press, 2007), 432-42에 처음 실림.

1980년대와 1990년대 초에 지역주의라는 화두는 건축 담론에서 상당한 주목을 받았다. 진보적 또는 비판적 지역주의의 가능성은 포스트모던 역사주의의 퇴보적 환상과 유럽 언어 이론의 영감을 받은 해체주의 건축의 다양한 제안들 모두에 대한 해독제로 보였다. 하지만 1990년대 중반 이후 그러한 지역주의적 국면은 저물었다. 이 담론의 창시자들인 케네스 프램프턴과 알렉산더 초니스, 리안 르페브르는 다른 화두로 관심을 옮겼고, 비판적 지역주의의 태도를 몸소 실천했던 건축가들의 프로젝트는 다른 담론들의 틀로 재구성되었다.

이는 만족스럽진 않을지라도 자연스러운 발전이다. 어떤 담론이든 성숙해가는 과정에서 상황의 긴급한 요구에 따라 일부의 가능성들이 억압되고 다른 가능성들이 증폭되기 마련이다. 따라서 본 글의 목적은 우리의 현 상황을 반영하는 가능성들을 재구성하는 데에 있다. 그렇게 하기 위해 나는 기술과 장소를 지역주의 건축 생산 내에 포함되지만 억압된 핵심 개념들로 봐야 한다고 주장한다. 기술과 장소는 하나의 '지

역' 이 무엇일 수 있을지를 이해하기 위한 핵심 개념들이며, 그것들에 대한 탐문은 지역주의 개념의 역사를 재고해볼 기회를 제공한다.

장소와 지역

지리학자 존 애그뉴(John Agnew)는 모더니즘 사상에서 전통적인 장소 개념은 두 가지 이유로 가치가 절하된다고 주장했다. 첫째는 근대 사회과학이 '장소(place)'와 '공동체(community)'를 혼동하거나 구분할 수 없게 합쳐버렸다는 것이다. 근대적 관점에서 '공동체'는 "사회적 관계를 위한 물리적 배경"과 "도덕적 가치가 있는 삶의 방식" 모두로 가정되었고,[1] 이러한 근대적 논리 때문에 장소가 도덕성의 개념들과 동일시되는 오류가 일어났다는 것이다. 애그뉴의 분석에 따르면 모더니즘의 논리는 사회를 여러 장소와 지역을 변화시키는 역동적인 과정으로 이해하지 못한다. 결국 근대인들은 도덕적 개념을 장소로 사물화(reify)해온 경향이 있으며, 그들이 대도시를 죄악의 소굴로 보고 소도시는 도덕성의 담지자로 여기는 경향은 경험적이지 않고 확실히 이데올로기적이다.[2]

두 번째 이유는 19세기 초－전통적인 공동체가 극적으로 사라져간 시기－의 사회과학자들이 역사의 궤도를 예측하고자 했다는 데 있다. 이 모든 선험적 예측들은 모두 '공동체(community)'와 '사회(society)'의 양극성을 공통적으로 드러냈다. 허버트 스펜서와 카를 마르크스 같이 서로 다른 성향의 작가들이 모두 공동체를 강압적이고 지적으로 제한적이거나 우둔하다고 본 데 반해 국민 사회(national society)는 해방적이라고 보았다.[3] 오귀스트 콩트 같은 보수주의자들은 전통적 마을 형태의 소멸을 이상적 사회 유형의 소멸로 이해했다. 반면에 국민국가 건설(nation building)의 정치와 계몽의 해방적 기획은 '반전통주의(antitraditionalism)' 이데올로기가 되었다. 근대인들은 봉건제 하에서 토지와 그에 얽힌 위계적 관계에 속박된 인간을 해방시키는 변화를 거대한 역사적 기획(또는 목적론)으로 이해했다. 독일 사회학자 막스 베버는 이러한 역사적 긴장을 공동사회(gemeinschaft)에서 이익사회(gesellschaft)로의

변화로 보는 관점을 대중화시켰다.[4]

이러한 논리는 근대적으로 사물화된 도덕 규범과 역사의 목적론이 공모하여 당대 생활 조건에 시의적인 개념으로서 장소의 가치를 절하하려 했음을 보여준다. "'근대인 되기(becoming modern)'는 장소와의 유대를 떨쳐내고 '성취 지향의' 또는 '계급 의식적인' 무장소적 자아를 채택하는 과정을 포함한다."[5] 애그뉴는 포스트모던 지리학자 에드워드 소자와 함께, 마르크스주의 이데올로기에서 장소의 가치 절하가 가장 격렬하게 추진되었다고 주장한다.[6] 장소의 조건이 어떤 식으로든 사회적 행동을 결정한다는 전통적 마르크스주의의 관점은 인과성의 변증법적 질서를 전복하기 위함이었을 것이다. 마르크스주의가 전통적으로 견지해온 논리는 사회적 활동과의 변증법적 관계 속에서 물적 질서가 생겨난다는 것이었다. 하지만 마르크스주의자들이 이데올로기적인 이유로 장소 개념의 가치를 절하했다면, 실제 장소들의 가치를 가장 효과적으로 절하해온 게 시장의 힘이었다는 인식에는 상당한 아이러니가 존재한다.[7]

좌파의 시각에서는 환경결정론 자체가 (사회의 특징이 그 영토의 조건에 기인한다고 주장하며 장소에 대한 변증법적 이해에 반대하는) 인종차별이고 장소를 물신화하는 신조에 다름 아니다.[8] 이 논리에 대해서는 잠시 뒤에 재론할 것이다.

애그뉴는 이러한 마르크스주의적 입장을 수정하여, 장소를 건축이나 물리적 지리의 제한된 차원 속에서 이해해선 안 된다고 주장한다.[9] 대신 그는 장소를 특징짓는 변인들이 여러 가치를 지닌다고 주장하는데, 위치(location)와 장소감(sense of place, 또는 장소성) 그리고 장소체계(locale)라는 세 가지 요소 또는 척도가 장소의 현상을 이해할 기준이 될 수 있다는 것이다.[10]

애그뉴의 '위치' 개념이 의도하는 바는 장소를 객관적인 정치·경제 구조에 속한 하나의 지리적 영역으로 이해할 수 있다는 것이다. 이런 의미에서 장소들은 유럽연합의 이해관계나 먼로주의(Monroe Doctrine) 등에 따라 함께 연결된다. 같은 논리로 휴스턴이 텍사스주의 오스틴보다 스코틀랜드의 애버딘과 노르웨이의 스타방게르 같은 도시들에 더 가깝다는 주장도 가능한데, 북해와 텍사스의 유전들이 동일한 기업 구조를 통해 관리되기 때문이다. 마르크스주의 학자들의 최대 관심사는 바로 이렇게 거시적인 규모에서 작동하는 정치경제학의 구조적 조건들이다.

애그뉴는 그 스펙트럼의 반대편 끝에 '장소감'이 존재한다고 주장한다. 그가 이 용어로 담아내려는 의미는 어느 특정한 장소에 존재하며 스며드는 국지적인 '느낌의 구조'다. 이러한 장소의 차원은 통상 '특징'이나 '삶의 질' 등으로 묘사되곤 하는 것을 장소에 부여하는 상호주체적 현실까지 포함한다. 예컨대 오스틴 시민들이 바턴 스프링스에서 수영하는 걸 중요하게 여기고 뉴욕 시민들이 음식과 패션 및 스타일을 중시하는 것은 장소의 존재론적 차원이지 객관적인 차원이 아니다. 바로 이런 규모에서 장소에 대한 인간의 복잡한 시학이 경험된다. 이렇게 장소감으로 경험되는 조건들의 상호주체적 구성은 구성주의 학자들과 현상학자들의 최대 관심사다.

객관적인 위치와 주관적인 장소감 사이에서 애그뉴는 '장소 체계'라는 중간 지대를 설정한다. 이러한 장소적 특질은 사회적 관계들이 구성되는 배경이다. 장소 체계는 건축이 아주 많이 기여하는 삶의 제도적 규모, 말하자면 도시와 공공 광장, 블록, 근린 등을 일컫는다. 이러한 중간 규모에서 장소나 지역 개념을 생각하면 두 가지 문제를 피할 수 있다. 첫째, 마르크스주의자들의 통찰을 인정하되 그들이 객관적으로 보이는 정치경제적 조건에 집착하며 일어나는 과잉결정(over-determination)[또는 지나친 결정론]을 피할 수 있다. 둘째, 구성주의자들과 현상학자들의 통찰을 인정하되 그들이 원자화된 현실의 주관적 조건에 집착하며 일어나는 과소결정(under-determination)[또는 지나친 미결정]을 피할 수 있다.[11] 도시-국가의 중간 규모에서 바라보는 이 세 가지 차원들의 '탄력적인' 척도가 한 장소를 가장 잘 묘사한다. 장소 개념을 공간 속의 인간(humans)과 비인간(nonhumans)을 연결하는 역동적 과정으로 이해함으로써, 우리는 그걸 일단의 객관적 구조들로 보는 이들과 주관적 경험에 엮인 일단의 낭만적 신화들로 보는 이들 간의 대립을 넘어설 수 있을 것이다.

기술과 사회

장소가 대개 물리적 특질을 갖는다고 여겨지는 것처럼, 기술도 통상 물리적인 하드웨어—라디오, 냉장고 또는 컴퓨터—로 이해된다. 이러한 유물론적 정의는 그런 객체들의 사회적 구성을 무시하고 이런 '객체들'이 오로지 기술적 척도를 기반으로 구성된다고 가정한다.[12] 마찬가지로 실증주의 전통에서도 기술은 사회와 무관하게 과학적 진리를 적용하는 것으로 이해된다. 하이데거 철학의 전통에서는 기술을 존재론적 실천으로 이해하는데, 우리가 누구이고 어떤 방식으로 존재하는지를 정의하는 게 기술이라는 것이다. 반면에 이 두 가지 전통과 모두 대립하는 과학기술 연구 문헌들은 기술이 사회의 불가분한 일부분임을, 말하자면 일종의 사회 시스템임을 증명해왔다.[13] 기술은 장소와 마찬가지로, 경쟁하는 이해관계들 간의 투쟁이 펼쳐지는 장이다.

사회학자들인 도널드 맥켄지와 주디스 와이크먼은 장소처럼 기술도 세 가지 특질을 포함한다고 주장했는데, 그것은 "인간의 지식(human knowledge)"과 "인간 활동의 패턴(patterns of human activities)" 그리고 "물리적 사물의 집합(sets of physical objects)"이다.[14] 나는 기술을 사회적 구성의 과정으로서 살펴보는 게 유익하다고 본다. 지식은 인공물을 짓기 위해서만이 아니라 인공물이 작동하는 기반이 되는 자연조건들과 관계를 맺고 그걸 활용하기 위해서도 필요하다. 두 번째 특질인 "인간 활동의 패턴" 또는 인간의 실천은 사회적 문제 해결의 제도화나 정례화를 일컫는다. 건축이나 목공 또는 석공 실무에는 이런 '정례(routine)'의 예들이 있다. 마지막으로 "사물의 집합"은 우리를 다시 사물 자체로 되돌려놓는다. 요점은 컴퓨터든 망치든 트랙터든 그것들에 개입하는 인간의 지식과 실천이 없이는 모두 무용하다는 것이다.

내가 여기서 주장하고 싶은 것은 애그뉴가 제시한 장소의 정의와 맥켄지와 와이크먼이 제시한 기술의 정의가 그림 1에 나오는 정의와 유사하다는 점이다. 이 그림으로부터 나는 서로 관련된 세 가지의 생각을 제안한다. 첫째, 장소와 기술은 모두 관련된 구조가 있는 공간적 개념이다. 둘째, 이런 특질들은 대화를 통해 관계를 맺는다. 셋째, 근대적인 지식 형태는 위치의 경제학처럼 추상적이고 과잉결정적인 것을 향하는 경향이 있다. (말하자면 사건들의 결과가 구조적 조건과 강력하게 묶여있다는 뜻이다.) 이 세 가지는 장소 체계의 중심성을 확대하면서 장소와 기술의 담론을 결속하는 접착제 같은 역할을 한다.

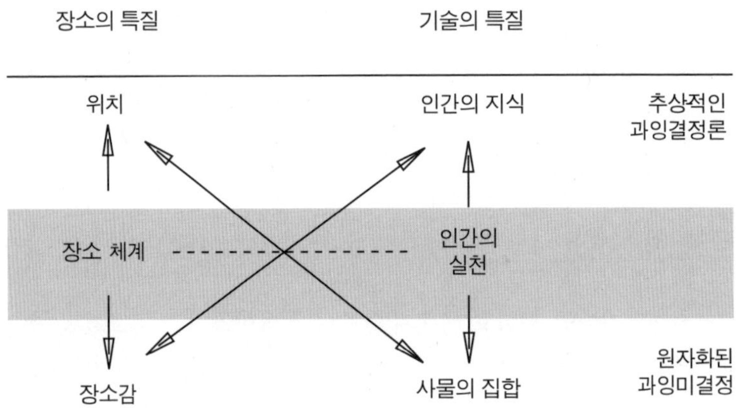

그림 1

장소가 공간적 개념이라고 주장하는 것은 동어반복이며 추가적인 근거 제시가 필요하지 않다. 하지만 기술이 공간적 개념이라고 주장하는 데에는 설명이 좀 필요하다. 이를 위해서는 브뤼노 라투르의 '기술 연결망(technological network)' 이라는 용어가 도움이 된다. 라투르는 "기술 연결망은 그 이름이 나타내듯이 공간 위로 던져진 망" 이라고 주장했다.[15] 라투르가 '기술 연결망' 이라는 용어로 뜻하는 바는 단지 '사물의 집합' 만이 아니라, 인간의 지식과 인간의 실천, 그리고 비인간 자원들(사물 자체를 구성하는 것들－철, 나무, 물 등) 간의 관계를 구축하는 사회 연결망이기도 하다. 그의 요점은 기술이 다양한 장소에 존재하는 인간 비인간 자원들을 어떻게 동원하느냐에 따라 달리 작동하기 때문에 본질적으로 공간적 개념이라는 것이다.[16] 예컨대 건축가와 의뢰인, 도급업자 그리고 은행원은 건물 생산자들의 사회 연결망을 구성한다. 그들의 관계는 사회적이고 공간적인 특질을 지닌다. 현재 많은 이들은 통신 기술의 발달이 이러한 사회적 관계의 공간적 현실을 급진적으로 붕괴시켰다고 주장한다. 하지만 생산자들의 물적 의도를 실현하기 위해서는 오레곤에서 들여온 목재, 피츠버그에서 들여온 창문, 모빌에서 들여온 카펫, 대만에서 들여온 압착기가 필요함을 인지할 때, 그들의 순수한 사회 연결망이 갖는 구체적 특질은 전 지구적인 기술 연결망으로 실현된다. 기술 연결망은 생산자들의 사회 연결망을 건설에 필요한 비인간 자원들과 결속하는 공간적 연결고리들을 생산한다. 이것이 현대적 맥락에서 장소의 건축을 어떻게 이해할 것인가에 중요한 함의가 있는 본 연구의 중심 주장이다.

나의 주장은 역사가 아닌 지리학의 관점에서 기술을 이해하는 게 가장 좋다는 것이다. 역사는 현실을 공간 속에서 인간들이 벌이는 사건들로 해석한다. 반면에 공간적 해석을 활용하면 인간과 비인간이 거주하는 장소들을 기술 연결망이 어떻게 지배하는지를 더 쉽게 이해할 수 있다.

앙리 르페브르는 기술과 장소 간의 역동적 관계를 강화하는 두 가지 요점을 주장했다. 첫째, 사회적 공간은 기술이 자연에 영향을 미치는 방식으로 생산된다.[17] 둘째, 모든 사회는—또는 모든 생산 방식은—제각기 독특한 공간 유형을 만들어낸다.[18] 건축가들이 르페브르의 논리에서 추출할 수 있는 내용은 장소마다 다양한 특질이 미적 선택보다 기술적 실천에 더욱 관련된 문제라는 점이다. 기술적 실천은 늘 이미 공간적이기 때문이다. 예컨대 목공에는 숲과 주거를 원하는 시민만이 아니라, 숲과 시민을 연결하는 공간적 기제들도 필요하다. 이것이 내가 기술과 장소의 '대화적(dialogic)' 관계라고 부르게 될 내용의 핵심이다.[19]

비근대적 논제

프램프턴의 비판적 지역주의 가설을 재고하기 위해서는 비판이론의 신조 속에서 구체화된 모더니즘과 마르틴 하이데거의 장소 기반 신조 속에서 구체화된 포스트모더니즘에 대한 그의 혼합적 논의 속에서 해결되지 않는 갈등을 살펴볼 필요가 있다. 이러한 갈등을 도해하는 가장 간단한 방법이 그림 2에 나와있다. 여기서 나는 모더니즘과 포스트모더니즘이 장소와 기술 개념에 가치를 매기는 방식을 정리했다.[20]

	장소	기술
모더니즘	(-)	(+)
포스트모더니즘	(+)	(-)

그림 2

이 다이어그램의 요점은 애그뉴의 주장과 같은 것으로, 장소에 새겨진 사회적 위계가 인간의 자유를 제한한다는 이유로 근대인들이 일반적으로 장소에 대해 부정적 태도를 견지했다는 것이다. 반면 그들은 기술에 대해서는 긍정적 태도를 견지했는데, 기계가 장소를 기반으로 한 폭정의 고역으로부터 인간을 해방시키리라는 게 과학의 주장이기 때문이다.

그림 2는 탈근대인들이 새로운 세계관을 구축한 게 아니라 근대적 사유가 구축한 관계들을 단순히 뒤집었을 뿐임을 인식하는 다이어그램의 역전을 보여준다. 탈근대인들은 장소의 근접성을 되살리며 그것에 긍정적 가치를 매기고 싶어했고, 근대 기술과 그 이후에 일어난 의도치

않은 결과들에 대해서는 그 어느 때보다 더 회의적이었다. 원자력과 산업형 농업의 악의적인 약속은 하이데거나 미국의 시인-농부였던 웬델 베리 같은 탈근대인들이 키운 공포의 대표적인 사례다. 이 점을 주장하는 또 다른 방법은 적어도 장소와 기술에 대한 태도의 측면에서 보수적인 탈근대인은 반근대인(anti-modern)에 불과하다고 주장하는 것이다. 일례로 건축계에서는 레온 크리에 같은 인물이 그런 입장에 있다. 그는 이상적인 시민 관계를 구현하는 장소로서 전근대적 도시를 중시하는 드로잉을 그리지만, 기술은 그런 사회적 관계를 실현하는 장면구성적이거나 수단적인 도구로만 활용할 뿐이다.

그렇다면 프램프턴의 비판적 지역주의 가설에서 발견되는 문제 또는 기회는 그것이 서로 대립하는 철학적 전통들에서 도출된 가정에 의존한다는 데 있다. 비판적 지역주의는 갸륵한 목적인 역사의 긍정적 동력으로서 기술적 수단과 장소의 근접성을 모두 중시할 것을 제안한다. 서로 대립하는 근대적 비판이론의 가정과 마르틴 하이데거의 탈근대적 가정에 교대로 의존하면서, 비판적 지역주의는 철학적 혼합으로 이어진다.[21]

나는 그림 3에 제시한 비근대적 가정들이 비판적 지역주의의 신조들을 더 잘 뒷받침한다고 주장한다. 브뤼노 라투르는 우리가 사실상 한 번도 근대인이었던 적이 없다고 주장하기 위해 '비근대적(nonmodern)'이라는 용어를 사용했다.[22] 근대인 되기가 주체를 객체로부터 고립시키고 인간을 비인간으로부터 고립시키는 걸 의미한다면, 나는 우리가 '역사상' 근대인이었던 적이 있어도 '사실상' 그런 적은 없다는 라투르의 주장에 동의한다. 이는 마치 임신 상태와 유사한 것이다. '어느 정도' 근대인인 사람은 없다. 이런 의미에서 근대성은 인류학적 사실이 아니라, 자연을 약탈하기 위한 편의적인 허가증이었다.

비근대적 논제는 인간과 비인간이라는 데카르트적 구분을 무너뜨릴 것을 제안한다. 비근대적 관점에서 보면, 우리는 더 이상 멀리서 관조하며 자원들의 질서를 매길 권한을 가진 주체가 아니다. 우리는 세계가 실제로 어떻게 작동하는지를 살펴보면서 어쩔 수 없이 우리가—즉 기수와 말이, 정치인과 투표자가, 벽돌공과 벽돌이— '유사-주체(quasi-

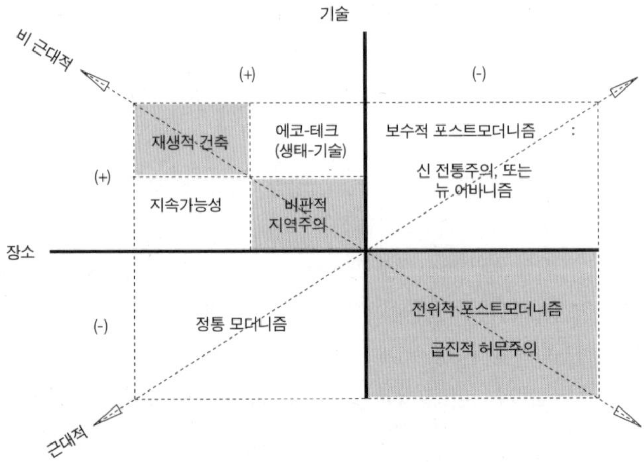

그림 3

subject)' 이자 '유사-객체(quasi-object)' 임을 인지할 수밖에 없다.[23] 이런 용어들은 어떤 주어진 시점에 주체를 객체와 구분하는 게 권력 관계에서 일시적 우위를 점하는 것에 불과함을 암시한다. 어떤 순간에는 우리가 통제권을 쥐다가도, 다음 순간에는 우리의 의료 혜택을 결정하거나 매달 우리에게 통신비 청구서를 부과하는 기계들의 디지털 논리에 맞춰 우리 스스로가 심부름을 하고 있음을 알게 된다. 여기서 나의 요점은 비근대적 세계에서 인간과 비인간은 차이점보다 공통점이 더 많다는 것이다. 그런 세계에서 장소는 장소 만들기가 실천되는 정도에 따라 나타난다. 한 장소의 특질과 그런 특질을 만드는 데 쓰이는 기술을 구분하기 어렵다는 얘기다.

비근대적 논리는 더 나아가 문화와 자연 간의 거리가 사실상 존재하지 않는다고 여긴다. 원시적 자연—인간의 발명이 손대지 않은 자연—같은 게 있었을지라도, 그것은 오래 전에 사라지고 말았다. 비근대인들은 인간이 기원했다는 잃어버린 정원을 애도하거나 폐허를 바라보는 게 아니라, 인간적 제도가 자연계의 순환주기에 창조적으로 참여할 수 있는 기회가 더 늘어남을 인식한다. 자연에 참여하는 것은 삶의 질을 높여 유사-객체인 우리 모두에게 유익한 조건들을 생산할 수 있다.

비판적 지역주의자들이 비근대성의 긍정적 종합을 구축하는 것만큼이나, 비근대성의 부정적 종합도 동등하게 근대적 딜레마를 중심으로—적어도 순수하게 수사학적인 관점에서—이뤄진다. 내가 그림 3에서 '급진적 허무주의'라고 명명하는 입장을 가장 잘 보여주는 사례는 렘 콜하스와 오엠에이(OMA)의 프로젝트라고 생각한다. 콜하스를 비롯해 그와 비슷한 렌즈로 세계를 바라보는 이들은 지역주의 기획에 그저 관심이 없을 뿐이다. 콜하스의 프로젝트와 더불어 '지속가능성'과 '에코-테크(eco-tech)'에 관한 프로젝트는 다른 곳에서 충분히 접할 수 있으므로 여기서는 상술하지 않을 것이다.[24]

하지만 '재생적 건축(regenerative architecture)'은 비근대적 논제의 핵심을 묘사한다. 이 용어는 조경건축가 존 틸먼 라일(John Tillman Lyle)에게서 빌린 용어다. 나는 프램프턴의 '비판적'이라는 용어 대신 이 용어를 쓸 것을 제안하는데, '비판적'이라는 말은 늘 '비판이론'이 포용하는 근대의 변증법적 가정들을 다시 참조할 수밖에 없기 때문이다. 제임슨이 비판적 지역주의를 탈근대적 신조로 갱신한 것처럼, 나는 그것을 비근대적 신조로 갱신할 것을 제안한다.[25] 비판적 지역주의의 철학적 도정은 그것의 모더니즘적 기원이나 탈근대적 마르크스주의 속에서가 아니라 비근대적 대화의 미래 속에서 가장 잘 이해할 수 있다.

라일은 '재생적 시스템'을 "자체적인 기능적 과정들을 통해 시스템 작동에 쓰이는 에너지와 재료를 지속적으로 교체할 수 있게 대비하는" 시스템으로 정의한다.[26] 이 정의에서 기술이 그런 지속적 교체를 가능케 한다는 개념은 건축이 열역학 제2법칙을 극복하고 엔트로피 개념을 탈피할 수 있다는 뜻이 아니다. 어떤 기술 시스템도 자체적인 생성 과정에 소비되는 모든 에너지를 재구성할 수는 없지만, 건축—또는 프램프턴의 용어를 빌리자면 "장소-형식들(place-forms)"—은 분명 현존하는 기술 실무에 비해 한 장소의 자연적인 에너지 흐름에 훨씬 더 효과적으로 참여할 수 있다. 바로 이러한 참여가 엔트로피를 근본적으로 줄일 수 있는 방법이다.

라일은 현재 상용화되는 '지속가능' 이라는 용어의 대안으로서 '재생' 개념을 제안하는데, 현재의 엔트로피적 조건들을 그저 지속하기만 하는 게 부적절하다고 보기 때문이다. 나도 동의한다. 단순히 물적 시스템의 현 상태를 유지하는 것은 삶의 질을 높이는 조건을 성취하기 위해 필요하지만 충분하지는 않은 전략이기 때문이다. 하지만 그에 못지않게 앞서 라투르가 정의한 의미처럼 모든 물적 시스템이 기술 연결망임을, 달리 말해 정치적으로 구성됨을 인식할 필요가 있다. 이러한 정치적 인식은 마찬가지로 엔트로피적인 사회 시스템의 현 상태도 거부할 것을 요한다. 생태학자들이 정치적 과정을 무시한 채 생태계를 바로잡을 수 있다고 상상하는 것은 실증주의(또 다른 이름으로는 전통과학)의 수동적 형태일 뿐이다. 라일의 재생 시스템 정의는 생태계의 사회적 · 정치적 구성을 무시한다는 점에서 결함이 있다.

나는 이 짧은 글에서 재생적 건축이 무엇일 수 있을지를 총체적으로 재정의하기보다 라일의 정의에 그저 다음 내용을 덧붙일 것이다. 재생적 건축은 인간의 제도가 삶의 질을 높이는 장소들의 민주적인 재생산에 관여하는 법을 모색할 것이다. 아직 적절하지 않더라도 그것은 실로 기술과 장소 사이의 대화적 관계를 더 잘 이해할 수 있는 어떤 문화적 지평을 지향한다.

지금까지 장소와 기술을 지역주의 건축을 좌우하는 핵심 개념들로 정의했으니, 이제는 논의를 세 가지 명제와 여덟 가지 원칙들로 요약하며 결론을 내린다. 이는 프램프턴의 비판적 지역주의 가설을 갱신하는 역할을 의도한 것이다.

첫째, 지역주의를 현대적 조건에 적절한 실천으로서 재생산하는 것은 정치적으로 바람직하고 생태적으로 신중한 조처다. 재생적이거나 지속 가능한 건축은 그런 담론을 재구성하고 확장할 수 있는 틀을 제공해준다.

둘째, 그렇게 하기 위해서는 지역주의가 역사적으로 어떻게 활용되고 남용되어왔는지를 이해해야 하며 특히 권력 관계의 지형에 관심을 기울여야 한다. 사회 연결망들의 권위를 정통화하고 정당화하는 호소에 의존하지 않은 채 인간적 제도를 한 지역의 자연적 순환주기와 연관시키는 장소들을 만드는 일은 가능할 뿐만 아니라 바람직하다. 재생적인 지역 건축은 오히려 삶의 질을 높이며 끊임없이 변화하는 실천들 속에서 인간과 비인간을 연관 짓는 장소들을 의식적이고도 민주적으로 구성할 수 있을 것이다.

셋째, 비판적 지역주의가 건축적 실천에 긍정적인 방향을 제시한다 하더라도 그 고유의 가정들은 철학적 논쟁의 대상이며 건축 생산을 위한 비근대적 선언으로서 갱신될 필요가 있다. 재생적 지역 건축의 구체화는 이런 도전을 충족하기 위한 첫 번째 시도다.

마지막으로, 나는 마리오 보타나 예른 웃손, 알바루 시자 비에이라, 글렌 머컷의 프로젝트에 대한 프램프턴의 논의가 대개 미학적 특징을 갖는다는 프레드릭 제임슨의 분석에 동의할 수밖에 없다. 너무 협소한 이러한 해석을 확장하기 위해 나는 정치적인 것과 생태적인 것이라는 두 가지 이슈를 추가로 끌어들였다. 이 두 이슈는 재생적이기를 열망하는 모든 건축의 본질적 특징이다. 공공연하게 정치적인 프로그램을 요구하는 인물은 제임슨만이 아니라 사회생태학의 옹호자들도 있다. 이러한 관찰자들은 건축을 상위 문화의 미학적 관점이 아닌 일상 생활의 사회적 · 물적 맥락에서 이해할 것을 요구한다. 재생적 건축이 장소의 생태학을 끌어들이라는 요구는 생태학자들에게서 나온다. 이들은 건축을 자연의 변화로 이해할 것을 요구한다. 순수하게 미학적인 담론의 한계는 비록 그게 비판적일지라도 규범적 실천들을 묘사하는 사회적 · 생물학적 조건들 바깥에 머무른다는 점이다.

이 글 전반에서 암시했듯이, 비근대적 대화는 건축 분야를 미학적이기보다 정치적인 실천으로 재구성할 것을 요구한다. 이러한 재구성은 건축의 규범을 일단의 영웅적 오브제들이 아니라 물적인 서사로서 재개념화할 것이다. 이러한 제안은 건축가들이 더 이상 '사물' 자체를 설계하지 않을 것임을 암시한다. 오히려 우리는 기술적 · 위상적 선택 속에 구현되는 정치적 과정들을 설계하게 될 것이다.

다음의 원칙들은 연역적인 명제가 아니라 실천에 기초한 '태도' 로서 일반화된 진술들이다.

재생적 지역주의를 위한 8원칙: 비근대적 선언

1) *재생적 건축은 다양하게 체험될 수 있는 사회적 환경을 구성할 것이다.* 이 원칙은 기술 자체가 자연 그리고/또는 사회의 억압이 담긴 장소의 조건들로부터 인간을 해방시킬 수 있는 자율적 행위주체일 수 있다는 개념을 거부한다. 대신 인간의 제도가 기술 연결망의 사회적 구성과 영향을 주고받는다고 주장한다. 그럴 때 인간은 어떤 장소에 집단으로 거주하는 인간과 비인간의 개입적 행위주체로서 재생적 기술을 합리적 · 민주적으로 구성할 수 있을 것이다.

2) *재생적 건축은 관념들의 국지적인 짜임관계에 참여할 수 있도록 한 장소의 축조적 역사에 참여하게 될 것이다.* 그런 참여가 가능하기 위해서는 먼저 건축가들의 발명이 지역민에게 이해되어야 하고, 둘째로는 그게 일상 생활의 물적 조건에 적절한 것으로 인식되어야 한다.

3) *재생적 건축의 생산자들은 오브제를 구성하기보다 통합된 문화적 · 생태적 과정의 구성에 참여할 것이다.* 역사적으로 건축가들은 장소에 대한 단독적인 저자성을 주장하면서 건물이 참여하는 복잡한 사회적 · 생태적 과정들을 흐려버리는 경향이 있었다. 재생적 건축은 오브제의 중요성을 강조하지 않고 사회적 활동을 생태적 조건과 연관 짓는 과정의 구성을 강조할 것이다.

4) *재생적 건축은 국지적 노동과 생태적 변수들을 확대하여 모든 것을 계산에 의존하는 중심 권력에 저항할 것이다.* 공공연하게 정치적인 재생적 건축 프로그램은 주로 두 가지 전략을 포함할 것이다. 첫째, 재생적 건축의 생산자들은 객관적인 건물 성능을 보편화하고 최적화하는 척도들을 의식적으로 전복할 것이다. 이런 척도들은 보통 에어컨 산업과 같은 기술 연결망을 통해 진흥되고, 영국열량단위(BTU), 칼로리, 와츠 등으로 측정된다. 이 전략은 인간의 쾌적성이 갖는 가치를 절하하거나 에너지를 낭비한다고 이해되면 안 된다. 둘째, 재생적 건축은 국

지적인 노동 지식과 국지적인 생태 조건을 확대하기 위해 자체적인 제작 방식을 드러내는 기술에 의존하게 될 것이다.

5) *재생적 건축은 기술적 과시 속에 암시되는 미학화된 정치에 참여하지 않고 민주적 수단을 통해 일상 생활의 기술을 구성할 것이다.* 시장은 끊임없이 늘어나는 생산과 소비의 비율 때문에 욕구가 둔해진 소비자들을 자극하기 위해 건축 기술을 점점 더 조작해왔다. 재생적 건축은 시민들을 의사 결정에 개입시켜 시장 주도의 기술이 갖는 힘을 전복하게 될 것이다.

6) *재생적 건축의 기술적 발명품들은 비판적 실천의 정상화에 기여할 것이다.* 재생적 건축은 관찰자들에게 역사가 어떻게 달라질 수 있었을지를 알려주는 비판적 오브제를 구성하기보다, 규범적인 건설 실무에 영향을 주려고 노력할 것이다. 이 명제는 건물의 존재론적 차원이 재현적 차원보다 선행함을, 즉 단일한 미학적 비판보다 건설의 반복적인 물적 실천들이 사회 운영에 더 많은 영향을 끼침을 인식한다. 이런 의미에서 미학적 논평보다 삶의 질을 높이는 실천들의 재생산이 선호된다.

7) *재생적 건축의 실천은 인간의 합의사항들이 수렴하도록 장려함으로써 장소에 가능성을 부여할 것이다.* 내구적 건축은 부패의 불가피성을 지연시킬 필요만 있을 뿐이다. 하지만 재생적 건축은 인간을 장소의 생태적 조건과 결속하는 제도적 합의사항들의 재생산에 관여해야 한다. 이는 건축 자체가 탁월풍이나 땅 자체의 냉기가 순환하는 주기를 민주적으로 고려해야 함을 시사한다. 이는 민주주의와 기술 발전의 문제다.

8) *재생적 건축은 비판적이고 역사적으로 교훈적인 장소들의 생성보다 삶의 질을 높이는 실천들의 개발을 선호할 것이다.* 비판적인 장소는 장소와 기술의 사회적 구성이 달라졌을 수도 있음을 사회가 이해하도록 돕는다. 그런 장소는 다른 어떤 방식으로 자연을 변형할, 하지만 잊혀졌거나 아직은 시도되지 못한 비자본주의적 생산 방식들에 대한 기념비다. 나의 마지막 요점은 비판적인 장소들이 그 자체로 생산적이지 않다는 데 있다. 다시 말해, 비판적인 장소는 오로지 민주적이고 삶의 질을 높이는 실천들의 생산과 재생산을 통해서만 재생적 성격을 띨 수 있다.

주(註)

1 John Agnew, *Place and Politics* (Boston: Allen & Unwin, 1987), 62. 또한 장소의 역사적 가치 절하라는 주제에 대한 애그뉴의 논의는 "Representing Space: Space, Scale and Culture in Social Science," in *Place/Culture/Representation*, ed. James Duncan and David Ley (New York: Routledge, 1993), 251-71에 나온다. 애그뉴는 장소의 개념을 탐문한다. 나는 이 글에서 '장소(place)'와 '지역(region)'을 교환 가능한 용어로 사용한다. 물론 그 두 용어는 서로 뜻이 다르지만, 여기서는 논의의 목적상 합쳐서 사용한다.

2 예컨대 범죄 통계를 보면 뉴욕시의 살인률은 전원 지역인 아칸소주에 비해 훨씬 낮다. Fox Butterfield, "Nationwide Drop in Murders is Reaching to Small Towns," *New York Times*, May 9, 2000 참조.

3 Karl Marx, *The Manifesto of the Communist Party*, trans. Samuel Moore (London, 1848), 36.

4 흔히들 막스 베버가 이 두 용어를 처음 도입했다고 얘기되지만, 사실은 페르디난드 퇴니스가 1987년에 처음 사용했다. Ferdinand Tonnies, *Community and Society* (New York: Harper & Row, 1963) 참조.

5 Agnew, *Place and Politics*, 231.

6 소자의 입장은 (그의 의도가 얼마나 수정주의적이든 간에) 비판이론의 전통과 연관이 있다. Edward Soja, *Postmodern Geographies: The Reassertion of Space in Critical Social Theory* (London: Verso, 1989), 120 참조.

7 이러한 통찰은 나의 동료 스티븐 로스에게 빚지고 있다.

8 예컨대 애나 브램웰은 독일의 반유태주의가 환경결정론의 여러 신조들로부터 발생한다고 주장한 바 있다. 모든 독일인들이 숲 속에서 기원하는 어떤 정령을 공유하는 반면 방랑하는 유태인들은 사막에서 기원하는 무근본성을 공유한다고 일반화하는 게 바로 환원적인 결정론의 고전적 사례다. Anna Bramwell, *Blood and Soil: Richard Walter Darre and Hitler's Green Party* (Abbotsbrook, U.K.: Kensal House, 1985)를 참조. 또한 Jeffery Herf, *Reactionary Modernism: Technology, Culture and Politics in Weimar and the Third Reich* (Cambridge, U.K.: Cambridge University Press, 1984)도 참조.

9 애그뉴는 물리적 세계를 가장 신경 쓰는 우리—주로 건축가와 물리적 지리학자—들이 환경결정론의 덫에 잘 걸린다고 걱정하는 듯하다.

10 이 용어들의 정의는 그의 에세이 "Representing Space," in *Place/Culture/Representation*, ed. James Duncan and David Ley (New York and London: Routledge, 1993), 253에서 더욱 자세하게 확장된다.

11 Thomas Misa, "Retrieving Sociotechnical Change from Technological Determinism," in *Does Technology Drive History*, ed. Merritt Roe Smith and Leo Marx (Cambridge, Mass.: MIT Press, 1994), 115-42.

12 기술의 환원적인 유물론적 정의들은 인공물의 사회적 구성을 덜 정교하게 이해하는 경향이 있다. 하지만 브루스 빔버는 그의 에세이 "Three Faces of Technological

Determinism" in *Does Technology Drive History*, ed. Merrit Roe Smith and Leo Marx (Cambridge, Mass.: MIT Press, 1994), 79-100에서 기술을 장치에 국한된 것으로 여기는 매우 학문적이되 환원적인 정의를 발전시킨다. 빔버의 프로젝트는 본 연구의 범위를 넘어서는 다른 존재론적 문제들로 이어진다.

13 과학기술 연구 분야의 다양한 전통이 더 궁금하다면 나의 "Technology and the Politics of Sustainability at Blueprint Demonstration Farm," *Journal of Architectural Education 51*, no. 1 (September 1997): 23-25와 *Technology and Place: Sustainable Architecture and the Blueprint Farm* (Austin, Tex.: University of Texas Press, 2001)를 참조.

14 Donald MacKenzie and Judith Wajcman, "Introduction," in *The Social Shaping of Technology* (Philadelphia: Open University Press, 1985), 3.

15 Bruno Latour, *We Have Never Been Modern* (Cambridge, Mass.: Harvard University Press, 1993), 117.

16 같은 책, 그리고 Bruno Latour, "Visualization and Cognition: Thinking with Eyes and Hands," in *Knowledge and Society: Studies in the Sociology of Culture Past and Present*, ed. Henrika Kuklick and Elizabeth Long (Greenwich, Conn.: JAI Press, 1986), 1-40.

17 이 요점은 근원적 자연이 존재한 적이 있기라도 했다면 그것은 이미 오래 전에 제2의 자연으로, 즉 사회의 작품으로 통합되었다는 주장을 암시한다. Henri Lefebvre, *The Production of Space*, trans. Donald Nicholson-Smith (1974; reprinted Cambridge, Mass.: Blackwell, 1991), 190 참조.

18 같은 책, 31.

19 장소와 기술 간의 대화적 관계를 구축하는 나의 작업은 장소가 기술의 '원인'이라고 말하는 환경 결정론을 옹호하는 게 아님을 분명히 해둬야겠다. 어떤 특정한 장소를 지배하는 사물의 집합은 다른 문화적 조건에서 다르게 나타날 수 있다. 변화가 없는 환경 조건에서도 문화의 해석적 유연성은 전적으로 우발적으로 나타난다. 나는 환경이 실로 기술을 형성하지만 반대로 기술도 환경을 형성한다고 주장하고 싶다. 그 결과 나는 기술이 장소의 원인이라는 기술 결정론을 옹호하지도 않는다. 마찬가지로 기술이 실로 장소를 형성할 뿐만 아니라 장소가 기술을 형성한다는 논리도 가능하다. 여기서 요점은 장소와 기술의 관계가 공간적이면서도 담론적이라는 것이다. 그것은 원인과 결과, 수단과 목적의 대화다. 그것들은 한 장소의 거주자들이 대화를 통해 문화적 지평의 간극을 좁히도록 이끄는, 서로 떼어낼 수 없으면서도 우발적인 개념들이다.

20 나는 이 다이어그램에서 모더니즘이나 포스트모더니즘을 장소와 기술 개념의 한계 속에서만 묘사할 수 있다는 주장을 하려는 게 아님을 강조하고 싶다. 그보다는 그저 이런 개념들이 지역주의 담론과 관련하여 우리 시대의 그런 특질들을 이해하는 데 특히 유용한 발견을 가져다 주는 장치임을 제시할 뿐이다.

21 이와 유사하게 철학적 담론에서도 헤르베르트 마르쿠제는 하이데거와 마르크스의 혼합을 시도했다. 하지만 마르쿠제의 경우, 그 기획은 프로이트가 제3의 극으로 포함되면서 더 혼란스러워졌다. 분명히 말하자면, 나는 그런 혼합된 텍스트들이 유익

하지 않다고 주장하려는 게 아니다. 다만 그런 혼합된 가정들이 이전까지 인지되지 못한 가능성들로 이어졌다는 것이다.

22 Latour, *We Have Never Been Modern.*

23 같은 책, 51-55.

24 '지속가능성' 이라는 용어는 많이 사용되는 말이고, 다른 용어들의 도전도 많이 받는다. 이 용어에 대한 분석으로는 *Sustainable Architecture: Natures and Cultures in Europe and North America*, ed. Simon Guy and Steven A. Moore (London and New York: Spon Press, 2005)를 참조. '에코-테크'는 이전에 '하이-테크' 실천가로 묘사되던 노먼 포스터 건축사무소 같은 회사들의 환경적 책임을 다하는 프로젝트를 묘사하는 용어로 도입되었다. 더 많은 내용은 Catherine Slessor, *Eco-Tech: Sustainable Architecture and High Technology* (London: Thames & Hudson, 1997), 7를 참조.

25 Fredric Jameson, *Seeds of Time* (New York: Columbia University Press, 1994), 194.

26 John Tillman Lyle, *Regenerative Design for Sustainable Development* (New York: Wiley, 1994), 10.

소개문

관찰하면서 성장한 글렌 머컷 /

글렌 머컷, 신시아 데이비슨과의 인터뷰

건축가 글렌 머컷은 그의 경력 전반에 걸쳐 그가 건물을 짓는 지역의 특수성에 초점을 맞춰왔다. 그 지역은 그가 태어난 땅인 호주다. 그는 컴퓨터나 직원도 쓰지 않고 지역에서 구한 지속 가능하고 재사용 가능한 재료들로 구성된 모더니즘 언어를 활용해 집과 비교적 작은 규모의 구조물을 설계한다. 그의 작업은 호주의 지리와 지형, 기후의 영향을 내밀하게 받으며, 자연 냉·난방 및 환기 기법을 활용해 환경에 맞게 환경적으로 조절되는 건물을 만들어낸다. 그는 일부러 호주에만 건물을 짓는데, 자신이 아는 지역에서만 건물을 지을 필요를 느끼기 때문이라고 한다. 하지만 그럼에도 그는 널리 여행하며 강연과 교육을 통해 자신의 실천 철학을 건축계 전반에 전파해왔다. 그의 겸손하고 생태적 마인드가 담긴 메시지는 실로 호주 대륙 너머로 분명하게 공명해왔는데, 그는 2002년에 프리츠커 상을 받았고 2009년에는 미국건축가협회 금메달을 받았다.

『로그』(2004년에 창간된 건축 저널)의 편집자이자 『애니』의 전 편집자요 건축가 피터 아이젠만의 부인인 신시아 데이비슨은 지난 몇 십 년간 건축 분야에서 영향력 있는 목소리를 내왔다. 그녀는 2005년 겨울 머컷이 뉴 헤이븐의 예일 대학교 건축대학에 객원교수로 왔을 때 그를 만났다. 데이비슨이 머컷과 나눈 이 대담은 머컷의 특수한 실천 방법과 그가 지속가능성에 두는 가치, 그리고 전 세계 비평가들이 감탄해온 지역적 경향에 대한 통찰을 보여준다.

글렌 머컷(Glenn Murcutt), 신시아 데이비슨과의 인터뷰 /
조순익 옮김

관찰하면서 성장한 글렌 머컷

Raised to Observe: Glenn Murcutt

『로그(*Log*)』 8 (Summer 2006), 31-39에 처음 실림. 신시아 데이비슨 제공.

신시아 데이비슨: '지속가능'이라는 말은 당신에게 무슨 의미인가요, 특히 당신의 작품과 관련해서 말하자면요?

글렌 머컷: 유지하거나 계속하는 것, 이어나가는 것이죠. 살아있는 것들은 다른 유기체들과 균형을 이루며 성장할 수 있다면 지속 가능할 수 있습니다. 지속 가능한 수준보다 더 큰 속도로 소비하지 않는다면요. 그런데 우리는 현재 땅을 지나치게 수확하거나 오염시키고 있어요. 호주 원주민들은 지구상에 기록된 가장 오래 지속된 문화의 소유자들인데요, 그들은 적어도 4만 년간 생존해왔습니다. 경쟁이 아니라 협력을 통해서요. 그들은 땅과 함께 일했고, 땅을 거스르지 않았습니다. 전통적인 원주민들은 지금까지 아주 지속 가능한 방식으로 살며 일하고 있어요.

오늘날에는 많은 사람들이 에어컨을 튼 집에서 기상하고 에어컨을 튼 차량을 타고 출근합니다. 우리는 날씨를 경험하기보다 어떤지를 보려고 텔레비전 뉴스를 보죠. 우리는 우리의 환경에서 소외되었고, 더 이상 환경을 깊이 관찰하며 배우려 하지 않아요. 지속가능성이라는 관념 속에서 환경의 심리적 측면을 무시한 채 그것의 물리적 측면들을 측정하는 모든 종류의 수단들에 의존하면서 말이죠. 저는 대부분 관찰하고 질문하고 이해하는 과정을 통해 배웠습니다. 옷 입는 걸 예로 들어보죠. 우리는 날씨가 추우면 옷을 겹쳐 입고 더우면 걸치고 있던 옷을 벗죠. 이런 식으로 우리는 사실 다양한 기후와 계절 변화에 꽤 잘 반응합니다. 따라서 질문이 떠오릅니다. 왜 우리는 옷 입을 때와 같은 방식으로 기후 변동에 적응할 수 있는 건물을 설계하지 않을까? 시원한 바람과 햇빛과 습도에 따라 우리의 환경을 조절하는 데 우리가 관여하지 말아야 할 이유가 있을까?

그래서 당신은 건물을 수행성과 적응성을 갖춘 기계나 장치 또는 도구처럼 여기시나요?

이렇게 생각해보죠. 음악과 작곡가에 대해 생각해보면, 작곡가의 마음은 지휘자와 오케스트라를 통해 청중에게 전해지는데 우리가 그 마음을 인지할 수 있는 건 바로 이러한 음악 속에서입니다. 저는 건물이 이런 경험을 가능케 하는 도구라고 봐요. 우리 주변에는 아름다운 꽃들과 그 봄 내음이 있습니다. 제 건물의 북동쪽에 향기 나는 꽃식물을 여럿 심을 수 있어요. 레몬나무나 오렌지나무, 수련 같은 것들이요. 그러면 여름철 북동쪽의 바닷가에서 불어오는 미풍에 이 꽃들의 향기가 실려 건물 안으로 들어옵니다. 그 다음엔 빛과 그늘을 활용하는 기법, 그리고 공기 냉각 기법이 있어요. 저의 건물들은 마치 도구처럼 열고 닫을 수 있죠. 저는 설계할 때 의식적으로 조망과 쉼터, 관찰, 수용을 고려합니다. 건물을 설계할 때는 변화하는 빛의 수준과 온도, 바람의 패턴, 태양의 위치를 감지하기 마련인데, 이 모든 걸 감지함으로써 건물은 하루와 일년 주기의 도구 역할을 수행합니다. 예를 들어 저는 외부 지붕 유리에 맞춰 각진 고정 미늘판자들이 달린 차양을 설계함으로써 겨울철 햇빛을 들이고 여름철 햇빛은 차단했지요. 각각의 미늘판자는 두께가 3밀리미터이고 서로 25밀리미터씩 떨어진 채 겨울철 태양 쪽으로 각이

져서 춘분이나 추분 때의 태양각도와 겹치게 됩니다. 동지 때는 정오에 미늘판자가 3밀리미터의 그림자만 만들어냅니다. 하지만 하지에 가까워질수록 그 그림자의 폭이 더 넓어지죠. 그래서 하지에는 여름철 직사광선이 완전히 차단됩니다. 한겨울에는 빛이 완전히 들어오는데, 빛이 너무 많은 게 싫으면 유리 지붕 밑에 차양을 달고 온기는 그대로 유지할 수 있어요. 따라서 이 시스템은 어떤 의미에서 계절 따라 빛과 온기의 조절 장치가 되는 거예요. 도구가 되는 거죠. 그리고 우리는 지휘자예요. 그 도구를 지휘하면서 음악을 듣고, 풍경 속에 있고, 기후 속에 있게 되는 거죠. 저한테는 이런 게 중요합니다.

늘 이런 태도를 갖고 계셨나요?

네, 저는 관찰하면서 자란 사람이에요. 제 아버지는 목수셨는데요. 아주 좋은 건물들을 설계하셨고, 빛의 감각과 천연 꽃식물의 향기가 중요하다는 걸 알게 해주셨죠. 제가 아주 어릴 때, 아버지는 밤에 저를 데리고 동네를 다니며 화분에 소량의 흙을 담아오곤 하셨어요. 그런데 그 지역을 담당하는 오수정화조 때문에 지역 식물이 자라기에는 지나치게 많은 양분이 흙 안에 있더군요. 그래서 우리는 오븐에서 씨앗에 불을 붙이거나 일부 껍질이 딱딱한 씨앗에 끓는 물을 부으며 고영양분을 견딜 천연 식물을 번식시켰죠. 그러고는 그 고영양의 흙에 씨앗들을 심었습니다. 이 모든 흙의 원산지가 기재된 목록을 유지했고요. 적어도 150개의 흙더미가 있었을 거예요. 그 다음엔 야간에 어린 식물들과 식물의 이름이 쓰인 표식용 막대들을 들고 다시 밖으로 나와 왔죠. 흙더미를 구한 동네 부지로 돌아가 우리가 번식시킨 튜브 식물을 심었어요. 사람들은 이 식물들이 어디서 온 건지 몰랐지만, 이제는 우리의 옛 집 주변 언덕배기에 20미터 높이의 나무들이 자라고 있답니다. 제게 아주 기이한 경험이었지만, 1946년에는 그런 게 아주 중요했어요. 아버지는 오염을 줄이는 데 매우 관심이 있으셨습니다. 우리에겐 우리만의 퇴비와 채소 정원이 있었어요. 아버지는 사람들이 차에서 물건을 내던지면 멈춰서서 쓰레기를 줍고는 그 차를 쫓아갔어요. 그 차를 멈추게 한 뒤 말씀

하셨죠. "이거 봐요. 이걸 던지셨네요." 그럼 그들이 말해요. "필요 없어서 버린 거예요." 아버지는 이렇게 대답했습니다. "지구한테도 필요가 없는 건데요." 그러고는 그들에게 쓰레기를 돌려주셨죠. 제가 어릴 때 우리는 아버지의 단도직입적인 성격에 많이 당황해 했었어요. 하지만 그게 저의 유년시절이었고, 아버지의 영향을 받을 수밖에 없었어요. 그러다 보면 결국 저 자신도 좀 그렇게 되죠.

왜 호주에서만 건물을 짓나요?

자기만의 장소를 안다는 것은 어떻게 건물을 짓고 그곳의 문화를 어떻게 활용할지를 안다는 뜻입니다. 저는 호주의 땅과 그곳의 동·식물군을 관찰하면서 많은 걸 배웠습니다. 식물은 억세고 튼튼하면서도 지극히 섬세하죠. 식물은 그 끝이 아주 은은하게 하늘 깊숙이 스며듭니다. 호주의 햇빛은 아주 강렬해서 풍경 속의 여러 요소들을 분리시켜요. 자생 수종들이 서로 연결된 요소로 읽히기보다 고립된 요소들의 집합으로 읽히죠. 아주 많은 나무들이 많은 양의 유분을 함유하고 햇빛은 강렬하며 잎들은 은색에서 풍화가 일어난 회색까지, 분홍빛 갈색에서 올리브색까지 다양한 색을 지닙니다. 반면에 우림 지대 바깥의 잎들은 치밀하지 않아서 그림자도 듬성듬성 드리우죠.

저의 건축은 호주의 풍경 속에서 뭔가 이런 요소들의 불연속성 같은 걸 전달하고자 합니다. 우리의 풍경에서 특징적인 몇몇 요소들, 예컨대 구조의 명료성과 투명성, 듬성듬성한 그림자, 그리고 모든 요소들의 끝으로 갈수록 나타나는 은은함을 건축 형태로 해석하려고 해요. 저는 유하니 팔라스마가 언젠가 생태적 기능주의에 관해 쓴 다음 구절을 종종 생각하곤 합니다. ''풍족하고 풍성한 몇 십 년을 보내고 나면, 건축은 다시 은유적 표현과 실용적 공예의 요소들이 서로 융합하는 필요의 미학(aesthetics of necessity)으로 되돌아갈 가능성이 높다." ["은유적 기능주의에서 생태적 기능주의로(From Metaphorical to Ecological Functionalism)," 『아키텍처럴 리뷰』, 1993년 6월호.]

호주의 토착적인 건축 재료는 어떤 것들이 있나요?

호주에는 철광석이 엄청나게 많이 매장되어 있어서, 철강재를 국지적으로 생산합니다. 다음으로 목재는 재생이 가능한 훌륭한 자원이죠. 나무 한 그루는 생애 첫 20년간 이산화탄소를 흡수하고 산소 잉여분을 배출하는데요, 대략 20년이 지나고 나면 탄소와 산소의 비율이 비슷해집니다. 오래된 나무껍질과 잎이 분해될 때 산소가 필요하기 때문인데요, 그래서 처음에 나무가 생산했던 산소 잉여분이 다시 줄어들죠. 분해되는 나무껍질과 나뭇잎 들은 토양에 묻혀 퇴비가 되고 미래의 식물을 위한 양분이 됩니다.

당신의 건물들을 짓는 데는 얼마나 에너지가 드나요?

저는 목재를 많이 사용해요. 목재는 진정으로 지속 가능한 자원일 수 있는데, 저는 제가 사용하는 재료들을 나중에 해체가 가능하도록 조립합니다. 볼트 접합을 활용하면 부재들을 다시 떼어내서 다른 방식으로 재조립할 수 있어요. 예를 들어 보이드 센터(Boyd Center)에서는 모든 기둥과 보가 호주산 경재(hardwood)인 브러시 박스(brush box, Tristania) 목재였어요. 이 재료는 약 100년 전 뉴사우스웨일스의 북쪽 해안에 있는 습한 녹색 산림에서 잘라낸 것일 텐데 현재 재활용되고 있죠. 제가 사용하는 모든 합판은 조림지에서 길러낸 재료입니다. 새로운 목재를 사용할 때는 그 출처를 아는 게 중요해요. 저는 바닥 목재를 깔 때 나사를 활용하는데, 못을 박으면 나중에 다시 쓸 수 없기 때문이에요. 벽돌 줄눈에 석회 모르타르를 바르는 이유는 나중에 그걸 벗겨내고 벽돌을 다시 쓸 수 있기 때문이죠. 저는 이런 작업을 제가 사는 집에서 했습니다. 바닥 포장 벽돌은 모두 모래 기층 위에 깔고, 바깥 벽돌에만 모르타르를 바릅니다. 바깥 경계 안에 배치한 벽돌들은 재배치하거나 재사용할 수 있어요. 벽돌 하나만 빼내면 모든 걸 떼어낼 수 있게 되는 거죠. 벽돌이 모두 시멘트 모르타르 기층 위에 깔리는 게 아니라 벽돌끼리 서로 의존하며 밀착하는 구조니까요.

저는 의뢰인을 위해 설계했던 집 한 채를 10년이 지난 뒤에 구매했습니다. 그런데 집을 고칠 필요가 있었어요. 저는 이 집을 처음 설계할 때 썼던 재료들과 조립법을 다시 쓰려고 생각했기 때문에, 20×15 피트 크기의 외부 목재 베란다를 떼어내 44갤런 용적의 드럼통들에 새롭게 적용했어요. 박공벽을 떼어내 배치를 바꾸고 오래된 미늘판자를 모두 재사용해서 미늘판자들이 달린 미단이 유리벽을 만들었지요. 지면과 베란다를 잇는 목재 계단과 계단보는 위치를 옮겼어요. 저는 모든 과정에서 얼마나 많이 재사용을 할 수 있고 부재들을 얼마나 매끄럽게 재가공할 수 있는지에 대해 저 자신을 시험하고 있었습니다. 단 하나의 건물 부재도 빼놓지 않았죠. 이건 사유의 한 방식이에요. 부재들의 연결 방식을 결정하는 과정에서는 그것들을 해체해서 다시 쓰는 방식도 인식하게 됩니다. 제가 그런 데 관심을 두는 이유는 건축 부재들을 재가공할 때 내재 에너지가 거의 상실되지 않기 때문입니다. 이런 게 지속 가능한 거라고 생각해요.

하지만 인류는 아마도 지속 가능하지 않다고 말해야겠네요. 우리는 우리 환경의 파괴자들이니까요. 인간들이 지구의 자원을 소비하고 오염시키는 과정에서 자연의 재생 능력과 균형을 맞췄더라면 지속 가능했겠죠. 하지만 우리는 지속 가능하지 않아요. 대신 파괴를 합니다. 지구가 이토록 어려움에 처해있다는 사실은 우리가 그저 하나의 종으로서 지속 가능하지 않음을 보여줍니다. 호주 토착 동물들은 발이 부드럽고 폭신합니다. 하지만 가축으로 기르는 양들은 발이 갈라져있어요. 그들의 갈라진 발굽은 흙의 다짐과 침식을 일으키죠. 이런 현상이 발생하는 건 우리의 토양이 얕기 때문이에요. 지면은 다져지고, 양의 유분과 엄청난 열 그리고 햇빛이 더해지면서 지면 위에 딱딱한 껍질이 형성됩니다. 그래서 물과 바람이 토양을 침식시키는 거예요. 토끼는 호주에 도입되어 그 환경과 균형을 이루지 못하는 또 하나의 종입니다. 토끼는 굴을 파서 땅을 침식하지요. 그리고 비가 오면—반 시간에 물 높이가 1.5인치에 달할 때가 흔합니다—토끼 굴 속 깊은 곳에서 침식이 시작되어 결국 엄청난 토양이 소실됩니다.

호주에서는 비가 정말 엄청나게 옵니다. 폭우가 쏟아지죠. 제가 설계하는 건물들이 경사 지붕을 갖는 이유도 그런 폭우 때문이에요. 저의 초기 건물들에는 평지붕을 설계했었지만, 물을 빨리 떨궈내고 유수를 먼 곳에 있는 저수조에 모아 나중에 써야 한다는 걸 일찍 알게 되었지요.

빗물받이를 설계하시나요?

물론이죠. 제가 설계하는 전원 건물들의 지붕은 빗물을 받아 여러 용도로 쓸 수 있게 설계됩니다. 음용수로도, 화재 시에도, 화장실 물내림에도, 정원에 물을 줄 때도 빗물을 쓸 수 있죠. 원거리에 지어진 일부 대형 프로젝트에서는 하수 처리한 물을 회전식 바이오 침지기에 통과시켜 정원에 재사용합니다. 이 장치는 중수(gray water)와 폐수(black water)를 처리하는 통기 시스템인데요, 통기 과정에서 양분들을 방출하지만 그게 지하수로 흘러 들어가지는 않습니다. 이 시스템은 꽤 깨끗한 물을 공급하고, 이런 물은 자외선과 갈대밭을 통해 정수 과정이 계속 일어나는 호수에 모아둘 수 있지요. 중수와 폐수가 정수되면 습한 화장실에 다시 쓰일 수 있으니 화장실 시스템에 신선한 물을 추가할 필요도 없고요.

건물 하나를 만들 때 이 모든 현안에 어떻게 접근하세요? 우선순위가 있나요?

건축을 만들 때, 특히 어떤 특정한 장소에 응답하는 건축을 만들 때는 아주 많은 문제를 동시에 고려해야 해요. 민저 배수에 영향을 주는 시역 지형과 지질학, 수문학 및 지형학을 고려해야 하고, 태양의 위치를 정의하고 온도에 영향을 주는 위도와 경도, 그리고 습도와 건도, 기온, 강우, 강설에 영향을 주는 해안과의 관계도 고려해야 합니다. 서로 다른 토양과 기후에 다르게 반응하는 식물군, 식물군과 토양 및 기후에 반응하는 동물군, 다양하게 이용할 수 있는 물, 관리가 필요한 쓰레기, 재료들이 환경을 매개하는 능력, 환경에 영향을 주는 재료 생산 및 조립 방법, 구조와 그것의 적합성, 공간과 그 특질, 자연 냉·난방 및 환기 전략, 지역 문화 그리고 사용자들의 필요와 열망을 활용한 작업 방식도 고려해야 하죠. 이 모든 문제를 장소에 응답하는 건축, 그러니까 부담을 주기보다 응답을 하는 건축에 대한 사유에 포함시켜야 해요.

건축가들은 환경 설계에 저항해왔습니다. 기후에 응답하는 건축이 아름다운 작품을 만들어낼 수 없다고 여기는 건축가들이 많죠. 그들은 그런 작업이 대부분 아름답지 않다고 여겨요. 환경에 대한 고민을 부정적인 제약 요인으로 여기는 거죠. 하지만 제 경험에 비추어보면, 제게 부과된 한계들을 이해하다 보니 오히려 기회가 더 늘어났음을 알게 됐어요.

소개문

비판성에 관하여 / 아리 흐라플란트

건축이론의 상황과 투사적 실천에 관한 생각들이 네덜란드에서 교육자이자 암스테르담의 케르선 흐라플란트 건축사무소의 아리에 흐라플란트 같은 이들에 의해 폭넓게 논의돼 왔다. 최근 설립된 델프트 공과대학교의 박사과정은 "건축과 비판적 사유 분야에 관한 탐구"에 전념했는데, 진행 중인 이 이론적 담론에 델프트 디자인대학(DSD)의 디렉터인 흐라플란트가 관여해있다는 것은 놀라운 일이 아니다. 그의 글 「비판성에 관하여」는 델프트 디자인대학이 내놓은 첫 번째 출판물인 『크로스오버: 건축/도시계획/테크놀로지』에 처음 나타나는데, 이 책은 "학술적 맥락과 전문적 실무 양쪽에서 최근 생겨나고 있는 건축지식의 '조건'과 관련돼 있는 텍스트들을 모아놓은 것이었다.[1]

흐라플란트는 「비판성에 관하여」에서 건축에 적합한 지식기반 구성모델, 그러니까 "건축 자체의 토대를 성찰적으로 다루는 건축"인 이른바 '반성적 건축(reflexive architecture)'에 대한 마이클 스픽스의 변론에 이의를 제기한다. 그러한 반성적 건축은 흔히 대학과 디자인 사무소간의 상호작용에서 발전하는데, 대체로 대학은 자신들의 이론적 구상들을 현실 세계에 적용할 수단이 부족하고 디자인 사무소는 확장된 실험을 위한 관심[을 둘] 시간이 부족하기 때문이라고 흐라플란트는 말한다. 그러고선 그는 이 같은 반성(reflexivity)을 철학자/인류학자/사회학자인 브뤼노 라투르가 옹호하는 현실주의적 태도의 (자연스런) 결과물인 "거리의 건축(architecture of the street)"과 결부시킨다. 흐라플란트는, 또 다른 문화이론가인 티모시 루크(Timothy Luke)의 작업에 기대어, "거리에서의 반성적 건축"이라는 이 개념을 더 상세히 설명한다. 루크는 우리가 공간을 점유하고 개념화하는 방식을 알려주는 세 가지 토대를 상정하는데, 첫 번째 토대는 땅의 근본적 특성인 "육지성(terrestriality)"에 관한 것이고, 두 번째 토대는 물리적, 사회적 환경을 이루는 "영토성(territoriality)"을 포함하며, 세 번째 토대는 가상계(the virtual)에 관한 관념들을 낳는 "정보의 사이버 공간이나 원격 공간"과 연관된다. 흐라플란트는 건축과 관련해 디지털 테크놀로지와 세 번째 토대를 연결시키는데, 이는 "주로 첫 번째와 두 번째 토대를 뚫고 들어가[면서] 지면이나 맥락에 관련한 어떤 개념이든 해체시켜버린다." 지면과 맥락으로부터 분리된 건축은 손쉽게 문화적, 역사적, 현상학적 문제들과 단절된 미적 형식주의에 다가갈 수 있다. 따라서 건축 오브제는 경험하는 주체보다 더 중요해지고, "우리는 젠더, 섹슈얼리티, 인종의 다양성, 불평등한 부의 분배, 그리고 계급에 관한 그 생각들을 놓친다." 흐라플란트에게 이는 수용할 수 없는 대안이다. 그는 건축과 도시계획에서 "우리는 땅 없이는 할 수 없고, 비판적 사유 없이도 할 수 없다"는 것을 분명히 한다. 따라서 「비판성에 관하여」는 개념화된 이론이 비판적 사유로서 중요함을 재확인하는 것으로 결론짓는다.

흐라플란트의 글은, 디자인 지능이라는 스픽스의 개념을 비판할 뿐만 아니라 반성적 건축에 관한 자신의 사유를 설명하면서, 건축, 소비시장주의와 "브랜드-네임 건축"에 관련한 주체의 관계, 디자인에서 디지털 테크놀로지의 역할, 그리고 정보/의사소통망의 물질성과 같은 여타 이슈들을 간단히 언급한다. 그 결과 비판성에 관한 흐라플란트의 성찰은 오늘날 이론적 담론들에 영향을 미치는 다양한 토픽들을 강조한다.

주(註)

1 Arie Graafland and Julie Kavanaugh, "Introduction," in *Crossover: Architecture / Urbanism / Technology* (Rotterdam: 010 Publishers, 2006), 1.

아리 흐라플란트(Arie Graafland) / 송종열 옮김

비판성에 관하여
On Criticality

Crossover: Architecture / Urbanism / Technology
(Rotterdam: 010 Publishers, 2006)에 처음 실림. 저자와 출판사 제공.

내 컴퓨터의 평평한 스크린은 이름을 갖고 있다. 그것은 디지털 라이프라 불린다. 내 컴퓨터 안에 생명이 있는가? 글쎄, 때로는 그런 것 같기도 하다. 컴퓨터는 스스로 일을 한다. 실제로 그것은 마음을 갖고 있는 것처럼 보인다. 그것은 내게 생생한 그림들을 보여준다. 이 컴퓨터는 나를 위해 지구 전역의 다른 컴퓨터들과 소통한다. 컴퓨터는 실제로 나를 화나게 할 수 있지만, 나는 대부분 그것이 나를 위해서 하는 일로 꽤 만족하는 편이다. 적어도 컴퓨터는 내 직장생활을 상당부분 바꿔 놨다. 그리고 그것은 대부분 삶의 형식에 관한 것이 아닐까? 행동변화. 하지만 저것이 나를 인간으로 내버려 두는 곳은 어디인가? 나는 그저 "인터페이스"로서 길을 잃어버린 게 아닐까?

상당수의 건축가와 예술가는 내게 (이렇게) 말할 것이다. "당신은 길을 잃은 게 아닙니다. 당신은 다시 대화해야 해요. 소통하세요!" 디지털 건축과 예술형식들(에 적합한 계획들)과 소통하세요. 나는 이미 윌리엄 깁슨이 이십 년 전 사이버 공간에 대해 썼던 글의 부분이다. 즉

나는 사이버 공간이라 불리는 “합의된 환각(consensual hallucination)”의 일부다. 그것은 또한 그것보다 훨씬 더 많은 것 같기도 하다. 분명 컴퓨터 그 이상이다. 그것은 네트워크, 호환성(compatibility), 구축물들(architectures), 접속, 비-접근성(non-accessibility)에 관한 것이다. 또 그것은 힘, 그러니까 그것을 통해 흐르는 돈, 데이터, 정보의 이동에 관한 것이다. 그리고 그것은 또한 새로운 형식의 건축실무, 사무소 조직전략, 정보수집에 관한 것이기도 하다.

새로운 정보와 통신기술에 힘입어, 마이클 스픽스[1]는 1990년대의 네트워크 업무는 단일 스튜디오나 사무실보다 더 강력한 커뮤니티가 되었다고 말한다. 스픽스는 동시대의 학술연구 단체들과 같이 상호간 관계망과 전문지식을 활용하면서 보다 국제적인 방향을 지향했던 몇몇 사무소의 조직 체제를 탐구한다. 예를 들어 벤 판 베르켈(Ben van Berkel)과 캐롤라인 보스(Calorine Bos)의 암스테르담에 기반을 둔 유엔스튜디오(United Network Studio)는 자신들의 사무소를 일종의 “네트워크 스튜디오”로 조직했다. 이들 네트워크 회사들은 1990년대에 급증했는데, 이는 협력관계(working partnership)을 창출하기 위한 혁신적인 소규모 스튜디오의 필요를 반영한 것이었다. 스픽스는 조직(체계)과 경제적 변화에 주목하는데, 그의 용어는 “혁신”에 초점이 맞춰져 있다. 이 혁신의 중심 아이디어는 대단히 조직적이다. 스픽스는 “지식기반 서비스(knowledge based services)”에 대해 말하고 “문화지능(cultural intelligence)”을 언급한다. 뉴욕의 한 신생 회사인 샵(SHoP, Sharples Holden Pasquarelli)을 언급하면서, 그는 새로운 업무방식을 찾고 있었던 그렉 파스쿼렐리(Gregg Pasquarelli)를 인용하는데, 그 방식에서 계획안은 그저 넘겨받는 것이 아니라 총체적 접근방식의 일부가 된다. 그에게 샵은 대부분의 건축 사무소와 다른데, 이 모델은 전통적인 마스터빌더 유형의 사무소가 아니라 일종의 컨설턴트 회사이다. 그는 디자인 지능과 컴퓨터 디자인 기술의 결합, 마케팅 곧 홍보에 대한 세련된 접근방식 그리고 그와 같이 “진정으로 혁신적인” 업무를 창출하기 위해 건축 비즈니스의 다른 측면들을 강조한다.

스픽스는 사실상 1990년대 데이비드 하비(David Harvey)와 다른 사람들[2]이 묘사했던 포디즘에서 유연한 축적(flexible accumulation)으로의 전환을 언급하고 있다. 이처럼 보다 유연한 자본과 조직(구성)의 형식은 하나의 범주로서 새로운 것을, 즉 컴퓨터화의 이점에 관한 이 같은 설명들에서 반복해서 나타나는 용어를 강조한다. 다른 무엇보다 중요하게 되는 것은, 포디즘[3] 하에 주입된 더 견고한 가치들이라기보다, 현대생활에서의 순간적이고, 덧없고, 퇴색하기 쉽고, 불확정적인 것이다. 하비는 그 시기의 세 가지 설명에 관해 논의하는데, 이 모두는 동일한 경제 및 조직의 문제를 다루고 있다. 새로운 자본주의를 꽤 상찬하는 듯한 할랄[4]의 설명은 새로운 기업가주의(entrepreneurialism)를 강조한다. 두 번째는 래쉬(Scott Lash)와 어리(John Urry)의 『조직화된 자본주의의 종말(*The End of Organized Capitalism*)』[5]이고, 세 번째는 테크놀로지와 노동과정의 변화를 아주 상세하게 설명한 1986년 스윙거도우(Eric Swyngedouw)의 책[6]이다. 스픽스의 주장 중 다수가 이런 전환을 이론화한 하비의 주장과 유사하다.

1965년에서 1973년의 기간은 포디즘과 케인스주의가 자본주의의 내재적 모순을 억제할 수 없었던 시기였다. 하비는 표면적으로 이러한 어려움들을 한 단어, 경직성이란 말로 가장 잘 포착할 수 있을 것이라고 말한다. 노동시장, 노동 할당 및 계약에서 장기간 그리고 대규모 고정 자본투자의 경직성에 문제가 있었다. 1970년대와 80년대는 경제적 구조조정과 사회적, 정치적 재조정으로 힘든 시기를 겪었다. 이처럼 유연한 축적으로의 이동은 노동과정, 시장, 상품과 소비패턴 면에서 유연성에 기초한다. 뿐만 아니라 이런 이동은 전적으로 새로운 생산부문들, 새로운 방식의 금융투자 서비스들, 새로운 시장들, 그리고 무엇보다 크게 강화된 상업적, 기술적, 조직적 혁신비율을 특징으로 한다.

스픽스에 따르면, 건축기관의 대다수 전향적인 구성원들조차 이런 혁신들을 모른 체 했다. 그리고 분명, 몇몇 사무소에게 그들의 업무방식은 새롭다. 다른 도시에 소규모 사무실이 있는 건축가인 그렉 린(Greg Lynn, 로스앤젤레스), 더글라스 가로팔로(Douglas Garofalo, 시카고), 마이클 맥킨터프(Michael McInturf, 신시내티)는 전자영상 시스템과 새로운 통신 테크놀로지를 활용한다. 그들은 함께 뉴욕의 한인 장로교회(the Korean Presbyterian Church)를 실현했다. 스탠 앨런과 제임스 코너(James Corner)－한 명은 뉴욕에 있고 다른 한 사람은 필라델피아에 있다－는 건축 사유, 연구, 랜드스케이프 아키텍처에서 협력했다. 네덜란드 기업 MVRDV는 데이터스케이프, 리전메이커(Regiomaker)와 같은 도시디자인/의사결정모델 및 연구관련 출판 업무에 대해 연구하고 있다. 이러한 혁신이 갖는 중요한 면은 소장들이 대다수 자신들의 동료들이 그랬던 것보다 학계의 연구관련 업무에 훨씬 더 많이 관여해 있었다는 사실이다. 그들의 동료들은 여전히 자신들의 완성된 사무소 작품을 출판하는 데 더 많은 관심을 쏟고 있다. 대부분 지어진 것으로, 그들은 그 단계를 뒤로 물리지 않으며, 그들이 디자인 생산하는 데 있어서 사실상 아무런 거리도 존재하지 않는다. 아마 여기서 렘 콜하스(Rem Koolhaas)는 영감을 주는 인물일 텐데, 그가 처음 "실천한" 형식은 이를테면 맨해튼에 관한 책이다. 이후 출판물들은 스픽스가 지적하듯이 더 많은 경향들－건축과 도시계획에 대한 글쓰기, 제안 및 실행된 사무소 작품을 기발하게 버무린 것, 비판적 아티클, 고차원적인 디지털 조합기술과 브루스 마우(Bruce Mau) 등과 같은 이들이 갖춘 디자인 기술들로 인해 가능해진 독창적인 표현방식과 결합된 과도한 사진 자료－을 보여준다. 1990년대, OMA에서 파생된 AMO가 설립되었는데, 이때 공동대표인 렘 콜하스와 당시 로스앤젤레스의 버려진 유니버설 스튜디오 프로젝트를 위한 OMA의 프로젝트 건축가였던 댄 우드(Dan Wood)는 함께 이 같은 이론적 무장을 시작하기로 결정했다. 그때 레이니어르 더 흐라프(Reinier De Graaf)가 AMO를 이끈다.

이탈리아식 기원의 또 다른 예는 스테파노 보에리(Stefano Boeri)[7]인데, (그는) 도시 프로젝트를 탐구하고 있고 디자인 리서치를 수행하고 있으며 밀라노에서 건축실무를 병행하고 있다. 몇몇 건축학교가 보기에, 이 새로운 방법론은 새로운 유형의 건축연구를 의미했다. 렘 콜하스는 자신의 '도시 프로젝트(Project for the City)', 즉 하버드 디자인

대학원에 어마어마한 영향을 끼쳤고 재빠르게 진행되었던 프로젝트에 착수했다. 로테르담에 위치한 베를라헤 인스티튜트는 항상 디자인과 건축적 사고의 최첨단에 있으면서 혼자 힘으로 명성을 확고히 했다. 최근 들어 델프트 공과대학교는 건축학부에 국제중심 연구소인 델프트 디자인대학을 설립했다. 그들은 모두 건축 분야와 비판적 사고 분야를 공통으로 탐구한다.

그럼에도 불구하고 스픽스가 보기에, "비판이론"의 시대는 지났다. 여기서 위기는 하비가 제시했던 것처럼 서구경제에서 유연한 축적으로의 전환 그 이상이다. 오히려 경영형태뿐만 아니라, 건축이미지와 실무의 이 새롭고 유연한 축적은 대체로 소위 대륙이론(Continental theory)이라는 것을 새롭게 계승한다. 이러한 고갈에서, 스픽스는 1990년대 건축계에서 일어났던 사유와 행위(thinking and doing) 간 관계에서의 중요한 변화를 인식하지 못했다고 본다. 그 결과, 더 최근의 주안점은 미국의 실용주의와 이러한 "새롭게 등장하는 실천형식들"에 있다. 그가 보기에, 건축에 있어서 새로운 도전은 지독하게 경쟁이 치열한 세계 시장에서 살아남을 수 있는 업무 형식을 개발하는 것이다. 그 아이디어란 건축가들이 이중적인 방식으로 "지능(intelligence)"을 활용한다는 것이다. 즉 전문직의 특성인 구체적인 실무지식의 형태로서, 그리고 미국 CIA나 군대가 "지능"을 활용하기를 원할 것 같은 실질적인 면에서 말이다. 건축가들은 앞서 생각하고 미리 시각화 할 수 있어야 한다. 즉 그 결과와 동시에 사신들이 제안한 것들로 인한 사회적 영향을 미리 알아야 한다. 하지만 그렇게 하기 위해서는 군대처럼 "지능"을 활용하고, 끝없어 보이는 "정보"의 파편들, 심지어 유언비어와 허위정보를 갖고 작업할 수 있어야 한다. 바깥세상의 수다를 전문직에 투사하는 역량(the projective capacity)과 연관지어야 한다. 그걸 수행하는 방식은 상상력을 활용하고 거기에 맞춰가는 것이다.

그렇지만 문제는 투사적 실천(projective practice)을 다루는 다른 방식이 있는지와 어떻게 비판적 사고가 이 절차에 관여할 수 있는가 하는 것이다. 그게 아니면 비판적 사고는 사실상 "힘을 다한" 것인가? 우선 말하려는 것은 과거에는 사실상 어떤 사무소도 비판적 사고에 관심이 없었다는 점이다. 이런 탐구는 언제나 대학에서 철학과 사회학의 영역이었다. 확실히 비판이론은 실제 사무에서 일정 역할을 했던 관심 분야가 아니었다. 스픽스가 이어놓은 건축사무소에서의 업무 프로세스 현대화와 "대륙이론의 소진(the exhaustion of Continental theory)" 간 연결고리는 그 자체로 의문의 여지가 있는데, 대륙이론은 유럽과 미국에서의 일상 업무수행에서 그 어떤 역할도 수행하지 않았기 때문이다. 건축가들은 자신들의 아이디어를 다른 곳—부지와 프로그램의 특수성에 대한 대결, 다른 건축가들의 작업, 정기간행물 및 전문 문헌으로부터—에서 얻는다. 실제로 이론에 관한 담론은 평균적인 건축실무자는 거의 눈치 챌 수 없을 만큼 대단히 난해한 복잡성을 띠고 흘러간다. 만약 글이 지나치게 복잡해지면 그야말로 아무도 읽지 않을 것이다. 실제로 거기에는 항상 "수다"가 있다. 사실, 혼란스러운 업무과정을 동반하는 건축사무소에서는 아마 거의 언제나 수다가 있을 수 있고, 다른 관심사와 아이디어들이 함께 작용하거나 최소한 서로를 용인해야 하는 대학에서도 그럴 수 있다. 스픽스의 주장은 두 방향으로 흐른다. 맨 먼저 유연하면서도 국제적인 사무소 일들을 촉진하는 것과 두 번째로 대학 내의 비판적 사유는 "힘을 다했음"을 선언하는 것이다. 비록 두 가지가 실질적으로는 대체로 무관할지라도, 나는 그 두 가지 모두 건축, 특히 건축교육에 관련된 질문이라고 주장한다.

이 질문에 접근하는 다른 방법들은 뭐가 있는가? 내 생각에 여기에 필요한 것은 '반성적 건축(reflexive architecture)'이라고 부르고 싶은 것인데, 이는 최근까지 사용된 전통적인 사무소 업무보다 더 큰 규모로 디지털화된 작업 프로세스와 결합된 자체 기반을 반성적으로 다루는 건축이다. 분명히 말해, 결국 나는 사무소들이 이 반성적 건축을 그들 스스로 수행할 수 있다고 생각하지 않는다. 그들 대부분은 확장된 실험에 초점을 맞추지도 시간도 없을 것이다. 원하는 초점을 얻으려면 스튜디오 세팅이 필요하다. '건축 소시우스(Socius of Architecture)'[8]의 디자인은 우리 사무실에서 만들어졌지만 텍스트는 내가 대학에서 수행한 작업에서 나왔다. '반성(reflexivity)'은 주로 대학에서의 활동인데, 반성은 '비평'과 시간과 공간에 대한 현대적 개념과 관련이 있기 때문이다. 만약 사무소 업무와 대학 연구 사이에 이러한 분열이 남아 있다면 역사가와 비평가는 계속해서 위험을 피할 것이며, 그들은 웅장한 디자인보다 협상과 적응이 더 일반적인 사무소에서 벌어지는 지저분한 일상 업무에 신경 쓰지 않아도 될 것이다. 그렇지만 대학의 연구 그룹은 관련된 사무소 없이는 반성적 건축 연구를 수행할 수 없다고 생각한다. 그들에게는 꽤 많이 필요한 실용적인 맥락과 고객이 부족하다. 스픽스의 담론에서 일어나고 있는 것은 오늘날 건축 실무의 최전선에 서 있는 몇몇 미국 및 네덜란드 사무소를 홍보하려는 노력이다. 그의 주된 주장은 조직적이고 도구적인 것이며, 더 이상 디자인의 결과를 평가하지 않는 '실용적인' 자세로 다뤄진 도구(성)의 입장이다. 그다지 새로운 입장은 아니다.

알베르토 페레스-고메스(Alberto Perez-Gomez)[9]가 썼듯이, 이 같은 "도구성에 대한 집착"은 건축실무에서 조금도 수그러들지 않고 폭발하고 있으며, 거의 언제나 "선두주자"의 입장들을 강조한다. 고메스는 그들이 일궈낸 합리성의 신화를 조사하기 위해 18세기 중반 기술이론에서 도구에 대한 집착을 추적했다. 그의 초점은 건축 지식의 필수적인 면들이 "과학" 논문을 통해 전달될 수 있는 '수학적인 것(mathemata)'에 기반을 둔 테크네로 정의된 전-근대 건축에 있었다. 페레스-고메스는 17세기 후반과 18세기 프랑스의 두 가지 중요한 이론, 샤를 에티엔 브리주(Charles Etienne Briseux)의 작업과 클로드 페로(Claude Perrault)의 초기 저술 간에 있었던 격론을 조사했다.[10] 오늘날 "도구성에 대한 집착"은 문화적 맥락, 의도된 프로그램, 역사적 근원, 윤리적 명령 및 우리의 경험적 신체에 대한 인식 없이 유행을 따르는 건축 프로젝트(fashionable architectural projects)를 장려한다. 페레스-고메스가 옳을지라도, 내 생각에 문제는 오늘날의 건축 실무는 더 이상 역사적 의식 수준이나 심지어 스픽스가 제안하는 관리 및 조직 수준이 아니라, 즉 더 이상 인지나 역사적 수준이 아니라 소프트웨어를 기반으로 평평해진

미적 반성의 수준에서 이루어진다는 점이다.

이런 종류의 미적 반성은 최근 문화 산업의 생산 및 소비에서 중요한 위치를 찾아냈다. 건축 서적과 잡지도 이러한 메커니즘의 일부다. 논문은 더 이상 건축가의 선택이 아니라 필수다. 사무소의 경우, 이 미학화(aestheticization)로부터 물러서는 것은 불가능하지만은 않겠지만 어려운 일일 것이다. 그것들이 작동하는 조건은 일종의 상징적 흐름, 문화적 자본 창출과 현재 업계의 고유한 미학적인 주조 전문가 시스템에 있다. 문화 산업에서는 지적 재산권이 자본의 주된 형태인 반면, 건축에서 판매되는 것은 단일 작업(a singular operation)이기 때문에 지적 재산권이 아니라 '제품', 건축 프로젝트이고, 특히 기업이나 건축가의 '이름'은 출판을 통해 가까스로 이름을 얻는다. 스픽스가 언급하는 상당수의 소규모 회사는 틈새 마케팅을 수행하여 건설 업무의 주요 시장에서 돌파구를 찾는다. 그들 중 일부가 창안해낸 것은 경제 및 관리 혁신이라기보다 프로파일링 및 이미지 제작에서 전략적인 미적 혁신이다. 물론 이러한 창안/촉진은 20세기에는 더 오랜 기간 동안 그러했고, 늘 마르크스주의와 보수주의 양 진영의 비판이 뒤따랐다. 그럼에도 불구하고 비판은 점점 더 복잡해지는 양상이다. 마르크스주의 비평에서는 적어도 일종의 보루(a stronghold)가 항상 있었는데, 예컨대 타푸리나 아도르노와 같이 미학적 깊이가 있는 저항 형식이 그런 것이다. 하지만 지금 벌어지고 있는 일은 현대 정보와 커뮤니케이션 구조 속 이미지들의 순환에서 저항의 주체가 사라지는 것이다. 어쨌거나 바로 이 같은 사라짐이 스픽스가 "대륙 이론은 힘이 다했다(the exhaustion of Continental theory)"고 특징짓는 것이다.

래쉬와 어리11가 주장하는 것처럼 우리는 더 이상 반성적 주체가 아니라 반성적 대상을 다루고 있다. 그들은 예를 들어 음악 산업에서 현재의 문화적 인공물은 표상물(representations)로서는 더 이상 초월적이지 않지만, 그 인공물들은 대중문화의 정보 및 커뮤니케이션 구조에서 순환하고 경쟁하는 다른 오브제들 사이에서 오브제들로 내재해 있다고 주장했다. 음악은 라이프 스타일이 되었다. 그들의 주장은 근대화와 자율화, 그로 인한 문화의 차별화와 더불어 문화는 우선적으로 표상이 되었다는 것이다. 최근 들어 우리는 표상들이 사물(objects)의 기능적 지위를 차지하는 것을 확인했으며, 이 사물들은 비물질적 형태와 미적 특성에서 일상생활의 다른 사물들과 구분될 뿐이다. 스타로서의 마돈나는 이미지일 뿐만 아니라 표상이다. 그녀는 문화의 인류학적 의미에서 문화적 사물이 되었다. 정보와 커뮤니케이션 구조에 의해 사회구조들의 중요성이 감소되고 그것들 중 일부는 대체됨에 따라 일상생활의 미학화가 가능해진다. 포스트모더니티의 현 상황은 사실상 미적 모더니즘이 엘리트뿐 아니라 전체 인구로까지 일반화된 것이다. 그러나 미적 모더니즘은 깊이 있고 반성적인 자율적 주체를 전제했다. 그것은 미적 표현 주체를 가정한다. 래쉬와 어리는 오늘날 정보와 커뮤니케이션 구조에서 이미지들의 순환은 미적 주체가 아니라 이미지들을 반영하는 사물들을 필요로 한다고 주장한다.[12] 그들의 관찰은 여기서 보드리야르의 디스토피아[13] 개념과 밀접할 수 있지만, 디지털 이미지의 지속적인 확산에서 사물들이 납작해지는 경향이 있는 건 사실이다. 하지만 내가 볼 때, 이 과정은 아직 끝나지 않았고, 아직 힘을 다한 것이 아니며, 여전히 중요한 가능성들이 남아있다. 확실히 이러한 유연한 축적은 스픽스가 제시했던 단순한 경제적인 관리 유연성 그 이상이다. 디지털 세상에서 오늘날 건축 이미지의 생산은 최근 닐 리치[14]가 제안한 것처럼 "마취"가 모더니즘 미학을 대체하고 있다.

음반 회사는 음반을 판매하는 것이라기보다 아티스트를 판매한다. 건축의 경우 같은 상황이 아니다. 건축은 사회에 대한 광범위한 관심을 요구하지 않는다. 원래 건축을 다루지 않는 잡지에 대한 관심이 급격히 증가하고 있긴 하지만 말이다. 하지만 건축영역의 핵심그룹에게 렘 콜하스와 프랭크 게리는 비슷한 방식으로 작동한다. 그것은 건물이라기보다 브랜드 네임으로서의 "콜하스(Koolhaas)"이며, 그의 저작물과 OMA/AMO 사무소, 그리고 책과 잡지에 그의 작업을 끊임없이 출판함으로써 더욱더 강화된다. 수많은 문화 부문 기업들이 광고 대행사와 비슷해졌고, 광고 자체는 문화 산업과 더 비슷해 졌다고 래쉬와 어리는 주장해왔다. 예를 들어, 런던에 있는 사치(Saatchi)라는 PR 회사는 자신들의 광고 사업을 "상업 커뮤니케이션"으로 분류한다. AMO 사무소는 동일한 업무를 수행한다고 해도 과히 틀린 말이 아니다. 쇼핑에 관련한 OMA/AMO의 연구는 프라다 장부(Prada account)와 거의 일치한다. 이 사무소는 상점을 디자인했을 뿐만 아니라 광고 및 홍보에서 회사의 기업 정체성을 관리했다.

나는 사회 이론과 철학에서의 "비판적"이라는 용어가 실제로 문제가 있고 건축과 같은 투사적이고 미학적인 실천(a projective aesthetic practice)에는 쉽게 연관 지을 수 없다고 생각하기 때문에 "혁신적"이라는 이미 한물간 용어와 "비판적 건축"이라는 용어는 피한다. 그럼에도 불구하고 "비판적"이라는 말은 정확해야 한다. 분명 "비판적"이라는 용어는 "회고적"이며 역사적이고 비판적인 분석과 연관될 수 있다. 비판 자체는 많은 압력을 받거나 사회 이론과 철학에서 완전히 사라지고 있는데, 이는 많은 사람들이 볼 때 비판적 주제를 잃어버린 것처럼 보이기 때문이다. 여기에 앞서 언급했던 새로운 조직 모델로의 전환보다 훨씬 더 많은 문제가 놓여있다. 스픽스가 제안하는 것처럼 그것은 또한 지식의 문제다. 철학적, 정치적, 과학적 진리는 증식하는 "소소한 진리"의 떼로 분열되어 너무나 빠르게 나타나고 사라지는데, 그것들이 정말 사실인지 아닌지를 확인하는 것은 완전히 불가능한 일이 아니라 하더라도 비현실적인 일이라고 그는 썼다.[15]

그러나 그가 비판이론에 이별을 고하는 것은 너무 성급한 결론이기도 하다. 아이디어나 이데올로기는 더 이상 관련이 없지만 "지능"은 그렇지 않다. 그는 1960년대와 70년대의 "비판적 건축"에는 20세기 초 전임자들의 이론적, 정치적, 철학적 진지함이 전혀 없었다고 말한다. 게다가 1980년대 후반과 1990년대 포스트모더니즘, 해체주의, 비판적 지역주의 등 많은 이론들은 모더니즘에 대해 거짓된 가식을 취했다. 스픽스가 여기서 펼치고 있는 반대는 다양한 형태의 이론적 미적 실천에 관한 것이다. 그의 주장은 "아방가르드 사무소들(vanguard practices)"은 앞서 *주어져있는* (이탤릭체_필자 강조) 아이디어, 이론 및 개념에 의존하고

"포스트-아방가르드 사무소들(postvanguard practices)은 혁신을 위한 기회를 추구하는 데 있어서 더 "기업적(entrepreneurial)"이라는 것이다. 즉, 어떤 아이디어, 이론 또는 개념으로도 결정할 수 없는 실천이다.[16]

오해가 발생할 수 있는 위험이 있는 곳이 여기라고 생각한다. 내 생각에, 정의상 회고적 성격을 띠는 비판이론은 투사적이면서도 창조적인 미적 실천(a projective and creative aesthetic practice)으로서의 건축을 결코 충실하면서도 안전하게 인도할 수 없다. 건축적 사고를 건물과 그 건물의 장래와 관련해 기대할 수 있는 미적 효과에 투사하는 것은, 혁신을 위한 "기업적" 기회로부터 비롯한 것이든 "비판적" 의도에서 비롯한 것이든, 언제나 근거 없는 추측일 것이다. 그것은 앞서 주어져 있는 "안정적인 이론"이라는 생각이나 기업적 실무의 창안과는 무관하다. 나는 이러한 투사적 과정이 지닌 미학적 측면을 강조하고자 한다. 그것은 '무엇이든 상관없다(anything-goes)'는 것을 뜻하지는 않는다. 맥락, 프로그램, 건설, 예산 등을 분석하고 조직하는 안정적인 방법이 많이 있다. 하지만 많은 경우 교육 및 실무 환경에서 미리 자세히 논의되는 것은 이와 같은 미적 효과다. 이런 맥락에서 철학은 쉽게 혼란을 야기하는데, 아이젠만의 글과 특히 그가 데리다와 라이크만과 같은 철학적 파트너와 연계한 데서 비롯된 수많은 경우가 그러하며, 적어도 내 생각에, 거기에는 투사적 건축-철학(projective archi-philosophy)이라는 엉터리 제안이 있다. 이것이 아이젠만이 항상 자신의 프로젝트를 게시하는 방식 때문인지 아니면 프로젝트에 대한 신성한 철학적 관심에서 비롯된 것인지 여부는 단정하기 어렵다. 둘 다일 가능성이 있지만 확실한 것은 "비판성"에 대한 미국의 담론을 혼동하고 있다는 점이다.

스픽스 자신이 이러한 담론에 지친 것처럼 보이긴 하지만 그렇다고 여기서 우리가 뭘 해야 할지 모른다는 것을 뜻하지 않는다. 확실히 디자인 업무에서의 경제적 조건, 도시계획에서의 정치적 선택과 의사결정, 영토적 조건이나 '육지성(terrestriality)', 디자인 이데올로기 및 관리 관계에 대해 인식 가능한 뭔가를 말할 수는 있다. 결국 건축과 도시계획은 우리의 삶과 우리가 세상을 경험하는 방식에 관한 것이다. 그럼에도 불구하고 스픽스의 발언은, 나는 그의 주장에 동의하지 않지만, 의심의 여지없이 우리가 더 심각한 문제인 비평 자체에 직면하도록 한다. 이 주장은 우리에게 해체주의의 지위와 유용성, 비판 이론, 사회와 자연에 대한 우리의 생각에 의문을 제기할 또 다른 기회를 제공한다.

실제로 브뤼노 라투르는 "아방가르드―프롤레타리아 아방가르드, 예술적 아방가르드―라는 개념 자체가 사라지고, 다른 세력에 의해 밀려나거나, 리어가르드(rear garde)로 이동하거나, 수하물 열차로 취급된 지 오래됐다"고 말한다.[17] 우리가 여전히 비판적인 아방가르드의 움직임을 겪고 있는 것처럼 보이지만, 그는 그 정신이 사라진 게 아니냐고 묻는다. 라투르는 비판적 사고가 무기―한때 "비판의 무기(Waffe der Kritik)"라 불렸다―라는 생각을 유지하면서 우리의 비판적 전략과 도구를 다시 생각해야 한다고 썼다. 실제적인 위협이 너무 많이 변하여 적이 이제는 전혀 다른 곳으로 이동하는 동안에도 우리는 여전히 우리의 무기를 동쪽이나 서쪽을 가리키고 있는 것인지도 모른다. 해체라는 중성자 폭탄과 담론 분석이라는 미사일을 가진 우리의 비판적인 무기는 모두 잘못된 방향을 향하고 있는 것인지도 모른다. 그렇게 해서, 우리는 잘못된 무기를 사용하고 있는 건지도 모르며, 우리는 다시 해체주의 건축과 새롭게 설정된 디지털 건축으로 되돌아가서 무엇이 잘못되었는지를 확인해야 한다. 그와 동시에 대안을 생각해 낸다면, 후자가 전자보다 더 시급한 일이다.

일견 스픽스의 개념과 라투르의 개념 사이에 일치하는 부분이 있을 수 있다. 하지만 사실 그 둘의 입장은 전혀 다르다. 라투르의 호소는 경험주의와 싸우는 것이 아니라 오히려 경험주의를 새롭게 함으로써 사실에 더 가까이 다가가고자 하는 것이다. 그가 볼 때 새로운 비판적 사고는 '지능(intelligence)'이 아니라 (윌리엄 제임스[William James]처럼 말하자면) 완고한 현실주의적 태도에서 찾을 수 있는 것인데, 사실의 문제가 아니라 관심의 문제라 부르는 것을 다루는 리얼리즘 말이다.[18] 사실에서 벗어나는 대신 우리는 그것들을 가능하게 하는 조건에 주의를 기울여야 한다. 건축에서 보자면, 그것은 내가 '거리의 건축(an architecture of the street)' 이라 일컫는 쪽으로 우리가 갖고 있는 생각의 방향을 바꾸는 것을 의미한다. 진행하고, 경험주의를 갱신하고, 건축적 해체와 해체에 내재해 있는 사회적 구축—더 좋은 것이든 그렇지 않든—을 구성하는 지적인 도구들을 다루는 반성적 건축방식이다. 건축학교, 서적 및 잡지에서 길게 논의된 건축 실무의 바람직한 결과는 결코 "기업적 건축(entrepreneurial architecture)" 이나 "디자인 지능(design intelligence)" 이라는 수사로 길잡이 삼을 수는 없다. 오직 조직적인 문제에만 초점을 맞추고 "비판적" 건축을 소송에 진 사건(lost cases)으로 치부하는 담론은 사실 해결되어야 할 필요가 있는 성급한 포스트모던 및 포스트-정치적 전략이다. 비평을 다른 방식으로 생각하는 것은 여전히 가능하다. 내가 조금 더 간략하게 설명하게 될 배타적 마르크스주의 방식이 아니라 라투르와 래쉬가 제안한 방식으로 말이다. 폭파하는 비평가가 아니라 끌어 모으는 비평가 말이다. 그의 생각에 비평가는 순진한 신봉자들에게 주던 지지를 갑자기 끊어버리는 사람이 아니라 참여자들에게 모일 경기장을 제공하는 사람이라고 라투르는 말한다. 즉 우리가 받아들인 것보다 더 많은 아이디어를 생산함으로써, 순전히 "부정적인" 것이 아니라 실제로는 생산적이라는 말이다.

건축 분야에서 이러한 전진을 설명하기 위해 건축과 "비판적" 이론 간의 관계와 파열을 모두 보여 주려고 노력했던 이전 출판물을 언급하고자 한다.[19] 조지 베어드(George Baird)는 『하버드 디자인 리뷰(*Harvard Design Review*)』[20]에 게재한 통찰력 있는 논문에서 "비판성" 에 대한 미국의 논의를 그렸는데, 이 논의는 유럽에서 마르크스주의와 칸트주의적 사고에 기원을 지닌 것이다. 베어드는 건축에서 비판성의 계보는 피터 아이젠만과 '저항' 과 '부정' 의 개념에 지속해서 지적인 초점을 맞춘 입장을 발전시켰던 마이클 헤이스와 함께 시작한다고 말한다.[21] 두 사람 모두 이탈리아 역사가이자 비평가인 만프레도 타푸리를 언급한다. 내 생각에 비판성에 관한 중요한 개념 중 하나는 마르크스주의 사상가 프레드릭 제임슨[22]의 연구에 크게 빚진 한네스 마이어(Hannes Meyer)와 루트비히 힐버스아이머(Ludwig Hilberseimer)[23]에 대한 헤이스의 책에서 찾을 수 있다. 타푸리24를 따르는 헤이스에게 미스 반 데어 로에는 후기 모더니즘에서 부정에 관한 가장 중요한 모범이었다. 미스의 작업은 비판적이거나 저항적인 것으로 그리고 반대적인 것으로 검토된다. 또 다른 글25에서 헤이스는 『G』 매거진의 두 번째 호에 실린 1922년 마천루 프로젝트의 표면 왜곡과 형태적인 해석 가능성을 다룬다. 미스는 질서는 표면 그 자체에 내재하고 있으며 질서는 관찰자가 실제로 움직이는 세계에 연속적이며 그 세계에 의존한다고 주장한다. 헤이스는 건물을 당시 독일 도시의 맥락 속에 넣으며, [도시의 신경자극에 의도적인 방어막을 형성하는] 무덤덤한 개인(the blase individual)에 대한 게오르크 짐멜의 생각을 언급한다. 실제로 이러한 표면과 부피감은 이 건물을 당시의 역사적 세계에 위치시키기 위해 자율적 형태라는 비시간적이고 이상화된 영역으로부터 비틀어 떼어낸다. 그런 다음 디자인은 대도시의 삶이 지닌 우연과 불확실성에 개방된다. 저항의 순간은 그것이 대도시의 혼돈에 포함되지 않고 오히려 예기치 않은 표면의 거울작용(mirroring)을 체계적으로 활용함으로써 또 다른 질서를 모색하는 것이다. 헤이스는 건축가의 의도나 작품이 아닌 그 건물을 다룬다.

베를린의 알렉산더 광장(Alexanderplatz)과 라이프치히 거리(Leipzigerstrasse)의 아담 빌딩(Adam building)과 같은 미스의 다른 후기 작품은 같은 범주에 속하지 않는다. 그것은 모두 건물이 사회학이나 철학에 초점을 맞춘 비판적 평가와 어떻게 관련될 수 있는지에 달려 있다. 짐멜을 대신하여 발터 벤야민의 작업에서 논쟁을 벌일 수도 있다. 주요 질문은 프로젝트와 도시 간의 관계를 평가하는 방법이다. 어떤 의미에서 대부분의 도시계획 전문가들은 이러한 관계를 부지와 어울리는 것으로 논의하는 것이 아니라 도시와 건축 모두를 한꺼번에 비판적으로 읽는 것을 논의한다. 이후의 프로젝트들은 그것들이 위치한 맥락의 물리적 특성들과 대화하기를 삼간다. 유리벽 블록은 어떤 부지에서나 재현될 수 있다. 똑같은 유닛들과 미분화된 질서는 배치(arrangements)에 대해 의미를 부여할 가능성을 부정하는 경향이 있다. 하지만 헤이스는 이러한 후기 디자인이 1922년 마천루 디자인과 관련 없다는 것을 의미하지는 않는다고 주장한다. 그것은 그 건물들을 함께 묶는 의미에 관한 주요 초점으로서의 선험적 논리를 부인하는 것이다. 알렉산더 광장 디자인에서 미스의 업적은 신경증적인 대도시의 혼돈 속에서 침묵의 빈터(a clearing of silence)를 열려는 것이었다. 이 프로젝트에서 의미의 무게를 짊어진 것은 바로 침묵이다.

흥미롭게도 "비판성"의 새로운 입장은 엘리자베스 딜러(Elizabeth Diller)와 리카르도 스코피디오(Ricardo Scofidio)와 함께하는 듯이 보이는데, 이는 마이클 헤이스가 뉴욕 휘트니 미술관의 큐레이터로서 처음 취한 행동이 그들에게 주요 전시를 제공한 것이었기 때문이다. 그러나 더 흥미로운 것은 그들이 자신들을 유명하게 만든 다수의 미술관 갤러리 프로젝트를 전시하기로 결정했다는 점이라고 베어드는 말한다.[26] 그들의 최근 디자인 실무에 초점을 맞춘 건물 프로젝트—거리에서 "비판적"일 수 있는 더 어려운 관문을 충족시켜야만 할 프로젝트—는 전혀 드러나지 않았다. 거리에서 이러한 비판(성)의 일부인 '살아있는 공간'이라는 개념과 관련될 수 있으려면, 우리는 비판 이론이라는 이상과 특히 '반성적 건축'("비판적 건축"과 혼동해서는 안 됨)에서와 같은 투사적 사유를 연관지어야 할 것이다. "비판적"(이라는 것)은 건축이 아니라 이론에만 사용할 수 있다. 소시우스 북(Socius book)[27] 프로젝트에서, 그것은 "거리의 건축"과 직접적으로 연관된다. 놀랍게도, 아이젠만의 작품에 대한 가장 초기의 그리고 가장 심각한 비판은 타푸리로부터 나왔는데, 그는 아이젠만의 작품이 거리가 아닌 규방에 적합할 것이라고 간주했다.[28] 그러니 '거리의 반성적 건축'으로 돌아가 그것이 무엇을 제공해야 하는지 살펴보도록 하자.

인간의 신체와 그 토대

건축 담론으로 돌아가기 전에 (인간의) 본성, 지속가능성, 생물경관 및 정보 사회에 대한 보다 일반적인 개념들을 먼저 다루어야 한다. 이러한 문제들을 어떻게 다룰 것인가? 인간 본성의 개념은 매우 복잡하다. "포스트휴머니즘적 주체(the posthumanist subject)"라 불리는 문제는 현재 문화담론이나 이론에서 이미 잘 표현되어 있기 때문에 엄정하게 따르지 않을 것이다.[29] 나는 '토대(grounding)' 문제에서 '디지털 세계'의 문제를 그리고 유기적이고 비유기적인 것이라는 측면에서 건축적 사유를 공간-시간적으로 '다시 틀 짓기' 할 필요성을 다룰 것인데, 이는 우리시대 지속 가능한 행동과 행위주체성(agency)의 가능성을 재고하기 위한 방법을 알기 위해서이다. 특히 사이버 공간은 "가상 생활" 형태의 시뮬레이션으로만 사이버 공간에서 자신의 위치를 경험하기 때문에 인간들이 (자신들이 처한) 공간 상황을 재-개념화하도록 강요한다고 티모시 루크(Timothy Luke)는 주장한다.[30] 그의 주장은 이러한 디지털 세계를 포착하기 위해 또 다른 추론이 필요할 수 있다는 것이다. 정치적 사실주의 측면에서 관습적 추론의 인식론적 토대는 두 번째 자연이라는 모더니즘 법칙에 근거를 두고 있다고 그는 말한다. 무엇이 '현실'이고 무엇이 가상인지에 대한 또 다른 인식론적 개념이 필요할 수 있다. 루크는 "첫 번째"와 "두 번째" 자연이란 개념을 취하면서 "세 번째 자연"을 정보 사이버 영역/텔레스피어(informational cybersphere/telesphere)로 정의한다.

디지털화는 인간적인 행위주체성(human agency)과 구조를 제작된 물질의 어떤 것으로부터 정보 비트의 레지스터로 전환시킨다. 인간의 현존은 두 가지 방식의 자연영향의 상호작용 속에 위치한다. 루크에 따르면 첫 번째 자연은 "육지성"이라는 생물경관/생태경관/지리경관을 형성하는 다양한 지형에서 그 정체성을 얻는다. 지구, 물 및 하늘은 자연의 힘으로 인간의 삶에 교대로 영향을 미치는 생물경관의 물리적 지리적 위치에 매핑된 기본 요소를 제공한다. 그러나 생물경관의 상당 부분은 회복할 수 없을 정도로 오염되어 있다. 예를 들어 자동차와 항공교통은 미국 연간 에너지 소비의 약 40퍼센트를 공동으로 차지하지만 건설 환경은 그와 동일한 양을 소비하고, 나머지는 산업이 차지한다. 미국의 도시 확산(urban sprawl)은 에너지 소비의 주요 문제 중 하나다. 가스 보조금, 상대적으로 낮은 자동차 세금, 높은 자동차 접근성, 낮은 토지 가격은 점점 더 일상적 도시 확산을 부추긴다. 물론 문제는 여기서 몇 줄로 간단히 설명할 수 있는 것보다 훨씬 더 복잡하다. 나의 주요 관심사는 자연과 가능한 건축 및 도시 솔루션과 관련하여 우리 자신의 행동을 이해하는 방법이다.

건축과 도시계획 모두 디지털화된 작업 과정과 디지털 건축, 그리고 '생물경관', '생태경관' 및 '지리경관' 과의 관계를 이해하는 데 중요한 역할을 수행한다. 이러한 시스템이 어디에서 시작하고 끝나는지, 어디에서 환경에 대한 해결책을 찾을 수 있는지, 건축과 도시문제를 해결하기 위해 우리가 어떤 종류의 합의에 도달할 수 있는지 말하는 것은 불가능한 일은 아니지만, 어려운 문제다. 데이비드 하비가 쓴 것처럼, 간편하게 끝없는 학문적, 지적, 이론적, 철학적 논쟁의 기초가 될 수 있는 정치적 주장, 개념 및 어려움에 대한 마법사의 입김이 실제로 있긴 하다.[31] 하비에 따르면 몇 가지 공통 언어를 찾거나 적어도 다른 언어들 간에 적절한 번역방법을 찾아야 한다. 그의 공통기반은 "생명의 그물" 은유에 있다. 그것은 살아있는 세계를 구성하는 상호 연결망을 통해 우리의 행동을 걸러내는 데 실제로 도움이 될 수 있다.

게다가 민족국가, 대중 사회, 세계 지정학을 두 번째 자연의 건설 환경이나 사회공간들을 구축하고 정복하는 데 활용되는 역사적 인공물로 보는 루크의 정의는 우리가 이 길을 따라가는 데 도움을 줄 수 있다. 그것은 리처드 세넷이 자신의 저서 『살과 돌(*Flesh and Stone*)』에서 건축에 대해 역사적으로 설명했던 영역이다.[32] 두 번째 자연은 '영토성(territoriality)' 의 기술경관/사회경관/민족경관 관점에서 논의된다. 이 두 가지 개념만으로는 오늘날의 수많은 변화를 온전히 이해할 수 없다는 루크의 주장이 옳을지도 모른다. 정교한 인간의 구축물들은 정보 사이버 영역이나 텔레스피어라는 "세 번째 자연" 으로 중첩되고 상호침투하며 재구성된다고 그는 주장한다. 새로운 개념으로서 우리는 이것을 들뢰즈식의 등고선(a contour), 배치형태(a configuration), 다가올 사건의 별자리(a constellation)로 보고 싶을지도 모른다. 그것은 또한 우리가 건축과 도시계획을 다루는 방식에 점점 더 많은 영향을 미칠 것이다. 건축 및 도시 디자인은 "세 번째 자연" 에 깊숙이 관여한다. 최근까지 디자인은 첫 번째와 두 번째 자연에 관련되어 있었지만 디지털화와 함께 디자인은 세 번째 자연에 진입했다. 이것은 디자인의 "수단"에 대한 질문일 뿐만 아니라 건축을 보고 경험하는 우리의 방식에 영향을 미쳤고 또 그럴 것이다.

반면에 피터 아이젠만은 건축은 전통적으로 경험의 조건과 연결되어 장소에 묶여 있다고 말한다.[33] 아이젠만은 루크가 쓰고 있는 비슷한 개념, 즉 경험의 시간인 주어져있는 고전적인 시간(the givens of classical time)에 도전하는 매개된 환경을 언급한다. 아이젠만은 자신이 설계한 프랑크푸르트의 렙슈톡파크(Rebstock Park) 프로젝트에 대한 글에서, 건축은 더 이상 공간과 장소라는 정적인 조건에 구속될 수 없다고 썼다. 그가 생각하기에, 건축은 "이벤트"와 같은 새로운 조건을 다루어야 한다는 것이다.[34] 렙슈톡은 펼쳐지는 이벤트(an unfolding event), 즉 환경의 일부가 되는 록 콘서트와 같은 이벤트로 간주된다. 하지만 건축 이론은 이 아이디어를 거의 무시했다. 대신 이론은 형상과 바탕(figure and ground)이라는 개념에 초점을 맞추었다고 아이젠만은 말한다. 이 개념 쌍을 다루는 데는 두 가지 방법이 있는 것 같다. 하나는 맥락주의로 이어지는 것이고 다른 하나는 현대 운동이 상상했던 것과 같은 백지상태(tabula rasa)로 이어지는 것이다. 건축 모더니즘에는 오래된 것과 새것 혹은 형상과 바탕(figure and ground) 사이에 아무런 관계가 없다. 루크의 관점에서 지면이나 영토는 명확한 중립적 기준선으로 간주되어 그것이 지닌 자율성을 미래에 투사한다. "세 번째 자연"을 탐지하는 데 있어서 루크와 아이젠만 둘 다 옳다고 생각하지만 그것이 어디로 이어질지는 아직 명확하지 않다.

비판 이론 요약: 글쓰기의 미적 모드

이론은 그것이 나타나는 장소와 시간에서 파악되어야 한다. 이러한 상황은 끊임없이 변하고 있다. 그런 의미에서 스콧 래쉬의 '알레고리' 활용은 잠시 좇아가보고 싶은 생각이 드는 흥미로운 아이디어다. 그는 사회 이론에서 모더니즘을 두 가지 유형으로 구분한다. 한편으로는 실증주의, 다른 한편으로는 "생철학(Lebensphilosophie)"이다. 실증주의를 그는 "시스템"의 라인을 따라 구조화된 것으로 이해하고, 생의 철학을 "상징"의 원리로 이해한다. 루소(Rousseau)/콩도르세(Condorcet)부터 콩트(Comte), 후기 마르크스(Marx), 르 코르뷔지에(Le Corbusier)와 더 최근의 하버마스(Habermas) 후기 작품에 이르기까지 패러다임 시스템(paradigmatic system)을 구축해온 실증주의의 전조는 프랑스 인본주의의 고전이다. 래쉬는 노르베르트 엘리아스(Norbert Elias)의 작품에서 "문명(Zivilisation)"과 "문화(Kultur)"라는 대립이 문제가 없지 않다고 말한다.35 여기서 래쉬가 주로 참조하는 것은 짐멜인데, 그는 시스템보다 상징어구(the idiom of symbol)에서 더 많은 작업을 수행했다. 짐멜은 또한 다른 레지스터, 즉 알레고리 레지스터에서 작업을 시작했다. 래쉬는 알레고리가 괴테의 상징 개념을 심화시킨 것이라고 설명하면서, 살롱이나 궁정 사회의 예법과 관련되어 있기에 피상적이고 장식적인 프랑스의 고전적 알레고리와 대조시켰다. 래쉬는 상징의 개념을 고전적인 것에서 바로크의 알레고리로, 프랑스의 궁정사회에서 스페인의 절대주의로 그래서 바로크 알레고리로 전환시킨다. 래쉬가 볼 때 그것은 상징과 알레고리라는 원래 병치와는 완전히 다른 레지스터로 구성되어 있으며, 문명이나 문화와는 아무 관련이 없다. 개념은 여기에서 원래 의미를 부분적으로 상실한 것처럼 보이는데, 사실 래쉬는 들뢰즈식 의미로 다른 "내재성의 평면(plane of immanence)"을 제시하고 있다.

새로 확립된 개념으로서 두 번째와 세 번째 자연은 그것들을 함께 묶는 평면의 다른 배치를 필요로 할 것이다. 고전적 알레고리는 두 가지 서사들 간에 하나하나 상동관계를 제공한다. 그의 바로크식 버전은 바탕에 깔려있는 서사 속에서 의미심장한 부재(a significant absence), 즉 하나의 구멍을 가정한다. 만약 원래의, 즉 "진짜" 이야기가 웬일인지 옳지 않다면 두 번째 이야기와 첫 번째 이야기 사이의 일대일 상동관계는 더 이상 불가능하다. 니체, 짐멜, 벤야민, 아도르노, 크라우스(Karl Krauss)와 같은 바로크 알레고리주의자들은 에세이 형식으로 글을 썼다고 래쉬는 주장한다. 이 에세이는 "학문적인(wissenschaftlich)" 것처럼 보일지 모르지만, 그보다 심미적인 방식—진지하면서도 동시에 피상적이고 가벼우며 장식적인 방식—으로 나타난다.

사실 바로크 알레고리는 마르크스주의적 설명과 반대된다. 마이클 헤이스는 프랑스 마르크스주의자인 루이 알튀세르(Louis Althusser)를 "상대적 자율성"이라는 그의 개념과 관련하여 언급한다.[36] 이 노선의 다른 쪽 끝에는 프랑크푸르트학파의 호르크하이머(Horkheimer)와 아도르노가 있다. "비판적"인 것을 둘러싼 미국 논쟁에서, 이 용어는 종종 다른 의미를 가진 여러 저자들에 의해 여러 번 사용되었지만, 60년대와 70년대의 파리 마르크스주의는 "비판적인 것"에 관심을 둔 것이 아니라 진행에 있어서 마르크스주의적 "과학적" 방법에 관심을 두고 있었다는 것을 기억하는 것이 좋겠다. 건축적 신체에 관한 나의 첫 두 권의 책은 래쉬가 언급하는 심미적 방식의 에세이—렘 콜하스의 〈다운타운 운동클럽〉과 뒤샹의 〈큰 유리(Large Glass)〉에 대한 내 분석[37]에서와 같이 겉보기에는 '가볍고' 때론 '아이러니한' 건축비평—로 쓰인 것이다. 하지만 알레고리주의자는 장식적인 것처럼 보일 수도 있지만, 동시에 치명적일 만큼 진지하다. 래쉬의 공식에서 보자면, 알레고리주의자는 모더니티의 다른 쪽 사생아의 아버지인 것이다.

결론

수많은 현대 건축의 전자장비와 관련된 이미지 기술과 통신 기술과 더불어, 우리는 결국 모든 토대를 잃어가고 있다. 나의 주장은 우리가 "접힘"을 대신하여 건축에서 더 많은 토대와 영속성을 필요로 한다는 것이다. 건축적 관점에서 볼 때, 얼룩과 주름은 도시를 일관성 없이 덧붙여진 텍스처(an additive texture)로 활용한다는 것을 뜻한다. 그것들은 자신이 상상한 받침대 위에 서고 싶어 하기 때문에 지나치게 많은 공간을 소비한다. 그것들은 도시의 무분별한 확장을 강화시킨다. 좀 더 집약적인 건물을 대신하여 그것들은 퍼져나간다. 환경에 대한 무관심이 있는데, 토대(grounding)는 아무런 문제가 되지 않는다. 나는 래쉬의 비판에 동의할 수 있다. 그의 비평이 비록 그가 제안한 것처럼 콜하스의 경우에 작동한다고 생각하지 않지만, 디지털 건축에서는 잘 작동한다.

무관심이 차이를 대체하는 것처럼 속도가 공간을 대체한다.

이러한 디지털 디자인의 원천이 세 번째 자연이다. 여기서 세 번째 자연은 주로 첫 번째와 두 번째 자연을 관통한다. 그것은 근거 또는 맥락이라는 개념을 없애버린다. 건축과 도시계획에 대해 적용 가능한지 의구심을 갖는 지점이 바로 여기다. 두 번째 자연과 마찬가지로 세 번째 자연은 의심할 여지없이 사회적 산물이다. 아이젠만의 렙슈톡파크는 형상/바탕 개념을 들뢰즈식 접기(folding), 주름이라는 추정된 개념으로 전환시킨다. 이러한 전환은 설계의 기반에 직접적인 영향을 미친다. 우리는 디지털 세계를 포함하여 모든 공간이 '구축물'이자 '현실'임을 깨달아야 한다. 들뢰즈적 의미에서 가상공간은 특정 프레임 안에서 실현되는 디자인에서의 예측 불가능한 가능성이 아니다. 그것은 새로운 미지의 영토를 열 수 있는 물음에 관한 것이다. 첫 번째와 두 번째 자연은 더 물질화된 본질을 갖고 있지 않다. 그것은 실제로 사회적 상부 구조라는 상징적 영역에 국한된 집단적 환각 그 이상이다. 그것은 통신 위성에 엄청난 물질적 기반을 가지고 있으며 마누엘 카스텔스(Manuel Castells)가 분석한 것처럼 광섬유 네트워크를 갖고 있다.[38]

건축과 도시계획에서 우리는 '토대' 없이 할 수 있는 것은 없으며 비판적 사고 없이도 아무것도 할 수 없다. 나는 들뢰즈와 가타리가 사유는 영토와 땅의 관계에서 발생한다고 말한 것이 아주 정당하다고 생각한다. 만약 우리가 첫 번째와 두 번째 자연을 잃게 된다면, 우리는 젠더, 성, 인종적 다양성, 부의 불균등한 분배, 계급과 같은 개념 자체를 잃게 될 것이다. 아주 쉽게, 가혹한 현실에서 컴퓨터 프로그램의 무한한 가능성으로의 전환이 이루어진다. 이들 범주에 대한 아무런 관심도 없이 말이다. 린(Lynn)의 건축 대부분은 어떠한 위치도 갖고 있지 않다. 그것들은 어디에나 있을 수 있다. 콜하스의 국제공항에서 보여준 복잡한 이동과 마찬가지로, 그것들은 대부분 상호 교환이 가능하다. 건축과 도시계획에서 우리는 결코 토대를 잃을 수 없다. 세 번째 자연으로는 충분치 않다. 결국 사유는 언제나 영토와 땅과 관련하여 발생한다. 우리는 첫 번째와 두 번째 자연도 필요하다.

주(註)

1 Michael Speaks, "Design Intelligence and the New Economy," in *Architectural Record* (01-2003), 72.

2 예를 들어 David Harvey, *The Condition of Postmodernity: An Enquiry into the Origins of Cultural Change* (New York: Blackwell, 1990)를 보라. 데이비드 하비, 구동회 · 박영민 옮김, 『포스트모더니티의 조건』, 한울, 2013.

3 같은 책, 171.

4 William E. Halal, *The New Capitalism* (New York: John Wiley & Sons, 1986).

5 Scott Lash and John Urry, *The End of Organized Capitalism* (Cambridge: Polity Press, 1987).

6 E. Swyngedouw, "The Socio-spatial Implications of Innovations in Industrial Organization." *Working Paper* no 20, Johns Hopkins European Center for Regional Planning and Research (Lille: 1986).

7 Stefano Boeri, Arturo Lanzani, and Edoardo Marini, "Ambienti, paesaggi e imagine della regione Milanese," in *AIM, Associazione Interessi Metropolitani* (Milan: Editrice Abiare Segeta spa, 1993).

8 Arie Graafland, *The Socius of Architecture: Amsterdam, Tokyo, New York* (Rotterdam: 010 Publishers, 2000).

9 Alberto Perez-Gomez, "Charles-Etienne Briseux: The Musical Body and the Limits of Instrumentality in Architecture," in *Body and Building: Essays on the Changing Relation of Body and Architecture*, ed. by George Dodds and Robert Tavernor (Cambridge, Mass.: MIT Press, 2002), 164 ff.

10 같은 책., 164.

11 Scott Lash and John Urry, *Economies of Sign and Space* (London: Sage Publications, 1994).

12 같은 책., 132.

13 Jean Baudrillard, *Simulation and Simulacra*, trans. Sheila Faria Glaser (Ann Arbor, Mich.: University of Michigan Press, 1995).

14 Neil Leach, *The Anaesthetics of Architecture* (Cambridge, Mass.: MIT Press, 1999). 닐 리치, 송종은 옮김, 『건축의 마취제』, 시공문화사, 2020. *역주: "세계는 심미화되고 마취화된다. 이미지에 취한 세계에서, 건축 미학은 건축의 마취제가 될 우려가 있다."(『건축의 마취제』 45쪽 참조)

15 Michael Speaks, "Design Intelligence" in *A+U* (2002:12 December), 12.

16 같은 책.

17 Bruno Latour, "Why has critique run out of steam? From matters of fact to matters of concern," in *Critical Inquiry* (Winter 2004): 226.

18 Cf. Bruno Latour, *Reassembling the Social: An Introduction to Actor-Network-Theory* (Oxford: Oxford UP, 2005).

19 Arie Graafland, 앞의 책.

20 George Baird, "'Criticality' and its Discontents," in *Harvard Design Magazine*, Rising *Ambitions, Expanding Terrain, Realism and Utopianism* (Fall/Winter 2004).

21 George Baird, 앞의 책, 16ff.

22 Fredric Jameson, *The Political Unconscious: Narrative as a Socially Symbolic Act* (New York: Cornell University Press, 1981)과 "Postmodernism, or the Cultural Logic of Late Capitalism," in *New Left Review* 146 (July-August 1984), 63ff.을 보라. 프레드릭 제임슨, 『정치적 무의식』, 이경덕 · 서강목 옮김, 민음사, 2105.

23 K. Michael Hays, *Modernism and the Post Humanist Subject* (Cambridge, Mass.: MIT Press, 1992).

24 Manfredo Tafuri, *Theories and History of Architecture* (London: Granada Publishing, 1980). 만프레도 타푸리, 『건축의 이론과 역사』, 김일현 옮김, 동녘, 2009.

25 K. Michael Hays, "Critical Architecture, Between Culture and Form," in *Perspecta 21, The Yale Architectural Journal* (Cambridge, Mass.: MIT Press, 1984).

26 George Baird, 앞의 책.

27 Arie Graafland, 앞의 책.

28 Manfredo Tafuri, "L' architecture dans le boudoir," in *The Sphere and the Labyrinth: Avant-gardes and Architecture from Piranesi to the 1970s* (Cambridge, Mass.: MIT Press, 1987), 267ff.

29 cf. Michel Foucault, *The Archaeology of Knowledge* (Great Britain: Tavistock Publications Limited, 1972)과 *The Order of Things* (Great Britain: Tavistock Publications Limited, 1970). 미셸 푸코, 『지식의 고고학』, 이정우 옮김, 민음사, 2000 / 미셸 푸코, 『말과 사물』, 이규현 옮김, 민음사, 2012.

30 Timothy W. Luke, "Simulated Sovereignty, Telematic Territoriality: the Political Economy of Cyberspace," in *Spaces of Culture*, ed. Mike Featherstone and Scott Lash (London: Sage, 1999), 28ff.

31 David Harvey, *Spaces of Hope* (Los Angeles: University of California Press, 2000), 215.

32 Richard Sennett, *Flesh and Stone: The Body and the City in Western Civilization* (New York, London: Norton & Company, 1994). 리처드 세넷, 『살과 돌』, 임동근 · 박대영 · 노권형 옮김, 문화과학사, 1999.

33 Peter Eisenman, "Unfolding Events: Frankfurt, Rebstock and the Possibility of a New Urbanism," in *Unfolding Frankfurt* (Berlin: Ernst & Sohn, Verlag fur Architektur und Technische Wissenschaften GmbH, 1991), 9.

34 아이젠만의 비판은 건축 이론이 건축에서 사건 구조를 무시하는 것이다. 그는 바로 거기에 있을지 모르지만, 그것은 이벤트 구조의 주제를 다루는 문제일 뿐만 아니라 우리가 그것에 대해 기술하는 방식도 문제라고 생각한다. 그것은 찰나적 사건에 대한 열린 마음에 관한 것일 뿐 아니라 이러한 사건에 대한 찰나적 글쓰기 방식에 관한 것이다. 대부분의 경우 건축 역사는 아이젠만이 형상과 바탕의 관계(the figure-

ground relationship)라 일컫는 것에 초점을 맞추었다. 그러나 사건은 단지 계획의 '기능' 그 이상의 의미를 갖는다. 사건들은 계획의 구조에 더 깊이 관여한다. 실제로, 사건들은 내가 베르사유 분석에서 보여주고자 했던 것처럼 계획의 구조를 형성한다. 나의 *Versailles and the Mechanics of Power. The Subjugation of Circe. An Essay* (Rotterdam: 010 Publishers, 2003), 54 and note 86.을 보라.

35 Daniel Gordon in his *Citizens Without Sovereignty: Equality and Sociability in French Thought, 1670-1789* (Princeton: Princeton University Press, 1994)은 프랑스의 '문명'에 관한 토마스 만(Thomas Mann)의 비판에 관심을 기울인다. 1918년의 작품 『비정치적 인간의 성찰(*Betrachtungen eines Unpolitischen*)』에서, 만은 래쉬가 '문명'과 '문화'를 구분하는 것과 동일한 방식을 적용하는데, 만이 볼 때 독일은 '문화'에 더 종속되어 있는 반면, 프랑스는 '문명'에 더 종속되어 있었다. 고든의 책은 엘리아스가 문화사적 논쟁을 벌이기 위해 사용한 반정립적 주장을 무비판적이라고 여긴다. 고든은 엘리아스의 '공간 축(spatial axis)' —프랑스와 독일의 차이—이 설득력이 없음을 보여준다. 나의 책 *Versailles and the Mechanics of Power. The Subjugation of Circe. An Essay* (Rotterdam: 010 Publishers, 2003), 54 and note 86.을 보라.

36 K. Michael Hays, "Ideologies of Media and the Architecture of *Cities in Transition*," in Cities in Transition, ed. Arie Graafland and Deborah Hauptmann (Rotterdam: 010 Publishers, 2001), 263ff.

37 Arie Graafland, "Artificiality in the Work of Rem Koolhaas," in *Architectural Bodies* (Rotterdam: 010 Publishers, 1996), 39ff.

38 Manuel Castells, *The Informational City: Information technology, Economic Restructuring and the Urban Regional Process* (London: Blackwell, 1989).

소개문

유전자 건축과 전산의 형이상학 / 칼 S. 추

건축가이자 교육자인 칼 S. 추(Karl S. Chu)는 「유전자 건축과 전산의 형이상학(Metaphysics of Genetic Architecture and Computation)」에서 전산과 유전학 분야의 발전에 따라 우리 세계와 과거, 현재, 미래에 대한 우리의 인식이 어떻게 바뀌고 있는지 다룬다. 예컨대 인터넷 성장과 같은 전산 분야의 발전은 우리 일상에 부인할 수 없는 영향을 미친다. 유전학 또한 마찬가지다. 식량 공급체계에서 애완동물로 키울 수 있는 생물 유형에까지 영향을 미치니 말이다. 추에 따르면 "지구 생명체와 지적 존재는 마침내 거의 무에서 유를 창조할 수 있는 단계까지 진화한 것처럼 보인다." 정보의 확산성과 이동성에 힘입은 광범위한 격변은 추가 "이른바 탈인본 시대"라고 부르는 상황으로 우리를 내몰고 있다. "유기물과 무기물로 이루어진 새로운 종류의 생체-기계 돌연변이가 출연하는 시대" 말이다. 이런 변화를 건축가는 아직 포착하지 못하고 있다는 것이 추의 견해다. 추는 주장한다. "건축 분과가 스스로 부여한 현실 안주의 태도와 무지의 한계"를 넘으려면, "전산학과 생물유전학 혁명이 가져온 요구에 대응하는 새로운 건축 개념을 개발함으로써 관행화된 건축 패러다임을 급진화해야만 한다." 이런 건축이 생물학적 형태 모사나 복사본이 아니라는 점이 중요하다. 추가 말하는 것은 오히려 "세계 구축을 가능케 하는 유전자 건축의 단자론(monadology)"이다. 이때 단자란 하나의 정보 비트를 가리키며, 이 정보 비트는 자신을 스스로 복제하고 조직함으로써 그것이 속한 세계 질서를 투영하는 더 복잡한 네트워크의 관계로 구축된다.

칼 S. 추(Karl S. Chu) / 현명석 옮김

유전자 건축과 전산의 형이상학

Metaphysics of Genetic Architecture and Computation

Architectural Design 76, no. 4 (July/August 2006), 38-44에 처음 실림.
와일리 퍼블리싱 제공.

"모든 것이 알고리즘이다!"
—그레고리 차이틴[1]

공산주의라는 이름의, 유토피아를 향한 인류의 마지막 기획은 붕괴했다. 한때 유럽을 비롯한 세계를 떠돌던 거대한 유령은 이제 사라졌으며, 이데올로기의 진공 상태를 모두를 아우를 수 있다는 야심 찬 세계화의 촉수가 메우고 있다. 자본주의가 걸어 놓은 승리의 주문에 인류가 흠뻑 취해 있는 동안 붕괴의 여파, 곧 계몽주의 이후 인류가 상상한 어떤 유토피아보다 훨씬 더 급진적이고 환상적인 전환점을 향해 세계가 움직이고 있다는 사실은 여전히 잘 드러나지 않는다. 세계는 다시 한번 프로메테우스의 불이 가져온 것 같은 거대한 동요(動搖)를 목격하고 있다. 이 동요는 결국 인류의 우주 속으로 무자비하게 밀고 들어올 것이며, 이 동요와 함께 우리는 생명의 본질과 기능, 곧 지금껏 존재했던 세계의 관계들을 의심할 수밖에 없을 것이다. 주로 20세기 후반 전산과 생물유전학의 만남에서 비롯된 이 동요는 이미 우리가 상상조차 못 했던 잉태된 미래를 촉발하고 있다. 태곳적부터 리얼리티를 덮고 있던 장막을 걷어내고 있다.

지구 생명체와 지적 존재는 마침내 거의 무에서 유를 창조할 수 있는 단계까지 진화한 것처럼 보인다. 양자 전산 체계가 현실화되는 순간, 자연과 물리 환경에 내재한 생성 원리를 바탕으로 하는 가능계들(possible worlds)의 우주는, 적어도 이론적으로는, 전산의 영역 안에 포함될 것이다.[2] 인류는 역사상 처음으로 생물 종의 유전자 구성을 바꾸거나 변형할 능력을 갖추게 된다. 의심할 여지 없이 지구 생명체의 미래에 결정적 영향을 미칠 일이다. 유전자 코드 조작을 통해 지금껏 가려졌던 생명체의 저장고와 그 모든 잠재력을 드러내고 이로써 첫 번째 금기, 곧 생명을 창조하는 신의 능력을 갖춰서는 안 된다는 법칙의 허위를 폭로하고 위반하는 일은 어쩌면 호모 사피엔스 종의 지구에서의 미래 생존 가능성을 위협할 정도로 불안하고 위험한 상황을 가져올 수도 있다. 동시에, 이제 곧 전산의 영역으로 흡수될 가능계들의 우주 속에서 인류가 어떤 선택을 하는지에 따라 이런 폭로와 위반은 다시 한번 시와 주술의 세계를 구축할 수도 있다. 도저히 화합할 수 없는 영역처럼 보였던 로고스(logos)와 미토스(mythos)가 교차하는 바로 그 지점에서 유래하는, 모든 전근대의 속성과 공명하는 세계 말이다. 전산은 디지털이라는 새로운 내재성의 평면(plane of immanence)과 유기적으로 연결돼 있다. 당대의 전지구적 연금술 체계이며, 결국 세계를 하이퍼-지적 존재의 영역으로 변형시킬 것이다.

전산의 힘은 이미 검증됐다. 범용 튜링 기계[3]의 탄생 이후 전산은 오늘날 없어서는 안 될, 통신의 역사에서 가장 중요한 현상을 불러옴으로써 지난 70년 동안 정보 혁명을 주도했다. 그 현상은 바로 인접속체(Adjacent Possible)의 우주로 규정할 수 있는 인터넷이다. 스튜어트 카우프만(Stuart Kauffman)의 정의에 따르면, 인접속체는 상호작용 체계 속 반응 그래프의 네트워크가 이전까지 순전히 가능성으로만 남아있던 이웃 연결 영역으로 확장된 것이다. 카우프만은 말한다. "우리 우주는 가능한 인류의 모든 유형, 법과 경제와 다른 모든 복잡한 체계의 모든 유형을 아직 온전히 탐색하지 못했다. … 자율 주체는 문제를 일으키지 않는 한, 그리고 가능한 한 빠르게 자신이 인접속체로 확장할 수 있도록 자신의 과업과 조정 작업을 배열하는 경향을 보인다."[4]

전환기의 모든 사례와 마찬가지로, 인터넷은 지구라는 행성의 재편을 통해 새로운 세계 질서를 구축하고 있다. 인터넷으로 인해 지구는 점점 더 공간적이고 지적이고 자율적으로 변동하는 상호작용의 잠재적 매트릭스로 재편되고 있다. 이 매트릭스는 은하수와 그 너머 모든 영역에서 인식 가능한 신경 지능으로 북적거리는 전우주적 자가 합성 기관이다. 이 현상의 건축적 의의는 가능계들이 구축되는 층위에서 가장 잘 드러난다. 건축이 점점 더 유전학적 전산의 영향 아래 놓이고 있다는 것이 바로 이 글의 논지다. 건축은 점점 더 전산 가능한 양태적(modal) 공간 영역 속에 존재하는 생성의 구축체, 상호작용을 통해 공존하는 가능계들이 되고 있다.

그렇다면, 건축을 포함해 이 세계를 바꿀 운명의 전산의 본질은 무엇인가? 인류가 바퀴를 발명한 이후 그 어떤 도구 개념이나 구현 논리도 전산만큼 열광적 지지나 약속을 불러온 적이 없다. 전산 기계를 계산, 제작, 통신을 위한 단순한 도구로 규범화, 개념화하는 것을 넘어, 전산의 바탕에 깔린 야심의 본질과 그것이 건축과 맺는 관계를 아는 것이 중요하다. 논쟁적이며 도발적인 말일 수도 있지만, 전산의 바탕에 깔린 야심은 이미 명백하다. 그 야심은 바로 추상 기계 또는 유기물질과 무기물질로 구성된 생체-기계 돌연변이를 통해 인공 생명체와 지능 체계를 구현하겠다는 것이며, 더 중요하게는 물리적이고 실질적인 세계를 전산 가능한 가능계들의 영역으로 확장해 더 높은 유기적 지능의 형태로 승화시키겠다는 것이다. 그러나 가장 진부한 단계에서 전산은, 자연어가 그렇듯, 보편 형식을 통해 정보를 다룬다. 전산은 정수(整數), 그래프, 프로그램, 그리고 다른 여러 가지 개체를 조작하는 주체로서 작동하지만, 실제로는 객체를 대변하는 문자열을 조작할 따름이다.

한 가지 더 짚어야 할 게 있다. 고인이 된 리처드 파인만(Richard

Feynman)에 따르면, 전산 체계를 원자 크기로 구축하는 것이 가능하다. 간단한 일련의 규칙에 따라 개별 작동하는 나노 로봇의 떼거리를 인체와 같은 숙주 유기체나 환경 속으로 침투시킬 수 있다. 가장 간단한 형태의 전산은 바로 이전 단계의 결과를 받아들여 이것을 재귀 함수에 따라 다음 단계로 변형, 이전하는 연이어진 별리(別離, discrete) 단계를 거쳐 정보를 처리하는 체계다. 이와 같은 재귀적 반복 절차는 놀랍도록 강력한 것으로 밝혀졌으며, 범용 기계의 속성이기도 하다.

전산이 추상 기계 속에 도구적 합리성을 구현하려는 시도에서 비롯됐으며, 이와 함께 발현된 욕망, 곧 생명체와 우리를 둘러싸는 세계의 논리의 모든 가능한 표현을 코드화하려는 욕망에서 비롯됐다는 게 놀라운 일은 아니다. 모든 전산 가능한 세계의 형태와 구조를 기입하는 데 필요한 속성과 기능을 모두 담아낼 수 있는 범용 언어[5]를 찾는 노력은 전산의 짧은 역사에서 계속되고 있다. 근본적으로 전산은 정보 처리의 문제다. 20세기 후반 세대 물리학자 모두에게 큰 영향을 미쳤던 미국인 과학자 존 휠러(John Wheeler)는 정보-이론 개념으로서 세계를 개념화했다. 휠러에 따르면, 우주 모든 항목의 밑바닥, 특히 대다수 항목의 경우 가장 깊은 밑바닥에는 그 기원부터 정보-이론적인 무형질의 정보원(source)과 설명(explanation)이 존재한다.[6] 전산이 물리 프로세스라는 사실은 일관된 논리 루프가 존재한다는 사실을 더욱더 확실히 보여준다. 물리 법칙은 범용 튜링 기계가 수행할 수 있는 기계적 작동이나 가능한 행위를 규정한다. 반대로 범용 튜링 기계는 전산 가능한 수학적 작동이 과연 무엇인지, 그리고 해결 가능한 수학 논리의 본질이 무엇인지를 규정한다. 다시 말해, 물리 법칙은 바로 그 법칙을 전산 가능케 하는 수학 논리를 생성한다. 전산학과 물리학이 맺고 있는 이런 불가분의 관계 발견은 곧 물리 프로세스가 실은 전산의 한 형태라는 인식으로 이어졌다. 이런 인식은 스티븐 울프럼(Stephen Wolfram)의 전산 동등성 원리(Principle of Computational Equivalence)에서 가장 잘 드러난다. 울프럼은 말한다. "모든 프로세스는, 인공적이든 자연 발생적이든, 전산으로 볼 수 있다."[7]

이런 주장은 물리적 우주의 본질에 대한 우리 생각이 근본적으로 바뀌었음을 보여준다. 이것은 패러다임 전환으로 봐도 무리가 없다. 이 패러다임 전환은 이런 세계관을 구축할 수 있게 해줬던 논제가 없었다면 상상조차 할 수 없었던 전환인데, 이 논제가 바로 20세기 초반 알폰소 처치(Alfonso Church)와 앨런 튜링(Alan Turing)이 공식화한 처치-튜링 논제다. 튜링에 따르면, "'전산 가능한 것으로 자연스럽게 여겨질 수 있는 모든 함수'는 범용 튜링 기계로 전산 가능하다."[8]

이 논제가 절대적으로 참인지 거짓인지를 논리적으로 증명할 수는 없지만, 실질적으로 계산 가능한 함수의 직관 개념을 정확하게 분석하려는 모든 시도는 결국 등가로 판명됐다. 모든 분석에서 동일한 종류의 함수, 다시 말해 튜링 기계로 전산 가능한 함수가 선택되는 것을 볼 수 있었다.

전산학 발달과 더불어 20세기 초에 디엔에이(DNA) 코드가 발견됐다. 인간 게놈 프로젝트가 완성된 이후에야 우리는 이 발견이 얼마나 중요했는지 실제로 알게 됐다. 전산학과 생물유전학 융합됨으로써 세계는 비로소 이른바 탈인본 시대로 접어들고 있다. 유기물과 무기물로 이루어진 새로운 종류의 생체-기계 돌연변이가 출연하는 시대 말이다. 현재 이 모든 전개를 주도하는 주체가 정보인데, 이 사실은 셀레라 코퍼레이션(Celera Corporation)의 전 경영자 크레이그 벤터(Craig Venter)의 말에서 분명히 확인할 수 있다. "우리 목표는, 무의 상태에서 새로운 종을 유전자 조작해 설계, 구축하는 것이다."[9]

벤터의 말은, 그 신학적 함의에도 불구하고, 생물유전학 혁명이 품고 있는 순수한 야심을 가차 없이 드러낸다. 인류의 문화 지형 모든 곳에 생체-기계 돌연변이 종이 침투, 확산하는 것은 이제 시간문제다. 건축가는 알아야 한다. 이 현상은 지금껏 변함없이 건축을 포섭했던 인류학이 이제 소멸하거나 적어도 대체되기 시작했음을 알리는 신호탄임을. 크노소스의 건축가 다이달로스가 건설한 미로 속에 괴물 미노타우로스를 가둬 축출했다는 신화 속 이야기가 상징하듯이, 건축, 특히 그 탄생 신화로 본 건축은 항상 인류학의 일부로 존재했다. 인류학에서 건축이 해방될 수도 있다는 가능성만으로 이미 우리는 독자적 자율성과 존재 의지를 갖는 새로운 종류의 이종 건축(xenoarchitecture)을 처음으로 상상할 수 있게 됐다. 건축 기율이 스스로 부여한 현실 안주의 태도와 무지의 한계를 과거회귀적 선언문으로는 넘을 수 없다. 전산학과 생물유전학 혁명이 가져온 요구에 대응하는 새로운 건축 개념을 개발함으로써 관행화된 건축 패러다임을 급진화해야 한다.

지금껏 건축가는 건물과 환경 디자인과 건설에 전산 체계를 활용해왔다. 그러나 지금 우리가 속해 있는 초근대성(transmodernity)의 단계에서 전산 활용은 여전히 과거 패러다임을 벗어나지 못했다. 다시 말해, 건축계는 전산의 건축을 아직 건축의 전산에 통합하지 못했다. 현대건축 담론 지형에는 서로 다른 이론이 주도하는 두 가지 경향이 있다. 바로 건물 디자인과 건설에 형태역학 체계를 활용하는 접근과 형태유전학 체계를 활용하는 접근이다. 이들 체계가 안고 있는 과제는 현대생물학의 과제, 곧 분자생물학과 발생생물학의 통합이라는 과제와 놀랍도록 비슷하다. 건축에서도 형태역학과 형태유전학 체계의 통합이 필요하다. 반세기 넘게 아방가르드와 싸운 끝에 건축 실무는 자신이 힘의 일반 경제와 관계와 세계 경제 속에서 작동할 수밖에 없음을 점차 인식하게 됐다. 현재 두 가지 경향 가운데 더 지배적인 것은 프로그램의 문제를 다루는 두 가지 다른 방법론을 파생시킨 형태역학적 접근이다. 반면, 형태역학에 비하면 형태유전학 체계는 아직 배아 단계에 머물러 있다. 객체를 구축하는 데 직접 관여하는 까닭에 훨씬 더 근본적이고 필수적이지만 말이다.

오늘날 세계화 현상을 주도하고 증강하는 것은 새로운 프로메테우스의 불이라 할 만한 유전자 이식 돌연변이(transgenic mutation)다. 인류 문화계는 이미 유전자 이식 돌연변이로 포화상태다. 우리는 이제 현대건축을 지배하는 경향에 배태된 일부 핵심 특징은 물론 이들 경향이 이런 세계화 현상과 개별적으로 맺고 있는 미묘한 관계를 식별할 수 있게 됐으며, 따라서 전보다 더 포괄적인 건축 이론을 확립할 수 있는 위치에 있다. 전산과 생물유전학이 융합된 이른바 탈인본 시대에 걸맞은 건축 이론 말이다. 이 건축 이론이 바로 가능계들의 구축을 설명하는 유전자 건축의 단자론이다. 레이 커즈와일(Ray Kurzweil)이 특이점[10]이라고 이름 붙인 지점에 우리가 더욱더 가까이 감에 따라, 대부분의 건축 이론과 실무에서 근거가 됐던 물(物, matter)의 신화는 조만간 정보의 신화로 대체될 것이다. 자주 인용되는, 건축은 벽돌에 벽돌을 더하는 예술이라는 미스 반 데어 로에의 격언과는 달리, 건축은 비트(bit)에 비트를 더하는 예술이라는 새로운 개념이 부상하고 있다. 자가 복제, 자가 조직, 자가 통합을 통해 창발하는 관계와 조화의 관계망을 끊임없이 구축하도록 프로그램이 짜인 비트 말이다.

"단자론"이라는 용어를 사용하는 것은 고트프리트 W. 라이프니츠(Gottfried W. Leibniz)가 『단자론(*Monadology*)』(1714)[11]에서 펼쳤던 주장 가운데 신기원론(神起源論)을 제외한 일부, 특히 단자와 단자가 맺는 관계의 속성을 규정했던 그의 논리를 세계 제작의 건축 이론으로 확장하고 변형한 결과가 바로 유전자 건축인 까닭이다. 『단자론』은 추상적 관점에서 세계의 본질을 일반화하는 원리 체계를 세우고자 했던 최초의 시도 가운데 하나로, 이후 전산에 관한 과학과 철학의 바탕이 되는 개념을 담았다. 당시 개념적, 기술적 자원의 한계에도 불구하고,[12] 라이프니츠의 이런 생각은 이후 전산학은 물론 그레고리 차이틴(Gregory Chaitin)에 따르면 20세기 들어 알고리즘 정보 이론[13]이 발달할 수 있는 길을 열었다.

라이프니츠의 『단자론』을 철학적 유전학의 법칙에 기반한, 오늘날 우리가 이른바 오픈소스 건축이라고 부르는 노력의 최초 사례로 볼 수도 있다. 철학적 유전학의 법칙이란 생성 응축의 법칙, 조합 확장의 법칙, 정보 보존의 법칙을 말한다. 『단자론』은 형이상학 테제다. 라이프니츠는 개별 단자를 하나의 형이상학적 점으로 정의한다. 이것은 곧 환원 불가능한 무형질의 원자 개체 개념이다. 초월적 창조주인 신의 존재를 전제했던 라이프니츠의 이론과 달리 전산화된 단자론에서 환원 불가능한 최소 단위로서의 개별 단자는 곧 정보 비트다. 비트는 또한 자가 복제 체계를 활용한 연장(extension)의 단위이기도 하다. 지금 여기서 전개되는 유전자 건축의 단자론은 바로 이런 자가 복제 체계의 최소 단위로서의 단자 개념에서 비롯됐다.

역사적으로, 유전자 건축을 새로운 과학과 기술에 기대어 새로운 세계를 창조하려는 아방가르드의 유토피아적 이념이 연장 또는 변형된 것으로 볼 수도 있다. "유전학(genetics)"이라는 용어는 1905년 윌리엄 베이트슨(William Bateson)이 유전(heredity)을 연구하는 학문을 부르기 위해 처음 썼으며, "유전자(gene)"라는 용어는 비슷한 시기에 덴마크인 식물학자 빌헬름 요한센(Wilhelm Johannsen)이 유전 특질을 결정하는 성 세포 내부 단위를 부르기 위해 도입한 말이다. 이 두 개의 용어, 곧 "유전학"과 "유전자"는 생물학에서만 독점하는 의미와 지나치게 결부되지 않은 채, 건축 논리를 가리키는 용어로 쓸 수 있을 정도로 충분히 추상적이고 일반적이다. 유전학은 유전자 코드에 내재하는 특정 규칙에 따라 계승 가능한 단위가 복제된다는 개념을 포함하며, 동시에 복제 메커니즘은 이미 생성 함수, 곧 재귀(recursion)의 자기 참조 논리를 포함한다. 재귀란 같은 규칙을 연이어 적용해 자신 또는 바로 이전 단계를 반복해 호출하는 함수나 규칙을 말한다. 이로써 재귀는 자기 참조를 통한 시퀀스 증식 또는 연쇄 변형을 일으킨다. 내재한 법칙에 코드화돼 기입된 이 논리가 바로 전산에서 가장 핵심이라 할 수 있는 생성 작용(the generative)의 자율성을 구성하는 논리다.

비록 생물학에서 파생된 용어이긴 하지만, 이 글에서는 유전을 서로 연결된 재귀와 자가 복제 논리를 따르는 포괄 개념으로 쓴다. 이것은 분자생물학의 범주를 넘어 철학적 근거를 갖는 개념이다. 유전자 건축이 단순히 생물학적 재현이나 생체모방(biomimesis)을 통한 형태 만들기가 아니라는 점을 알아야 한다. 오히려 유전자 건축에 관한 이론의 기원은 존 폰 노이만(John von Neumann)이 발명한 셀룰러 오토마톤(cellular automaton)과 자가 복제 체계로서의 "폰 노이만 건축(von Neumann architecture)"에서 찾을 수 있다. 폰 노이만은 근대 전산 체계가 발달했던 초기에 이미 자가 복제 개념을 제안했다. 최초의 전기 컴퓨터인 에니악(ENIAC) 개발을 위한 논의에 폰 노이만이 참여한 것은 사실이지만, 그는 결국 기억 프로그램이 내장된 근대 컴퓨터의 프로토타입인 폰 노이만 건축을 고안했다. 폰 노이만 건축이란 스스로 자신을 제작할 수 있는 기계, 다시 말해 자가 복제와 자가 구축을 통해 자신의 복제본을 제작할 수 있는 로봇 개념인데,[14] 사실 이것은 생물학의 핵심 개념이기도 하다. 자가 재생산의 본질은 조직(organization)이다. 자가 재생산은 결국 조직력, 곧 체계 자신이 자신에 관한 기술(記述, description)을 온전히 포함한 채 이 정보를 활용해 스스로 자신의 복제본을 생산할 수 있는 능력에 달려있다.

자가 복제 체계로서의 폰 노이만 건축은 선구적이며 원형(原型)적이다. 폰 노이만 건축은 두 가지 핵심 요소, 곧 범용 컴퓨터와 범용 구축자(Constructor)로 이루어진다. 범용 컴퓨터는 범용 구축자의 작동을 지시하는 프로그램을 포함하며, 반대로 이 범용 구축자는 또 다른 범용 컴퓨터와 범용 구축자를 제작하는 데 활용된다. 이 과정이 완료되면, 새롭게 제작된 범용 컴퓨터에는 기존 범용 컴퓨터의 프로그램이 복제돼 탑재되며, 프로그램은 다시 실행된다. 폰 노이만 건축이 유전자 건축을 앞장서 이끈 셈이다.

주(註)

1 Gregory Chaitin, "Leibniz, Information, Math and Physics," http://www.cs.auckland.ac.nz/CDMTCS/chaltin/kirchberg.pdf, 2003, 9.

2 David Deutsch, "Quantum Theory, the Church-Turing Principle and the Universal Quantum Computer," *Proceedings of the Royal Society of London* A 400, 1985, 3.

3 Alan Turing, " On Computable Numbers with an Application to the Entscheidungsproblem," *Proceedings of the London Mathematical Society*, Ser 2, Vol 42, 1936. 앨런 튜링의 범용 튜링 기계는, 논리적 의미로, 앨런 튜링이 다비트 힐베르트(David Hilbert)가 제시한 수학의 결정 문제(Entscheidungsproblem) 해결을 위해 제안한 추상 기계다.

4 Stuart Kauffman, Investigations (New York: Oxford University Press, 2000), 142-44. 카우프만은 부울(Boolean) 네트워크 속 접점 간 무작위 상호작용에서 비롯되는 자동촉매 체계를 근거로 생명의 기원을 찾고자 했으며, 인접속체 개념은 이 탐색 과정에서 제안된 것이다. 다음을 참고할 것. http://www.paulagordon.com/shows/kauffman/.

5 Paolo Rossi, *Logic and the Art of Memory: The Quest for a Universal Language* (Chicago:

University of Chicago Press, 2000), 145-94.

6 John Wheeler, "Information, Physics, Quantum: The Search for Links," *Complexity, Entropy and the Physics of Information*, ed. Zurek Wojciech (Santa Fe Institute Studies in the Sciences of Complexity Proceedings), Vol VIII, (Reading, Mass.: Addison-Wesley, 1989), 5.

7 Stephen Wolfram, A New Kind of Science (Champaign, Ill.: Wolfram Research, 2002), 41.

8 Alan Turing, 앞의 책. 알론조 처치(Alonzo Church)가 람다(lambda) 정의 가능성과 재귀성을 통해 제시한 분석 말고도, 존 C. 셰퍼드슨(John C. Shepherdson)과 하워드 E. 스터지스(Howard E. Sturgis)의 레지스터 기계, 에밀 L. 포스트(Emil L. Post)의 규범 체계와 정상 체계, 모세스 쇤켈(Moses Schönkel)과 하스켈 B. 커리(Haskell B. Curry)의 조합 정의 가능성, 마르코프(Markov) 알고리즘, 괴델(Gödel)의 추정 가능성(reckonability) 개념을 통한 분석이 있다.

9 Craig Venter, "Supermicrobe Man," *Wired*, no. 10, 12 December 2002, 191.

10 Ray Kurzweil, "The Singularity," John Brockman, *The New Humanists: Science at the Edge* (New York: Barnes & Noble, 2003), 215-32.

11 G.W. Leibniz and Nicholas Rescher, *G.W. Leibniz's Monadology: An Edition for Students* (Pittsburgh, Pa.: University of Pittsburgh Press, 1991).

12 Martin Davis, *The Universal Computer: The Road From Leibniz to Turing* (New York: W.W. Norton, 2000), 180?87.

13 Chaitin, 앞의 책.

14 William Poundstone, *The Recursive Universe: Cosmic Complexity and the Limits of Scientific Knowledge* (Chicago: Contemporary Books, Inc., 1985). 다음 또한 보라. http://www.zyvex.com/nanotech/selfRepJBIS.html#vonNeumannArchitecture.

소개문

『새 구축학 도해서』 서론 / 라이저+우메모토

1986년, 건축가이자 교육자 제시 라이저(Jesse Reiser)와 건축가이자 조경가 나나코 우메모토(Nanako Umemoto)는 뉴욕 기반의 디자인 회사 라이저+우메모토를 설립하였다. 이후 이 부부팀은 디자인 철학을 발전시켰으며, 20년 후 발간된 책인 『새 구축학 도해서』를 통해 표현했다. 책 제목에서 암시하듯이 라이저+우메모토의 건축적 접근은 혁신, 물성 그리고 건축 디자인에 대한 실무적인 자세를 ("도해서"의 이미지와 어울리게) 구체화한 실용주의의 한 유형에 있다. 도해서의 서론에서 명확히 서술하듯이, "이 저서의 주요하며 필수적인 비유는 유익한 새로움(the novel)이 안정성의 우선적인 조건이며 건축 실무 이면의 지배적인 의제라는 것이다." 이것은 그들이 "건축디자인을 특정한 문제 상황의 연쇄로" 바라보는 것을 의미하며, "디자인 프로세스는 틈을 허용하며, 일어날 것을 앞당기는 것"이며, "난관을 피하기에 충분히 기민한" 수완을 만들어내는 것이다. 새로움은 건축이 진화할 수 있는 공간, 여지를 제공한다.

라이저+우메모토가 선언하듯이, 건축은 변화하는 거주의 방식에 기인한 새로운 도전에 끊임없이 직면하고 있다. 하나의 문제를 해결하기 위해 건립된 건물은 완공 이후 필시 다른 문제들에 부응하길 요구받는다는 것을 알게 된다. 건축 분야는 이런 예측 불가능성, 이런 변덕스러움으로 인해 새로움을 향해 내몰린다. 이런 내재적 불안정성은 역동적 건축을 제기할 수 있게 하는데, 이는 건축이 실제로 움직이거나 형태를 변형한다는 의미가 아니라 건축이 동시에 "재료"와 "환경"이자 "구조"와 "효과"라는 뜻이다. 작가들은 물질적 실천에서 유래하는 건축이 건축적 대상과 영역의 빈대편을 침식시키며, "하나로서의 공간과 재료의 개념"을 가능케 한다고 생각한다.

라이저+우메모토의 "유익한 새로움(beneficial novelty)"에 대한 평가는 건축분야에서 관습적이거나 일반적으로 수용된 측면을 배제하지 않는다. 그래서 그들은 과거의 건축을 회피하거나 전통적인 건축 개념을 멀리하지 않으며, 외려 혁신이 등장할 수 있는 발판을 제공한다고 본다. 이런 개념은 『새 구축학 도해서』 내에서 잇단 토론거리를 노정하며, 건축 실천 내부의 관심사에 대한 짧은 주석 때로는 우화로 읽을 수 있다.

라이저+우메모토(Reiser + Umemoto) / 이경창 옮김

서론
Introduction

Atlas of Novel Tectonics (New York: Princeton Architectural Press, 2006), 17-35에 처음 실림.

> 가장 균질한 환경에 대한, 가장 밀접하게 뒤얽혀 연속되는 상황에 대한 가장 세심한 연구라 해도 〈랑의 탑들〉[1]의 디자인에 전혀 기여하지 않을 것이다.
> —앙리 포시옹, 『형태의 삶』 중에서

구체적인 것을 요청하기 위해 개념에 몰두하는 책에서 이상한 모순처럼 보일지 모르지만, 여기에 제시된 모든 개념과 모든 모델은 프로젝트의 구체적 현실이 부재하다면 건축가에게 무의미하다. 왜냐하면, 계획(planning)과는 달리, 건축의 성공이나 실패나 여부는 결국 그 구체성에 달려있으며 어떤 상황에 대한 설명도 언제나 작품 자체에 대한 설명이 되지는 않기 때문이다.

맥락과 조건의 산물로서 작품의 가치를 설립하는데 몰두하는 동안 건축가는 유해한 상대주의가 역사가를 괴롭힐지라도 생산물을 정교하게 다루는 건축가를 괴롭히지 못할 것이라는 사실에 위안을 얻을지도

모른다. 영구적으로 고정되지 않을지라도, 재료의 흐름을 둘러싸서 형성된다고 할지라도, 지속성의 편에 의지한다고 할지라도 그렇다. 건축은 그것에 투사된 순간의 해석—또는 재료, 실무—으로 결코 환원되지 않는다. 그래서, 건축은 역사적 사건들의 구현이라기보다는 그것을 이루는 기층이다.

이런 고집은 우리에게 확실히 즐거움을 주는데, 그것에 동반하는 다른 발전들 때문이다.

역사가와 비평가는 의미를 설정하고 맥락과 관련짓는 것을 중시하며, 건축 디자인 실무와는 반대편에 서 있다. 의식의 형태로서 역사는 건축 프로젝트를 낳는 데는 불충분하다. 이것은 역사, 텍스트, 조건의 중요성을 부인하는 것이 아니라 건축적 산물의 속성을 지적하는 것이다. 역사, 조건들, 어떤 프로젝트의 형성 시간은 프로젝트 자체의 효과와 거리가 있으며, 프로젝트 자체는 그 효과를 결집하는 만큼 역사에 영향을 미치는 자신만의 특정한 방식이 있다. 그래서, 프리드리히 니체가 1874년의 에세이 「삶에 대한 역사의 공과에 대하여」에서 지적했듯이, 창작 행위에는 늘 비역사적 요소가 있다.[2] 이것은 새로운 것을 창조하는데 핵심적인 전제조건일 뿐 아니라, 건축 프로그램을 지시하는 말들을 언제나 앞서는, 건축 자체의 대상에 들러붙는다. 호르헤 루이스 보르헤스(Jorge Luis Borges)가 작가는 자기 선배를 창조해야 한다고 말한 것처럼, 새로운 건축은 근본적으로 규범을 재조직한다. 건축은 새로운 역사를 만들지만, 역사는 새로운 건축을 만들지 않는다.

이 저서의 중요하고 필수적인 착상은 유익한 새로움(beneficial novelty)이 안정성보다 우선되는 조건이며 건축 실무 이면을 추동하는 의제라는 것이다. 전통적 실무 또는 건축의 실용성을 거부하게 하는 것은 아니다. 사실 우리는 이 영역을 아우르기 위해 새로움을 추구하는 것이 이중적으로 필요한 것으로 생각한다.

박물학자 다르시 톰슨(D'Arcy Thompson)은 1917년 책 『성장과 형태에 대하여』에서 "나의 책은 처음부터 끝까지 모두 서문이기 때문에 별도의 서문이 필요치 않다"[3]라고 말한 바 있다. 톰슨의 책처럼 우리

책도 서문에 불과하다. 우리의 논의는 궁극적으로 우리의 협력자, 기술자의 영역인 양적인 논의를 요구하는 문제를 질적인 방식으로 다루고 있다.

앙텔므 브리앙-사바랭(Anthelme Brillat-Savarin)의 1825년 『취미의 생리학』이 레시피에 관한 책이 아니라 그 구체성에 대한 책인 것처럼, 이 책은 건축 분야 내에서 작동하는 방식을 제안한다. 각각의 주장은 특수한 조건 또는 사례를 통해 전개되지만, 그 가치는 폭넓은 응용에 달려 있다. 우리는 건축디자인을, 추론적인 분야와는 달리, 해소될 수 없는 특수한 문제 상황의 연쇄로 바라본다. 건축디자인 프로세스는 틈을 허용하고 문제의 완강함에 발전이 가로막히기 전에 착상을 촉진한다. 그래서, 디자인 실무는 난관을 피하기에 충분히 기민하게 된다.

잠재력

1981년 『과학적 자서전』에서 알도 로시는 재료와 에너지를 건축의 근본적 전제조건으로 만들었다. 그는 집의 지붕 위로 온 힘을 다해 돌덩이를 쌓아 올리는 조적공에 대한 물리학자 막스 플랑크의 학창 시절 선생님이 들려준 이야기를 서술한다.

> 플랑크[4]는 그 속에 투입된 에너지가 없어지지 않고 몇 해가 지나더라도 조금도 줄지 않은 상태로 돌덩이 속에 잠재되어 있다가, 마침내 어느 날 돌덩이가 지붕에서 미끄러져서 행인의 머리 위에 떨어져 그를 죽일 때까지 유지된다는 사실에 충격을 받았다. [···] 건축에서도 이러한 탐구는 물질과 에너지에 깊이 관련되어 있다. 이 점을 유의하지 않으면 기술적 관점에서든 구성적 관점에서든 어떤 건물도 이해할 수 없다. 어떤 재료를 사용하든지 간에 그 장소가 어떻게 구축되고 변형될지를 예측해야 한다.[5]

로시의 관찰은 이전보다 오늘날 더 적절하다. 재료와 에너지는 로시의 문구에서 핵심 구성요소이며, 고정된 유형들의 본질주의적 세계 내에 존재한다면, 그 잠재력은 완전한 부동의 대상을 둘러싼 영혼(the anima)으로 이해된다. 그리고 동일한 인자들 즉 에너지, 재료, 잠재력이 작동 중이다. 그러나 그 역할은 뒤집어졌다. 로시는 "이탈리아어 템포(tempo)는 환경과 시간이라는 이중적 의미"6를 지니고 있다고 말한다. 날마다 갤러리아 속으로 스며드는 안개는 고전주의의 도래 이래 건축에 생기를 불어넣었던 삶과 함께 그 거대한 침묵의 형태에 생기를 불어넣었다. 그러나 우리는 이런 생명성에 대한 또 다른 야망을 품고 있는데, 이제 재료 자체의 조직 속으로 들어가야 하고 표현을 발견해야 한다. 명확히 해보자. 건축이 말 그대로 생기 있어야 한다는 통속적인 오인도 아니고, 애니메이션 소프트웨어가 그려내는 프로세스들이 역동적 건축을 보증한다는 것도 아니다. 건축이 움직일 필요는 없으며, 그 실체, 크기, 변이와 치수는 에너지 영역의 확장과 모순에 의해 표시될 것이다.

고정된 영역에 의해 규정된 세계와 변하지 않는 본질은 그 자신의 상호작용을 통해서 그리고 그 속에서만 지엽적으로 규정되는 재료의 영역에 의해 대체되었다. 이런 건축은 움직임보다는 속도에 관한 것이다. 속도는 절대적인 것으로 이해되며, 그래서 이런 건축의 조직은 매우 빠름에서 매우 느림에 이르기까지 속도를 기록하게 되며, 장소에 본질적으로 남아있다. 건축은 그래서 더 이상 템포의 흐름에 대한 생각과 침묵의 증언이 아니라 환경과 효과인 만큼 재료와 구조이기도 하다. 우리는 영구적 건축에 대비되는 시간적 작업을 보는 것에서 시간이 건축 자체의 조직으로 들어가는 것을 보는 것으로 이동했다. 그것을 환경이라 표현하면서 말이다.

자유는 건축의 부재-가령, 렘 콜하스가 마을 광장의 열린 공간을 자유를 가장 최고로 구현한 것으로 기술했을 때-라는 렘 콜하스의 개념과는 반대로, 우리는 콜하스의 의미 속 자유는 무의미하다는 로시의 믿음에 동조한다. 사실상 그것은 건축의 구속이며, 그 형태적 독특함과 지속성은 어떤 기능주의자의 결정론을 넘어서며 진실로 자유를 구현한다. 왜냐하면, 한결같이 열린 것도 한결같이 닫힌 것도 아니기에, 시대를 넘어서서 변화하는 우리 활동 속에 작동하기 때문에, 이전에 보지 못했던 것에 열려 있다.

우리는 재료와 형태적 구체성이 신화와 해석보다 우위에 있다고 단언한다. 사실, 모든 신화와 해석은 물질적 현상의 직접성에서 유래한 것이지만, 그 반대는 아니다. 여러분이 신화의 언어에서 사실을 추출하려 할 때 더 많은 언어를 낳게 되며, 건축은 도식 또는 알레고리의 역할을 담당하게 된다. 이것은 진실로 건축의 초기 조건일 뿐 아니라 동일한 방식 속에 디자인 프로세스가 실제로 작동하는 것이다. 물질적 실행은 "이것이 무엇을 의미하느냐"라는 물음에서 "이것이 무엇을 하느냐"로 변화한다.

광범위한 영역/집중적인 대상에서 집중적인 영역-대상으로

근대건축의 불모성과 동질성에 대한 반응으로써, 로버트 벤투리와 존 헤이덕처럼 지난 세대 다양한 인물은 근대 운동의 매우 특정한 요소를 선별하여 발전시켰다. 성기 모더니즘을 점령했던, 더욱 체계적인 데카르트적 영역에서 이런 (일반적으로 구상적인) 모티프들의 추출은 건축에서 독특함과 다양성의 선포로 보였다. 역시 손쉽게, 단일한 볼륨 또는 형상의 발전 또는 좀 더 불연속적인 방식으로 콜라주 기법의 발전을 통해 정의될 수 있었다. 그러나 이런 선택적인 접근은 부채 또한 동반했는데, 특유의 접근방식을 위해 모더니즘의 거대한 체계적 야망을 생략했고 그 영역을 빼앗은 대상을 전면에 내세운 모더니즘의 수정에 집중했기 때문이다.

건축가에게 공간 개념은, 영역이 인식되거나 대상이 주어지든지 상관없이, 최근까지도 데카르트적 개념에 여전히 머물러 있었다. 우리 작업이 관여하는 큰 변화는 하나로서의 공간과 재료 개념을 위해 고정된 배경과 좌표를 제거하는 것이다. 이런 변화는 건축을 변하지 않는 것으로 남겨두는 개념 또는 신념 중 하나에 불과한 것이 아니다. 근본적인 차원에서 그것은 건축을 생각하고 디자인하고 물질적 사실로서 등장하는 방식에 대한 것이다.

모더니즘 옹호자들—또는 건축을 변하지 않게 남겨둔 채 자기주장을 갱신함으로써 모더니스트 프로젝트를 연장하길 원할 뿐인 사람들—은 중대한 오류 속에 있다. 그들의 마음에는, 변화하는 패러다임이 단순히 담론 속 다른 변화에 불과하고, 대상들에 영향을 미치지 않는 것이며 그 대상은 그것에 영향을 주지 못한다. 담론은 단지 동일한 세계에 대해 유행에 따라 탈바꿈하는 관점에 불과하게 될 뿐이며 그래서 초기 모델은 해석의 실패임을 드러낸다.

오랫동안 과학계에선 불신받았던 데카르트적 패러다임은 건축 사고에서 지배력을 잃었다. 사실, 그것은 언제나 더 큰 세계의 특수한 사례였으며, 그 잠재력은 새로운 패러다임의 도래 이전에 아직 손대지 않은 것이며 실현되지 않은 채 있다. 여러분은 새로운 작업을 생각하기 위해 새로운 모델이 필요하다. 그래서 우리는 보편 공간의 존재를 부인하지 않고 있으며, 우리는 세계가 특성 없는 좌표가 아니라 오히려 편재한 차이들의 물질적 장이라고 주장하고 있다.

그럼에도 오늘날 모든 진지한 프로젝트는 모더니스트의 규범과 그 성과의 힘과 경쟁해야 한다. 우리는 우리 프로젝트를 모더니스트가 고안한 보편 모델의 완성이나 대항 모델이 아니라 새로운 영토로의 탈주로 본다. 몇 짐은 그 길을 따라 버려야 하거나, 그리스 신화의 아르고(Argo)호처럼, 여행의 따라 변형되는 운송수단이 될 것이다. 이 책은 비판적 프로젝트의 일부이지만, 긍정적 비판성을 열망한다. 우리는 보편성, 역사적 모델에 대한 굳어진 개념에 대한 본질주의자의 추정 심지어 작가 자신의 환원 불가능성조차 떨쳐 내고자 한다. 왜냐하면 규범적 작품이 심오하게 비인격성을 드러내리라는 것은 매우 명백하기 때문이다. 사실상 그들은 이후에 작가의 도장을 획득하는 문제와의 가장 포괄적인 대면이다.

고전적 모델 간의 이런 긴장, 구조적 정직성 그리고 구성적 형식주의는 벤투리적 의미에서 "양자공존(both-and)[7]" 주장을 구성한다.[8] 그러나 벤투리의 표현과는 반대로, 우리 프로젝트는 이런 역동성을 "독해" 되는(그래서 의미의 문제들에 묶인) 기표들의 놀이가 아니라 물질적 논리 속 물질적 경쟁으로 이해한다. 우리는 "다자연쇄(and and

and)[9]"를 주장한다. 이것은 순수한 고전적 모델도, 순수한 구조적 정직성도, 순수한 구성적 형식주의도 아니며 끝이 열려 있는 프로세스임을 암시한다.

벤투리의 "양자공존"은 복합성과 모순을 건물의 독해 가능한 차원만큼 포괄적인 총체로 통제하려 하는 마니에리즘적인 위계이다. "다자연쇄"는 다양성을 벤투리의 순수하게 기호학적 주장 속에 제시되어 있지 않은 깊이의 차원으로 밀어붙인다. 모든 건축은 읽을 수 있다 해도, 기호학적 놀이로 프로세스와 수용 모두를 환원시키는 포스트모더니스트에게만 그렇다. 이런 다양성의 건축은 예를 들어 구조와 프로그램의 비가시적 프로세스들만큼 건축의 가시적 조건으로서 작동한다. 이것은 어떤 의미에서는 표면과 기표의 단순한 놀이보다 모더니즘의 깊이에 더 밀접히 연결된다.

가령, 미스의 프로젝트는 가장 비인격적 그리고 "보편적" 의미에서 재규정될 수 있다. 더 크고 더 다양한 세계 내에서 특수한 사례로서 말이다. 우리는 미스의 프로젝트가 단순히 확대보다 출현을 허용하는 방식을 통해 기하급수적으로 확장될 수 있는 체계적인 시도로 바라본다.

그리하여 이것은 절충주의에 대한 또 다른 요청이 아니라 모더니즘을 새롭고 이전에 보지 못한 영토로 변화하려는 시도이다. 이것은 건축적으로만 작동될 수 있는 비판적 입장이다. 출발점으로서 특수한 문제를 취하면, 어떻게 형태적 배열에서 다양성을 생산하는가? 어떻게 구조에서 다양성을 생산하는가? 어떻게 기능에서 다양성을 생산하는가? 이것이 이 책의 내용이다.

제약

배제의 원리는, 원초적인 것이라 말할 순 없어도,
반대하는 가치를 거부하는 매우 단순한 원리이다.
희생의 원리는 가치의 다양성을 인정하며 사실상 암시한다.

> 희생된 것은 우선성을 지시했던 또 다른 가치에 굴복해야 할지라도 가치로 인정받는다.
> —E. H. 곰브리치 경, 「기준과 형식」

E. H. 곰브리치 경의 1966년 에세이 「기준과 형식」은 미스의 고전적 해법에 대한 우리의 매료와 경쟁하고 충돌하는 요구에 대한 해법(또는 재결)에 대한 욕망을 모두 다루는 데 유익한 길을 제시해준다. 곰브리치는 처음 실제로 고전적 해법이 있다고 주장한다. 가령, 균형과 균제 사이 회화에서의 충돌—균제가 도전받을 때—에 대한 해법은 "두 가지 충돌하는 요구 사이 이상적 화해"[10]를 통해 도달된다.

이런 화해는 반복될 순 있어도 더 진보할 순 없기에 더 나은 해법을 제시할 수 없다는 의미에서 고전적이라고 생각할 수 있다. 일탈은 한편에선 디자인의 올바름을 또 다른 편에서는 질서의 감각(feeling)을 위협하게 된다. 이런 관점에서 볼 때, "고전적" 해법은 정신적 성취라기보다는 사실상 기법적인 성취에 관련된 것이다. 곰브리치 경이 "기준"이라 부른 고전적인 것은 "여타 예술 작품을 중심점에서의 다양한 거리로 표시할 수 있게 해주는" "본질"을 구현한 것이다.[11] 이 미술사학자는 고전주의와 그 후예와 같은 계보학을 단순한 형태학적 차이와 구별한다. 차이가 어떤 기준—즉, 인간적 목표와 인간의 수단에 대한 부응—과의 부합과 일탈에 의해 규정될 때에만, 대학자 그레고리 베이트슨의 용어를 쓴다면, 그것들은 "차이를 만드는 차이"[12]를 구현한다.

회화와 같은 예술에 더 큰 안정성이 있다는 주장에는 일종의 역설이 있다. 회화에서는 해석과 실천의 발전을 제외하고, 어떤 특정 회화의 형식과 프로그램은 그 시대에 영원히 고정된 반면, 건축에서는 늘 변하는 요구와 용도는 건물에 의해 수용되거나 거부된다. 그러나 건물의 시간에 따른 거주의 불안정성은 그 자체가 학제 전체를 새로움으로 추동하는 힘의 일부이며 그 속에서 새롭고 변화하는 문제들을 설명하길 지속적으로 요청받는다. 그래서 그런 요구는 최종적으로 설명될 수 없으며, 발명을 위한 경험적 장치로 이바지한다.

우리에게 흥미로운 것은 고전적인 것의 영구 모델에서 기준의 위치와 건축이 진화하는 요구를 설명할 때 등장하는 새로움의 위치 사이를 구별하는 것이다. 이런 기준의 문제는 몇 가지 의미에서 차이의 문제와 관련되는데, 가령 기준 모델이 매우 정교하게 만들어질 때 그리고 그 모델로부터 대단히 많이 벗어날 때, 정도의 차이에서 종류의 차이로 변화하는 데서 유발되었다. 그런 극단적인 정교화는, 보수적인 비평가와 건축가의 마음에, 질서로의 복귀에 대한 요청 속에 창의력의 고도로 유익한 영역을 닫아버리는 불운한 효과를 가진다.

그들은 실제로 곰브리치가 배제 원리—선언문처럼 비평에서도 공통적으로 나타나는 환원적 작용—로 명명한 것에 따라 행동한다. 배제주의 아래, 배제된 존재의 특수성은 관계를 맺는 것이 아니라 묵살된다. 예를 들어 기능주의에서 장식적인 것으로 간주되는 요소는 체계적으로 배제된다.[13]

우리는 기준 자체를 요구사항이자 필수사항으로 이해되는 만큼 불안정한 것으로 본다. 기준은 존재의 안팎을 오가며 시간에 따라 변화한다. 극단적인 정교화는 이전에 존재할 수 없었던 요구를 만들어 낼 수 있다. 그래서, 창안은 그들이 사회적 영역 속으로 들어오게 될 때, 그들에게 수용 가능한 맥락이 생길 때까지는 한동안 가치가 떨어질 수 있다. 이런 방식으로, 창안은 실질적으로 기준을 형성한다.

건축적 해법은 그들이 기각한 범주에서 결코 벗어나지 않는다. 기능주의에 장식적 요소는 모든 장식을 벗겨버렸을 때조차 존재한다. 곰브리치가 희생 방식이라 부른 것 속에는, 대조적으로, 충돌하는 요구들은 점점 더 강조와 교환을 통해 작업하게 되고, 장식적 기능으로서의 가능성을 열어두게 된다. 희생의 원리는 "가치의 다양성을 인정하며 사실상 암시한다. 희생된 것은 우선성을 지시했던 또 다른 가치에 굴복해야 할지라도 가치로 인정받는다."[14]

건축은 종종 그 용도를 규정하는 사회적 실천을 넘어서서 존속된다. 형태의 위계와 건축의 전체적인 형태의 배열이 존재한다 해도, 그것은 간접적으로 그 내부에서 진행되는 시간적 배열 위에 작용한다. 이런 관계는 기껏해야 개연성에 기인한 것으로, 고층 건물 사무 가구의 배열이 시장의 힘으로 끝없이 변하는 것처럼 말이다. 우리는 건축이 단순 그릇과 내용물로 환원되지 않으며 물질의 삶과 우리 삶의 물질 사이에는 역동적 교환이 있다는 생각을 하고 있다.

주(註)

1 역주: 로베르 들로네의 그림. 입체주의의 영향을 받은 초기 작품. 랑의 풍경을 선명하고 섬세한 색채와 면의 분할로 표현하였다.

2 Friedrich Nietzsche, "On the Uses and Disadvantages of History," in *Untimely Meditations*, ed. Daniel Breazeale, trans. R. J. Hollingdale (Cambridge, Mass.: Cambridge University Press, 1997), 57-124.

3 D'Arcy Thompson, *On Growth and Form*, rev. ed. (New York: Dover, 1992), prefatory note.

4 Aldo Rossi, *A Scientific Autobiography*, trans. Lawrence Venuti (Cambridge, Mass.: MIT Press, 1981), 1. (*역주: 알도 로시, 『과학적 자서전』, 곽기표 옮김, 소오건축, 2006년, 8쪽. 해당 구절의 번역은 국역본의 내용을 그대로 옮겨왔음을 밝혀 둔다.)

5 역주: 이 글의 원문에는 the mason 즉 조적공이라 되어있으나, 『과학적 자서전』 국역본에는 플랑크라고 되어 있다. 내용상 플랑크가 맞다고 보아 고쳤음을 밝힌다.

6 같은 책.

7 역주: 벤투리 책의 국역본에서는 이를 "양자공존"으로 번역하였고 본 글의 번역은 이에 따랐다. 한편, 새 구축학 도해서의 중국어 번역서 新興建構圖集에서는 이를 "이미...또[旣...又]"라고 번역하였다.

8 Robert Venturi, *Complexity and Contradiction in Architecture* (New York: Museum of Modern Art, 1966), 30.

9 역주: 중국어 번역서에는 "또... 또[又...又]"로 번역하였다.

10 E. H. Gombrich, "Norm and Form," in *Studies in the Art of the Renaissance*, second ed. (New York: Phaidon, 1971), 95.

11 같은 책, 96

12 Gregory Bateson, *Steps to Ecology of Mind* (Chicago: University of Chicago Press, 2000), 459.

13 Gombrich, "Norm and Form," 97.

14 같은 책.

소개문

실천이 완벽하게 만든다/ 실비아 래빈

건축 역사가이자 이론가이며, 교육자인 실비아 래빈(Sylvia Lavin)이 2006년 3월 로테르담의 베를라헤 인스티튜트(Berlage Institute)에서 행했던 강의 "실천이 완벽하게 만든다(Practice Makes Perfect)"를 통해 강한 어조로 주장한 것은 "현대 건축에는 실천 이론이 부재한다"였다. 건축에 관한 이론이란 오직 건축물에 대한 직능 관련한 담화들만 있을 뿐이다. 이런 상황이 어떻게 발생했는지 평가하기 위해서, 그녀는 지난 40년 동안 "재현의 시대"에서 "재현의 공간"에 이르기까지 건축에서 재현의 역할에 대해 분석했다. 래빈에 따르면 재현의 시대가 구조주의와 언어에 대해 거친 비평을 쏟아내며 반응하고 있던 동안, 건축도 여러 가지 이유에서 모던 건축이 치료하지 못했던 사회적 질병들을 재현하는 일에 동참하게 되었다. 그리고 건축가들도 건축적 대상들에게 개념뿐만 아니라 실질적인 폭력 행위를 가하는 방식으로 일종의 정화 작용을 떠맡곤 했다. 심리학적 관점에서 래빈은 건축이 이 단계에 도달할 수밖에 없었던 이유는 건축학이 스스로 처해 있는 문화적 상황에 더 이상은 적절하지도 않으며 또한 관련성조차 없는 데도 마치 순교자처럼 영원한 듯한 태도를 따르고 있기 때문이라고 설명한다. 이제 건축은 재현의 공간으로 진입했으며, 이곳에서 재현은 건축을 위한 일종의 피난처로 "공격의 수단 대신 은신처" 역할을 하게 되었다. 이렇게 건축은 21세기에 도달했다. 이 시기에 우리가 볼 수 있는 노먼 포스터(Norman Foster)의 스위스 리 타워(Swiss Re Tower)(현재 St. Mary Axe 30번가 소재) 작품은 딜도(dildo—*역주: 성기처럼 보이는 도구) 타워의 이미지로부터 벗어나기 어려울 정도로 "엄격한 재현의 논리"에 한정되어 있다. 이 지점에서 래빈은 건축에서 재현은 이제 성소가 아니라 감옥에 더욱 더 가깝다는 결론에 이르고 있다.

래빈이 이렇게 건축과 섹스 토이를 비유해서 흥미롭게 설명하는 방식을 바탕으로 전달하려고 하는 주요 지향점은 건축이 이제 "재현에 덜 집중하고 실천에 더 집중해야" 한다는 것이다. 이것을 달성하기 위한 방법으로 래빈은 '애완용 돌'(역주: 게리 달[Gary Dahl]이 만들어 미국에서 1975년에 대유행했던, 애완동물 개념으로 키우는 돌)의 논리를 제시하고 있다. 이것은 건축이 이제는 참신함과 즐거움으로 소통하기 위해 과거의 선과 악의 이분법으로부터 탈피할 수 있도록 할 모델이 될 것이라고 한다. 흥미로운 것은 래빈이 애완용 돌과 같은 선상에서 포스터의 또 다른 초기 작업인 1970년 준공작 윌리스 파버 뒤마스 빌딩(Willis, Faber and Dumas Building)을 열거하고 있다는 점이다.

실비아 래빈(Sylvia Lavin) / 임종엽 옮김

실천이 완벽하게 만든다
Practice Makes PerfectT

Hunch 11 (Winter 2006/7), 106-13에 처음 실림.
실비아 래빈과 페넬로프 딘이 제공.

알레한드로 자에라-폴로(Alejandro Zaera-Polo)는 노먼 포스터(Norman Foster)의 스위스 리 사옥 프로젝트를 선호한다. 그는 이 건물을 통해서 건축이 어떻게 세상과 소통하고 대중적 호소력을 발휘하는지 배워야 할 것이 많다고 생각한다. 영국인들은 그 건축물에 애완동물처럼 "걸킨(gherkin)[1]"이라는 이름을 지었다. 알레한드로는 새로운 형태의 성취와 성공을 위한 건축모델로 무엇보다도 이 프로젝트와 건축가를 추천한다. 그리고 그는 이런 성공 모델의 많은 근원적 특질들이, 찰스 젠크스(Charles Jencks)가 도상성이라고 또는 케빈 린치(Kevin Lynch)가 이미지성이라고 불렀던, 건축물의 재현적 특성으로부터 비롯된 것이라고 추측했다. 다시 말해, 그것은 누구나 읽을 수 있는 단순한 기호이지만, 지나치게 직설적인 것은 아니어서 개인적 투영이 일어날 수 있게 해준다. 개별적인 맞춤화가 가능한 이해할 만한 이미지라는 것이다. 영국인은 걸킨 같다 하고 미국인들 사이에서는 피클 같다고 한다. 즉 이 건축물은 둘 중 무엇으로도 불릴 수 있을 만큼 충분히 일반적인 것이다. 그리고, 계속해서 알레한드로에 따르면, 그런 이미지란 충분히 추상적인 것으로 사용자에게 맞춤화가 허용될 뿐만 아니라 미처 드러나지 않는 의미와 동기들 그리고 복합적인 것들을 슬쩍 집어넣을 만큼 건축의 위장성에도 역할이 되나, 오히려 건축적 의제를 이유로 곁들인 보조요리가 건축 안에 몰래 반입된 밀수품이 되는 이유는 보다 직접적인 상황에서 그것들이 클라이언트나 도시 혹은 공공의 입맛에 맞지 않을 수 있기 때문이다. 고객들은 피클을 좋아하지만, 건축가는 피클로 자신들의 오이를 위장해 누구라도 그걸 날것으로 씹게 되기를 선호한다.

어쨌든 오이의 암호해독이 무엇인지와 오이가 어떤 종류의 건축적 비밀을 숨길 수 있는지는 잠시 제쳐두고, 일단은 기호로서의 건물이라는 아이디어가 소환된 이상, 의미의 유동성이 최소화된 상황에서도 건축을 이해시킬 수 있기 위해서는 매끄러운 경사가 머리 부분에서 즉각적으로 나타난다는 점이다. 이것을 에르빈 파노프스키(Erwin Panofsky)는 상징적 형태라고 명명했고, 로버트 벤투리(Robert Venturi)는 도상학이라 했으며, 젠크스(Jencks)는 의미로, 그리고 프로이트(Freud)는 꿈의 소원[성취]라고도 불렀었다. 이러한 기호와 기호학의 영역에서, 그리고 은유와 이미지의 영역에서, 상징적 재현은 어떤 것도 투영시킬 수 있고 숨겨진 의도를 슬쩍 넣을 수 있는 빈 석판을 제공하기보다는, 당신의 서류와 이미지 사이에 일대일 동일시를 요구하며 당신이 보이는 모습 그대로의 존재임을 확인하는 보안 검사의 역할을 하면서 해석을 안정시키는 경향이 있다. 재현의 논리 자체는 선수치거나 기만하기 어려운 것이다. 결과적으로, 재현을 단순히 방편만으로 사용하게 된다면, 이미지의 의사소통 방식에 대한 건축가의 이해를 그 어느 때보다 더 경직되게 만들 가능성이 있다. 이중의 의미로 가득했던 앤디 워홀(Andy Warhol)의 재치있는 스프는 실제로 찰스 무어(Charles Moore)의 이탈리아 광장(Piazza d' Italia)으로 이어졌고, 나중에는 다니엘 리베스킨트(Daniel Libeskind)의 '1776년 자유의 탑'으로도 이어졌다. 이것이 말해주는 것은 건축에서 재현이 지나치게 단순화되는 이야기일 뿐만 아니라 재현의 [반복이 지닌] 불가피한 궤적의 속성이라고도

할 것이다. 일단 재현이 통제력을 갖게 되면 빈정대거나 부끄러운 추파를 던지며 도피할 여지는 거의 없다. 대신 포스터(Foster)가 설계한 이 타워의 경우, 그 딱딱한 재현의 논리는 다음과 같은 결론을 내릴 수밖에 없게 만든다. 그것이 어떤 이중의 의미를 내포할지라도, 알레한드로가 생각하는 어떠한 비밀스런 건축적 코드가 이중첩자나 스파이, 비밀요원처럼 그 안에 숨겨져 있을지라도, 그 이미지는 결국 하나의 공공연한 의미로 귀결되는 것이다. 직시하라: 영국인들이 진기하고 꾀바르며 은밀하게 미친 완곡어법으로 에로틱한 걸킨이라고 부르는 그것이 하나의 페니스로, 혹은 우리 저속한 미국인들은 딜도라고 부르는 페니스 대체물로 보인다는 사실을.

이것이 바로 이 건축물에 대한 흥분이 꺼지기 시작하는 지점이자 원인이다. 그렇다고 건축물을 일으켜 세운다는 생각에 내가 청교도적인 저항을 해보고자 하는 것은 아니다. 문제는, 일단 내가 그와 유사한 대중들과 구경꾼의 입장 모두의 영역으로 진입한 이상, 그 걸킨이 어떤 종류의 딜도를 닮았냐는 것이다. 발전된 딜도, 혹은 적어도 가장 인기 있으면서 최상의 디자인으로 선정된 딜도는 이제 더 이상 실제의 페니스처럼 보이지는 않는다. 섹스 토이들은 그 시니피앙과 시니피에가 느슨하게 연결되어 이용될 수 있다는 교훈을 습득했다. 섹스 토이들은 *페니스와 팔루스*가 분리 가능하다는 생각에 탐닉한다. 섹스 토이들은 그 이미지성이, 의미의 요소가 아니라 성능의 기능적 부분을 통해 가장 잘 이해된다는 것을 인식한다. 즉, 페니스처럼 보이기보다는 오히려 섹시하게 보이는 것이 딜도의 성능을 더욱 향상시킨다는 점이다. 더군다나, 역사적으로 말하자면, 유형학으로의 페니스적인 건축물들은 일종의 어떤 1회성 실패작 같은 것으로 그것으로 건축을 지속적으로 이끌어 갈 수는 없기에, 우리에게 실제로 페니스적인 건물은 더 이상 필요치 않다는 결론에 도달하게 한다.

이제 건축은 라스베가스의 교훈 대신, 아징 프로보카퇴르[2]로부터 얼마간의 "성교육"을 요청할 필요가 있게 되었다. 페니스의 도상학에서 벗어남으로써 딜도는 페니스를 결여로서 드러내는 방식을 수행할 수 있게 되었다. 딜도들은 건축보다 더 시각적으로 도발적이고, 성능으로도 보다 효과적이게 되었다. 그래서 아장 프로보카퇴르가 가르쳐주는 교훈이란 재현보다 실천에 더욱 집중하는 것이다. 그리고 섹스 토이들과 그 성능으로 말하자면, 실천이야말로 어느 여성도 인정할 수 있는 것처럼 완벽하게 만든다. 요즘 건축이 충분한 실천을 하지 못하는 이유는 비즈니스를 딜도와 혼합하는 것을 선호하지 않아서가 아니라, 오히려 쾌락을 실천과 혼합하는 법을 잊어버렸기 때문이다.

이 시대의 건축에서 실천을 위한 이론이란 존재하지 않는다. 건축에 관한 이론들이 있지만 그것들은 단지 건축물에 관한 [전문가들만의] 직능적 이야기들일 뿐이다. 사실, 대부분의 건축가들은 직능적 실천을 이론화의 대척적인 부분이자 이론적 대상으로 추론되는 것에 저항하는 것으로 생각한다. 결과적으로, 폭발적 규모의 건설 붐은 건축이 고도의 개념화된 [이론의] 작업으로부터 콘크리트 블록을 향해 직강하게 만들고 있지만 정작 건축에는 착륙 전략이 없다. 알레한드로는 건설 붐에 사로잡히면서도 거기에 얽매여버리는 것에 대해서는 지능적이고 신중하고자 노력하는 몇 안 되는 현대 건축가 중 한 명이다. 그럼에도 불구하고, 클라이언트들과 소통하는 방법은 재현으로 환원할 수 있는 문제가 아니다. 예를 들어 엘리자베스 딜러(Elizabeth Diller)는 실천적 의사소통을 숙고하는 방식을 추구하면서도, 프로젝트의 모든 복합성을 하나의 패키지로 축소하는 도상적 이미지의 활용은 지속적으로 피한다. 대신에 그녀는 매우 구체적이고도 특별한 각각의 청중 및 지지자들에게 맞춤형으로 조율된 복수의 담론적 장르인 이중, 삼중 그리고 사중의 말하기를 탐색한다. 요점은 D+S와 FOA가 재현의 문제에 대해 서로 다른 의견을 가지고 있다는 게 아니다. 요점은 그들 모두가 실천을 향한 역사적 전환에 직면하고 있다는 것이다.

오늘날 실천은 붐을 맞이하고 있는데, 그것은 단지 젊은이들이 나이를 먹고, 작은 것이 더 커지며, 더 많은 비용이 유용될 수 있어서 만은 아니다. 그것은 언제나 늘 그렇다. 대신에 건설 붐은 건축의 역사적 상황들－현대 문화의 지형에서 건축이 차지하는 입지－이 건축학계의 내부로부터 가해지는 상당한 압력의 작용으로 변화해왔고 지난 30년 전과는 근본적으로 달라졌다는 사실을 반영하고 있다. 특히 지난 수십 년 동안 건축에서 실제로 펼쳐진 역사는 매우 특이한데, 그것은 내가 재현의 시대라고 부를 만한 건축의 특정한 역사의 시기로, 직능주의와 실천 그리고 학문적 영역과 관련하여 건축을 구조화하는 방식을 고민하던 시대다.

재현의 시대는 철학의 진리와 지식에 대한 전통적 연구가 실제로는 진리와 지식에 대한 아이디어를 재현하는 데 사용된 언어들에 관한 연구임을 인식하게 되면서 시작되었다. 이렇게 사과를 한입 베어 물면서 철학적 낙원으로부터 추방되는 과정에서 건축이 취한 방식은 1960년대 건축의 현장을 급진화로 이끄는 엄청난 지적 노력을 구성하게 되었다. 존재론적으로 (규모와 기능과 기간이) 혼란스러운 이 시기의 많은 현상들은 언어와 그로 인해 발생되는 인식론적 불확실성의 문제에 직면하여 건축물이 과연 어떻게 변화해야 하는지를 생각하기 위해 건축이 이용한 도구이기도 하였다. 그러나 그와 동시에 전쟁 이전 건축가의 전형이었던 건설, 즉 그에게 파리 부아쟁 계획(Plan Voisin)과 같은 것을 상상하는 데 필요한 환상적 오만을 제공했던 건설에 대한 확신은 건축물은 단순한 사물이 아니라 일종의 매개된 재현이라는 생각으로 흔들리게 되었다. 그리고 자기 확신에 차 있던 건설 직능은 그보다 의심스럽고 비판적인 담론들로 변해버리게 된 것이다.

이 재현의 시대에서 가장 급진적인 단계의 출발은 데리다(Jacques Derrida)가 강연을 하고 『인문과학 담론에서의 구조, 기호, 놀이』를 출판했던 1966년에서 1970년 사이에 있었다고 종종 얘기된다. 이 시기에, 데리다의 구조주의에 대한 공격은 구조성 그 자체에 대한 비판과 함께, 중심을 억압적 개념뿐 아니라 불가능한 어떤 것으로, 즉 나쁜 동시에 거짓인 것으로 이해하는 비판으로도 확장되었다. 이런 확장은 전쟁과 그 전쟁을 지지했던 중앙 집권적 권력에 그리고 그와 유사한 압력을 행사하던 수많은 기관들에 반대하는 학생들에게는 철학적 뼈대이자, 그 자체였다. 어떤 측면에서는 학생이 주도하고, 또 다른 측면에서는 철학자들이 주도하던, 그래서 양쪽 모두에서 일어난 이런 반란은 대개 구조와 중심들을 포함하는 건축물이 지적이자 정치적인 권위의 문제를 가장 강력하고 완고하게 예증하는 사례라고 지적했다. 건축은 그것의 대상성, 문자 그대로 그것의 실제적인 물질[재료]과 본체[구체] 그리고 기하학과 구조로 인해 이상적인 표적이 되었다. 하지만 건축이 실제로 다른 전문기관이나 학제보다 더 공모적이거나 착취적이어서 그랬던 것은 아니다. 물론 이런 것들이 모두 원인으로 제시되었지만 말이다. 그것이 이상적 표적이 된 이유는 건축물 자체가 정지해있고 때리기 쉬운 대상이었을 뿐만 아니라, 무언가—무엇이든—를 공격하면 공모로부터 빠져나갈 수 있을 것으로 보였기 때문이다. 1960년대 후반이라는 시기는, 일화적인 시대가 아닌 역사적이면서도 이론적으로, 초기의 모더니스트들이 했던 것처럼, 그리고 심지어 전쟁 직후의 건축가들과 마찬가지로 정치적 불평등으로부터 자신의 길을 건설할 수 없었다고 믿었던 시점이고, 건축의 고민이 주택 문제에서 결코 해결책으로 제공될 수 없다고 생각하게 할 당위성이 충분히 존재했었다. 그래서 건축은 해결책이 아닌 하나의 문제로만 남게 되었고 "인류"에 대항하던 전쟁에서도 건축은 그저 앉아있는 오리처럼 하찮은 모습이었다.

그저 앉아있는 오리의 또 다른 명칭은 나쁜 대상으로, 실제로는 나쁘지 않았고 하나의 대상도 아니었다. 대신에, 나쁜 대상이란 모든 나쁜 것들, 나쁜 감정들, 그리고 정말로 나쁨 그 자체를 유지하고 함유하는 데 사용되는 정신적인 이미지를 재현한다는 것이다. 덜 기술적인 용어로는 희생양을 말한다. 이 나쁜 대상이 생성되면서 유익했던 점은 그것이 좋은 것을 만들 가능성이다. 좋은 것들과 나쁜 것들은 모두 허구다. 즉 하나는 온전히 이상화되었고, 다른 하나는 절대적으로 악마화된 것이다. 전쟁 이전의 근대주의자들은 진리의 시대와 건축을 하나의 좋은 대상으로 인식한다는 문화에서 작업했었다. 그와 같이, 건축은 이상화가 되었기 때문에 그 결과는 과도한 약속이 되어버리거나 오히려 부족함 속에서 분만하게 되었던 것이다. 그와 대조적으로는, 1960년대 후반에 "사실"에 대한 믿음에 대해서, 어느 것도 그것이 보이는 것처럼 될 수는 없다는 재현의 원리에 필수적으로 수반되는 불안한 의혹이 되어버렸다. 이 시대에서 의미 있는 역할을 위한 건축이란 [기껏해야] 자발적이고 의식적인 자살을 행하는 것뿐이며, 사회적, 문화적 풍경에 건축이 할 수 있는 것은 집단적으로 나쁜 것들을 제공하는 것이 허용되어져 버렸다는 것이다.

어떻게 이런 것이 작동하게 되었는지에 대한 좋은 증거는 리빙 씨어터(Living Theater)[3]의 창립자인 줄리안 벡(Julian Beck)의 진술에서 나타나는데, 궁극적으로 이 실험 그룹이 원래 발생지인 뉴욕에서 유럽으로 추방되는 과정에는 그들의 공연이 미국의 소방서를 포함하여 국세청과 여러 정부 기관에 의해 반복적으로 폐쇄되었던 이유가 있었다. 그러나 뉴욕시에 건축부가 들어섰을 때는, 여전히 또 다른 관료주의를 향하던 벡(Beck)의 정당한 분노가 건축이라는 대상 그 자체에 대한 분노로 바뀌어 버렸다. 이 진술은 1970년 시카고 7인조(Chicago Seven)[4] 재판에 대한 논란의 맥락 속에서 만들어졌는데, 이 재판은 나쁜 "권력자"에게 맞선 선한 반문화의 분열이 연출된 당시의 볼만한 사건이었다. 벡(Beck)이 보기에, 당시 건축은 이런 분열을 조장했으며, 당시의 법 체계를 향한 것이었을 수 있었던 건축에 대한 비난은 미스(Mies)와 그의 건축을, 말 그대로 억압 자체를 공격하기 위한 일종의 극장으로 이용한 것이다. 벡의 기록에 따르면:

> 재판 중에 판사는 피고측 변호인의 가만히 앉아있지 않으려는 태도에 짜증이 났다. 판사는 법대(lectern)[5]를 두고, 그것이 마치 위대한 건축가 미스 반 데어 로에의 건축물 같은 [위엄 있는] 법대지 그렇게 [불량하게] 기댈 수 있는 단순 기둥은 아니라고 호통친다. 피고측 변호인이 증인에게 질문할 때도, 판사는 법대 뒤로 물러서라고 경고했다.
>
> 등골 휘도록 노동해본 적도 없는 뻣뻣한 등뼈의 오만한 이성애자 남성들과 함께 하는, 과시적이고 융통성 없으며, 만연한 일직선의 완고한 고층 건물들… 억압적인 건축물들이 만연하다.… 파르테논－기하학－아름다움과 철학만으로는 충분하지 않다. 누가 그 돌들을 옮겼겠는가? 반 데어 로에의 위스키 건물[6]을 위해 청동을 제련한 사람은

과연 누구였겠는가?

이러한 몇 문장들의 흐름 속에서, 법대는 하나의 건축으로, 기하학 그 자체라는 이미지로 옮겨지고, 여기서 기하학은 억압적인 법적 구조를 유지하기 위한 시스템일 뿐만 아니라 고대 노예 제도까지 거슬러 올라가는 사회적 불평등을 위한 시스템이 되어버린다. 이런 히스테리 속에서는, 미스를 선한 영향력으로 여기는 어떤 생각도 사라져 버린다. 그렇게 빳빳한 노예 관리자가 바우하우스(Bauhaus)의 학장이자 집합주거의 옹호자요, 1930년대에 독일을 탈출해 미국에 리조 주택(Resor House)과 같은 선물을 가져다 준 유태인이었을 리가 없다. 벡의 혹평 속에는 뉘앙스가 없으며, 심지어 한 사람이나 건축물을 구성하는 어떤 복합성도 감지하지 못한다. 벡이 비난한 미스(Mies)와 그의 건물은 실제 그러했던 대상이기보다 그가 나쁜 대상으로 활용하고자 억지로 끼워 맞춘 심리적 투영과 표상이 되었다.

1970년은 나쁜 대상들이 생산되기에 좋은 해였다. 건축은 모든 사람들이 싫어하는 것이 되면서 [오히려] 그것의 나쁨을 이유로 광범위한 관심을 이끌게 되었다. 슈퍼스튜디오(Superstudio)는 오직 건축을 죽임으로써만 그것을 구할 수 있다고 생각했다. 그들은 유토피아적 자비의 행동으로 이탈리아의 기념물들을 익사시켜 버렸다. 오스트리아인들과 프랑스인들은 아예 그것들을 통째로 날려버리고자 했다. 건축가들은 기꺼이 그런 대의에 반응하며 건축을 일종의 고귀한 희생물로 제공했다. 절단이란 건축적 대상이 지닌 나쁨을 드러내기 위해 가장 선호되는 방식이었다. 전통적으로 건축물을 몸에 비유하던 건축가들은 이제 의식적인 자기 절단[자해] 장소로의 몸으로 건축물을 이해하기 시작했다. 피터 아이젠만(Peter Eisenman)은 건축으로부터 건물을, 학제로부터 직업적 실무를 잘라버렸을 뿐만 아니라, 프랭크 하우스(Frank House)를 말 그대로 분해해 버렸다. 그중 최고의 절단가는 고든 마타-클라크(Gordon Matta-Clark)로, 그 역시 그 중요한 같은 해인 1970년도에 교외의 한 주택을 절단해버렸다.

분열(splitting)은 마타 클라크(Matta-Clark)의 가장 영향력 있던 업적일 뿐만 아니라 사물을 절대적으로 좋거나 나쁜 대상으로 나누는 정신분석의 용어이기도 하다. 분열은 유아 단계(및 역사적 아방가르드)에 유용한 원초적 방어 형태이자 일반적으로 선과 악 모두에 대해 보다 통합된 감각을 더 잘 관리할 수 있어야 하는 성년의 경계적 성격과도 관련이 있다. 분열은 유용함으로 시작하여 문제로 끝나는 세상을 관리하는 방식이기도 하다. 1970년에는 건물들이 얇게 썰려지고, 공격당하고, 날아다니며, 숨겨지거나 익사되기 좋았는데, 나쁜 대상들을 공격하면 좋은 정치적 활동을 할 수 있을 걸로 보였기 때문이다. 건축을 나쁜 대상으로 분열시키는 것은 좋은 목적을 지녔었던 것이며, 분열을 가능하게 만든 재현의 구조는 정당화된 전쟁에서 요구되는 무기였다. 따라서 존 헤이덕(John Hejduk)의 작품처럼 짓기를 거부하고 건축을 재현에 포함시킨 것은 미흡했던 기회의 문제가 아니라 오히려 원칙의 문제였다.

그러나 늘 불가피하게 그랬듯이, 과장된 도덕적 원칙은 교조적으로 변한다. 마치 전투 중 혼란이 전장을 지배하면서 아군의 포격이 울리면서 적군과 아군을 구분하기 어려워지듯이 말이다. 분열의 문제는 필연적인 심리적 단계에서 병리학적 상태로까지 이동했다. 철학적 질문으로 재현을 끌어들이는 대신에 그것은 건축적 전략, 즉 건축의 움직임이 지향하는 공간이 되었다. 예를 들어, 헤이덕(Hejduk)의 바이 하우스(Bye House)가 실제로 건축되었던 1980년대에 건축은 헤이덕의 집에 활용된 재현의 시대를 이미 떠났고 상품화와 물신화가 이뤄지는 재현의 공간으로 들어서기 시작했다. 이 시점에서 재현은 공격의 수단이 아니라 은신처가 되었다.

오늘날 우리는 다시 한번 적을 가질 만큼 운이 좋다고 도착적으로 말할 수도 있다. 현대 문화의 심리적 지형은 [이미] 바뀌었다. 나쁜 대상은 어디에나 있고 우리가 그것들을 굳이 만들 필요가 없다. 사실, 우리는 뭔가, 어느 것이든, 더 좋은 것들이 필요하다. 대중 문화는 이런 요구들을 인식하고 그에 대처하는 데 있어 건축가들보다 훨씬 앞서 있다. 넓은 범위에서 문화는 대체로 건축에 대한 사랑을 열망하고 있으며, 언제나 좋은 대상으로 인식되기에 간절한데, [오히려] 건축가들은 여전히 자기혐오로 모든 성취들을 거부할 준비가 되어있어서 어느 누구나 건축이 유용한 것이라는 생각에 대해서 당황하거나 혹은 황당해하기도 하여, 스스로의 성공에 대해서도 점잖은 척 겸손하거나 창피한 듯 면목을 잃기도 한다. 건축가를 제외하고, 세상의 모든 사람들은 빌바오 효과가 건축가의 업적이 되기를 바랬다는 점은 이런 관점에서도 그 사실이 무엇이든 간에 좋은 사례가 되는 것이다.

건축가들은 건축물이 우연하거나 일화적인 문제가 아니라 원칙의 문제임을 다시 인식해야 한다. 건설에서 붐은 단지 건축의 외관적 현상의 결과일 뿐만 아니라, 건축이 그 은신처인 재현의 공간에서 빠져나올 준비가 되어있음을 드러내는 것이다. 즉 건축은 좋은 대상으로 돌아가는 것이 불가능한 이상이 아니라 오히려 이 시대의 마조히즘적 쾌락을 포기할 수 있어야 한다. 정신분석은 충분히 좋은 대상으로 불리는 것을 해결책으로 제시하는데, 이는 특정 목적을 위해 어느 일정 기간 동안, 어떤 문맥적 상황에서 무엇인가 좋은 것들을 말하게 만든다. 1970년도는 건축이 아직 분열된 체제의 영향을 충분히 받지 않았기 때문에 건축물들을 잘라내기에도 좋은 해였다. 그러나 동일한 징후로, 1970년도가 좋은 대상과 나쁜 대상 사이에서 하나가 선택되어야 할 필요는 없겠지만, 아직은 충분히 좋은 것이 존재할 선택의 자유가 유연했었다는 점으로는 좋은 해이기도 하였다. 포스터(Foster) 자신은 건축이 언제나 스스로 숭배되기를 기다리는, 그래서 건축이 지나치게 이상화된 목적이나 재현의 논리가 통하는 그런 작업을 하지 않는다. 단지 실망스런 걸킨과는 달리, 스스로 좋은 대상으로의 이미지 그 자체인 1970년대의, 윌리스, 파버, 뒤마스 빌딩(Willis, Faber, Dumas Building)이 애완용 돌에 더 닮아 있는 것이다.

딜도가 좋은 대상의 실패를 통해 사유하는 데 유용하다면, 참신한 아이템은 충분히 좋은 건축적 대상을 위한 좋은 모델이 된다. 1970년대의 [인기] 상품인 애완용 돌은 지금까지 본 적 없는 가장 완벽한 참신한 아이템이다. 포장 기술만으로 페키지를 만들어낸 이것은 광고적 수법에 불과한 것이다. 존재론적으로만 말하자면, 이 애완용 돌은 결정 불가능한 어떤 종류의 어리석은 사물이면서도 동시에 그들이 하고자 하는 일을 하는 데에서는 진정 좋은 것이다. 그 대유행이 1년도 채 걸리지 않았지만, 1975년도 크리스마스 선물로 줄 때에는 최고점에 도달했었다. 애완용 돌은 "충분히 좋은" 것에 대한 시대적 등가물인 새로움의 예시였기 때문에 욕망의 대상이 되었다. 참신함이란 선과 악처럼 서로 상반된 것들의 안정적인 경제 속에서는 작동하지 않고, 오히려 보다 돈키호테적인 새로움의 논리를 더 유발시키는 것이다. 참신함이란 정보 흐름의 일시적인 경제에서 전환적 역할을 하므로 단순 독창성과는 달리 고정되기를 어렵게 만드는 교활하고 약삭빠른 특성도 지닌다. 참신함이란 변덕스럽고 단기적이기 때문에 권위를 얻지 못하고 분명히 중심성의 힘을 얻지도 못하기에 커다란 기약을 할 수 없으나, 결코 미달되거나 좌절됨도 없다. 사용가치나 교환가치가 없다면, 참신함은 그것이 유발시키는 쾌락에 의해서만 측정될 수 있을 뿐이다. 일반적이지만 독창적인, 대량 생산되었지만 일상에서 발견되는, 완벽하게 정당화될 수는 없지만 전례가 없는 방식으로 대중적인 애정을 포착할 수 있는, 참신함의 항목들은 현대 건축에서 충분히 적절한 모델이다.

따라서 건축물 안에서 고객이 원치 않는 무엇인가를 속이는 방식으로, 어떤 재현을 이용하려는 시도보다는 그들이 요구하는 어떤 것을 그들에게 팔지 않을 이유가 없는 것이다. 건축 다이어그램으로서 애완용 돌은 페니스나 야자수보다 훨씬 더 매력적이다. 즉 원본이나 사본을 생성시키지 않고도, 최소한의 자부심으로, 그 자체의 경박함마저 활용한다. 애완용 돌은 경멸할 가치도 없어서, 법률이나 제한적인 조사의 범위에서 잊혀져 버린다. 그것은 존재론적으로나 기능적으로도 불안정하기 때문에, 전형적인 건축 담론의 그릇된 실증주의로 혹은 필립 존슨이 일명 목발7이라고 불렀던 것에 빠져버리게 되는 것이 불가능하다. 애완용 돌은 창의적인 반응을 기대하는데, 당신의 애완용 돌이 어느 날은 좋다거나 나쁘다고 하는 것이 어떤 것도 의미하지 않기 때문이다. 애완용 돌은 절단되거나 혹 익사되거나 양분될 수도 없는 것이다. 즉 이상화도 악마화도 쉽지 않다. 그것은 비밀스러운 메시지도 없고, 해독해야 할 어떤 것도 없지만, 확신할 수는 없을지라도 놀라운 힘을 지니고 세상을 돌아다녔고 하나의 모델로서 그것은 충분히 정확하고 좋은 것이다.

주(註)

1 역주: 영국인들의 피클인 작은 절임 오이

2 역주: 1994 년 조셉 코레(Joseph Corre)와 세레나 리스(Serena Rees)가 설립한 영국 란제리 소매 업체)

3 역주: 1947 년에 뉴욕에 설립된 미국에서 가장 오래된 실험 극단

4 역주: 1968년 8월 시카고의 민주당 전당대회에 항의하기 위한 운동을 이끌었다가 1969년 3월 닉슨 행정부에 의해 내란죄로 기소된 7명의 반전 운동가들)

5 역주: 판사석이 위치하는 토대

6 역주: 시카고에서 미스 반 데어 로에를 상징할 수 있을 정도의 대표작인 시그램 빌딩을 지칭

7 역주: 필립 존슨의 1954년도 하버드 강의 내용이 『퍼스펙타』 3호에 실린 글인 「근대 건축의 일곱 목발(The Seven Crutches of Modern Architecture)」에서 인용. 근대 건축이 기댈 수 있는 변명으로 학제, 역사, 유용성, 편리함, 저렴함, 클라이언트 서비스, 구조)

소개문

루(ㅁ)l 네이션스: 우리 시대 건축의 유령들 / 존 맥머로우

이 글에서, 존 맥머로우는 개념적으로 최근 건축적 사고의 역사를 규정하기 위해 "루이네이션(ruination, 파괴)"과 "루미네이션(rumination, 반추)"의 합성어인 "루(ㅁ)l 네이션(ru[m]ination)"이란 용어를 사용한다. 건축가이자 역사가, 이론가, 교육자로서 맥머로우는 건축 학제에 대해 언급할 수 있는 특권적 위치에 있다. 그는 건축 학제를 낡은 건축 논리에 대한 (무의식적) 집착에 따라 석화되었다고 말한다. 1960년대 이래 등장했던 해체적 수행과 강박적 사색, 근대 건축의 실패를 대체하려는 시도와 비판 이후의 사유에도 불구하고, 건축가는 그들이 저항하고자 했던 건축 학제의 정당화에 사로잡혀 있다. 맥머로우는 이런 사고방식을 살이있는 사람의 뇌를 먹는데 집착하고, 이전 생애에 다녔던 길만 되돌아다니는 좀비들의 사고방식과 동일시한다. 그는 건축가들도 마찬가지로 "이전 세대의 지능"에 영향을 받아 아무 생각 없이 심지어 본능적으로 선배들의 발자취를 좇는다고 말한다. 그래서, 새로워 보이는 건축 책략, 대다수 최근의 수행적 건축들과 생성적 실천에 대한 초점은 궁극적으로 좀처럼 사라지지 않는 자율성의 유령에 의해 훼손된다.

그렇다면, 좀비-건축가는 무엇을 해야 하는가? 어떻게 그들은 이런 곤경을 넘어설 수 있는가? 맥머로우는 우리 시대 건축의 형태 창조 시도를 평가하는 이론적 틀이 살아졌음에 희망을 둔다. 그런 정신적 도구는 직전 과거의 "루(ㅁ)l 네이션스"에서 확실히 벗어나는 것이지만, 의심할 것 없이 그 과거 즉 우리의 현재 상황을 낳은 유산들의 재고찰 위에 지어지는 것이다.

맥머로우의 결론이 지닌 가치는 건축 분야의 잠재력과 한계를 재고찰하고 밝히라는 그의 명령에 있다. 이론 대 실무 논쟁에 빠진 사람들에게, 맥머로우는 그 두 가지는 진실로 분리 불가능하며, "이론 또는 실무"에서 "이론과 실무" 또는 "이론을 통한 실무"로 초점

을 변화할 것을 강조한다. 실로, 어떻게 그 학제의 가능한 바를 인식하고 이해함 없이 그 학제 안에서 작업할 수 있을까?

존 맥머로우(John McMorrough) / 이경창 옮김

루(ㅁ)ㅣ 네이션스: 우리 시대 건축의 유령들

Ru(m)inations: The Haunts of Contemporary Architecture

Perspecta 40 (Sept. 2008), 164-69.
Courtesy of the author and the Yale School of Architecture에 처음 실림.

공간이나 용도에 대한 규정을 통해 스스로를 정의하는 활동으로서, 건축의 역사는 완전체들 즉 필수적인 것과 하찮은 것의 충돌하는 충동 사이에 사로잡힌 행동에 일관성을 부여하는 것으로 상상되는 잠정적 총체들로 가득 차 있다. 자본, 역량, 구조 또는 상징성과의 관계가 어떻든 간에, 건축의 역사와 유산—아마도 바로 그 의미—은 그것의 존재, 그것의 존재 이유에 대한 합당한 설명의 창조 속에 발견될 것인데, 이는 일련의 변하지 않는 정당화 속에, 신념의 도약과 방어태세 속에 만들어진 것이다. 이런 (이전에는 이데올로기로 알려진) 어둠의 영역, 이야기들, 우화들, 미신들은 건축 자체의 논리 중 일부가 된다. 이런 집단적 상상력의 선언은 크게는 사회와 건축가들 자신들의 영감을 구현하는 서사들이다.

지난 40여 년에 걸친 건축의 변형 이야기 속 이런 현상의 한 예는 공포를 자아낸다는 의미에서 숭고하다. 일반적으로 (널리 정의된) 포스트모던의 영향력 아래 속하는 이 시기에 관하여, 그 뒤를 따르는 것

은 특수한 역사적 시점에 건축이 어떻게 제안을 만드는 능력과의 문제적 관계 속으로 들어섰으며 대신 의미화의 문제에 초점을 맞추었느냐에 대한 특수한 궤적의 스케치이다. 늘 온전히 인정되지 않는다고 해도, 이런 파문은 여전히 느껴진다. 건축이 자신을 하나의 학제로 정의한 것은 과거에도 그렇고 현재도 체계적 회피이다. 이런 현상에 이름을 붙인다면 우리는 그 시기를 나타내는 두 가지 용어 파괴(ruination)와 반추(rumination) 간 개념적 유사함을 생각할 수 있다. 파괴는 소멸(이 용법은 문자 그대로 외관에서의 폐허와 동기에서의 파괴적인)의 원인과 결과 모두로 간주할 수 있으며, 반추는 긴 사색, 부정적인 순환적 사유, 끊임없이 되풀이되는 걱정 또는 우울, 강박 신경증적 행동 그리고 아둔한 용법에서 영양가 없는 소비이다. 파괴와 반추의 양상 사이, 형태와 사고 사이 진동은, 복합적이고 역설적으로 연결된 의미에서, 오늘날 건축에 달라붙은 틀을 압축한다. 이런 루(ㅁ)ㅣ네이션스는 건축의 인식론적 술책의 우여곡절을 정의하며 이 점에서 건축의 학제성(學制性, disciplinarity) 개념과 동의어가 된다.

파괴 행위 또는 폐허가 된 상태[1]

> 폐허는 우리에게 매우 빈번히 비극을 떠올리게 만들지만 슬프지는 않다. 왜냐하면 여기에서 파괴는 의미 없이 외부에서 오는 것이 아니라 오히려 파괴된 것의 존재 더 깊은 켜에 내재된 경향의 실현이기 때문이다.[2]
>
> —게오르크 짐멜

폐허는 영감이자 모델, 장해, 정당화였다. 그것의 재현은 건축 유산의 회화적 형식과 그 개념적 역사 모두에 대한 호소이다. 목가적인 파편화로서 폐허가 주는 단순 즐거움 이상으로 그것은 끊임없이 그 자체로 중요한 것으로 다시 생각되었다. 그리고 골동품적 기원조차 건축적 상상력의 지속적인 형상이자 소재와 영감의 원천이었다.[3] 1970년대의 건축가들은 폐허의 이미지를 자신의 작품과 통합함으로써 이런 궤적을 이어나갔다. 폐허의 라틴어 어원인 부사 루에레(ruere, "실패")에서 구현된 것처럼, 문자 그대로의 의미와 함축적, 표기법상의 충돌에 걸친 다양한 판형에서 건축가는 건축의 실패를 그 형태로 새긴다. 건축의 외적, 내적 모든 힘에 대한 이런 표현 관계는 출현을 설명한다.

위상이나 명성의 상실을 낳는 실패[4]

> 행복하게도, 우리는 근대건축의 사망 날짜를 정확한 순간에 기재할 수 있게 되었다.[5]
>
> —찰스 젱크스

모든 고딕 소설처럼, 이것은 비극과 우연의 산물이다. 서사적으로 우리는 건축(정확히는 근대건축)의 이상이 1970년대 어떤 시점에 완전히 멈추었다고 추정할 수 있다. 초기 전제로서 그것은 상서롭지 못한 출발이지만, 이 시기의 문화적 산물에 대한 피상적인 조사조차 고급 형태든 저급 형태든 다양한 묘사 속에서 아이디어를 발견한다. 그것은 도시에 관한 저술에서 가장 두드러지게 구현되었는데, 유력한 선택사항에 따르면 기존 도시 조직의 파괴뿐 아니라 실패한 재개발의 유산의 질적인 상실을 의미하는 도시재개발의 불명예를 겪었다. 이에 더하여 다른 더 자연스러운, 우연적이면서도 악의적인, 파괴와 결과는 문자 그대로도 그렇고 비유적으로도 폐허의 도시 이미지였다.

이런 선제적인 평가 절하의 원인은 근대 하우징의 실패와 그 구역 내 범죄의 증가에서 에너지 위기, 건설 산업의 둔화에 이르기까지, 근대 건축의 추상화와 투명한 근대 건물의 의미론적 불투명함에 이르기까지 걸쳐 있는 것으로 보고되었다. 이것은 근대 건축의 권위에 대한 일반적 불신 그 이상이었다. 그것은 사회의 문제 전체를 교정하는 건축의 충동을 현대화한 데 따른 폐단이었다. 첫 번째의 경우는 유효성에 대한 과대평가이며 두 번째에는 잠재력에 대한 과소평가가 그것이다. 이런 파괴의 이미지, 쇠락하거나 파괴 상태에 있는 건물의 이미지와 연결되는 것은 일반적인 문제 즉 건축의 구축 능력 위축이다.

건축이 너무 많은 것을 약속했다고 생각된다. 기술적 불가피성과 사회적 계약의 쌍으로 이루어진 충동으로, 건축적 모더니즘은 양식, 정치, 시대정신으로 동시에 제기되었던 동기들의 뒤얽힌 망을 재현하기에 이르렀다. 근대 건축의 한계를 알게 되었을 때, 건축 역사가와 비평가는 사회적 목표를 지키는 데 실패한 건축에 초점을 맞춘 일련의 책과 글을 펴냈다. 그들의 진단은 빠르게 "가로"[6], "도시"[7] 그리고 마침내 "근대 건축" 자체[8]의 죽음을 선포하였다. 그런 파괴적 상태에서, 해결책은 역설적으로 폐허 자체의 잠재력에서 발견되었다.

명상 또는 사색; 숙고[9]

> 자신을 유토피아로 제시할 수 없었던 이데올로기는 자신의 낡은 역할에 대해 향수어린 사색에 빠지거나 자신과의 논쟁에 들어간다.[10]
> —만프레도 타푸리

이런 "죽음"은 회화와 건축의 사례에서 반대되는 반작용을 낳았다. 회화에서는 다른 미디어로의 이동이 있었고, 건축의 경우에는 자율성의 형식 내에 자기 코드 속으로 성채를 구축하는 일이었다. 폐허의 의미는 (이미지로서) 외관뿐 아니라 (사유로서) 지속의 위상에 적용된다. 그리고 그에 대한 호소는 외관뿐 아니라 함축된 시스템으로서 건축 개념의 종말과 보전의 동시적 구현에 있다. 폐허는 공유된 실천, 공통의 국제어를 의미하는 전략을 대표한다. 신격화되거나 세속화되거나 자율성은 다시는 건축의 능력을 주장할 수 없다. 건축의 정의는 그 자체거나 그 자체의 것임을 말해준다. 기하학이 더는 정신적인 것이 아닌 것처럼 형태로 표현될 뿐이며, 구조는 더는 효율적인 것이 아니라 (텍토닉으로서) 구축 자체의 의미였을 뿐이다. 그 자체 외에 다른 것은 아니며 건축은 이제 그 자체만의 재현이었다. 재현의 재현은 더는 자기 창조물의 요구와의 관계 속에 이해될 수 없다.

곱씹기 또는 되씹기[11]

> 반복은 미래에 대한 사유이다[12]
> —질 들뢰즈

이 모든 것은 단지 여러 이야깃거리를 지닌 관심일 뿐으로 보이며, 순간의 관심은 확실히 아닌데, 왜냐하면 글로벌 수도(두바이, 차이나, 모스크바, 빌바오를 생각해보라)의 화신이자 품위를 높이는 것으로 건축의 지위가 상승하는 현재의 흐름에서, 건축의 죽음은 확실히 과거에 속하는 것이 틀림없다. 그러나, 오늘날의 건축이 겉보기에 견고한 체질로 성장했다고 해도 이전의 문제들에서 벗어난 것 같지는 않다.

이 뿌리는 세대적이다. "의미 이후"의 시기에 사로잡힌 건축은 크게는 문화적 영역 내에 그리고 자신의 발전 논리 내에 그 산물을 어떻게 위치시키느냐에 관하여 진퇴양난에 처했고 아마도 영구히 그러하다. 포스트모더니즘의 기호학적 열광이 기각된 후, 그리고 해체에 의한 자신의 부정 이후(무엇보다 그 둘은 의미의 가능성 또는 불가능성을 나타내는 동일한 프로젝트의 두 가지 버전이다), 지표성과 비평(commentary)이라는 아포리아는 똑같이 고갈된 것으로 보인다. 오늘날 건축가는 극단적으로 표명된 이론적 담론의 맥락 속에 교육을 받았지만 가장 폭넓은 의미에서 의미화의 가능성을 포기한 채 다른 방향을 바라본다. 이런 건축적 트루머킨더(Trummerkinder, "폐허의 아이들")는 (저평가와 고평가 모두) 실재와의 특정한 그리고 미약한 관계를 제공하는 대체 모델을 찾기 위해서만 기호학적 모델의 분명한 거부 속에 하나가 된다. 리서치가 이론을 대체하듯이, 프로젝트의 아이디어는 이제 (디자인으로서 그리고 특히 뛰어난 행동 계획으로서) 도식(scheme)의 아이디어로 대체된다. 이상으로서가 아니라 세부 사항—작업을 구성하는 작업틀, 주장, 삽화—으로서, 도식은 그 자체로 유효하며 다른 목적이 없다. 도식은 잔여물, 지표, 양피지나 텍스트가 전혀 아니다. 그것은 행동의 기록이며 사실상 다이어그램이다.

코드로서의 건축 노동과 그런 확장된 문제의 어려움 이후, 건축은—이제 탈이데올로기적(포스트-포스트모던적) 전환 속에—온갖 명시적인 방법으로 굳건한 토대(terra firma)를 찾는다. 가령, 네오미니멀리스트의 감성을 갖춘 제작자와의 기술 속에, 그리고 관료-실용주의자와의 정보 속에서 그렇다. 이 모든 것에 공통적으로 우리는 생성과 자기 조직화의 다른 형식, 시행착오 접근법, 개방형 실험에 대한 관심을 본다. 그것은 겉으로 보기에는 동기(motivation)가 없는 건축이다. 이런 포스트-

지표적 작업의 불투명함은 텍스트에 대한 관심에서 오는 가독성을 넘어서고 그 형성 과정을 드러내지 않기 위해 애를 쓴다. 널리 수용된 재현적인 것에서 퍼포먼스에 특히 초점을 맞춘 것으로 건축 프로젝트가 재구성됨에도, 건축은 빈번히 확증된 용어로 되돌아온다. 형태든 공간이든 아니면 구축(또는 텍토닉 또는 심지어 최근의 용어로는 제작)이든 간에 각각은 건축 문제의 정교화로서 이해되는 한, 의미가 있다. 프로젝트 기반 프로세스는 개별적인 실체화 속에 작업을 규정하겠지만, 작업을 건축적인 것으로 규정하는 것은 학제 기반의 정당화이다. 프로젝트는 자신의 출현이라는 측면에서 제시되지만, 역사적 쟁점들의 관념화라는 측면에서 이해된다. 우리 시대 연이은 사례에서 볼 수 있듯이, 고대의 구축 논리가 신진 컴퓨터 기하학의 논리를 승인한다. 그런 노고는 건축 분야의 일을 단지 노동으로 만들 뿐이며, 자신의 가치를 낮출 따름이다. 즉, 건축을 (문자 그대로든 비유적으로든) 제작의 이미지로 보는 것은 쏟은 시간과 노력의 정량화를 빼면 아무것도 아닌 것으로 보는 셈이다. 그렇게 말하지 않는다고 해도, 자율성은 실무의 음흉한 무의식 내에서만 발생하는 패턴들에 의해 동기화되어 등장하는 이유를 통해 여전히 이런 발전의 다양성을 규제한다. 세포 자동자(cellular automata)의 공식을 제시하는 건축적 자율성의 주장으로, 자율성은 자동적인 것이 되었다.

폐허라는 상대적으로 낡은 레퍼토리를 대체하는 것은 돌연변이, 바이러스, 에일리언, 블롭 등의 괴기스러운 군상이다. 이런 명칭을 하나로 묶는 것은 비유기적인 사물화에 대한 대안으로 생동하는 활력을 갈망하는 마음이다. 폐허가 쇠퇴하는 건축의 재현에 적절한 비활성의 형상이라면, 아마도 좀비는 비유기적 자기 조직화와 출현하는 지능이라는 형태를 띠는, 학제의 연속성을 나타내는 건축의 동적 형상이다. 무엇보다 좀비는 탁월한 유물론적 이미지이다. 조지 A. 로메로의 영화를 예로 들면, 좀비는 느리고, 맹목적이고, 생각할 능력이 없으며, 그들의 불길한 상태는 순전히 다수성과 맹목성에 따라 달성되며, 그 효과는 통제되지 않되 충동에 내몰린 군집에 근거를 둔다. 특이하게 동기화된 행동—좀비가 작동하는 동기인 뇌를 먹는 행동—은 습관의 패턴에 의해 좌우된다. 로메로의 고전 "새벽의 저주(Dawn of the Dead)"에서, 좀비는 쇼핑몰로 되돌아오는데 이는 "일종의 본능 때문이다. 그들이 가진... 기억 때문이다."[13] 오늘날 건축 좀비는 이전 세대의 지능을 먹는다. 그들은 몇 번이고 되풀이해서 확증된 용어로 되돌아온다. 건축가는 어떤 행동 패턴을 수행하고 또 재수행한다. 최근 소위 "생성" 모델에 대한 관심은 건축의 죽음에 대한 애도를 극복한 것이 아니라 그것을 상연하는 것이다. 왜냐하면, 이런 삶에 대한 다양한 초혼에서 우리는 건축적 신체의 활기가 사실은 소멸 직전의 상태에 있다는 보충적 은유임을 알게 되기 때문이다.

뒷생각(Afterthoughts)

> '죽었던' 많은 접근법이 놀랍게도 왕성한 사후세계를 가진 것처럼 보이는 시기에 우린 있지 않은가?
>
> —렘 콜하스[14]

오늘날 건축의 가능성에 대한 사멸적 조건은 어떤 양식의 기능 또는 관심의 부분 집합뿐만이 아니다. 그것은 오늘날 형성된 건축적 일관성을 규정하는 용어에 의한 다양한 수단 내에 만연해 있다. 학제(discipline)가 그 수행적 속성보다 보존에 관계될 때, 그것은 가능성이라기보다는 제약이 된다. 이 지점에서 건축 학제의 개념은 실천의 판형을 의례로 구체화한다. 한때 장점이었던 것이 이제는 문제가 된다. 보존 기제로 발생했던 충동은 이제 의미로 바뀌었다. 건축의 방어 기제는 내용이 되었고 보루는 감옥이 된다.[15]

건축 학제에 대한 논쟁은 더 이상 건축의 발전을 떠받칠 수 없으며 지속적으로 지탱해주지 않는다. 그 교육과정을 교정하려는 건축의 선택사항—기술 또는 경제(실용주의) 또는 자신의 도그마(유토피아)로의 퇴각—은 너무나 잘 알려져서 그런 용이함이 불가능하다는 사실에 관한 집단적 기억 상실의 징후가 된다. 이런 구성물을 단순히 잊거나 무시할 수는 없다. 대신 건축은 자신의 성채를 창의적으로 해체해야 하며 새로운 루(ㅁ)l 네이션을 다시 시도해야 한다.

좀비를 오늘날 건축의 형상으로 제시하는 것은 확실히 경멸적 의미가 있다. 하지만, 좀비는 자유롭다. 다양한 선택사항을 탐구하면서 그 시스템은 (그들의 가능한 기술 속에 개발된 유사성에 의해) 형태 생성의 새로운 길을 촉진했다. 이런 조건은 새로운 가능성과 상황 처리 방법의 표현을 약속한다. 이 시기의 기회와 한계는 낡은 모델의 기준보다는 자신의 용어로 이런 새로운 지능의 요구를 평가할 비판적 기구가 사라졌다는 데 있다. 지금까지 이런 노력이 예상치 못한 결과를 낳는 정도에 주목했지만, 그 가능성은 아마도 새로운 형태 생성이라는 의미보다는 물려받은 개념의 구속을 의문시하는 데 더 유용하다. 이것은 건축 양식의 한계에 대한 것이 아니라 하나의 학제 그리고 아마도 다른 학제의 시작에 대한 것이다. 필요한 것은 건축의 역할을 재천명하는 것인데, 건축의 역사적 유산을 다시 시험하고 목적이 아닌 수단으로 이해하고 다시 관계 맺기 위함이다.

주(註)

1 "Ruination." Dictionary.com. The American Heritage® Dictionary of the English Language, Fourth Edition (New York: Houghton Mifflin Company, 2004). http://dictionary.reference .com browse/ruination (accessed August 03, 2007).

2 Georg Simmel, "The Ruin" [1911], in *Essays on Sociology, Philosophy, and Aesthetics*, ed. Kurt H. Wolff (New York: Harper and Row, 1965), 263.

3 Brian Dillon, "Fragments from a History of Ruin," *Cabinet* 20 (Winter 2005/6)을 보라.

4 "Ruination." Dictionary.com. WordNet® 3.0, Princeton University. http://dictionary.reference.com/browse/ruination (accessed August 03, 2007).

5 Charles Jencks, "The Death of Modern Architecture," in *The Language of Post-Modern Architecture* (New York: Rizzoli, 1977), 9.

6 Vincent Scully, "Death of the Street," *Perspecta* 8 (1963): 91-96.

7 Jane Jacobs, *The Death and Life of Great American Cities* (New York: Random House, 1961).

8 Jencks, ibid.

9 "Rumination." Dictionary.com Unabridged, Vol. 1.1 (New York: Random House). http://dictionary.reference.com/browse/rumination (accessed August 03, 2007).

10 Manfredo Tafuri, "Architecture and Its Double: Semiology and Formalism," in

Architecture and Utopia: Design and Capitalist Development (Cambridge, Mass.: MIT Press, 1976), 163.

11 "Rumination." Dictionary.com Unabridged, Vol. 1.1 (New York: Random House) http://dictionary.reference.com/browse/rumination (accessed: August 03, 2007).

12 Gilles Deleuze, *Difference and Repetition* (New York: Columbia University Press, 1995), 7.

13 George A. Romero, "Dawn of the Dead" (1977), Scene 167.

14 Rem Koolhaas and Hans Ulrich Obrist, "Relearning from Las Vegas: An Interview with Denise Scott Brown and Robert Venturi," in *Harvard Design School Guide to Shopping* (Cologne: Tashen, 2002), 595.

15 이런 입장의 또 다른 이름이 "비판"이다. 그것은 이 지점에 건축담론에서 (전도의 되풀이되는 형식적 그리고 개념적 전략뿐 아니라 추정상의 정신적 기질로 합쳐지는) 칸트적, 마르크스적, 반동적 입장의 혼합(mélange)을 대표한다. 당대의 문제는 비판성의 잠재력과 한계의 식별뿐 아니라 비판성에 대한 건축의 관계를 반대로 정의하는 것조차 가능하다.

후기 Afterword

K. 마이클 헤이스(K. Michael Hays) / 조순익 옮김

건축은 세계를 공간과 시간의 범주 속에서 조직하는 특수한 종류의 상상(감지와 이미지화, 개념화가 내밀하게 융합된 작업)이다. 대개 건축의 대상은 단순히 하나의 건물이 아니다. 모든 문화적 생산과 재현 중 가장 복잡한 교섭과 논쟁이 일어나는 분야인 건축은 지각과 주체 형성, 이미지, 시스템, 코드 등의 이슈를 다룬다. 건축이 다루는 영역은 윤리학과 법학, 중력과 날씨와도 겹친다. 어느 단일한 건축 사례가 이뤄지기까지는 사회적 생산을 주도하며 실로 어떤 면에서 역사 자체를 구현하는 모든 기술적, 미학적, 경제적, 사법적, 심리적 동력들이 결정적인 맥락으로 작동한다. 그리고 후원자와 생산자, 대중이 건축에 중층적으로 부과하는 각종의 충돌하는 사회적 요구들은 바로 그 건축의 형태 안에 억압된 채로 형상화된다.

하지만 건축의 대상을 생산하는 것은 글쓰기다. 좀 더 정확히 말해서, 글쓰기는 건축의 대상을 그 자체로 사유(思惟)가 가능한 무엇으로 만든다. 글쓰기는 건축의 무수한 동일시와 영향의 벡터들을 사유가 가능한 완전체로, 지각할 수 있는 시나리오로 조직해낸다. 때로는 시간을 거슬러 올라가 선례들을 찾아내고, 때로는 시간을 전진하여 결과를 예측하며, 예전에는 고립된 항목만 존재하던 곳에 관계와 패턴을 생산해낸다.

1970년대와 80년대의 건축은 글쓰기가 되기를 시도했다. 그때의 건축이 표방한 것은 무엇보다 하나의 언어였다. 하지만 언어는 사전에 여러 개념과 연상이 정립된 채로 공유되는 체계다. 그렇게 일반화된 체계에 속하는 개별 사례는 이미 활용되어온 부분—말하자면 유형이나 코드 또는 스타일—들을 활용한다. 따라서 건축 언어의 모든 개별 사례들은 불가피하게 이데올로기적이다. 건축적인 글쓰기(architectural writing), 즉 글쓰기로서의 건축(architecture as writing)은 일반화된 언어의 사회적 지평과 개별적인 스타일을 결정

하는 특수하고 개인적인 깊이 사이의 거리 속에서 작동하는 제3의 용어다. 그것은 건축의 여러 이데올로기와 가정을 탐색하고 성찰하고 위반하고 초월할 수 있는 공간(유일한 공간)을 열어낸다. 따라서 1970년대와 80년대의 이상적 프로젝트는 평범한 대상들의 세계와 그 주변의 개인들에게서 벗어났고, 재현의 규칙에 구속되지 않았으며, 대개는 글쓰기의 전유물이던 자동사적인 방식으로 반성적인(reflexive) 비판적 소명을 실천했다. 당시 한껏 추구되던 건축의 자율성뿐만 아니라, 현실에 대한 건축의 저항 가능성 또는 비판적 거리는 모두 건축의 언어적이고 담론적인 구성체에 의존했다.

하지만 그 모든 게 어느 시점에선가 변화했고, 크리스타 사익스의 본 선집은 바로 그 변화의 시점에서 출발한다. 90년대와 2000년대의 건축적 존재론이 가능하다면, 그것은 언어적인 존재론이 아니라 대기적인(atmospheric)－즉 오로지 모호하게만 정의되고 분절되며 실로 지각되는, 그럼에도 불구하고 모든 곳에서 그 효과를 발휘하는－존재론일 것이다. 이 새로운 패러다임에는 물론 디지털 디자인 기술과 컴퓨터 프로그램이 필수적으로 결부된다. 디지털 디자인 기술은 건축 언어에만 특수하게 존재하지 않고 디자인에 보편적으로 적용되는 기술이며, 컴퓨터 프로그램은 수많은 매개변수와 다양한 종류의 데이터를 매끈하고 마찰 없는 흐름으로 조율하고 종합한다. 이런 기술의 시각적 결과는 때때로 하나의 소프트웨어 패키지에서 만들어낸 정처 없이 떠도는 조각들에 불과해 보이기도 한다. 또 어떤 경우에는 거의 너무 생생하고, 너무 현존감이 크고, 지나치게 현실적으로 보이기도 한다. 합금으로 포장된 역동적인 화면 속에서 패턴과 질감의 정보를 스캔하여 수집하는 그래픽 장치들을 융합한 멀티미디어는 두 가지 규모에서 참고할 만한 신호를 보내는 듯하다. 한편에는 분자적이고 생물학적이며 정보적인 시스템의 규모가 있고 반대편에는 전 지구적인 도시화의 규모가 있는데, 이 양극단의 규모와 결합하는 재현은 그것을 생산한 정보를 포함하는 동시에 초월한다. 이러한 건축의 생산은 그 어떤 전문가주의나 학문 분과도 명시적으로 거부하며, 더 이상 자율성을 향한 투쟁도 사회적 주변 상황에 대한 저항도 하지 않는다. 따라서 이 새로운 건축이 생산하는 수용의 관습이 비디오 게임과 소셜 네트워킹 사이트, 텔레비전 레저와 동일한 일반 미디어의 조직 속으로 얽히는 데에는 모순이 없다. 그것의 얼굴과 기능은 전례 없는 방식으로 문화 속에서 부유하고 확장하며, 한껏 늘어나는 혼합매체의 경험 속에서 좌우로 퍼져나갈 수 있다. 이런 건축은 더 이상 어떤 특수한 사회적 공공이나 현장에도, 길거리나 대로변에도, 라스베가스나 베네치아에도 상응하지 않는다. 아마도 그것은 객관적 실재성(thingness)이 과장된다고 할지라도 그 질료(matter)가 의심스러운, 약간의 초현실적인 특성을 부여할 것이다. 1970년대와 80년대의 건축이 대수학적이었다면(당시 건축의 유형과 요소는 오로지 관계적으로만 의미를 획득했다), 이 새로운 건축은 위상학적이다. 대상(object)보다는 장(field)의 조건을, 폐쇄성보다는 연속성을, 눈금 그리기보다는 경계 흐리기를 지향하면서 말이다. 그것의 반복은 연속적인 미분화와 상호 교류의 과정 속에 존재하는 블롭(blob)과 미립자, 포장재, 지붕널, 깎인 면들의 복잡하고 환유적인 연속체 중 하나다. 이 유화의 과정이 너무도 완전히 이뤄져 표면과 외형과 패턴의 중요성이 커지고, 유형학과 텍토닉스의 이슈들은 종종 이론의 후미진 구역으로 밀려나 부유하곤 한다.

우리는 건축의 경험이 산만하게 이뤄지고 있음을 끊임없이 상기 받는다. 대기의 건축은 이 본질적인 분위기를 새로운 수준으로 끌어올린다. 그것은 비판 의식을 전적으로 피해 가면서 감각 기관의 직접적인 자극제가 되고자 한다. 그래서 그것에 대한 글쓰기는 더더욱 긴요한 문제가 된다. 하지만 새로운 건축의 글쓰기는 정신만큼이나 육체를 활용하고, 대기적이고 생태적인 것을 사유로만이 아니라 느낌과 정동으로도 포착하는 글쓰기를 의미한다. 상황을 접고 다시 접어서, 그 두께를 키워 서사적인 구조들로 분절하고, 그 안에 담긴 사회적인 즙을 짜내는 일이다. 우리가 현재 의지하는 글쓰기 방식은 확실성을 내포한 문자를 새기는 게 아니라 다이어그램을 그리는 일이다. 다이어그램적인 글쓰기란 건축이 다른 실천 및 사유 방식과 맺는 연관을 시각화하고, 그것의 전제 조건과 실질적 가정, 그 권력의 중심과 이동을 정밀 검사하며, 그 효과들이 증식하다가 갈라지고 분산되어 다른 동맹을 찾아 나서는 과정의 결과들을 추적하는 일이다. 다이어그램적 글쓰기는 연결과 선택과 변화를 강조한다. 아울러 중요한 것은 특정한 역사적 순간의 재현 가능성(또는 그런 순간에 대한 글쓰기의 가능성 자체)에 관한 내적 한계를 숙고하는 일이다. 내가 만약 모든 건축 관련 글쓰기가 역사의 비전 자체를 (불가능할지라도 궁극적인 목적으로서) 그 지평 위에 두어야 한다고 주장한다면, 그 이유는 역사화가 그 대상을 환원하는 게 아니라 확장한다고 믿기 때문이다.

본 선집은 건축에 관한 최근의 글쓰기에서 나타난 다양한 범위의 야망과 스타일을 기록한다. 가장 훌륭한 글들은 그것들이 출현한 특정 상황의 우연성과 보다 지구적으로 널리 퍼진 어떤 특수한 헌신, 비전 및 이론 사이의 생산적 긴장을 활용한다. 이 선집 전반에 흐르는 공통의 실마리는 건축이 (종종 불만족스럽거나 불완전하다고 여겨지는) 어떤 상황에 대한 문화적 응답이라는 확신이다. 이런 확신은 건축을 무기력한 사물이 아닌 행동과 실천으로 바라보는 글쓰기를 가능케 하며, 순전한 읽기의 즐거움뿐만 아니라 엄청나게 풍성한 읽을거리를 만들어낸다. 또한, 이는 현재 상황이 계속해서 새로운 형식과 새로운 스타일, 새로운 방식의–좀 더 빠른, 좀 더 느린, 좀 더 작고 더 간결한, 좀 더 크고 더 광범위한–글쓰기를 요구한다는 점을 증명한다. 우리는 더 많이, 더 좋게 글을 써야 한다. 우리가 건물의 형식에서 어떤 객관적 변화를 이룰지라도 새로운 읽기의 습관, 사유 과정 및 실천을 발전시키고 새로운 상황에 필적할 수 있는 새로운 의식을 구축하는 전체적이고 집단적인 재교육이 수반되기 전까지는 결코 그 형식이 안정적으로 자리매김하지 못할 것이다.

옮긴이 후기

옮긴이 대표 김영철

크리스타 사익스(Krista Sykes)가 편집한 건축이론선집, 『건축의 이론과 실천 1993–2009』(ed. A. Krista Sykes, *Constructing a New Agenda: Architectural Theory 1993-2009*. New York: Princeton Architectural Press, 2010)의 번역이 출판에 이르기까지는 번역가 조순익 선생의 역할이 결정적이었다. 2020년 1월 초, 그는 매주 토요일마다 진행된 〈토요건축강독〉에서 사용하는 대본을 강독에 참여하는 회원뿐만 아니라 우리 건축계의 독자들을 위해서 출판하면 어떨지, 구체적인 실행 계획과 함께 제안했다. 이것이 받아들여진 배경에는 2012년부터의 강독 활동, 건축에서 개념들의 정의와 맥락을 분석하는 일, 그리고 축적된 번역의 기술도 함께 있었다. 처음 강독을 시작했을 때 선정한 텍스트는 멀그레이브(H.F. Mallgrave) 교수가 편집한 두 권의 『건축 이론 선집』(ed. H. F. Mallgrave, *Architectural Theory, Vol. I. An Anthology from Vitruvius to 1870; Vol. II. An Anthology from 1871 to 2005*, Malden, MA: Blackwell, 2006; 2008)이었고, 비트루비우스부터 시작하여 2005년까지 대략 1,200페이지에 걸친 500여 저자의 건축론이었다. 그 양이 많은 만큼 오랜 시간을 요구하는 선집이었다. 장점도 있었다. 서양건축이론의 역사 전체를 일별할 수 있었다는 것이었는데, 그와 달리 단점은 각 텍스트가 편집 분량의 제한으로 인해서 발췌된 형식이어서 무엇보다도 주제 해명을 위한 저자의 생각을 충분히 들을 수 없다는 것이었다. 7년간의 강독을 마치고 새롭게 선정해서 이를 이어갔던 본 번역의 선집은 먼저의 경우와 달리 두 가지 측면에서 장점이 있었다. 건축 이론 전공의 크리스타 사익스가 편집한 이 선집은 우선 각 저자가 설정한 주제의 전문을 실어 보여준다는 점, 그리고 무엇보다도 이곳의 텍스트들은 현재 진행형인 현대 건축의 다양한 주제와 경향 자체를 보여주는 장점이 있었다.

『건축의 이론과 실천 1993–2009』에서 다루어진 다양한 주제는 우리 시대 건축의 목표들, 건축을 주도하는 힘들, 건축적 이념들, 시대상의 접근 가능성, 실천의 방안, 창작의 논리, 특히 새로운 기술과 그 의미를 구체적으로 보여준다. 그리고 이들의 효력이 여전히 영향을 미치고 있다는 사실을 보면, 우리에게도 이들 생각에 들어 있는 논리 구도와 무엇보다도 거기에 담긴 개념 소재들을 구체적으로 파헤쳐야 할 당위성이 생긴다. 왜냐하면 현실적으로 자본의 논리, 기술의 진보, 환경의 문제, 역사성과의 대결 등은 우리도 마찬가지로 외면할 수도 없고, 여전히 해결해야 할 중요한 주제들이기 때문이다.

이곳의 텍스트들은 우리가 처한 상황이 이른바 다원주의의 세계라는 것을 더욱더 실감하게 한다. 이 맥락에서 간과할 수 없는 지점은 이념들의 소통일 텐데, 저자들이 암묵적으로 설정하고 있는 말하는 주체, 글쓰는 주체, 곧 근거로서의 원리가 다양할 뿐만 아니라, 서로에게 자명하게 여겨지지도 않다는 점이 문제가 될 수도 있었다. 그렇기 때문에 번역자들로서는 저자의 입장에 서서 논제의 근거를 먼저 질문해야 했고, 논구 과정에서 도달해야 할 목표도 정립하고, 이를 위한 과정도 독자적으로 설정해야 했다. 다행히 이 일에는 이 선집의 강독에 참여했던 다양한 구성원들의 배경, 오랜 기간의 생산적인 대화와 토론이 큰 도움이 되었다.

그 구체적인 내용은 28편의 텍스트를 위해 번역자들이 선정될 때, 대개는 스스로 텍스트를 선택했지만, 어떤 경우는 저자와의 학문적, 이념적 성향을 동일시하거나, 혹은 건축 학습의 배경 언어권이 작용하기도 했다. 적어도 이 두 가지, 곧 번역자들의 학문적 배경과 언어적 배경은 이제 오랜 성장의 과정을 거쳐 〈건축의 이론과 실천 1993-2009〉로 열매를 맺도록 한 중요한 자양분이었다.

2년이 넘는 번역과 수정의 기간 동안 번역자들은 강독 모임에서 또는 SNS 형식을 통해 서로 주제의 의미와 배경, 번역어의 선정, 문체의 가독성을 위해 진지하게 의견을 나누었다. 어떤 경우는 글자 그대로의 의미에서 논쟁이 벌어지기도 했고, 중재가 소용되기도 하였으며, 또 어떤 경우에는 발제자(번역자)에게 결정을 선택하도록 일임되기도 하였다. 누구라도 번역 과정의 시간으로 되돌아 가 그 상황을 함께 한다면 "건축을 사유하는 다양한 길"이 어떻게 전개되는지, 그 지평은 또 얼마나 넓게 확장되어 가는지 구체적인 상으로 그려내는 일은 어렵지 않을 것이다.

이제 이 번역은 지금까지 스스로 동력을 얻어 성장하던 과정을 멈추고 출판의 형식을 통해 독자들이 그 생명력을 보존하도록 주인을 바꾸어 가기를 희망한다. 분명히 이 선집의 독서는 건축적 삶의 지표들이 우리에게 우리가 함께하는 삶의 내용으로 들어서도록 안내하고 자극하며, 우리를 새로운 의식으로 채워갈 것이다.

이 선집에는 번역자들의 것뿐만 아니라 저자의 것도 포함해서 많은 수고가 곳곳에 들어 있다. 어쩌면 새로 선정할 수밖에 없었던 번역어들이 낯설어 독서를 방해하고 사유의 자유로운 전개를 제한할지도 모르겠다. 다만 한 가지, 건축을 위해－글자 그대로의 의미에서－개념들을 하나 하나 세우고 쌓아가는 과정에서 이곳에 있는 활자들은 자신의 역할을 할 것으로 믿는다.

이 책의 결실에는 특히 수고를 아끼지 않은 분들이 있었다. 〈토요건축강독〉의 중심에 있었고, 장소의 제공, 매주 빠짐없는 안내문, 핵심을 잃지 않도록 토론의 맥락을 짚어주었던 정만영 교수, 건축 실무의 현실을 잊지 않도록 한 박민수 소장 및 이 선집 번역에 참여한 강독 멤버들의 노력에 감사드린다. 자부심과 함께 이를 활자로 남기고 싶다. 특히 현명석 박사는 이 번역에 참여하지 못한 분들의 몫까지 챙겨주었다. 그리고 조순익 선생은 시작에서 마무리까지 모든 과정을 직접 주도하고 완성에 이르도록 한 주인공이다. 오랫동안 〈토요건축강독〉에서 토론을 함께했던 모든 분들에게도 고마움을 표하고 싶다. 그리고 무엇보다도 출판을 적극적으로 지원하고 번역 완성의 오랜 시간을 견디어 주신 스페이스타임 출판사의 김기현 대표께도 감사드린다. "이론"이 도전에 처해 있는 현실에서 정작 중요한 이치의 말들이 단지 이분들의 수고 너머에 머물지 않고 우리의 현실 안으로 새겨질 수 있으면 좋겠다.

글쓴이

스탠 앨런(Stan Allen)은 뉴욕 브루클린에 위치한 설계사무소 스탠 앨런 아키텍트(Stan Allen Architect)의 소장이며, 프린스턴 대학교 건축대학의 학장이었다. 그 전에는 제임스 코너와 함께 필드 오퍼레이션스(Field Operations)의 대표로 재직했으며, 저서로 『점+선: 도시를 위한 다이어그램과 프로젝트(*Points + Lines: Diagrams and Projects for the City*)』(1999), 『실천: 건축, 테크닉, 재현(*Practice: Architecture, Technique and Representation*)』(2000)이 있다. 브라운 대학교와 쿠퍼 유니온에서 학사학위를 받고 프린스턴 대학교에서 건축석사 학위를 받았다.

데보라 버크(Deborah Berke)는 데보라 버크 앤 파트너스(Deborah Berke & Partners)의 창립자 겸 대표이며, 예일 대학교 건축대학의 학장이다. 로드아일랜드 디자인학교(RISD)와 마이애미 대학교 등 다양한 기관에서 가르치고 컬럼비아 대학교 뷰엘 미국건축연구센터의 의장으로 재직했으며, 뉴욕시에 있는 공공 공간 디자인 트러스트(Design Trust for Public Space)의 창립 이사다. 1997년에 스티븐 해리스와 함께 『일상의 건축(*Architecture of the Everyday*)』을 공동 편집했고, 2008년에는 자기 회사의 작품집인 『데보라 버크』를 트레이스 마이어스와 함께 저술했다. 로드아일랜드 디자인학교와 뉴욕시립대학교에서 건축과 도시계획 학위를 받았다.

미하엘 브라운가르트(Michael Braungart)는 뤼네부르크 대학교의 프로세스 공학 교수다. 함부르크 환경보호장려국의 창립자이며, 맥도너 브라운가르트 디자인 케미스트리(McDonough Braungart Design Chemistry)의 공동창립자이자 대표인 그는 맥도너와 함께 『요람에서 요람으로: 사물의 제작 방식 바꾸기(*Cradle to Cradle: Remaking the Way We Make Things*)』(2002)를 공동 저술했다. 하노버 대학교에서 화학박사 학위를 받았다.

칼 S. 추(Karl S. Chu)는 로스앤젤레스에 거점을 둔 건축사무소 메타시(METAXY)의 대표다. 컬럼비아 건축대학원에서 유전적 건축 연구소를 창립하고 공동 이사를 맡고 있으며, 카탈루냐 국제대학교(UIC) 바르셀로나 캠퍼스 건축학교에서 건축 및 전산 형이상학 프로그램 디렉터를 맡고 있다. 컬럼비아 대학교, 코넬 대학교, 프랫 인스티튜트, 오티스 미술대학, 오번 대학교, 조지아 공과대학, 남가주 건축대학(SCI-Arc)에서 가르쳤고, 전산과 유전학, 건축의 통합에 관한 강의와 저술을 폭넓게 해왔다. 휴스턴 대학교에서 건축학사 학위를, 크랜브룩 미술아카데미에서 건축석사 학위를 받았다.

뉴어바니즘 회의(Congress for the New Urbanism: CNU)는 지역부터 광역 규모에 이르기까지 인간 친화적이고 생태감응적인 건조 환경을 만드는 데 전념하는 단체다. 1993년에 피터 캘소프, 앙드레 듀아니, 엘리자베스 플래터-자이벅을 비롯한 일단의 건축가들은 도시계획과 도시 개발의 현안을 다루고자 뉴어바니즘 회의를 창립하고 매년 회의를 개최해왔다. 이 협회에는 건축과 도시계획 분야를 넘어 경제학과 법학, 정부, 교육 분야의 인사들도 가입되어 있다. 시카고에 거점을 둔 뉴어바니즘 회의는 국제 운동이 되었고, 미국과 세계에서 이뤄지는 많은 프로젝트에 대한 논의와 생산에 영향을 주었다.

신시아 데이비슨(Cynthia Davidson)은 (『애니[*Any*]』를 출판하고 관련 회의를 개최한) 애니원 코퍼레이션(Anyone Corporation)의 디렉터이자 저널 『로그(*Log*)』와 『애니』 지의 편집자이며, 매사추세츠 공과대학교 출판부의 '건축 쓰기(Writing Architecture)' 시리즈 편집위원이다. 오하이오 웨슬리언 대학교에서 저널리즘과 미술사를 공부한 그녀는 하버드 대학교에서 고급환경연구 분야 로엡 특별연구원으로 재직했다.

노먼 포스터(Norman Foster)는 포스터 앤 파트너스(Foster + Partners)의 창립자로서, 프리츠커 상과 브리티시 라이프 피어리지(British Life Peerage)를 비롯해 수많은 훈장을 받았다. 그의 사무소는 런던 〈스위스 리 타워〉(Swiss Re Tower)(2004)와 뉴욕 〈허스트 사옥〉(2006) 같은 작품들을 설계했다. 맨체스터 대학교 건축·도시계획 대학을 다닌 후에 예일 대학교에서 건축석사 학위를 받았다.

아리 흐라플란트(Arie Graafland)는 암스테르담에 소재한 케르선 흐라플란트 건축사무소(Kerssen Graafland Architects)의 소장이며, 델프트 공과대학교 건축대학의 안토니 판 레이우엔훅 건축이론 석좌교수이자 델프트 디자인대학의 창립이사다. 델프트 디자인대학의 '건축 및 도시계획' 시리즈 편집자로서 건축과 도시계획에 관한 출판과 강의를 폭넓게 해왔다. 로테르담 폴리테크닉과 암스테르담 대학교, 암스테르담 왕립예술원, 암스테르담 자유대학교에서 공부한 뒤 델프트 공과대학교에서 박사학위를 받았다.

K. 마이클 헤이스(K. Michael Hays)는 하버드 대학교 디자인대학원(GSD)에서 건축이론을 가르치는 엘리엇 노이스 석좌교수이자 박사과정 공동디렉터이며, 2000년에는 휘트니 현대미술관의 첫 건축 부문 겸임큐레이터가 되었다. 무엇보다 그는 저널 『어셈블리지: 건축 및 디자인 문화 비평 저널(*Assemblage: A Critical Journal of Architecture and Design Culture*)』의 창립자이고, 『1968년 이후의 건축이론(*Architecture Theory since 1968*)』(1998)의 편집자이며, 『건축의 욕망: 레이트 아방가르드 읽기(*Architecture's Desire: Reading the Late Avant-Garde*)』(2009)의 저자다. 조지아 공과대학교에서 건축학사 학위를, 매사추세츠 공과대학교에서 건축석사와 박사 학위를 받았다.

토마스 헤르초크(Thomas Herzog)는 헤르초크 앤 파트너(Herzog + Partner)의 대표이며, 뮌헨 공과대학교 건축대학의 학장이었다. 카셀 대학교, 펜실베이니아 대학교, 중국 베이징의 청화대학교에서 가르쳤고, 수많은 상과 훈장을 받은 경력이 있다. 기술과 지속가능성 문제에 관한 저술을 폭넓게 해온 그는 최근 『건축 및 도시계획 분야의 태양에너지(*Solar Energy in Architecture and Urban Planning*)』(1996)라는 책과 그 모태가 된 베를린 회의에 기초한 「건축 및 도시계획 분야의 태양에너지를 위한 유럽 헌장(European Charter for Solar Energy in Architecture and Urban Planning)」(2007)을 편집했다. 뮌헨 공과대학교에서 건축을 공부했고, 로마 라 사피엔차 대학교에서 박사학위를 받았다.

프레드릭 제임슨(Fredric Jameson)은 듀크 대학교의 비교문학 및 소설 연구학과에서 19~20세기 프랑스 문학과 마르크스주의 문학이론을 위주로 가르치는 윌리엄 레인 석좌교수다. 하버드 대학교와 예일 대학교, 캘리포니아 대학교 등에서 가르친 그는 『포스트모더니즘, 또는 후기자본주의의 문화논리(*Postmodernism, or, The Cultural Logic of Late Capitalism*)』(1991), 『문화적 전회(*The Cultural Turn*)』(1998), 『단일한 모더니티(*A Singular Modernity*)』(2002)를 비롯한 수많은 책을 썼다. 하버포드 칼리지에서 문학사 학위를, 예일 대학교에서 문학석사와 박사 학위를 받았다.

얀 카플리츠키(Jan Kaplicky)는 런던에 거점을 둔 퓨처 시스템스(Future Systems)의 창립자이자 대표였으며, 생전 교육자로서 런던 건축협회 학교(AA)와 기타 건축 프로그램에 관여했다. 퓨처 시스템스의 대표작으로는 런던의 〈로즈 크리켓 그라운드 미디어센터〉(1999)와 논쟁거리였던 〈체코 국립도서관 현상설계 당선작〉(2007)이 있다. 프라하 응용미술·건축 칼리지에서 건축 디플로마를 받았다.

제프리 킵니스(Jeffrey Kipnis)는 오하이오 주립대학교 놀튼 건축대학의 건축 교수이자 빈 응용미술대학교의 석좌객원교수로서, 하버드 대학교와 런던 건축협회 학교, 컬럼비아 대학교 등 다양한 기관에서 가르쳤다. 수많은 전시 및 저술 경력이 있으며, 현대 건축의 여러 측면을 다루는 영화(〈구축적 광기[A Constructive Madness]〉[2003], 톰 볼 및 브라이언 네프와 공동 감독)를 만들어 수상도 했다. 조지아 공과대학교를 다녔고, 조지아 주립대학교에서 물리학 석사학위를 받았다.

렘 콜하스(Rem Koolhaas)는 오피스 포 메트로폴리탄 아키텍처(Office for Metropolitan Architecture: OMA)와 그 자매회사 AMO의 창립자 겸 대표다. 하버드 대학교 디자인대학원의 건축 교수로서, 현대 도시의 본질에 관한 일련의 프로젝트를 진행해왔다. 『정신착란증의 뉴욕(*Delirious New York*)』(1977)과 『스몰, 미디엄, 라지, 엑스라지(*S, M, L, XL*)』(브루스 마우와 공저, 1995)를 비롯한 (수)많은 책의 저자이며, 〈시애틀 공공도서관〉(2004)을 비롯한 많은 건축 작품을 실현해왔다. 2000년에 프리츠커 건축상을 받았고, 런던 건축협회 학교에서 건축 학위를 받았다.

샌포드 퀸터(Sanford Kwinter)는 영향력 있는 출판사인 존 북스(Zone Books)의 공동 설립자이며, 현재 프랫 인스티튜트의 이론·비평 교수다. 그 전에는 라이스 대학교 건축대학의 부교수였고, 매사추세츠 공과대학교와 컬럼비아 대학교, 하버드 대학교 디자인대학원에서 가르쳤다. 건축이론과 디자인에 관한 저술과 강의를 폭넓게 해왔으며, 저널 『존(*Zone*)』과 『어셈블리지』, 그리고 『애니』 컨퍼런스와 출판물의 편집에 관여했다. 저서로는 『시간의 건축: 모더니즘 문화에서 사건의 이론을 향하여(*Architectures of Time: Toward a Theory of the Event in Modernist Culture*)』(2001)와 『평형과 동떨어진: 기술과 디자인 문화에 관한 에세이(*Far From Equilibrium: Essays on Technology and Design Culture*)』(2008) 등이 있다. 컬럼비아 대학교에서 비교문학박사 학위를 받았다.

실비아 래빈(Sylvia Lavin)은 캘리포니아 대학교 로스앤젤레스 캠퍼스(UCLA)에서 건축 역사와 이론을 가르치는 교수다. 프린스턴과 하버드, 컬럼비아 대학교를 비롯한 수많은 기관에서 객원교수로 강의해온 그녀는 현대건축의 역사 · 이론 · 비평에 관한 저술과 강의를 폭넓게 해왔다. 저서로는 『형태는 리비도를 따른다: 정신분석 문화 속의 건축과 리하르트 노이트라(*Form Follows Libido: Architecture and Richard Neutra in a Psychoanalytic Culture*)』(2005), 『유아용 침대시트: 현대건축 담화에 관한 노트(*Crib Sheets: Notes on Contemporary Architectural Conversation*)』(2005), 『건축적 동시대성의 다른 형태들(*The Flash in the Pan and Other Forms of Architectural Contemporaneity*)』(2009) 등이 있다. 바너드 칼리지에서 학사학위를, 컬럼비아 대학교에서 석사와 박사 학위를 받았다.

그렉 린(Greg Lynn)은 로스앤젤레스에 소재한 그렉 린 폼(Greg Lynn FORM)의 대표다. 빈 응용미술대학교의 교수이자 캘리포니아 대학교 로스앤젤레스 캠퍼스 건축미술대학의 교수이며, 예일 대학교의 데이븐포트 석좌 객원교수였다. 저서로는 『동적인 형태(*Animate Form*)(1999/2011)』, 『그렉 린 폼(*Greg Lynn FORM*)』(2008) 등이 있다. 오하이오 마이애미 대학교에서 건축과 철학 전공으로 학사 학위를 받았고, 프린스턴 대학교에서 건축석사 학위를 받았다.

라인홀드 마틴(Reinhold Martin)은 건축사무소 마틴/박시 아키텍츠(Martin/Baxi Architects)의 파트너이며, 컬럼비아 대학교의 건축 교수로서 뷰엘 미국건축연구센터 디렉터를 맡고 있다. 저널 『그레이 룸(*Grey Room*)』의 창립자 겸 공동편집자인 그는 『조직적 복합체: 건축, 매체, 기업 공간(*The Organizational Complex: Architecture, Media, and Corporate Space*)』(2003)과 『다국적 도시: 건축 안내서(*Multi-National City: Architectural Itineraries*)』(2007) 등 근 · 현대 건축 역사와 이론에 관한 많은 책을 저술했다. 렌셀러 폴리테크닉 대학교에서 학사학위를, 런던 건축협회 학교에서 건축 역사 · 이론 전공으로 석사학위를, 프린스턴 대학교에서 박사학위를 받았다.

윌리엄 맥도너(William Mcdonough)는 윌리엄 맥도너 앤 파트너스의 창립자 겸 대표이며, 맥도너 브라운가르트 디자인 케미스트리의 공동 창립자이자 대표로서 브라운가르트와 함께 『요람에서 요람으로: 사물의 제작 방식 바꾸기(*Cradle to Cradle: Remaking the Way We Make Things*)』(2002)를 공동 저술했다. 『하노버 원칙: 지속가능성을 위한 디자인(*The Hannover Principles: Design for Sustainability*)』(1991)을 공동 저술하여 2000년 하노버 엑스포의 개발을 도와 생태적 마인드의 건축가로서 국제적 명성을 얻었으며, 버지니아 대학교 건축대학에서 학장 겸 에드워드 E. 엘슨 석좌교수로서 건축을 가르쳤다. 다트머스 칼리지를 다녔고, 예일 대학교에서 건축 석사 학위를 받았다.

존 맥머로우(John McMorrough)는 오하이오주 컬럼버스에 거점을 둔 건축사무소 스튜디오앱트(studioAPT)의 대표이자 미시건 대학교 터브먼 건축 · 도시계획 대학의 부교수다. 그 전에는 오하이오 주립대학교 놀튼 건축대학의 건축 부교수였으며, 예일과 하버드, 노스이스턴 대학교와 매사추세츠 공과대학교에서 가르쳤다. 『헌치(*Hunch*)』와 『프랙시스(*Praxis*)』, 『퍼스펙타(*Perspecta*)』 등의 저널에 건축 이론 · 비평에 관한 글을 기고했으며, 다양한 곳에서 비평가이자 강연자로서 초청받아왔다. 캔자스 대학교에서 건축학사 학위를, 하버드 대학교에서 건축석사 및 박사 학위를 받았다.

윌리엄 J. 미첼(William J. Mitchell)은 매사추세츠 공과대학교에서 건축과 미디어 아트 및 과학을 가르치는 교수이며, 알렉산더 W. 드레이푸스 주니어 석좌교수로서 미디어 아트 및 과학 프로그램을 이끌고 있다. 매사추세츠 공과대학교 건축 · 도시계획 대학원의 학장을 지냈고, 하버드 대학교와 캘리포니아 대학교 로스앤젤레스 캠퍼스, 케임브리지 대학교에서 가르쳤다. 『비트의 도시: 공간, 장소, 정보고속도로(*City of Bits: Space, Place, and the Infobahn*)』(1995), 『이-토피아: 도시 생명체야, 짐-하지만 우리가 아는 바와는 달라(*e-topia: Urban Life, Jim—But Not As We Know It*)』(1999), 『말의 배치: 상징, 공간, 도시(*Placing Words: Symbols, Space, and the City*)』(2005)를 비롯한 몇몇 논설과 책을 저술했다. 멜버른 대학교에서 건축학사 학위를, 예일 대학교에서 환경디자인석사 학위를, 케임브리지 대학교에서 문학석사 학위를 받았다.

새뮤얼 막비(Samuel Mockbee)는 미시시피 출신으로 1991년에 막비 코커 아키텍츠(Mockbee Coker Architects)라는 성공적인 건축사무소를 떠나 모교인 오번 대학교의 정교수로 취임했다. 오번 대학교에서 그가 D.K. 루스와 함께 창립한 루럴 스튜디오는 가난한 지역 사회를 돕기 위해 학생들이 직접 설계하고 시공하는 단체다. 루럴 스튜디오의 수상작은 미국 전역과 해외에 알려지고 전시가 이뤄지면서 건축 교육 및 실천의 대안 모델로서 주목받아왔다.

스티븐 A. 무어(Steven A. Moore)는 텍사스 대학교 오스틴 캠퍼스의 바틀렛 코크 건축 명예석좌교수다. 그 전에는 지속가능설계 프로그램 디렉터로 재직했었고, 텍사스 농업기술(A&M) 대학교에서도 가르쳤으며, 메인주에서는 건축사무소를 운영했다. 『기술과 장소: 지속가능한 건축과 청사진 농장(*Technology and Place: Sustainable Architecture and the Blueprint Farm*)』과 『지속가능한 도시의 대안적 경로들: 오스틴, 쿠리치바, 프랑크푸르트(*Alternative Routes to the Sustainable City: Austin, Curitiba, and Frankfurt*)』(2007) 등 지속가능성과 지역주의 설계에 관한 저술을 폭넓게 해왔다. 시러큐스 대학교에서 건축학사 학위를 받았고, 텍사스 농업기술 대학교에서 박사학위를 받았다.

글렌 머컷(Glenn Murcutt)은 호주에서 건축사무소를 운영하며, 생태 감응적이고 풍토적인 소규모 디자인으로 널리 인정받아왔다. 예일 대학교와 버지니아 대학교, 몬태나 주립대학교 등의 다양한 기관에서 객원교수로 활동했고 전 세계를 누비며 강연한 그는 2002년 프리츠커 상을 받는 등 수많은 상과 훈장을 받았다. 뉴사우스웨일스 대학교에서 건축 학위를 받았다.

앙투안 피콩(Antoine Picon)은 하버드 대학교 디자인대학원에서 건축과 기술의 역사를 가르치는 교수이자 박사과정 공동 디렉터다. 수많은 논설과 더불어 『계몽 시대의 프랑스 건축가와 엔지니어』(1988), 『사이보그의 도시 영토(*La ville territoire des cyborgs*)』(1998), 『건축의 디지털 문화』(2010) 등의 책을 썼다. 에콜 폴리테크닉과 에콜 퐁제쇼세에서 공학 학위를 받았고, 파리-빌망 건축학교에서 건축 학위를, 프랑스 사회과학고등연구원에서 건축사 전공으로 박사 학위를 받았다.

존 라이크만(John Rajchman)은 20세기 예술과 건축의 이론과 비평에 초점을 맞추는 철학자이며, 컬럼비아 대학교와 파리 국제철학학교, 쿠퍼 유니온 등 다양한 기관에서 가르쳤다. 『컨스트럭션: 건축 쓰기 시리즈(*Constructions: Writing Architecture Series*)』(1998)와 『들뢰즈 커넥션(*The Deleuze Connections*)』(2000)을 저술했고, 『1945년 이후의 프랑스 철학: 문제, 개념, 발명(*French Philosophy Since 1945: Problems, Concepts, Inventions*)』(전후 프랑스 사상[Postwar French Thought] 제4권, 2009)을 공동 편집했다. 컬럼비아 대학교에서 박사학위를 받았다.

라이저+우메모토(Reiser + Umemoto)는 건축가들인 제시 라이저와 나나코 우메모토가 이끄는 뉴욕의 건축사무소다. 라이저는 프린스턴 대학교의 건축 부교수이기도 하며, 두 사람은 미국과 유럽 및 일본 전역에서 가르치고 강의해왔다. 수많은 디자인 공모전에서 수상한 이들의 작업은 수많은 전시회와 출판물에서 소개되었다. 이들은 『새 구축학 도해서(*Atlas of Novel Tectonics*)』(2006)를 저술했고, 최근 디자인으로는 두바이의 〈오피스 타워 O-14〉(2009) 등이 있다. 라이저는 쿠퍼 유니온과 크랜브룩 미술아카데미에서 학위를 받았고, 우메모토는 오사카 미술대학교의 도시설계대학에서 공부하고 쿠퍼 유니온을 졸업했다.

리처드 로저스(Richard Rogers)는 로저스 스터크 하버 앤 파트너스(Rogers Stirk Harbour + Partners)의 대표다. 렌초 피아노와 함께 짝을 이뤄 파리 퐁피두센터(1976)를 설계한 이후 라이프 피어리지와 프리츠커 상 등 수많은 상과 훈장을 받았다. 그의 사무소가 작업한 최근작 중에는 마드리드 바라하스 국제공항 4번 터미널과 월드트레이드센터 부지의 타워가 있다. 런던 건축협회 학교에서 공부했고, 예일 대학교에서 건축석사 학위를 받았다.

사스키아 사센(Saskia Sassen)은 컬럼비아 대학교에서 사회학을 가르치는 로버트 S. 린드 석좌교수이자 런던 정경대학교(LSE)의 100주년 기념 객원교수다. 『글로벌 시티(*The Global City*)』(1991)와 『영토, 권위, 권리: 중세부터 지구적 배치까지(*Territory, Authority, Rights: From Medieval to Global Assemblages*)』(2006)를 비롯해 세계화와 네트워크화된 기술에 관한 문제를 다루는 저술을 폭넓게 해온 그녀는 미국과 세계의 수많은 기관에서 활동하며, 많은 상과 훈장을 받았다. 인디애나주의 노터데임 대학교에서 석사와 박사 학위를 받았다.

로버트 소몰(Robert Somol)은 일리노이 대학교 시카고 캠퍼스 건축대학의 디렉터이자 교수다. 오하이오 주립대학교와 프린스턴 대학교, 캘리포니아 대학교 로스앤젤레스 캠퍼스를 비롯한 기관에서 가르쳤고, 『자율성과 이데올로기(*Autonomy and Ideology*)』(1997)의 편집자이며, 모더니즘과 현대 건축에 관한 많은 논설을 썼다. 브라운 대학교에서 문학사 학위를, 하버드 법학대학원에서 법학 학위를, 시카고 대학교에서 박사 학위를 받았다.

마이클 스픽스(Michael Speaks)는 시러큐스 대학교 건축대학의 학장이다. 그 전에는 켄터키 대학교 디자인대학의 학장이었고, 로스앤젤레스에 소재한 남가주 건축대학에서는 대학원 프로그램 디렉터이자 석사 후 과정인 대도시 연구 · 설계 프로그램의 첫 디렉터로 재직했다. 예일과 하버드, 컬럼비아, 베를라헤 인스티튜트, 캘리포니아 대학교 로스앤젤레스 캠퍼스에서도 가르쳤다. 『폴리그래프(*Polygraph*)』의 초창기 편집자이자 『아키텍처럴 레코드(*Architectural Record*)』의 객원 편집자이며, 『*A+U*』와 『애니』의 편집자였다. 미시시피 대학교에서 학사 학위를, 듀크 대학교에서 박사 학위를 받았다.

루머르 판 토른(Roemer van Toorn)은 스웨덴 우메오 건축학교의 교수다. 베를라헤 인스티튜트에서 프로젝트적 이론 프로그램(Projective Theory Program)을 지도하는 교수로 재직했으며, 델프트 공과대학교의 델프트 디자인대학에서는 연구자로서 박사 과정을 밟았다. 『네덜란드의 건축(*Architecture in the Netherlands*)』을 비롯한 수많은 책과 저널 『아르히스(*Archis*)』, 『헌치』, 『도무스』, 『아비타레(*Abitare*)』에 관여했으며, 『건축에서 보이지 않는 것(*The Invisible in Architecture*)』(1994)을 공동 편집했다.

앤서니 비들러(Anthony Vidler)는 쿠퍼 유니온 어윈 S. 채닌 건축대학의 학장 겸 교수다. 그 전에는 프린스턴 대학교 건축대학에서 가르치면서 박사과정 위원회 의장을 맡았고, 유럽 문화 연구 프로그램 디렉터였으며, 윌리엄 R. 케넌 주니어 건축 석좌교수로 임명되었다. 또한 캘리포니아 대학교 로스앤젤레스 캠퍼스에서 가르칠 때는 미술사학부 교수 겸 학과장과 건축대학 교수로 재직했다. 그의 수많은 저술 중에는 『건축의 언캐니: 현대적 낯섦에 관한 에세이(*The Architectural Uncanny: Essays in the Modern Unhomely*)』(1992), 『휜 공간: 현대 문화 속 건축과 불안(*Warped Space: Architecture and Anxiety in Modern Culture*)』(2000), 『현재 이 순간의 역사들: 건축 모더니즘 발명하기(*Histories of the Immediate Present: Inventing Architectural Modernism*)』(2008)가 대표적이다. 케임브리지 대학교에서 학사 학위와 건축 학위를 받았고, 델프트 공과대학교에서 박사 학위를 받았다.

사라 와이팅(Sarah Whiting)은 건축사무소 더블유더블유(WW)의 대표 겸 공동 창립자이며, 하버드 대학교 디자인대학원의 학장이다. 그 전에는 라이스 건축대학의 학장으로 재직했고, 프린스턴 대학교와 하버드 대학교, 켄터키 대학교, 일리노이 공과대학교, 플로리다 대학교에서 교수로 재직해왔다. 건축과 도시 이론에 관한 저술을 폭넓게 해왔으며, 『슈퍼블록 시티(*Superblock City*)』(근간)의 저자다. 예일 대학교에서 문학사 학위를, 프린스턴 대학교에서 건축석사 학위를, 매사추세츠 공과대학교에서 박사 학위를 받았다.

켄 양(Ken Yeang)은 런던에 소재한 르웰린 데이비스 양(Llewelyn Davies Yeang)과 그 파트너 사무소로서 말레이시아에 소재한 함자 앤 양(Hamzah

& Yeang)의 대표다. 텍사스 농업기술 대학교와 말라야 대학교, 하와이 대학교 등의 많은 건축 프로그램에서 가르쳤고, 일리노이 대학교에서는 플림 석좌교수로 재직했다. 생태설계를 위주로 수많은 글을 써왔는데, 최근 저작물로는 『에코마스터플래닝(*Ecomaster planning*)』(2009)이 있다. 런던 건축협회 학교에서 건축 학위를, 케임브리지 대학교에서 박사 학위를 받았다.

엮은이

A. 크리스타 사익스(A. Krista Sykes)는 건축과 디자인 및 문화에 초점을 두고 작업하는 저술가이자 편집자요 연구자다. 매사추세츠 케임브리지에 거점을 둔 그녀는 각종 설계사무소와 교육 기관, 다양한 출판사와 협업하면서 전문가와 일반 대중 모두를 위한 작업에 개입하고 있으며, 건축과 디자인, 문화에 관한 복잡한 개념들을 일상 언어로 번역하여 독자들에게 교육적 메시지를 전하고 있다. 미국 건축역사가협회 저널의 편집자였고, 로드아일랜드 디자인 스쿨 겸임교수와 노스캐롤라이나 대학교 건축학부 객원 조교수였다. 프린스턴 대학교에서 예술 및 건축 학사 학위를, 하버드 대학교 디자인 대학원에서 건축역사이론으로 박사학위를 받았다.

옮긴이

김명식은 저출산고령사회위원회(대통령 직속)에서 고령친화 주거·커뮤니티 정책을 수립 중이고, 원 소속 LH 연구원 도시재생공간연구실에서 공공, 공동주택 관련 연구를 수행하고 있다. 델프트 공대(MSc, 네덜란드 건축사)와 밀라노 공대(PhD *con Merito*)에서 건축과 도시를 공부했다. 저서로는 『Ricerche di Senso nel Mondo degli Interni』, 『철학적으로 도시 읽기』, 『건축은 어떻게 아픔을 기억하는가』가 있고, 최근 공간에서 인문학과 미학을 찾는 데 관심을 갖고 있으며, "우리 시대 기억과 공간"(민중의 소리 오피니언 섹션)을 통해 이를 실천하고 있다.

김영철은 고려대학교와 동 대학원에서 건축학을 전공하였다. 이후 베를린 공과대학교 건축학과 건축이론연구소에서 독일관념론 전통의 예술학과 건축론을 새로 정초한 아우구스트 슈마르조를 연구하였고, 건축가 미스 반 데어 로에의 지적 성장과 건축론을 다룬 노이마이어의 『꾸밈없는 언어』와 베를라헤의 저서 『강연과 논문』을 번역하기도 했다. 현재 배재대학교 주시경교양대학 교양교육부 교수이며 〈토요건축강독〉을 진행하고 있다.

박민수는 주로 건축설계사무실에서 일했으며, 건축전문잡지의 편집장으로 또 전시디자인회사의 총괄본부장으로 일하기도 했고, 현재는 서울시 도시재생 현장지원센터의 센터장으로 일하고 있다. 테크놀로지에 대한 생각을 바탕에 두고 전개되는 건축담론에 관심이 많다.

송종열은 건축비평가로 활동 중이다.

신건수는 현재 경남대 건축학부 교수이다. 프랑스에서 건축가 학위(ADE)를 취득한 후 프랑스 정부장학금으로 연구하여 파리-에스트 대학(Univ. de Paris-Est)에서 『제러미 벤담의 파놉티콘과 미셸 푸코의 파놉티즘』이라는 주제로 박사학위를 취득했다. 근대 건축의 생성 조건에 관심을 두고 있으며, 최근 "건축의 주인은 누구인가?" 라는 주제로 전시(2020 대한민국건축문화제 주제 전시)

를 기획했다.

이경창은 건축가이자 건축비평가다. 2019년부터 구와미로 건축사사무소를 설립, 운영중이다.

임종엽은 홍익대학교 건축학과에서 학사와 석사를 마쳤고, 이탈리아 밀라노 국립건축대학(Politecnico di Milano)에서 도시 파르마의 건축과 광장으로 졸업(Dott. Arch.)하였다. 지금은 인하대학교 건축학과에서 설계와 실무 이론을 가르치고 있다.

정만영은 현재 서울과기대 건축학부 교수이다. 서울시립대에서 「건축형태의 자의적 생성에 관한 연구」로 박사학위를 받았다. 건축설계와 이론이 매개되는 지점에 서기를 원하며, 현대건축 이론에 관심을 집중하고자 한다. 철학아카데미의 여름/겨울 건축강좌, 〈건축이론 아카데미〉, 〈아키포커스_건축이론〉 등 건축이론을 대중화하는 여러 가지 강좌를 진행했으며, 한국건축가협회 평론분과위원장, 한국건축역사학회 부회장을 역임했다.

조순익은 연세대학교에서 건축을 전공하고 번역가로 활동해왔다. 제1회 서울도시건축비엔날레 『공유도시』 시리즈, 부산건축제 및 관련 행사, 『도무스 코리아』, 『건축문화』, 『플러스』 등의 간행물 번역을 해왔고, 『건축이 중요하다』(2021), 『모델 시티 평양』(2020), 『정의로운 도시』(2019), 『건축가의 집』(2018), 『현대 건축 분석』(2015), 『현대성의 위기와 건축의 파노라마』(2014), 『건축의 욕망』(2011) 등 스무 권여의 번역서가 있다. 『젊은 건축가: 상상하고 탐구하고 조정하다』(2020), 『어떤 집을 지을까?』(2019), 『파사드 서울』(2017), 『시카고, 부산에 오다』(2015) 등을 영어로 옮겼고, 저서로 『보는 기계와 읽는 인간: 건축문화 텍스트 읽기』(2019)가 있다.

현명석은 서울시립대학교 학부와 대학원에서 건축을 공부했다. 미국 조지아 공과대학에서 20세기 중반 미국 건축 사진을 이론화한 작업으로 박사학위를 받았다. 케네소우 주립대학교, 건국대학교, 경남대학교, 백석예술대학교, 서울시립대학교, 한양대학교에서 건축역사와 이론, 디자인을 가르쳤거나 가르친다. 『*Journal of Architecture*』, 『건축평단』, 『건축문화』, 『와이드AR』, 『Space』 등에 다수의 글과 논문을 실었다. 『건축사진의 비밀』(디북, 2019)의 공저자이며, 『건축표기체계: 상상, 도면, 건축이 서로를 지시하는 방식』(아키텍스트, 2020)을 엮었다. 현재 서울에서 건축 매체와 재현, 디지털 건축, 시각성, 그리고 한국의 젊은 건축가들의 작업에 관심을 가지고 연구와 저술에 몰두하고 있다.

참고문헌 selected Bibliography

Allen, Stan. Practice: *Architecture, Technique, and Representation.* Amsterdam: G+B Arts International, 2000.

ANY 1/0: Seaside and the Real World: A Debate on American Urbanism (July/August 1993).

ANY 23: Diagram Work: Data *Mechanics for a Topological Age* (December 1998).

Assemblage 41 (2000).

Bouman, Ole, and Roemer van Toorn, eds. *The Invisible in Architecture.* London: Academy Press, 1994.

Davidson, Cynthia C., ed. Anything. Cambridge, Mass.: MIT Press, 2001.

——. *Anybody*. Cambridge, Mass.: MIT Press, 1997.

——. *Anyhow*. Cambridge, Mass.: MIT Press, 1998.

——. *Anymore*. Cambridge, Mass.: MIT Press, 2000.

——. *Anyplace*. Cambridge, Mass.: MIT Press, 1995.

——. *Anytime*. Cambridge, Mass.: MIT Press, 1999.

——. *Anyway*. New York: Rizzoli, 1994.

——. *Anywhere*. New York: Rizzoli, 1992.

——. *Anywise*. Cambridge, Mass.: MIT Press, 1996.

Dean, Andrea Oppenheimer. *Rural Studio: Samuel Mockbee and an Architecture of Decency*. New York: Princeton Architectural Press, 2001.

Di Christina, Giuseppa, ed. AD *Architecture and Science*. London: Academy Press, 2001.

Duany, *Andres. Suburban Nation: The Rise of Sprawl and the Decline of the American Dream*. New York: North Point Press, 2000.

Eagleton, Terry. *After Theory*. London: Allen Lane, 2003.

Foster, Norman, and David Jenkins, eds. *On Foster...Foster On*. Munich: Prestel, 2000.

Foster, Norman. *Reflections*. Munich: Prestel, 2006.

Hays, K. Michael, ed. *Architecture Theory since 1968*. Cambridge, Mass.: MIT Press, 1996.

——. *Architecture´s Desire*: Reading the Late Avant-Garde. Cambridge, Mass.: MIT Press, 2009.

——. ″Critical Architecture: Between Culture and Form." *Perspecta 21* (1984): 15–29.

——. *Oppositions Reader*. New York: Princeton Architectural Press, 1998.

——. ″Prolegomena Linking the Advanced Architecture of the Present to that of the 1970s through Ideologies of Media, the Experience of Cities in Transition, and the Ongoing Effects of Reification." *Perspecta 32: Resurfacing Modernism* (2001): 100–107.

Herzog, Thomas, ed. *Solar Energy in Architecture and Urban Planning*. Munich: Prestel, 1996.

Hunch 6/7: 109 Provisional Attempts to Address Six Simple and Hard Questions About What Architects Do Today and Where Their Profession Might Go Tomorrow (2003).

Holl, Steven, Juhani Pallasmaa, and Alberto Pérez-Gomes. *Questions of Perception: Phenomenology of*

Architecture.
San Francisco: William K. Stout, 2007.
Jameson, Fredric. *The Cultural Turn: Selected Writings on the Postmodern, 1983–1998*. New York: Verso, 1998.
—. *A Singular Modernity: Essay on the Ontology of the Present*. New York: Verso, 2002.
Katz, Peter. *The New Urbanism: Toward an Architecture of Community*. New York: McGraw-Hill, 1994.
Kipnis, Jeffrey. *A Constructive Madness*. Directed by Thomas Ball and Brian Neff. Cleveland, Ohio: Telos Video Communications, 2003. Video recording.
—. "Towards a New Architecture." In *Folding in Architecture*, edited by Greg Lynn, 41–49. London: Academy Press, 1993.
— and Annetta Massie. *Mood River*. Columbus, Ohio: Wexner Center for the Arts, Ohio Center for the Arts; New York: Distributed Art Publishers, 2002.
Koolhaas, Rem, and AMO/OMA. *Content*. Cologne: Taschen, 2004.
—, Jeffrey Inaba, Sze Tsung Leong, and Chuihua Judy Chung, eds. *Great Leap Forward*. Cologne: Taschen, 2001.
—, Jeffrey Inaba, Sze Tsung Leong, and Chuihua Judy Chung, eds. *Harvard Design School Guide to Shopping*. Cologne: Taschen, 2001.
—, Stefano Boeri, Sanford Kwinter, Nadia Tazi, and Hans Ulrich Obrist. *Mutations*. Barcelona: Actar, 2001.
—, and Jennifer Sigler, eds. *Small, Medium, Large, Extra-large*: OMA, Rem Koolhaas, and Bruce Mau. New York: Monacelli Press, 1995.
Kwinter, Sanford. *Architectures of Time: Toward a Theory of the Event in Modernist Culture*. Cambridge, Mass.: MIT Press, 2001.
—. *Far From Equilibrium: Essays on Technology and Design Culture*. Edited by Cynthia C. Davidson. Barcelona: Actar, 2007.
Lavin, Sylvia, Helene Furjan, and Penelope Dean. *Crib Sheets: Notes on the Contemporary Architectural Conversation*. New York: Monacelli, 2005.
Leach, Neil. *Rethinking Architecture: A Reader in Cultural Theory*. London: Routledge, 1997.
Log 5 (Spring 2005).
Lootsma, Bart. *SuperDutch: New Architecture in the Netherlands*. New York: Princeton Architectural Press, 2000.
Lynn, Greg. *FORM*. New York: Rizzoli, 2008.
—. *Animate Form*. New York: Princeton Architectural Press, 1999.
—. *Folds, Bodies & Blobs: Collected Essays*. Bruxelles: La Lettre vole, 1998.
Manifold 1: After Theory (Spring 2007).
Martin, Reinhold. *Multi-National City: Architectural Itineraries*. Barcelona: Actar, 2007.
—. *The Organizational Complex: Architecture, Media, and Corporate Space*. Cambridge, Mass.: MIT Press, 2003.
McDonough, William, and Michael Braungart. *Cradle to Cradle*:

Remaking the Way We Make Things. New York: North Point Press, 2002.
Mitchell, William J. *City of Bits: Space, Place, and the Infobahn*. Cambridge, Mass.: MIT Press, 1995.
——. *e-topia: Urban Life, Jim—But Not As We Know It*. Cambridge, Mass.: MIT Press, 1999.
——. *Placing Words: Symbols, Space, and the City*. Cambridge, Mass.: MIT Press, 2005.
Moos, David, ed. *Samuel Mockbee and the Rural Studio: Community Architecture*. Birmingham, Ala.: Birmingham Museum of Art; New York: Distributed Art Publishers, 2003.
Nesbitt, Kate. *Theorizing a New Agenda for Architecture: An Anthology of Architectural Theory, 1965–1995*. New York: Princeton Architectural Press, 1996.
Picon, Antoine. *La ville territoire des cyborgs*. Besançon, France: Editions de l'mprimeur, 1998.
Rajchman, John. *Constructions*. Cambridge, Mass.: MIT Press, 1998.
Sassen, Saskia. *Territory, Authority, Rights: From Medieval to Global Assemblages*. Princeton, N.J.: Princeton University Press, 2006.
——. *Cities in a World Economy*. 3rd edition. Thousand Oaks, Calif.: Pine Forge Press, 2006.
Saunders, William S., ed. *Commodification and Spectacle in Architecture: A Harvard Design Magazine Reader*. Minneapolis, Minn.: University of Minnesota Press, 2005.
——. *Judging Architectural Value: A Harvard Design Magazine Reader*. Minneapolis, Minn.: University of Minnesota Press, 2007.
——. *Nature, Landscape, and Building for Sustainability: A Harvard Design Magazine Reader*. Minneapolis, Minn.: University of Minnesota Press, 2008.
——. *The New Architectural Pragmatism: A Harvard Design Magazine Reader*. Minneapolis, Minn.: University of Minnesota Press, 2007.
——. *Reflections on Architectural Practice in the Nineties*. New York: Princeton Architectural Press, 1996.
——. *Sprawl and Suburbia: A Harvard Design Magazine Reader*. Minneapolis, Minn.: University of Minnesota Press, 2005.
Silvetti, Jorge. "The Muses are not Amused: Pandemonium in the House of Architecture." *Harvard Design Magazine* (Fall 2003/Winter 2004): 22–33.
Somol, Robert. *Autonomy and Ideology: Positioning an Avantgarde in America*. New York: Monacelli, 1997.
Tschumi, Bernard, and Irene Cheng, eds. *The State of Architecture at the Beginning of the 21st Century*. New York: Monacelli, 2003.
SHoP Architects, ed. *Versioning: Evolutionary Techniques in Architecture*. London: Academy Press, 2003.
Vidler, Anthony. *Histories of the Immediate Present: Inventing*

Architectural Modernism. Cambridge, Mass.: MIT Press, 2008.
——. *Warped Space: Architecture and Anxiety in Modern Culture*. Cambridge, Mass.: MIT Press, 2000.
Yeang, Ken. *Designing with Nature: The Ecological Basis for Architectural Design*. New York: McGraw-Hill, 1995.
——. *Ecodesign: A Manual for Ecological Design*. London: Wiley, 2006.
——. *Ecomasterplanning*. Chichester, West Sussex, U.K.: Wiley, 2009.

찾아보기 Index

영화, 행사, 간행물 등